Curve e superfici

M. Abate
F. Tovena

Curve e superfici

 Springer

MARCO ABATE
Dipartimento di Matematica
Università di Pisa, Pisa
abate@dm.unipi.it

FRANCESCA TOVENA
Dipartimento di Matematica
Università Tor Vergata, Roma
tovena@mat.uniroma2.it

In copertina: Modello geometrico ispirato a "Tetroid with 24 Heptagons" di Carlo H. Sequin

ISBN 10 88-470-0535-3 Springer Milan Berlin Heidelberg New York
ISBN 13 978-88-470-0535-8 Springer Milan Berlin Heidelberg New York

Springer-Verlag fa parte di Springer Science+Business Media

springer.com

© Springer-Verlag Italia, Milano 2006

Impianti forniti dagli autori
Progetto grafico della copertina: Simona Colombo, Milano
Stampa: Signum, Bollate (Mi)

Prefazione

Questo libro è la storia di un successo.

La geometria euclidea classica ha sempre avuto un grosso punto debole (di cui i geometri greci erano ben coscienti): non è in grado di studiare in maniera soddisfacente curve e superfici che non siano rette e piani. L'unica eccezione rilevante sono le coniche. Ma è un'eccezione che conferma la regola: le coniche sono viste come intersezione di un cono (insieme costituito dall'unione di rette per un punto che formano un angolo costante con una retta data) con un piano, per cui sono direttamente riconducibili alla geometria lineare di rette e piani. La teoria delle sezioni coniche è giustamente considerata uno dei punti più alti della geometria classica; al di là, il buio. Qualche curva speciale, un paio di superfici assolutamente particolari; ma di una teoria generale neanche l'ombra.

Il punto è che i geometri classici non avevano il linguaggio necessario per parlare di curve o superfici in generale. La geometria euclidea è basata assiomaticamente su punti, rette e piani; qualunque cosa dev'essere descritta in quei termini, e curve e superfici in generale non si prestano a essere presentate con quel vocabolario. Tutto ciò era molto frustrante; basta guardarsi intorno per vedere che il mondo è pieno di curve e superfici, mentre rette e piani sono soltanto una costruzione tipicamente umana.

Escono i greci e gli egiziani, passano i secoli, gli arabi iniziano a guardarsi intorno, gli algebristi italiani sfondano la barriera delle equazioni di terzo e quarto grado, entra Cartesio e scopre le coordinate cartesiane. Siamo agli inizi del 1600, più di un millennio dopo gli ultimi fuochi della geometria greca; finalmente sono disponibili strumenti molto flessibili per descrivere curve e superfici: come immagine o come luoghi di zeri di funzioni espresse in coordinate cartesiane. Il bestiario di curve e superfici speciali si amplia enormemente, e diventa chiaro che il problema principale della teoria in questo momento storico consiste nel riuscire a definire precisamente (e misurare) cosa distingue curve e superfici da rette e piani. Cosa vuol dire che una curva è curva (o che una superficie è curva, se ci permetti il gioco di parole)? E come si misura *quanto* una curva o una superficie è curva?

Rispetto al millennio passato, è sufficiente aspettare ben poco per avere risposte soddisfacenti a queste domande. Nella seconda metà del 1600 Newton e Leibniz scoprono il calcolo differenziale e integrale, e cambiano la faccia della matematica (e del mondo, aprendo la strada alla rivoluzione industriale). Il calcolo di Newton e Leibniz fornisce strumenti efficaci per studiare, misurare e predire il comportamento di oggetti in movimento. Il percorso tracciato da un punto in movimento nel piano o nello spazio è una curva. Il punto traccia una retta se e solo se la sua velocità non cambia direzione; il suo tracciato è tanto più curvo tanto più la direzione della sua velocità varia. Quindi è naturale misurare quanto il percorso è curvo misurando la variazione della direzione della velocità; e il calcolo differenziale è nato proprio per misurare variazioni. *Voilà,* abbiamo una definizione efficace e computabile di curvatura di una curva: la lunghezza del vettore accelerazione (se la curva è percorsa a velocità scalare costante, cosa che si può sempre supporre).

Lo sviluppo della geometria differenziale di curve e superfici nei due secoli successivi è vasto e impetuoso. Già nel 1700 molti matematici di talento applicarono con successo le nuove tecniche del calcolo differenziale alla geometria, fino ai grandi successi della scuola francese del 1800, che ottiene i cosiddetti *teoremi fondamentali della teoria locale delle curve e delle superfici,* che dimostrano come gli strumenti introdotti siano (necessari e) sufficienti per descrivere *tutte* le proprietà locali di curve e superfici.

Almeno localmente. Già, perché come in ogni storia di successo che si rispetti, siamo solo all'inizio; serve il colpo di scena. La teoria che abbiamo descritto funziona molto bene per le curve; non altrettanto per le superfici. O, più precisamente, nel caso delle superfici siamo ancora solo sulla superficie (appunto) dell'argomento; la descrizione locale fornita dalle tecniche del calcolo differenziale non è sufficiente per dare conto di tutte le proprietà globali delle superfici. Detto molto alla buona, le curve, anche in grande, sono essenzialmente rette e circonferenze un po' spiegazzate nel piano e nello spazio; invece, descrivere le superfici solo come pezzi di piano un po' spiegazzati nello spazio, benché utile per fare i conti, è eccessivamente limitativo e impedisce di cogliere e trattare le proprietà più profonde e significative delle superfici, che vanno al di là della semplice misura della curvatura nello spazio.

Probabilmente la persona più cosciente di questo stato di cose era Gauss, uno dei più grandi matematici (se non il più grande) della prima metà del 1800. Con due teoremi magistrali, Gauss riuscì sia a mostrare quanto ci fosse ancora da scoprire sulle superfici sia a indicare la strada giusta in cui proseguire lo studio.

Col primo teorema, il *teorema egregium,* Gauss dimostrò che mentre dall'interno le curve sono tutte uguali (un essere intelligente unidimensionale non sarebbe in grado dall'interno del suo mondo unidimensionale di decidere se vive su una retta o su una curva), questo non è affatto vero per le superfici: esiste un tipo di curvatura (la *curvatura Gaussiana,* appunto) che è misurabile rimanendo all'interno della superficie, e che può variare da superficie a superficie. In altre parole, è possibile decidere se la Terra è piatta o curva senza muoversi dal giardino di casa: basta misurare (con strumenti sufficientemente precisi...) la curvatura Gaussiana del proprio orticello.

Il secondo teorema, noto come *teorema di Gauss-Bonnet* in quanto completato ed esteso da Pierre Bonnet, uno degli studenti più brillanti di Gauss, rivelò che limitarsi a studiare le proprietà locali significa non accorgersi che a livello globale si presentano fenomeni profondi e significativi con implicazioni geometriche anche a livello locale. Per esempio, una delle conseguenze del teorema di Gauss-Bonnet è che per quanto si possa deformare una sfera nello spazio, stiracchiandola a piacere (senza romperla) e quindi cambiando *localmente* in modo apparentemente arbitrario il valore della curvatura Gaussiana, *l'integrale della curvatura Gaussiana su tutta la superficie rimane costante:* ogni variazione locale della curvatura viene necessariamente compensata da un'altra variazione della curvatura da qualche altra parte.

Un altro argomento importante indicava l'interrelazione fra proprietà locali e globali: lo studio delle curve sulle superfici. Uno dei problemi fondamentali della geometria differenziale classica (vista la sua importanza anche pratica) è identificare la curva più breve (la *geodetica*) fra due punti su una superficie. Già dimostrare che se i due punti sono vicini la geodetica che li congiunge esiste ed è unica non è completamente banale; se i due punti sono lontani potrebbero esisterne infinite, oppure potrebbe addirittura non esisterne alcuna. Questo è un altro tipo di fenomeno che è di natura prettamente globale, e che non può essere trattato solo con le tecniche del calcolo differenziale, che è intrinsecamente locale.

Di nuovo, per procedere oltre occorrevano strumenti e linguaggi nuovi, adatti allo studio di proprietà globali. Arriviamo così al ventesimo secolo, con la creazione e lo sviluppo (da parte di Poincaré e altri) della topologia, che si rivela l'ambiente ideale in cui inquadrare e comprendere le proprietà globali delle superfici. Giusto per citare un esempio, la descrizione fornita da Hopf e Rinow delle superfici in cui le geodetiche sono estendibili per tutti i tempi (proprietà che implica, in particolare, che ogni coppia di punti è collegata da una geodetica) è intrinsecamente topologica.

E anche questo è solo l'inizio di una storia ancora più importante. Partendo dalla fondamentale intuizione di Riemann (che dimostrò in particolare come le cosidette geometrie non-euclidee non fossero altro che geometrie su superfici diverse dal piano, anche se non necessariamente immerse nello spazio euclideo), la definizione e i concetti di teoria delle superfici bidimensionali sono stati estesi al caso delle varietà n-dimensionali, l'equivalente di dimensione qualsiasi delle superfici. La geometria differenziale delle varietà si è rivelata uno dei campi più significativi della matematica contemporanea; il suo linguaggio e i suoi risultati sono utilizzati più o meno ovunque (e non solo in matematica: la relatività generale, per fare un esempio, non potrebbe esistere senza la geometria differenziale). E chissà cosa ci riserverà il futuro...

Obiettivo di questo libro è raccontare le parti principali di questa storia dal punto di vista della matematica contemporanea. Il Capitolo 1 descrive la teoria locale delle curve, dalla definizione di curva fino al teorema fondamentale della teoria locale delle curve. I Capitoli 3 e 4 trattano invece la teoria locale delle superfici, dalla definizione (moderna) di superficie fino al teorema egregium di Gauss. Il Capitolo 5 è invece dedicato allo studio delle geodetiche su una superficie, arrivando fino alla dimostrazione dell'esistenza e unicità locale.

Gli altri capitoli (e alcuni dei Complementi ai vari capitoli; vedi oltre) sono invece dedicati alle proprietà globali. Il Capitolo 2 presenta alcuni risultati fondamentali della teoria globale delle curve nel piano, fra cui il *teorema della curva di Jordan,* che è una buona esemplificazione di un altro motivo dello sviluppo relativamente tardo dell'interesse per le proprietà globali delle curve: l'enunciato del teorema di Jordan sembra ovvio fin quando non si prova a dimostrarlo — e a quel punto si rivela insospettatatamente difficile, e molto più profondo del previsto.

Il Capitolo 6 è dedicato al teorema di Gauss-Bonnet, di cui presenteremo una dimostrazione completa, e alle sue molteplici applicazioni. Infine, nel Capitolo 7 discuteremo alcuni risultati importanti di teoria globale delle superfici (di cui uno, il teorema di Hartman-Niremberg, è stato dimostrato solo nel 1959), concentrandoci soprattutto sulle relazioni fra il segno della curvatura Gaussiana e la struttura globale (topologica e differenziale) delle superfici. Ci limiteremo a parlare di curve e superfici nel piano e nello spazio; ma la terminologia e i metodi che introdurremo sono compatibili con quelli usati per lo studio della geometria differenziale di varietà di dimensione qualsiasi.

Come libro di testo, abbiamo cercato di fornire vari percorsi possibili. Il percorso minimale consiste nel limitarsi alla teoria locale: i Capitoli 1, 3 e 4 sono leggibili indipendentemente dal resto, e permettono di presentare in circa due mesi di corso un tragitto compiuto dalle definizioni iniziali fino al teorema egregium di Gauss, a cui si possono aggiungere, se il tempo lo permette, le prime due sezioni del Capitolo 5, con le proprietà principali delle geodetiche. Un corso di questo genere è adatto e utile sia (ovviamente) a studenti di Matematica e Fisica dal second'anno in poi sia a studenti di Ingegneria e Informatica (tipicamente della laurea specialistica o magistrale) che necessitano di (o sono interessati a) strumenti matematici più avanzati di quelli appresi nella laurea triennale.

In un corso semestrale è invece possibile trattare adeguatamente anche la teoria globale, introducendo il Capitolo 2 sulle curve, la sezione finale del Capitolo 5 sui campi vettoriali, e, a scelta del docente, il Capitolo 6 sul teorema di Gauss-Bonnet oppure il Capitolo 7 sulla classificazione delle superfici chiuse con curvatura Gaussiana costante. Nella nostra esperienza, in un corso semestrale rivolto a studenti di Matematica e/o Fisica della laurea triennale è difficile trovare il tempo per trattare entrambi questi argomenti, per cui i due capitoli sono del tutto indipendenti l'uno dall'altro; ma in eventuali corsi annuali, o in corsi semestrali rivolti a studenti più avanzati, potrebbe essere possibile farlo, introducendo eventualmente anche materiale presentato nei Complementi.

Ogni Capitolo è corredato da diversi Problemi Guida: esercizi svolti, sia prettamente computazionali (una delle caratteristiche piacevoli della geometria differenziale di curve e superfici è che è possibile calcolare esplicitamente quasi tutto — geodetiche escluse) sia di tipo più teorico, il cui scopo è insegnarti a utilizzare efficacemente gli strumenti introdotti nel relativo Capitolo. Potrai poi testare le tue abilità risolvendo i numerosi Esercizi proposti, suddivisi per argomento.

Avrai già notato un'altra caratteristica didattica tipica di questo testo: ci rivolgiamo direttamente a te, lettore o lettrice. C'è un motivo preciso per questa scelta; vogliamo coinvolgerti attivamente nella lettura. Un testo di matematica, a qualsiasi livello, è una successione di ragionamenti, presentati uno di seguito all'altro con logica (si spera) impeccabile. Leggendo si viene trasportati dalle argomentazioni, fino ad arrivare in fondo e rendersi conto che non si ha la minima idea del perché l'autore ha seguito un percorso piuttosto che un altro, e (peggio) che non si è in grado di ricostruire autonomamente quel percorso. Per imparare la matematica non basta leggere; bisogna *fare* matematica. Lo stile adottato in questo testo vuole spingerti in questa direzione; oltre a motivazioni esplicite per tutti i concetti che introdurremo, troverai spesso domande dirette che cercheranno di stimolarti a una lettura attiva senza farti accettare nulla per fede (e magari cercheranno di aiutarti a rimanere sveglio se ti capiterà di studiare alle tre di notte...).

Questo libro ha anche la (vana?) ambizione di non essere solo un libro di testo, ma qualcosa di più. E questo è lo scopo dei Complementi. Esiste molto materiale estremamente interessante e significativo che usualmente non trova posto nei corsi (principalmente per mancanza di tempo), e che è talvolta difficile trovare nei libri. I Complementi presentano una scelta (ovviamente dettata dal nostro gusto personale) di questo materiale. Andiamo da dimostrazioni complete del teorema della curva di Jordan, anche per curve solo continue, e dell'esistenza delle triangolazioni su superfici (teoremi tipicamente citati e utilizzati spesso e dimostrati molto di rado), all'esposizione dettagliata del teorema di Hopf-Rinow sulle geodetiche o ai teoremi di Bonnet e Hadamard sulle superfici con curvatura Gaussiana di segno ben definito, passando attraverso la dimostrazione che tutte le superfici chiuse sono orientabili, o del teorema fondamentale della teoria locale delle superfici (che, per motivi che ti saranno chiari alla fine del Capitolo 4, usualmente non fa parte del programma standard). La speranza è che questo materiale aggiuntivo possa rispondere a domande naturali che potresti esserti posto durante lo studio, solleticare ulteriormente la tua curiosità, e fornire motivazioni ed esempi da cui partire per lo studio della geometria differenziale in dimensione qualsiasi. Un'avvertenza: con rare eccezioni, il materiale dei Complementi è sensibilmente più complesso di quanto presentato nel resto del libro, e per essere compreso a fondo richiede una partecipazione notevole da parte tua. Una rassicurazione: nulla di quanto fatto nei Complementi viene usato nella parte principale del testo. In prima lettura, i Complementi possono essere del tutto ignorati senza inficiare in alcun modo la comprensione del resto del materiale. Infine, essenzialmente per mancanza di spazio, il numero di esercizi nei Complementi è ridotto.

Due parole sui prerequisiti necessari per la lettura di questo libro. Come avrai capito, useremo tecniche e concetti del calcolo differenziale e integrale di più variabili reali, e di topologia generale. Le nozioni di topologia generale necessarie sono veramente solo quelle di base: aperti, funzioni continue, connessione e compattezza, e solo nel contesto degli spazi metrici. Tutto materiale che viene presentato in qualsiasi corso del secondo anno di Geometria e spesso anche in quelli di Analisi, e per il quale quindi non abbiamo sentito la necessità di fornire alcuna referenza precisa. Se fosse necessario, potrai trovare tutto quello che serve (e ben di più) nei primi quattro capitoli di [11].

Abbiamo voluto essere invece molto più precisi nel citare i risultati di Analisi Matematica che useremo, sia perché tipicamente più profondi di quelli di topologia generale, sia per darti degli enunciati coerenti con le nostre esigenze. Sono tutti risultati standard, e trattati in qualsiasi corso di Analisi Matematica del secondo anno (con la possibile eccezione del Teorema 4.9.1); un buon testo a cui fare riferimento è [6].

Invece, non richiediamo alcuna esposizione preliminare alla topologia algebrica (per cui se non sai di cosa si tratta puoi stare tranquillo). Per questo motivo, la Sezione 2.1 contiene un'introduzione completa alla teoria del grado per applicazioni continue dalla circonferenza in sé, e la Sezione 7.5 presenta ciò che ci serve della teoria dei rivestimenti fra superfici.

Ovviamente, questo non è il primo libro sull'argomento, e non sarebbe potuto essere scritto senza i precedenti. Abbiamo trovato particolarmente utili i testi classici di do Carmo [4] e Spivak [21], e quelli meno classici ma altrettanto validi di Lipschutz [13] e Montiel e Ros [16]; se questo libro ti è piaciuto quelli sono sicuramente altri testi da consultare. Un buon punto di partenza per lo studio della geometria differenziale di varietà di dimensioni qualsiasi, oltre a [21], è [12].

Infine, il gradito dovere dei ringraziamenti. Questo libro non sarebbe mai nato e sarebbe stato sicuramente peggiore senza l'aiuto, assistenza, comprensione e pazienza di (in ordine rigorosamente alfabetico) Luigi Ambrosio, Francesca Bonadei, Piermarco Cannarsa, Cinzia Casagrande, Ciro Ciliberto, Michele Grassi, Adele Manzella e Jasmin Raissy. Un ringraziamento speciale ai nostri studenti di tutti questi anni, che si sono sorbiti varie versioni delle dispense segnalando implacabilmente ogni più piccolo errore. E infine un ringraziamento specialissimo a Leonardo, Jacopo, Niccolò, Daniele, Maria Cristina e Raffaele, che hanno impavidamente sopportato la trasformazione dei loro genitori in appendice della tastiera del computer, e che col loro sorriso ci ricordano che il mondo un qualche senso ancora ce l'ha.

Pisa e Roma, Luglio 2006   *Marco Abate, Francesca Tovena*

Indice

1

Teoria locale delle curve

La geometria elementare fornisce un'idea abbastanza precisa e consolidata di cosa sia una retta, ma rimane spesso nel vago riguardo le curve in generale. Intuitivamente, la differenza fra una retta e una curva è che una retta è dritta mentre una curva è... curva, appunto. Ma è possibile misurare quanto una curva si curva, cioè quanto è distante dall'essere una retta? E cos'è, esattamente, una curva? Scopo principale di questo capitolo è rispondere a queste domande. Dopo aver discusso nei primi due paragrafi pregi e difetti di vari modi di definire rigorosamente il concetto di curva, nel terzo paragrafo mostreremo come gli strumenti del Calcolo Differenziale ci permettono di misurare con precisione la curvatura di una curva. Per curve nello spazio, misureremo anche la torsione di una curva, cioè quanto una curva non è contenuta in un piano, e faremo vedere come curvatura e torsione descrivano completamente una curva nello spazio. Infine, nei Complementi a questo capitolo daremo (nella Sezione *1.4*) ulteriori informazioni sulla forma locale di una curva; dimostreremo un risultato (il teorema di Whitney 1.1.7, nella Sezione *1.5*) utile per capire quale *non* dev'essere la definizione precisa del concetto di curva; studieremo (nella Sezione *1.6*) un tipo di curve particolarmente buone che prefigurano la definizione di superficie che vedremo nel Capitolo 3; e vedremo (nella Sezione *1.7*) come trattare le curve in $\mathbb{R}^n$ quando $n \geq 4$.

1.1 Il concetto di curva

Cos'è una curva (nel piano, nello spazio, in $\mathbb{R}^n$)? Siccome ci troviamo in un testo di Matematica e non in uno dedicato alla storia militare dei cavalleggeri prussiani, l'unica risposta accettabile a una domanda di questo genere è una definizione precisa, che identifichi esattamente quali oggetti meritano il nome di "curva" e quali no. Per arrivarci, cominciamo col compilare una lista di oggetti che riteniamo sicuramente essere delle curve, e una lista di oggetti che riteniamo sicuramente non lo siano, e cerchiamo poi di distillare proprietà possedute dai primi e non dai secondi.

Esempio 1.1.1. Ovviamente, dobbiamo partire dalle rette. Una retta nel piano può venire presentata in (almeno) tre modi diversi:

– come grafico di un polinomio di primo grado: $y = mx + q$ o $x = my + q$;
– come luogo di zeri di un polinomio di primo grado: $ax + by + c = 0$;
– come immagine di un'applicazione $f : \mathbb{R} \to \mathbb{R}^2$ del tipo $f(t) = (\alpha t + \beta, \gamma t + \delta)$.

Attenzione: negli ultimi due casi i coefficienti del polinomio (o dell'applicazione) non sono univocamente determinati dalla retta; polinomi (o applicazioni) diversi possono descrivere lo stesso sottoinsieme del piano.

Esempio 1.1.2. Se $I \subseteq \mathbb{R}$ è un intervallo e $f : I \to \mathbb{R}$ è una funzione (almeno) continua, allora il suo *grafico*

$$\Gamma_f = \big\{ (t, f(t)) \mid t \in I \big\} \subset \mathbb{R}^2$$

corrisponde sicuramente alla nostra idea intuitiva di curva. Nota che si ha

$$\Gamma_f = \{ (x, y) \in I \times \mathbb{R} \mid y - f(x) = 0 \} \, ,$$

per cui un grafico può essere sempre descritto anche come luogo di zeri. Inoltre, è anche l'immagine dell'applicazione $\sigma : I \to \mathbb{R}^2$ data da $\sigma(t) = (t, f(t))$.

Osservazione 1.1.3. A voler essere pignoli, quello definito nell'esempio precedente è un grafico rispetto alla *prima* coordinata. Un grafico rispetto alla *seconda* coordinata è invece un insieme della forma $\big\{ (f(t), t) \mid t \in I \big\}$, e ha altrettanto diritto a essere considerato una curva. Siccome si passa da un tipo di grafico all'altro semplicemente permutando le coordinate (operazione che geometricamente consiste nella riflessione rispetto a una retta), i due tipi di grafici sono per noi altrettanto validi, e nel seguito quando parleremo di grafico sottintenderemo spesso rispetto a quale coordinata.

Esempio 1.1.4. Una circonferenza di centro $(x_0, y_0) \in \mathbb{R}^2$ e raggio $r > 0$ è la curva di equazione

$$(x - x_0)^2 + (y - y_0)^2 = r^2 \, .$$

Nota che non è un grafico, rispetto a nessuna delle due coordinate. In compenso, può essere rappresentata come immagine dell'applicazione $\sigma : \mathbb{R} \to \mathbb{R}^2$ data da $\sigma(t) = (x_0 + r \cos t, y_0 + r \sin t)$.

Esempio 1.1.5. Aperti del piano, dischi chiusi e, più in generale, sottoinsiemi del piano con parte interna non vuota non corrispondono all'idea intuitiva di curva, per cui devono essere esclusi. Anche l'insieme $[0,1] \times [0,1] \setminus \mathbb{Q}^2$, pur avendo parte interna vuota, non ha certo l'aspetto di una curva.

Vediamo quali indicazioni possiamo trarre da questi esempi. Limitarsi ai grafici per definire le curve è troppo restrittivo, in quanto esclude oggetti come le circonferenze che sicuramente vogliamo siano considerate delle curve (nota però che le circonferenze sono localmente dei grafici; ci ritorneremo più oltre).

Sembra invece più promettente l'approccio tramite i luoghi di zeri di una funzione. Infatti, tutti gli esempi di curve visti finora (rette, grafici, circonferenze) sono descrivibili in questo modo; viceversa, un aperto del piano o l'insieme $[0,1] \times [0,1] \setminus \mathbb{Q}^2$ non possono essere il luogo di zeri di una funzione continua (perché?).

Siamo quindi portati a considerare insiemi della forma

$$C = \{(x,y) \in \Omega \mid f(x,y) = 0\} \subset \mathbb{R}^2$$

per opportune funzioni (almeno) continue $f: \Omega \to \mathbb{R}$, dove $\Omega \subseteq \mathbb{R}^2$ è aperto.

Ma bisogna stare attenti. Insiemi C di questo tipo sono chiusi nell'aperto Ω, e fin qui niente di male. Ma vale anche il viceversa:

Proposizione 1.1.6. *Sia $\Omega \subseteq \mathbb{R}^n$ aperto. Allora un sottoinsieme $C \subseteq \Omega$ è chiuso in Ω se e solo se esiste una funzione continua $f: \Omega \to \mathbb{R}$ tale che si abbia $C = \{x \in \Omega \mid f(x) = 0\} = f^{-1}(0)$.*

Dimostrazione. Basta definire $f: \Omega \to \mathbb{R}$ ponendo

$$f(x) = d(x,C) = \inf\{\|x - y\| \mid y \in C\}\,,$$

dove $\|\cdot\|$ è la solita norma euclidea in $\mathbb{R}^n$. Infatti, f è chiaramente continua, e $x \in C$ se e solo se $f(x) = 0$ (perché?). □

Dunque usando le funzioni continue otteniamo anche insiemi che decisamente non hanno alcun diritto a essere chiamati curve. Il problema però potrebbe essere causato dal fatto che le funzioni continue sono troppe, e non abbastanza regolari; potrebbe essere necessario limitarsi alle funzioni differenziabili.

(S)fortunatamente, questa precauzione non basta. Infatti, nella Sezione *1.5* dei complementi a questo capitolo dimostreremo il seguente

Teorema 1.1.7 (Whitney). *Sia $\Omega \subseteq \mathbb{R}^n$ aperto. Allora un sottoinsieme $C \subseteq \Omega$ è chiuso in Ω se e solo se esiste una funzione $f: \Omega \to \mathbb{R}$ di classe C^∞ tale che $C = f^{-1}(0)$.*

In altre parole, *qualsiasi* sottoinsieme chiuso è il luogo di zeri di una funzione C^∞, non soltanto di una funzione continua, e l'idea di definire il concetto di curva come luogo di zeri di una funzione differenziabile qualsiasi non è quindi praticabile.

Torniamo un attimo indietro, ed esaminiamo nuovamente gli Esempi 1.1.1, 1.1.2 e 1.1.4. In tutti e tre i casi, è possibile descrivere l'insieme come immagine di un'applicazione. Questo corrisponde, in un certo senso, a un'idea dinamica della curva, pensata come il luogo tracciato da un punto che si muove in modo continuo (o differenziabile) nel piano o nello spazio o, più in generale, in $\mathbb{R}^n$. Sia pure con un certo numero di precisazioni che faremo fra poco, questa idea si è rivelata vincente, e ha portato alla seguente definizione.

Definizione 1.1.8. Dato $k \in \mathbb{N} \cup \{\infty\}$ e $n \geq 2$, Una *curva parametrizzata* di classe C^k in $\mathbb{R}^n$ è un'applicazione $\sigma: I \to \mathbb{R}^n$ di classe C^k, dove $I \subseteq \mathbb{R}$ è un intervallo. L'immagine $\sigma(I)$ sarà detta *sostegno* (o *traccia*) della curva; la variabile $t \in I$ *parametro* della curva. Se $I = [a, b]$ e $\sigma(a) = \sigma(b)$, diremo che la curva è *chiusa*.

Osservazione 1.1.9. Se I non è un intervallo aperto, e $k \geq 1$, dire che σ è di classe C^k in I vuol dire che σ si estende a un'applicazione C^k definita in un intervallo aperto contenente propriamente I. Inoltre, se σ è chiusa di classe C^k, a meno di avviso contrario supporremo sempre che

$$\sigma'(a) = \sigma'(b), \ \sigma''(a) = \sigma''(b), \ldots, \sigma^{(k)}(a) = \sigma^{(k)}(b) \ .$$

In particolare, una curva chiusa regolare si prolunga sempre a un'applicazione $\hat{\sigma}: \mathbb{R} \to \mathbb{R}^n$ di classe C^k e *periodica*.

Esempio 1.1.10. Il grafico di una funzione $f: I \to \mathbb{R}^{n-1}$ di classe C^k è il sostegno della curva parametrizzata $\sigma: I \to \mathbb{R}^n$ data da $\sigma(t) = \big(t, f(t)\big)$.

Esempio 1.1.11. Dati v_0, $v_1 \in \mathbb{R}^n$ con $v_1 \neq O$, la curva parametrizzata $\sigma: \mathbb{R} \to \mathbb{R}^n$ data da $\sigma(t) = v_0 + tv_1$ ha come sostegno la *retta* passante per v_0 nella direzione di v_1.

Esempio 1.1.12. Le due curve parametrizzate σ_1, $\sigma_2: \mathbb{R} \to \mathbb{R}^2$ date da

$$\sigma_1(t) = (x_0 + r \cos t, y_0 + r \sin t) \quad \text{e} \quad \sigma_2(t) = (x_0 + r \cos 2t, y_0 + r \sin 2t)$$

hanno entrambe come sostegno la *circonferenza* di centro $(x_0, y_0) \in \mathbb{R}^2$ e raggio $r > 0$.

Esempio 1.1.13. La curva parametrizzata $\sigma: \mathbb{R} \to \mathbb{R}^3$ data da

$$\sigma(t) = (r \cos t, r \sin t, at) \ ,$$

con $a > 0$ e $b \in \mathbb{R}^*$, ha come sostegno l'*elica circolare* di *raggio* r e *passo* a; vedi la Fig 1.1.(a). Il sostegno dell'elica circolare è contenuto nel cilindro circolare retto di equazione $x^2 + y^2 = r^2$. Inoltre, per ogni $t \in \mathbb{R}$ i punti $\sigma(t)$ e $\sigma(t+2\pi)$ appartengono alla stessa direttrice del cilindro e distano $2\pi|a|$.

Esempio 1.1.14. La curva $\sigma: \mathbb{R} \to \mathbb{R}^2$ data da $\sigma(t) = (t, |t|)$ è una curva parametrizzata continua che non è di classe C^1 (ma vedi l'Esercizio 1.10).

Le curve parametrizzate che abbiamo visto finora (con l'eccezione della circonferenza; ne riparliamo fra un attimo) forniscono tutte un omeomorfismo fra l'intervallo di definizione e il sostegno. Ma non è sempre così:

Esempio 1.1.15. La curva $\sigma: \mathbb{R} \to \mathbb{R}^2$ data da $\sigma(t) = (t^3 - 4t, t^2 - 4)$ è una curva parametrizzata non iniettiva; vedi la Fig. 1.1.(b).

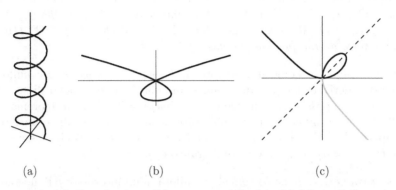

(a)   (b)   (c)

Figura 1.1. (a) elica circolare; (b) curva non iniettiva; (c) folium di Cartesio

Esempio 1.1.16. La curva $\sigma\colon(-1,+\infty) \to \mathbb{R}^2$ data da

$$\sigma(t) = \left(\frac{3t}{1+t^3}, \frac{3t^2}{1+t^3} \right)$$

è una curva parametrizzata iniettiva ma non è un omeomorfismo con l'immagine (perché?). L'insieme che si ottiene unendo il sostegno di σ con la sua riflessione rispetto alla retta $x = y$ si chiama *folium di Cartesio;* vedi la Fig. 1.1.(c).

Possiamo recuperare in questo contesto, almeno parzialmente, anche i luoghi di zeri. Non tutti, per il teorema di Whitney; saremo in grado di salvare localmente i luoghi di zeri di funzioni f con *gradiente* ∇f non nullo. Per farlo abbiamo bisogno di un classico teorema di Analisi Matematica, il *teorema della funzione implicita* (che puoi trovare dimostrato, per esempio, in [6], pag. 225 e 230):

Teorema 1.1.17 (della funzione implicita). *Sia* Ω *un aperto di* $\mathbb{R}^m \times \mathbb{R}^n$, *e* $f\colon\Omega \to \mathbb{R}^n$ *una funzione di classe* C^k, *con* $k \in \mathbb{N}^* \cup \{\infty\}$. *Indichiamo con* (x,y) *le coordinate di* $\mathbb{R}^{m+n}$, *dove* $x \in \mathbb{R}^m$ *e* $y \in \mathbb{R}^n$. *Sia* $p_0 = (x_0, y_0) \in \Omega$ *tale che*

$$f(p_0) = O \qquad e \qquad \det\left(\frac{\partial f_i}{\partial y_j}(p_0) \right)_{i,j=1,\dots,n} \neq 0 \,.$$

Allora esistono un intorno $U \subset \mathbb{R}^{m+n}$ *di* p_0, *un intorno* $V \subset \mathbb{R}^m$ *di* x_0 *e un'applicazione* $g\colon V \to \mathbb{R}^n$ *di classe* C^k *tale che* $U \cap \{p \in \Omega \mid f(p) = O\}$ *è costituito da tutti e soli i punti della forma* $\bigl(x, g(x)\bigr)$ *con* $x \in V$.

Possiamo quindi dimostrare che il luogo di zeri di una funzione con gradiente non nullo è (almeno localmente) un grafico:

Proposizione 1.1.18. *Sia $\Omega \subseteq \mathbb{R}^2$ aperto, e $f: \Omega \to \mathbb{R}$ una funzione di classe C^k, con $k \in \mathbb{N}^* \cup \{\infty\}$. Prendiamo $p_0 \in \Omega$ tale che $f(p_0) = 0$ ma $\nabla f(p_0) \neq O$. Allora esiste un intorno U di p tale che $U \cap \{p \in \Omega \mid f(p) = 0\}$ è un grafico di una funzione di classe C^k.*

Dimostrazione. Siccome il gradiente di f in $p = (x_0, y_0)$ è non nullo, una delle due derivate parziali di f non si annulla in p, e a meno di scambiare le coordinate possiamo supporre che $\partial f / \partial y(p) \neq 0$. Allora il Teorema 1.1.17 della funzione implicita ci dice che esistono un intorno U di p, un intervallo aperto $I \subseteq \mathbb{R}$ contenente x_0 e una funzione $g: I \to \mathbb{R}$ di classe C^k tali che $U \cap \{f = 0\}$ sia esattamente il grafico di g. $\square$

Osservazione 1.1.19. Se $\partial f / \partial x(p) \neq 0$ allora in un intorno di p il luogo di zeri di f è un grafico rispetto alla seconda coordinata.

In altre parole, il luogo di zeri di una funzione f di classe C^1 è *localmente* il sostegno di una curva parametrizzata nei punti in cui il gradiente di f non si annulla, essendo localmente un grafico.

Esempio 1.1.20. Il gradiente della funzione $f(x, y) = (x - x_0)^2 + (y - y_0)^2 - r^2$ si annulla solo in (x_0, y_0) che non è un punto del luogo di zeri di f. Coerentemente, ogni punto della circonferenza di centro (x_0, y_0) e raggio $r > 0$ ha un intorno che è un grafico rispetto a una delle due coordinate.

Ora, la definizione di curva parametrizzata non è ancora del tutto soddisfacente. Il problema è che talvolta due curve parametrizzate distinte come applicazioni sembrano descrivere quello che intuitivamente sembra essere lo stesso insieme geometrico. Un esempio è dato dalle due curve parametrizzate con sostegno una circonferenza descritte nell'Esempio 1.1.12; le due curve si differenziano solo per la velocità con cui percorrono la circonferenza, e nient'altro. Un altro esempio forse ancora più evidente (e che hai sicuramente già incontrato nei tuoi studi precedenti) è quello della retta: come ricordato anche nell'Esempio 1.1.1, la stessa retta può essere descritta come sostegno di più curve parametrizzate diverse, che differiscono soltanto per la velocità e il punto di partenza.

D'altra parte, non è neanche corretto limitarsi a considerare il sostegno di una curva parametrizzata. Due curve parametrizzate possono percorrere lo stesso sostegno in modi geometricamente diversi: per esempio, una potrebbe essere iniettiva mentre l'altra invece torna più volte su parti già tracciate prima di continuare. O anche, più semplicemente, due curve parametrizzate diverse potrebbero percorrere lo stesso sostegno un numero diverso di volte, come accade per esempio restringendo le curve dell'Esempio 1.1.12 a intervalli della forma $[0, 2k\pi]$.

Questo suggerisce di introdurre una relazione d'equivalenza sulla classe delle curve parametrizzate, in modo che due curve parametrizzate equivalenti descrivano davvero lo stesso oggetto geometrico. L'idea che possiamo permetterci solo di cambiare velocità e punto di partenza ma non tornare indietro cambiando talvolta direzione viene formalizzata usando il concetto di diffeomorfismo.

Definizione 1.1.21. Due curve parametrizzate $\sigma: I \to \mathbb{R}^n$ e $\tilde{\sigma}: \tilde{I} \to \mathbb{R}^n$ di classe C^k sono *equivalenti* se esiste un diffeomorfismo $h: \tilde{I} \to I$ di classe C^k tale che $\tilde{\sigma} = \sigma \circ h$; diremo anche che $\tilde{\sigma}$ è una *riparametrizzazione* di σ, e che h è un *cambiamento di parametro*.

Osservazione 1.1.22. Per noi un *diffeomorfismo di classe* C^k (con $k > 0$) è un omeomorfismo h fra due aperti di $\mathbb{R}^n$ tale che sia h sia la sua inversa h^{-1} siano di classe C^k. Per esempio, $h(x) = 2x$ è un diffeomorfismo di classe C^∞ di $\mathbb{R}$ con se stesso, mentre $g(x) = x^3$, pur essendo un omeomorfismo di $\mathbb{R}$ con se stesso, non è un diffeomorfismo, neppure di classe C^1, perché la funzione inversa $g^{-1}(x) = x^{1/3}$ non è di classe C^1.

In parole povere, quindi, due curve equivalenti differiscono solo per la velocità con cui sono percorse, mentre hanno uguale sostegno, si curvano (come vedremo) nello stesso modo, e più in generale hanno le stesse proprietà geometriche. Quindi siamo finalmente giunti alla definizione ufficiale di curva:

Definizione 1.1.23. Una *curva* di classe C^k in $\mathbb{R}^n$ è una classe d'equivalenza di curve parametrizzate di classe C^k in $\mathbb{R}^n$. Un elemento della classe d'equivalenza sarà chiamato *parametrizzazione* della curva.

Osservazione 1.1.24. Nel seguito, useremo quasi sempre la frase "sia $\sigma: I \to \mathbb{R}^n$ una curva" per dire che σ è una specifica parametrizzazione della curva che stiamo considerando.

Ci sono alcune curve che hanno una parametrizzazione che conserva con il sostegno un rapporto particolarmente stretto, e perciò meritano un nome speciale.

Definizione 1.1.25. Un *arco di Jordan* di classe C^k in $\mathbb{R}^n$ è una curva C che ammette una parametrizzazione $\sigma: I \to \mathbb{R}^n$, dove $I \subseteq \mathbb{R}$ è un intervallo, che sia un omeomorfismo con l'immagine. In questo caso, σ è detta *parametrizzazione globale* di C. Se I è un intervallo aperto (chiuso), a volte diremo che C è un arco di Jordan *aperto* (*chiuso*). Spesso si dice anche *arco semplice* invece di arco di Jordan.

Definizione 1.1.26. Una *curva di Jordan* di classe C^k in $\mathbb{R}^n$ è una curva C che ammette una parametrizzazione $\sigma: [a, b] \to \mathbb{R}^n$ chiusa di classe C^k e iniettiva sia su $[a, b)$ che su $(a, b]$. In particolare, il sostegno di C è omeomorfo a una circonferenza (perché?). L'estensione periodica $\hat{\sigma}$ di σ ricordata nell'Osservazione 1.1.9 è chiamata *parametrizzazione periodica* di C. Spesso (soprattutto se $n > 2$) si dice anche *curva semplice* invece di curva di Jordan.

Esempio 1.1.27. I grafici (Esempio 1.1.2), le rette (Esempio 1.1.11) e l'elica circolare (Esempio 1.1.13) sono archi di Jordan; la circonferenza (Esempio 1.1.4) è una curva di Jordan.

Esempio 1.1.28. L'*ellisse* $E \subset \mathbb{R}^2$ di *semiassi* a, $b > 0$ è il luogo di zeri della funzione $f\colon \mathbb{R}^2 \to \mathbb{R}$ data da $f(x,y) = (x/a)^2 + (y/b)^2 - 1$, cioè

$$E = \left\{ (x,y) \in \mathbb{R}^2 \;\middle|\; \frac{x^2}{a^2} + \frac{y^2}{b^2} = 1 \right\} .$$

Allora una parametrizzazione periodica di E di classe C^∞ è l'applicazione $\sigma\colon \mathbb{R} \to \mathbb{R}^2$ data da $\sigma(t) = (a\cos t, b\sin t)$.

Esempio 1.1.29. L'*iperbole* $I \subset \mathbb{R}^2$ di *semiassi* a, $b > 0$ è il luogo di zeri della funzione $f\colon \mathbb{R}^2 \to \mathbb{R}$ data da $f(x,y) = (x/a)^2 - (y/b)^2 - 1$, cioè

$$I = \left\{ (x,y) \in \mathbb{R}^2 \;\middle|\; \frac{x^2}{a^2} - \frac{y^2}{b^2} = 1 \right\} .$$

Una parametrizzazione globale della componente connessa di I contenuta nel semipiano destro è l'applicazione $\sigma\colon \mathbb{R} \to \mathbb{R}^2$ data da $\sigma(t) = (a\cosh t, b\sinh t)$.

Nella Definizione 1.1.21 di equivalenza di curve parametrizzate abbiamo permesso di cambiare il verso con cui viene percorsa la curva; in altri termini, abbiamo considerato anche diffeomorfismi con derivata sempre negativa. Come vedrai, in alcune situazioni sarà invece importante distinguere il verso con cui è percorsa la curva; per questo introduciamo una relazione d'equivalenza un po' più fine.

Definizione 1.1.30. Due curve parametrizzate $\sigma\colon I \to \mathbb{R}^n$ e $\tilde{\sigma}\colon \tilde{I} \to \mathbb{R}^n$ di classe C^k sono *equivalenti con la stessa orientazione* se esiste un cambiamento di parametro $h\colon \tilde{I} \to I$ da $\tilde{\sigma}$ a σ con derivata sempre positiva; sono *equivalenti con l'orientazione opposta* se esiste un cambiamento di parametro $h\colon \tilde{I} \to I$ da $\tilde{\sigma}$ a σ con derivata sempre negativa (nota che la derivata di un diffeomorfismo fra intervalli non può mai annullarsi, per cui è sempre positiva o sempre negativa). Una *curva orientata* è allora una classe d'equivalenza di curve parametrizzate con la stessa orientazione.

Esempio 1.1.31. Se $\sigma\colon I \to \mathbb{R}^n$ è una curva parametrizzata, allora la curva parametrizzata $\sigma^-\colon -I \to \mathbb{R}^n$, dove $-I = \{ t \in \mathbb{R} \mid -t \in I \}$, data da $\sigma^-(t) = \sigma(-t)$ è equivalente a σ ma con l'orientazione opposta.

Lavorare con classi d'equivalenza, in generale, è sempre un poco faticoso; bisogna scegliere un rappresentante, e controllare che tutti i risultati che si ottengono non dipendano dal rappresentante scelto. Esiste però una vasta classe di curve, le *curve regolari,* per cui è possibile scegliere in modo canonico una parametrizzazione, che rappresenta particolarmente bene la geometria della curva: la *parametrizzazione rispetto alla lunghezza d'arco*. L'esistenza di questa parametrizzazione canonica rende molto efficiente lo studio della geometria (e, in particolare, della geometria differenziale) delle curve, confermando a posteriori che abbiamo scelto la giusta definizione.

Nella prossima sezione introdurremo questa parametrizzazione speciale; invece, nella Sezione *1.6* dei Complementi a questo capitolo discuteremo un'altra possibile strada per definire il concetto di curva.

1.2 Lunghezza d'arco

Questo è un libro di Geometria Differenziale; quindi l'idea di fondo è studiare le proprietà geometriche delle curve (e delle superfici) usando tecniche prese in prestito dall'Analisi Matematica, e in particolare dal Calcolo Differenziale. Di conseguenza, a parte alcune situazioni particolari (quali la Sezione *2.5* dei Complementi al Capitolo 2), lavoreremo sempre con curve di classe almeno C^1, in modo da poter fare derivate.

La derivata di una parametrizzazione di una curva ci indica la velocità con cui stiamo percorrendo il sostegno della curva. La classe di curve la cui velocità non si annulla mai (per cui sappiamo sempre in che direzione la stiamo percorrendo) è, come vedremo, la classe giusta per gli scopi della Geometria Differenziale.

Definizione 1.2.1. Sia $\sigma: I \to \mathbb{R}^n$ una curva parametrizzata di classe (almeno) C^1. Il vettore $\sigma'(t)$ è il *vettore tangente* alla curva nel punto $\sigma(t)$. Se $t_0 \in I$ è tale che $\sigma'(t_0) \neq O$, allora la retta passante per $\sigma(t_0)$ e parallela a $\sigma'(t_0)$ è detta *retta tangente affine* alla curva nel punto $\sigma(t_0)$. Infine, se $\sigma'(t) \neq O$ per ogni $t \in I$ diremo che σ è *regolare*.

Osservazione 1.2.2. Il concetto di vettore tangente dipende dalla parametrizzazione scelta, mentre la retta tangente affine (quando esiste) e l'essere regolari sono proprietà della curva. Infatti, siano $\sigma: I \to \mathbb{R}^n$ e $\tilde{\sigma}: \tilde{I} \to \mathbb{R}^n$ due curve parametrizzate equivalenti di classe C^1, e $h: \tilde{I} \to I$ il cambiamento di parametro. Allora derivando $\tilde{\sigma} = \sigma \circ h$ otteniamo

$$\tilde{\sigma}'(t) = h'(t)\sigma'\big(h(t)\big) . \tag{1.1}$$

Siccome h' non si annulla mai, vediamo che la *lunghezza* del vettore tangente dipende dalla particolare parametrizzazione scelta, ma la sua direzione no; quindi la retta tangente affine in $\tilde{\sigma}(t) = \sigma\big(h(t)\big)$ determinata da $\tilde{\sigma}$ coincide con quella determinata da σ. Inoltre, $\tilde{\sigma}'$ non si annulla mai se e solo se σ' non si annulla mai; quindi l'essere regolare è una proprietà della curva, e non del singolo rappresentante.

Esempio 1.2.3. Grafici, rette, circonferenze, eliche circolari, e le curve degli Esempi 1.1.15 e 1.1.16 sono tutte curve regolari.

Esempio 1.2.4. La *cuspide* $\sigma \colon \mathbb{R} \to \mathbb{R}^2$ data da $\sigma(t) = (t^2, t^3)$ è una curva non regolare il cui sostegno non può essere il sostegno di una curva regolare; vedi la Fig 1.2 e l'Esercizio 1.95.

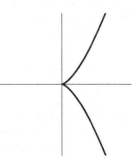

Figura 1.2. La cuspide

Come annunciato nella sezione precedente, il fatto che rende la teoria delle curve particolarmente semplice da trattare è che ogni curva regolare ha una parametrizzazione canonica (unica a meno del punto di partenza; vedi il Teorema 1.2.11), strettamente legata alle proprietà geometriche comuni a tutte le parametrizzazioni della curva. In particolare, per studiare la geometria di una curva regolare potremo spesso limitarci a lavorare con la parametrizzazione canonica.

Questa parametrizzazione canonica consiste essenzialmente nell'usare come parametro la lunghezza di una curva. Cominciamo quindi col definire cosa intendiamo con lunghezza di una curva.

Definizione 1.2.5. Sia $I = [a, b]$ un intervallo. Una *partizione* $\mathcal{P}$ di I è una $(k+1)$-upla $(t_0, \ldots, t_k) \in [a, b]^{k+1}$ con $a = t_0 < t_1 < \cdots < t_n = b$. Se $\mathcal{P}$ è una partizione di I, poniamo

$$\|\mathcal{P}\| = \max_{1 \le j \le k} |t_j - t_{j-1}| \, .$$

Definizione 1.2.6. Data una curva parametrizzata $\sigma \colon [a, b] \to \mathbb{R}^n$ e una partizione $\mathcal{P}$ di $[a, b]$, indichiamo con

$$L(\sigma, \mathcal{P}) = \sum_{j=1}^{k} \|\sigma(t_j) - \sigma(t_{j-1})\| \, ,$$

la lunghezza della poligonale di estremi $\sigma(t_0), \ldots, \sigma(t_k)$. Diremo che σ è *rettificabile* se il limite

$$L(\sigma) = \lim_{\|\mathcal{P}\| \to 0} L(\sigma, \mathcal{P})$$

esiste finito. Tale limite verrà chiamato *lunghezza* di σ.

Teorema 1.2.7. *Ogni curva parametrizzata* $\sigma\colon [a,b] \to \mathbb{R}^n$ *di classe* C^1 *è rettificabile, e si ha*

$$L(\sigma) = \int_a^b \|\sigma'(t)\| \, dt \, .$$

Dimostrazione. Essendo σ di classe C^1, l'integrale è finito. Quindi dobbiamo dimostrare che per ogni $\varepsilon > 0$ esiste $\delta > 0$ tale che se $\mathcal{P}$ è una partizione di $[a,b]$ con $\|\mathcal{P}\| < \delta$ allora

$$\left| \int_a^b \|\sigma'(t)\| \, dt - L(\sigma, \mathcal{P}) \right| < \varepsilon \, . \tag{1.2}$$

Cominciamo notando che per ogni partizione $\mathcal{P} = (t_0, \ldots, t_k)$ di $[a,b]$ e per ogni $j = 1, \ldots, k$ si ha

$$\|\sigma(t_j) - \sigma(t_{j-1})\| = \left\| \int_{t_{j-1}}^{t_j} \sigma'(t) \, dt \right\| \leq \int_{t_{j-1}}^{t_j} \|\sigma'(t)\| \, dt \, ,$$

per cui sommando su j troviamo

$$L(\sigma, \mathcal{P}) \leq \int_a^b \|\sigma'(t)\| \, dt \tag{1.3}$$

quale che sia la partizione $\mathcal{P}$.

Ora, fissato $\varepsilon > 0$, l'uniforme continuità di σ' sull'intervallo compatto $[a,b]$ ci fornisce un $\delta > 0$ tale che

$$|t - s| < \delta \Longrightarrow \|\sigma'(t) - \sigma'(s)\| < \frac{\varepsilon}{b - a} \tag{1.4}$$

per ogni $s, t \in [a,b]$. Sia $\mathcal{P} = (t_0, \ldots, t_k)$ una partizione di $[a,b]$ con $\|\mathcal{P}\| < \delta$. Per ogni $j = 1, \ldots, k$ e $s \in [t_{j-1}, t_j]$ abbiamo

$$\sigma(t_j) - \sigma(t_{j-1}) = \int_{t_{j-1}}^{t_j} \sigma'(s) \, dt + \int_{t_{j-1}}^{t_j} \big(\sigma'(t) - \sigma'(s) \big) \, dt$$

$$= (t_j - t_{j-1})\sigma'(s) + \int_{t_{j-1}}^{t_j} \big(\sigma'(t) - \sigma'(s) \big) \, dt \, .$$

Quindi

$$\|\sigma(t_j) - \sigma(t_{j-1})\| \geq (t_j - t_{j-1})\|\sigma'(s)\| - \int_{t_{j-1}}^{t_j} \|\sigma'(t) - \sigma'(s)\| \, dt$$

$$\geq (t_j - t_{j-1})\|\sigma'(s)\| - \frac{\varepsilon}{b - a}(t_j - t_{j-1}) \, ,$$

dove l'ultimo passaggio segue dal fatto che s, $t \in [t_{j-1}, t_j]$ implica $|t - s| < \delta$, e dunque possiamo applicare (1.4). Dividendo per $t_j - t_{j-1}$ otteniamo

$$\frac{\|\sigma(t_j) - \sigma(t_{j-1})\|}{t_j - t_{j-1}} \geq \|\sigma'(s)\| - \frac{\varepsilon}{b - a} \, ,$$

da cui integrando rispetto a s su $[t_{j-1}, t_j]$ segue che

$$\|\sigma(t_j) - \sigma(t_{j-1})\| \geq \int_{t_{j-1}}^{t_j} \|\sigma'(s)\| \, \mathrm{d}s - \frac{\varepsilon}{b - a}(t_j - t_{j-1}) \, .$$

Sommando su $j = 1, \ldots, k$ otteniamo quindi

$$L(\sigma, \mathcal{P}) \geq \int_a^b \|\sigma'(s)\| \, \mathrm{d}s - \varepsilon \, ,$$

che insieme alla (1.3) ci dà la (1.2). □

Corollario 1.2.8. *La lunghezza è una proprietà geometrica delle curve C^1, e non dipende dalla particolare parametrizzazione scelta. In altre parole, due curve parametrizzate di classe C^1 equivalenti (con sostegno un intervallo compatto) hanno sempre la stessa lunghezza.*

Dimostrazione. Siano $\sigma\colon [a, b] \to \mathbb{R}^n$ e $\tilde{\sigma}\colon [\tilde{a}, \tilde{b}] \to \mathbb{R}^n$ due curve parametrizzate equivalenti, e $h\colon [\tilde{a}, \tilde{b}] \to [a, b]$ il cambiamento di parametro. Allora (1.1) implica

$$L(\tilde{\sigma}) = \int_{\tilde{a}}^{\tilde{b}} \|\tilde{\sigma}'(t)\| \, \mathrm{d}t = \int_{\tilde{a}}^{\tilde{b}} \|\sigma'\big(h(t)\big)\| \, |h'(t)| \, \mathrm{d}t = \int_a^b \|\sigma'(\tau)\| \, \mathrm{d}\tau = L(\sigma) \, ,$$

grazie al classico teorema di cambiamento di variabile negli integrali. □

Osservazione 1.2.9. Attenzione: la lunghezza di una curva non dipende solo dal sostegno, in quanto una parametrizzazione non iniettiva può percorrere più volte gli stessi tratti. Per esempio, le due curve dell'Esempio 1.1.12 ristrette a $[0, 2\pi]$ hanno lunghezze diverse pur avendo lo stesso sostegno.

È giunto il momento di introdurre la parametrizzazione canonica tanto attesa:

Definizione 1.2.10. Sia $\sigma\colon I \to \mathbb{R}^n$ una curva di classe C^k (con $k \geq 1$). Fissato $t_0 \in I$, la *lunghezza d'arco* di σ (misurata a partire da t_0) è la funzione $s\colon I \to \mathbb{R}$ di classe C^k data da

$$s(t) = \int_{t_0}^t \|\sigma'(\tau)\| \, \mathrm{d}\tau \, .$$

Diremo poi che σ è *parametrizzata rispetto alla lunghezza d'arco* se $\|\sigma'\| \equiv 1$. In altre parole, σ è parametrizzata rispetto alla lunghezza d'arco se e solo se la sua lunghezza d'arco coincide col parametro t a meno di una traslazione, cioè $s(t) = t - t_0$.

Una curva parametrizzata rispetto alla lunghezza d'arco è chiaramente regolare. Il risultato fondamentale è che vale anche il viceversa:

Teorema 1.2.11. *Ogni curva orientata regolare ammette un'unica (a meno di traslazioni nel parametro) parametrizzazione rispetto alla lunghezza d'arco. Più precisamente, sia $\sigma\colon I \to \mathbb{R}^n$ una curva parametrizzata regolare di classe C^k. Fissato $t_0 \in I$, indichiamo con $s\colon I \to \mathbb{R}$ la lunghezza d'arco di σ misurata a partire da t_0. Allora $\tilde{\sigma} = \sigma \circ s^{-1}$ è (a meno di traslazioni nel parametro) l'unica curva di classe C^k regolare parametrizzata rispetto alla lunghezza d'arco equivalente a σ e con la sua stessa orientazione.*

Dimostrazione. Prima di tutto, $s' = \|\sigma'\|$ è sempre positiva, per cui $s\colon I \to s(I)$ è un'applicazione monotona crescente di classe C^k con inversa di classe C^k fra gli intervalli I e $\tilde{I} = s(I)$. Quindi $\tilde{\sigma} = \sigma \circ s^{-1}\colon \tilde{I} \to I$ è una curva parametrizzata equivalente a σ e con la stessa orientazione. Inoltre

$$\tilde{\sigma}'(t) = \frac{\sigma'\big(s^{-1}(t)\big)}{\big\|\sigma'\big(s^{-1}(t)\big)\big\|} \,,$$

per cui $\|\tilde{\sigma}'\| \equiv 1$, come richiesto.

Rimane da verificare l'unicità. Sia σ_1 un'altra curva parametrizzata verificante le ipotesi. Essendo equivalente a σ (e quindi a $\tilde{\sigma}_1$) con la stessa orientazione, deve esistere un cambiamento di parametro h con derivata sempre positiva tale che $\sigma_1 = \tilde{\sigma} \circ h$. Essendo sia $\tilde{\sigma}_1$ che σ_1 parametrizzate rispetto alla lunghezza d'arco, (1.1) implica $|h'| \equiv 1$; ma $h' > 0$ sempre, per cui necessariamente $h' \equiv 1$. Questo vuol dire che $h(t) = t + c$ per un opportuno $c \in \mathbb{R}$, per cui σ_1 differisce da $\tilde{\sigma}$ solo per una traslazione nel parametro. $\square$

Dunque ogni curva regolare ammetta un'essenzialmente unica parametrizzazione rispetto alla lunghezza d'arco. In alcuni testi, questa parametrizzazione viene chiamata *parametrizzazione naturale*.

Osservazione 1.2.12. Nel seguito useremo sempre la lettera s per indicare il parametro lunghezza d'arco, e la lettera t per indicare un parametro qualsiasi. Inoltre, le derivate rispetto al parametro lunghezza d'arco saranno indicate con un punto, mentre le derivate rispetto a un parametro qualsiasi con un apice. Per esempio, scriveremo $\dot{\sigma}$ per $d\sigma/ds$, e σ' per $d\sigma/dt$. La relazione fra $\dot{\sigma}$ e σ' segue facilmente dalla formula di derivazione di funzione composta:

$$\sigma'(t) = \frac{d\sigma}{dt}(t) = \frac{d\sigma}{ds}\big(s(t)\big) \times \frac{ds}{dt}(t) = \|\sigma'(t)\|\,\dot{\sigma}\big(s(t)\big) \,. \qquad (1.5)$$

Analogamente si ha

$$\dot{\sigma}(s) = \frac{1}{\big\|\sigma'\big(s^{-1}(s)\big)\big\|}\,\sigma'\big(s^{-1}(s)\big) \,,$$

dove in quest'ultima formula la lettera s indica sia il parametro che la funzione lunghezza d'arco. Come vedrai, l'uso della stessa lettera per indicare questi due concetti diversi non creerà, una volta abituaticisi, alcuna confusione.

Esempio 1.2.13. Sia $\sigma\colon \mathbb{R} \to \mathbb{R}^n$ una retta parametrizzata come nell'Esempio 1.1.11. Allora la lunghezza d'arco di σ a partire da 0 è $s(t) = \|v_1\|t$, per cui $s^{-1}(s) = s/\|v_1\|$. In particolare, una parametrizzazione della retta rispetto alla lunghezza d'arco è $\tilde{\sigma}(s) = v_0 + sv_1/\|v_1\|$.

Esempio 1.2.14. Sia $\sigma\colon [0, 2\pi] \to \mathbb{R}^2$ la parametrizzazione della circonferenza di centro $(x_0, y_0) \in \mathbb{R}^2$ e raggio $r > 0$ data da $\sigma(t) = (x_0 + r\cos t, y_0 + r\sin t)$. Allora la lunghezza d'arco di σ a partire da 0 è $s(t) = rt$, per cui $s^{-1}(s) = s/r$. In particolare, una parametrizzazione rispetto alla lunghezza d'arco della circonferenza è la $\tilde{\sigma}\colon [0, 2\pi r] \to \mathbb{R}^2$ data da $\tilde{\sigma}(s) = \big(x_0 + r\cos(s/r), y_0 + r\sin(s/r)\big)$.

Esempio 1.2.15. L'elica circolare $\sigma\colon \mathbb{R} \to \mathbb{R}^3$ di raggio $r > 0$ e passo $a \in \mathbb{R}^*$ descritta nell'Esempio 1.1.13 è tale che $\|\sigma'\| \equiv \sqrt{r^2 + a^2}$. Quindi una sua parametrizzazione rispetto alla lunghezza d'arco è

$$\tilde{\sigma}(s) = \left(r\cos\frac{s}{\sqrt{r^2 + a^2}}, r\sin\frac{s}{\sqrt{r^2 + a^2}}, \frac{as}{\sqrt{r^2 + a^2}} \right).$$

Esempio 1.2.16. La *catenaria* è il grafico del coseno iperbolico; quindi una parametrizzazione è la curva $\sigma\colon \mathbb{R} \to \mathbb{R}^2$ data da $\sigma(t) = (t, \cosh t)$. È una delle poche altre curve di cui possiamo esprimere la parametrizzazione rispetto alla lunghezza d'arco tramite funzioni elementari. Infatti $\sigma'(t) = (t, \sinh t)$, per cui

$$s(t) = \int_0^t \sqrt{1 + \sinh^2 \tau}\, d\tau = \int_0^t \cosh \tau\, d\tau = \sinh t$$

e

$$s^{-1}(s) = \operatorname{arc\,sinh} s = \log\big(s + \sqrt{1 + s^2}\big).$$

Ora, $\cosh\big(\log\big(s + \sqrt{1 + s^2}\big)\big) = \sqrt{1 + s^2}$, per cui la parametrizzazione della catenaria rispetto alla lunghezza d'arco è

$$\tilde{\sigma}(s) = \big(\log\big(s + \sqrt{1 + s^2}\big), \sqrt{1 + s^2}\big).$$

Esempio 1.2.17. Prendiamo invece l'ellisse E di semiassi a, $b > 0$, parametrizzata come nell'Esempio 1.1.28, e supponiamo $b > a$. Allora

$$s(t) = \int_0^t \sqrt{a^2\sin^2\tau + b^2\cos^2\tau}\, d\tau = b\int_0^t \sqrt{1 - \left(1 - \frac{a^2}{b^2}\right)\sin^2\tau}\, d\tau$$

è un integrale ellittico di secondo tipo, la cui inversa si esprime tramite le funzioni ellittiche di Jacobi. Quindi per calcolare la parametrizzazione rispetto alla lunghezza d'arco dell'ellisse siamo costretti a ricorrere a funzioni non elementari.

Osservazione 1.2.18. Il Teorema 1.2.11 dice che ogni curva regolare può essere parametrizzata rispetto alla lunghezza d'arco, almeno in teoria. In pratica, trovare la parametrizzazione rispetto alla lunghezza d'arco di una curva specifica può essere impossibile: infatti, come abbiamo visto negli esempi precedenti, per farlo è necessario calcolare l'inversa di una funzione ottenuta tramite un integrale. Per questo motivo d'ora in poi useremo la parametrizzazione rispetto alla lunghezza d'arco per introdurre le quantità geometriche che ci interesseranno (quali la curvatura), ma spiegheremo sempre come calcolare queste quantità partendo anche da una parametrizzazione qualsiasi.

1.3 Curvatura e torsione

In un certo senso, una retta è una curva che non cambia mai direzione. Infatti, il sostegno di una curva regolare è contenuto in una retta se e solo se il vettore tangente σ' ha direzione costante (vedi l'Esercizio 1.21). Di conseguenza, è ragionevole pensare che la variazione della direzione del vettore tangente ci possa dire quanto una curva si discosta dall'essere una retta. Per misurare efficacemente questa variazione (e quindi la curvatura della curva) useremo il versore tangente.

Definizione 1.3.1. Sia $\sigma\colon I \to \mathbb{R}^n$ una curva regolare di classe C^k. Il *versore tangente* a σ è l'applicazione $\mathbf{t}\colon I \to \mathbb{R}^n$ di classe C^{k-1} data da

$$\mathbf{t} = \frac{\sigma'}{\|\sigma'\|} \; ;$$

diremo anche che il versore $\mathbf{t}(t)$ è tangente alla curva σ nel punto $\sigma(t)$.

Osservazione 1.3.2. La (1.1) implica che il versore tangente dipende solo dalla curva orientata, e non dalla particolare parametrizzazione scelta. In particolare, se la curva σ è parametrizzata rispetto alla lunghezza d'arco, allora

$$\mathbf{t} = \dot{\sigma} = \frac{\mathrm{d}\sigma}{\mathrm{d}s} \,.$$

Il versore tangente dipende dall'orientazione della curva. Se $\mathbf{t}^-$ è il versore tangente della curva σ^- con orientazione opposta introdotta nell'Esempio 1.1.31, allora

$$\mathbf{t}^-(t) = -\mathbf{t}(-t) \,,$$

per cui il versore tangente cambia di segno cambiando orientazione.

   La variazione della direzione del vettore tangente può essere misurata dalla variazione del versore tangente, cioè dalla derivata di $\mathbf{t}$.

Definizione 1.3.3. Sia $\sigma\colon I \to \mathbb{R}^n$ una curva regolare di classe C^k (con $k \geq 2$) parametrizzata rispetto alla lunghezza d'arco. La *curvatura* di σ è la funzione $\kappa\colon I \to \mathbb{R}^+$ di classe C^{k-2} data da

$$\kappa(s) = \|\dot{\mathbf{t}}(s)\| = \|\ddot{\sigma}(s)\| \,.$$

Ovviamente, $\kappa(s)$ è la curvatura di σ nel punto $\sigma(s)$. Diremo che σ è *biregolare* se κ non si annulla mai. In questo caso il *raggio di curvatura* di σ nel punto $\sigma(s)$ è $r(s) = 1/\kappa(s)$.

Osservazione 1.3.4. Se $\sigma\colon I \to \mathbb{R}^n$ è una curva regolare con parametrizzazione qualsiasi, la *curvatura* $\kappa(t)$ di σ nel punto $\sigma(t)$ è definita riparametrizzando la curva rispetto alla lunghezza d'arco. Se $\sigma_1 = \sigma \circ s^{-1}$ è una parametrizzazione di σ rispetto alla lunghezza d'arco, e κ_1 è la curvatura di σ_1, allora definiamo $\kappa\colon I \to \mathbb{R}^+$ ponendo $\kappa(t) = \kappa_1\big(s(t)\big)$, in modo che la curvatura di σ nel punto $\sigma(t)$ sia uguale alla curvatura di σ_1 nel punto $\sigma_1\big(s(t)\big) = \sigma(t)$.

Esempio 1.3.5. La retta parametrizzata come nell'Esempio 1.2.13 ha versore tangente costante. Quindi la curvatura della retta è identicamente nulla.

Esempio 1.3.6. Sia $\sigma\colon [0, 2\pi r] \to \mathbb{R}^2$ la circonferenza di centro $(x_0, y_0) \in \mathbb{R}^2$ e raggio $r > 0$ parametrizzata rispetto alla lunghezza d'arco come nell'Esempio 1.2.14. Allora

$$\mathbf{t}(s) = \dot{\sigma}(s) = \big(-\sin(s/r), \cos(s/r)\big) \quad \text{e} \quad \dot{\mathbf{t}}(s) = \frac{1}{r}\big(-\cos(s/r), -\sin(s/r)\big) \,,$$

per cui σ ha curvatura costante $1/r$ (e questo è il motivo per cui l'inverso della curvatura si chiama raggio di curvatura; vedi anche l'Esempio 1.4.3).

Esempio 1.3.7. Sia $\sigma\colon \mathbb{R} \to \mathbb{R}^3$ l'elica circolare di raggio $r > 0$ e passo $a \in \mathbb{R}^*$ parametrizzata rispetto alla lunghezza d'arco come nell'Esempio 1.2.15. Allora

$$\mathbf{t}(s) = \left(-\frac{r}{\sqrt{r^2 + a^2}} \sin \frac{s}{\sqrt{r^2 + a^2}}, \frac{r}{\sqrt{r^2 + a^2}} \cos \frac{s}{\sqrt{r^2 + a^2}}, \frac{a}{\sqrt{r^2 + a^2}}\right)$$

e

$$\dot{\mathbf{t}}(s) = -\frac{r}{r^2 + a^2} \left(\cos \frac{s}{\sqrt{r^2 + a^2}}, \sin \frac{s}{\sqrt{r^2 + a^2}}, 0\right) ,$$

per cui l'elica ha curvatura costante

$$\kappa \equiv \frac{r}{r^2 + a^2} \cdot$$

Esempio 1.3.8. Sia $\sigma\colon \mathbb{R} \to \mathbb{R}^2$ la catenaria parametrizzata rispetto alla lunghezza d'arco come nell'Esempio 1.2.16. Allora

$$\mathbf{t}(s) = \left(\frac{1}{\sqrt{1 + s^2}}, \frac{s}{\sqrt{1 + s^2}}\right)$$

e

$$\dot{\mathbf{t}}(s) = \left(-\frac{s}{(1 + s^2)^{3/2}}, \frac{1}{(1 + s^2)^{3/2}}\right) ,$$

per cui la catenaria ha curvatura

$$\kappa(s) = \frac{1}{1 + s^2} \cdot$$

Ora, è ragionevole pensare che anche la direzione del vettore $\dot{\mathbf{t}}$ contenga informazioni geometriche rilevanti sulla curva, in quanto indica la direzione in cui la curva si sta piegando. Inoltre, il vettore $\dot{\mathbf{t}}$ non può essere un vettore qualsiasi. Infatti, essendo $\mathbf{t}$ un versore, abbiamo

$$\langle \mathbf{t}, \mathbf{t} \rangle \equiv 1 \,,$$

dove $\langle \cdot, \cdot \rangle$ è il prodotto scalare canonico in $\mathbb{R}^n$, per cui derivando otteniamo

$$\langle \dot{\mathbf{t}}, \mathbf{t} \rangle \equiv 0 \,.$$

In altre parole, $\dot{\mathbf{t}}$ è *sempre ortogonale a* $\mathbf{t}$.

Definizione 1.3.9. Sia $\sigma\colon I \to \mathbb{R}^n$ una curva di classe C^k (con $k \geq 2$) biregolare parametrizzata rispetto alla lunghezza d'arco. Il *versore normale* alla curva è l'applicazione $\mathbf{n}\colon I \to \mathbb{R}^n$ di classe C^{k-2} data da

$$\mathbf{n} = \frac{\dot{\mathbf{t}}}{\|\dot{\mathbf{t}}\|} = \frac{\dot{\mathbf{t}}}{\kappa} \,.$$

Il piano passante per $\sigma(s)$ e parallelo a $\mathrm{Span}\big(\mathbf{t}(s), \mathbf{n}(s)\big)$ è detto *piano osculatore* alla curva in $\sigma(s)$.

Prima di procedere oltre, dobbiamo mostrare come calcolare curvatura e versore normale anche senza la parametrizzazione rispetto alla lunghezza d'arco, in modo da mantenere la promessa fatta nell'Osservazione 1.2.18:

Lemma 1.3.10. *Sia* $\sigma\colon I \to \mathbb{R}^n$ *una curva regolare con parametrizzazione qualsiasi. Allora la curvatura* $\kappa\colon I \to \mathbb{R}^+$ *di* σ *è data da*

$$\kappa = \frac{\sqrt{\|\sigma'\|^2 \|\sigma''\|^2 - |\langle \sigma'', \sigma' \rangle|^2}}{\|\sigma'\|^3} \,. \tag{1.6}$$

In particolare, σ *è biregolare se e solo se* σ' *e* σ'' *sono sempre linearmente indipendenti, e in tal caso*

$$\mathbf{n} = \frac{1}{\sqrt{\|\sigma''\|^2 - \frac{|\langle \sigma'', \sigma' \rangle|^2}{\|\sigma'\|^2}}} \left(\sigma'' - \frac{\langle \sigma'', \sigma' \rangle}{\|\sigma'\|^2} \sigma' \right) \,. \tag{1.7}$$

Dimostrazione. Sia $s\colon I \to \mathbb{R}$ la lunghezza d'arco di σ misurata a partire da un punto qualsiasi. La (1.5) dà

$$\mathbf{t}\big(s(t)\big) = \frac{\sigma'(t)}{\|\sigma'(t)\|} \,;$$

siccome

$$\frac{\mathrm{d}}{\mathrm{d}t} \mathbf{t}\big(s(t)\big) = \frac{\mathrm{d}\mathbf{t}}{\mathrm{d}s}\big(s(t)\big) \times \frac{\mathrm{d}s}{\mathrm{d}t}(t) = \|\sigma'(t)\| \dot{\mathbf{t}}\big(s(t)\big) \,,$$

troviamo

$$\dot{\mathbf{t}}\big(s(t)\big) = \frac{1}{\|\sigma'(t)\|} \frac{\mathrm{d}}{\mathrm{d}t} \left(\frac{\sigma'(t)}{\|\sigma'(t)\|} \right)$$

$$= \frac{1}{\|\sigma'(t)\|^2} \left(\sigma''(t) - \frac{\langle \sigma''(t), \sigma'(t) \rangle}{\|\sigma'(t)\|^2} \sigma'(t) \right) ; \qquad (1.8)$$

nota che $\dot{\mathbf{t}}\big(s(t)\big)$ è un multiplo della componente di $\sigma''(t)$ ortogonale a $\sigma'(t)$. Infine,

$$\kappa(t) = \big\|\dot{\mathbf{t}}\big(s(t)\big)\big\| = \frac{1}{\|\sigma'(t)\|^2} \sqrt{\|\sigma''(t)\|^2 - \frac{|\langle \sigma''(t), \sigma'(t) \rangle|^2}{\|\sigma'(t)\|^2}} ,$$

e ci siamo, in quanto l'ultima affermazione segue dalla disuguaglianza di Cauchy-Schwarz, e (1.7) segue da (1.8).   □

Siamo quindi in grado di completare il calcolo della curvatura e del versore normale per le curve degli Esempi 1.3.6–1.3.12.

Esempio 1.3.11. Sia $\sigma \colon \mathbb{R} \to \mathbb{R}^2$ l'ellisse di semiassi a, $b > 0$ parametrizzata come nell'Esempio 1.1.28. Allora $\sigma'(t) = (-a \sin t, b \cos t)$, per cui

$$\mathbf{t}(t) = \frac{\sigma'(t)}{\|\sigma'(t)\|} = \frac{1}{\sqrt{a^2 \sin^2 t + b^2 \cos^2 t}} (-a \sin t, b \cos t)$$

e la curvatura dell'ellisse è data da

$$\kappa(t) = \frac{ab}{(a^2 \sin^2 t + b^2 \cos^2 t)^{3/2}} .$$

Esempio 1.3.12. Sia $\sigma \colon I \to \mathbb{R}^n$ data da $\sigma(t) = \big(t, f(t)\big)$ il grafico dell'applicazione $f \colon I \to \mathbb{R}^{n-1}$ di classe (almeno) C^2. Allora

$$\mathbf{t} = \frac{1}{\sqrt{1 + \|f'\|^2}} (1, f')$$

e

$$\kappa = \frac{\sqrt{(1 + \|f'\|^2)\|f''\|^2 - |\langle f'', f' \rangle|^2}}{(1 + \|f'\|^2)^{3/2}} .$$

In particolare, σ è biregolare se e solo se f'' non si annulla mai (perché?).

Esempio 1.3.13. Il versore normale di una circonferenza di raggio $r > 0$ è

$$\mathbf{n}(s) = \big(-\cos(s/r), -\sin(s/r) \big) ;$$

quello di un'elica circolare di raggio $r > 0$ e passo $a \in \mathbb{R}^*$ è

$$\mathbf{n}(s) = \left(-\cos \frac{s}{\sqrt{r^2 + a^2}}, -\sin \frac{s}{\sqrt{r^2 + a^2}}, 0 \right) ;$$

quello della catenaria è

$$\mathbf{n}(s) = \left(-\frac{s}{\sqrt{1+s^2}}, \frac{1}{\sqrt{1+s^2}}\right) \ ;$$

quello dell'ellisse di semiassi a, $b > 0$ è

$$\mathbf{n}(t) = \frac{1}{\sqrt{a^2 \sin^2 t + b^2 \cos^2 t}} (-b\cos t, -a\sin t) \ ;$$

e quello del grafico della funzione f è

$$\mathbf{n}(t) = \frac{1}{\sqrt{\|f''\|^2 - |\langle f'', f'\rangle|^2/(1+\|f'\|^2)}} \left(-\frac{\langle f'', f'\rangle}{1+\|f'\|^2}, f'' - \frac{\langle f'', f'\rangle}{1+\|f'\|^2}f'\right) \ .$$

Osservazione 1.3.14. Per definire il versore normale abbiamo avuto bisogno di supporre che la curva forse biregolare. Se però la curva è *piana,* per definire un versore normale è sufficiente la regolarità.

Infatti, se $\sigma\colon I \to \mathbb{R}^2$ è una curva piana di classe C^k regolare parametrizzata rispetto alla lunghezza d'arco, per ogni $s \in I$ esiste un unico versore $\tilde{\mathbf{n}}(s)$ ortogonale a $\mathbf{t}(s)$ e tale che la coppia $\{\mathbf{t}(s), \tilde{\mathbf{n}}(s)\}$ abbia la stessa orientazione della base canonica. In coordinate,

$$\mathbf{t}(s) = (a_1, a_2) \quad \Longrightarrow \quad \tilde{\mathbf{n}}(s) = (-a_2, a_1) \ ;$$

in particolare, l'applicazione $\tilde{\mathbf{n}}\colon I \to \mathbb{R}^2$ è di classe C^{k-1}, come $\mathbf{t}$. Inoltre $\dot{\mathbf{t}}(s)$, essendo ortogonale a $\mathbf{t}(s)$, dev'essere un multiplo di $\tilde{\mathbf{n}}(s)$; quindi esiste una funzione $\tilde{\kappa}\colon I \to \mathbb{R}$ di classe C^{k-2} tale che si abbia

$$\dot{\mathbf{t}} = \tilde{\kappa}\tilde{\mathbf{n}} \ . \tag{1.9}$$

Definizione 1.3.15. Se $\sigma\colon I \to \mathbb{R}^2$ è una curva di classe C^k (con $k \geq 2$) regolare nel piano parametrizzata rispetto alla lunghezza d'arco, l'applicazione $\tilde{\mathbf{n}}\colon I \to \mathbb{R}^2$ di classe C^{k-1} appena definita è il versore *normale orientato* di σ, mentre la funzione $\tilde{\kappa}\colon I \to \mathbb{R}$ di classe C^{k-2} è la *curvatura orientata* di σ.

Osservazione 1.3.16. Siccome, per costruzione, abbiamo $\det(\mathbf{t}, \tilde{\mathbf{n}}) \equiv 1$, la curvatura orientata si ottiene con la formula

$$\tilde{\kappa} = \det(\mathbf{t}, \dot{\mathbf{t}}) \ . \tag{1.10}$$

In parole povere, questo vuol dire che se $\tilde{\kappa} > 0$ allora la curva si sta piegando in senso antiorario, mentre se $\tilde{\kappa} < 0$ allora la curva si sta piegando in senso orario. Infine, se $\sigma\colon I \to \mathbb{R}^2$ è una curva piana con parametrizzazione qualsiasi, la curvatura orientata di σ nel punto $\sigma(t)$ è data da (vedi il Problema 1.1)

$$\tilde{\kappa}(t) = \frac{1}{\|\sigma'(t)\|^3} \det\big(\sigma'(t), \sigma''(t)\big) \ . \tag{1.11}$$

Osservazione 1.3.17. La curvatura orientata $\tilde{\kappa}$ di una curva piana è legata alla curvatura usuale κ dall'identità $\kappa = |\tilde{\kappa}|$. In particolare, il versore normale introdotto nella Definizione 1.3.9 coincide col versore normale orientato $\tilde{n}$ quando la curvatura orientata è positiva, e col suo opposto quando la curvatura orientata è negativa.

Esempio 1.3.18. I conti dell'Esempio 1.3.6 mostrano che la curvatura orientata della circonferenza di centro $(x_0, y_0) \in \mathbb{R}^2$ e raggio $r > 0$, parametrizzata rispetto alla lunghezza d'arco, è identicamente uguale alla costante $1/r$. Viceversa, sia $\sigma = (\sigma_1, \sigma_2) \colon I \to \mathbb{R}^2$ una curva regolare parametrizzata rispetto alla lunghezza d'arco con curvatura orientata costante $1/r \neq 0$. Allora le coordinate di σ soddisfano il sistema lineare di equazioni differenziali ordinarie

$$\begin{cases} \ddot{\sigma}_1 = -\frac{1}{r}\dot{\sigma}_2 \, , \\ \ddot{\sigma}_2 = \frac{1}{r}\dot{\sigma}_1 \, . \end{cases}$$

Ricordando che $\dot{\sigma}_1^2 + \dot{\sigma}_2^2 \equiv 1$, troviamo che deve esistere un $s_0 \in \mathbb{R}$ tale che

$$\dot{\sigma}(s) = \left(-\sin\frac{s + s_0}{r}, \cos\frac{s + s_0}{r} \right),$$

e quindi il sostegno di σ è contenuto (perché?) in una circonferenza di raggio $|r|$. In altri termini, le circonferenze sono caratterizzate dall'avere curvatura orientata costante non nulla.

Come vedremo fra poco (e come anticipato dal precedente esempio), in un senso molto preciso la curvatura orientata determina completamente una curva piana: due curve piane parametrizzate rispetto alla lunghezza d'arco con la stessa curvatura orientata differiscono solo per un movimento rigido del piano (Teorema 1.3.37 ed Esercizio 1.48).

Le curve nello spazio, invece, non sono completamente determinate dalla sola curvatura. Del resto, è comprensibile: nello spazio, una curva oltre a piegarsi può anche torcersi (cioè uscire da un piano). E se $n > 3$ una curva in $\mathbb{R}^n$ può ipertorcersi in altre dimensioni ancora. Per chiarezza espositiva *nel resto di questo paragrafo considereremo* (quasi) *esclusivamente curve nello spazio* $\mathbb{R}^3$, rimandando il resto della trattazione delle curve in $\mathbb{R}^n$ alla Sezione 1.7 dei Complementi a questo capitolo.

Se il sostegno di una curva regolare è contenuto in un piano, è chiaro (perché? Vedi la dimostrazione della Proposizione 1.3.25) che il piano osculatore della curva è costante. Questo suggerisce che si possa misurare quanto una curva nello spazio non è piana studiando quanto varia il piano osculatore. Siccome un piano (per l'origine in $\mathbb{R}^3$) è completamente determinato dalla sua direzione ortogonale, siamo portati alla seguente

Definizione 1.3.19. Sia $\sigma \colon I \to \mathbb{R}^3$ una curva biregolare di classe C^k. Il *versore binormale* alla curva è l'applicazione $\mathbf{b} \colon I \to \mathbb{R}^3$ di classe C^{k-2} data da $\mathbf{b} = \mathbf{t} \wedge \mathbf{n}$, dove $\wedge$ indica il prodotto vettore in $\mathbb{R}^3$. La terna $\{\mathbf{t}, \mathbf{n}, \mathbf{b}\}$ di applicazioni a valori in $\mathbb{R}^3$ è detta *riferimento di Frenet* associato alla curva.

Dunque abbiamo associato a ogni punto di una curva biregolare nello spazio una base $\{\mathbf{t}(s), \mathbf{n}(s), \mathbf{b}(s)\}$ ortonormale di $\mathbb{R}^3$ con la stessa orientazione della base canonica, che varia lungo la curva (vedi la Fig. 1.3).

Osservazione 1.3.20. Il riferimento di Frenet dipende dall'orientazione della curva. Infatti, se indichiamo con $\{\mathbf{t}^-, \mathbf{n}^-, \mathbf{b}^-\}$ il riferimento di Frenet associato alla curva σ^- equivalente a σ con orientazione opposta data da $\sigma^-(s) = \sigma(-s)$ si ha

$$\mathbf{t}^-(s) = -\mathbf{t}(-s)\,, \qquad \mathbf{n}^-(s) = \mathbf{n}(-s)\,, \qquad \mathbf{b}^-(s) = -\mathbf{b}(-s)\,.$$

Inoltre, essendo stato definito a partire da una parametrizzazione rispetto alla lunghezza d'arco, il riferimento di Frenet dipende solo dalla curva orientata, e non dalla particolare parametrizzazione scelta per calcolarlo.

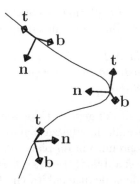

Figura 1.3. Il riferimento di Frenet

Esempio 1.3.21. Sia $\sigma\colon \mathbb{R} \to \mathbb{R}^3$ l'elica circolare di raggio $r > 0$ e passo $a \in \mathbb{R}^*$ parametrizzata rispetto alla lunghezza d'arco come nell'Esempio 1.2.15. Allora

$$\mathbf{b}(s) = \left(\frac{a}{\sqrt{r^2 + a^2}} \sin \frac{s}{\sqrt{r^2 + a^2}}, -\frac{a}{\sqrt{r^2 + a^2}} \cos \frac{s}{\sqrt{r^2 + a^2}}, \frac{r}{\sqrt{r^2 + a^2}} \right)\,.$$

Esempio 1.3.22. Se identifichiamo $\mathbb{R}^2$ col piano $\{z = 0\}$ dello spazio, possiamo pensare ogni curva piana come una curva nello spazio. Con questa convenzione si vede subito (perché?) che il versore binormale di una curva biregolare $\sigma\colon I \to \mathbb{R}^2$ è costantemente $(0, 0, 1)$ se la curvatura orientata di σ è positiva, e costantemente $(0, 0, -1)$ se la curvatura orientata di σ è negativa.

Esempio 1.3.23. Se $\sigma\colon I \to \mathbb{R}^3$ è il grafico di una funzione $f = (f_1, f_2)\colon I \to \mathbb{R}^2$ con f'' mai nulla allora

$$\mathbf{b} = \frac{1}{\sqrt{\|f''\|^2 + |\det(f', f'')|^2}} \left(\det(f', f''), -f_2'', f_1'' \right)\,.$$

Osservazione 1.3.24. Ricordando la Proposizione 1.3.10 si vede subito che il versore binormale di una curva biregolare $\sigma\colon I \to \mathbb{R}^3$ con parametrizzazione qualunque è dato da

$$\mathbf{b} = \frac{\sigma' \wedge \sigma''}{\|\sigma' \wedge \sigma''\|} \cdot \tag{1.12}$$

In particolare, otteniamo un'altra formula per il calcolo del versore normale delle curve in $\mathbb{R}^3$:

$$\mathbf{n} = \mathbf{b} \wedge \mathbf{t} = \frac{(\sigma' \wedge \sigma'') \wedge \sigma'}{\|\sigma' \wedge \sigma''\| \, \|\sigma'\|} \cdot$$

Inoltre, la formula (1.6) per il calcolo della curvatura diventa

$$\kappa = \frac{\|\sigma' \wedge \sigma''\|}{\|\sigma'\|^3} \cdot \tag{1.13}$$

La proposizione seguente conferma la correttezza della nostra intuizione che la variazione del vettore binormale misuri quanto una curva non è piana:

Proposizione 1.3.25. *Sia $\sigma\colon I \to \mathbb{R}^3$ una curva biregolare di classe C^k (con $k \geq 2$). Allora il sostegno di σ è contenuto in un piano se e solo se il versore binormale è costante.*

Dimostrazione. Senza perdita di generalità possiamo supporre che la curva σ sia parametrizzata rispetto alla lunghezza d'arco.

Se il sostegno di σ è contenuto in un piano, deve esistere un piano H passante per l'origine tale che si abbia $\sigma(s) - \sigma(s') \in H$ per ogni s, $s' \in I$. Scrivendo il rapporto incrementale si deduce subito che $\mathbf{t}(s) \in H$ per ogni $s \in I$. In maniera analoga si mostra che $\dot{\mathbf{t}}(s) \in H$ per ogni $s \in I$, e quindi $\mathbf{n}(s) \in H$ per ogni $s \in I$. Quindi $\mathbf{b}(s)$ è sempre uno dei due versori ortogonali a π; dovendo variare con continuità, è costante.

Viceversa, supponiamo che il versore binormale sia un vettore costante $\mathbf{b}_0$; vogliamo dimostrare che il sostegno di σ è contenuto in un piano. Ora, un piano è determinato da un suo punto e da un versore ortogonale: un punto $p \in \mathbb{R}^3$ appartiene al piano passante per $p_0 \in \mathbb{R}^3$ e ortogonale al vettore $v \in \mathbb{R}^3$ se e solo se $\langle p - p_0, v \rangle = 0$. Prendiamo $s_0 \in I$; vogliamo dimostrare che il sostegno di σ è contenuto nel piano passante per $\sigma(s_0)$ e ortogonale a $\mathbf{b}_0$. Questo equivale a far vedere che

$$\langle \sigma(s), \mathbf{b}_0 \rangle \equiv \langle \sigma(s_0), \mathbf{b}_0 \rangle \,,$$

ovvero che la funzione $s \mapsto \langle \sigma(s), \mathbf{b}_0 \rangle$ è costante. E infatti abbiamo

$$\frac{\mathrm{d}}{\mathrm{d}s} \langle \sigma, \mathbf{b}_0 \rangle = \langle \mathbf{t}, \mathbf{b}_0 \rangle \equiv 0 \,,$$

in quanto $\mathbf{t}$ è sempre ortogonale al versore binormale, per cui il sostegno di σ è effettivamente contenuto nel piano di equazione $\langle p - \sigma(s_0), \mathbf{b}_0 \rangle = 0$. $\qquad\square$

Questo risultato suggerisce che la derivata del versore binormale possa misurare quanto una curva biregolare non è piana. Ora, **b** è un versore; quindi derivando $\langle \mathbf{b}, \mathbf{b} \rangle \equiv 1$ otteniamo $\langle \dot{\mathbf{b}}, \mathbf{b} \rangle \equiv 0$, cioè $\dot{\mathbf{b}}$ è sempre ortogonale a **b**. D'altra parte,

$$\dot{\mathbf{b}} = \dot{\mathbf{t}} \wedge \mathbf{n} + \mathbf{t} \wedge \dot{\mathbf{n}} = \mathbf{t} \wedge \dot{\mathbf{n}} \,,$$

per cui $\dot{\mathbf{b}}$ è perpendicolare anche a **t**; quindi $\dot{\mathbf{b}}$ dev'essere un multiplo di **n**.

Definizione 1.3.26. Sia $\sigma\colon I \to \mathbb{R}^3$ una curva di classe C^k (con $k \geq 3$) biregolare parametrizzata rispetto alla lunghezza d'arco. La *torsione* di σ è la funzione $\tau\colon I \to \mathbb{R}$ di classe C^{k-3} tale che $\dot{\mathbf{b}} = -\tau\mathbf{n}$. (*Attenzione:* in alcuni testi la torsione viene definita come l'opposto della funzione da noi introdotta.)

Osservazione 1.3.27. Dunque la Proposizione 1.3.25 può essere riformulata dicendo che *il sostegno di una curva biregolare σ è contenuto in un piano se e solo se σ ha torsione identicamente nulla* (ma vedi l'Esercizio 1.29 per un esempio di cosa può succedere se la curva non è biregolare anche in un solo punto). Nella Sezione *1.4* dei complementi a questo capitolo daremo un'interpretazione geometrica del segno della torsione.

Osservazione 1.3.28. La curvatura e la torsione non dipendono dall'orientazione della curva. Più precisamente, se $\sigma\colon I \to \mathbb{R}^3$ è una curva biregolare parametrizzata rispetto alla lunghezza d'arco, e σ^- è la solita curva parametrizzata rispetto alla lunghezza d'arco equivalente a σ ma con l'orientazione opposta data da $\sigma^-(s) = \sigma(-s)$, allora la curvatura κ^- e la torsione τ^- di σ^- sono tali che

$$\kappa^-(s) = \kappa(-s) \,, \quad \text{e} \quad \tau^-(s) = \tau(-s) \,.$$

Osservazione 1.3.29. La curvatura orientata e il versore normale orientato di curve piane dipendono dall'orientazione della curva. Infatti, con le notazioni dell'osservazione precedente applicate a una curva piana σ, troviamo

$$\mathbf{t}^-(s) = -\mathbf{t}(-s) \,, \quad \tilde{\kappa}^-(s) = -\tilde{\kappa}(-s) \,, \quad \tilde{\mathbf{n}}^-(s) = -\tilde{\mathbf{n}}(-s) \,.$$

Osservazione 1.3.30. Per trovare la torsione di una curva biregolare $\sigma\colon I \to \mathbb{R}^3$ con parametrizzazione qualsiasi, notiamo che $\tau = -\langle \dot{\mathbf{b}}, \mathbf{n} \rangle$. Derivando la (1.12) otteniamo

$$\dot{\mathbf{b}} = \frac{d\mathbf{b}}{ds} = \frac{dt}{ds}\frac{d\mathbf{b}}{dt} = \frac{1}{\|\sigma'\|} \left[\frac{\sigma' \wedge \sigma'''}{\|\sigma' \wedge \sigma''\|} - \frac{\langle \sigma' \wedge \sigma'', \sigma' \wedge \sigma''' \rangle}{\|\sigma' \wedge \sigma''\|^3} \sigma' \wedge \sigma'' \right] \,.$$

Quindi ricordando la (1.7) ricaviamo

$$\tau = -\frac{\langle \sigma' \wedge \sigma''', \sigma'' \rangle}{\|\sigma' \wedge \sigma''\|^2} = \frac{\langle \sigma' \wedge \sigma'', \sigma''' \rangle}{\|\sigma' \wedge \sigma''\|^2} \,.$$

Esempio 1.3.31. Se $\sigma\colon I \to \mathbb{R}^3$ è la solita parametrizzazione $\sigma(t) = \big(t, f(t)\big)$ del grafico di una funzione $f\colon I \to \mathbb{R}^2$ con f'' mai nulla, allora

$$\tau = \frac{\det(f'', f''')}{\|f''\|^2 + |\det(f', f'')|^2} \,.$$

Esempio 1.3.32. Sia $\sigma\colon \mathbb{R} \to \mathbb{R}^3$ l'elica circolare di raggio $r > 0$ e passo $a \in \mathbb{R}^*$ parametrizzata rispetto alla lunghezza d'arco come nell'Esempio 1.2.15. Allora derivando il versore binormale ottenuto nell'Esempio 1.3.21 e ricordando l'Esempio 1.3.13 troviamo

$$\tau(s) \equiv \frac{a}{r^2 + a^2} \ .$$

Quindi l'elica circolare ha curvatura e torsione costanti.

Abbiamo calcolato la derivata del versore tangente e quella del versore binormale; per completezza, calcoliamo anche la derivata del versore normale. Troviamo

$$\dot{\mathbf{n}} = \dot{\mathbf{b}} \wedge \mathbf{t} + \mathbf{b} \wedge \dot{\mathbf{t}} = -\tau \mathbf{n} \wedge \mathbf{t} + \mathbf{b} \wedge \kappa \mathbf{n} = -\kappa \mathbf{t} + \tau \mathbf{b} \ .$$

Definizione 1.3.33. Le tre equazioni

$$\begin{cases} \dot{\mathbf{t}} = \kappa \mathbf{n} \ , \\ \dot{\mathbf{n}} = -\kappa \mathbf{t} + \tau \mathbf{b} \ , \\ \dot{\mathbf{b}} = -\tau \mathbf{n} \ , \end{cases} \qquad (1.14)$$

sono dette *formule di Frenet-Serret* della curva biregolare σ.

Osservazione 1.3.34. Ci sono delle formule di Frenet-Serret anche per le curve piane. Siccome $\dot{\tilde{\mathbf{n}}}$ è, per il solito motivo, ortogonale a $\tilde{\mathbf{n}}$, dev'essere un multiplo di $\mathbf{t}$. Derivando $\langle \mathbf{t}, \tilde{\mathbf{n}} \rangle \equiv 0$ troviamo $\langle \mathbf{t}, \dot{\tilde{\mathbf{n}}} \rangle = -\tilde{\kappa}$. Le *formule di Frenet-Serret per le curve piane* sono quindi

$$\begin{cases} \dot{\mathbf{t}} = \tilde{\kappa} \tilde{\mathbf{n}} \ , \\ \dot{\tilde{\mathbf{n}}} = -\tilde{\kappa} \mathbf{t} \ , \end{cases}$$

Nella Sezione 1.7 dei complementi a questo capitolo vedremo formule analoghe per curve in $\mathbb{R}^n$.

L'idea di fondo della teoria locale delle curve nello spazio è che curvatura e torsione determinano completamente una curva (confronta l'Esempio 1.3.32 con il Problema 1.7). Per esprimere esattamente cosa intendiamo, ci serve una definizione.

Definizione 1.3.35. Un *movimento rigido* di $\mathbb{R}^n$ è un isomorfismo affine $\rho\colon \mathbb{R}^n \to \mathbb{R}^n$ della forma $\rho(x) = Ax + b$, dove $b \in \mathbb{R}^n$ e

$$A \in SO(n) = \{A \in GL(n,\mathbb{R}) \mid A^T A = I \text{ e } \det A = 1\} \ .$$

In particolare, quando $n = 3$ ogni movimento rigido è una rotazione attorno all'origine seguita da una traslazione.

Due curve ottenute l'una dall'altra tramite un movimento rigido hanno uguale curvatura e torsione (Esercizio 1.25); viceversa, il *teorema fondamentale della teoria locale delle curve* dice che due curve con uguale curvatura e torsione sono sempre ottenute l'una dall'altra tramite un movimento rigido. Le formule di Frenet-Serret sono esattamente lo strumento che ci permetterà di dimostrare questo risultato, usando il classico teorema di Analisi sull'esistenza e unicità delle soluzioni di un sistema lineare di equazioni differenziali ordinarie (vedi [6], pag. 360):

Teorema 1.3.36. *Siano dati un intervallo $I \subseteq \mathbb{R}$, un punto $t_0 \in I$, un vettore $u_0 \in \mathbb{R}^n$, e due applicazioni $f\colon I \to \mathbb{R}^n$ e $A\colon I \to M_{n,n}(\mathbb{R})$ di classe C^k, con $k \in \mathbb{N}^* \cup \{\infty\}$, dove $M_{p,q}(\mathbb{R})$ indica lo spazio delle matrici $p \times q$ a coefficienti reali. Allora esiste un'unica soluzione $u\colon I \to \mathbb{R}^n$ di classe C^{k+1} del problema di Cauchy*

$$\begin{cases} u' = Au + f \, , \\ u(t_0) = u_0 \, . \end{cases}$$

In particolare, la soluzione del problema di Cauchy per sistemi *lineari* di equazioni differenziali *ordinarie* esiste su tutto l'intervallo di definizione dei coefficienti. Questo è quanto ci serve per dimostrare il

Teorema 1.3.37 (fondamentale della teoria locale delle curve). *Date due funzioni $\kappa\colon I \to \mathbb{R}^+$ e $\tau\colon I \to \mathbb{R}$, con κ sempre positiva e di classe C^{k+1} e τ di classe C^k (e $k \in \mathbb{N}^* \cup \{\infty\}$), esiste un'unica (a meno di movimenti rigidi dello spazio) curva $\sigma\colon I \to \mathbb{R}^3$ di classe C^{k+3} biregolare parametrizzata rispetto alla lunghezza d'arco con curvatura κ e torsione τ.*

Dimostrazione. Cominciamo con l'esistenza. Le formule di Frenet-Serret (1.14) sono un sistema lineare di equazioni differenziali ordinarie in 9 incognite (le componenti di $\mathbf{t}$, $\mathbf{n}$ e $\mathbf{b}$), a cui possiamo quindi applicare il Teorema 1.3.36.

Fissiamo un punto $s_0 \in I$ e una base ortonormale $\{\mathbf{t}_0, \mathbf{n}_0, \mathbf{b}_0\}$ con la stessa orientazione della base canonica. Il Teorema 1.3.36 ci fornisce allora un'unica terna di applicazioni $\mathbf{t}$, $\mathbf{n}$, $\mathbf{b}\colon I \to \mathbb{R}^3$, con $\mathbf{t}$ di classe C^{k+2} e $\mathbf{n}$ e $\mathbf{b}$ di classe C^{k+1}, verificanti (1.14) e tali che $\mathbf{t}(s_0) = \mathbf{t}_0$, $\mathbf{n}(s_0) = \mathbf{n}_0$ e $\mathbf{b}(s_0) = \mathbf{b}_0$.

Vogliamo dimostrare che la terna $\{\mathbf{t}, \mathbf{n}, \mathbf{b}\}$ così ricavata è il riferimento di Frenet di una curva. Cominciamo col far vedere che l'aver imposto che sia una terna ortonormale in s_0 implica che lo è in ogni punto. Dalle (1.14) ricaviamo che le funzioni $\langle \mathbf{t}, \mathbf{t} \rangle$, $\langle \mathbf{t}, \mathbf{n} \rangle$, $\langle \mathbf{t}, \mathbf{b} \rangle$, $\langle \mathbf{n}, \mathbf{n} \rangle$, $\langle \mathbf{n}, \mathbf{b} \rangle$ e $\langle \mathbf{b}, \mathbf{b} \rangle$ soddisfano il seguente sistema di equazioni differenziali lineari ordinarie di 6 equazioni in 6 incognite

$$\begin{cases} \frac{\mathrm{d}}{\mathrm{d}s} \langle \mathbf{t}, \mathbf{t} \rangle = 2\kappa \langle \mathbf{t}, \mathbf{n} \rangle \, , \\ \frac{\mathrm{d}}{\mathrm{d}s} \langle \mathbf{t}, \mathbf{n} \rangle = -\kappa \langle \mathbf{t}, \mathbf{t} \rangle + \tau \langle \mathbf{t}, \mathbf{b} \rangle + \kappa \langle \mathbf{n}, \mathbf{n} \rangle \, , \\ \frac{\mathrm{d}}{\mathrm{d}s} \langle \mathbf{t}, \mathbf{b} \rangle = -\tau \langle \mathbf{t}, \mathbf{n} \rangle + \kappa \langle \mathbf{n}, \mathbf{b} \rangle \, , \\ \frac{\mathrm{d}}{\mathrm{d}s} \langle \mathbf{n}, \mathbf{n} \rangle = -2\kappa \langle \mathbf{t}, \mathbf{n} \rangle + 2\tau \langle \mathbf{n}, \mathbf{b} \rangle \, , \\ \frac{\mathrm{d}}{\mathrm{d}s} \langle \mathbf{n}, \mathbf{b} \rangle = -\kappa \langle \mathbf{t}, \mathbf{b} \rangle - \tau \langle \mathbf{n}, \mathbf{n} \rangle + \tau \langle \mathbf{b}, \mathbf{b} \rangle \, , \\ \frac{\mathrm{d}}{\mathrm{d}s} \langle \mathbf{b}, \mathbf{b} \rangle = -2\tau \langle \mathbf{n}, \mathbf{b} \rangle \, , \end{cases}$$

con condizioni iniziali

$$\langle \mathbf{t}, \mathbf{t} \rangle(s_0) = 1 \ , \ \langle \mathbf{t}, \mathbf{n} \rangle(s_0) = 0 \ , \ \langle \mathbf{t}, \mathbf{b} \rangle(s_0) = 0 \ ,$$
$$\langle \mathbf{n}, \mathbf{n} \rangle(s_0) = 1 \ , \ \langle \mathbf{n}, \mathbf{b} \rangle(s_0) = 0 \ , \ \langle \mathbf{b}, \mathbf{b} \rangle(s_0) = 1 \ .$$

Ma si verifica subito che

$$\langle \mathbf{t}, \mathbf{t} \rangle \equiv \langle \mathbf{n}, \mathbf{n} \rangle \equiv \langle \mathbf{b}, \mathbf{b} \rangle \equiv 1 \ , \quad \langle \mathbf{t}, \mathbf{n} \rangle \equiv \langle \mathbf{t}, \mathbf{b} \rangle \equiv \langle \mathbf{n}, \mathbf{b} \rangle \equiv 0 \qquad (1.15)$$

è una soluzione dello stesso sistema di equazioni differenziali soddisfacente le stesse condizioni iniziali in s_0. Quindi le applicazioni $\mathbf{t}$, $\mathbf{n}$ e $\mathbf{b}$ devono soddisfare le (1.15), e la terna $\{\mathbf{t}(s), \mathbf{n}(s), \mathbf{b}(s)\}$ è una terna ortonormale per ogni $s \in I$. Ha anche sempre l'orientazione della base canonica di $\mathbb{R}^3$: infatti $\langle \mathbf{t} \wedge \mathbf{n}, \mathbf{b} \rangle$ è una funzione continua in I a valori in $\{+1, -1\}$ e vale $+1$ in s_0; quindi necessariamente $\langle \mathbf{t} \wedge \mathbf{n}, \mathbf{b} \rangle \equiv +1$, che implica (perché?) che $\{\mathbf{t}(s), \mathbf{n}(s), \mathbf{b}(s)\}$ ha sempre la stessa orientazione della base canonica.

Definiamo infine la curva $\sigma \colon I \to \mathbb{R}^3$ ponendo

$$\sigma(s) = \int_{s_0}^{s} \mathbf{t}(t) \, \mathrm{d}t \ .$$

La curva σ è di classe C^{k+3} con derivata $\mathbf{t}(s)$, per cui è regolare, parametrizzata rispetto alla lunghezza d'arco e con versore tangente $\mathbf{t}$. Siccome le (1.14) ci danno $\ddot{\sigma} = \kappa \mathbf{n}$ con $\kappa > 0$ sempre, ne deduciamo che κ è la curvatura e $\mathbf{n}$ il versore normale di σ (che risulta quindi biregolare). Ne segue che $\mathbf{b}$ è il versore binormale e, di nuovo grazie a (1.14), τ è la torsione di σ, come voluto.

Vediamo ora l'unicità. Sia $\sigma_1 \colon I \to \mathbb{R}^3$ un'altra curva di classe C^{k+3} biregolare parametrizzata rispetto alla lunghezza d'arco con curvatura κ e torsione τ. Fissiamo $s_0 \in I$; a meno di un movimento rigido possiamo supporre $\sigma(s_0) = \sigma_1(s_0)$ e che σ e σ_1 abbiano lo stesso riferimento di Frenet in s_0. Per l'unicità della soluzione di (1.14) segue che σ e σ_1 hanno lo stesso riferimento di Frenet in tutti i punti di I; in particolare, $\dot{\sigma} \equiv \dot{\sigma}_1$. Ma allora

$$\sigma(s) = \sigma(s_0) + \int_{s_0}^{s} \dot{\sigma}(t) \, \mathrm{d}t = \sigma_1(s_0) + \int_{s_0}^{s} \dot{\sigma}_1(t) \, \mathrm{d}t = \sigma_1(s) \ ,$$

e $\sigma_1 \equiv \sigma$. □

Quindi curvatura e torsione sono tutto ciò che serve per descrivere completamente una curva nello spazio.

Osservazione 1.3.38. In modo assolutamente analogo (Esercizio 1.48) si dimostra il seguente risultato: *Data una funzione $\tilde{\kappa} \colon I \to \mathbb{R}$ di classe C^k, con $k \in \mathbb{N}^* \cup \{\infty\}$, esiste un'unica (a meno di movimenti rigidi del piano) curva $\sigma \colon I \to \mathbb{R}^2$ di classe C^{k+2} regolare parametrizzata rispetto alla lunghezza d'arco con curvatura orientata $\tilde{\kappa}$.*

Osservazione 1.3.39. A causa di questo teorema, curvatura e torsione vengono talvolta chiamate *equazioni intrinseche* o *naturali* della curva.

Problemi guida

Riportiamo qui le formule (ottenute nelle Osservazioni 1.3.24 e 1.3.30) per il calcolo di curvatura, torsione e riferimento di Frenet di una curva biregolare nello spazio rispetto a una parametrizzazione qualsiasi, formule che ci saranno utili per risolvere gli esercizi:

$$\mathbf{t} = \frac{\sigma'}{\|\sigma'\|} \ , \quad \mathbf{b} = \frac{\sigma' \wedge \sigma''}{\|\sigma' \wedge \sigma''\|} \ , \quad \mathbf{n} = \frac{(\sigma' \wedge \sigma'') \wedge \sigma'}{\|\sigma' \wedge \sigma''\| \, \|\sigma'\|} \ ,$$

$$\kappa = \frac{\|\sigma' \wedge \sigma''\|}{\|\sigma'\|^3} \ , \quad \tau = \frac{<\sigma' \wedge \sigma'', \sigma'''>}{\|\sigma' \wedge \sigma''\|^2} \ .$$

Problema 1.1. *Sia $\sigma\colon I \to \mathbb{R}^2$ una curva piana regolare, parametrizzata rispetto al parametro arbitrario t. Dimostra che la curvatura orientata di σ è data da*

$$\tilde{\kappa} = \frac{x'y'' - x''y'}{\left((x')^2 + (y')^2\right)^{3/2}} = \frac{1}{\|\sigma'\|^3} \det(\sigma', \sigma'') \ ,$$

dove $x, y\colon I \to \mathbb{R}$ sono definite da $\sigma(t) = \big(x(t), y(t)\big)$.

Soluzione. La (1.10) dice che la curvatura orientata è data da $\tilde{\kappa} = \det(\mathbf{t}, \dot{\mathbf{t}})$. Per completare la dimostrazione, basta sostituire le espressioni $\mathbf{t} = \sigma'/\|\sigma'\|$ e

$$\dot{\mathbf{t}}\big(s(t)\big) = \frac{1}{\|\sigma'(t)\|} \frac{\mathrm{d}}{\mathrm{d}t} \left(\frac{\sigma'(t)}{\|\sigma'(t)\|} \right)$$

$$= \frac{1}{\|\sigma'(t)\|^2} \left(\sigma''(t) - \frac{\langle \sigma''(t), \sigma'(t) \rangle}{\|\sigma'(t)\|^2} \sigma'(t) \right)$$

in (1.10). Per le proprietà del determinante di linearità e alternanza sulle colonne, si ottiene che $\tilde{\kappa} = \det(\sigma', \sigma'')/\|\sigma'(t)\|^3$, come si voleva. $\qquad\square$

Problema 1.2. *Sia $\sigma\colon I \to \mathbb{R}^n$ una curva regolare di classe C^2 parametrizzata rispetto alla lunghezza d'arco. Si denoti con $\theta(\varepsilon)$ l'angolo tra i versori $\mathbf{t}(s_0)$ e $\mathbf{t}(s_0 + \varepsilon)$, tangenti a σ rispettivamente in $\sigma(s_0)$ e in un punto vicino $\sigma(s_0 + \varepsilon)$, con $\varepsilon > 0$ piccolo. Mostra che la curvatura $\kappa(s_0)$ di σ in $\sigma(s_0)$ verifica l'uguaglianza*

$$\kappa(s_0) = \lim_{\varepsilon \to 0} \left| \frac{\theta(\varepsilon)}{\varepsilon} \right| \ .$$

Deduci che la curvatura κ misura la velocità di variazione della direzione della retta tangente, rispetto alla lunghezza d'arco. Questo problema troverà una nuova interpretazione nel Capitolo 2; vedi la Proposizione 2.4.2 e relativa dimostrazione.

Soluzione. Si applichino nell'origine O i versori $\mathbf{t}(s_0)$ e $\mathbf{t}(s_0 + \varepsilon)$; il triangolo da essi individuati è isoscele, e la lunghezza del terzo lato è data da $\|\mathbf{t}(s_0 + \varepsilon) - \mathbf{t}(s_0)\|$. Lo sviluppo di Taylor del seno permette di concludere che

$$\|\mathbf{t}(s_0 + \varepsilon) - \mathbf{t}(s_0)\| = 2\left|\sin\big(\theta(\varepsilon)/2\big)\right| = \left|\theta(\varepsilon) + o\big(\theta(\varepsilon)\big)\right| .$$

Ricordando la definizione di curvatura, concludiamo che

$$\kappa(s_0) = \|\dot{\mathbf{t}}(s_0)\| = \lim_{\varepsilon \to 0}\left\|\frac{\mathbf{t}(s_0 + \varepsilon) - \mathbf{t}(s_0)}{\varepsilon}\right\|$$

$$= \lim_{\varepsilon \to 0}\left|\frac{\theta(\varepsilon) + o\big(\theta(\varepsilon)\big)}{\varepsilon}\right| .$$

La tesi segue, ricordando che $\lim_{\varepsilon \to 0} \theta(\varepsilon) = 0$. □

Problema 1.3. La trattrice. *Sia $\sigma\colon (0, \pi) \to \mathbb{R}^2$ la curva piana definita da*

$$\sigma(t) = \left(\sin t, \cos t + \log\tan\frac{t}{2}\right) ;$$

il sostegno di σ è detta trattrice *(Fig. 1.4). Questa curva sarà ripresa nei capitoli successivi per costruire superfici con proprietà rilevanti (vedi l'Esempio 4.5.23).*

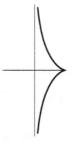

Figura 1.4. La trattrice

(i) *Dimostra che σ è una parametrizzazione di classe C^∞ regolare ovunque tranne che in $t = \pi/2$.*

(ii) *Verifica che la lunghezza del segmento della tangente alla trattrice compreso fra il punto di tangenza e l'asse y è sempre 1.*

(iii) *Determina la lunghezza d'arco di σ a partire da $t_0 = \pi/2$.*

(iv) *Calcola, nei punti in cui è definita, la curvatura di σ.*

Soluzione. (i) Siccome $\tan(t/2) > 0$ per ogni $t \in (0, \pi)$, la curva σ è di classe C^∞. Inoltre

$$\sigma'(t) = \left(\cos t, \frac{\cos^2 t}{\sin t}\right) \qquad \text{e} \qquad \|\sigma'(t)\| = \frac{|\cos t|}{\sin t} ,$$

per cui $\sigma'(t)$ si annulla solo per $t = \pi/2$, come voluto.

(ii) Se $t_0 \neq \pi/2$, la retta tangente affine $\eta\colon \mathbb{R} \to \mathbb{R}^2$ a σ nel punto $\sigma(t_0)$ è data da

$$\eta(x) = \sigma(t_0) + x\sigma'(t_0) = \left(\sin t_0 + x\cos t_0, \cos t_0 + \log\tan\frac{t_0}{2} + x\frac{\cos^2 t_0}{\sin t_0}\right) .$$

La retta tangente interseca l'asse y nel punto in cui la prima coordinata di η si annulla, cioè per $x = -\tan t_0$. Quindi la lunghezza cercata è

$$\|\eta(-\tan t_0) - \eta(0)\| = \|(-\sin t_0, -\cos t_0)\| = 1 ,$$

come affermato.

In un certo senso, questo risultato è vero anche per $t_0 = \pi/2$. Infatti, anche se il vettore tangente di σ tende a O per $t \to \pi/2$, la retta tangente a σ in $\sigma(t)$ tende all'asse x per $t \to \pi/2$, in quanto

$$\lim_{t\to\pi/2^-}\frac{\sigma'(t)}{\|\sigma'(t)\|} = (1,0) = -(-1,0) = \lim_{t\to\pi/2^+}\frac{\sigma'(t)}{\|\sigma'(t)\|} .$$

Se quindi consideriamo l'asse x come retta tangente al sostegno della trattrice nel punto $\sigma(\pi/2) = (1,0)$, anche in questo caso il segmento della retta tangente compreso fra il punto della curva e l'asse y ha lunghezza 1.

(iii) Se $t > \pi/2$ abbiamo

$$s(t) = \int_{\pi/2}^{t}\|\sigma'(\tau)\|\,\mathrm{d}\tau = -\int_{\pi/2}^{t}\frac{\cos\tau}{\sin\tau}\,\mathrm{d}\tau = \log\frac{1}{\sin t} .$$

Analogamente, se $t < \pi/2$ abbiamo

$$s(t) = \int_{t}^{\pi/2}\|\sigma'(\tau)\|\,\mathrm{d}\tau = \int_{t}^{\pi/2}\frac{\cos\tau}{\sin\tau}\,\mathrm{d}\tau = \log\sin t .$$

In particolare,

$$s^{-1}(s) = \begin{cases} \arcsin \mathrm{e}^{-s} \in [\pi/2,\pi) & \text{se } s \in [0,+\infty) , \\ \arcsin \mathrm{e}^{s} \in (0,\pi/2] & \text{se } s \in (-\infty,0] , \end{cases}$$

e la riparametrizzazione di σ rispetto alla lunghezza d'arco è data da

$$\sigma\big(s^{-1}(s)\big) = \begin{cases} \big(\mathrm{e}^{-s}, s - \sqrt{1-\mathrm{e}^{-2s}} + \log\big(1 + \sqrt{1-\mathrm{e}^{-2s}}\big)\big) & \text{se } s > 0 , \\ \big(\mathrm{e}^{s}, -s + \sqrt{1-\mathrm{e}^{2s}} + \log\big(1 - \sqrt{1-\mathrm{e}^{2s}}\big)\big) & \text{se } s < 0 . \end{cases}$$

(iv) Usando la riparametrizzazione $\sigma_1 = \sigma \circ s^{-1}$ di σ rispetto alla lunghezza d'arco appena calcolata troviamo

$$\dot{\sigma}_1(s) = \begin{cases} \left(-\mathrm{e}^{-s}, \dfrac{1-\mathrm{e}^{-2s}+\sqrt{1-\mathrm{e}^{-2s}}}{1+\sqrt{1-\mathrm{e}^{-2s}}}\right) & \text{se } s > 0 , \\[3ex] \left(-\mathrm{e}^{s}, \dfrac{1-\mathrm{e}^{2s}-\sqrt{1-\mathrm{e}^{2s}}}{1-\sqrt{1-\mathrm{e}^{2s}}}\right) & \text{se } s < 0 , \end{cases}$$

e

$$\ddot{\sigma}_1(s) = \begin{cases} \left(e^{-s}, \dfrac{e^{-2s}}{\sqrt{1-e^{-2s}}}\right) & \text{se } s > 0 \,, \\[4mm] \left(e^{s}, -\dfrac{e^{2s}}{\sqrt{1-e^{2s}}}\right) & \text{se } s < 0 \,. \end{cases}$$

Quindi la curvatura κ_1 di σ_1 per $s \neq 0$ è data da

$$\kappa(s) = \|\ddot{\sigma}(s)\| = \frac{e^{-|s|}}{\sqrt{1-e^{-2|s|}}} \,,$$

e (ricordando l'Osservazione 1.3.4) la curvatura κ di σ per $t \neq \pi/2$ è

$$\kappa(t) = \kappa_1\big(s(t)\big) = |\tan t| \,.$$

Alternativamente, si poteva calcolare la curvatura di σ usando la formula per curve con parametrizzazione qualsiasi (vedi il prossimo problema e il Problema 1.1). $\qquad\qquad\qquad\qquad\qquad\qquad\qquad\qquad\qquad\qquad\qquad\qquad\qquad\quad$ $\square$

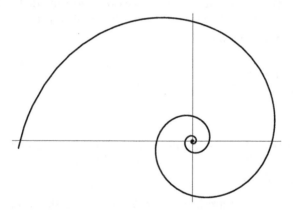

Figura 1.5. Spirale logaritmica

Problema 1.4. Spirale logaritmica. *Siano fissati due numeri reali $a > 0$ e $b < 0$. La spirale logaritmica (Fig. 1.5) è la curva piana $\sigma\colon \mathbb{R} \to \mathbb{R}^2$ data da $\sigma(t) = (ae^{bt}\cos t, ae^{bt}\sin t)$.*

(i) *Mostra che il sostegno della spirale soddisfa l'equazione $r = a\,e^{b\theta}$, in coordinate polari (r, θ).*

(ii) *Mostra che $\sigma(t)$, per $t \to \infty$, si avvicina all'origine O, avvolgendosi.*

(iii) *Determina la lunghezza d'arco di σ, a partire da $t = 0$. Valuta la lunghezza d'arco nel caso $a = 1/2$ e $b = -1$.*

(iv) *Determina curvatura e torsione di σ, e nota che la curvatura non si annulla mai.*

Soluzione. (i) Infatti $r^2 = x^2 + y^2 = e^{2bt}(\cos^2 t + \sin^2 t) = e^{2bt}$, e r è sempre positivo.

(ii) Sfruttando la risposta al punto (i), osserviamo che $\|\sigma(t)\| = e^{2bt}$, che tende a 0 per $t \to \infty$, poichè $b < 0$.

Inoltre, t coincide con l'argomento θ di $\sigma(t)$ a meno di multipli di 2π; dunque, l'argomento di $\sigma(t)$ è periodico di periodo 2π e suriettivo.

(iii) Osserviamo che la parametrizzazione di σ è di classe C^∞. Derivando, otteniamo che

$$\sigma'(t) = a\,e^{bt}(b\cos t - \sin t, b\sin t + \cos t)$$

e dunque

$$\|\sigma'(t)\| = a\,E^{bt}\sqrt{b^2 + 1}\,.$$

Se ne ricava che la lunghezza d'arco di σ a partire da $t = 0$ è data da:

$$s(t) = \int_0^t \|\sigma'(\tau)\|\,\mathrm{d}\tau = a\sqrt{b^2 + 1}\int_0^t e^{b\tau}\,\mathrm{d}\tau = a\sqrt{b^2 + 1}\left[\frac{e^{bt} - 1}{b}\right]\,.$$

Nel caso $a = (1/2)$, $b = -1$, la lunghezza d'arco diviene $s(t) = 1 - e^{-t}$.

(iv) Applicando le formule richiamate, si ricava che

$$\begin{aligned}
\kappa(t) &= \frac{\|\sigma' \wedge \sigma''\|}{\|\sigma'\|^3} \\
&= \frac{-(b^2 - 1)\sin^2 t + 2b^2\cos^2 t - (b^2 - 1)\cos^2 t + 2b^2\sin^2 t}{a\,e^{bt}\,(b^2 + 1)^{3/2}} \\
&= \frac{2b^2 - (b^2 - 1)}{a\,e^{bt}\,(b^2 + 1)^{3/2}} = \frac{b^2 + 1}{a\,e^{bt}\,(b^2 + 1)^{3/2}} = \frac{1}{a\,e^{bt}\,(b^2 + 1)^{1/2}}\,.
\end{aligned}$$

In particolare, la curvatura non si annulla mai e la curva è biregolare.

Infine, la curva σ è piana e biregolare, per cui la sua torsione è definita ed è identicamente nulla.   □

Problema 1.5. Cubica gobba. *Determina curvatura, torsione e riferimento di Frenet della curva* $\sigma\colon \mathbb{R} \to \mathbb{R}^3$ *definita da* $\sigma(t) = (t, t^2, t^3)$.

Soluzione. Derivando l'espressione di σ otteniamo

$$\sigma'(t) = (1, 2t, 3t^2)\,, \quad \sigma''(t) = (0, 2, 6t) \quad \text{e} \quad \sigma'''(t) = (0, 0, 6)\,.$$

In particolare, σ' non si annulla mai, per cui σ è regolare e

$$\mathbf{t}(t) = \frac{1}{\sqrt{1 + 4t^2 + 9t^4}}(1, 2t, 3t^2)\,.$$

Poi

$$\sigma'(t) \wedge \sigma''(t) = (6t^2, -6t, 2)$$

non si annulla mai, per cui σ' e σ'' sono sempre linearmente indipendenti e σ è biregolare. Ricordando le espressioni riportate all'inizio, si ricava che

$$\mathbf{b}(t) = \frac{\sigma'(t) \wedge \sigma''(t)}{\|\sigma'(t) \wedge \sigma''(t)\|} = \frac{1}{2\sqrt{1 + 9t^2 + 9t^4}}(6t^2, -6t, 2) \,,$$

$$\mathbf{n}(t) = \mathbf{b}(t) \wedge \mathbf{t}(t) = \frac{(-9t^3 - 2t, 1 - 9t^4, 6t^3 + 3t)}{\sqrt{(1 + 4t^2 + 9t^4)(1 + 9t^2 + 9t^4)}} \,,$$

$$\kappa(t) = \frac{\|\sigma'(t) \wedge \sigma''(t)\|}{\|\sigma'(t)\|^3} = \frac{2\sqrt{1 + 9t^2 + 9t^4}}{(1 + 4t^2 + 9t^4)^{3/2}} \,,$$

e

$$\tau(t) = \left\langle \mathbf{b}(t), \frac{\sigma'''(t)}{\|\sigma'(t) \wedge \sigma''(t)\|} \right\rangle = \frac{3}{1 + 9t^2 + 9t^4} \,.$$

$\square$

Problema 1.6. *Dimostra che la curva* $\sigma\colon (0, +\infty) \to \mathbb{R}^3$ *definita da*

$$\sigma(t) = \left(t, \frac{1+t}{t}, \frac{1-t^2}{t} \right)$$

è contenuta in un piano.

Soluzione. Osservando che

$$\sigma'(t) = \left(1, -\frac{1}{t^2}, -\frac{1}{t^2} - 1 \right) \qquad \text{e} \qquad \sigma''(t) = \left(0, \frac{2}{t^3}, \frac{2}{t^3} \right) \,,$$

si ricava che il prodotto esterno

$$\sigma'(t) \wedge \sigma''(t) = \frac{2}{t^3}(1, -1, 1)$$

non è mai nullo, e dunque la curvatura $\kappa = \|\sigma' \wedge \sigma''\|/\|\sigma'\|^3$ non è mai nulla. Per l'Osservazione 1.3.27 possiamo concludere che σ è una curva piana se e solo se la torsione $\tau = \langle \sigma' \wedge \sigma'', \sigma''' \rangle/\|\sigma' \wedge \sigma''\|^2$ è identicamente nulla, cioè se e solo se $\langle \sigma' \wedge \sigma'', \sigma''' \rangle$ è identicamente nullo. Ma

$$\langle \sigma' \wedge \sigma'', \sigma''' \rangle = \det \begin{pmatrix} 1 & -\frac{1}{t^2} & -\frac{1}{t^2} - 1 \\ 0 & \frac{2}{t^3} & \frac{2}{t^3} \\ 0 & -\frac{6}{t^4} & -\frac{6}{t^4} \end{pmatrix} \equiv 0 \,,$$

e la tesi segue. $\square$

Problema 1.7. *Sia* $\sigma\colon I \to \mathbb{R}^3$ *una curva biregolare parametrizzata rispetto alla lunghezza d'arco con curvatura costante* $\kappa_0 > 0$ *e torsione costante* $\tau_0 \in \mathbb{R}$. *Dimostra che, a meno di rotazioni e traslazioni di* $\mathbb{R}^3$, σ *è un arco di elica circolare.*

Soluzione. Se $\tau_0 = 0$, allora la Proposizione 1.3.25 e l'Esempio 1.3.18 ci dicono che σ è un arco di circonferenza, per cui può essere considerata come un arco di elica circolare degenere di passo 0.

Supponiamo invece $\tau_0 \neq 0$. Allora

$$\frac{\mathrm{d}}{\mathrm{d}s}(\tau_0\mathbf{t} + \kappa_0\mathbf{b}) = \tau_0\kappa_0\mathbf{n} - \kappa_0\tau_0\mathbf{n} \equiv O \; ;$$

quindi $\tau_0\mathbf{t} + \kappa_0\mathbf{b}$ dev'essere costantemente uguale a un vettore $\mathbf{v}_0$ di lunghezza $\sqrt{\kappa_0^2 + \tau_0^2}$. A meno di rotazioni di $\mathbb{R}^3$ (che non modificano curvatura e torsione; vedi l'Esercizio 1.25) possiamo supporre

$$\mathbf{v}_0 = \sqrt{\kappa_0^2 + \tau_0^2}\,\mathbf{e}_3 \; ,$$

dove $\mathbf{e}_3 = (0,0,1)$ è il terzo vettore della base canonica di $\mathbb{R}^3$. Sia allora $\sigma_1 \colon I \to \mathbb{R}^3$ definita da

$$\sigma_1(s) = \sigma(s) - \frac{\tau_0 s}{\sqrt{\kappa_0^2 + \tau_0^2}}\,\mathbf{e}_3$$

(attenzione: come vedremo fra un secondo, s *non* è il parametro lunghezza d'arco di σ_1). Vogliamo dimostrare che σ_1 è la parametrizzazione di un arco di circonferenza di raggio r contenuto in un piano ortogonale a $\mathbf{e}_3$. Prima di tutto,

$$\frac{\mathrm{d}}{\mathrm{d}s}\langle\sigma_1, \mathbf{e}_3\rangle = \langle\sigma_1', \mathbf{e}_3\rangle = \langle\mathbf{t}, \mathbf{e}_3\rangle - \frac{\tau_0}{\sqrt{\kappa_0^2 + \tau_0^2}} \equiv 0 \; ,$$

per cui $\langle\sigma_1, \mathbf{e}_3\rangle$ è costante, e quindi il sostegno di σ_1 è effettivamente contenuto in un piano ortogonale a $\mathbf{e}_3$. Poi

$$\sigma_1' = \mathbf{t} - \frac{\tau_0}{\sqrt{\kappa_0^2 + \tau_0^2}}\,\mathbf{e}_3 = \frac{\kappa_0^2}{\kappa_0^2 + \tau_0^2}\,\mathbf{t} - \frac{\kappa_0\tau_0}{\kappa_0^2 + \tau_0^2}\,\mathbf{b} \quad \text{e} \quad \sigma_1'' = \kappa_0\mathbf{n} \; ,$$

per cui

$$\|\sigma_1'\| \equiv \frac{\kappa_0}{\sqrt{\kappa_0^2 + \tau_0^2}} \quad \text{e} \quad \sigma_1' \wedge \sigma_1'' = \frac{\kappa_0^3}{\kappa_0^2 + \tau_0^2}\,\mathbf{b} + \frac{\kappa_0^2\tau_0}{\kappa_0^2 + \tau_0^2}\,\mathbf{t} \; .$$

Quindi la (1.13) ci dice che la curvatura di σ_1 è

$$\kappa_1 = \frac{\|\sigma_1' \wedge \sigma_1''\|}{\|\sigma_1'\|^3} \equiv \frac{\kappa_0^2 + \tau_0^2}{\kappa_0} \; ,$$

per cui σ_1 parametrizza un arco di circonferenza di raggio $r = \kappa_0/(\kappa_0^2 + \tau_0^2)$ in un piano ortogonale a $\mathbf{e}_3$. A meno di una traslazione di $\mathbb{R}^3$ possiamo supporre che questa circonferenza abbia come centro l'origine, e quindi σ è proprio un'elica circolare di raggio r e passo $a = \tau_0/(\kappa_0^2 + \tau_0^2)$, come affermato. $\square$

Problema 1.8. Curve sulla sfera. *Sia* $\sigma\colon I \to \mathbb{R}^3$ *una curva biregolare parametrizzata rispetto alla lunghezza d'arco.*

(i) *Dimostra che se il sostegno di* σ *è contenuto in una sfera di raggio* $R > 0$ *allora*

$$\tau^2 + \dot{\kappa}^2 \equiv R^2 \kappa^2 \tau^2 \ . \tag{1.16}$$

(ii) *Dimostra che se* $\dot{\kappa}$ *non si annulla mai e* σ *soddisfa* (1.16) *allora il sostegno di* σ *è contenuto in una sfera di raggio* $R > 0$.

Soluzione. (i) A meno di una traslazione di $\mathbb{R}^3$ (che non modifica curvatura e torsione; vedi l'Esercizio 1.25), possiamo supporre che il centro della sfera sia l'origine. Quindi $\langle \sigma, \sigma \rangle \equiv R^2$; derivando tre volte e applicando le formule di Frenet-Serret troviamo

$$\langle \mathbf{t}, \sigma \rangle \equiv 0, \quad \kappa \langle \mathbf{n}, \sigma \rangle + 1 \equiv 0 \quad \text{e} \quad \dot{\kappa} \langle \mathbf{n}, \sigma \rangle + \kappa \tau \langle \mathbf{b}, \sigma \rangle \equiv 0 \ . \tag{1.17}$$

Ora, $\{\mathbf{t}, \mathbf{n}, \mathbf{b}\}$ è sempre una base ortonormale; quindi possiamo scrivere

$$\sigma = \langle \sigma, \mathbf{t} \rangle \mathbf{t} + \langle \sigma, \mathbf{n} \rangle \mathbf{n} + \langle \sigma, \mathbf{b} \rangle \mathbf{b} \ ,$$

per cui $|\langle \sigma, \mathbf{t} \rangle|^2 + |\langle \sigma, \mathbf{n} \rangle|^2 + |\langle \sigma, \mathbf{b} \rangle|^2 \equiv R^2$ e (1.17) implica (1.16).

(ii) Siccome $\dot{\kappa}$ non si annulla mai, allora la (1.16) ci dice che anche τ non si annulla mai, e possiamo dividere (1.16) per $\tau^2 \kappa^2$ ottenendo

$$\frac{1}{\kappa^2} + \left(\frac{1}{\tau} \frac{\mathrm{d}}{\mathrm{d}s} \left(\frac{1}{\kappa} \right) \right)^2 \equiv R^2 \ .$$

Derivando e ricordando che $\dot{\kappa} \neq 0$ troviamo quindi

$$\frac{\tau}{\kappa} + \frac{\mathrm{d}}{\mathrm{d}s} \left(\frac{1}{\tau} \frac{\mathrm{d}}{\mathrm{d}s} \left(\frac{1}{\kappa} \right) \right) \equiv 0 \ .$$

Definiamo allora $\eta\colon I \to \mathbb{R}^3$ ponendo

$$\eta = \sigma + \frac{1}{\kappa} \mathbf{n} + \frac{1}{\tau} \frac{\mathrm{d}}{\mathrm{d}s} \left(\frac{1}{\kappa} \right) \mathbf{b} \ .$$

Allora

$$\frac{\mathrm{d}\eta}{\mathrm{d}s} = \mathbf{t} + \frac{\mathrm{d}}{\mathrm{d}s} \left(\frac{1}{\kappa} \right) \mathbf{n} - \mathbf{t} + \frac{\tau}{\kappa} \mathbf{b} + \frac{\mathrm{d}}{\mathrm{d}s} \left(\frac{1}{\tau} \frac{\mathrm{d}}{\mathrm{d}s} \left(\frac{1}{\kappa} \right) \right) \mathbf{b} - \frac{\mathrm{d}}{\mathrm{d}s} \left(\frac{1}{\kappa} \right) \mathbf{n} \equiv O \ ,$$

cioè la curva η è costante. Questo vuol dire che esiste un punto $p \in \mathbb{R}^3$ tale che

$$\|\sigma - p\|^2 = \frac{1}{\kappa^2} + \left(\frac{1}{\tau} \frac{\mathrm{d}}{\mathrm{d}s} \left(\frac{1}{\kappa} \right) \right)^2 \equiv R^2 \ ,$$

e quindi il sostegno di σ è contenuto nella sfera di raggio R e centro p. Altre informazioni sulle curve contenute in una sfera le trovi nell'Esercizio 1.54. $\square$

Problema 1.9. *Siano* $f: \mathbb{R}^2 \to \mathbb{R}$ *una funzione* C^∞, *e scegliamo un punto* $p \in f^{-1}(0) = C$, *con* $f_y(p) \neq 0$, *dove in questo problema porremo* $f_x = \partial f / \partial x$, $f_y = \partial f / \partial y$, $f_{xx} = \partial^2 f / \partial x^2$, *e così via. Sia* $g: I \to \mathbb{R}$, *con* $I \subseteq \mathbb{R}$, *una funzione* C^∞ *tale che* $f^{-1}(0)$ *coincida, in un intorno di* p, *con il grafico di* g, *come previsto dalla Proposizione 1.1.18. Infine, scegliamo* $t_0 \in I$ *tale che* $p = (t_0, g(t_0))$.

(i) *Mostra che il vettore tangente a* C *in* p *è parallelo a* $(f_y(p), -f_x(p))$, *per cui il vettore* $\nabla f(p) = (f_x(p), f_y(p))$ *è ortogonale al vettore tangente.*

(ii) *Dimostra che la curvatura orientata in* p *di* C *è data da*

$$\tilde{\kappa} = -\frac{f_{xx}f_y^2 - 2f_{xy}f_x f_y + f_{yy}f_x^2}{\|\nabla f\|^3} \, .$$

(iii) *Se* $f(x, y) = x^4 + y^4 - xy - 1$ *e* $p = (1, 0)$, *calcola la curvatura orientata di* C *in* p.

Soluzione. (i) Consideriamo la parametrizzazione $\sigma(t) = (t, g(t))$. Il vettore tangente è parallelo a $\sigma'(t_0) = (1, g'(t_0))$. Poiché $f(t, g(t)) \equiv 0$, derivando rispetto a t si ricava che

$$f_x(t, g(t)) + f_y(t, g(t)) \, g'(t) \equiv 0 \, , \qquad (1.18)$$

e dunque

$$g'(t_0) = -\frac{f_x(p)}{f_y(p)} \, .$$

La tesi segue immediatamente.

(ii) Derivando nuovamente, si ricava $\sigma''(t_0) = (0, g''(t_0))$, per cui la formula $\tilde{\kappa} = \|\sigma'\|^{-3} \det(\sigma', \sigma'')$ dimostrata nel Problema 1.1 ci dice che

$$\tilde{\kappa} = \frac{f_y^3(p)g''(t_0)}{\|\nabla f(p)\|^3} \, . \qquad (1.19)$$

Ora deriviamo nuovamente la (1.18) e valutiamo in t_0, ottenendo che

$$f_{xx}(p) + f_{xy}(p) \, g'(t_0) + [f_{yx}(p) + f_{yy}(p) \, g'(t_0)] \, g'(t_0) + f_y(p) \, g''(t_0) \equiv 0 \, .$$

Poiché $f_y(p) \neq 0$, ricavando $g''(t_0)$ e inserirendolo in (1.19) ricaviamo la formula cercata.

(iii) In questo caso

$$f_x(p) = 4 \, , \quad f_y(p) = -1 \, , \quad f_{xx}(p) = 12 \, , \quad f_{xy}(p) = -1 \quad f_{yy}(p) = 0 \, ,$$

per cui $\tilde{\kappa} = -4/17^{3/2}$. $\qquad\qquad \square$

Esercizi

PARAMETRIZZAZIONI E CURVE

1.1. Dimostra che $\sigma: \mathbb{R} \to \mathbb{R}^2$ data da $\sigma(t) = \big(t/(1+t^4), t/(1+t^2)\big)$ è una parametrizzazione regolare iniettiva ma non un omeomorfismo con l'immagine.

1.2. Disegna il sostegno della curva parametrizzata, in coordinate polari (r, θ), da $\sigma_1(\theta) = (a\cos\theta, \theta)$, per $\theta \in [0, 2\pi]$. Osserva che il sostegno è contenuto in una circonferenza, e che è definito dall'equazione $r = a\cos\theta$.

1.3. Dimostra che l'equivalenza introdotta nella Definizione 1.1.21 è effettivamente una relazione d'equivalenza sull'insieme delle parametrizzazioni di classe C^k.

1.4. Dimostra che la parametrizzazione della cuspide $\sigma: \mathbb{R} \to \mathbb{R}^2$, definita da $\sigma(t) = (t^2, t^3)$, non è regolare e che nessuna parametrizzazione a essa equivalenti può essere regolare.

1.5. Dimostra che ogni intervallo aperto $I \subseteq \mathbb{R}$ è C^∞-diffeomorfo a $\mathbb{R}$.

1.6. Dimostra che ogni intervallo $I \subseteq \mathbb{R}$ è C^∞-diffeomorfo a uno tra i seguenti tre intervalli: $[0, 1)$, $(0, 1)$ oppure $[0, 1]$. In particolare, ogni curva regolare ammette una parametrizzazione definita in uno di questi tre intervalli.

1.7. Determina la parametrizzazione $\sigma_1: (-\pi, \pi) \to \mathbb{R}^3$ equivalente alla parametrizzazione $\sigma: \mathbb{R} \to \mathbb{R}^2$ data da $\sigma(t) = (r\cos t, r\sin t)$ della circonferenza, ottenuta con il cambiamento di parametro $s = \arctan(t/4)$.

1.8. Dimostra che le due parametrizzazioni σ, $\sigma_1: [0, 2\pi] \to \mathbb{R}^2$ di classe C^∞ della circonferenza, definite rispettivamente da $\sigma(t) = (\cos t, \sin t)$ e da $\sigma_1(t) = (\cos 2t, \sin 2t)$ (vedi l'Esempio 1.1.12 e l'Osservazione 1.2.9) non sono tra loro equivalenti.

1.9. Sia $\sigma_1: [0, 2\pi] \to \mathbb{R}^2$ definita da

$$\sigma_1(t) = \begin{cases} (\cos t, \sin t) & \text{per } t \in [0, \pi] \,, \\ (-1, 0) & \text{per } t \in [\pi, 2\pi] \,. \end{cases}$$

(i) Mostra che σ_1 è continua ma non di classe C^1.
(ii) Dimostra σ_1 non è equivalente alla parametrizzazione usuale della circonferenza $\sigma: [0, 2\pi] \to \mathbb{R}^2$ data da $\sigma(t) = (\cos t, \sin t)$.

1.10. Per ogni $k \in \mathbb{N}^* \cup \{\infty\}$ trova una curva parametrizzata $\sigma: \mathbb{R} \to \mathbb{R}^2$ di classe C^k il cui sostegno sia il grafico della funzione valore assoluto. Dimostra inoltre che nessuna di tali curve può essere regolare.

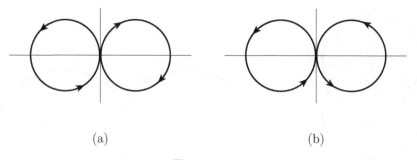

(a)   (b)

Figura 1.6.

1.11. Sia $\sigma\colon [0,1] \to \mathbb{R}^2$ data da

$$\sigma(t) = \begin{cases} \left(-1 + \cos(4\pi t), \sin(4\pi t)\right) & \text{per } t \in [0, 1/2] \,, \\ \left(1 + \cos(-4\pi t - \pi), \sin(-4\pi t - \pi)\right) & \text{per } t \in [1/2, 1] \,; \end{cases}$$

vedi la Fig. 1.6.(a)

(i)   Mostra che σ definisce una parametrizzazione C^1 ma non C^2.

(ii) Sia ora $\sigma_1\colon [0,1] \to \mathbb{R}^2$ data da

$$\sigma_1(t) = \begin{cases} \sigma(t) & \text{per } t \in [0, 1/2] \,, \\ \left(1 + \cos(2\pi t + \pi), \sin(2\pi t + \pi)\right) & \text{per } t \in [1/2, 1] \,; \end{cases}$$

vedi la Fig. 1.6.(b) Mostra σ e σ_1 non sono equivalenti nemmeno come parametrizzazioni continue.

1.12. La *concoide di Nicomede* è la curva piana descritta, in coordinate polari, dall'equazione $r = b + a/\cos\theta$, con $a,\ b \neq 0$ fissati, e $\theta \in [-\pi, \pi]$. Disegna il sostegno della concoide e determina una sua parametrizzazione in coordinate cartesiane.

1.13. Dimostra, usando il cambiamento di parametro $v = \tan(t/2)$, che le parametrizzazioni $\sigma_1\colon [0, \infty) \to \mathbb{R}^3$ e $\sigma_2\colon [0, \pi) \to \mathbb{R}^3$ dell'elica circolare rispettivamente date da

$$\sigma_1(v) = \left(r\frac{1 - v^2}{1 + v^2}, \frac{2rv}{1 + v^2}, 2a\arctan v \right) \quad \text{e} \quad \sigma(t) = (r\cos t, r\sin t, at)$$

sono equivalenti.

1.14. Epicicloide. Una *epicicloide* è la curva piana descritta da un punto P di una circonferenza C di raggio r che rotola senza strisciare su una circonferenza C_0 di raggio R, restandone all'esterno. Supponi che il centro di C_0 sia l'origine e che il punto P parta da $(R, 0)$, e si muova in direzione antioraria. Denota infine con t l'angolo tra l'asse positivo delle x e il vettore OA che congiunge l'origine con il centro A di C; vedi la Fig. 1.7.(a).

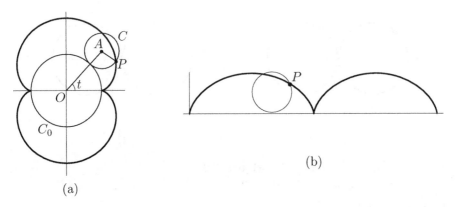

Figura 1.7. (a) epicicloide; (b) cicloide

(i) Mostra che il centro A di C ha coordinate $\big((r + R)\cos t, (r + R)\sin t\big)$.

(ii) Dopo aver calcolato le componenti del vettore AP, determina una parametrizzazione dell'epicicloide.

LUNGHEZZA E CURVE RETTIFICABILI

1.15. Sia $\sigma\colon [a, b] \to \mathbb{R}^n$ una curva rettificabile. Dimostra che

$$L(\sigma) \geq \|\sigma(b) - \sigma(a)\|\,,$$

e deduci che il segmento è la curva più breve fra due punti.

1.16. Sia $f\colon \mathbb{R} \to \mathbb{R}$ data da

$$f(t) = \begin{cases} t\sin(\pi/t) & \text{se } t \neq 0\,, \\ 0 & \text{se } t = 0\,. \end{cases}$$

Dimostra che la curva $\sigma\colon [0, 1] \to \mathbb{R}^2$ data da $\sigma(t) = \big(t, f(t)\big)$ è una curva continua iniettiva non rettificabile.

1.17. Cicloide. Nel piano di coordinate xy si consideri una circonferenza di raggio 1 che rotoli senza strisciare lungo l'asse x, come nella Fig. 1.7.(b). Il percorso seguito da un punto della circonferenza è detto *cicloide*. Considerando il moto di un punto P che parte dall'origine fino all'istante in cui esso torna sull'asse x, si ricava una curva regolare $\sigma\colon [0, 2\pi] \to \mathbb{R}^2$, definita da $\sigma(t) = (t - \sin t, 1 - \cos t)$, il cui sostegno è la cicloide. Determina la lunghezza della curva σ.

1.18. Sia $\sigma\colon [a, b] \to \mathbb{R}^3$ la solita parametrizzazione $\sigma(t) = \big(t, f(t)\big)$ del grafico di una funzione $f\colon [a, b] \to \mathbb{R}$ di classe C^1. Dimostra che la lunghezza di σ è $\int_a^b \sqrt{1 + |f'(t)|^2}\, \mathrm{d}t$.

1.19. Dimostra che se $\sigma\colon [0, +\infty) \to \mathbb{R}^2$ è la spirale logaritmica parametrizzata come nel Problema 1.4, allora il limite $\lim_{t\to+\infty} \int_0^t \|\sigma'(\lambda)\| \, d\lambda$ esiste finito. In un certo senso, possiamo dire che la spirale logaritmica ha lunghezza finita.

1.20. Determina una parametrizzazione rispetto alla lunghezza d'arco per la parabola $\sigma\colon \mathbb{R} \to \mathbb{R}^2$ data da $\sigma(t) = (t, a\,t^2)$ con $a > 0$ fissato.

CURVE REGOLARI E BIREGOLARI

1.21. Dimostra che il sostegno di una curva regolare $\sigma\colon I \to \mathbb{R}^n$ è contenuto in una retta se e solo se il versore tangente $\mathbf{t}\colon I \to \mathbb{R}^n$ di σ è costante.

1.22. Sia $\sigma\colon I \to \mathbb{R}^3$ una curva regolare. Mostra che $\sigma(t)$ e $\sigma'(t)$ sono ortogonali per ogni valore di $t \in I$ se e solo se $\|\sigma\|$ è una funzione costante non nulla.

1.23. Stabilisci quale delle seguenti applicazioni $\sigma_i\colon \mathbb{R} \to \mathbb{R}^3$ è una curva regolare o biregolare:

(i) $\sigma_1(t) = (e^{-t}, 2t, t-1)$;
(ii) $\sigma_2(t) = \big(2t, (t^2-1)^2, 3t^3\big)$;
(iii) $\sigma_3(t) = (t, 2t, t^3)$.

1.24. Sia $\sigma\colon [-2\pi, 2\pi] \to \mathbb{R}^3$ la curva data da

$$\sigma(t) = \big(1 + \cos t, \sin t, 2\sin (t/2)\big) .$$

Dimostra che è una curva regolare con sostegno l'intersezione tra la sfera di centro l'origine e raggio 2 e il cilindro di equazione $(x-1)^2 + y^2 = 1$.

CURVATURA E TORSIONE

1.25. Sia $\sigma\colon I \to \mathbb{R}^3$ una curva biregolare parametrizzata rispetto alla lunghezza d'arco, e $\rho\colon \mathbb{R}^3 \to \mathbb{R}^3$ un movimento rigido. Dimostra che $\rho \circ \sigma$ è una curva biregolare parametrizzata rispetto alla lunghezza d'arco con la stessa curvatura e la stessa torsione di σ.

1.26. Sia $\sigma\colon \mathbb{R} \to \mathbb{R}^3$ la curva data da $\sigma(t) = (1 + \cos t, 1 - \sin t, \cos 2t)$. Dimostra che σ è una curva regolare, e calcolane curvatura e torsione senza riparametrizzarla rispetto alla lunghezza d'arco.

1.27. Sia $f\colon U \to \mathbb{R}$ una funzione di classe C^∞ definita su un aperto U del piano $\mathbb{R}^2$, e $\sigma\colon I \to U$ una curva regolare tale che $f \circ \sigma \equiv 0$. Dimostra che per ogni $t \in I$ il vettore tangente $\sigma'(t)$ è ortogonale al gradiente di f calcolato in $\sigma(t)$, e determina la curvatura orientata di σ in funzione delle derivate di f.

1.28. Sia $\sigma: I \rightarrow \mathbb{R}^2$ una curva piana regolare, data in coordinate polari dall'equazione $r = \rho(\theta)$, cioè

$$\sigma(\theta) = \big(\rho(\theta)\cos\theta, \rho(\theta)\sin\theta\big)$$

per un'opportuna funzione $\rho: I \rightarrow \mathbb{R}^+$ di classe C^∞ e mai nulla. Dimostra che la lunghezza d'arco di σ è data da

$$s(\theta) = \int_{\theta_0}^{\theta} \sqrt{\rho^2 + (\rho')^2}\, d\theta\ ,$$

e che la curvatura orientata di σ è

$$\tilde{\kappa} = \frac{2(\rho')^2 - \rho\rho'' + \rho^2}{\big(\rho^2 + (\rho')^2\big)^{3/2}}\ .$$

1.29. Sia $\sigma: \mathbb{R} \rightarrow \mathbb{R}^3$ definita da

$$\sigma(t) = \begin{cases} (t, e^{-1/t}, 0) & \text{se } t \geq 0\ , \\ (t, 0, e^{-1/t}) & \text{se } t \leq 0\ . \end{cases}$$

Dimostra che σ è una curva regolare di classe C^∞, biregolare ovunque tranne nell'origine, con torsione costantemente nulla in $\mathbb{R}^*$, ma il cui sostegno non è contenuto in un piano.

1.30. Sia $\sigma: (0, +\infty) \rightarrow \mathbb{R}^3$ la curva data da

$$\sigma(t) = (t, 2t, t^4).$$

(i)   Dimostra che σ è una curva regolare.
(ii) Calcola la curvatura di σ in tutti i suoi punti.
(iii) Dimostra che σ è una curva piana.

1.31. Sia $\sigma: I \rightarrow R^3$ una curva regolare parametrizzata rispetto alla lunghezza d'arco. Dimostra che $\kappa \equiv \tau$ se e solo se esiste un vettore non nullo $\mathbf{v}$ tale che $\langle \mathbf{t}, \mathbf{v} \rangle \equiv \langle \mathbf{b}, \mathbf{v} \rangle$. Dimostra inoltre che, se ciò accade, allora $\langle \mathbf{t}, \mathbf{v} \rangle$ è costante.

1.32. Determina la lunghezza d'arco, la curvatura e la torsione della curva $\sigma: \mathbb{R} \rightarrow \mathbb{R}^3$ definita da $\sigma(t) = (a \cosh t, b \sinh t, a t)$. Dimostrare che se $a = b = 1$ allora curvatura e torsione coincidono per ogni valore del parametro.

1.33. Sia $\sigma: \mathbb{R} \rightarrow \mathbb{R}^3$ l'applicazione definita da

$$\sigma(t) = (2\sqrt{2}\, t - \sin t, 2\sqrt{2} \sin t + t, 3\cos t)\ .$$

Dimostra che la curva definita da σ è un'elica circolare.

1.34. Sia assegnata una curva piana $\sigma: I \to \mathbb{R}^2$ parametrizzata rispetto alla lunghezza d'arco. Dimostra che, se il vettore $O\sigma(s)$ forma un angolo costante θ con il versore tangente $\mathbf{t}(s)$, allora σ è una spirale logaritmica, come definita nel Problema 1.4.

1.35. Sia $\sigma: [a, b] \to \mathbb{R}^3$ una curva di classe almeno C^2.

(i) Mostra che, se il supporto di σ è contenuto in un piano per l'origine, allora i vettori σ, σ' e σ'' sono linearmente dipendenti.

(ii) Mostra che, se i vettori σ, σ' e σ'' sono linearmente dipendenti, ma i vettori σ, σ' sono linearmente indipendenti, allora il suporto di σ è contenuto in un piano per l'origine.

(iii) Costruisci un esempio con σ e σ' lineamente dipendenti e il sostegno di σ non contenuto in un piano per l'origine.

RIFERIMENTO DI FRENET E PIANO OSCULATORE

1.36. Sia $\sigma: \mathbb{R} \to \mathbb{R}^3$ la curva $\sigma(t) = (e^t, e^{2t}, e^{3t})$. Trova per quali $t \in \mathbb{R}$ il vettore tangente $\sigma'(t)$ è ortogonale al vettore $\mathbf{v} = (1, 2, 3)$.

1.37. Sia $\sigma: \mathbb{R} \to \mathbb{R}^3$ la curva $\sigma(t) = \big((4/5)\cos t, 1 - \sin t, -(3/5)\cos t\big)$. Determina il riferimento di Frenet di σ.

1.38. Sia $\sigma: \mathbb{R} \to \mathbb{R}^2$ la curva piana parametrizzata da $\sigma(t) = (t, \frac{1}{3}t^3)$. Determina la curvatura di σ e discuti per quali valori del parametro essa si annulla. Determina la normale e la normale orientata nei punti in cui sono definite.

1.39. Sia $\sigma: I \to \mathbb{R}^3$ una curva di classe almeno C^2. Mostra che il vettore σ'' è parallelo al piano osculatore e che le sue componenti rispetto ai vettori $\mathbf{t}$ e $\mathbf{n}$ sono, rispettivamente, $\|\sigma'\|'$ e $\kappa\|\sigma'\|^2$.

1.40. Considera una curva σ tale che tutte le rette ad essa tangenti passano per uno stesso punto. Mostra che, se σ è regolare, il sostegno è contenuto in una retta e trova un controesempio con σ non regolare.

1.41. Sia $\sigma: \mathbb{R} \to \mathbb{R}^3$ un arco di Jordan tale che tutte le rette tangenti a σ si intersechino in uno stesso punto P.

(i) Mostra che, se σ è regolare, il sostegno di σ è contenuto in una retta.

(ii) Mostra che la tesi della domanda precedente rimane vera anche senza assumere l'ipotesi di regolarità se σ è di classe C^2.

(iii) Trova una parametrizzazione σ come nelle ipotesi con sostegno non contenuto in un retta (e considerando le rette tangenti in tutti i punti della curva in cui esse sono definite).

1.42. Sia $\sigma: [a, b] \to \mathbb{R}^3$ una curva biregolare tale che tutte le rette normali a σ passino per uno stesso punto, dove la retta normale a σ in $\sigma(t)$ è la retta passante per $\sigma(t)$ parallela a $\mathbf{n}(t)$. Mostra che il sostegno di σ è contenuto in una circonferenza.

1.43. Considera la curva $\sigma\colon \mathbb{R} \to \mathbb{R}^3$ data da $\sigma(t) = (t, (1/2)t^2, (1/3)t^3)$. Mostra che i piani osculatori a σ in tre punti distinti $\sigma(t_1)$, $\sigma(t_2)$, $\sigma(t_3)$ si intersecano in un punto appartenente al piano generato dai punti $\sigma(t_1)$, $\sigma(t_2)$, e $\sigma(t_3)$.

1.44. Dimostra che la binormale a un'elica circolare parametrizzata come nell'Esempio 1.1.13 forma un angolo costante con l'asse del cilindro che la contiene.

1.45. Mostra che la curva $\sigma\colon \mathbb{R} \to \mathbb{R}^3$ parametrizzata da

$$\sigma(t) = (t + \sqrt{3}\,\sin t, 2\cos t, \sqrt{3}\,t - \sin t),$$

è una elica circolare e determina la direzione del suo asse.

FORMULE DI FRENET-SERRET

1.46. Determina curvatura e torsione in ogni punto della curva $\sigma\colon \mathbb{R} \to \mathbb{R}^3$ parametrizzata da $\sigma(t) = (3t - t^3, 3t^2, 3t + t^3)$.

1.47. Determina la curvatura, la torsione e il riferimento di Frenet della curva $\sigma\colon \mathbb{R} \to \mathbb{R}^3$ data da $\sigma(t) = \big(a(t - \sin t), a(1 - \cos t), bt\big)$.

1.48. Data una funzione $\tilde{\kappa}\colon I \to \mathbb{R}$ di classe C^∞, dimostra che esiste un'unica (a meno di movimenti rigidi del piano) curva $\sigma\colon I \to \mathbb{R}^2$ regolare parametrizzata rispetto alla lunghezza d'arco con curvatura orientata $\tilde{\kappa}$.

1.49. Eliche generalizzate. Sia $\sigma\colon I \to \mathbb{R}^3$ una curva biregolare parametrizzata rispetto alla lunghezza d'arco. Dimostra che le seguenti condizioni sono equivalenti:

(i)   esistono due costanti a, $b \in \mathbb{R}$ non entrambe nulle tali che $a\kappa + b\tau \equiv 0$;
(ii) esiste un versore non nullo $\mathbf{v}_0$ tale che $\langle \mathbf{t}, \mathbf{v}_0 \rangle$ è costante;
(iii) esiste un piano π tale che $\mathbf{n}(s) \in \pi$ per ogni $s \in I$;
(iv) esiste un versore non nullo $\mathbf{v}_0$ tale che $\langle \mathbf{b}, \mathbf{v}_0 \rangle$ è costante;
(v)   esistono $\theta \in (0, \pi)$, $\theta \neq \pi/2$, e una curva biregolare piana parametrizzata rispetto alla lunghezza d'arco $\eta\colon J_\theta \to \mathbb{R}^3$, dove $J_\theta = (\sin\theta)I$, tali che

$$\sigma(s) = \eta(s\sin\theta) + s\cos\theta\,\mathbf{b}_\eta$$

per ogni $s \in I$, dove $\mathbf{b}_\eta$ è il versore binormale (costante!) di η;
(vi) la curva σ ha una parametrizzazione della forma $\sigma(s) = \eta(s) + (s - s_0)\mathbf{v}$, dove η è una curva piana parametrizzata rispetto alla lunghezza d'arco, e v è un vettore ortogonale al piano contenente il sostegno di η.

Una curva σ soddisfacente una qualsiasi di queste condizioni equivalenti è detta *elica (generalizzata)*; vedi la Fig. 1.8. Esprimi infine curvatura, torsione e riferimento di Frenet di σ in funzione della curvatura e del riferimento di Frenet di η.

Figura 1.8. Elica generalizzata $\sigma(t) = (\cos t, \sin(2t), t)$

1.50. Controlla per quali valori delle costanti a, $b \in \mathbb{R}$ la curva $\sigma: \mathbb{R} \to \mathbb{R}^3$ parametrizzata da $\sigma(t) = (at, bt^2, t^3)$ è un'elica generalizzata.

1.51. Sia $\sigma: \mathbb{R} \to \mathbb{R}^3$ la curva $\sigma(t) = \big(1 + \cos t, \sin t, 2\sin(t/2)\big)$. Dimostra che σ non è una curva piana e che il suo sostegno è contenuto nella sfera di raggio 2 centrata nell'origine.

1.52. Sia $\sigma: [a, b] \to \mathbb{R}^3$ una curva parametrizzata rispetto alla lunghezza d'arco. Mostra che $\mathrm{d}^3\sigma/\mathrm{d}s^3 = -\kappa^2 \mathbf{t} + \dot{\kappa}\mathbf{n} + \kappa\tau\mathbf{b}$.

1.53. Sia $\sigma: I \to \mathbb{R}^3$ una curva regolare parametrizzata rispetto alla lunghezza d'arco di versore tangente $\mathbf{t}$, e per ogni $\varepsilon \neq 0$ poniamo $\sigma_\varepsilon = \sigma + \varepsilon \mathbf{t}$. Dimostra che σ_ε è sempre una curva regolare, e che il versore normale di σ_ε è sempre ortogonale al versore normale di σ se la curvatura κ di σ è della forma

$$\kappa(s) = c(\mathrm{e}^{2s/\varepsilon} - c^2\varepsilon^2)^{-1/2}$$

per una qualche costante $0 < c < 1/\varepsilon$.

1.54. Sia $\sigma: I \to \mathbb{R}^3$ una curva biregolare parametrizzata rispetto alla lunghezza d'arco con curvatura costante $\kappa_0 > 0$. Dimostra che il sostegno di σ è contenuto in una sfera di raggio $R > 0$ se e solo se $\kappa_0 > 1/R$ e $\tau \equiv 0$.

1.55. Siano $\sigma: I \to \mathbb{R}^3$ e $\alpha: I \to \mathbb{R}^3$ due curve biregolari distinte parametrizzate rispetto alla lunghezza d'arco, aventi retta binormale coincidente nei punti corrispondenti allo stesso parametro. Dimostra che le curve σ e α sono piane.

1.56. Determina curvatura e torsione della curva regolare $\sigma: (0, +\infty) \to \mathbb{R}^3$ definita da $\sigma(t) = (t, \frac{1+t}{t}, \frac{1-t^2}{t})$.

1.57. Determina curvatura e torsione della curva regolare $\sigma \colon \mathbb{R} \to \mathbb{R}^3$ definita da $\sigma(t) = (\cos t, \sin t, 2\sin\frac{t}{2})$.

1.58. Sia $\sigma \colon I \to \mathbb{R}^3$ una curva regolare parametrizzata rispetto alla lunghezza d'arco con curvatura κ mai nulla, torsione τ, e sia $s_0 \in I$ fissato. Per ogni $\varepsilon \in \mathbb{R}$ sia $\gamma^\varepsilon \colon I \to \mathbb{R}^3$ la curva data da $\gamma^\varepsilon(t) = \sigma(t) + \varepsilon \mathbf{b}(t)$, dove $\{\mathbf{t}, \mathbf{n}, \mathbf{b}\}$ è il riferimento di Frenet di σ. Indicati con $\mathbf{t}^\varepsilon$, $\mathbf{n}^\varepsilon$ e $\mathbf{b}^\varepsilon$ i versori tangente, normale e binormale di γ^ε, e con κ^ε, τ^ε la curvatura e la torsione di γ^ε, dimostra che

(i) γ^ε è sempre una curva regolare con curvatura mai nulla;
(ii) σ è una curva piana se e solo $\mathbf{b}^\varepsilon \equiv \pm\mathbf{b}$.
(iii) σ è una curva piana se e solo se $\mathbf{t}^\varepsilon \equiv \mathbf{t}$ se e solo se $\mathbf{n}^\varepsilon = \mathbf{n}$.

1.59. Curve di Bertrand. Si considerino due curve regolari σ, $\sigma_1 \colon I \to \mathbb{R}^3$, con rispettivi versori normali $\mathbf{n}(t)$ e $\mathbf{n}_1(t)$. Le curve σ e σ_1 sono dette *curve di Bertrand* se $\mathbf{n} \equiv \pm\mathbf{n}_1$, cioè se hanno la stessa retta normale nei punti corrispondenti. In tal caso, modificando l'orientazione, è sempre possibile supporre che $\mathbf{n} \equiv \mathbf{n}_1$ e cioè che le curve abbiano gli stessi versori normali.

(i) Mostra che se σ e σ_1 sono le parametrizzazioni rispetto alla lunghezza d'arco di due curve di Bertrand allora esiste una funzione a valori reali $\alpha \colon I \to \mathbb{R}$ tale che $\sigma_1 \equiv \sigma + \alpha \mathbf{n}$.
(ii) Mostra che punti corrispondenti allo stesso parametro di due curve di Bertrand hanno distanza costante.
(iii) Mostra che è costante l'angolo formato dalle rette tangenti in due punti corrispondenti di due curve di Bertrand.
(iv) Mostra che, se σ è una curva con curvatura κ e torsione τ mai nulle e le curve σ e σ_1 sono curve di Bertrand, allora esistono costanti $a \in \mathbb{R}$, $b \in \mathbb{R}^*$ tali che $\kappa + a\tau \equiv b$.
(v) Dimostra il viceversa del punto precedente: se σ è una curva con curvatura κ e torsione τ mai nulle, tale che $\kappa + a\tau \equiv b$ per opportune costanti $a \in \mathbb{R}$ e $b \in \mathbb{R}^*$, allora esiste un'altra curva σ_1 tale che σ e σ_1 sono curve di Bertrand.
(vi) Mostra che, se σ è una curva regolare con torsione τ mai nulla, allora σ è una elica circolare se e solo se esistono almeno due curve σ_1 e σ_2 tali che σ e σ_i siano curve di Bertrand, per $i = 1, 2$. Mostra che, in tal caso, esistono infinite curve $\tilde\sigma$ tali che σ e $\tilde\sigma$ siano curve di Bertrand.
(vii) Dimostra che, se due curve di Bertrand σ e σ_1 hanno la stessa binormale, allora esiste una costante a tale che $a(\kappa^2 + \tau^2) = \kappa$.

EQUAZIONI NATURALI O INTRINSECHE

Le *equazioni naturali* o *intrinseche* di una curva sono le equazioni $\kappa(s) = f(s)$, $\tau(s) = g(s)$, per opportune funzioni reali f e g, che assegnano la curvatura e la torsione della curva parametrizzata rispetto alla lunghezza d'arco.

1.60. Determina le equazioni (naturali o) intrinseche di una circonferenza di raggio $r > 0$.

1.61. Determina una curva piana, parametrizzata rispetto alla lunghezza d'arco $s > 0$, tale che $\kappa(s) = 1/s$. Analoga domanda sostituendo la curvatura con la curvatura orientata $\tilde{\kappa}(s) = 1/s$.

1.62. Determina le equazioni intrinseche della catenaria $\sigma \colon \mathbb{R} \to \mathbb{R}^2$ parametrizzata da $\sigma(t) = \big(a \cosh(t/a), t\big)$, dove a è una costante reale.

1.63. Fissato $a > 0$, determina una curva che ammette come equazioni intrinseche $\kappa(s) = \sqrt{1/2as}$ e $\tau(s) = 0$ per $s > 0$.

1.64. Determina le equazioni intrinseche della curva $\sigma \colon \mathbb{R} \to \mathbb{R}^3$ parametrizzata da $\sigma(t) = \mathrm{e}^t(\cos t, \sin t, 3)$.

1.65. Curve regolari a torsione costante non nulla. Sappiamo dall'Esempio 1.3.32 e dal Problema 1.7 che l'elica circolare è caratterizzata dall'avere curvatura e torsione costanti (e non nulle, escluso il caso degenere a sostegno contenuto in una circonferenza). Vogliamo studiare le curve biregolari a torsione costante non nulla in $\mathbb{R}^3$.

(i) Mostra che, se σ è una curva biregolare con torsione costante $\tau \equiv a$, allora

$$\sigma(s) = a^{-1} \int_{t_0}^{t} \mathbf{b}(s) \wedge \dot{\mathbf{b}} \, \mathrm{d}s.$$

Inoltre, i vettori $\mathbf{b}$, $\dot{\mathbf{b}}$ e $\ddot{\mathbf{b}}$ sono linearmente indipendenti per ogni valore del parametro.

(ii) Considera, viceversa, un'applicazione $f \colon I \to \mathbb{R}^3$ di classe almeno C^2, a valori nella sfera unitaria (cioè $\|f\| \equiv 1$), e tale che i vettori $f(\lambda)$, $f'(\lambda)$ e $f''(\lambda)$ siano linearmente indipendenti per ogni $\lambda \in I$. Considera la curva $\sigma \colon I \to \mathbb{R}^3$ data da

$$\sigma(t) = a \int_{t_0}^{t} f(\lambda) \wedge f'(\lambda) \, \mathrm{d}\lambda,$$

per una fissata costante non nulla a ed un valore fissato $t_0 \in I$. Mostra che σ è regolare e che ha torsione $\tau \equiv a^{-1}$.

EVOLVENTE, EVOLUTA, INVOLUTA

Sia assegnata una curva piana regolare $\sigma \colon I \to \mathbb{R}^2$ con curvatura mai nulla, parametrizzata rispetto alla lunghezza d'arco. La curva piana $\beta \colon I \to \mathbb{R}^2$ di parametrizzazione

$$\beta(s) = \sigma(s) + \frac{1}{\kappa(s)} \mathbf{n}(s)$$

è detta *evoluta* di σ. L'*evolvente* di σ è invece la curva piana $\alpha \colon I \to \mathbb{R}^2$ parametrizzata da

$$\alpha(s) = \sigma(s) + \kappa(s) \, \mathbf{t}(s).$$

1.66. Mostra che la retta normale nel punto $\sigma(s)$ ad una curva piana $\sigma \colon I \to \mathbb{R}^2$ con curvatura mai nulla coincide con la retta tangente alla sua evoluta nel punto $\beta(s)$. In particolare, la retta tangente alla evoluta in $\beta(s)$ è ortogonale alla tangente alla curva originale in $\sigma(s)$.

1.67. Mostra che l'evoluta della catenaria $\sigma(t) = (t, \cosh t)$ è parametrizzata da $\beta(t) = (t - \sinh t \cosh t, 2 \cosh t)$.

1.68. Determina l'evoluta $\beta(t)$ della curva $\sigma(t) = (\cos^3 t, \sin^3 t)$.

1.69. Fissato $b > 0$, determina l'evoluta della la spirale logaritmica parametrizzata da $\sigma(t) = (e^{bt} \cos t, e^{bt} \sin t)$.

1.70. Sia $\sigma \colon I \to \mathbb{R}^3$ una curva regolare parametrizzata rispetto alla lunghezza d'arco. Diremo che un'altra curva $\tilde{\sigma} \colon I \to \mathbb{R}^3$ (non necessariamente parametrizzata rispetto alla lunghezza d'arco) è un'*involuta* di σ se $\dot{\sigma}(s)$ è parallelo a $\tilde{\sigma}(s) - \sigma(s)$ e ortogonale a $\tilde{\sigma}'(s)$ per ogni $s \in I$.

(i) Dimostra che una curva $\tilde{\sigma} \colon I \to \mathbb{R}^3$ è un'involuta di σ se e solo se esiste $c \in \mathbb{R}$ tale che $\tilde{\sigma}(s) = \sigma(s) + (c - s)\dot{\sigma}(s)$ per ogni $s \in I$.

(ii) Supponiamo che la curvatura κ di σ non si annulli mai, e sia $\hat{\sigma} = \sigma - \kappa^{-1}\mathbf{n}$, dove $\mathbf{n}$ è il versore normale di σ. Dimostra che σ è un'involuta di $\hat{\sigma}$ se e solo se σ è una curva piana.

INDICATRICI SFERICHE

Sia $\sigma \colon I \to \mathbb{R}^n$ una parametrizzazione biregolare. Le applicazioni tangente, normale e binormale parametrizzano curve con sostegno contenuto nella superficie sferica di raggio 1. Tali curve sono dette, rispettivamente, l'*indicatrice delle tangenti*, l'*indicatrice delle normali* e l'*indicatrice delle binormali*.

1.71. Dimostra che $\mathbf{t} \colon I \to \mathbb{R}^3$ è regolare se e solo se σ è biregolare, e che la lunghezza d'arco di σ è una lunghezza d'arco anche per $\mathbf{t}$ se e solo se $\kappa \equiv 1$, dove κ è la curvatura di σ.

1.72. Denota con s la lunghezza d'arco di σ, e con s_1 la lunghezza d'arco dell'indicatrice delle normali. Dimostra che $ds_1/ds = \sqrt{\kappa^2 + \tau^2}$, dove τ è la torsione di σ.

1.73. Sia $\sigma \colon \mathbb{R} \to \mathbb{R}^3$ l'elica circolare data da $\sigma(t) = (r \cos t, r \sin t, at)$. Dimostra che l'indicatrice delle tangenti dell'elica è una circonferenza con centro sull'asse z e calcolane il raggio di curvatura.

1.74. Mostra che se l'indicatrice delle tangenti di una curva biregolare ha come sostegno una circonferenza, allora la curva è un'elica.

1.75. Mostra che la tangente in un punto dell'indicatrice delle tangenti di una curva regolare σ è parallela alla retta normale nel corrispondente punto di σ.

1.76. Sia $\sigma \colon I \to \mathbb{R}^3$ una curva biregolare con curvatura κ e torsione τ. Dimostra che la curvatura κ_1 dell'indicatrice delle tangenti di σ è tale che $\kappa_1^2 = 1 + \tau^2/\kappa^2$.

Complementi

1.4 La forma canonica locale

La retta tangente è notoriamente la retta che meglio approssima una curva in un dato punto. Ma qual è la circonferenza che meglio approssima una curva in un dato punto? E quale piano approssima meglio una curva nello spazio?

Per rispondere a queste (e altre) domande, cominciamo col vedere in dettaglio come si dimostra che la retta tangente è la retta che meglio approssima una curva. Sia $\sigma: I \to \mathbb{R}^n$ una curva di classe (almeno) C^1, e $t_0 \in I$. Una retta che approssima σ in t_0 deve come minimo passare per $\sigma(t_0)$, e quindi ha una parametrizzazione della forma $\eta(t) = \sigma(t_0) + (t - t_0)\mathbf{v}$ per un opportuno vettore $\mathbf{v}$. Allora

$$\sigma(t) - \eta(t) = \sigma(t) - \sigma(t_0) - (t - t_0)\mathbf{v} = (t - t_0)\left(\frac{\sigma(t) - \sigma(t_0)}{t - t_0} - \mathbf{v}\right) .$$

La retta che meglio approssima σ è quella per cui la differenza $\sigma(t) - \eta(t)$ tende a zero più velocemente per t che tende a t_0. Ricordando che σ è di classe C^1 troviamo

$$\sigma(t) - \eta(t) = (t - t_0)\big(\sigma'(t_0) - \mathbf{v}\big) + o(t - t_0),$$

per cui la retta che meglio approssima σ è quella per cui $\mathbf{v} = \sigma'(t_0)$, cioè proprio la retta tangente.

Questo ragionamento suggerisce che per risolvere problemi simili può essere utile conoscere lo sviluppo di Taylor di una curva. La proposizione seguente esprime questo sviluppo in una forma particolarmente utile:

Proposizione 1.4.1 (forma canonica locale). *Sia* $\sigma: I \to \mathbb{R}^3$ *una curva biregolare di classe (almeno)* C^3 *parametrizzata rispetto alla lunghezza d'arco. Dato* $s_0 \in I$*, indichiamo con* $\{\mathbf{t}_0, \mathbf{n}_0, \mathbf{b}_0\}$ *il riferimento di Frenet di* σ *in* s_0*. Allora*

$$\sigma(s) - \sigma(s_0) = \left((s - s_0) - \frac{\kappa^2(s_0)}{6}(s - s_0)^3\right)\mathbf{t}_0$$

$$+ \left(\frac{\kappa(s_0)}{2}(s - s_0)^2 + \frac{\dot\kappa(s_0)}{6}(s - s_0)^3\right)\mathbf{n}_0 \qquad (1.20)$$

$$+ \frac{\kappa(s_0)\tau(s_0)}{6}(s - s_0)^3\mathbf{b}_0 + o\big((s - s_0)^3\big) .$$

Dimostrazione. L'usuale sviluppo di Taylor di σ in s_0 è

$$\sigma(s) = \sigma(s_0) + \dot\sigma(s_0)(s - s_0) + \frac{\ddot\sigma(s_0)}{2}(s - s_0)^2$$

$$+ \frac{1}{3!}\frac{\mathrm{d}^3\sigma}{\mathrm{d}s^3}(s_0)(s - s_0)^3 + o\big((s - s_0)^3\big) .$$

Ricordando che

$$\dot{\sigma}(s_0) = \mathbf{t}_0 , \qquad \ddot{\sigma}(s_0) = \kappa(s_0)\mathbf{n}_0 ,$$

e

$$\frac{\mathrm{d}^3\sigma}{\mathrm{d}s^3}(s_0) = \frac{\mathrm{d}(\kappa\mathbf{n})}{\mathrm{d}s}(s_0) = \dot{\kappa}(s_0)\mathbf{n}_0 - \kappa^2(s_0)\mathbf{t}_0 + \kappa(s_0)\tau(s_0)\mathbf{b}_0 ,$$

otteniamo (1.20). $\qquad\qquad\qquad\qquad\qquad\qquad\qquad\qquad\qquad\qquad\qquad\square$

Descriviamo ora una procedura generale per rispondere a domande del tipo con cui abbiamo iniziato questa sezione. Supponiamo di avere una curva $\sigma: I \to \mathbb{R}^n$ parametrizzata rispetto alla lunghezza d'arco e una famiglia di applicazioni $F_\lambda: \Omega \to \mathbb{R}^k$ dipendenti da un parametro $\lambda \in \mathbb{R}^m$, dove $\Omega \subseteq \mathbb{R}^n$ è un intorno aperto del sostegno di σ. Posto $C_\lambda = \{x \in \Omega \mid F_\lambda(x) = O\}$, vogliamo trovare per quale valore di λ l'insieme C_λ approssima meglio la curva σ in un punto $s_0 \in I$. Perché C_λ approssimi σ in s_0 deve come minimo passare per $\sigma(s_0)$; quindi si deve avere $F_\lambda\big(\sigma(s_0)\big) = O$. Ricordando quanto fatto per la retta tangente, risulta naturale considerare l'applicazione $F_\lambda \circ \sigma$, e dire che *il valore di λ per cui C_λ approssima meglio σ in s_0 è quello per cui l'applicazione $s \mapsto F_\lambda\big(\sigma(s)\big)$ tende a zero più velocemente quando $s \to s_0$.*

Vediamo come applicare questa procedura in un paio di esempi.

Esempio 1.4.2. Vogliamo trovare il piano che meglio approssima una curva biregolare parametrizzata rispetto alla lunghezza d'arco $\sigma: I \to \mathbb{R}^3$ nel punto $s_0 \in I$. L'equazione di un piano generico passante per $\sigma(s_0)$ è $F_{\mathbf{v}}(x) = 0$, dove

$$F_{\mathbf{v}}(x) = \langle x - \sigma(s_0), \mathbf{v}\rangle$$

e $\mathbf{v} \in \mathbb{R}^3$ è un versore ortogonale al piano. La Proposizione 1.4.1 dà

$$F_{\mathbf{v}}\big(\sigma(s)\big) = \langle\mathbf{t}_0, \mathbf{v}\rangle(s - s_0) + \frac{\kappa(s_0)}{2}\langle\mathbf{n}_0, \mathbf{v}\rangle(s - s_0)^2 + o\big((s - s_0)^2\big) ,$$

per cui il piano che meglio approssima la curva in σ_0 è quello per cui $\mathbf{v}$ è ortogonale sia a $\mathbf{t}_0$ che a $\mathbf{n}_0$. Ma allora $\mathbf{v} = \pm\mathbf{b}_0$, e abbiamo dimostrato che *il piano che meglio approssima una curva in un punto è il piano osculatore.*

Esempio 1.4.3. Vogliamo trovare la circonferenza che meglio approssima una curva biregolare parametrizzata rispetto alla lunghezza d'arco $\sigma: I \to \mathbb{R}^3$ nel punto $s_0 \in I$. Prima di tutto, la circonferenza di raggio $r > 0$ e centro $p_0 \in H$ contenuta nel piano H passante per $\sigma(s_0)$ ha equazione $F_{p_0,r,\mathbf{v}}(x) = O$, dove

$$F_{p_0,r,\mathbf{v}}(x) = \big(\langle x - \sigma(s_0), \mathbf{v}\rangle, \|x - p_0\|^2 - r^2\big) ,$$

e $\mathbf{v}$ è un versore ortogonale ad H. Inoltre, p_0 è tale che $\langle p_0 - \sigma(s_0), \mathbf{v}\rangle = 0$ e $\|\sigma(s_0) - p_0\|^2 = r^2$, in quanto il punto p_0 appartiene a H e la circonferenza deve passare per $\sigma(s_0)$.

Chiaramente, la circonferenza che meglio approssima σ in s_0 dev'essere contenuta nel piano che meglio approssima σ in s_0, cioè, per quanto visto nell'esempio precedente, nel piano osculatore. Indicando con $\{\mathbf{t}_0, \mathbf{n}_0, \mathbf{b}_0\}$

il riferimento di Frenet di σ in s_0, possiamo quindi prendere $\mathbf{v} = \mathbf{b}_0$ e
scrivere $\sigma(s_0) - p_0 = r\cos\theta\mathbf{t}_0 + r\sin\theta\mathbf{n}_0$ per un opportuno $\theta \in \mathbb{R}$. Ma allora

$$F_{p_0,r,\mathbf{v}}\big(\sigma(s)\big) = \Big(0, 2r(\cos\theta)(s-s_0) + \big(1+\kappa(s_0)r\sin\theta\big)(s-s_0)^2\Big) + o\big((s-s_0)^2\big)\,,$$

per cui la circonferenza che approssima meglio σ in s_0 (detta *circonferenza
osculatrice* a σ in s_0) si ottiene prendendo $\theta = -\pi/2$ (cioè $p_0 = \sigma(s_0) + r\mathbf{n}_0$)
e $r = 1/\kappa(s_0)$, giustificando ulteriormente il nome "raggio di curvatura" per
l'inverso della curvatura. In particolare, il punto $p_0 = \sigma(s_0) + \mathbf{n}_0/\kappa(s_0)$ è detto
centro di curvatura di σ in s_0.

La forma canonica locale (1.20) permette anche di dire qualcosa di più
sulla forma di una curva biregolare σ; per esempio, ci permette di individuare
il significato geometrico della torsione.

Definizione 1.4.4. Sia $H \subset \mathbb{R}^3$ un piano passante per $p_0 \in \mathbb{R}^3$ e ortogonale
a un versore $\mathbf{v} \in \mathbb{R}^3$. Diremo *positivo* (rispetto a $\mathbf{v}$) il semispazio aperto
delimitato da H dei punti $p \in \mathbb{R}^3$ tali che $\langle p - p_0, \mathbf{v}\rangle > 0$, e *negativo* l'altro
semispazio.

Definizione 1.4.5. Sia $\sigma\colon I \to \mathbb{R}^3$ una curva biregolare parametrizzata rispetto alla lunghezza d'arco, e $\{\mathbf{t}_0, \mathbf{n}_0, \mathbf{b}_0\}$ il riferimento di Frenet di σ in $s_0 \in I$.
Il piano passante per $\sigma(s_0)$ e parallelo a $\mathrm{Span}(\mathbf{n}_0, \mathbf{b}_0)$ è detto *piano normale*
a σ in $\sigma(s_0)$, mentre il piano passante per $\sigma(s_0)$ e parallelo a $\mathrm{Span}(\mathbf{t}_0, \mathbf{b}_0)$ è
detto *piano rettificante* di σ in $\sigma(s_0)$.

La (1.20) ci dice che, per s vicino a s_0, il prodotto scalare $\langle\sigma(s) - \sigma(s_0), \mathbf{b}_0\rangle$
ha lo stesso segno di $\tau(s_0)(s - s_0)$; quindi *se $\tau(s_0) > 0$ la curva σ, al crescere
di s, passa dal semispazio negativo (rispetto a $\mathbf{b}_0$) a quello positivo, mentre
passa dal semispazio positivo a quello negativo se invece $\tau(s_0) < 0$.*
Il comportamento rispetto agli altri due piani coordinati determinati dal
riferimento di Frenet in s_0 è invece qualitativamente lo stesso per tutte le
curve biregolari. Infatti la (1.20) ci dice che, per s vicino a s_0, il prodotto
scalare $\langle\sigma(s) - \sigma(s_0), \mathbf{t}_0\rangle$ ha lo stesso segno di $s - s_0$, mentre il prodotto
scalare $\langle\sigma(s) - \sigma(s_0), \mathbf{n}_0\rangle$ è sempre positivo; quindi la curva σ attraversa il
piano normale passando sempre dal semispazio negativo (rispetto a $\mathbf{t}_0$) al
semispazio positivo, mentre rimane sempre nel semispazio positivo (rispetto
a $\mathbf{n}_0$) determinato dal piano rettificante.

Esercizi

1.77. Dimostra che una curva è piana se e solo se tutti i suoi piani osculatori
passano per uno stesso punto.

1.78. Dimostra che se tutti i piani normali ad una curva σ di classe C^∞
passano per uno stesso punto, allora σ è piana.

1.79. La catenaria. Si fissino due numeri reali $a > 0$ e $\lambda > 0$ e si consideri la curva piana $\sigma \colon \mathbb{R} \to \mathbb{R}^2$ parametrizzata da $\sigma(t) = \big(x, a \cosh(\lambda x)\big)$.

(i) Dimostra che σ è regolare.

(ii) Per $a = \lambda = 1$, ricordando gli Esempi 1.2.16 e 1.3.8, determina il luogo dei centri di curvatura.

1.80. Sia $\sigma \colon I \to \mathbb{R}^3$ una curva regolare con sostegno contenuto in una sfera di raggio r. Mostra che la curvatura di σ è maggiore o uguale a $1/r$ in ogni punto.

1.81. Sia $\sigma \colon [-\delta, \delta] \to \mathbb{R}^3$, $\delta > 0$ una curva di classe almeno C^3 parametrizzata rispetto alla lunghezza d'arco, con curvatura e torsione sempre strettamente positive. Considerando solo i termini di grado più basso in ciascuna delle componenti, rispetto al riferimento di Frenet $\mathbf{t}_0, \mathbf{n}_0, \mathbf{b}_0$ in $s = 0$, della forma canonica locale di σ in $s = 0$, si ottiene una curva parametrizzata da $\sigma_1(s) = s\,\mathbf{t}_0 + \frac{\kappa(0)}{2}s^2\,\mathbf{n}_0 + \frac{\kappa(0)\tau(0)}{6}\,s^3\,\mathbf{b}_0$.

(i) Mostra che la proiezione ortogonale di σ_1 sul piano osculatore a σ in 0 è una parabola e calcolane la curvatura.

(ii) Disegna la proiezione ortogonale di σ_1 sul piano normale a σ in O e mostra che essa non ha una parametrizzazione regolare.

(iii) Mostra che la proiezione ortogonale di σ_1 sul piano rettificante di σ in O è il grafico di una funzione. Mostra infine che tale proiezione ortogonale ha un flesso nell'origine (cioè ha curvatura nulla nell'origine).

1.82. Mostra che la differenza tra la lunghezza s di un arco $\sigma \colon [a, b] \to \mathbb{R}^3$ di classe C^1 e la lunghezza del segmento tra $\sigma(a)$ e $\sigma(b)$ è dell'ordine di s^3 (per $b - a$ abbastanza piccolo).

1.83. Considera l'elica $\sigma \colon \mathbb{R} \to \mathbb{R}^3$ parametrizzata da $\sigma(t) = (\cos t, \sin t, t)$.

(i) Mostra che l'equazione cartesiana del piano osculatore a σ nel punto corrispondente al parametro $t = \frac{\pi}{2}$, è data da $x + y = \frac{\pi}{2}$.

(ii) Determina la proiezione di σ sul piano $z = 0$.

(iii) Determina la parametrizzazione della curva ottenuta intersecando il piano $z = 0$ con le rette tangenti all'elica.

(iv) Mostra che, fissato un punto P dello spazio, i punti di σ in cui il piano osculatore passa per P appartengono tutti ad uno stesso piano.

1.84. Mostra che non è possibile sovrapporre con un movimento rigido le eliche $\sigma_+, \sigma_- \colon \mathbb{R} \to \mathbb{R}^3$, parametrizzate da $\sigma_\pm(t) = (r\cos t, \sin t, \pm t)$.

1.85. Mostra che le rette (con parametrizzazione consueta) sono le uniche curve regolari di $\mathbb{R}^3$ tali che le rette tangenti ad ogni punto siano parallele ad una retta data.

1.86. Un punto si dice di *flesso* per una curva regolare se in esso si annulla la curvatura. Mostra che, se $\sigma(s_0)$ è un punto di flesso isolato di una curva parametrizzata rispetto alla lunghezza d'arco e sviluppabile in serie di Taylor, allora il versore normale è definito e continuo in un intorno di s_0.

1.87. Sia $\sigma: I \to \mathbb{R}^3$ una curva biregolare.

(i) Mostra che non esiste un punto $P \in \mathbb{R}^3$ tale che tutte le rette binormali a σ passino per P.

(ii) Mostra che se tutti i piani osculatori a σ hanno un punto in comune, allora σ è piana.

1.88. Sia $C_\lambda = \{(x, y, z) \in \mathbb{R}^3 \mid x + \lambda y - x^3 + y^3 = 0\}$. Determina il valore di $\lambda \in \mathbb{R}$ per il quale C_λ approssima meglio nell'origine la curva definita implicitamente da $x + y = x^4 + y^4$.

ORDINE DI CONTATTO

Assegnata una curva $\sigma: I \to \mathbb{R}^3$ di classe C^m, con m sufficientemente grande, consideriamo un'applicazione $F: \Omega \to R^k$ di classe C^m, ove $\Omega \subseteq \mathbb{R}^3$ è un intorno aperto del sostegno di σ. Posto $C = \{x \in \Omega \mid F(x) = 0\}$, supponiamo che C e il sostegno di σ abbiano un punto $\sigma(s_0)$ in comune: in tal caso, risulta $F(\sigma(s_0)) = 0$. Consideriamo l'applicazione $f(t) = F \circ \sigma(t)$. Si dice che F (o C) e σ hanno *contatto di ordine* r in $p_0 = \sigma(t_0)$ se e solo se $f(t_0) = f'(t_0) = f''(t_0) = \cdots = f^{(r-1)}(t_0) = 0$ e $f^{(r)}(t_0) \neq 0$.

1.89. Mostra che la definizione di ordine di contatto con una curva parametrizzata σ è indipendente dalla parametrizzazione della curva.

1.90. Mostra che se C e il sostegno di σ si intersecano in $p_0 = \sigma(t_0)$ e in altri $r - 1$ punti distinti (con $r - 1 > 0$), allora esistono $t'_1, t''_2, \ldots, t_{r-1}$ in un intorno di t_0, tali che

$$f(t_0) = f'(t_1) = f''(t_2) = \ldots = f^{(r-1)}(t_{r-1}^{r-1}) = 0 \,.$$

(*Suggerimento:* utilizza il teorema di Rolle.)

1.91. Determina l'ordine di contatto nell'origine tra la curva regolare piana definita implicitamente da $x^4 + y^7 + 3x = 0$ e la curva piana parametrizzata da $\sigma(t) = (t^2, t)$.

1.92. Determina l'ordine di contatto nell'origine tra la parabola parametrizzata da $\sigma(t) = (t, t^2)$ e la curva regolare definita implicitamente dall'equazione $x^4 + y^7 + 3x = 0$ in un intorno di $(0, 0)$.

1.93. Determina l'ordine di contatto in $p_0 = (1, 0)$ tra la conica parametrizzata da $\sigma(t) = (\sqrt{1 - 2t^2}, t)$ e la retta $x - 1 = 0$.

1.94. Determina l'ordine di contatto in $p_0 = (0, 2)$ tra le due curve piane definite dalle equazioni $x^2 + y^2 - 2y = 0$ e $3x^2 + 3xy + 2y^2 - 6x - 6y + 4 = 0$, rispettivamente. Determina l'ordine di contatto considerando una delle due curve come curva parametrizzata, e l'altra come luogo degli zeri di una funzione. C'è differenza se inverti i ruoli?

1.5 Il teorema di Whitney

Scopo di questa sezione è dimostrare il Teorema 1.1.7 di Whitney. Cominciamo con alcuni risultati preliminari.

Lemma 1.5.1. *Esiste una funzione* $\alpha\colon \mathbb{R} \to [0,1)$ *monotona, di classe* C^∞ *e tale che* $\alpha(t) = 0$ *se e solo se* $t \le 0$.

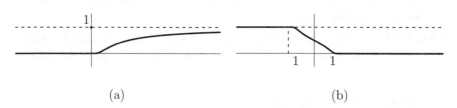

(a)   (b)

Figura 1.9. (a) grafico di α; (b) grafico di β per $a = -1$ e $b = 1$

Dimostrazione. Poniamo

$$\alpha(t) = \begin{cases} e^{-1/t} & \text{se } t > 0 \,, \\ 0 & \text{se } t \le 0 \,; \end{cases}$$

vedi la Fig. 1.9.(a). Chiaramente α è a valori in $[0,1)$, è monotona, si annulla solo in $\mathbb{R}^-$, ed è C^∞ in $\mathbb{R}^*$; rimane da verificare che è di classe C^∞ anche nell'origine. Per vederlo basta dimostrare che i limiti destro e sinistro di tutte le derivate nell'origine coincidono, ovvero che

$$\lim_{t \to 0^+} \alpha^{(n)}(t) = 0$$

per ogni $n \ge 0$. Supponiamo di aver dimostrato l'esistenza per ogni $n \in \mathbb{N}$ di un polinomio p_n di grado $2n$ tale che

$$\forall t > 0 \qquad \alpha^{(n)}(t) = e^{-1/t} p_n(1/t) \,. \tag{1.21}$$

In tal caso

$$\lim_{t \to 0^+} \alpha^{(n)}(t) = \lim_{s \to +\infty} \frac{p_n(s)}{e^s} = 0 \,;$$

quindi per concludere basta dimostrare (1.21). Procediamo per induzione su n. Per $n = 0$ basta prendere $p_0 \equiv 1$. Supponiamo che (1.21) sia verificata per un dato $n \ge 0$; allora

$$\alpha^{(n+1)}(t) = \frac{\mathrm{d}}{\mathrm{d}t} \left[e^{-1/t} p_n(1/t) \right] = e^{-1/t} \left[\frac{1}{t^2} p_n(1/t) - \frac{1}{t^2} p_n'(1/t) \right] \,,$$

per cui basta scegliere $p_{n+1}(s) = s^2 \big(p_n(s) - p_n'(s) \big)$. $\qquad\square$

Corollario 1.5.2. *Dati due numeri reali $a < b$ si può sempre trovare una funzione $\beta\colon \mathbb{R} \to [0,1]$ di classe C^∞ tale che $\beta(t) = 1$ se e solo se $t \le a$, e $\beta(t) = 0$ se e solo se $t \ge b$.*

Dimostrazione. Basta prendere

$$\beta(t) = \frac{\alpha(b-t)}{\alpha(b-t) + \alpha(t-a)} \,,$$

dove $\alpha\colon \mathbb{R} \to \mathbb{R}$ è la funzione data dal lemma precedente; vedi la Fig. 1.9.(b). ◻

Corollario 1.5.3. *Per ogni $p_0 \in \mathbb{R}^n$ e $r > 0$ esiste una funzione $f\colon \mathbb{R}^n \to [0,1]$ di classe C^∞ tale che $f^{-1}(1) = \overline{B(p_0, r/2)}$, e $f^{-1}(0) = \mathbb{R}^n \setminus B(p_0, r)$, dove $B(p,r) \subset \mathbb{R}^n$ è la palla aperta di centro p e raggio r in $\mathbb{R}^n$.*

Dimostrazione. Sia $\beta\colon \mathbb{R} \to [0,1]$ la funzione costruita nel corollario precedente con $a = r^2/4$ e $b = r^2$. Allora $f(p) = \beta(\|p - p_0\|^2)$ è come richiesto. ◻

Lemma 1.5.4. *Sia $V \subseteq \mathbb{R}^n$ un aperto qualsiasi. Allora possiamo trovare una successione di punti a coordinate razionali $\{p_k\}_{k\in\mathbb{N}} \subseteq \mathbb{Q}^n$ e una successione di numeri razionali $\{r_k\}_{k\in\mathbb{N}} \subseteq \mathbb{Q}^+$ tali che $V = \bigcup_{k\in\mathbb{N}} B(p_k, r_k)$.*

Dimostrazione. Sia $p \in V$. Essendo V aperto, esiste $\varepsilon > 0$ tale che $B(p, \varepsilon) \subset V$. Scegliamo allora $q \in \mathbb{Q}^n$ e $r \in \mathbb{Q}^+$ tali che $\|p - q\| < r < \varepsilon/2$. Chiaramente, $p \in B(q,r)$; inoltre, se $x \in B(q,r)$ abbiamo

$$\|p - x\| \le \|p - q\| + \|q - x\| < 2r < \varepsilon \,,$$

per cui $B(q,r) \subseteq B(p,\varepsilon) \subset V$. Dunque ogni punto di V appartiene a una palla di centro e raggio razionali completamente contenuta in V; siccome di tali palle ne esiste al più una quantità numerabile, abbiamo la tesi. ◻

Ed eccoci arrivati alla dimostrazione del teorema di Whitney, che ricitiamo per completezza.

Teorema 1.1.7 (Whitney). *Sia $\Omega \subseteq \mathbb{R}^n$ aperto. Allora un sottoinsieme $C \subseteq \Omega$ è chiuso in Ω se e solo se esiste una funzione $f\colon \Omega \to \mathbb{R}$ di classe C^∞ tale che $C = f^{-1}(0)$.*

Dimostrazione. Se $C = f^{-1}(0)$ sappiamo già che C dev'essere chiuso in U. Viceversa, supponiamo che C sia chiuso in U; allora $V = U \setminus C$ è aperto in U, e quindi in $\mathbb{R}^n$. Il Lemma 1.5.4 ci dice che possiamo trovare una successione $\{p_k\} \subseteq \mathbb{Q}^k$ e una successione $\{r_k\} \subseteq \mathbb{Q}^+$ tali che $U \setminus C = \bigcup_{k\in\mathbb{N}} B(p_k, r_k)$. Sia allora $f_k\colon U \to [0,1]$ la restrizione a U della funzione ottenuta applicando il Corollario 1.5.3 a p_k e r_k.

Per costruzione, sia f_k sia tutte le sue derivate sono identicamente nulle fuori da $B(p_k, r_k)$. Essendo $\overline{B(p_k, r_k)}$ un insieme compatto, per ogni $k \in \mathbb{N}$

troviamo quindi $c_k > 1$ tale che il valore assoluto di una qualsiasi derivata di f_k di ordine al più k è minore o uguale a c_k in tutto U. Poniamo allora

$$f = \sum_{k=0}^{\infty} \frac{f_k}{2^k c_k} \ .$$

Prima di tutto, questa serie è maggiorata da $\sum_k 2^{-k}$, per cui converge uniformemente su U. Fissato $m \geq 0$, per costruzione anche una qualsiasi derivata di ordine m del termine k-esimo della serie è maggiorata da 2^{-k} non appena $k \geq m$; quindi anche le serie delle derivate convergono uniformemente, e dunque $f \in C^{\infty}(U)$.

Rimane da dimostrare che $C = f^{-1}(0)$. Se $p \in C$ allora $p \notin B(p_k, r_k)$ per ogni $k \in \mathbb{N}$, per cui $f_k(p) = 0$ per ogni $k \in \mathbb{N}$, e $f(p) = 0$. Viceversa, se $p \in U \backslash C$ deve esistere $k_0 \in \mathbb{N}$ tale che $p \in B(p_{k_0}, r_{k_0}) \subset U \setminus C$; quindi $f_{k_0}(p) > 0$ e $f(p) \geq f_{k_0}(p)/2^{k_0} c_{k_0} > 0$. $\square$

1.6 Classificazione delle 1-sottovarietà

Come anticipato al termine della Sezione 1.1, vogliamo ora discutere un altro possibile approccio al problema di come definire il concetto di curva. Come vedremo, benché nel caso delle curve questo approccio sia troppo limitativo, nel caso delle superfici ci indicherà la via giusta (come scoprirai nella Sezione 3.1).

L'idea è di concentrarci sul sostegno. Il sostegno di una curva dev'essere un sottoinsieme di $\mathbb{R}^n$ fatto (almeno localmente) come un intervallo della retta reale. Quanto abbiamo visto studiando le curve suggerisce che un modo di concretizzare il concetto di "fatto come" sia usando omeomorfismo con l'immagine che siano anche curve regolari di classe almeno C^1. Introduciamo quindi la seguente

Definizione 1.6.1. Una 1-*sottovarietà* di classe C^k in $\mathbb{R}^n$ (con $k \in \mathbb{N}^* \cup \{\infty\}$ e $n \geq 2$) è un sottoinsieme connesso $C \subset \mathbb{R}^n$ tale che per ogni $p \in C$ esistono un intorno $U \subset \mathbb{R}^n$ di p, un intervallo aperto $I \subseteq \mathbb{R}$, e un'applicazione $\sigma: I \to \mathbb{R}^n$ (detta *parametrizzazione locale*) di classe C^k tali che

(i) $\sigma(I) = C \cap U$;
(ii) σ è un omeomorfismo con l'immagine;
(iii) $\sigma'(t) \neq O$ per ogni $t \in I$.

Se $\sigma(I) = C$, diremo che σ è una *parametrizzazione globale*. Una *parametrizzazione periodica* è invece un'applicazione $\sigma: \mathbb{R} \to \mathbb{R}^n$ di classe C^k periodica di periodo $\ell > 0$ con $\sigma(\mathbb{R}) = C$ e tale che per ogni $t_0 \in \mathbb{R}$ la restrizione $\sigma|_{(t_0, t_0 + \ell)}$ sia una parametrizzazione locale di C con immagine $C \setminus \{\sigma(t_0)\}$.

Esempio 1.6.2. Il grafico $\Gamma_f \subset \mathbb{R}^2$ di una funzione $f: I \to \mathbb{R}$ di classe C^k è una 1-sottovarietà di classe C^k. Infatti, (verifica, prego) una parametrizzazione globale di Γ_f è la solita applicazione $\sigma: I \to \mathbb{R}^2$ data da $\sigma(t) = (t, f(t))$.

Esempio 1.6.3. Se $f: \Omega \to \mathbb{R}$, dove $\Omega \subseteq \mathbb{R}^2$ è un aperto, è una funzione di classe C^k il cui gradiente non si annulla mai nei punti di $C = \{x \in \Omega \mid f(x) = O\}$, allora la Proposizione 1.1.18 ci assicura che C è localmente un grafico, e quindi una 1-sottovarietà, anche se non necessariamente provvista di una parametrizzazione globale. Per esempio, una circonferenza nel piano è una 1-sottovarietà ma non può avere una parametrizzazione globale (perché?); ha però una parametrizzazione periodica (vedi l'Esempio 1.1.12).

Esempio 1.6.4. Un segmento chiuso S in $\mathbb{R}^n$ *non* è una 1-sottovarietà. Infatti, nessun intorno in S degli estremi è omeomorfo a un intervallo aperto della retta (perché?), per cui gli estremi non possono essere contenuti nell'immagine di una parametrizzazione locale. Per un motivo analogo, una figura 8 nel piano non è una 1-sottovarietà. Infatti, stavolta è il punto centrale dell'8 a non avere alcun intorno omeomorfo a un intervallo (perché?).

Esempio 1.6.5. Il grafico Γ_f della funzione valore assoluto $f(t) = |t|$ non è una 1-sottovarietà. Infatti, supponiamo per assurdo che lo sia; allora devono esistere un intervallo aperto $I \subseteq \mathbb{R}$, che senza perdita di generalità possiamo supporre (perché?) contenga lo zero, e un omeomorfismo con l'immagine $\sigma: I \to \mathbb{R}^2$ di classe almeno C^1 tali che si abbia $\sigma(0) = (0,0)$, $\sigma(I) \subseteq \Gamma_f$, e $\sigma'(t) \neq O$ per ogni $t \in I$. Ora, scrivendo $\sigma = (\sigma_1, \sigma_2)$, dire che l'immagine di σ è contenuta in Γ_f equivale a dire che $\sigma_2(t) = |\sigma_1(t)|$ per ogni $t \in I$. In particolare, la funzione $t \mapsto |\sigma_1(t)|$ dev'essere derivabile in 0. Il suo rapporto incrementale è

$$\frac{\sigma_2(t)}{t} = \frac{|\sigma_1(t)|}{t} = \frac{|\sigma_1(t)|}{\sigma_1(t)} \times \frac{\sigma_1(t)}{t} \ . \tag{1.22}$$

Il secondo rapporto sulla destra tende a $\sigma_1'(0)$ per $t \to 0$. Se fosse $\sigma_1'(0) \neq 0$, in un intorno di 0 la funzione $t \mapsto |\sigma_1(t)|/\sigma_1(t)$ sarebbe continua e a valori in $\{+1, -1\}$, e quindi costante, cosa che non può accadere in quanto l'immagine di σ, dovendo essere un intorno dell'origine in Γ_f, contiene sia punti con ascissa positiva sia punti con ascissa negativa. Quindi $\sigma_1'(0) = 0$; ma allora (1.22) implica anche $\sigma_2'(0) = 0$, contro l'ipotesi $\sigma'(0) \neq O$.

Osservazione 1.6.6. Una 1-sottovarietà C non ha punti interni. Se, per assurdo, $p \in C$ fosse un punto interno, allora C conterrebbe una palla B di centro p; in particolare, l'insieme $U \cap C \setminus \{p\}$ sarebbe connesso per qualsiasi intorno connesso $U \subseteq B$ di p. Ma se U è come nella definizione di 1-sottovarietà, allora $U \cap C \setminus \{p\}$ è omeomorfo a un intervallo aperto privato di un punto, che è sconnesso, contraddizione.

Osservazione 1.6.7. Le condizioni (i) e (ii) nella definizione di 1-sottovarietà ci dicono che l'insieme C è, dal punto di vista topologico, localmente fatto come un intervallo. La condizione (iii) invece ha tre scopi: fornisce un vettore tangente alla 1-sottovarietà, escludendo spigoli quali quelli che si trovano nel grafico della funzione valore assoluto; assicura che anche dal punto di vista differenziale la struttura sia la stessa degli intervalli (come capiremo meglio quando affronteremo la stessa problematica per le superfici nel Cap. 3); ed evita altre possibili singolarità, quali la cuspide che si trova nell'immagine dell'applicazione $\sigma(t) = (t^2, t^3)$; vedi l'Esercizio 1.4 e la Fig. 1.2.(d).

Il principale risultato di questa sezione ci dice che per studiare le curve la definizione di 1-sottovarietà che abbiamo dato è eccessivamente complicata. Infatti, ogni 1-sottovarietà è un arco aperto di Jordan oppure una curva di Jordan. Più precisamente, vale il teorema seguente:

Teorema 1.6.8. *Ogni 1-sottovarietà non compatta ha una parametrizzazione globale, e ogni 1-sottovarietà compatta ha una parametrizzazione periodica. Più esattamente, se $C \subset \mathbb{R}^n$ è una 1-sottovarietà di classe C^k allora esiste un'applicazione $\hat{\sigma}: \mathbb{R} \to \mathbb{R}^n$ di classe C^k tale che $\hat{\sigma}'(t) \neq O$ per ogni $t \in \mathbb{R}$ e*

(a) *se C non è compatta allora $\hat{\sigma}$ è una parametrizzazione globale di C, e C è omeomorfa a $\mathbb{R}$;*

(b) *se C è compatta allora $\hat{\sigma}$ è una parametrizzazione periodica di C, e C è omeomorfa alla circonferenza S^1.*

Dimostrazione. Dividiamo la dimostrazione in vari passi.

(1) Il Teorema 1.2.11 applicato alle parametrizzazioni locali ci assicura che ogni punto di C è contenuto nell'immagine di una parametrizzazione locale rispetto alla lunghezza d'arco; vogliamo vedere cosa succede quando due parametrizzazioni locali rispetto alla lunghezza d'arco hanno immagini che si intersecano.

Siano $\sigma = (\sigma_1, \ldots, \sigma_n): I_\sigma \to C$ e $\tau = (\tau_1, \ldots, \tau_n): I_\tau \to C$ due parametrizzazioni locali rispetto alla lunghezza d'arco tali che $\sigma(I_\sigma) \cap \tau(I_\tau) \neq \varnothing$; poniamo $J_\sigma = \sigma^{-1}\big(\sigma(I_\sigma) \cap \tau(I_\tau)\big) \subseteq I_\sigma$, $J_\tau = \tau^{-1}\big(\sigma(I_\sigma) \cap \tau(I_\tau)\big) \subseteq I_\tau$, e $h = \tau^{-1} \circ \sigma: J_\sigma \to J_\tau$. La funzione h è chiaramente un omeomorfismo di aperti di $\mathbb{R}$; inoltre è (almeno) di classe C^1. Infatti, fissiamo $t_0 \in J_\sigma$. Allora da $\tau \circ h = \sigma$ otteniamo

$$\frac{\sigma(t) - \sigma(t_0)}{t - t_0} = \frac{\tau\big(h(t)\big) - \tau\big(h(t_0)\big)}{h(t) - h(t_0)} \times \frac{h(t) - h(t_0)}{t - t_0}$$

per ogni $t \in J_\sigma$. Facendo tendere t a t_0 il primo quoziente converge a $\sigma'(t_0)$, e il secondo a $\tau'\big(h(t_0)\big)$. Siccome τ è una parametrizzazione locale, esiste un indice j per cui $\tau_j'\big(h(t_0)\big) \neq 0$; quindi

$$\lim_{t \to t_0} \frac{h(t) - h(t_0)}{t - t_0} = \frac{\sigma_j'(t_0)}{\tau_j'\big(h(t_0)\big)}$$

esiste, e dunque h è derivabile. Inoltre, lo stesso ragionamento con lo stesso j funziona per tutti i t in un intorno di t_0, per cui troviamo

$$h' = \frac{\sigma_j'}{\tau_j' \circ h}$$

in un intorno di t_0, e quindi h' è continua.

Ora, da $\tau \circ h = \sigma$ deduciamo anche $(\tau' \circ h)h' = \sigma'$, per cui

$$|h'| \equiv 1 \,,$$

in quanto σ e τ sono parametrizzate rispetto alla lunghezza d'arco. Dunque il grafico Γ di h è costituito da segmenti di pendenza ± 1, tanti quante sono le componenti connesse di J_σ (e quindi di J_τ). In ciascuna di queste componenti, quindi, abbiamo $h(t) = \pm t + a$, cioè $\sigma(t) = \tau(\pm t + a)$, per un opportuno $a \in \mathbb{R}$ (che può dipendere dalla componente connessa di J_σ che stiamo considerando).

Ma non è finita qui. Il grafico Γ di h è contenuto nel rettangolo $I_\sigma \times I_\tau$; vogliamo ora dimostrare che gli estremi dei segmenti di Γ sono necessariamente sul bordo di questo rettangolo. Prima di tutto, notiamo che $(s_0, s) \in \Gamma$ se e solo se $s = h(s_0)$, per cui

$$(s_0, s) \in \Gamma \quad \Longrightarrow \quad \tau(s) = \sigma(s_0) \,. \tag{1.23}$$

Sia ora, per assurdo, $(t_0, t) \in I_\sigma \times I_\tau$ un estremo di un segmento di Γ contenuto nell'interno del rettangolo (in particolare, $\sigma(t_0)$ e $\tau(t)$ esistono). Dal fatto che (t_0, t) è un estremo deduciamo che $t_0 \in \partial J_\sigma$; ma, d'altra parte, per continuità la (1.23) implica che $\tau(t) = \sigma(t_0) \in \sigma(I_\sigma) \cap \tau(I_\tau)$, per cui $t_0 \in J_\sigma$, contraddizione.

Ora, Γ è il grafico di una funzione iniettiva; quindi ciascun lato del rettangolo può essere toccato da al più un estremo di Γ (perché?). Ma questo implica che Γ — e quindi J_σ — ha al più 2 componenti connesse; e se ne ha due, entrambe hanno la stessa pendenza.

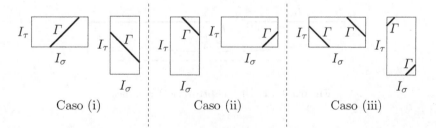

Caso (i)   Caso (ii)   Caso (iii)

Figura 1.10.

Riassumendo, abbiamo dimostrato che se $\sigma(I_\sigma) \cap \tau(I_\tau) \neq \varnothing$ allora si possono verificare solo tre eventualità (vedi la Fig. 1.10):

(i) $\tau(I_\tau) \subseteq \sigma(I_\sigma)$ oppure $\sigma(I_\sigma) \subseteq \tau(I_\tau)$, nel qual caso Γ consiste di un unico segmento di pendenza ± 1 che congiunge due lati opposti del rettangolo $I_\sigma \times I_\tau$;

(ii) $\sigma(I_\sigma) \cap \tau(I_\tau)$ consiste di un'unica componente connessa distinta sia da $\sigma(I_\sigma)$ che da $\tau(I_\tau)$, e Γ consiste di un unico segmento di pendenza ± 1 che congiunge due lati adiacenti del rettangolo $I_\sigma \times I_\tau$;

(iii) $\sigma(I_\sigma) \cap \tau(I_\tau)$ consiste di due componenti connesse, e Γ consiste di due segmenti di uguale pendenza ± 1 che congiungono due lati adiacenti del rettangolo $I_\sigma \times I_\tau$.

Infine, notiamo che se Γ ha pendenza -1, ponendo $\sigma_1(t) = \sigma(-t)$ otteniamo una parametrizzazione locale rispetto alla lunghezza d'arco σ_1 di C con la stessa immagine di σ ma tale che il grafico di $h_1 = \sigma_1^{-1} \circ \sigma_0$ abbia pendenza $+1$ (perché?).

(2) Supponiamo ora che esistano due parametrizzazioni locali rispetto alla lunghezza d'arco $\sigma\colon I_\sigma \to C$ e $\tau\colon I_\tau \to C$ per cui $\sigma(I_\sigma) \cap \tau(I_\tau)$ abbia effettivamente due componenti connesse; vogliamo dimostrare che allora siamo necessariamente nel caso (b) del teorema. Grazie al passo precedente possiamo supporre che il cambiamento di parametro $h = \tau^{-1} \circ \sigma$ abbia pendenza 1 in entrambe le componenti connesse J_σ^1 e J_σ^2 di J_σ. Quindi esistono $a, b \in \mathbb{R}$ tali che

$$h(t) = \begin{cases} t + a & \text{se } t \in J_\sigma^1 , \\ t + b & \text{se } t \in J_\sigma^2 ; \end{cases} \tag{1.24}$$

vedi la Fig. 1.11.

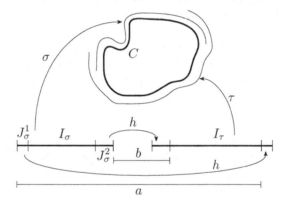

Figura 1.11. Una 1-sottovarietà compatta

Ora notiamo che $I_\sigma \cap (I_\tau - b) = J_\sigma^2$, dove $I_\tau - b = \{t - b \mid t \in I_\tau\}$. Definiamo allora $\tilde{\sigma}\colon I_\sigma \cup (I_\tau - b) \to C$ ponendo

$$\tilde{\sigma}(t) = \begin{cases} \sigma(t) & \text{se } t \in I_\sigma , \\ \tau(t + b) & \text{se } t \in I_\tau - b . \end{cases}$$

Siccome $\sigma(t) = \tau(t + b)$ su $I_\sigma \cap (I_\tau - b)$, la $\tilde{\sigma}$ è ben definita e di classe C^k. Inoltre, se $t \in J_\sigma^1$ si ha

$$\tilde{\sigma}(t) = \sigma(t) = \tau(t + a) = \tilde{\sigma}(t + \ell) ,$$

dove $\ell = a - b$, per cui possiamo estendere $\tilde{\sigma}$ a un'applicazione $\hat{\sigma}\colon \mathbb{R} \to C$ di classe C^k e periodica di periodo ℓ. Ora, $\hat{\sigma}(\mathbb{R}) = \sigma(I_\sigma) \cup \tau(I_\tau)$ è aperto in C. Ma per ogni $t_0 \in \mathbb{R}$ si ha $\hat\sigma(\mathbb{R}) = \hat\sigma([t_0, t_0 + \ell])$, per cui $\hat\sigma(\mathbb{R})$ è compatto e quindi chiuso in C. Essendo C connesso, otteniamo $\hat\sigma(\mathbb{R}) = C$, cioè $\hat\sigma$ è surgettiva e C è compatta. Inoltre, dal fatto che σ e τ sono parametrizzazioni locali deduciamo subito (perché?) che $\hat\sigma$ ristretta a $(t_0, t_0 + \ell)$ è una parametrizzazione locale quale che sia $t_0 \in \mathbb{R}$; quindi $\hat\sigma$ è una parametrizzazione periodica.

Rimane da far vedere che C è omeomorfa a S^1. Realizziamo S^1 come lo spazio quoziente ottenuto identificando i due estremi dell'intervallo $[0, \ell]$. Essendo $\hat\sigma(0) = \hat\sigma(\ell)$, la $\hat\sigma$ induce un'applicazione continua surgettiva $f: S^1 \to C$. Siccome $\hat\sigma|_{[0,\ell)}$ è iniettiva, la f risulta essere bigettiva; essendo S^1 compatto e C di Hausdorff, la f è un omeomorfismo, come voluto.

(3) Supponiamo ora che non succeda mai che l'intersezione delle immagini di due parametrizzazioni locali rispetto alla lunghezza d'arco abbia due componenti connesse; vogliamo dimostrare che siamo nel caso (a) del teorema. Sia $\sigma: I_\sigma \to C$ una parametrizzazione locale *massimale,* cioè tale che non sia possibile estenderla a una parametrizzazione locale definita in un intervallo aperto strettamente più grande di I_σ. Supponiamo, per assurdo, che $\sigma(I_\sigma)$ non sia tutto C, e prendiamo un punto p appartenente al bordo di $\sigma(I_\sigma)$ in C. Siccome C è una 1-sottovarietà, esiste una paramentrizzazione locale rispetto alla lunghezza d'arco $\tau: I_\tau \to C$ la cui immagine contiene p. In particolare, $\tau(I_\tau) \cap \sigma(I_\sigma) \neq \varnothing$, in quanto p è aderente a $\sigma(I_\sigma)$; e $\tau(I_\tau) \not\subset \sigma(I_\sigma)$ in quanto $p \in \tau(I_\tau) \setminus \sigma(I_\sigma)$; e $\sigma(I_\sigma) \not\subset \tau(I_\tau)$ per la massimalità di σ (perché?).

Dunque siamo nel caso (ii) del passo (1); possiamo inoltre supporre che $h = \tau^{-1} \circ \sigma: J_\sigma \to J_\tau$ sia della forma $h(t) = t + b$ per qualche $b \in \mathbb{R}$. Definiamo $\tilde\sigma: I_\sigma \cup (I_\tau - b) \to C$ ponendo di nuovo

$$\tilde\sigma(t) = \begin{cases} \sigma(t) & \text{se } t \in I_\sigma \,, \\ \tau(t + b) & \text{se } t \in I_\tau - b \,. \end{cases}$$

Ma allora si verifica facilmente (esercizio) che $\tilde\sigma$ è una parametrizzazione locale rispetto alla lunghezza d'arco di C definita su un intervallo aperto strettamente più grande di I_σ, impossibile.

La contraddizione deriva dall'aver supposto che σ non fosse surgettiva. Quindi si deve avere $\sigma(I_\sigma) = C$, per cui C ha una parametrizzazione globale, ed è omeomorfa all'intervallo I_σ. Siccome tutti gli intervalli aperti sono omeomorfi a $\mathbb{R}$ (vedi l'Esercizio 1.5), abbiamo finito. $\square$

Esercizi

1.95. Dimostra che il sostegno della cuspide (vedi l'Esempio 1.2.4) non è una 1-sottovarietà di $\mathbb{R}^2$.

1.96. Sia $C \subset \mathbb{R}^n$ una 1-sottovarietà. Dimostra che esiste un aperto $\Omega \subset \mathbb{R}^n$ contenente C e tale che C sia chiusa in Ω. Trova un esempio di una 1-sottovarietà $C \subset \mathbb{R}^2$ che non sia chiusa in $\mathbb{R}^2$.

1.97. Siano $H \subset \mathbb{R}^3$ il piano di equazione $x + y + z = 1$ ed S il cilindro di equazione $x^2 + y^2 = 1$.

(i) Dimostra che $C = H \cap S$ è una 1-sottovarietà di $\mathbb{R}^3$.
(ii) Dimostra che C è una ellisse, e determinane una parametrizzazione periodica.

1.98. Disegna la 1-sottovarietà definita, in coordinate polari (r, θ), dall'equazione $r = a / \cos \theta$, per $a \in \mathbb{R}$, e determinane l'equazione in coordinate cartesiane.

1.7 Formule di Frenet-Serret in dimensione qualsiasi

Obiettivo di questa sezione è derivare delle formule di Frenet-Serret, e dimostrare un teorema analogo al Teorema 1.3.37, per curve in $\mathbb{R}^n$. Abbiamo visto che per studiare le curve in $\mathbb{R}^2$ era sufficiente la condizione di regolarità, mentre per le curve in $\mathbb{R}^3$ è stato necessario passare alla biregolarità. Per studiare le curve in $\mathbb{R}^n$ con $n \geq 3$ ci servirà una condizione ancora più forte.

La condizione di regolarità consiste nel supporre che σ' sia sempre non nullo, mentre la condizione di biregolarità è equivalente a richiedere che σ' e σ'' siano sempre linearmente indipendenti. Per $\mathbb{R}^n$ ci servirà invece la $(n-1)$-regolarità:

Definizione 1.7.1. Una curva $\sigma: I \to \mathbb{R}^n$ di classe (almeno) C^k è *k-regolare,* con $1 \leq k \leq n - 1$, se

$$\sigma', \sigma'', \ldots, \frac{\mathrm{d}^k \sigma}{\mathrm{d} t^k}$$

sono sempre linearmente indipendenti. In particolare, 1-regolare è equivalente a regolare, e 2-regolare è equivalente a biregolare.

Osservazione 1.7.2. Se $\sigma: I \to \mathbb{R}^n$ è parametrizzata rispetto alla lunghezza d'arco si verifica facilmente per induzione (esercizio) che σ è k-regolare, con $2 \leq k \leq n - 1$, se e solo se

$$\mathbf{t}, \dot{\mathbf{t}}, \ldots, \frac{\mathrm{d}^{k-1} \mathbf{t}}{\mathrm{d} s^{k-1}}$$

sono sempre linearmente indipendenti.

Sia allora $\sigma: I \to \mathbb{R}^n$ una curva regolare parametrizzata rispetto alla lunghezza d'arco; per motivi che saranno chiari fra un attimo, indichiamo con $\mathbf{t}_1$ il suo versore tangente $\dot{\sigma}$, e con $\kappa_1 = \|\dot{\mathbf{t}}_1\|$ la sua curvatura. Se σ è 2-regolare, e indichiamo con $\mathbf{t}_2$ il versore normale $\mathbf{n}$, abbiamo visto che $\mathbf{t}_2$ è sempre un versore ortogonale a $\mathbf{t}_1$ e che inoltre si ha

$$\dot{\mathbf{t}}_1 = \kappa_1 \mathbf{t}_2 \, .$$

In particolare, $\mathrm{Span}(\dot{\mathbf{t}}_1, \mathbf{t}_1) = \mathrm{Span}(\mathbf{t}_2, \mathbf{t}_1)$. Derivando $\langle \mathbf{t}_2, \mathbf{t}_2 \rangle \equiv 1$ e $\langle \mathbf{t}_2, \mathbf{t}_1 \rangle \equiv 0$ troviamo che $\dot{\mathbf{t}}_2$ è sempre ortogonale a $\mathbf{t}_2$, e che $\langle \dot{\mathbf{t}}_2, \mathbf{t}_1 \rangle \equiv -\kappa_1$. Inoltre,

$$\frac{\mathrm{d}^2 \mathbf{t}_1}{\mathrm{d} s^2} = \kappa_1 \dot{\mathbf{t}}_2 + \dot{\kappa}_1 \mathbf{t}_2 \; ; \tag{1.25}$$

quindi $\dot{\mathbf{t}}_2$ appartiene al sottospazio generato da $\mathbf{t}_1$ e $\mathbf{t}_2$ se e solo se $\mathrm{d}^2 \mathbf{t}_1 / \mathrm{d} s^2$ vi appartiene, cioè se e solo se σ non è 3-regolare. Questo vuol dire che se σ è 3-regolare (e $n \geq 4$) il vettore $\dot{\mathbf{t}}_2 - \langle \dot{\mathbf{t}}_2, \mathbf{t}_1 \rangle \mathbf{t}_1 - \langle \dot{\mathbf{t}}_2, \mathbf{t}_2 \rangle \mathbf{t}_2 = \dot{\mathbf{t}}_2 + \kappa_1 \mathbf{t}_1$ non è mai nullo, per cui possiamo trovare $\mathbf{t}_3 \colon I \to \mathbb{R}^n$ e $\kappa_2 \colon I \to \mathbb{R}^+$ tali che $\mathbf{t}_3$ sia sempre un versore ortogonale a $\mathbf{t}_1$ e $\mathbf{t}_2$ e si abbia

$$\dot{\mathbf{t}}_2 = -\kappa_1 \mathbf{t}_1 + \kappa_2 \mathbf{t}_3 \; .$$

con κ_2 mai nulla. In particolare,

$$\mathrm{Span}(\mathbf{t}_1, \mathbf{t}_2, \mathbf{t}_3) = \mathrm{Span}(\mathbf{t}_1, \mathbf{t}_1, \dot{\mathbf{t}}_2) = \mathrm{Span}\left(\mathbf{t}_1, \dot{\mathbf{t}}_1, \frac{\mathrm{d}^2 \mathbf{t}_1}{\mathrm{d} s^2} \right)$$

e

$$\frac{\mathrm{d}^3 \mathbf{t}_1}{\mathrm{d} s^3} - \kappa_1 \kappa_2 \dot{\mathbf{t}}_3 \in \mathrm{Span}(\mathbf{t}_1, \, \mathbf{t}_2, \, \mathbf{t}_3) \; ;$$

quindi $\dot{\mathbf{t}}_3$ appartiene al sottospazio generato da $\mathbf{t}_1$, $\mathbf{t}_2$ e $\mathbf{t}_3$ se e solo se σ non è 4-regolare.

Proseguiamo. Derivando $\langle \mathbf{t}_3, \mathbf{t}_3 \rangle \equiv 1$ e $\langle \mathbf{t}_3, \mathbf{t}_1 \rangle \equiv \langle \mathbf{t}_3, \mathbf{t}_2 \rangle \equiv 0$ vediamo che il vettore $\dot{\mathbf{t}}_3$ è sempre ortogonale a $\mathbf{t}_3$ e a $\mathbf{t}_1$, e che $\langle \dot{\mathbf{t}}_3, \mathbf{t}_2 \rangle \equiv -\kappa_2$. Per quanto visto, se σ è 4-regolare (e $n \geq 5$) possiamo trovare $\kappa_3 \colon I \to \mathbb{R}^+$ e $\mathbf{t}_4 \colon I \to \mathbb{R}^n$ tali che $\mathbf{t}_4$ sia sempre un versore ortogonale a $\mathbf{t}_1$, $\mathbf{t}_2$ e $\mathbf{t}_3$ e si abbia

$$\dot{\mathbf{t}}_3 = -\kappa_2 \mathbf{t}_2 + \kappa_3 \mathbf{t}_4 \; ,$$

con κ_3 mai nulla. In particolare,

$$\mathrm{Span}(\mathbf{t}_1, \mathbf{t}_2, \mathbf{t}_3, \mathbf{t}_4) = \mathrm{Span}(\mathbf{t}_1, \mathbf{t}_2, \mathbf{t}_3, \dot{\mathbf{t}}_3) = \mathrm{Span}\left(\mathbf{t}_1, \dot{\mathbf{t}}_1, \frac{\mathrm{d}^2 \mathbf{t}_1}{\mathrm{d} s^2}, \frac{\mathrm{d}^3 \mathbf{t}_1}{\mathrm{d} s^3} \right)$$

e

$$\frac{\mathrm{d}^4 \mathbf{t}_1}{\mathrm{d} s^4} - \kappa_1 \kappa_2 \kappa_3 \dot{\mathbf{t}}_4 \in \mathrm{Span}(\mathbf{t}_1, \, \mathbf{t}_2, \, \mathbf{t}_3, \, \mathbf{t}_4) \; ;$$

quindi $\dot{\mathbf{t}}_4$ appartiene al sottospazio generato da $\mathbf{t}_1$, $\mathbf{t}_2$, $\mathbf{t}_3$ e $\mathbf{t}_4$ se e solo se σ non è 5-regolare.

Continuando in questo modo, se σ è $(n-2)$-regolare riusciamo a costruire $n-1$ applicazioni $\mathbf{t}_1, \ldots, \mathbf{t}_{n-1} \colon I \to \mathbb{R}^n$ ed $n-2$ funzioni positive $\kappa_1, \ldots, \kappa_{n-2} \colon I \to \mathbb{R}^+$ in modo che $\mathbf{t}_1, \ldots, \mathbf{t}_{n-1}$ siano sempre versori ortogonali a due a due e si abbia

$$\mathrm{Span}(\mathbf{t}_1, \ldots, \mathbf{t}_j) = \mathrm{Span}\left(\mathbf{t}_1, \dot{\mathbf{t}}_1, \ldots, \frac{\mathrm{d}^{j-1} \mathbf{t}_1}{\mathrm{d} s^{j-1}} \right)$$

per $j = 1, \ldots, n - 1$, e

$$\dot{\mathbf{t}}_j = -\kappa_{j-1}\mathbf{t}_{j-1} + \kappa_j\mathbf{t}_{j+1}$$

per $j = 1, \ldots, n-2$ (dove $\kappa_0 \equiv 0$). Ora, esiste un'unica applicazione $\mathbf{t}_n\colon I \to \mathbb{R}^n$ tale che $\{\mathbf{t}_1, \ldots, \mathbf{t}_n\}$ sia sempre una base ortonormale di $\mathbb{R}^n$ con la stessa orientazione della base canonica. Se σ è $(n-1)$-regolare, allora $\dot{\mathbf{t}}_{n-1}$ non è contenuto (perché?) nel sottospazio generato da $\mathbf{t}_1, \ldots, \mathbf{t}_{n-1}$, e quindi esiste una funzione $\kappa_{n-1}\colon I \to \mathbb{R}$, non necessariamente positiva, tale che

$$\dot{\mathbf{t}}_{n-1} = -\kappa_{n-2}\mathbf{t}_{n-2} + \kappa_{n-1}\mathbf{t}_n \qquad \text{e} \qquad \dot{\mathbf{t}}_n = -\kappa_{n-1}\mathbf{t}_{n-1} \;.$$

Definizione 1.7.3. Sia $\sigma\colon I \to \mathbb{R}^n$ una curva $(n-1)$-regolare di classe C^k (con $k \geq n$) parametrizzata rispetto alla lunghezza d'arco. Le applicazioni $\mathbf{t}_1, \ldots, \mathbf{t}_n\colon I \to \mathbb{R}^n$ appena definite formano il *riferimento di Frenet* di σ. Per $j = 1, \ldots, n-1$ l'applicazione $\mathbf{t}_j$ è di classe C^{k-j}, mentre $\mathbf{t}_n$ è di classe $C^{k-(n-1)}$. Inoltre, per $j = 1, \ldots, n-1$ la funzione $\kappa_j\colon I \to \mathbb{R}$ è detta *curvatura j-esima* di σ, ed è di classe $C^{k-(j+1)}$. Le curvature sono tutte funzioni a valori positivi tranne l'ultima che può assumere valori reali qualsiasi. Le formule

$$\forall j = 1, \ldots, n \qquad \dot{\mathbf{t}}_j = -\kappa_{j-1}\mathbf{t}_{j-1} + \kappa_j\mathbf{t}_{j+1}$$

(dove abbiamo posto $\kappa_0 \equiv \kappa_n \equiv 0$) sono dette *formule di Frenet-Serret* per σ.

Le formule di Frenet-Serret possono venire riassunte in un'unica equazione matriciale, introducendo il vettore $\mathbf{T}$ e la matrice antisimmetrica K dati da

$$
\mathbf{T} = \begin{vmatrix} \mathbf{t}_1 \\ \vdots \\ \mathbf{t}_n \end{vmatrix}
\quad \text{e} \quad
\mathsf{K} = \begin{vmatrix}
0 & \kappa_1 & & & \\
-\kappa_1 & 0 & & & \\
& & \ddots & & \\
& & & \ddots & \kappa_{n-1} \\
& & & -\kappa_{n-1} & 0
\end{vmatrix} \;.
$$

Con queste notazioni le formule di Frenet-Serret diventano allora il sistema lineare di equazioni differenziali ordinarie

$$\frac{\mathrm{d}}{\mathrm{d}s}\mathbf{T} = \mathsf{K}\mathbf{T} \;. \tag{1.26}$$

Siamo adesso in grado di dimostrare il *teorema fondamentale della teoria delle curve in* $\mathbb{R}^n$, procedendo sulla falsariga del Teorema 1.3.37:

Teorema 1.7.4. *Date $n-1$ funzioni $\kappa_1, \ldots, \kappa_{n-2}\colon I \to \mathbb{R}^+$ e $\kappa_{n-1}\colon I \to \mathbb{R}$, dove κ_j è di classe $C^{k-(j+1)}$, le $\kappa_1, \ldots, \kappa_{n-2}$ sono sempre positive, e $k \geq n+1$, esiste un'unica (a meno di movimenti rigidi) curva $(n-1)$-regolare $\sigma\colon I \to \mathbb{R}^n$ di classe C^k parametrizzata rispetto alla lunghezza d'arco le cui curvature siano $\kappa_1, \ldots, \kappa_{n-1}$.*

Dimostrazione. Come nella dimostrazione del Teorema 1.3.37, il punto cruciale è che le formule di Frenet-Serret (1.26) sono un sistema lineare di equazioni differenziali ordinarie in $3n$ incognite a cui possiamo quindi applicare il Teorema 1.3.36.

Cominciamo con l'esistenza. Fissiamo un punto $s_0 \in I$ e una base ortonormale $\{\mathbf{t}_1^0, \ldots, \mathbf{t}_n^0\}$ di $\mathbb{R}^n$ con la stessa orientazione della base canonica. Per il Teorema 1.3.36, esiste un'unica n-upla di applicazioni $\mathbf{t}_1, \ldots, \mathbf{t}_n \colon I \to \mathbb{R}^n$ verificanti (1.26) e tali che $\mathbf{t}_j(s_0) = \mathbf{t}_j^0$ per $j = 1, \ldots, n$. Inoltre si vede subito che $\mathbf{t}_j$ è di classe C^{k-j} per $j = 1, \ldots, n-1$, mentre $\mathbf{t}_n$ è di classe $C^{k-(n-1)}$.

Vogliamo dimostrare che la n-upla $\{\mathbf{t}_1, \ldots, \mathbf{t}_n\}$ così ricavata è il riferimento di Frenet di una curva. Cominciamo col far vedere che è una base ortonormale in ogni punto, avendo imposto che lo sia in s_0. Per semplificare i conti, introduciamo la seguente convenzione: dati due vettori $\mathbf{S}$, $\mathbf{T} \in (\mathbb{R}^n)^n$, indichiamo con $\langle \mathbf{S}, \mathbf{T} \rangle \in M_{n,n}(\mathbb{R})$ la matrice che ha come elemento di posto (h, k) il prodotto scalare $\langle \mathbf{s}_h, \mathbf{t}_k \rangle$ fra l'h-esima componente di $\mathbf{S}$ e la k-esima componente di $\mathbf{T}$. Si verifica facilmente che

$$\langle \mathsf{K}\mathbf{T}, \mathbf{T} \rangle = \mathsf{K}\langle \mathbf{T}, \mathbf{T} \rangle \quad \text{e} \quad \langle \mathbf{T}, \mathsf{K}\mathbf{T} \rangle = \langle \mathbf{T}, \mathbf{T} \rangle \mathsf{K}^T = -\langle \mathbf{T}, \mathbf{T} \rangle \mathsf{K} \,,$$

dove nell'ultimo passaggio abbiamo usato il fatto che K è antisimmetrica. Dunque se prendiamo come $\mathbf{T}$ il vettore le cui componenti sono le applicazioni $\mathbf{t}_1, \ldots \mathbf{t}_n$ che risolvono (1.26), la matrice di funzioni $\langle \mathbf{T}, \mathbf{T} \rangle$ soddisfa il sistema lineare di equazioni differenziali ordinarie

$$\frac{\mathrm{d}}{\mathrm{d}s} \langle \mathbf{T}, \mathbf{T} \rangle = \left\langle \frac{\mathrm{d}\mathbf{T}}{\mathrm{d}s}, \mathbf{T} \right\rangle + \left\langle \mathbf{T}, \frac{\mathrm{d}\mathbf{T}}{\mathrm{d}s} \right\rangle = \langle \mathsf{K}\mathbf{T}, \mathbf{T} \rangle + \langle \mathbf{T}, \mathsf{K}\mathbf{T} \rangle$$
$$= \mathsf{K}\langle \mathbf{T}, \mathbf{T} \rangle - \langle \mathbf{T}, \mathbf{T} \rangle \mathsf{K} \,,$$

con condizioni iniziali $\langle \mathbf{T}, \mathbf{T} \rangle(s_0) = I_n$, dove I_n è la matrice identica. Ma la matrice di funzioni costantemente uguale a I_n soddisfa lo stesso sistema lineare di equazioni differenziali ordinarie con la stessa condizione iniziale; il Teorema 1.3.36 ci dice allora che $\langle \mathbf{T}, \mathbf{T} \rangle \equiv I_n$, che vuol dire esattamente che $\{\mathbf{t}_1, \ldots, \mathbf{t}_n\}$ è una base ortonormale in ogni punto. In particolare, la funzione $\det(\mathbf{t}_1, \ldots, \mathbf{t}_n)$ non si annulla mai; essendo positiva in s_0, è sempre positiva, e la base $\{\mathbf{t}_1, \ldots, \mathbf{t}_n\}$ ha sempre la stessa orientazione della base canonica.

Definiamo infine la curva $\sigma \colon I \to \mathbb{R}^n$ ponendo

$$\sigma(s) = \int_{s_0}^{s} \mathbf{t}_1(t) \, \mathrm{d}t \,.$$

La curva σ è di classe C^k con derivata $\mathbf{t}_1(s)$, per cui è regolare, parametrizzata rispetto alla lunghezza d'arco e con versore tangente $\mathbf{t}_1$. Le (1.26) ci dicono allora che σ è $(n-1)$-regolare con curvature $\kappa_1, \ldots, \kappa_{n-1}$, e l'esistenza è fatta.

L'unicità si dimostra come nel Teorema 1.3.37. Sia $\sigma_1 \colon I \to \mathbb{R}^n$ un'altra curva $(n-1)$-regolare di classe C^k parametrizzata rispetto alla lunghezza d'arco con curvature $\kappa_1, \ldots, \kappa_{n-1}$. Fissiamo $s_0 \in I$; a meno di un movimento rigido possiamo supporre $\sigma(s_0) = \sigma_1(s_0)$ e che σ e σ_1 abbiano lo stesso riferimento di Frenet in s_0. Per l'unicità della soluzione di (1.26) ne segue che σ e σ_1 hanno lo stesso riferimento di Frenet in tutti i punti di I; in particolare, $\dot\sigma \equiv \dot\sigma_1$. Ma allora

$$\sigma(s) = \sigma(s_0) + \int_{s_0}^{s} \dot\sigma(t)\, dt = \sigma_1(s_0) + \int_{s_0}^{s} \dot\sigma_1(t)\, dt = \sigma_1(s) ,$$

e $\sigma_1 \equiv \sigma$. $\qquad\qquad\qquad\qquad\qquad\qquad\qquad\qquad\qquad\qquad\square$

Esercizi

1.99. Dimostra l'Osservazione 1.7.2.

1.100. La curva $\sigma \colon \mathbb{R} \to \mathbb{R}^4$ data da $\sigma(t) = (t, t^2, t^3, t^4)$ è 4-regolare?

1.101. Mostra che un arco $\sigma \colon [a, b] \to \mathbb{R}^n$ il cui sostegno sia contenuto in un sottospazio affine di dimensione k di $\mathbb{R}^n$ ha curvatura k-esima identicamente nulla.

1.102. Se $\sigma \colon \mathbb{R} \to \mathbb{R}^4$ è data da $\sigma(t) = (3t - t^3, 3, 3t^2, 3t + t^3)$, determina le curvature di σ.

1.103. Determina, al variare di $a \in \mathbb{R}$, le curvature della curva $\sigma \colon \mathbb{R} \to \mathbb{R}^4$, parametrizzata da $\sigma(t) = \big(a(1 + \cos t), a \sin t, 2a \sin \frac{t}{2}, a\big)$.

1.104. Sia $\sigma \colon (0, +\infty) \to \mathbb{R}^4$ la curva data da

$$\sigma(t) = (t, 2t, t^4, t).$$

(i)   Dimostra che σ è una curva regolare.
(ii) Determina il riferimento di Frenet di σ.
(iii) Calcola le curvature di σ in tutti i suoi punti.
(iv) Osserva che la proiezione ortogonale di σ sul piano $x_4 = 0$ è una curva contenuta in uno spazio affine S di dimensione 2 (vedi anche l'Esercizio 1.30). Determina esplicitamente le equazioni di S.

1.105. Sia $\sigma \colon \mathbb{R} \to \mathbb{R}^n$ una curva di classe C^∞ tale che $\sigma'' \equiv 0$. Cosa si può dire di σ?

2

Teoria globale delle curve piane

Nel capitolo precedente ci siamo concentrati su proprietà *locali* delle curve, cioè su proprietà che possono essere studiate esaminando il comportamento della curva nell'intorno di un punto. In questo capitolo invece vogliamo presentare alcuni risultati di teoria globale delle curve piane, cioè risultati che coinvolgono proprietà (topologiche o d'altro genere) del sostegno della curva considerato nel suo insieme.

La prima sezione del capitolo contiene una breve introduzione alla teoria del grado per applicazioni a valori nella circonferenza S^1. Come vedrai, è possibile associare a ogni curva chiusa con sostegno contenuto in una circonferenza un numero intero, il suo *grado*, che misura il numero di giri fatti dalla curva. Usando il grado ci sarà possibile associare a qualsiasi curva piana chiusa due altri numeri interi: l'*indice di avvolgimento*, e l'*indice di rotazione*. L'indice di avvolgimento è uno dei due ingredienti chiave necessari per dimostrare, nella Sezione 2.3, il primo risultato principale di questo capitolo, il teorema della curva di Jordan. L'indice di rotazione è l'ingrediente chiave per la dimostrazione, nella Sezione 2.4, del secondo risultato principale di questo capitolo, il teorema delle tangenti di Hopf. La Sezione 2.2 è invece dedicata alla costruzione dell'intorno tubolare di una curva semplice, il secondo ingrediente chiave per la dimostrazione del teorema della curva di Jordan. Infine, nei Complementi a questo capitolo troverai altri risultati di geometria globale delle curve, quali la caratterizzazione delle curve con curvatura orientata di segno costante, il teorema dei quattro vertici, la disuguaglianza isoperimetrica e il teorema di Schönflies.

2.1 Il grado delle curve in S^1

Indichiamo con $S^1 \subset \mathbb{R}^2$ la circonferenza unitaria nel piano, cioè l'insieme dei punti $(x,y) \in \mathbb{R}^2$ a distanza 1 dall'origine:

$$S^1 = \{(x,y) \in \mathbb{R}^2 \mid x^2 + y^2 = 1\} \,.$$

Identificando $\mathbb{R}^2$ col piano complesso $\mathbb{C}$ nel modo usuale, cioè associando a $z = x + iy \in \mathbb{C}$ la coppia formata dalle sue parti reali e immaginarie $(\operatorname{Re} z, \operatorname{Im} z) = (x, y) \in \mathbb{R}^2$, possiamo descrivere S^1 anche come l'insieme dei numeri complessi di modulo 1:

$$S^1 = \{z \in \mathbb{C} \mid |z| = 1\} \,.$$

Nel seguito sarà comodo tenere presenti entrambe queste descrizioni.

Uno degli strumenti fondamentali per lo studio della geometria di S^1 è la parametrizzazione periodica $\pi \colon \mathbb{R} \to S^1$ data da

$$\pi(x) = (\cos x, \sin x) \,,$$

o, se vediamo S^1 nel piano complesso, da $\pi(x) = \exp(ix)$. Nota che dire che $\pi(x) = v \in S^1$ equivale a dire che $x \in \mathbb{R}$ è una possibile *determinazione dell'angolo* dall'asse delle ascisse al vettore v. In particolare,

$$\pi(x_1) = \pi(x_2) \quad \Longleftrightarrow \quad x_1 - x_2 \in 2\pi\mathbb{Z} \,, \tag{2.1}$$

cioè due determinazioni dell'angolo dello stesso punto di S^1 differiscono sempre per un multiplo intero di 2π.

Noi useremo la parametrizzazione periodica π per trasferire problematiche da S^1 a $\mathbb{R}$, sollevando le applicazioni:

Definizione 2.1.1. Se $\phi \colon X \to S^1$ è un'applicazione continua da uno spazio topologico X a valori in S^1, un *sollevamento* di ϕ è un'applicazione continua $\tilde{\phi} \colon X \to \mathbb{R}$ tale che $\pi \circ \tilde{\phi} = \phi$.

In termini di angoli, avere un sollevamento $\tilde{\phi}$ di un'applicazione continua $\phi \colon X \to S^1$ significa saper associare in modo continuo a ogni $x \in X$ una determinazione dell'angolo fra l'asse delle ascisse e $\phi(x)$; quindi a volte chiameremo *determinazione continua dell'angolo* un sollevamento di ϕ.

Non tutte le applicazioni a valori in S^1 ammettono un sollevamento (vedi l'Esercizio 2.1). C'è però un caso particolarmente importante in cui i sollevamenti esistono sempre: le curve. Per dimostrarlo ci servirà un interessante risultato di Topologia Generale:

Teorema 2.1.2. *Sia $\mathfrak{U} = \{U_\alpha\}_{\alpha \in A}$ un ricoprimento aperto di uno spazio metrico compatto (X, d). Allora esiste un numero $\delta > 0$ tale che per ogni $x \in X$ esiste $\alpha \in A$ tale che $B_d(x, \delta) \subset U_\alpha$, dove $B_d(x, \delta)$ è la palla aperta di centro x e raggio δ per la distanza d.*

Dimostrazione. Sia $\{U_1, \ldots, U_n\}$ un fissato sottoricoprimento finito di $\mathfrak{U}$. Per ogni $\alpha = 1, \ldots, n$ definiamo la funzione continua $f_\alpha \colon X \to \mathbb{R}$ ponendo

$$f_\alpha(x) = d(x, X \setminus U_\alpha) \,,$$

e sia $f = \max\{f_1, \ldots, f_n\}$. La funzione f è continua; inoltre, se $x \in X$ deve esistere un $1 \leq \alpha \leq n$ tale che $x \in U_\alpha$, per cui $f(x) \geq f_\alpha(x) > 0$. Dunque $f > 0$ sempre; sia $\delta > 0$ il minimo di f in X. Ma allora per ogni $x \in X$ deve esistere $1 \leq \alpha \leq n$ tale che $f_\alpha(x) \geq \delta$, per cui la palla aperta di centro x e raggio δ è tutta contenuta in U_α, come voluto. $\square$

Definizione 2.1.3. Sia $\mathfrak{U} = \{U_\alpha\}_{\alpha \in A}$ un ricoprimento aperto di uno spazio metrico compatto X. Il più grande $\delta > 0$ tale che per ogni $x \in X$ esista $\alpha \in A$ con $B(x, \delta) \subset U_\alpha$ è detto *numero di Lebesgue* del ricoprimento $\mathfrak{U}$.

Siamo ora in grado di dimostrare l'esistenza del sollevamento di curve:

Proposizione 2.1.4. *Sia $\phi\colon [a, b] \to S^1$ una curva continua, e sia $x_0 \in \mathbb{R}$ tale che $\pi(x_0) = \phi(a)$. Allora esiste un unico sollevamento $\tilde{\phi}\colon [a, b] \to \mathbb{R}$ di ϕ per cui si abbia $\tilde{\phi}(a) = x_0$.*

Dimostrazione. Premettiamo un'osservazione. Prendiamo $p \in S^1$ qualsiasi, e $x \in \mathbb{R}$ tale che $\pi(x) = p$. Allora

$$\pi^{-1}(S^1 \setminus \{p\}) = \bigcup_{k \in \mathbb{Z}} (x + 2(k-1)\pi, x + 2k\pi) \,,$$

e $\pi|_{(x, x+2k\pi)}\colon (x, x + 2k\pi) \to S^1 \setminus \{p\}$ è un omeomorfismo per ogni $k \in \mathbb{Z}$; questa è la proprietà cruciale di π che permette di sollevare le curve.

Sia ora $p_0 = \phi(a)$ e poniamo $U = S^1 \setminus \{p_0\}$ e $V = S^1 \setminus \{-p_0\}$. Chiaramente $S^1 = U \cup V$, per cui $\mathfrak{U} = \{\phi^{-1}(U), \phi^{-1}(V)\}$ è un ricoprimento aperto di $[a, b]$; il Teorema 2.1.2 ci assicura che se $\mathcal{P} = (t_0, \ldots, t_n)$ è una partizione di $[a, b]$ con $\|\mathcal{P}\|$ minore del numero di Lebesgue di $\mathfrak{U}$, allora $\phi([t_{j-1}, t_j]) \subset U$ o $\phi([t_{j-1}, t_j]) \subset V$ per ogni $j = 1, \ldots, n$.

Siccome $\phi(a) = p_0 \notin U$, dobbiamo avere necessariamente $\phi([t_0, t_1]) \subset V$. Ora, $\pi^{-1}(V) = \bigcup_{k \in \mathbb{Z}} (x_0 + (2k-1)\pi, x_0 + (2k+1)\pi)$; quindi l'immagine di un sollevamento $\tilde{\phi}|_{[a, t_1]}$ di $\phi|_{[a, t_1]}$ con $\tilde{\phi}(a) = x_0$, essendo connessa, deve necessariamente essere contenuta nell'intervallo $(x_0 - \pi, x_0 + \pi)$. Ma π ristretta a $(x_0 - \pi, x_0 + \pi)$ è un omeomorfismo fra $(x_0 - \pi, x_0 + \pi)$ e V; quindi un sollevamento $\tilde{\phi}|_{[a, t_1]}$ esiste ed è obbligatoriamente dato da

$$\tilde{\phi}|_{[a, t_1]} = \left(\pi|_{(x_0-\pi, x_0+\pi)}\right)^{-1} \circ \phi|_{[a, t_1]} \,.$$

Supponiamo ora di aver dimostrato che esiste un unico sollevamento $\tilde{\phi}|_{[a, t_j]}$ di $\phi|_{[a, t_j]}$ con $\tilde{\phi}(a) = x_0$, e facciamo vedere che esiste un unico modo di estenderlo a un sollevamento $\tilde{\phi}|_{[a, t_{j+1}]}$ di $\phi|_{[a, t_{j+1}]}$. Basta procedere come prima: siccome $\phi([t_j, t_{j+1}]) \subset U$ o $\phi([t_j, t_{j+1}]) \subset V$, l'immagine di un sollevamento $\tilde{\phi}|_{[t_j, t_{j+1}]}$ di $\phi|_{[t_j, t_{j+1}]}$ che si incolli con continuità a $\tilde{\phi}|_{[a, t_j]}$ in t_j deve necessariamente essere contenuta in un intervallo I di $\mathbb{R}$ su cui π è un omeomorfismo con U o V. Quindi questo sollevamento esiste ed è dato da $\tilde{\phi}|_{[t_j, t_{j+1}]} = (\pi|_I)^{-1} \circ \phi|_{[t_j, t_{j+1}]}$, e così possiamo estendere il sollevamento a tutto $[a, t_{j+1}]$. Procedendo in questo modo fino a raggiungere (in un numero finito di passi) l'estremo b abbiamo dimostrato la nostra tesi. $\square$

Una volta trovato un sollevamento di un'applicazione continua è facile trovare tutti gli altri:

Proposizione 2.1.5. *Se $\tilde{\phi}_1$ e $\tilde{\phi}_2$ sono due sollevamenti di un'applicazione continua $\phi \colon X \to S^1$, dove X è uno spazio topologico connesso, allora esiste un $k \in \mathbb{Z}$ tale che $\tilde{\phi}_2 - \tilde{\phi}_1 \equiv 2k\pi$.*

Dimostrazione. Essendo $\tilde{\phi}_1$ e $\tilde{\phi}_2$ due sollevamenti di ϕ, si deve avere

$$\pi \circ \tilde{\phi}_1 \equiv \phi \equiv \pi \circ \tilde{\phi}_2 \ .$$

La (2.1) dice allora che l'applicazione continua $\tilde{\phi}_2 - \tilde{\phi}_1$ è definita su uno spazio topologico connesso ed è a valori in $2\pi\mathbb{Z}$, che è uno spazio topologico totalmente sconnesso; quindi è costante, come voluto. $\qquad\square$

In particolare, se $\phi \colon [a,b] \to S^1$ è una curva continua, allora il numero

$$\tilde{\phi}(b) - \tilde{\phi}(a)$$

è lo stesso per qualsiasi sollevamento $\tilde{\phi} \colon [a,b] \to \mathbb{R}$ di ϕ. Inoltre, se ϕ è una curva *chiusa*, cioè tale che $\phi(b) = \phi(a)$, allora la (2.1) ci dice che $\tilde{\phi}(b) - \tilde{\phi}(a)$ è necessariamente un multiplo intero di 2π, in quanto

$$\pi\big(\tilde{\phi}(b)\big) = \phi(b) = \phi(a) = \pi\big(\tilde{\phi}(a)\big) \ .$$

Quindi possiamo introdurre la seguente

Definizione 2.1.6. Sia $\phi \colon [a,b] \to S^1$ una curva continua chiusa. Il *grado* di ϕ è il numero intero
$$\deg \phi = \frac{1}{2\pi}\big(\tilde{\phi}(b) - \tilde{\phi}(a)\big) \in \mathbb{Z} \ ,$$

dove $\tilde{\phi} \colon [a,b] \to \mathbb{R}$ è un qualsiasi sollevamento di ϕ.

In parole povere, il grado misura il numero di giri fatti dalla curva ϕ prima di chiudersi, contati col segno positivo quando ϕ gira in senso antiorario, e col segno negativo quando ϕ gira in senso orario.

Esempio 2.1.7. Una curva costante ha grado zero, in quanto qualsiasi suo sollevamento è costante.

Esempio 2.1.8. Dato $k \in \mathbb{Z}$, sia $\phi_k \colon [0,1] \to S^1$ data da

$$\phi_k(t) = \big(\cos(2k\pi t), \sin(2k\pi t)\big) \ .$$

Un sollevamento di ϕ_k è chiaramente $\tilde{\phi}_k(t) = 2k\pi t$, per cui

$$\deg \phi_k = \frac{1}{2\pi}\big(\tilde{\varphi}_k(1) - \tilde{\varphi}_k(0)\big) = k \ .$$

Più avanti vedremo delle formule per calcolare il grado di curve chiuse di classe C^1 a tratti a valori in S^1; ma prima vogliamo dare una importante condizione necessaria e sufficiente affinché due curve chiuse in S^1 abbiano lo stesso grado. Per arrivarci dobbiamo introdurre la fondamentale nozione di omotopia fra applicazioni.

Definizione 2.1.9. Un'*omotopia* fra due applicazioni continue fra spazi topologici ϕ_0, $\phi_1\colon Y \to X$ è un'applicazione continua $\Phi\colon [0,1] \times Y \to X$ tale che $\Phi(0,\cdot) \equiv \phi_0$ e $\Phi(1,\cdot) \equiv \phi_1$. Se esiste un'omotopia fra ϕ_0 e ϕ_1, diremo che ϕ_0 e ϕ_1 sono *omotope*. Se $Y = [a,b]$ è un intervallo della retta reale e le curve ϕ_0 e ϕ_1 sono chiuse, cioè $\phi_0(a) = \phi_0(b)$ e $\phi_1(a) = \phi_1(b)$, allora richiederemo sempre che l'omotopia Φ sia *di curve chiuse*, cioè con $\Phi(t,a) = \Phi(t,b)$ per ogni $t \in [0,1]$.

In parole povere, due applicazioni ϕ_0 e ϕ_1 sono omotope se è possibile passare con continuità dall'una all'altra, cioè se è possibile deformare ϕ_0 in modo continuo fino a ottenere ϕ_1. Nota che l'essere omotope è una relazione d'equivalenza (vedi l'Esercizio 2.2).

Esempio 2.1.10. Se X è uno spazio connesso per archi, due applicazioni costanti a valori in X sono sempre omotope fra di loro. Infatti, siano $\phi_0\colon Y \to X$ e $\phi_1\colon Y \to X$ date da $\phi_j(y) = x_j$ per ogni $y \in Y$, dove x_0 e x_1 sono due punti fissati di X. Sia $\sigma\colon [0,1] \to X$ una curva continua con $\sigma(0) = x_0$ e $\sigma(1) = x_1$; allora un'omotopia $\Phi\colon [0,1] \times Y \to X$ fra ϕ_0 e ϕ_1 è data da

$$\forall t \in [0,1]\, \forall y \in Y \qquad \Phi(t,y) = \sigma(t) \ .$$

Esempio 2.1.11. Ogni curva continua chiusa $\phi_0\colon [a,b] \to S^1$ non surgettiva è omotopa (come curva chiusa) a una curva costante. Infatti, sia $p \in S^1$ un punto non contenuto nell'immagine di ϕ_0, e prendiamo $x^* \in [0,2\pi)$ tale che $\pi(x^*) = p$. Ora, deve esistere un $x_0 \in (x^* - 2\pi, x^*)$ tale che $\pi(x_0) = \phi_0(a)$; sia $\tilde{\phi}_0\colon [a,b] \to \mathbb{R}$ l'unico sollevamento di ϕ_0 con $\tilde{\phi}_0(a) = x_0$. Siccome l'immagine di ϕ_0 non contiene p, l'immagine di $\tilde{\phi}_0$ non può contenere né x^* né $x^* - 2\pi$; quindi è tutta contenuta nell'intervallo $(x^* - 2\pi, x^*)$ e, in particolare, $\phi_0(a) = \phi_0(b)$ implica $\tilde{\phi}_0(b) = x_0$. Sia allora $\Phi\colon [0,1] \times [a,b] \to S^1$ definita da

$$\Phi(s,t) = \pi\bigl(\tilde{\phi}_0(t) + s\bigl(x_0 - \tilde{\phi}_0(t)\bigr)\bigr) \ .$$

Si verifica subito che $\Phi(0,\cdot) \equiv \phi_0$, $\Phi(1,\cdot) \equiv \phi_0(a)$ e $\Phi(\cdot,a) \equiv \Phi(\cdot,b) \equiv \phi_0(a)$, per cui Φ è un'omotopia di curve chiuse fra ϕ_0 e la curva costante $\phi_1 \equiv \phi_0(a)$.

Esempio 2.1.12. Esistono delle curve continue chiuse surgettive omotope a una costante. Per esempio, sia $\phi_0\colon [0,4\pi] \to S^1$ data da

$$\phi_0(t) = \begin{cases} (\cos t, \sin t) & \text{per } t \in [0,\pi] \ , \\ (\cos(2\pi - t), \sin(2\pi - t)) & \text{per } t \in [\pi, 3\pi] \ , \\ (\cos(t - 4\pi), \sin(t - 4\pi)) & \text{per } t \in [3\pi, 4\pi] \ . \end{cases}$$

Allora $\Phi\colon [0,1] \times [0,4\pi] \to S^1$ data da

$$
\Phi(s,t) = \begin{cases} \big(\cos[(1-s)t], \sin[(1-s)t]\big) & \text{per } t \in [0,\pi]\,, \\ \big(\cos[(1-s)(2\pi - t)], \sin[(1-s)(2\pi - t)]\big) & \text{per } t \in [\pi, 3\pi]\,, \\ \big(\cos[(1-s)(t-4\pi)], \sin[(1-s)(t-4\pi)]\big) & \text{per } t \in [3\pi, 4\pi]\,, \end{cases}
$$

è un'omotopia di curve chiuse fra ϕ_0 e la curva costante $\phi_1 \equiv (1,0)$.

Uno dei motivi principali per cui il grado è importante è che *due curve chiuse in S^1 sono omotope se e solo se hanno lo stesso grado*. Per dimostrarlo ci serve la seguente

Proposizione 2.1.13. *Sia $\Phi\colon [0,1] \times [a,b] \to S^1$ un'omotopia fra curve continue in S^1, e $x_0 \in \mathbb{R}$ tale che $\pi(x_0) = \Phi(0,a)$. Allora esiste un unico sollevamento $\tilde{\Phi}\colon [0,1] \times [a,b] \to \mathbb{R}$ di Φ tale che $\tilde{\Phi}(0,a) = x_0$.*

Dimostrazione. Il ragionamento è analogo a quello fatto per dimostrare la Proposizione 2.1.4. Poniamo $p_0 = \Phi(0,a)$, $U = S^1 \setminus \{p_0\}$ e $V = S^1 \setminus \{-p_0\}$. Il Teorema 2.1.2 ci assicura che possiamo suddividere $[0,1] \times [a,b]$ in un numero finito di quadratini la cui immagine è tutta contenuta in U o in V. Definiamo quindi il sollevamento $\tilde{\Phi}$ un quadratino alla volta, partendo dall'angolo in basso a sinistra e procedendo da sinistra verso destra e dall'alto verso il basso, e usando la procedura descritta nella dimostrazione della Proposizione 2.1.4 prendendo come punto di partenza sempre l'angolo in basso a sinistra di ciascun quadratino. Ora, sempre la Proposizione 2.1.4 ci assicura che una volta stabilito il valore nell'angolo in basso a sinistra il sollevamento lungo il lato inferiore e lungo il lato sinistro di ciascun quadratino è univocamente determinato; siccome ciascun quadratino interseca i precedenti solo lungo questi due lati, questo ci assicura (perché?) che il sollevamento $\tilde{\Phi}$ così ottenuto è globalmente continuo, oltre a essere unico. $\qquad\square$

Corollario 2.1.14. *Sia T uno spazio topologico omeomorfo a un rettangolo $[0,1] \times [a,b]$, e $\Psi\colon T \to S^1$ un'applicazione continua. Allora per ogni $t_0 \in \partial T$ e ogni $x_0 \in \mathbb{R}$ tale che $\pi(x_0) = \Psi(t_0)$ esiste un unico sollevamento $\tilde{\Psi}\colon T \to \mathbb{R}$ di Ψ tale che $\tilde{\Psi}(t_0) = x_0$.*

Dimostrazione. Infatti, essendo T omeomorfo a $[0,1] \times [a,b]$ possiamo trovare (perché?) un omeomorfismo $h\colon T \to [0,1] \times [a,b]$ con $h(t_0) = (0,a)$; allora basta prendere $\tilde{\Psi} = \tilde{\Phi} \circ h$, dove $\tilde{\Phi}\colon [0,1] \times [a,b] \to \mathbb{R}$ è l'unico sollevamento di $\Phi = \Psi \circ h^{-1}$ con $\tilde{\Phi}(0,a) = x_0$, e l'unicità di $\tilde{\Psi}$ segue dall'unicità di $\tilde{\Phi}$. $\qquad\square$

E quindi:

Teorema 2.1.15. *Due curve chiuse ϕ_0, $\phi_1\colon [a,b] \to S^1$ sono omotope (come curve chiuse) se e solo se hanno lo stesso grado. In particolare, una curva chiusa è omotopa a una costante se e solo se ha grado 0.*

Dimostrazione. Sia $\Phi\colon [0,1] \times [a,b] \to S^1$ un'omotopia fra ϕ_0 e ϕ_1 come curve chiuse, e poniamo $\phi_s(t) = \Phi(s,t)$; in particolare, tutte le ϕ_s sono curve chiuse. Solleviamo Φ a una $\tilde{\Phi}\colon [0,1] \times [a,b] \to \mathbb{R}$. Siccome le ϕ_s sono chiuse, si deve avere $\tilde{\Phi}(s,b) - \tilde{\Phi}(s,a) \in 2\pi\mathbb{Z}$ per ogni $s \in [0,1]$. Ma allora $s \mapsto \tilde{\Phi}(s,b) - \tilde{\Phi}(s,a)$ è una funzione continua a valori in uno spazio totalmente sconnesso; quindi è necessariamente costante, e

$$2\pi \deg \phi_0 = \tilde{\Phi}(0,b) - \tilde{\Phi}(0,a) = \tilde{\Phi}(1,b) - \tilde{\Phi}(1,a) = 2\pi \deg \phi_1 \ .$$

Viceversa, supponiamo che ϕ_0 e ϕ_1 abbiano lo stesso grado $k \in \mathbb{Z}$. Questo vuol dire che se prendiamo un qualsiasi sollevamento $\tilde{\phi}_0$ di ϕ_0 e un qualsiasi sollevamento $\tilde{\phi}_1$ di ϕ_1 si deve avere

$$\tilde{\phi}_1(b) - \tilde{\phi}_1(a) = 2k\pi = \tilde{\phi}_0(b) - \tilde{\phi}_0(a) \ ,$$

e quindi

$$\tilde{\phi}_1(b) - \tilde{\phi}_0(b) = \tilde{\phi}_1(a) - \tilde{\phi}_0(a) \ . \tag{2.2}$$

Definiamo ora $\Phi\colon [0,1] \times [a,b] \to S^1$ ponendo

$$\Phi(s,t) = \pi\big(\tilde{\phi}_0(t) + s\big(\tilde{\phi}_1(t) - \tilde{\phi}_0(t)\big)\big) \ .$$

Si verifica subito che, grazie a (2.2), Φ è un'omotopia di curve chiuse fra ϕ_0 e ϕ_1, come voluto. Infine, l'ultima affermazione segue dall'Esempio 2.1.7. $\quad\square$

Concludiamo questa sezione mostrando come sia possibile dare una formula integrale per il calcolo del grado di curve differenziabili, formula che sarà molto utile in seguito.

Proposizione 2.1.16. *Sia* $\phi = (\phi_1, \phi_2)\colon [a,b] \to S^1$ *una curva di classe* C^1, *e scegliamo* $x_0 \in \mathbb{R}$ *in modo che* $\phi(0) = (\cos x_0, \sin x_0)$. *Allora la funzione* $\tilde{\phi}\colon [a,b] \to \mathbb{R}$ *data da*

$$\tilde{\phi}(t) = x_0 + \int_a^t (\phi_1 \phi_2' - \phi_1' \phi_2)\,\mathrm{d}s$$

è il sollevamento di ϕ *tale che* $\tilde{\phi}(a) = x_0$.

Dimostrazione. Dobbiamo far vedere che $\cos \tilde{\phi} \equiv \phi_1$ e $\sin \tilde{\phi} \equiv \phi_2$, cioè che

$$0 \equiv (\phi_1 - \cos \tilde{\phi})^2 + (\phi_2 - \sin \tilde{\phi})^2 = 2 - 2(\phi_1 \cos \tilde{\phi} + \phi_2 \sin \tilde{\phi}) \ ;$$

dunque basta verificare che $\phi_1 \cos \tilde{\phi} + \phi_2 \sin \tilde{\phi} \equiv 1$. Questa eguaglianza è vera per $t = a$; quindi basta controllare che la derivata di $\phi_1 \cos \tilde{\phi} + \phi_2 \sin \tilde{\phi}$ sia identicamente nulla.

Ora, derivando $\phi_1^2 + \phi_2^2 \equiv 1$ otteniamo

$$\phi_1 \phi_1' + \phi_2 \phi_2' \equiv 0, \tag{2.3}$$

e quindi

$$(\phi_1 \cos\tilde\phi + \phi_2 \sin\tilde\phi)' = \phi_1' \cos\tilde\phi - \tilde\phi'\phi_1 \sin\tilde\phi + \phi_2' \sin\tilde\phi + \tilde\phi'\phi_2 \cos\tilde\phi$$
$$= (\phi_1' + \phi_1\phi_2\phi_2' - \phi_1'\phi_2^2)\cos\tilde\phi + (\phi_2' + \phi_2\phi_1\phi_1' - \phi_2'\phi_1^2)\sin\tilde\phi$$
$$= \phi_1'(1 - \phi_1^2 - \phi_2^2)\cos\tilde\phi + \phi_2'(1 - \phi_2^2 - \phi_1^2)\sin\tilde\phi$$
$$\equiv 0,$$

come voluto. □

Definizione 2.1.17. *Una curva continua* $\sigma\colon [a,b] \to \mathbb{R}^n$ *è detta di classe* C^k *a tratti se esiste una partizione* $a = t_0 < t_1 < \cdots < t_r = b$ *di* $[a,b]$ *tale che* $\sigma|_{[t_{j-1},t_j]}$ *sia di classe* C^k *per* $j = 1,\ldots,r$. *Diremo inoltre che* σ *è regolare se ristretta a ciascun intervallo* $[t_{j-1}, t_j]$ *è regolare, e che è parametrizzata rispetto alla lunghezza d'arco se la restrizione a ciascun intervallo* $[t_{j-1}, t_j]$ *è parametrizzata rispetto alla lunghezza d'arco.*

Corollario 2.1.18. *Sia* $\phi = (\phi_1, \phi_2)\colon [a,b] \to S^1$ *una curva continua chiusa di classe* C^1 *a tratti. Allora*

$$\deg\phi = \frac{1}{2\pi} \int_a^b (\phi_1\phi_2' - \phi_1'\phi_2)\,\mathrm{d}t.$$

Dimostrazione. Segue dalla proposizione precedente applicata a ciascun intervallo su cui ϕ è di classe C^1, e dalla definizione di grado. □

Se identifichiamo $\mathbb{R}^2$ con $\mathbb{C}$ la formula precedente ha un'espressione anche più compatta:

Corollario 2.1.19. *Sia* $\phi\colon [a,b] \to S^1 \subset \mathbb{C}$ *una curva continua chiusa di classe* C^1 *a tratti. Allora*

$$\deg\phi = \frac{1}{2\pi\mathrm{i}} \int_a^b \frac{\phi'}{\phi}\,\mathrm{d}t.$$

Dimostrazione. Siccome ϕ è a valori in S^1, abbiamo $1/\phi = \bar\phi$, dove $\bar\phi$ è il complesso coniugato di ϕ. Scrivendo $\phi = \phi_1 + \mathrm{i}\phi_2$ otteniamo

$$\phi'\bar\phi = (\phi_1\phi_1' + \phi_2\phi_2') + \mathrm{i}(\phi_1\phi_2' - \phi_1'\phi_2) = \mathrm{i}(\phi_1\phi_2' - \phi_1'\phi_2),$$

grazie a (2.3), e la tesi segue dal corollario precedente. □

Esempio 2.1.20. Usiamo questa formula per riottenere il grado delle curve $\phi_k\colon [0,1] \to S^1$ introdotte nell'Esempio 2.1.8. Usando i numeri complessi possiamo scrivere $\phi_k(t) = \exp(2k\pi\mathrm{i}t)$; quindi $\phi_k'(t) = 2k\pi\mathrm{i}\exp(2k\pi\mathrm{i}t)$, e

$$\deg\phi_k = \frac{1}{2\pi\mathrm{i}} \int_0^1 \frac{2k\pi\mathrm{i}\exp(2k\pi\mathrm{i}t)}{\exp(2k\pi\mathrm{i}t)}\,\mathrm{d}t = k.$$

Esempio 2.1.21. Vogliamo verificare che la curva $\phi\colon [0, 4\pi] \to S^1$ dell'Esempio 2.1.12 ha effettivamente grado zero. Usando i numeri complessi possiamo scrivere

$$\phi_0(t) = \begin{cases} \exp(\mathrm{i}t) & \text{per } t \in [0, \pi] , \\ \exp\bigl(\mathrm{i}(2\pi - t)\bigr) & \text{per } t \in [\pi, 3\pi] , \\ \exp\bigl(\mathrm{i}(t - 4\pi)\bigr) & \text{per } t \in [3\pi, 4\pi] ; \end{cases}$$

quindi

$$\deg \phi = \frac{1}{2\pi\mathrm{i}} \left(\int_0^\pi \frac{\phi'}{\phi} \, \mathrm{d}t + \int_\pi^{3\pi} \frac{\phi'}{\phi} \, \mathrm{d}t + \int_{3\pi}^{4\pi} \frac{\phi'}{\phi} \, \mathrm{d}t \right) = \frac{1}{2\pi\mathrm{i}} (\pi\mathrm{i} - 2\pi\mathrm{i} + \pi\mathrm{i}) = 0 .$$

2.2 Intorni tubolari

Finiti i preliminari, possiamo ora introdurre la classe di curve che ci interesserà di più in questo capitolo (vedi anche la Definizione 1.1.26).

Definizione 2.2.1. Una curva $\sigma\colon [a, b] \to \mathbb{R}^n$ è detta *semplice* se σ è iniettiva su $[a, b)$ e su $(a, b]$. Una curva continua semplice chiusa nel piano è detta *curva di Jordan*.

La Fig. 2.1 contiene esempi di curve non semplici, di curve semplici e di curve di Jordan.

Osservazione 2.2.2. Una curva $\sigma\colon [a, b] \to \mathbb{R}^n$ continua semplice non chiusa è un omeomorfismo con l'immagine, e quindi un arco chiuso di Jordan (vedi la Definizione 1.1.25). Infatti è globalmente iniettiva, e ogni applicazione continua bigettiva da uno spazio compatto a uno spazio di Hausdorff è un omeomorfismo. Usando un ragionamento analogo è facile dimostrare (vedi l'Esercizio 2.12) che il sostegno di una curva di Jordan è omeomorfo alla circonferenza S^1.

Una delle proprietà principali delle curve di Jordan è il *Teorema della curva di Jordan* (appunto), che afferma che il sostegno di una curva semplice piana chiusa divide il piano in esattamente due componenti connesse (Teorema 2.3.6). Questo è uno di quei tipici risultati che a una prima occhiata sembra ovvio, ma che in realtà è molto profondo e difficile da dimostrare (del resto, a prima vista non è neppure completamente evidente che la curva della Fig. 2.1.(d) divida il piano in solo due parti...).

In questa e nella prossima sezione esporremo una dimostrazione del Teorema della curva di Jordan valida per curve regolari di classe (almeno) C^2, usando solo strumenti di geometria e topologia differenziale (una dimostrazione per il caso delle curve continue è contenuta nella Sezione *2.8* dei Complementi a questo capitolo). Come vedrai, per la dimostrazione ci serviranno due ingredienti: l'intorno tubolare di una curva (per dimostrare che il complementare del sostegno di una curva di Jordan ha *al più* due componenti connesse),

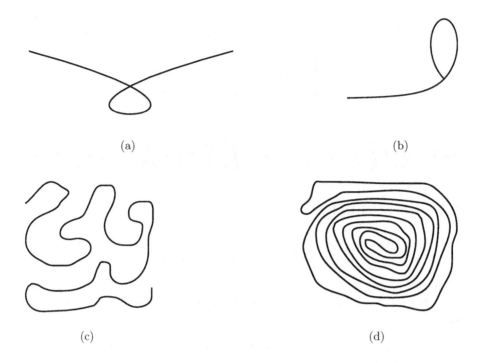

Figura 2.1. (**a**), (**b**) curve non semplici; (**c**) curva semplice; (**d**) curva di Jordan

e l'indice di avvolgimento (per dimostrare che il complementare del sostegno di una curva di Jordan ha *almeno* due componenti connesse). L'obiettivo di questa sezione è introdurre il primo ingrediente.

Se $\sigma: I \to \mathbb{R}^2$ è una curva piana regolare, ed $\varepsilon > 0$, per ogni $t \in I$ possiamo prendere un segmentino di lunghezza 2ε centrato in $\sigma(t)$ e ortogonale a $\sigma'(t)$. Unendo questi segmentini otteniamo sempre un intorno del sostegno della curva (esclusi eventualmente gli estremi); però nulla vieta che segmentini relativi a t diversi si intersechino. Il risultato principale di questa sezione dice che se σ è una curva semplice di classe C^2 allora esiste un $\varepsilon > 0$ tale che questi segmentini siano a due a due disgiunti, formando quindi un intorno particolarmente utile del sostegno della curva, detto *intorno tubolare* (vedi la Fig. 2.2).

Definizione 2.2.3. Sia $\sigma: [a, b] \to \mathbb{R}^2$ una curva regolare semplice nel piano, di sostegno $C = \sigma([a, b])$. Dato $\varepsilon > 0$ e $p = \sigma(t) \in C$, indichiamo con $I_\sigma(p, \varepsilon)$ il segmento $\sigma(t) + (-\varepsilon, \varepsilon)\tilde{\mathbf{n}}(t)$ di lunghezza 2ε centrato in p e ortogonale a $\sigma'(t)$, dove $\tilde{\mathbf{n}}(t)$ è il versore normale orientato di σ in $\sigma(t)$. Indichiamo inoltre con $N_\sigma(\varepsilon)$ l'unione dei segmenti $I_\sigma(p, \varepsilon)$, al variare di $p \in C$. L'insieme $N_\sigma(\varepsilon)$ si chiama *intorno tubolare* di σ se ε è tale che $I_\sigma(p_1, \varepsilon) \cap I_\sigma(p_2, \varepsilon) = \varnothing$ per ogni $p_1 \neq p_2 \in C$.

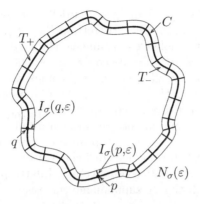

Figura 2.2. Intorno tubolare

Intorni tubolari esistono sempre. Per dimostrarlo ci servirà un classico teorema di Analisi (vedi [6], pag. 240).

Teorema 2.2.4 (della funzione inversa). *Sia $F\colon \Omega \to \mathbb{R}^n$ un'applicazione di classe C^k, con $k \in \mathbb{N}^* \cup \{\infty\}$, dove Ω è un aperto di $\mathbb{R}^n$. Sia $p_0 \in \Omega$ tale che $\det \operatorname{Jac} F(p_0) \neq 0$, dove $\operatorname{Jac} F$ è la matrice jacobiana di F. Allora esistono un intorno $U \subset \Omega$ di p_0 e un intorno $V \subset \mathbb{R}^n$ di $F(p_0)$ tale che $F|_U\colon U \to V$ sia un diffeomorfismo con inversa di classe C^k.*

Allora:

Teorema 2.2.5 (Esistenza dell'intorno tubolare). *Sia $\sigma\colon [a, b] \to \mathbb{R}^2$ una curva regolare semplice di classe C^2. Allora esiste $\varepsilon_0 > 0$ tale che $N_\sigma(\varepsilon)$ è un intorno tubolare di σ per ogni $0 < \varepsilon \leq \varepsilon_0$. In particolare, $N_\sigma(\varepsilon)$ è un intorno aperto del sostegno di σ (esclusi gli estremi se la curva non è chiusa).*

Dimostrazione. Prima di tutto ricordiamo che dire che la curva σ è di classe C^2 in $[a, b]$ vuol dire che si estende a un'applicazione di classe C^2 in un intorno aperto I di $[a, b]$. In particolare, se σ è chiusa la possiamo estendere a un'applicazione periodica di classe C^2 definita su tutto $\mathbb{R}$.

Cominciamo col dimostrare l'esistenza locale dell'intorno tubolare. Definiamo un'applicazione $F\colon I \times \mathbb{R} \to \mathbb{R}^2$ ponendo

$$F(t, x) = \sigma(t) + x\tilde{\mathbf{n}}(t), \tag{2.4}$$

in modo che $N_\sigma(\varepsilon) = F\big([a, b] \times (-\varepsilon, \varepsilon)\big)$. Trattandosi di una curva nel piano, la regolarità del versore normale $\tilde{\mathbf{n}} = (\tilde{n}_1, \tilde{n}_2)$ coincide con la regolarità del versore tangente $\mathbf{t}$, che è di classe C^1; quindi l'applicazione F è di classe C^1. Ora, il determinante jacobiano di F in $(t, 0)$ è

$$\det \begin{vmatrix} \sigma'_1(t) & \sigma'_2(t) \\ \tilde{n}_1(t) & \tilde{n}_2(t) \end{vmatrix} \neq 0 \, ;$$

quindi per ogni $t_0 \in [a, b]$ il Teorema 2.2.4 della funzione inversa ci assicura che esistono δ_{t_0}, $\varepsilon_{t_0} > 0$ tali che F ristretta a $(t_0 - \delta_{t_0}, t_0 + \delta_{t_0}) \times (-\varepsilon_{t_0}, \varepsilon_{t_0})$ sia invertibile; e questo vuol dire esattamente che $I_\sigma(p_1, \varepsilon_{t_0}) \cap I_\sigma(p_2, \varepsilon_{t_0}) = \varnothing$ per ogni $p_1 = \sigma(t_1) \neq \sigma(t_2) = p_2$ con t_1, $t_2 \in (t_0 - \delta_{t_0}, t_0 + \delta_{t_0}) = U_{t_0}$. Inoltre, siccome F ristretta a $U_{t_0} \times (-\varepsilon_{t_0}, \varepsilon_{t_0})$ è iniettiva e ha immagine aperta, otteniamo che $\sigma(U_{t_0}) = F\big(U_{t_0} \times (-\varepsilon_{t_0}, \varepsilon_{t_0})\big) \cap C$ è un aperto di C.

Abbiamo quindi un ricoprimento aperto $\{U_t\}_{t \in [a,b]}$ di $[a, b]$, che è un insieme compatto; estraiamo un sottoricoprimento finito $\{U_{t_1}, \ldots, U_{t_r}\}$. Allora $\mathfrak{U} = \{\sigma(U_{t_1}), \ldots, \sigma(U_{t_r})\}$ è un ricoprimento aperto del sostegno C di σ, che è compatto; sia $\delta > 0$ il numero di Lebesgue di $\mathfrak{U}$. Vogliamo dimostrare che $\varepsilon_0 = \min\{\varepsilon_{t_1}, \ldots, \varepsilon_{t_k}, \delta/2\}$ è come voluto. Infatti, prendiamo $0 < \varepsilon \leq \varepsilon_0$ e due punti $p, q \in C$ distinti, e supponiamo che esista $p_0 \in I_\sigma(p, \varepsilon) \cap I_\sigma(q, \varepsilon)$. La disuguaglianza triangolare ci dice allora che

$$\|p - q\| \leq \|p - p_0\| + \|p_0 - q\| < 2\varepsilon \leq \delta \, ,$$

per cui p e q devono appartenere a uno stesso $\sigma(U_{t_j})$. Ma siccome F è iniettiva su $U_{t_j} \times (-\varepsilon, \varepsilon)$, la condizione $I_\sigma(p, \varepsilon) \cap I_\sigma(q, \varepsilon) \neq \varnothing$ implica $p = q$, contraddizione, e ci siamo.

Infine, F è globalmente iniettiva su $[a, b) \times (-\varepsilon, \varepsilon)$ e su $(a, b] \times (-\varepsilon, \varepsilon)$, e $F\big(I_0 \times (-\varepsilon, \varepsilon)\big)$ è un intorno aperto di C, dove $I_0 = U_{t_1} \cup \cdots \cup I_{t_r} \supset [a, b]$. Da questo segue subito (perché?) che $N_\sigma(\varepsilon)$ è un intorno aperto del sostegno di σ, esclusi gli estremi se σ non è chiusa.   □

Osservazione 2.2.6. Se $N_\sigma(\varepsilon)$ è un intorno tubolare di una curva regolare $\sigma:[a, b] \to \mathbb{R}^2$ di classe C^2 e $q_0 \in N_\sigma(\varepsilon)$, allora il punto $p_0 = \sigma(t_0)$ del sostegno C di σ più vicino a q_0 è l'unico punto $p \in C$ per cui $q_0 \in I_\sigma(p, \varepsilon)$. Infatti, se la funzione $t \mapsto \|q_0 - \sigma(t)\|^2$ ha un minimo in t_0, allora derivando troviamo $\langle q_0 - \sigma(t_0), \sigma'(t_0) \rangle = 0$, e quindi $q_0 \in I_\sigma(p_0, \varepsilon)$.

L'ipotesi di regolarità C^2 nel teorema precedente è essenziale:

Esempio 2.2.7. Fissato $2 < \alpha < 3$, sia $\sigma_\alpha:\mathbb{R} \to \mathbb{R}^2$ data da $\sigma_\alpha(t) = \big(t, f_\alpha(t)\big)$, dove $f_\alpha:\mathbb{R} \to \mathbb{R}$ è la funzione

$$f_\alpha(t) = \begin{cases} t^\alpha \sin \frac{1}{t} & \text{se } t > 0 \, , \\ 0 & \text{se } t \leq 0 \, . \end{cases}$$

Siccome

$$\frac{\mathrm{d}}{\mathrm{d}t}\left(t^\alpha \sin \frac{1}{t} \right) = \alpha t^{\alpha-1} \sin \frac{1}{t} - t^{\alpha-2} \cos \frac{1}{t} \, ,$$

la funzione f_α e la curva σ_α sono di classe C^1, ma non di classe C^2; vogliamo far vedere che σ_α (ristretta a un qualsiasi intervallo chiuso contenente l'origine) non ha un intorno tubolare. Prima di tutto, è facile vedere che il versore normale orientato di σ_α è dato da

$$\tilde{\mathbf{n}}(t) = \frac{\left(t^{\alpha-1} \left(\frac{1}{t} \cos \frac{1}{t} - \alpha \sin \frac{1}{t} \right), 1 \right)}{\sqrt{1 + t^{2(\alpha-1)} \left(\frac{1}{t} \cos \frac{1}{t} - \alpha \sin \frac{1}{t} \right)^2}}$$

per $t \geq 0$, e da $\tilde{n}(t) = (0,1)$ per $t \leq 0$. Se la curva σ_α avesse un intorno tubolare, dovrebbe esistere un $\varepsilon > 0$ tale che per ogni $t > 0$ abbastanza piccolo il segmento che va da $\sigma_\alpha(t)$ all'asse delle y parallelamente a $\tilde{n}(t)$ ha lunghezza almeno ε. Ma la lunghezza di questo segmento è

$$\ell(t) = t^{3-\alpha} \frac{\sqrt{1 + t^{2(\alpha-1)}\left(\frac{1}{t}\cos\frac{1}{t} - \alpha\sin\frac{1}{t}\right)^2}}{\left|\cos\frac{1}{t} - \alpha\sin\frac{1}{t}\right|} \,,$$

e per ogni $\varepsilon > 0$ possiamo trovare un valore di t arbitrariamente vicino a zero per cui $\ell(t) < \varepsilon$, contraddizione.

Possiamo ora dimostrare la prima parte del teorema della curva di Jordan:

Proposizione 2.2.8. *Sia* $\sigma\colon [a,b] \to \mathbb{R}^2$ *una curva piana, regolare, chiusa, semplice, di classe* C^2, *e indichiamo con* $C = \sigma([a,b])$ *il suo sostegno. Allora* $\mathbb{R}^2 \setminus C$ *ha al massimo due componenti connesse, e* C *è il bordo di entrambe.*

Dimostrazione. Scegliamo $\varepsilon > 0$ in modo che $N_\sigma(\varepsilon)$ sia un intorno tubolare di σ. Indichiamo con T_+ (rispettivamente, T_-) l'insieme dei punti di $N_\sigma(\varepsilon)$ della forma $\sigma(t) + \delta\tilde{n}(t)$ con $\delta > 0$ (rispettivamente, $\delta < 0$), dove $\tilde{n}$ è come al solito il versore normale orientato di σ. È chiaro che $N_\sigma(\varepsilon) \setminus C = T_+ \cup T_-$. Inoltre, sia T_+ che T_- sono connessi. Infatti, dati $\sigma(t_1) + \delta_1\tilde{n}(t_1)$, $\sigma(t_2) + \delta_2\tilde{n}(t_2) \in T_+$, il cammino (vedi la Fig 2.3) che partendo da $\sigma(t_1) + \delta_1\tilde{n}(t_1)$ si muove prima parallelamente a σ fino a raggiungere $\sigma(t_2) + \delta_1\tilde{n}(t_2)$ e poi parallelamente a $\tilde{n}(t_2)$ fino a raggiungere $\sigma(t_2) + \delta_2\tilde{n}(t_2)$ è tutto contenuto in T_+; e in modo analogo si dimostra che T_- è connesso (per archi).

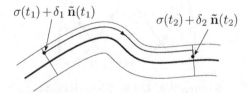

$\sigma(t_1) + \delta_1\,\tilde{n}(t_1)$ $\sigma(t_2) + \delta_2\,\tilde{n}(t_2)$

Figura 2.3.

Sia ora K una componente connessa di $\mathbb{R}^2 \setminus C$; chiaramente $\varnothing \neq \partial K \subseteq C$. D'altra parte, se $p \in C$ esiste un intorno di p contenente solo punti di C, di T_+ e di T_-. Quindi o T_+ o T_- (o entrambi) intersecano K; essendo connessi, abbiamo che $K \supset T_+$ oppure $K \supset T_-$, e in particolare $\partial K \supseteq C$. Siccome due componenti connesse distinte sono necessariamente disgiunte, ne segue che il complementare del sostegno di σ ha al massimo due componenti connesse, e il bordo di entrambe coincide con C. $\qquad \square$

2.3 Il teorema della curva di Jordan

In questa sezione vogliamo completare la dimostrazione del teorema della curva di Jordan per curve regolari facendo vedere che il complementare del sostegno di una curva piana regolare semplice di classe C^2 ha almeno due componenti connesse. Per arrivarci ci serve un nuovo ingrediente, che costruiremo usando la teoria del grado descritta nella Sezione 2.1.

Data una curva chiusa continua nel piano, ci sono (almeno) due modi per associarle una curva a valori in S^1, e quindi un grado. In questa sezione ci interessa il primo modo, mentre nella prossima sezione useremo il secondo.

Definizione 2.3.1. Sia $\sigma\colon [a,b] \to \mathbb{R}^2$ una curva continua chiusa piana. Scelto un punto $p \notin \sigma([a,b])$ possiamo definire $\phi_p\colon [a,b] \to S^1$ ponendo

$$\phi_p(t) = \frac{\sigma(t) - p}{\|\sigma(t) - p\|} \ .$$

L'*indice di avvolgimento* $\iota_p(\sigma)$ di σ relativamente a p è, per definizione, il grado di ϕ_p; misura il numero di volte che σ ruota intorno al punto p.

La Fig. 2.4 mostra l'indice di avvolgimento di una curva rispetto a vari punti, calcolato come vedremo nell'Esempio 2.3.5.

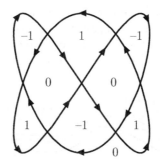

Figura 2.4. Indice di avvolgimento

Le proprietà principali dell'indice di avvolgimento sono contenute nel

Lemma 2.3.2. *Sia* $\sigma\colon [a,b] \to \mathbb{R}^2$ *una curva chiusa continua piana, e sia* K *una componente connessa dell'aperto* $U = \mathbb{R}^2 \setminus \sigma([a,b])$. *Allora:*

(i) $\iota_{p_0}(\sigma) = \iota_{p_1}(\sigma)$ *per ogni coppia di punti* p_0, $p_1 \in K$;
(ii) U *ha un'unica componente connessa illimitata* K_0;
(iii) $\iota_p(\sigma) = 0$ *per ogni punto* $p \in K_0$.

Dimostrazione. (i) Sia $\eta\colon [0,1] \to K$ una curva con $\eta(0) = p_0$ ed $\eta(1) = p_1$, e definiamo $\Phi\colon [0,1] \times [a,b] \to S^1$ ponendo

$$\Phi(s,t) = \frac{\sigma(t) - \eta(s)}{\|\sigma(t) - \eta(s)\|} \ .$$

Siccome l'immagine di η è disgiunta dal supporto di σ, la Φ è un'omotopia di curve chiuse fra ϕ_{p_0} e ϕ_{p_1}, e quindi (Teorema 2.1.15) $\iota_{p_0}(\sigma) = \iota_{p_1}(\sigma)$.

(ii) Siccome $[a,b]$ è compatto, il sostegno di σ è contenuto in un disco chiuso D di centro l'origine e raggio $R > 0$ abbastanza grande. Siccome $\mathbb{R}^2 \setminus D \subset U$ è connesso, può essere contenuto in una sola componente connessa di U; e quindi U ha un'unica componente connessa illimitata.

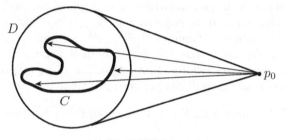

Figura 2.5.

(iii) Sia $p_0 \in K_0 \setminus D$; allora i segmenti congiungenti p_0 a punti del sostegno di σ sono tutti contenuti nel settore di vertice p_0 e lati le semirette per p_0 tangenti a D (vedi la Fig. 2.5). Questo implica che l'immagine di ϕ_{p_0} è contenuta in un sottoinsieme proprio di S^1, e quindi (Esempio 2.1.11) ϕ_{p_0} è omotopa a una curva costante. Siccome (Teorema 2.1.15) il grado di una curva costante è nullo, otteniamo $\iota_{p_0}(\sigma) = 0$. $\qquad \square$

Nel caso di curve differenziabili, identificando come al solito $\mathbb{R}^2$ col piano complesso $\mathbb{C}$, il Corollario 2.1.19 fornisce una formula integrale per il calcolo dell'indice di avvolgimento:

Lemma 2.3.3. *Sia $\sigma\colon [a,b] \to \mathbb{C}$ una curva continua chiusa piana di classe C^1 a tratti, e $p \notin C = \sigma([a,b])$. Allora l'indice di avvolgimento di σ relativamente a p_0 è dato da*

$$\iota_p(\sigma) = \frac{1}{2\pi\mathrm{i}} \int_a^b \frac{\sigma'}{\sigma - p}\, \mathrm{d}t \ .$$

Dimostrazione. Un veloce conto mostra che

$$\frac{\phi'_p}{\phi_p} = \mathrm{i}\, \mathrm{Im}\, \frac{\sigma'}{\sigma - p} \ ;$$

quindi il Corollario 2.1.19 ci dice che per avere la tesi basta dimostrare che l'integrale della parte reale di $\sigma'/(\sigma - p)$ è nullo. Ma infatti

$$\frac{\mathrm{d}}{\mathrm{d}t} \log \|\sigma(t) - p\| = \operatorname{Re} \frac{\sigma'(t)}{\sigma(t) - p} \ ,$$

e quindi

$$\int_a^b \operatorname{Re} \frac{\sigma'}{\sigma - p} \, \mathrm{d}t = \log \|\sigma(b) - p\| - \log \|\sigma(a) - p\| = 0 \ .$$

$\square$

Esempio 2.3.4. Dato $k \in \mathbb{Z}$, sia $\phi_k \colon [0, 1] \to \mathbb{R}^2$ la curva dell'Esempio 2.1.8, e $p \in \mathbb{R}^2 \backslash S^1$ un punto che non appartiene al sostegno di ϕ_k; vogliamo calcolare l'indice di avvolgimento di ϕ_k rispetto a p. Se $\|p\| > 1$ allora p appartiene alla componente connessa illimitata di $\mathbb{R}^2 \setminus S^1$, per cui $\iota_p(\phi_k) = 0$ grazie al Lemma 2.3.2.(iii). Se invece $\|p\| < 1$, allora il Lemma 2.3.2.(i) ci dice che $\iota_p(\phi_k) = \iota_O(\phi_k)$; ma l'indice di avvolgimento di ϕ_k rispetto all'origine coincide (perché?) col grado di ϕ_k, per cui $\iota_p(\phi_k) = k$.

Esempio 2.3.5. La curva della Fig. 2.4 è la $\sigma \colon [0, 2\pi] \to \mathbb{R}^2$ data da

$$\sigma(t) = \big(\sin(2t), \sin(3t)\big) \ .$$

Il sostegno C di σ divide $\mathbb{R}^2$ in 9 componenti connesse $K_0, \ldots, K_8$, dove K_0 è quella illimitata. Prendiamo $p_0 \in \mathbb{R}^2 \backslash C$; vogliamo calcolare $\iota_{p_0}(\sigma)$. Se $p_0 \in K_0$, sappiamo già che $\iota_{p_0}(\sigma) = 0$; supponiamo allora che $p_0 = x_0 + iy_0$ appartenga a una delle altre componenti connesse. Il Lemma 2.3.3 e la sua dimostrazione ci dicono che

$$\begin{aligned}
\iota_{p_0}(\sigma) &= \frac{1}{2\pi i} \int_0^{2\pi} \frac{\sigma'}{\sigma - p} \, \mathrm{d}t \\
&= \frac{1}{2\pi} \int_0^{2\pi} \frac{3\big(\sin(2t) - x_0\big)\cos(3t) - 2\big(\sin(3t) - y_0\big)\cos(2t)}{\big(\sin(2t) - x_0\big)^2 + \big(\sin(3t) - y_0\big)^2} \, \mathrm{d}t \ .
\end{aligned}$$

Questo integrale è (con molta pazienza) calcolabile tramite funzioni elementari, e fornisce i valori dell'indice di avvolgimento mostrati nella Fig. 2.4.

Abbiamo finalmente quanto serve per completare (seguendo idee di Pederson; vedi [19]) la dimostrazione del Teorema della curva di Jordan:

Teorema 2.3.6 (di Jordan per curve regolari). *Sia $\sigma \colon [a, b] \to \mathbb{R}^2$ una curva di Jordan regolare di classe C^2, e indichiamo con $C = \sigma([a, b])$ il suo sostegno. Allora $\mathbb{R}^2 \setminus C$ ha esattamente due componenti connesse, e C è la loro frontiera comune.*

Dimostrazione. Scegliamo $\varepsilon > 0$ in modo che $N_\sigma(\varepsilon)$ sia un intorno tubolare di σ, e indichiamo nuovamente con T_+ (rispettivamente, T_-) l'insieme dei punti di $N_\sigma(\varepsilon)$ della forma $\sigma(t) + \delta\tilde{\mathbf{n}}(t)$ con $\delta > 0$ (rispettivamente, $\delta < 0$), dove $\tilde{\mathbf{n}}$ è il versore normale orientato di σ.

Sappiamo già (Proposizione 2.2.8) che il complementare di C ha al massimo due componenti connesse; per dimostrare che ne ha almeno due, scegliamo $t_0 \in (a, b)$, e per $0 \le |\delta| < \varepsilon$ poniamo $p_\delta = \sigma(t_0) + \delta\tilde{\mathbf{n}}(t_0)$. Chiaramente, $p_\delta \in T_+$ (rispettivamente $p_\delta \in T_-$) se $\delta > 0$ (rispettivamente, $\delta < 0$); quindi, essendo $T_\pm$ connessi, il valore di $\iota_{p_\delta}(\sigma)$ dipende solo dal segno di δ (Lemma 2.3.2). In particolare, il numero intero

$$\Delta = \iota_{p_\delta}(\sigma) - \iota_{p_{-\delta}}(\sigma)$$

è indipendente da $\delta > 0$. Dunque per concludere la dimostrazione ci basta far vedere che $\Delta \ne 0$; infatti in tal caso il Lemma 2.3.2 ci dice che p_δ e $p_{-\delta}$ devono necessariamente appartenere a componenti connesse distinte di $\mathbb{R}^2 \setminus C$.

Ora, identifichiamo $\mathbb{R}^2$ con $\mathbb{C}$, e supponiamo σ parametrizzata rispetto alla lunghezza d'arco. Allora il versore normale $\tilde{\mathbf{n}}$ si ottiene ruotando $\dot\sigma$ di $\pi/2$ radianti, operazione che nel campo complesso equivale a moltiplicare per i, per cui possiamo scrivere $\tilde{\mathbf{n}} = \mathrm{i}\dot\sigma$. Dunque per ogni $\delta > 0$ otteniamo

$$\frac{\dot\sigma(t)}{\sigma(t) - p_\delta} - \frac{\dot\sigma(t)}{\sigma(t) - p_{-\delta}} = \frac{2\,\mathrm{i}\,\delta\,\dot\sigma(t_0)\,\dot\sigma(t)}{\big(\sigma(t) - \sigma(t_0)\big)^2 + \delta^2\dot\sigma(t_0)^2}\,.$$

Siccome σ è di classe C^1 e $\dot\sigma(t_0) \ne 0$, possiamo scrivere

$$\sigma(t) - \sigma(t_0) = (t - t_0)\dot\sigma(t_0)[1 + r(t)]\,,$$

dove $r(t) \to 0$ quando $t \to t_0$. Quindi

$$
\begin{aligned}
\frac{\dot\sigma(t)}{\sigma(t) - p_\delta} &- \frac{\dot\sigma(t)}{\sigma(t) - p_{-\delta}} \\
&= \frac{2\mathrm{i}\delta}{(t - t_0)^2[1 + r(t)]^2 + \delta^2}\,\frac{\dot\sigma(t)}{\dot\sigma(t_0)} \\
&= \frac{2\mathrm{i}\delta}{(t - t_0)^2 + \delta^2}\,\frac{(t - t_0)^2 + \delta^2}{(t - t_0)^2[1 + r(t)]^2 + \delta^2}\left[1 + \frac{\dot\sigma(t) - \dot\sigma(t_0)}{\dot\sigma(t_0)}\right] \\
&= \frac{2\mathrm{i}\delta}{(t - t_0)^2 + \delta^2} + R(t)\,,
\end{aligned}
$$

con

$$
\begin{aligned}
R(t) = {} & \frac{2\mathrm{i}\delta}{(t - t_0)^2 + \delta^2} \\
& \times \left[s(t) - r(t)\big(2 + r(t)\big)\big(1 + s(t)\big)\frac{(t - t_0)^2}{(t - t_0)^2[1 + r(t)]^2 + \delta^2}\right]\,,
\end{aligned}
$$

dove $s(t) = \big(\dot{\sigma}(t) - \dot{\sigma}(t_0)\big)/\dot{\sigma}(t_0) \to 0$ per $t \to t_0$. In particolare, per ogni $\eta > 0$ esiste $\lambda > 0$ (indipendente da δ) tale che

$$|R(t)| < \eta \, \frac{2\delta}{(t - t_0)^2 + \delta^2}$$

non appena $|t - t_0| < \lambda$.

Scegliamo allora $0 < \eta < 1/8$, e prendiamo il $\lambda > 0$ corrispondente. Possiamo quindi scrivere

$$\begin{aligned}
\Delta &= \iota_{p_\delta}(\sigma) - \iota_{p_{-\delta}}(\sigma) \\
&= \frac{1}{2\pi\mathrm{i}} \int_a^{t_0 - \lambda} \left(\frac{\dot{\sigma}(t)}{\sigma(t) - p_\delta} - \frac{\dot{\sigma}(t)}{\sigma(t) - p_{-\delta}} \right) dt \\
&\quad + \frac{1}{2\pi\mathrm{i}} \int_{t_0 + \lambda}^b \left(\frac{\dot{\sigma}(t)}{\sigma(t) - p_\delta} - \frac{\dot{\sigma}(t)}{\sigma(t) - p_{-\delta}} \right) dt \\
&\quad + \frac{1}{2\pi\mathrm{i}} \int_{t_0 - \lambda}^{t_0 + \lambda} \left(\frac{2\mathrm{i}\delta}{(t - t_0)^2 + \delta^2} + R(t) \right) dt \, .
\end{aligned}$$

Per quanto osservato prima, Δ è un numero intero indipendente da δ. Facciamo allora tendere δ a zero nel secondo membro. I primi due integrali convergono a zero, in quanto l'integrando non ha singolarità per $t \neq t_0$. Per il terzo integrale, tramite il cambiamento di variabile $t - t_0 = \delta s$ otteniamo prima di tutto che

$$\frac{1}{2\pi\mathrm{i}} \int_{t_0 - \lambda}^{t_0 + \lambda} \frac{2\mathrm{i}\delta}{(t - t_0)^2 + \delta^2} \, dt = \frac{1}{\pi} \int_{-\lambda/\delta}^{\lambda/\delta} \frac{1}{1 + s^2} \, ds \to \frac{1}{\pi} \int_{-\infty}^{\infty} \frac{1}{1 + s^2} \, ds = 1$$

per $\delta \to 0$. Inoltre,

$$\left| \frac{1}{2\pi\mathrm{i}} \int_{t_0 - \lambda}^{t_0 + \lambda} R(t) \, dt \right| < \frac{\eta}{\pi} \int_{-\lambda/\delta}^{\lambda/\delta} \frac{1}{1 + s^2} \, ds < \frac{\eta}{\pi} \int_{-\infty}^{\infty} \frac{1}{1 + s^2} \, ds = \eta \, .$$

Mettendo tutto questo insieme otteniamo quindi che per δ abbastanza piccolo possiamo stimare la differenza $\Delta - 1$ come segue:

$$\begin{aligned}
|\Delta - 1| \leq{}& \frac{1}{2\pi} \left| \int_a^{t_0 - \lambda} \left(\frac{\dot{\sigma}(t)}{\sigma(t) - p_\delta} - \frac{\dot{\sigma}(t)}{\sigma(t) - p_{-\delta}} \right) dt \right| \\
&+ \frac{1}{2\pi} \left| \int_{t_0 + \lambda}^b \left(\frac{\dot{\sigma}(t)}{\sigma(t) - p_\delta} - \frac{\dot{\sigma}(t)}{\sigma(t) - p_{-\delta}} \right) dt \right| \\
&+ \left| \frac{1}{2\pi} \int_{t_0 - \lambda}^{t_0 + \lambda} \frac{2\delta}{(t - t_0)^2 + \delta^2} \, dt - 1 \right| \\
&+ \frac{1}{2\pi} \left| \int_{t_0 - \lambda}^{t_0 + \lambda} R(t) \, dt \right| \\
\leq{}& 4\eta < \frac{1}{2} \, .
\end{aligned}$$

Ma Δ è un numero intero; quindi necessariamente $\Delta = 1$, ed è fatta.   □

Osservazione 2.3.7. Come già anticipato, il teorema della curva di Jordan vale per curve di Jordan continue qualsiasi, anche non necessariamente differenziabili (per alcuni casi particolari vedi gli Esercizi 2.8, 2.9 e 2.11). Inoltre, la chiusura della componente connessa limitata del complementare del sostegno di una curva di Jordan (continua) è omeomorfa a un disco chiuso (*teorema di Schönflies*). Nella Sezione 2.8 dei Complementi di questo capitolo dimostreremo sia il teorema della curva di Jordan per curve continue sia il teorema di Schönflies.

Osservazione 2.3.8. Il teorema di Jordan descrive una proprietà esclusiva della topologia del piano, che non è condivisa da tutte le superfici. Una curva regolare, semplice e chiusa contenuta in una superficie S che non sia un piano potrebbe non dividere la superficie S in esattamente due parti. Da un lato, si può adattare (vedi l'Esercizio 5.5) il concetto di intorno tubolare in modo da far funzionare la dimostrazione della Proposizione 2.2.8, per cui il complementare del sostegno della curva ha sempre al massimo due componenti connesse. Possono però presentarsi due fenomeni nuovi. Potrebbe essere impossibile definire in maniera coerente il versore normale alla curva, per cui T_+ e T_- risultano coincidere, ed è quello che succede in superfici non orientabili quali il nastro di Möbius (vedi l'Esempio 4.3.11). Oppure, T_+ e T_- potrebbero essere contenuti nella stessa componente connessa, che è quanto può accadere, per esempio, in $S = S^1 \times S^1$, il toro (vedi l'Esempio 3.1.19). In entrambi i casi, il complementare del sostegno della curva ha un'unica componente connessa.

Come abbiamo già osservato precedentemente, il complementare di un compatto nel piano ha esattamente una sola componente connessa illimitata. Questo fatto e la dimostrazione del Teorema 2.3.6 suggeriscono come usare l'indice di avvolgimento per determinare l'orientazione di una curva di Jordan regolare piana.

Definizione 2.3.9. Sia $\sigma\colon [a, b] \to \mathbb{R}^2$ una curva di Jordan (di classe C^2 a tratti) nel piano. L'unica (vedi l'Esercizio 2.8) componente connessa limitata del complementare del sostegno di σ è detta *interno* di σ. Il Lemma 2.3.2.(iii) e la dimostrazione del Teorema 2.3.6 ci dicono che l'indice di avvolgimento di σ relativamente a un punto qualsiasi del suo interno dev'essere uguale a ± 1. Diremo che σ è *orientata positivamente* (rispettivamente, *orientata negativamente*) se l'indice è $+1$ (rispettivamente, -1).

Osservazione 2.3.10. Nella dimostrazione del Teorema 2.3.6 abbiamo visto che $\iota_{p_\delta}(\sigma) - \iota_{p_{-\delta}}(\sigma) = 1$ sempre; inoltre $\iota_{p_{\pm\delta}}(\sigma) \neq 0$ se e solo se $p_{\pm\delta}$ appartiene all'interno di σ, e in quel caso si deve avere $\iota_{p_{\pm\delta}}(\sigma) = \pm 1$. Ora, p_δ appartiene all'interno di σ se e solo se $\tilde{\mathbf{n}}(t_0)$ punta verso l'interno di σ, e questo accade se e solo se σ è percorsa in senso antiorario. Quindi σ è orientata positivamente (negativamente) se e solo è percorsa in senso antiorario (in senso orario).

Osservazione 2.3.11. Attenzione: il segno della curvatura orientata non ha nulla a che fare con l'orientazione della curva. Il modo più semplice per convincersene è notare che una curva semplice chiusa può tranquillamente avere curvatura orientata positiva in alcuni tratti e negativa in altri, mentre non può essere orientata un po' positivamente e un po' negativamente. Nella Sezione 2.5 dei Complementi a questo capitolo caratterizzeremo le curve piane con curvatura orientata di segno costante.

2.4 Il teorema delle tangenti

C'è un altro modo molto naturale per associare una curva a valori in S^1 (e quindi un grado) a una curva regolare chiusa piana.

Definizione 2.4.1. Sia $\sigma\colon [a,b] \to \mathbb{R}^2$ una curva regolare chiusa piana di classe C^1, e sia $\mathbf{t}\colon [a,b] \to S^1$ il suo versore tangente, dato da

$$\mathbf{t}(t) = \frac{\sigma'(t)}{\|\sigma'(t)\|} \ .$$

L'*indice di rotazione* $\rho(\sigma)$ di σ è il grado dell'applicazione $\mathbf{t}$; misura il numero di giri fatti dal versore tangente a σ.

Il Corollario 2.1.18 ci fornisce una formula semplice per il calcolo dell'indice di rotazione:

Proposizione 2.4.2. *Sia* $\sigma\colon [a,b] \to \mathbb{R}^2$ *una curva regolare chiusa piana di classe* C^1 *con curvatura orientata* $\tilde{\kappa}\colon [a,b] \to \mathbb{R}$*. Allora*

$$\rho(\sigma) = \frac{1}{2\pi} \int_a^b \tilde{\kappa} \, \|\sigma'\| \, \mathrm{d}t = \frac{1}{2\pi} \int_a^b \frac{\det(\sigma', \sigma'')}{\|\sigma'\|^2} \, \mathrm{d}t \ .$$

Dimostrazione. Il Corollario 2.1.18 dice che

$$\rho(\sigma) = \frac{1}{2\pi} \int_a^b \det(\mathbf{t}, \mathbf{t}') \, \mathrm{d}t \ .$$

Sia $s\colon [a,b] \to [0,\ell]$ la lunghezza d'arco di σ misurata a partire da a; ricordando la (1.10) e che $\mathrm{d}s/\mathrm{d}t = \|\sigma'\|$ otteniamo

$$\int_a^b \det(\mathbf{t}, \mathbf{t}') \, \mathrm{d}t = \int_a^b \det(\mathbf{t}, \dot{\mathbf{t}}) \frac{\mathrm{d}s}{\mathrm{d}t} \, \mathrm{d}t = \int_0^\ell \det(\mathbf{t}, \dot{\mathbf{t}}) \, \mathrm{d}s$$

$$= \int_0^\ell \tilde{\kappa}(s) \, \mathrm{d}s = \int_a^b \tilde{\kappa}(t) \|\sigma'(t)\| \, \mathrm{d}t \ ,$$

e ci siamo, grazie al Problema 1.1. □

Esempio 2.4.3. Sia $\phi_k\colon [0,1] \to \mathbb{R}^2$ la curva dell'Esempio 2.1.8, che ha curvatura orientata $\tilde{\kappa} \equiv 1$. Siccome $\phi_k'(t) = 2k\pi\big(-\sin(2k\pi t), \cos(2k\pi t)\big)$, otteniamo

$$\rho(\phi_k) = \frac{1}{2\pi} \int_0^1 \tilde{\kappa}(t) \|\phi_k'(t)\| \, dt = k.$$

Esempio 2.4.4. Sia $\sigma\colon [0, 2\pi] \to \mathbb{R}^2$ la curva dell'Esempio 2.3.5. Allora

$$\rho(\sigma) = \frac{1}{2\pi} \int_0^{2\pi} \frac{12\sin(2t)\cos(3t) - 18\sin(3t)\cos(2t)}{4\cos^2(2t) + 9\cos^2(3t)} \, dt = 0 \, .$$

In futuro avremo bisogno dell'indice di rotazione anche per curve C^1 a tratti; introduciamo quindi le seguenti definizioni.

Definizione 2.4.5. Sia $\sigma\colon [a,b] \to \mathbb{R}^2$ una curva piana C^1 a tratti regolare, e scegliamo una partizione $a = t_0 < t_1 < \cdots < t_k = b$ di $[a,b]$ tale che $\sigma|_{[t_{j-1},t_j]}$ sia regolare per $j = 1, \ldots, k$. Poniamo

$$\sigma'(t_j^-) = \lim_{t \to t_j^-} \sigma'(t)$$

per $j = 1, \ldots, k$, e

$$\sigma'(t_j^+) = \lim_{t \to t_j^+} \sigma'(t)$$

per $j = 0, \ldots, k-1$. Inoltre, se σ è chiusa poniamo anche $\sigma'(t_0^-) = \sigma'(t_k^-)$ e $\sigma'(t_k^+) = \sigma'(t_0^+)$; a priori, $\sigma'(t_k^-) \neq \sigma'(t_k^+)$. Diremo che t_j è una *cuspide* per σ se $\sigma'(t_j^-) = -\sigma'(t_j^+)$. Se t_j non è una cuspide, l'*angolo esterno* $\varepsilon_j \in (-\pi, \pi)$ è l'angolo fra $\sigma'(t_j^-)$ e $\sigma'(t_j^+)$, preso col segno positivo se $\{\sigma'(t_j^-), \sigma'(t_j^+)\}$ è una base positiva di $\mathbb{R}^2$, negativo altrimenti. I punti in cui l'angolo esterno è diverso da zero saranno detti *vertici* della curva. Infine, un *poligono curvilineo* di classe C^k è una curva C^k a tratti regolare semplice chiusa priva di cuspidi.

Definizione 2.4.6. Sia $\sigma\colon [a,b] \to \mathbb{R}^2$ una curva piana C^1 a tratti regolare, e $a = t_0 < t_1 < \cdots < t_k = b$ una partizione di $[a,b]$ tale che $\sigma|_{[t_{j-1},t_j]}$ sia regolare per $j = 1, \ldots, k$. Definiamo la funzione *angolo di rotazione* $\theta\colon [a,b] \to \mathbb{R}$ nel seguente modo: sia $\theta\colon [a, t_1) \to \mathbb{R}$ il sollevamento di $\mathbf{t}\colon [a, t_1) \to S^1$ scelto in modo che $\theta(a) \in (-\pi, \pi]$. In altre parole, θ è la determinazione continua dell'angolo fra l'asse x e il versore tangente $\mathbf{t}$ con valore iniziale scelto in $(-\pi, \pi]$. Poniamo poi

$$\theta(t_1) = \lim_{t \to t_1^-} \theta(t) + \varepsilon_1 \, ,$$

dove ε_1 è l'angolo esterno di σ in t_1; in particolare, $\theta(t_1)$ è una determinazione dell'angolo fra l'asse x e $\sigma'(t_1^+)$, mentre $\theta(t_1) - \varepsilon_1$ è una determinazione dell'angolo fra l'asse x e $\sigma'(t_1^-)$.

Definiamo poi $\theta\colon [t_1, t_2) \to \mathbb{R}$ come il sollevamento di $\mathbf{t}\colon [t_1, t_2) \to S^1$ che parte da $\theta(t_1)$, e poniamo nuovamente $\theta(t_2) = \lim\limits_{t \to t_2^-} \theta(t) + \varepsilon_2$, dove ε_2 è l'angolo esterno di σ in t_2. Continuando in questo modo definiamo θ su tutto l'intervallo $[a, b)$; poniamo infine

$$\theta(b) = \lim_{t \to b^-} \theta(t) + \varepsilon_k \; ,$$

dove ε_k è l'angolo esterno di σ in $b = t_k$ (con $\varepsilon_k = 0$ se σ non è chiusa). Nota che in questo modo la funzione angolo di rotazione nei vertici risulta essere continua a sinistra ma non a destra. Infine, se la curva σ è chiusa diremo *indice di rotazione* di σ il numero

$$\rho(\sigma) = \frac{1}{2\pi}\big(\theta(b) - \theta(a)\big) \; .$$

Siccome $\sigma'(t_k^+) = \sigma'(t_0^+)$, l'indice di rotazione è sempre un numero intero. Chiaramente, invertendo l'orientazione della curva l'indice di rotazione cambia di segno.

Una delle conseguenze della dimostrazione del Teorema di Jordan 2.3.6 è il fatto che l'indice di avvolgimento di una curva di Jordan rispetto a un punto interno è sempre uguale a ± 1. Il risultato principale di questa sezione è un risultato analogo per l'indice di rotazione, noto come *teorema delle tangenti di Hopf*:

Teorema 2.4.7 (delle tangenti di Hopf, o *Umlaufsatz*). *L'indice di rotazione di un poligono curvilineo è sempre ± 1.*

Dimostrazione. Sia $\sigma = (\sigma_1, \sigma_2)\colon [a, b] \to \mathbb{R}^2$ un poligono curvilineo, che possiamo supporre parametrizzato rispetto alla lunghezza d'arco. Cominciamo assumendo che σ non abbia vertici; in particolare, $\mathbf{t} = \dot{\sigma}$ è continua e $\dot{\sigma}(a) = \dot{\sigma}(b)$. Siccome σ è chiusa, possiamo estenderla per periodicità a una curva piana definita su tutto $\mathbb{R}$, che continueremo a denotare con σ, periodica di periodo $b - a$, e con derivata continua.

Se $[\tilde{a}, \tilde{b}]$ è un qualsiasi intervallo di lunghezza $b - a$, chiaramente si ha $\rho(\sigma|_{[\tilde{a}, \tilde{b}]}) = \rho(\sigma|_{[a, b]})$; quindi a meno di traslazioni del parametro possiamo supporre che $\sigma_2(t)$ abbia minimo per $t = a$. Inoltre, a meno di traslazioni del piano possiamo anche supporre che $\sigma(a) = O$. Dunque il sostegno di σ è contenuto nel semipiano superiore, e $\dot{\sigma}_2(a) = 0$, per cui (a meno di invertire se necessario l'orientazione della curva) abbiamo $\dot{\sigma}(a) = \dot{\sigma}(b) = \mathbf{e}_1$, dove $\mathbf{e}_1$ è il primo vettore della base canonica di $\mathbb{R}^2$; vedi la Fig. 2.6.

Sia $\theta\colon [a, b] \to \mathbb{R}$ l'angolo di rotazione di σ, con valore iniziale $\theta(a) = 0$. Vogliamo definire un *angolo secante* $\eta\colon T \to \mathbb{R}$, definito sul triangolo

$$T = \{(t_1, t_2) \in \mathbb{R}^2 \mid a \le t_1 \le t_2 \le b\} \; ,$$

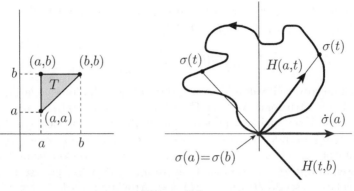

Figura 2.6.

che sia una determinazione continua dell'angolo fra l'asse x e il vettore da $\sigma(t_1)$ a $\sigma(t_2)$. Per far ciò, definiamo un'applicazione $H\colon T \to S^1$ ponendo

$$
H(t_1, t_2) = \begin{cases} \dfrac{\sigma(t_2) - \sigma(t_1)}{\|\sigma(t_2) - \sigma(t_1)\|} & \text{se } t_1 < t_2 \text{ e } (t_1, t_2) \neq (a, b) \,; \\[2ex] \dot\sigma(t_1) & \text{se } t_1 = t_2 \,; \\[1ex] -\dot\sigma(b) & \text{se } (t_1, t_2) = (a, b) \,. \end{cases}
$$

L'applicazione H è continua lungo il segmento $t_1 = t_2$ in quanto

$$
\lim_{(t_1, t_2) \to (t, t)} H(t_1, t_2) = \lim_{(t_1, t_2) \to (t, t)} \frac{\sigma(t_2) - \sigma(t_1)}{t_2 - t_1} \Big/ \left\| \frac{\sigma(t_2) - \sigma(t_1)}{t_2 - t_1} \right\|
$$

$$
= \frac{\dot\sigma(t)}{\|\dot\sigma(t)\|} = H(t, t) \,.
$$

In modo analogo si dimostra che H è continua in (a, b): infatti

$$
\lim_{(t_1, t_2) \to (a, b)} H(t_1, t_2) = \lim_{(t_1, t_2) \to (a, b)} \frac{\sigma(t_2) - \sigma(t_1 + b - a)}{\|\sigma(t_2) - \sigma(t_1 + b - a)\|}
$$

$$
= \lim_{(s, t_2) \to (b, b)} \frac{\sigma(t_2) - \sigma(s)}{\|\sigma(t_2) - \sigma(s)\|}
$$

$$
= \lim_{(s, t_2) \to (b, b)} -\frac{\sigma(t_2) - \sigma(s)}{t_2 - s} \Big/ \left\| \frac{\sigma(t_2) - \sigma(s)}{t_2 - s} \right\|
$$

$$
= -\frac{\dot\sigma(b)}{\|\dot\sigma(b)\|} = H(a, b) \,,
$$

dove il segno meno compare perché $s = t_1 + b - a > t_2$. Ora, il triangolo T è omeomorfo al rettangolo $[0, 1] \times [a, b]$. Quindi, grazie al Corollario 2.1.14, possiamo sollevare H a un'unica $\eta\colon T \to \mathbb{R}$ continua tale che $\eta(a, a) = 0$; la funzione η è il nostro angolo secante. In particolare, sia θ che $t \mapsto \eta(t, t)$ sono dei sollevamenti di $\dot{\sigma}$; siccome $\theta(a) = 0 = \eta(a,a)$, l'unicità del sollevamento ci dice che $\theta(t) = \eta(t,t)$ per ogni t, e quindi

$$\rho(\sigma) = \frac{1}{2\pi}\big(\theta(b) - \theta(a)\big) = \frac{1}{2\pi}\,\eta(b,b)\,.$$

Vogliamo trovare il valore di $\eta(b,b)$ percorrendo gli altri due lati del triangolo T. Per costruzione (vedi la Fig. 2.6) il vettore $\sigma(t) - \sigma(a)$ è sempre puntato verso il semipiano superiore; quindi $\eta(a,t) \in [0,\pi]$ per ogni $t \in [a,b]$. In particolare, essendo $H(a,b) = -\dot{\sigma}(b) = -\mathbf{e}_1$, dobbiamo avere $\eta(a,b) = \pi$. Analogamente, il vettore $\sigma(b) - \sigma(t)$ è sempre puntato verso il semipiano inferiore; essendo $\eta(a,b) = \pi$, dobbiamo avere $\eta(t,b) \in [\pi, 2\pi]$ per ogni $t \in [a,b]$. In particolare, essendo $H(b,b) = \dot{\sigma}(b) = \mathbf{e}_1$, troviamo $\eta(b,b) = 2\pi$, e la tesi è dimostrata nel caso di poligono curvilineo di classe C^1.

Ora supponiamo che σ abbia dei vertici; per dimostrare il teorema ci basta trovare un poligono curvilineo senza vertici che abbia lo stesso indice di rotazione di σ. Per far ciò, cambieremo σ vicino a ciascun vertice in modo da renderlo regolare ovunque senza modificare l'angolo di rotazione.

Sia allora $\sigma(t_i)$ un vertice di angolo esterno ε_i, e scegliamo un numero positivo $\alpha \in \big(0, (\pi - |\varepsilon_i|)/2\big)$; usando la periodicità di σ, a meno di cambiare l'intervallo di definizione possiamo anche supporre che $t_i \neq a, b$. Per come abbiamo definito l'angolo di rotazione, si ha

$$\lim_{t \to t_i^-} \theta(t) = \theta(t_i) - \varepsilon_i \qquad \text{e} \qquad \lim_{t \to t_i^+} \theta(t) = \theta(t_i)\,.$$

Quindi possiamo trovare un $\delta > 0$ minore del minimo fra $t_i - t_{i-1}$ e $t_{i+1} - t_i$ tale che $\big|\theta(t) - \big(\theta(t_i) - \varepsilon_i\big)\big| < \alpha$ per $t \in (t_i - \delta, t_i)$ e $|\theta(t) - \theta(t_i)| < \alpha$ per $t \in (t_i, t_1 + \delta)$. In particolare,

$$|\theta(t) - \theta(s)| \le 2\alpha + |\varepsilon_i| < \pi \tag{2.5}$$

per ogni s, $t \in (t_i - \delta, t_i + \delta)$. Dunque l'angolo di rotazione di σ varia meno di π in questo intervallo.

L'immagine C tramite σ di $[a,b] \setminus (t_i - \delta, t_i + \delta)$ è un compatto non contenente $\sigma(t_i)$; quindi possiamo trovare $r > 0$ tale che $C \cap \overline{B\big(\sigma(t_i), r\big)} = \varnothing$. Siano t^*, $t^{**} \in (t_i - \delta, t_i + \delta)$ rispettivamente il primo e l'ultimo valore di t per cui $\sigma(t) \in \partial B\big(\sigma(t_i), r\big)$; allora $\dot{\sigma}(t^*)$ punta verso l'interno di $\partial B\big(\sigma(t_i), r\big)$, mentre $\dot{\sigma}(t^{**})$ punta verso l'esterno di $\partial B\big(\sigma(t_i), r\big)$; vedi la Fig 2.7.

Rimpiazziamo il pezzo di σ da t^* a t^{**} con (Esercizio 2.17) una curva regolare $\tau\colon [t^*, t^{**}] \to \mathbb{R}^2$ con sostegno contenuto in $\overline{B\big(\sigma(t_i), r\big)}$, tangente a σ in $\sigma(t^*)$ e $\sigma(t^{**})$, e il cui angolo di rotazione ψ soddisfi $\psi(t^*) = \theta(t^*)$ e

$$|\psi(s) - \psi(t)| < \pi$$

per ogni s, $t \in [t^*, t^{**}]$. Allora la (2.5) implica (perché?) che

$$\theta(t^{**}) - \theta(t^*) = \psi(t^{**}) - \psi(t^*)\,,$$

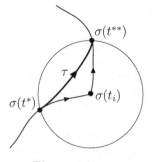

Figura 2.7.

per cui il poligono curvilineo ottenuto inserendo τ al posto di $\sigma|_{[t^*,t^{**}]}$ ha esattamente lo stesso indice di rotazione di σ. Ripetendo l'operazione in tutti i vertici di σ otteniamo un poligono curvilineo di classe C^1 con lo stesso indice di rotazione di σ, e ci siamo. □

Definizione 2.4.8. Diremo che un poligono curvilineo è *orientato positivamente* se il suo indice di rotazione è $+1$.

Osservazione 2.4.9. Una curva di Jordan σ regolare di classe C^2 è orientata positivamente secondo la Definizione 2.3.9 se e solo se lo è anche secondo questa definizione. Infatti, l'Osservazione 2.3.10 ci dice che σ è orientata positivamente secondo la Definizione 2.3.9 se e solo se il versore normale punta verso il suo interno. Nella situazione in cui ci siamo posti all'inizio della dimostrazione del Teorema delle tangenti, l'interno di σ si trova necessariamente nel semipiano superiore; quindi σ è orientata positivamente secondo la Definizione 2.3.9 se e solo se il versore normale a σ in $\sigma(a)$ è $\mathbf{e}_2$, e quindi se e solo se $\dot\sigma(a) = \mathbf{e}_1$ senza bisogno di cambiare orientazione, e il resto della dimostrazione rivela che questo accade se e solo se l'indice di rotazione di σ è $+1$. Quindi le due definizioni sono coerenti.

Problemi guida

Problema 2.1. *Considera la curva piana* $\sigma\colon [0, 2\pi] \to \mathbb{R}^2$ *parametrizzata da*

$$\sigma(t) = \big((2\cos t - 1)\cos t, (2\cos t - 1)\sin t\big) .$$

(i)   *Mostra che il sostegno di* σ *è definito, in coordinate polari* (r, θ)*, dall'equazione* $r = 2\cos\theta - 1$.

(ii) *Disegna il sostegno di* σ*, riportando l'orientazione definita da* σ.

(iii) *Calcola l'indice di avvolgimento di* σ *rispetto al punto* $p = (1/2, 0)$.

(iv) *Se* $h\colon [0, 2\pi] \to [0, 2\pi]$ *è data da*

$$h(t) = \begin{cases} t & \text{per } t \in [0, \pi/3] , \\ -t + 2\pi & \text{per } t \in [\pi/3, 5\pi/3] , \\ t & \text{per } t \in [5\pi/3, 2\pi] , \end{cases}$$

determina la parametrizzazione della curva $\sigma_1 = \sigma \circ h\colon [0, 2\pi] \to \mathbb{R}^2$*, e calcolane l'indice di avvolgimento rispetto al punto* $p = (1/2, 0)$*. Nota che* σ_1 *non è equivalente a* σ*, in quanto* h *non è continua.*

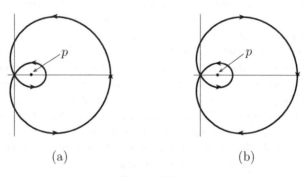

(a)   (b)

Figura 2.8.

Soluzione. (i) Si ottiene facilmente da $x = r\cos\theta$ e $y = r\sin\theta$.

(ii) Vedi la Fig. 2.8.(a).

(iii) Osservando Fig. 2.8.(a) si ricava che $i_p(\sigma) = 2$.

(iv) La parametrizzazione di σ_1 è data da

$$\sigma_1(t) = \big((2\cos h(t) - 1)\cos h(t), (2\cos h(t) - 1)\sin h(t)\big) ;$$

vedi la Fig. 2.8.(b). Osservando la figura, si ricava che l'indice di avvolgimento cercato è $i_p(\sigma_1) = 0$.   □

Problema 2.2. *Siano σ_0, $\sigma_1\colon [0,1] \to \mathbb{R}^2$ due curve continue chiuse tali che si abbia $\sigma_0(0) = \sigma_1(0) = q$, e scegliamo $p_0 \in \mathbb{R}^2$ non contenuto nell'unione dei sostegni di σ_0 e σ_1. Dimostra che se $\|\sigma_0(t) - \sigma_1(t)\| < \|\sigma_0(t) - p_0\|$ per ogni $t \in [0,1]$ allora $i_{p_0}(\sigma_0) = i_{p_0}(\sigma_1)$.*

Soluzione. Consideriamo l'applicazione $\Phi\colon [0,1] \times [0,1] \to \mathbb{R}^2$ definita da

$$\Phi(\lambda, t) = (1 - \lambda)\sigma_0(t) + \lambda\sigma_1(t).$$

Vogliamo dimostrare che Φ è una omotopia di curve chiuse in $\mathbb{R}^2 \setminus \{p_0\}$.

Osserviamo innanzitutto che Φ è una applicazione continua, perché tali sono le sue componenti. Inoltre, $\Phi(\lambda, 0) = \Phi(\lambda, 1) = q$ per ogni $\lambda \in [0,1]$. Resta da dimostrare che $p_0 \notin \operatorname{Im}\Phi$. Se, per assurdo, fosse $p_0 = \Phi(\lambda_0, t_0)$ per un opportuno $(\lambda_0, t_0) \in [0,1] \times [0,1]$, si avrebbe che

$$\sigma_0(t_0) - p_0 = \lambda_0\big(\sigma_0(t_0) - \sigma_1(t_0)\big)\,.$$

Poiché, per ipotesi, p_0 non appartiene al sostegno di σ_0, deduciamo che $\lambda_0 \neq 1$, per cui

$$\|\sigma_0(t_0) - p_0\| = \lambda_0 \|(\sigma_0(t_0) - \sigma_1(t_0)\| < \|(\sigma_0(t_0) - \sigma_1(t_0)\|\,,$$

contro l'ipotesi su σ_0 e σ_1.

Definiamo allora ϕ_0, $\phi_1\colon [0,1] \to S^1$ e $\hat{\Phi}\colon [0,1] \times [0,1] \to S^1$ ponendo

$$\phi_j(t) = \frac{\sigma_j(t) - p_0}{\|\sigma_j(t) - p_0\|} \quad \text{e} \quad \hat{\Phi}(\lambda, t) = \frac{\Phi(\lambda, t) - p_0}{\|\Phi(\lambda, t) - p_0\|}\,.$$

Allora $\hat{\Phi}$ è un'omotopia fra ϕ_0 e ϕ_1, per cui

$$i_{p_0}(\sigma_0) = \deg\phi_0 = \deg\phi_1 = i_{p_0}(\sigma_1)\,,$$

grazie al Teorema 2.1.15. □

Problema 2.3. *Sia $\sigma\colon [a,b] \to \mathbb{R}^2$ una curva piana regolare di classe almeno C^2, parametrizzata rispetto alla lunghezza d'arco, e sia $\theta\colon [a,b] \to \mathbb{R}$ il suo angolo di rotazione.*

(i) *Dimostra che*

$$\theta(s) = \theta(a) + \int_0^s \tilde{\kappa}(t)\,dt\,,$$

per cui $\dot\theta = \tilde{\kappa}$.

(ii) *Mostra che l'indice di rotazione è $\rho(\sigma) = (1/2\pi)\int_a^b \tilde{\kappa}(t)\,dt$.*

Soluzione. (i) Infatti, la Proposizione 2.1.16 e la (1.10) implicano

$$\theta(s) = \theta(a) + \int_a^s \det\big(\mathbf{t}(t), \dot{\mathbf{t}}(t)\big)\,dt = \theta(a) + \int_a^s \tilde{\kappa}(t)\,dt\,.$$

(ii) La tesi segue dall'uguaglianza $\rho(\sigma) = (1/2\pi)\big(\theta(b) - \theta(a)\big)$. □

Problema 2.4. *Sia* $\sigma\colon [0,1] \to \mathbb{R}^2$ *una curva piana regolare e chiusa di classe almeno* C^2, *e supponiamo esista* $c > 0$ *tale che* $|\tilde{\kappa}(t)| \le c$ *per ogni* $t \in [0,1]$. *Dimostra che*

$$L(\sigma) \ge \frac{2\pi |\rho(\sigma)|}{c} \,,$$

dove $L(\sigma)$ *è la lunghezza di* σ. *Deduci in particolare che se* σ *è semplice allora* $L(\sigma) \ge 2\pi/c$.

Soluzione. La Proposizione 2.4.2 implica

$$2\pi |\rho(\sigma)| = \left| \int_0^1 \tilde{\kappa} \, \|\sigma'\| \, \mathrm{d}t \right| \le \int_0^1 |\tilde{\kappa}| \, \|\sigma'\| \, \mathrm{d}t \le c \int_0^1 \|\sigma'\| \, \mathrm{d}t = c \, L(\sigma) \,.$$

L'ultima affermazione segue dal fatto che se σ è semplice allora $\rho(\sigma) = \pm 1$ (Teorema 2.4.7). $\qquad\square$

Problema 2.5. *Sia* $\sigma\colon [a,b] \to \mathbb{R}^2$ *una curva piana regolare e chiusa con curvatura orientata* $\tilde{\kappa}$ *sempre positiva.*

(i) *Mostra che, se* σ *non è semplice, allora* $\rho(\sigma) \ge 2$.
(ii) *Trova una curva piana, regolare, chiusa, non semplice, con curvatura orientata che cambia di segno e con indice di rotazione nullo.*

Soluzione. (i) Poiché σ non è semplice, esiste almeno un punto $p \in \mathbb{R}^2$ che è immagine di due valori distinti del parametro. A meno di un cambio di parametro per σ e un movimento rigido in $\mathbb{R}^2$, possiamo supporre che σ sia parametrizzata rispetto alla lunghezza d'arco, e che $p = \sigma(a) = (0,0)$ e $\mathbf{t}(0) = (1,0)$. Sia $s_0 \in (a,b)$ il minimo valore del parametro tale che $\sigma(s_0) = p$. Poiché $\tilde{\kappa}(0) > 0$, per $s > a$ abbastanza vicino ad a il punto $\sigma(s) = \big(\sigma_1(s), \sigma_2(s)\big)$ è contenuto nel semipiano di equazione $y > 0$. La seconda componente σ_2 di σ è dunque una funzione continua non nulla nel compatto $[a, s_0]$, che si annulla nei due estremi e assume, all'interno del segmento, valore strettamente positivo in almeno un punto. La funzione σ_2 deve quindi assumere valore massimo in $s_1 \in (a, s_0)$. Quindi $\dot{\sigma}_2(s_1) = 0$, e la tangente a σ in s_1 è dunque orizzontale. Se $\theta\colon [a,b] \to \mathbb{R}$ è l'angolo di rotazione di σ, se ne deduce che $\theta(s_1) = k\,\pi$, per un opportuno $k \in \mathbb{Z}$.

Ora, nel Problema 2.3 abbiamo visto che $\dot{\theta} = \tilde{\kappa}$; quindi θ è strettamente crescente. In particolare, $0 = \theta(0) < \theta(s_1) < \theta(s_0) < \theta(b)$. Il nostro obiettivo è equivalente a dimostrare che $\theta(b) > 2\pi$. Se $\theta(s_0) \ge 2\pi$, è fatta. Se invece $\theta(s_0) < 2\pi$, deve essere $\theta(s_1) = \pi$; ma lo stesso ragionamento precedente applicato all'intervallo $[s_0, b]$ ci fornisce un $s_2 \in (s_0, b)$ tale che $\theta(s_2) = \theta(s_0) + \pi$, per cui $\theta(b) > \theta(s_2) > \theta(s_1) + \pi = 2\pi$, come si voleva.

(ii) Sia $\tau\colon [0, 2\pi] \to \mathbb{R}^2$ data da $\tau(t) = \big(\sin t, \sin(2t)\big)$. Si vede subito che $\tau(0) = \tau(\pi) = (0,0)$, per cui τ non è semplice. Poi $\|\tau'(t+\pi)\| = \|\tau'(t)\|$ mentre $\det\big(\tau'(t+\pi), \tau''(t+\pi)\big) = -\det\big(\tau'(t), \tau''(t)\big)$. Quindi il Problema 1.1 dà $\tilde{\kappa}(t+\pi) = -\tilde{\kappa}(t)$, per cui $\tilde{\kappa}$ cambia di segno e inoltre la Proposizione 2.4.2 ci permette di concludere che $\rho(\tau) = 0$, come voluto. $\qquad\square$

Esercizi

GRADO DELLE CURVE

2.1. Dimostra che non esiste alcun sollevamento dell'applicazione identica id: $S^1 \to S^1$.

2.2. Dati due spazi topologici X e Y, dimostra che l'essere omotopi è una relazione d'equivalenza sull'insieme delle applicazioni continue da Y in X.

2.3. Considera la curva $\sigma_1 \colon [0, 2\pi] \to \mathbb{R}^2$ definita da

$$\sigma_1(t) = \begin{cases} \big(\cos(2t), \sin(2t)\big) & t \in [0, \pi], \\ (1, 0) & t \in [\pi, 2\pi]. \end{cases}$$

Dimostra che σ_1 è omotopa alla parametrizzazione usuale $\sigma_0 \colon [0, 2\pi] \to \mathbb{R}^2$ della circonferenza data da $\sigma_0(t) = (\cos t, \sin t)$ costruendo esplicitamente una omotopia.

2.4. Dimostra che due curve continue chiuse σ_0, $\sigma_1 \colon [a, b] \to D$, dove D è un disco aperto del piano, sono sempre omotope (come curve chiuse) in D.

INTORNO TUBOLARE

2.5. Determina un intorno tubolare per l'ellisse $\sigma \colon \mathbb{R} \to \mathbb{R}^2$ parametrizzata da $\sigma(t) = (\cos t, 2\sin t)$.

2.6. Determina un intorno tubolare per l'arco di parabola $\sigma \colon [-3, 3] \to \mathbb{R}^2$ parametrizzato da $\sigma(t) = (t, 2t^2)$.

INDICE DI AVVOLGIMENTO E TEOREMA DELLA CURVA DI JORDAN

2.7. Mostra che la curva $\sigma \colon [-2, 2] \to \mathbb{R}^2$ data da $\sigma(t) = (t^3 - 4, t^2 - 4)$ è una curva di Jordan.

2.8. Dimostra che il complementare del sostegno di una curva di Jordan regolare di classe C^2 a tratti ha esattamente due componenti connesse, una limitata e l'altra illimitata.

2.9. Dimostra il *teorema dell'arco di Jordan*: se $C \subset \mathbb{R}^2$ è il sostegno di una curva piana $\sigma \colon [a, b] \to \mathbb{R}^2$ regolare di classe C^2 a tratti semplice non chiusa, allora $\mathbb{R}^2 \setminus C$ è connesso.

2.10. Il teorema dell'arco di Jordan, enunciato nell'Esercizio 2.9, resta vero se σ è definita nell'intervallo $[a, b)$?

2.11. Sia $\sigma\colon \mathbb{R} \to \mathbb{R}^2$ una curva regolare semplice piana di classe C^2 a tratti con sostegno C chiuso in $\mathbb{R}^2$. Dimostra che $\mathbb{R}^2 \setminus C$ ha esattamente due componenti connesse.

2.12. Dimostra che il sostegno di una curva di Jordan continua è omeomorfo a S^1.

2.13. Siano σ_0, $\sigma_1\colon [a,b] \to D \setminus \{0\}$ due curve chiuse continue, dove $D \subset \mathbb{R}^2$ è un disco aperto di centro l'origine. Dimostra che σ_0 e σ_1 hanno lo stesso indice di avvolgimento rispetto all'origine se e solo se esiste un'omotopia $\Phi\colon [0,1] \times [a,b] \to D \setminus \{O\}$ fra σ_0 e σ_1.

2.14. Sia $\sigma = (\sigma_1, \sigma_2)\colon [a,b] \to \mathbb{R}^2$ una curva chiusa di classe C^1 a tratti con sostegno contenuto in una circonferenza di centro $p = (x_1^o, x_2^o) \in \mathbb{R}^2$ e raggio $r > 0$. Dimostra che

$$\int_a^b (\sigma_1 - x_1^o)\sigma_2' \, \mathrm{d}t = -\int_a^b \sigma_1'(\sigma_2 - x_2^o) \, \mathrm{d}t = \pi r^2 \iota_{p_0}(\sigma) \,.$$

2.15. Per ogni $\lambda \in \mathbb{R}$ sia $\sigma_\lambda\colon \mathbb{R} \to \mathbb{R}^3$ la curva data da

$$\sigma_\lambda(t) = (2\cos(t) + \lambda t, \sin(t) + \lambda t^2, \lambda t^3) \,.$$

(i)   Calcola la curvatura di $\sigma_\lambda(t)$ nel punto $t = \pi$ al variare del parametro λ.
(ii) Per quali valori del parametro λ la curva $\sigma_\lambda(t)$ è una curva piana?
(iii) Calcola l'indice di avvolgimento di σ_0 rispetto ai punti $(3,0,0)$, e $(0,0,0)$.

INDICE DI ROTAZIONE E TEOREMA DELLE TANGENTI

2.16. Sia $\sigma\colon [a,b] \to \mathbb{R}^2$ una curva regolare chiusa piana, e sia $\tilde{\mathrm{n}}\colon [a,b] \to S^1$ il suo versore normale orientato. Calcola il grado di $\tilde{\mathrm{n}}$ in termini dell'indice di rotazione di σ.

2.17. Siano dati un numero $r > 0$ e due punti distinti $p_1, p_2 \in \partial B(O, r) \subset \mathbb{R}^2$. Scegliamo poi due vettori v_1, $v_2 \in S^1$ tali che $v_1 \neq -v_2$, $\langle v_1, p_1 \rangle \leq 0$ e $\langle v_2, p_2 \rangle \geq 0$. Dimostra che esiste una curva regolare $\tau\colon [a,b] \to \mathbb{R}^2$ parametrizzata rispetto alla lunghezza d'arco che soddisfa le seguenti condizioni:

(a) $\tau(a) = p_1$, $\dot{\tau}(a) = v_1$, $\tau(b) = p_2$ e $\dot{\tau}(b) = v_2$;
(b) $\tau([a,b]) \subset \overline{B(O,r)}$; e
(c) se $\psi\colon [a,b] \to \mathbb{R}$ è l'angolo di rotazione di τ, allora $|\psi(s) - \psi(t)| < \pi$ per ogni $s, t \in [a,b]$.

(*Suggerimento:* nella maggior parte dei casi un'iperbole funziona.)

Complementi

2.5 Curve convesse

È facile costruire esempi di curve piane la cui curvatura orientata cambia di segno (vedi, per esempio, il Problema 2.5); in questa sezione vogliamo invece caratterizzare le curve chiuse in cui questo non accade. La cosa interessante è che la caratterizzazione coinvolge proprietà globali del sostegno della curva.

Definizione 2.5.1. Una curva piana regolare $\sigma\colon [a,b] \to \mathbb{R}^2$ è detta *convessa* se per ogni $t_0 \in [a,b]$ il sostegno di σ è contenuto in uno dei due semipiani chiusi determinati dalla retta tangente a σ in $\sigma(t_0)$, cioè se la funzione

$$\psi_{t_0}(t) = \langle \sigma(t) - \sigma(t_0), \tilde{\mathbf{n}}(t_0) \rangle$$

ha segno costante su $[a,b]$ per ogni $t_0 \in [a,b]$.

Definizione 2.5.2. Diremo che una curva $\sigma\colon [a,b] \to \mathbb{R}^2$ piana regolare parametrizzata rispetto alla lunghezza d'arco è *ripetitiva* se non è semplice e per ogni $a < s_0 < s_1 < b$ tali che $\sigma(s_0) = \sigma(s_1)$ esiste $\varepsilon > 0$ tale che $\sigma(s_0 + s) = \sigma(s_1 + \varepsilon)$ per ogni $s \in (-\varepsilon, \varepsilon)$ oppure $\sigma(s_0 + s) = \sigma(s_1 - s)$ per ogni $s \in (-\varepsilon, \varepsilon)$.

Le curve ripetitive sono di fatto periodiche nel loro intervallo di definizione; vedi l'Esercizio 2.20.

Possiamo ora dimostrare la caratterizzazione annunciata:

Teorema 2.5.3. *Sia $\sigma\colon [a,b] \to \mathbb{R}^2$ una curva di classe C^2 regolare chiusa parametrizzata rispetto alla lunghezza d'arco di curvatura orientata $\tilde{\kappa}\colon [a,b] \to \mathbb{R}$. Allora σ è semplice e $\tilde{\kappa}$ non cambia segno se e solo se σ è convessa e non ripetitiva.*

Dimostrazione. Siccome σ è parametrizzata rispetto alla lunghezza d'arco, la Proposizione 2.1.16 e la (1.10) ci dicono che

$$\theta(s) = x_0 + \int_a^s \tilde{\kappa}(t)\,\mathrm{d}t$$

è un sollevamento di $\mathbf{t}$, dove $x_0 \in \mathbb{R}$ è una determinazione dell'angolo fra l'asse x e $\mathbf{t}(a)$.

Supponiamo allora che σ sia semplice e (a meno di invertire l'orientazione) con curvatura orientata $\tilde{\kappa} \geq 0$; in particolare θ, avendo derivata nonnegativa, è una funzione non decrescente.

Se, per assurdo, σ fosse non convessa, dovrebbero esistere s_0, s_1 e $s_2 \in [a,b]$ distinti (e almeno due di loro diversi da a e b) tali che

$$\psi_{s_0}(s_1) = \langle \sigma(s_1) - \sigma(s_0), \tilde{\mathbf{n}}(s_0) \rangle < 0 < \langle \sigma(s_2) - \sigma(s_0), \tilde{\mathbf{n}}(s_0) \rangle = \psi_{s_0}(s_2) \,;$$

possiamo anche supporre che s_1 sia il punto di minimo e s_2 il punto di massimo di ψ_{s_0}. In particolare, $\psi'_{s_0}(s_1) = \psi'_{s_0}(s_2) = 0$; essendo $\psi'_{s_0}(s) = \langle \mathbf{t}(s), \tilde{\mathbf{n}}(s_0)\rangle$, ne segue che $\mathbf{t}(s_0)$, $\mathbf{t}(s_1)$ e $\mathbf{t}(s_2)$ sono tutti paralleli, e quindi due di loro coincidono. Supponiamo $\mathbf{t}(s_1) = \mathbf{t}(s_2)$, con $s_1 < s_2$; la dimostrazione non cambia negli altri casi.

Da $\mathbf{t}(s_1) = \mathbf{t}(s_2)$ deduciamo che $\theta(s_2) = \theta(s_1) + 2k\pi$ per qualche $k \in \mathbb{Z}$. Ma θ è non decrescente e, essendo σ semplice, $\theta(b) - \theta(a) = 2\pi$ (Teorema 2.4.7). Quindi si deve necessariamente avere $\theta(s_2) = \theta(s_1)$, per cui θ e (di conseguenza) $\mathbf{t}$ sono costanti sull'intervallo $[s_1, s_2]$. Ma allora $\sigma|_{[s_1,s_2]}$ è un segmento; in particolare, si ha $\sigma(s_2) = \sigma(s_1) + (s_2 - s_1)\mathbf{t}(s_1)$. Ma, essendo $\mathbf{t}(s_1) = \pm\mathbf{t}(s_0)$, questo implicherebbe $\psi_{s_0}(s_2) = \psi_{s_0}(s_1)$, impossibile.

Viceversa, supponiamo che σ sia convessa e non ripetitiva. La funzione $(s,t) \mapsto \psi_s(t)$ è continua, e di segno costante a s fissato. Se ci fossero dei valori di s per cui il segno fosse positivo e dei valori di s per cui il segno fosse negativo, per continuità dovrebbe esistere (perché?) un s_0 per cui $\psi_{s_0} \equiv 0$; ma questo implicherebbe $\sigma(s) = \sigma(s_0) + (s - s_0)\mathbf{t}(s_0)$ per ogni $s \in [a, b]$, e σ sarebbe sì convessa ma non chiusa.

Quindi la funzione $\psi_s(t)$ ha segno costante; a meno di invertire l'orientazione di σ possiamo supporre $\psi_s(t) \geq 0$ sempre. Allora ogni $s_0 \in [a, b]$ è un punto di minimo assoluto per ψ_{s_0}, e quindi

$$\tilde{\kappa}(s_0) = \psi''_{s_0}(s_0) \geq 0,$$

come voluto.

Rimane da dimostrare che σ è semplice. Supponiamo per assurdo che non lo sia, e siano s_0, $s_1 \in [a, b)$ distinti con $\sigma(s_0) = \sigma(s_1)$. Siccome

$$\psi_{s_0}(s_1 + s) = \langle \sigma(s_1 + s) - \sigma(s_0), \tilde{\mathbf{n}}(s_0)\rangle = \langle \mathbf{t}(s_1), \tilde{\mathbf{n}}(s_0)\rangle s + o(s),$$

la convessità di σ implica $\mathbf{t}(s_1) = \pm\mathbf{t}(s_0)$. Per $\varepsilon > 0$ abbastanza piccolo definiamo allora $\sigma_1 \colon (-\varepsilon, \varepsilon) \to \mathbb{R}^2$ ponendo $\sigma_1(t) = \sigma(s_1 \pm s)$, dove il segno è scelto in modo che $\dot\sigma_1(0) = \mathbf{t}(s_0)$. Inoltre, essendo σ non ripetitiva, esistono $\delta > 0$ e una successione $s_\nu \to 0$ tale che ogni $\sigma_1(s_\nu)$ non è della forma $\sigma(s_0 + s)$ per qualsiasi $s \in (-\delta, \delta)$.

Ora, ragionando come nella prima parte della dimostrazione dell'esistenza degli intorni tubolari troviamo che per $\varepsilon > 0$ abbastanza piccolo esistono due funzioni h, $\alpha \colon (-\varepsilon, \varepsilon) \to \mathbb{R}$ di classe C^1 tali che si possa scrivere

$$\sigma_1(s) = \sigma\big(h(s)\big) + \alpha(s)\tilde{\mathbf{n}}\big(h(s)\big),$$

con $\alpha(0) = 0$, $h(0) = s_0$ e $h(s) \in (s_0 - \delta, s_0 + \delta)$ per ogni $s \in (-\varepsilon, \varepsilon)$.

Notiamo che

$$\alpha(s) = \langle \sigma_1(s) - \sigma\big(h(s)\big), \tilde{\mathbf{n}}\big(h(s)\big)\rangle = \psi_{h(s)}(s_1 \pm s) \geq 0.$$

In particolare, $\dot\alpha(0) = 0$; inoltre, per costruzione si ha $\alpha(s_\nu) > 0$ per ogni $\nu \in \mathbb{N}$.

Ora,

$$\dot{\sigma}_1(s) = \dot{h}(s)\big[1 - \alpha(s)\tilde{\kappa}\big(h(s)\big)\big]\mathbf{t}\big(h(s)\big) + \dot{\alpha}(s)\tilde{\mathbf{n}}\big(h(s)\big)\ .$$

In particolare, $\dot{\sigma}_1(0) = \dot{h}(0)\mathbf{t}(s_0)$, per cui $\dot{h}(0) = 1$. Inoltre, il versore normale orientato di σ in $s_1 \pm s$ è ottenuto ruotando $\dot{\sigma}_1(s)$ di $\pi/2$ in senso antiorario, per cui

$$\tilde{\mathbf{n}}(s_1 \pm s) = \dot{h}(s)\big[1 - \alpha(s)\tilde{\kappa}\big(h(s)\big)\big]\tilde{\mathbf{n}}\big(h(s)\big) - \dot{\alpha}(s)\mathbf{t}\big(h(s)\big)\ .$$

Ma allora

$$0 \le \psi_{s_1 \pm s_\nu}\big(h(t_\nu)\big) = \big\langle \sigma\big(h(s_\nu)\big) - \sigma_1(s_\nu), \tilde{\mathbf{n}}(s_1 \pm s_\nu)\big\rangle$$
$$= -\alpha(s_\nu)\dot{h}(s_\nu)\big[1 - \alpha(s_\nu)\tilde{\kappa}\big(h(s_\nu)\big)\big]$$

che è negativo per ν abbastanza grande, contraddizione. $\square$

I prossimi esempi mostrano come non sia possibile rilassare le ipotesi di questo teorema.

Esempio 2.5.4. La spirale logaritmica $\sigma\colon \mathbb{R} \to \mathbb{R}^2$ introdotta nel Problema 1.4 e data da $\sigma(t) = (e^t \cos t, e^t \sin t)$ ha curvatura orientata $\tilde{\kappa}(t) = e^{t/2}/\sqrt{2}$ sempre positiva ma non è chiusa.

Esempio 2.5.5. La curva chiusa regolare $\sigma\colon [0, 2\pi] \to \mathbb{R}^2$ introdotta nel Problema 2.1 (vedi la Fig. 2.8) e data da $\sigma(t) = \big((2\cos t - 1)\cos t, (2\cos t - 1)\sin t\big)$ ha curvatura orientata $\tilde{\kappa}(t) = (9 - 6\cos t)/(5 - 4\cos t)^{3/2}$ sempre positiva ma non è semplice: $\sigma(\pi/3) = \sigma(5\pi/3) = (0, 0)$.

Esempio 2.5.6. La curva regolare chiusa parametrizzata rispetto alla lunghezza d'arco $\sigma\colon [0, 4\pi] \to \mathbb{R}^2$ data da $\sigma(s) = (\cos s, \sin s)$ è convessa e ripetitiva.

Esercizi

2.18. Mostra che la curva $\sigma\colon [-2, 2] \to \mathbb{R}^2$ data da $\sigma(t) = (t^3 - 4, t^2 - 4)$ è convessa (vedi anche l'Esercizio 2.7).

2.19. Mostra che il grafico di una funzione $f\colon [a, b] \to \mathbb{R}$ di classe C^2 è convesso se e solo se f è convessa.

2.20. Sia $\sigma\colon [a, b] \to \mathbb{R}^2$ una curva piana regolare parametrizzata rispetto alla lunghezza d'arco ripetitiva. Dimostra che si verifica uno dei tre casi seguenti:

(a) esiste $l \in (0, b-a)$ tale che $\sigma(a+s) = \sigma(a+l+s)$ per ogni $s \in [0, b-a-l]$;
(b) esiste $l \in (2a, a+b)$ tale che $\sigma(a+s) = \sigma(l-a-s)$ per ogni $s \in [0, l-2a]$;
(c) esiste $l \in (a+b, 2b)$ tale che $\sigma(a+s) = \sigma(l-a-s)$ per ogni $s \in [l-a-b, b-a]$.

2.21. La *cissoide di Diocle* è il sostegno della curva $\sigma\colon \mathbb{R} \to \mathbb{R}^2$ data da

$$\sigma(t) = \left(\frac{2ct^2}{1+t^2}, \frac{2ct^3}{1+t^2} \right),$$

con $c \in \mathbb{R}^*$.

(i)   Mostra che la curva σ è semplice.
(ii) Mostra che σ non è regolare in O.
(iii) Mostra che per ogni $0 < a < b$ la restrizione di σ ad $[a,b]$è convessa.
(iv) Mostra che, per $t \to +\infty$, la retta tangente a σ in $\sigma(t)$ tende alla retta di equazione $x = 2c$, che viene detta *asintoto* della cissoide.

2.22. Sia $\sigma\colon [a,b] \to \mathbb{R}^2$ una curva piana semplice chiusa di classe C^2 parametrizzata rispetto alla lunghezza d'arco il cui interno $U \subset \mathbb{R}^2$ sia convesso. Dimostra che

$$\int_a^b \tilde{\kappa}\,\mathrm{d}s = 2\pi .$$

2.6 Il teorema dei quattro vertici

La curvatura orientata $\tilde{\kappa}$ di una curva piana chiusa è una funzione continua definita su un compatto, per cui ammette sempre un massimo e un minimo; in particolare, $\tilde{\kappa}'$ si annulla almeno in due punti. Un risultato inaspettato di teoria globale delle curve piane è il fatto che la derivata della curvatura orientata di una curva di Jordan in realtà si annulla in almeno quattro punti, e non solo in due.

Definizione 2.6.1. Un *vertice* di una curva regolare piana è uno zero della derivata della sua curvatura orientata.

Osservazione 2.6.2. In questa sezione tratteremo solo curve regolari dappertutto, per cui non ci sarà il rischio di confondere questa nozione di vertice con quella di vertice di una curva di classe C^1 a tratti.

L'obiettivo di questa sezione è dimostrare il seguente

Teorema 2.6.3. *Ogni curva di Jordan regolare di classe C^2 ha almeno quattro vertici.*

Daremo una dimostrazione basata su idee di Robert Ossermann (vedi [18]). Cominciamo introducendo la nozione di circonferenza circoscritta a un insieme.

Lemma 2.6.4. *Sia $K \subset \mathbb{R}^2$ un compatto contenente più di un punto. Allora esiste un'unico disco chiuso di raggio minimo contenente K.*

Dimostrazione. Sia $f: \mathbb{R}^2 \to \mathbb{R}$ la funzione continua data da

$$f(p) = \max_{x \in K} |x - p| \,.$$

Siccome K contiene più di un punto, abbiamo $f(p) > 0$ per ogni $p \in \mathbb{R}^2$. Inoltre, il disco chiuso di centro p e raggio R contiene K se e solo se $R \geq f(p)$. Infine, chiaramente $f(p) \to +\infty$ per $\|p\| \to +\infty$; quindi f ha un punto $p_0 \in \mathbb{R}^2$ di minimo assoluto, e $R_0 = f(p_0) > 0$ è il minimo raggio di un disco chiuso contenente K.

Infine, se K fosse contenuto in due dischi chiusi distinti D_1 e D_2 di raggio R_0, avremmo $K \subseteq D_1 \cap D_2$. Ma l'intersezione di due dischi distinti di ugual raggio è sempre contenuta in un disco di raggio minore, contro la scelta di R_0, per cui il disco di raggio minimo contenente K è unico.   □

Definizione 2.6.5. Sia $K \subset \mathbb{R}^2$ un compatto contenente almeno due punti. Il bordo del disco di raggio minimo contenente K è detto *circonferenza circoscritta* a K.

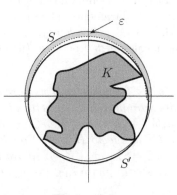

Figura 2.9.

La circonferenza circoscritta a un compatto lo interseca in due punti:

Lemma 2.6.6. *Sia $K \subset \mathbb{R}^2$ un compatto contenente almeno due punti, e S la circonferenza circoscritta a K. Allora K interseca ogni semicirconferenza chiusa di S. In particolare, $S \cap K$ contiene almeno due punti, e se ne contiene solo due allora sono antipodali.*

Dimostrazione. Possiamo supporre che S abbia centro l'origine e raggio $R > 0$; è sufficiente (perché?) dimostrare che K interseca la semicirconferenza superiore S_+. Siccome S_+ e K sono compatti, se fossero disgiunti avrebbero distanza ε strettamente positiva. Quindi K sarebbe contenuto nell'insieme formato dal disco di bordo S a cui sia stato tolto l'intorno di raggio ε della semicirconferenza superiore; ed è facile verificare (vedi la Fig. 2.9) che questo insieme è contenuto nell'interno di una circonferenza S' con centro sull'asse delle y e raggio strettamente minore di R, contraddizione.   □

L'idea è che ogni punto di intersezione fra il sostegno di una curva regolare di Jordan e la circonferenza circoscritta produce almeno due vertici. Per dimostrarlo ci servono ancora due lemmi.

Lemma 2.6.7. *Sia* $\sigma\colon [a,b] \to \mathbb{R}^2$ *una curva piana di classe* C^2 *regolare parametrizzata rispetto alla lunghezza d'arco con curvatura orientata* $\tilde{\kappa}\colon [a,b] \to \mathbb{R}$ *e sostegno* $C = \sigma([a,b])$, *e sia* S *una circonferenza di raggio* $R > 0$ *orientata positivamente. Supponiamo inoltre che esista* $s_0 \in [a,b]$ *tale che* $\dot{\sigma}(s_0)$ *coincida col versore tangente a* S *in* $p_0 = \sigma(s_0) \in S$. *Allora*

(i) *se esiste un intorno* U *di* p_0 *tale che* $U \cap C$ *sia contenuto nel disco chiuso di bordo* S *allora* $\tilde{\kappa}(s_0) \geq 1/R$;

(ii) *se esiste un intorno* U *di* p_0 *tale che* $U \cap C$ *sia contenuto nel complementare del disco aperto di bordo* S *allora* $\tilde{\kappa}(s_0) \leq 1/R$.

Dimostrazione. Richiedere che $\dot{\sigma}(s_0)$ coincida col versore tangente a S in p_0 equivale a dire che $R\,\tilde{\mathbf{n}}(s_0) = -(p_0 - x_0)$, dove $x_0 \in \mathbb{R}^2$ è il centro di S e $\tilde{\mathbf{n}}$ il versore normale orientato di σ. Definiamo allora la funzione $h\colon [a,b] \to \mathbb{R}$ ponendo $h(s) = \|\sigma(s) - x_0\|^2$. Chiaramente si ha $h(s_0) = R^2$; inoltre derivando troviamo $h'(s_0) = 2\langle \mathbf{t}(s_0), p_0 - x_0 \rangle = 0$, e $h''(s_0) = 2(1 - \tilde{\kappa}(s_0)R)$. Siccome s_0 è nel caso (i) un massimo locale per h e nel caso (ii) un minimo locale per h, otteniamo la tesi. □

Lemma 2.6.8. *Sia* $\sigma\colon [a,b] \to \mathbb{R}^2$ *una curva di Jordan di classe* C^2 *regolare orientata positivamente parametrizzata rispetto alla lunghezza d'arco, con curvatura orientata* $\tilde{\kappa}\colon [a,b] \to \mathbb{R}$ *e sostegno* $C = \sigma([a,b])$. *Sia* S *la circonferenza circoscritta a* C, *di raggio* $R > 0$. *Prendiamo due punti distinti* $p_1 = \sigma(s_1)$, $p_2 = \sigma(s_2) \in C \cap S$, *con* $s_1 < s_2$. *Allora o il sostegno di* $\sigma|_{[s_1,s_2]}$ *è contenuto in* S *oppure esiste un punto* $s_0 \in (s_1, s_2)$ *tale che* $\tilde{\kappa}(s_0) < 1/R$.

Dimostrazione. Cominciamo con un'osservazione. Orientiamo positivamente anche S; inoltre, a meno di una traslazione del piano possiamo supporre che S sia centrata nell'origine. Se $h\colon [a,b] \to \mathbb{R}$ è la funzione $h(s) = \|\sigma(s)\|^2$, allora h assume massimo esattamente nei punti di intersezione fra C e S. Derivando h otteniamo che in questi punti σ dev'essere tangente a S; inoltre, siccome l'interno di σ è contenuto nell'interno di S ed entrambe le curve sono orientate positivamente, i versori normali orientati (e quindi i versori tangenti) di σ e di S in questi punti coincidono.

A meno di una rotazione, possiamo supporre che p_1 e p_2 appartengano alla stessa retta verticale ℓ, e che p_1 sia sotto p_2. Siccome S e σ hanno lo stesso versore tangente in p_1, il sostegno C_1 di $\sigma|_{(s_1,s_2)}$ deve intersecare il semipiano destro determinato da ℓ. Se C_1 è contenuto in S abbiamo finito; altrimenti esiste un punto $q_1 \in C_1$ contenuto nel disco aperto di bordo S, e la circonferenza passante per p_1, q_1 e p_2 ha raggio $R' > R$.

Trasliamo questa circonferenza verso sinistra fino a ottenere una circonferenza S' che interseca C_1 in un punto $q_0 = \sigma(s_0)$ ma tale che qualsiasi ulteriore traslata sinistra non intersechi più C_1. In particolare, ragionando usando l'analogo della funzione h vediamo subito che σ è tangente a S' in q_0.

Di più, σ e S' (orientata positivamente) hanno lo stesso versore tangente in q_0. Infatti consideriamo la curva semplice ottenuta unendo C_1 con le due semirette verticali uscenti da p_1 e p_2. Per l'Esercizio 2.11 questa curva suddivide il piano in due componenti connesse, che chiameremo ovviamente componente destra e componente sinistra. Siccome σ è orientata positivamente, l'interno di σ è tutto contenuto nella componente sinistra. Per come abbiamo costruito S', anche l'interno di S' è tutto contenuto nella componente sinistra (in quanto si trova a sinistra delle semirette uscenti da p_1 e p_2). Ma questo implica che il versore normale di S' e il versore normale di σ (che sappiamo già essere paralleli) devono puntare entrambi verso la componente sinistra, e quindi coincidono.

Possiamo allora applicare il Lemma 2.6.7, ottenendo $\tilde{\kappa}(s_0) \leq 1/R' < 1/R$, come voluto. □

Siamo finalmente in grado di dimostrare il Teorema 2.6.3:

Dimostrazione (del Teorema 2.6.3). Sia $\sigma\colon [a,b] \to \mathbb{R}^2$ una curva di Jordan di classe C^2 regolare orientata positivamente parametrizzata rispetto alla lunghezza d'arco di sostegno C, e sia S la circonferenza circoscritta a C, orientata positivamente; a meno di una traslazione del piano, possiamo supporre che S abbia centro l'origine e raggio $R > 0$.

Ragionando come all'inizio della dimostrazione del Lemma 2.6.8, vediamo che i versori tangenti di σ e di S nei punti di intersezione coincidono. Il Lemma 2.6.7 implica quindi che la curvatura orientata di σ è maggiore o uguale a $1/R$ in ogni punto di intersezione.

Siano allora p_0 e $p_1 \in C \cap S$ due punti distinti di intersezione fra C ed S; a meno di cambiare l'intervallo di definizione di σ possiamo supporre $p_0 = \sigma(a)$ e $p_1 = \sigma(s_1)$ per qualche $s_1 \in (a,b)$. Se il sostegno di $\sigma|_{[a,s_1]}$ è contenuto in S, la curvatura orientata $\tilde{\kappa}$ di σ è costante su $[a, s_1]$, per cui abbiamo infiniti vertici. Altrimenti, il Lemma 2.6.8 ci dice che il minimo di $\tilde{\kappa}$ in $[a, s_1]$ è assunto in un punto $s_0 \in (a, s_1)$, e abbiamo trovato un vertice di σ. Ora, lo stesso lemma applicato però a p_1 e $p_0 = \sigma(b)$ ci fornisce un altro punto di minimo $s_0' \in (s_1, b)$, e un secondo vertice. Ma fra due punti di minimo deve esistere un punto di massimo, distinto da questi in quanto $\tilde{\kappa}(s_1) \geq 1/R$; quindi troviamo un terzo vertice in (s_0, s_0'), e, per lo stesso motivo, un quarto vertice in $[a, s_0] \cup (s_0', b]$. □

Nel Teorema 2.6.3 le ipotesi che la curva sia semplice e chiusa sono essenziali, come mostrano gli esempi seguenti.

Esempio 2.6.9. La curva $\sigma\colon [0, 2\pi] \to \mathbb{R}^2$ dell'Esempio 2.5.5 non è semplice e ha solo due vertici, in quanto

$$\tilde{\kappa}'(t) = -\frac{12(2 - \cos t)\sin t}{(5 - 4\cos t)^{5/2}}.$$

Esempio 2.6.10. La parabola $\sigma\colon\mathbb{R}\to\mathbb{R}^2$ data da $\sigma(t)=(t,t^2)$ è semplice e ha curvatura orientata $\tilde{\kappa}(t)=2/(1+4t^2)^{3/2}$, per cui ha un solo vertice.

Infine, esistono curve con esattamente quattro vertici:

Esempio 2.6.11. Sia $\sigma\colon[0,2\pi]\to\mathbb{R}^2$ l'ellisse di semiassi a, $b>0$ parametrizzata come nell'Esempio 1.1.28. Ricordando l'Esempio 1.3.11, si vede subito che la curvatura orientata di σ è

$$\tilde{\kappa}(t)=\frac{ab}{(a^2\sin^2 t+b^2\cos^2 t)^{3/2}}\ ,$$

per cui

$$\tilde{\kappa}'(t)=-\frac{3ab(a^2-b^2)\sin(2t)}{2(a^2\sin^2 t+b^2\cos^2 t)^{5/2}}\ ,$$

e σ ha esattamente 4 vertici.

Esercizi

2.23. Sia $\sigma\colon\mathbb{R}\to\mathbb{R}^2$ la curva data da $\sigma(t)=(3\cos^2 t-t,4+2\sin^2 t,2+2t)$.

(i) Calcola curvatura e torsione di σ.
(ii) Trova almeno una retta che sia tangente a σ in infiniti punti.

2.24. Sia $\sigma\colon\mathbb{R}\to\mathbb{R}^2$ l'ellisse data da $\sigma(t)=(4+2\cos t,-5+3\sin t)$.

(i) Determina la circonferenza circoscritta all'ellisse.
(ii) Determina i punti di contatto tra l'ellisse e la circonferenza circoscritta e mostra che, in essi, le due curve hanno la stessa retta tangente.

2.7 Disuguaglianza isoperimetrica

In questa sezione vogliamo dimostrare un risultato di teoria globale delle curve di sapore un po' diverso dai precedenti. Per l'esattezza, vogliamo rispondere alla seguente domanda: quale curva regolare chiusa semplice del piano di lunghezza fissata $L>0$ è il bordo della regione di area maggiore? Come vedremo, per rispondere a questa domanda otterremo un risultato più generale che collega l'area e il perimetro di qualsiasi dominio il cui bordo sia una curva di classe C^2 a tratti regolare semplice chiusa.

Prima di tutto ci serve una formula per calcolare l'area dell'interno (vedi l'Esercizio 2.8) di una curva di Jordan di classe C^2 a tratti regolare. Per trovarla chiediamo in prestito all'Analisi Matematica il classico *teorema di Gauss-Green* (vedi [6], pag. 569, o [5], pag. 398):

Teorema 2.7.1 (Gauss-Green). *Sia* $\sigma = (\sigma_1, \sigma_2)\colon [a, b] \to \mathbb{R}^2$ *una curva di Jordan di classe* C^2 *a tratti regolare orientata positivamente, e indichiamo con* $D \subset \mathbb{R}^2$ *l'interno di* σ. *Allora per ogni coppia di funzioni* f_1, $f_2 \in C^1(\bar{D})$ *definite e di classe* C^1 *in un intorno di* D *si ha*

$$\int_a^b \left[f_1\big(\sigma(t)\big)\sigma_1'(t) + f_2\big(\sigma(t)\big)\sigma_2'(t) \right] \mathrm{d}t = \int_D \left(\frac{\partial f_2}{\partial x_1} - \frac{\partial f_1}{\partial x_2} \right) \mathrm{d}x_1 \, \mathrm{d}x_2 \ . \quad (2.6)$$

Allora

Lemma 2.7.2. *Sia* $\sigma = (\sigma_1, \sigma_2)\colon [a, b] \to \mathbb{R}^2$ *una curva di Jordan di classe* C^2 *a tratti regolare orientata positivamente, e indichiamo con* $D \subset \mathbb{R}^2$ *l'interno di* σ. *Allora*

$$\mathrm{Area}(D) = \int_a^b \sigma_1 \sigma_2' \, \mathrm{d}t = - \int_a^b \sigma_1' \sigma_2 \, \mathrm{d}t \ .$$

Dimostrazione. Siano f_1, $f_2\colon \mathbb{R}^2 \to \mathbb{R}$ date da $f_1(x) = -x_2$ e $f_2(x) = x_1$. Allora (2.6) ci dà

$$\mathrm{Area}(D) = \int_D \mathrm{d}x_1 \, \mathrm{d}x_2 = \frac{1}{2} \int_D \left(\frac{\partial f_2}{\partial x_1} - \frac{\partial f_1}{\partial x_2} \right) \mathrm{d}x_1 \, \mathrm{d}x_2$$

$$= \frac{1}{2} \int_a^b (\sigma_1 \sigma_2' - \sigma_1' \sigma_2) \, \mathrm{d}t \ .$$

Ora,

$$\int_a^b (\sigma_1 \sigma_2' + \sigma_1' \sigma_2) \, \mathrm{d}t = \int_a^b (\sigma_1 \sigma_2)' \, \mathrm{d}t = \sigma_1(b)\sigma_2(b) - \sigma_1(a)\sigma_2(a) = 0 \ ;$$

quindi

$$\int_a^b \sigma_1 \sigma_2' \, \mathrm{d}t = - \int_a^b \sigma_1' \sigma_2 \, \mathrm{d}t \ ,$$

e ci siamo. □

Siamo ora in grado di dimostrare, seguendo un'idea di Peter Lax (vedi [10]) il risultato principale di questa sezione, la *disuguaglianza isoperimetrica*:

Teorema 2.7.3. *Sia* $\sigma\colon [a, b] \to \mathbb{R}^2$ *una curva di Jordan di classe* C^2 *a tratti regolare con lunghezza* $L > 0$, *e indichiamo con* $D \subset \mathbb{R}^2$ *il suo interno. Allora*

$$4\pi \mathrm{Area}(D) \leq L^2 \ . \quad (2.7)$$

Inoltre vale l'uguaglianza se e solo se il sostegno di σ *è una circonferenza.*

Dimostrazione. Dato $r > 0$, la lunghezza della curva $\sigma^r = r\sigma$ (che è la curva ottenuta applicando a σ un'omotetia di ragione r) è rL, mentre (perché?) l'area dell'interno di σ^r è $r^2 \mathrm{Area}(D)$.

Quindi a meno di sostituire σ con $\sigma^{2\pi/L}$ possiamo supporre $L = 2\pi$, e ci basta dimostrare che

$$\mathrm{Area}(D) \leq \pi \,,$$

con uguaglianza se e solo se il sostegno di σ è una circonferenza.

Possiamo chiaramente supporre σ parametrizzata rispetto alla lunghezza d'arco, per cui $a = 0$ e $b = 2\pi$, e con punto di partenza scelto in modo che $\sigma(0)$ e $\sigma(\pi)$ non siano vertici di σ (in altre parole, σ è di classe C^2 in un intorno di 0 e di π). Inoltre, a meno di un movimento rigido del piano possiamo anche supporre che $\sigma_1(0) = \sigma_1(\pi) = 0$.

Il Lemma 2.7.2 ci dice che

$$\mathrm{Area}(D) = \int_0^{2\pi} \sigma_1 \dot{\sigma}_2 \,\mathrm{d}s \,;$$

ci basterà allora dimostrare che sia l'integrale da 0 a π che l'integrale da π a 2π di $\sigma_1 \dot{\sigma}_2$ valgono al massimo $\pi/2$, con uguaglianza se e solo se il sostegno di σ è una circonferenza.

Prima di tutto abbiamo

$$\int_0^\pi \sigma_1 \dot{\sigma}_2 \,\mathrm{d}s \leq \frac{1}{2} \int_0^\pi (\dot{\sigma}_1^2 + \dot{\sigma}_2^2) \,\mathrm{d}s = \frac{1}{2} \int_0^\pi (1 + \sigma_1^2 - \dot{\sigma}_1^2) \,\mathrm{d}s \,, \qquad (2.8)$$

dove l'ultima uguaglianza vale perché σ è parametrizzata rispetto alla lunghezza d'arco.

Ora, siccome $\sigma_1(0) = \sigma_1(\pi) = 0$, esiste una funzione $u: [0, L/2] \to \mathbb{R}$ di classe C^1 a tratti tale che

$$\sigma_1(s) = u(s) \sin s \,.$$

In particolare $\dot{\sigma}_1 = \dot{u} \sin s + u \cos s$, per cui (2.8) dà

$$\int_0^\pi \sigma_1 \dot{\sigma}_2 \,\mathrm{d}s \leq \frac{1}{2} \int_0^\pi \left(1 - \dot{u}^2 \sin^2 s + u^2(\sin^2 s - \cos^2 s) - 2u\dot{u} \sin s \cos s\right) \mathrm{d}s \,.$$

Ma

$$\int_0^\pi \left(u^2(\sin^2 s - \cos^2 s) - 2u\dot{u} \sin s \cos s\right) \mathrm{d}s = -\int_0^\pi \frac{\mathrm{d}}{\mathrm{d}s}\left[u^2 \sin s \cos s\right] \mathrm{d}s = 0 \,;$$

quindi

$$\int_0^\pi \sigma_1 \dot{\sigma}_2 \,\mathrm{d}s \leq \frac{1}{2} \int_0^\pi \left(1 - \dot{u}^2 \sin^2 s\right) \mathrm{d}s \leq \frac{\pi}{2} \,, \qquad (2.9)$$

come voluto. Un ragionamento del tutto analogo si applica all'integrale da π a 2π, e quindi (2.7) è dimostrata.

Se il sostegno di σ è una circonferenza, l'uguaglianza nella (2.7) è ben nota. Viceversa, se vale l'uguaglianza nella (2.7), deve valere anche nelle (2.8) e (2.9). L'uguaglianza in quest'ultima implica $\dot{u} \equiv 0$, per cui $\sigma_1(s) = c \sin s$ per un opportuno $c \in \mathbb{R}$. Ma l'uguaglianza in (2.8) implica $\sigma_1 \equiv \dot{\sigma}_2$, per cui $\sigma_2(s) = -c \cos s + d$, per un opportuno $d \in \mathbb{R}$, e quindi il sostegno di σ è una circonferenza. $\square$

Osservazione 2.7.4. Il Teorema 2.7.3 vale in realtà per tutte le curve di Jordan continue rettificabili, ma con una dimostrazione piuttosto diversa; vedi [2] e [17].

Concludiamo questa sezione con un ovvio corollario della disuguaglianza isoperimetrica, che risponde in particolare alla domanda con cui abbiamo iniziato:

Corollario 2.7.5. *La circonferenza è fra le curve di Jordan di classe C^2 a tratti regolari con lunghezza fissata quella che ha l'interno di area massima. Viceversa, il cerchio è fra i domini di area fissata con bordo una curva di Jordan di classe C^2 a tratti regolare quello di perimetro minimo.*

Dimostrazione. Se la lunghezza è fissata uguale a L, allora il Teorema 2.7.3 dice che l'area può valere al massimo $L^2/4\pi$, e che questo valore è raggiunto solo dalla circonferenza. Viceversa, se l'area è fissata uguale ad A, allora il Teorema 2.7.3 dice che il perimetro è almeno uguale a $\sqrt{4\pi A}$, e che questo valore è raggiunto solo dal cerchio. $\square$

Esercizi

2.25. Sia $\sigma\colon [0, b] \to \mathbb{R}^2$ una curva piana convessa regolare di classe C^∞ orientata positivamente e parametrizzata rispetto alla lunghezza d'arco. Fissato un numero reale $\lambda > 0$, l'applicazione $\sigma_\lambda\colon [0, b] \to \mathbb{R}^2$ definita da

$$\sigma_\lambda(s) = \sigma(s) - \lambda\tilde{\mathbf{n}}(s)$$

è detta *curva parallela a σ* .

(i)   Mostra che σ_λ è una curva regolare.
(ii) Mostra che la curvatura κ_λ di σ_λ è data da $\kappa_\lambda = \kappa/(1 + \lambda\kappa)$.
(iii) Disegna i sostegni di σ_λ e di σ nel caso della circonferenza unitaria $\sigma\colon [0, 2\pi] \to \mathbb{R}^2$ parametrizzata da $\sigma(t) = (\cos t, \sin t)$.
(iv) Mostra che, se σ è come in (iii), allora le lunghezze di σ e σ_λ soddisfano $L(\sigma_\lambda) = L(\sigma) + 2\lambda\pi$, mentre le aree degli interni D di σ e D_λ di σ_λ soddisfano $\mathrm{Area}(D_\lambda) = \mathrm{Area}(D) + 2\lambda\pi + \pi\lambda^2$.
(v)   Le formule per lunghezza e area trovate al punto (iv) restano vere nel caso generale?
(vi) Mostra che esiste $\lambda < 0$ tale che l'enunciato in (i) resta vero.

2.8 Il teorema di Schönflies

In questa sezione presentiamo una dimostrazione elementare dovuta a Thomassen (vedi [22]) del teorema di Schönflies per curve di Jordan citato nell'Osservazione 2.3.7. Lungo la strada daremo anche una dimostrazione del teorema della curva di Jordan per curve continue.

Osservazione 2.8.1. In questa sezione, con un lieve abuso di linguaggio, chiameremo archi e curve di Jordan quelli che finora abbiamo chiamato sostegni di archi e curve di Jordan.

Definizione 2.8.2. Un *arco poligonale semplice* nel piano è un arco di Jordan composto da un numero finito di segmenti di retta. Analogamente, una *poligonale semplice* è una curva di Jordan nel piano composta da un numero finito di segmenti.

Cominciamo il nostro lavoro con una dimostrazione del teorema della curva di Jordan per le poligonali semplici.

Lemma 2.8.3. *Se $C \subset \mathbb{R}^2$ è una poligonale semplice, allora $\mathbb{R}^2 \setminus C$ consiste di esattamente due componenti connesse con C come bordo comune.*

Dimostrazione. Cominciamo dimostrando che $\mathbb{R}^2 \setminus C$ ha al più due componenti connesse. Supponiamo, per assurdo, che p_1, p_2, $p_3 \in \mathbb{R}^2 \setminus C$ appartengano a componenti connesse distinte di $\mathbb{R}^2 \setminus C$, e scegliamo un disco aperto $D \subset \mathbb{R}^2$ tale che $D \cap C$ sia un segmento (in modo che $D \setminus C$ abbia solo due componenti connesse). Siccome ogni componente connessa di $\mathbb{R}^2 \setminus C$ ha C come bordo, per $j = 1, 2, 3$ possiamo trovare una curva che da p_j arriva vicino quanto vogliamo a C e poi procede parallelamente a C fino a raggiungere D. Ma $D \setminus C$ ha solo due componenti connesse; quindi almeno due dei punti p_j possono essere collegati da una curva, contro l'ipotesi che appartenessero a componenti connesse diverse.

Rimane da far vedere che $\mathbb{R}^2 \setminus C$ è sconnesso. A meno di una rotazione, possiamo supporre che nessuna retta orizzontale contenga più di uno dei vertici di C. Allora definiamo una funzione $i \colon \mathbb{R}^2 \setminus C \to \{0, 1\}$ in questo modo: dato $p \in \mathbb{R}^2 \setminus C$, indichiamo con ℓ_p la retta orizzontale passante per p. Se ℓ_p non contiene vertici di C, allora $i(p)$ è uguale al numero (preso modulo 2) di intersezioni di ℓ_p con C a destra di p. Se invece ℓ_p contiene un vertice di C, allora $i(p)$ è uguale al numero (preso modulo 2) di intersezioni con C a destra di p di una retta poco sopra (o poco sotto) ℓ_p. La Fig. 2.10 mostra i casi che si possono verificare, ed è chiaro che $i(p)$ è ben definito.

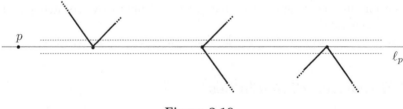

Figura 2.10.

La funzione i è evidentemente continua, per cui è costante su ciascuna componente connessa di $\mathbb{R}^2 \setminus C$. Assume il valore 0 per punti sufficientemente sopra C; per dimostrare che $\mathbb{R}^2 \setminus C$ è sconnesso ci basta far vedere che assume anche il valore 1. Ma infatti, prendiamo un punto $p \in \mathbb{R}^2 \setminus C$ tale che la retta ℓ_p intersechi C al di fuori dei vertici, e sia $q_0 \in \ell_p \cap C$ il punto d'intersezione più a destra. Allora $i(q) = 1$ per tutti i punti di ℓ_p poco a sinistra di q_0, e ci siamo.   □

Definizione 2.8.4. L'*esterno* est(C) di una curva di Jordan $C \subset \mathbb{R}^2$ è l'unica componente connessa illimitata di $\mathbb{R}^2 \setminus C$, mentre l'*interno* int(C) è l'unione delle componenti connesse limitate di $\mathbb{R}^2 \setminus C$.

Lemma 2.8.5. *Sia $C \subset \mathbb{R}^2$ una poligonale semplice, e $P \subset \overline{\text{int}(C)}$ un arco poligonale semplice che collega due punti p_1, $p_2 \in C$ e che interseca C solo negli estremi. Indichiamo con P_1, $P_2 \subset C$ i due archi poligonali in C da p_1 a p_2. Allora $\mathbb{R}^2 \setminus (C \cup P)$ ha esattamente tre componenti connesse, di bordo rispettivamente C, $P_1 \cup P$ e $P_2 \cup P$. In particolare, ogni curva in $\overline{\text{int}(C)}$ che collega un punto di $P_1 \setminus \{p_1, p_2\}$ con un punto di $P_2 \setminus \{p_1, p_2\}$ deve intersecare P.*

Dimostrazione. Una componente connessa è chiaramente est(C); quindi dobbiamo dimostrare che int(C) $\setminus P$ ha esattamente due componenti connesse.

Che siano al più due si vede come nella dimostrazione del lemma precedente. La stessa dimostrazione ci permette anche di vedere che ce ne sono almeno due: infatti, scegliamo un $\ell \subset \text{int}(C)$ che interseca P in un unico punto in $P \cap \text{int}(C)$. Allora gli estremi di ℓ appartengono a componenti connesse diverse di $\mathbb{R}^2 \setminus (P \cup P_1)$, e quindi a componenti connesse diverse di $\mathbb{R}^2 \setminus (P \cup C)$.   □

Per proseguire dobbiamo introdurre alcune definizioni di teoria dei grafi.

Definizione 2.8.6. Un *grafo* G è il dato di un insieme finito di punti $V(G)$, detti *vertici* del grafo, e di un insieme $L(G)$ di coppie (non ordinate) di punti di $V(G)$, detti *lati* del grafo. Se $l = \{v, w\} \in L(G)$ è un lato del grafo G, diremo che l *collega* i vertici v e w, o che è *incidente* a v e w. Un *sottografo* H di un grafo G è dato da sottoinsiemi $V(H) \subseteq V(G)$ e $L(H) \subseteq L(G)$ tali che i lati in $L(H)$ colleghino vertici in $V(H)$. Un *isomorfismo* di grafi è una bigezione degli insiemi di vertici che induce una bigezione sugli insiemi dei lati. Un *cammino* L in un grafo G è una successione finita ordinata $v_1, \ldots, v_k \in V(G)$ di vertici, con $v_1, \ldots, v_{k-1}$ distinti, e tali che $\{v_1, v_2\}, \ldots, \{v_{k-1}, v_k\}$ siano lati di G (e diremo che L *collega* v_1 e v_k). Se $v_k = v_1$ diremo che L è un *ciclo*. Se $A \subseteq V(G) \cup L(G)$, indicheremo con $G - A$ il grafo ottenuto rimuovendo tutti i vertici di A e tutti i lati che sono in A o sono incidenti a vertici in A.

Osservazione 2.8.7. In questa definizione ogni coppia di vertici di un grafo può essere collegato da al più un lato; i nostri grafi non ammettono lati multipli.

Definizione 2.8.8. Una *realizzazione* di un grafo G è uno spazio topologico X equipaggiato con un sottoinsieme finito di punti $V_X(G)$ in corrispondenza biunivoca con i vertici di G, e con un insieme finito $L_X(G)$ di archi di Jordan in X, in corrispondenza biunivoca con i lati di G, che godono delle seguenti proprietà:

(a) se $\ell \in L_X(G)$ corrisponde a $\{v, w\} \in L(G)$, allora ℓ è un arco di Jordan
che collega il punto $p_v \in V_X(G)$ che corrisponde a v col punto $p_w \in V_X(G)$
che corrisponde a w — e scriveremo $\ell = p_v p_w$;
(b) due elementi distinti di $L_X(G)$ si intersecano al più negli estremi.

Diremo che un grafo G è *planare* se è realizzabile come sottoinsieme del piano $\mathbb{R}^2$. In tal caso, con un lieve abuso di linguaggio identificheremo spesso un
grafo planare con la sua realizzazione piana.

Esempio 2.8.9. Un grafo che sarà fondamentale nel seguito è il grafo $K_{3,3}$, che
ha sei vertici divisi in due gruppi di 3 e come lati solo quelli collegano i vertici
del primo gruppo ai vertici del secondo gruppo; vedi la Fig. 2.11. Nota però
che il disegno nella Fig. 2.11 *non* è una realizzazione di $K_{3,3}$ nel piano, in
quanto i lati si intersecano in punti che non sono vertici. Come vedremo, uno
dei passaggi chiave per la dimostrazione del teorema di Schönflies è proprio il
fatto che $K_{3,3}$ non è un grafo planare.

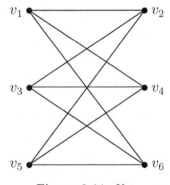

Figura 2.11. $K_{3,3}$

Ogni grafo planare può venire realizzato con archi poligonali:

Lemma 2.8.10. *Ogni grafo planare G ha una realizzazione $X_0 \subset \mathbb{R}^2$ tale che
gli elementi di $L_X(G)$ siano archi poligonali.*

Dimostrazione. Sia $X \subset \mathbb{R}^2$ una realizzazione di G, e per ogni $p \in V_X(G)$
scegliamo un disco $D_p \subset \mathbb{R}^2$ centrato in p che interseca X solo nei lati
contenenti p. Essendo $V_X(G)$ finito, possiamo supporre che $D_q \cap D_p = \varnothing$
se $p \neq q$.

Per ogni lato $pq \in L_X(G)$, sia $C_{pq} \subset pq$ un arco di Jordan che collega ∂D_p
con ∂D_q e che interseca $\partial D_p \cup \partial D_q$ solo negli estremi. Allora prima di tutto
sostituiamo $pq \backslash C_{pq}$ con due segmenti, uno che collega p con $C_{pq} \cap \partial D_p$, e l'altro
che collega q con $C_{pq} \cap \partial D_q$. Poi, la distanza fra due archi distinti del tipo C_{pq} è
strettamente positiva; quindi possiamo sostituirli con archi poligonali disgiunti
contenuti in $\mathbb{R}^2 \setminus \bigcup_{p \in V_X(G)} D_p$, e abbiamo la realizzazione X_0 voluta.   □

Siamo ora in grado di dimostrare il primo risultato chiave di questa sezione:

Proposizione 2.8.11. $K_{3,3}$ *è non planare.*

Dimostrazione. I lati di $K_{3,3}$ si ottengono prendendo quelli contenuti nel ciclo $v_1v_2v_3v_4v_5v_6v_1$ e aggiungendo $\{x_1, x_4\}$, $\{x_2, x_5\}$ e $\{x_3, x_6\}$; vedi la Fig. 2.11.

Supponiamo che esista una realizzazione piana $X \subset \mathbb{R}^2$ di $K_{3,3}$; per il lemma precedente possiamo supporre che i lati di X siano archi poligonali. Allora i lati del ciclo formerebbero una poligonale semplice C, e non c'è modo di disporre i tre lati aggiuntivi senza contraddire il Lemma 2.8.5.   □

Non è difficile usare questa proposizione per far vedere che le curve di Jordan sconnettono il piano:

Corollario 2.8.12. *Se* $C \subset \mathbb{R}^2$ *è una curva di Jordan, allora* $\mathbb{R}^2 \setminus C$ *è sconnesso.*

Dimostrazione. Indichiamo con ℓ_1 (rispettivamente, ℓ_2) una retta verticale intersecante C e tale che C sia contenuta nel semipiano chiuso destro (rispettivamente, sinistro) di bordo ℓ_1 (rispettivamente, ℓ_2). Sia $p_j \in C \cap \ell_j$ il punto di ordinata massima, e indichiamo con C_1 e C_2 i due archi in cui C è suddivisa da p_1 e p_2.

Sia ora ℓ_3 una retta verticale fra ℓ_1 ed ℓ_2. Siccome $C_1 \cap \ell_3$ e $C_2 \cap \ell_3$ sono compatti e disgiunti, possiamo trovare dentro ℓ_3 un segmento ℓ_4 che collega C_1 con C_2 e interseca C solo negli estremi. Sia poi ℓ_5 un arco poligonale semplice che collega p_1 a p_2 salendo lungo ℓ_1 fino a intersecare est(C) a un'ordinata sopra C, raggiungendo ℓ_2 con un segmento orizzontale, e poi scendendo lungo ℓ_2 fino a p_2. Per connessione, ℓ_5 è contenuto (a parte gli estremi) in est(C).

Se anche ℓ_4 (estremi esclusi) fosse contenuto in est(C), potremmo trovare un arco poligonale semplice ℓ_6 da ℓ_4 a ℓ_5 in est(C). Ma allora $C \cup \ell_4 \cup \ell_5 \cup \ell_6$ sarebbe una realizzazione di $K_{3,3}$ nel piano, impossibile. Quindi i punti interni di ℓ_4 devono appartenere a int(C), che dunque non è vuoto.   □

Per proseguire abbiamo bisogno di qualche risultato ulteriore di teoria dei grafi.

Definizione 2.8.13. Diremo che un grafo G è *connesso* se ogni coppia di vertici in G può essere collegata da un cammino in G. Diremo che è *2-connesso* se $G - \{v\}$ è connesso per ogni $v \in V(G)$.

Osservazione 2.8.14. Chiaramente un grafo è connesso se e solo se ogni sua realizzazione è connessa per archi.

Lemma 2.8.15. *Sia* H *un sottografo (con almeno due vertici) 2-connesso di un grafo 2-connesso* G. *Allora possiamo costruire una successione finita* $H = G_0, G_1, \ldots, G_k = G$ *di sottografi di* G *tali che* G_j *si ottiene da* G_{j-1} *aggiungendo un cammino che unisce due vertici distinti di* G_{j-1} *ma con tutti gli altri vertici non appartenenti a* G_{j-1}.

Dimostrazione. Procediamo per induzione sul numero di lati in $L(G) \setminus L(H)$. Se questo numero è zero, $G = H$ e non c'è niente da dimostrare. Supponiamo quindi che $G \neq H$, e di aver dimostrato il lemma per ogni coppia (G', H') per cui $L(G') \setminus L(H')$ ha strettamente meno elementi di $L(G) \setminus L(H)$.

Sia H' un sottografo proprio di G 2-connesso massimale contenente H. Se $H' \neq H$, possiamo applicare l'ipotesi induttiva a (H', H) e a (G, H'); quindi possiamo supporre che $H' = H$. Siccome G è connesso, esiste un lato $v_1 v_2 \in L(G) \setminus L(H)$ tale che $v_1 \in V(H)$. Ma anche $G - \{v_1\}$ è connesso; quindi deve esistere un cammino $v_2 \ldots v_k$ in $G - \{v_1\}$ tale che v_k appartenga a $V(H)$ mentre i v_j non vi appartengono per $2 \leq j < k$ (e $k = 2$ è ammesso). Siccome il sottografo G_1 ottenuto unendo il cammino $v_1 v_2 \ldots v_k$ ad H è ancora 2-connesso, per massimalità abbiamo $G_1 = G$, ed è fatta. □

Lemma 2.8.16. *Sia G un grafo 2-connesso planare, e indichiamo con $l(G)$ e $v(G)$ il numero dei lati e dei vertici di G. Se $X \subset \mathbb{R}^2$ è una realizzazione di G i cui lati sono archi poligonali, allora $\mathbb{R}^2 \setminus X$ ha esattamente $l(G) - v(G) + 2$ componenti connesse, ciascuna delle quali ha come bordo una poligonale semplice in X.*

Dimostrazione. Sia C una poligonale semplice in X. Il Lemma 2.8.3 ci dice che l'enunciato è vero se $X = C$. Altrimenti, possiamo ottenere X da C aggiungendo cammini come indicato nel lemma precedente. Ogni cammino aumenta di 1 la differenza fra il numero dei lati e il numero dei vertici, e suddivide (per il Lemma 2.8.5) una componente connessa già esistente in due componenti connesse in modo tale che il bordo di ciascuna sia ancora una poligonale semplice in X. Quindi per induzione otteniamo la tesi. □

Definizione 2.8.17. Se $X \subset \mathbb{R}^2$ è la realizzazione di un grafo planare, le componenti connesse di $\mathbb{R}^2 \setminus X$ sono dette *facce* di X. In particolare, la faccia illimitata è detta *faccia esterna* e, se X è 2-connesso, il suo bordo è chiamato *ciclo esterno*.

Osservazione 2.8.18. Se X_1 e X_2 sono grafi planari con lati costituiti da archi poligonali, allora è facile vedere che $X_1 \cup X_2$ è (la realizzazione piana di) un terzo grafo planare, con vertici le intersezioni dei lati di X_1 e X_2 (oltre ai vertici di X_1 e X_2), ed è a questo grafo che ci riferiremo nel seguito quando faremo l'unione di grafi planari. Inoltre, se X_1 e X_2 sono 2-connessi e hanno almeno 2 punti in comune, allora anche $X_1 \cup X_2$ è 2-connesso.

Lemma 2.8.19. *Siano $X_1, \ldots, X_k \subset \mathbb{R}^2$ grafi planari 2-connessi con lati costituiti da archi poligonali. Supponiamo che, per $j = 2, \ldots, k - 1$, ciascun X_j intersechi in almeno due punti sia X_{j-1} sia X_j, e sia disgiunto dagli altri X_i. Supponiamo inoltre che $X_1 \cap X_k = \varnothing$. Allora l'intersezione delle facce esterne di $X_1 \cup X_2$, $X_2 \cup X_3, \ldots, X_{k-1} \cup X_k$ è contenuta nella faccia esterna di $X_1 \cup \cdots \cup X_k$.*

Dimostrazione. Sia p un punto in una faccia limitata di $X = X_1 \cup \cdots \cup X_k$. Siccome X è 2-connesso, il Lemma 2.8.16 ci dice che esiste una poligonale semplice C in X tale che $p \in \text{int}(C)$. Scegliamo C in modo che sia contenuta in un'unione $X_i \cup X_{i+1} \cup \cdots \cup X_j$ con $j - i$ minimo. Vogliamo dimostrare che $j - i \le 1$. Supponiamo per assurdo che $j - i \ge 2$; possiamo supporre che fra tutte le poligonali semplici in $X_i \cup X_{i+1} \cup \cdots \cup X_j$ con p al loro interno C sia tale che il numero di lati in C e non in X_{j-1} sia minimo. Siccome C interseca sia X_j sia X_{j-2} (che sono disgiunti), C deve avere almeno due cammini disgiunti massimali in X_{j-1}. Sia L uno di questi, e sia L' il cammino più breve in X_{j-1} da L a $C \setminus V(L)$. Gli estremi di L' suddividono C in due archi poligonali C_1 e C_2, ognuno dei quali contiene segmenti non in X_{j-1}. Ma una delle due poligonali $L' \cup C_1$ e $L' \cup C_2$ contiene p nel suo interno, e ha meno lati non in X_{j-1} di quanti ne abbia C; contraddizione.

Quindi C dev'essere contenuta in un'unione della forma $X_j \cup X_{j+1}$, e quindi p è in una faccia limitata di un $X_j \cup X_{j+1}$. $\qquad\square$

Siamo ora in grado di dimostrare il *teorema dell'arco di Jordan:*

Teorema 2.8.20 (dell'arco di Jordan). *Se $L \subset \mathbb{R}^2$ è un arco di Jordan, allora $\mathbb{R}^2 \setminus L$ è connesso. Più precisamente, ogni coppia di punti p, $q \in \mathbb{R}^2 \setminus L$ può essere collegata da un arco poligonale semplice in $\mathbb{R}^2 \setminus L$.*

Dimostrazione. Siano p, $q \in \mathbb{R}^2 \setminus L$, e sia $0 < 3\delta < \min\{d(p,L), d(q,L)\}$, dove d indica la distanza euclidea. Essendo L il sostegno di una curva uniformemente continua, possiamo suddividere L in un numero finito di sottoarchi $L_1, \ldots, L_k$ di diametro minore di δ; e per $j = 1, \ldots, k - 1$ indichiamo con p_j e p_{j+1} gli estremi di L_j (elencati nell'ordine ovvio).

Sia δ' la distanza minima fra L_i e L_j per $|i - j| \ge 2$; chiaramente, $0 < \delta' \le \delta$. Suddividiamo ciscun L_i in sottoarchi $L_{i1}, \ldots, L_{ik_i}$ di diametro minore di $\delta'/4$, e indichiamo con $p_{i,j}$ e $p_{i,j+1}$ gli estremi di L_{ij}.

Sia X_i il grafo planare costituito dall'unione del bordo dei quadrati di centro $p_{i,j}$ e con lati orizzontali e verticali di lunghezza $\delta'/2$. Allora i grafi $X_1, \ldots, X_k$ soddisfano le ipotesi del Lemma 2.8.19. Inoltre, $X_i \cup X_{i+1}$ è all'interno del disco di centro p_i e raggio $5\delta'/2$, mentre sia p sia q sono esterni al disco di centro p_i e raggio 3δ; quindi il Lemma 2.8.19 ci assicura che p e q appartengono alla faccia esterna di $X_1 \cup \cdots \cup X_k$, e dunque possono essere connessi da un arco poligonale semplice che non interseca L. $\qquad\square$

Per dedurre da questo risultato il teorema della curva di Jordan ci serve un'ultima definizione e un ultimo lemma.

Definizione 2.8.21. Sia $C \subset \mathbb{R}^2$ chiuso e Ω una componente connessa di $\mathbb{R}^2 \setminus C$. Diremo che un punto $p \in C$ è *accessibile* da Ω se esiste un arco poligonale semplice da un punto $q \in \Omega$ a p contenuto in Ω (estremi esclusi).

Lemma 2.8.22. *Sia $C \subset \mathbb{R}^2$ una curva di Jordan, e Ω una componente connessa di $\mathbb{R}^2 \setminus C$. Allora l'insieme dei punti di C accessibili da Ω è denso in C.*

Dimostrazione. Scegliamo un punto $q \in \Omega$, e sia $C_1 \subset C$ un sottoarco aperto di C. Il Teorema 2.8.20 implica che $\mathbb{R}^2 \setminus (C \setminus C_1)$ è connesso; quindi deve esistere un arco poligonale semplice in $\mathbb{R}^2 \setminus (C \setminus C_1)$ da q a un punto appartenente a una componente connessa di $\mathbb{R}^2 \setminus C$ distinta da Ω. Questo arco deve allora intersecare C_1, in un punto accessibile da Ω. Quindi ogni sottoarco aperto di C contiene punti accessibili, e ci siamo. $\square$

Siamo quindi giunti alla dimostrazione del

Teorema 2.8.23 (della curva di Jordan). *Sia $C \subset \mathbb{R}^2$ una curva di Jordan. Allora $\mathbb{R}^2 \setminus C$ ha esattamente due componenti connesse, e C è il loro bordo comune.*

Dimostrazione. Supponiamo, per assurdo, che $\mathbb{R}^2 \setminus C$ abbia almeno tre componenti connesse, Ω_1, Ω_2 e Ω_3, e scegliamo $p_j \in \Omega_j$ per $j = 1, 2, 3$. Siano poi C_1, C_2 e C_3 tre sottoarchi a due a due disgiunti di C. Il lemma precedente ci assicura che per $i, j = 1, 2, 3$ possiamo trovare un arco poligonale semplice L_{ij} da p_i a C_j. Inoltre, possiamo anche supporre che $L_{ij} \cap L_{ij'} = \{q_i\}$ se $j \neq j'$. Infatti, se seguendo P_{i2} partendo da C_2 intersechiamo L_{i1} in un punto $p_i' \neq p_i$, possiamo modificare $L_{i,2}$ in modo che il suo segmento finale sia vicino al segmento da p_i' a p_i e che il nuovo $L_{i,2}$ intersechi $L_{i,1}$ solo in p_i. In maniera analoga modifichiamo L_{i3} se necessario.

Chiaramente, $L_{ij} \cap L_{i'j} = \varnothing$ se $i \neq i'$. Ma allora il grafo planare ottenuto unendo agli L_{ij} degli opportuni sottoarchi dei C_j è una realizzazione di $K_{3,3}$, e abbiamo contraddetto la Proposizione 2.8.11. $\square$

Come al solito, la componente connessa limitata di $\mathbb{R}^2 \setminus C$ sarà chiamata *interno* di C.

Per dimostrare il teorema di Schönflies ci servirà una generalizzazione dei Lemmi 2.8.5 e 2.8.16:

Lemma 2.8.24. *Sia $C \subset \mathbb{R}^2$ una curva di Jordan, e $P \subset \overline{\text{int}(C)}$ un arco poligonale semplice che collega due punti p_1, $p_2 \in C$ e che interseca C solo negli estremi. Indichiamo con C_1, $C_2 \subset C$ i due archi poligonali in C da p_1 a p_2. Allora $\mathbb{R}^2 \setminus (C \cup P)$ ha esattamente tre componenti connesse, di bordo rispettivamente C, $P_1 \cup P$ e $P_2 \cup P$. In particolare, ogni curva in $\overline{\text{int}(C)}$ che collega un punto di $C_1 \setminus \{p_1, p_2\}$ con un punto di $C_2 \setminus \{p_1, p_2\}$ deve intersecare P.*

Dimostrazione. Come nella dimostrazione del Lemma 2.8.5 l'unica parte non banale è dimostrare che $\text{int}(C) \setminus P$ ha almeno due componenti connesse.

Sia $\ell \subset \text{int}(C)$ un segmento che interseca P in un solo punto p, che non sia un vertice di P. Se gli estremi di ℓ appartenessero alla stessa componente connessa Ω di $\mathbb{R}^2 \setminus (C \cup P)$ allora in Ω troveremmo un arco poligonale semplice L tale che $L \cup \ell$ sia una poligonale semplice. Ma allora gli estremi del segmento di P contenente p dovrebbero appartenere a componenti connesse diverse di $\mathbb{R}^2 \setminus (L \cup \ell)$. Ma d'altra parte sono collegati da una poligonale semplice (contenuta in $P \cup C$) che non interseca $L \cup \ell$, contraddizione. $\square$

Corollario 2.8.25. *Sia G un grafo 2-connesso planare, e indichiamo con $l(G)$ e $v(G)$ il numero dei lati e dei vertici di G. Se $X \subset \mathbb{R}^2$ è una realizzazione di G i cui lati sono archi poligonali, tranne eventualmente il ciclo esterno che è una curva di Jordan, allora X ha esattamente $l(G) - v(G) + 2$ facce, ciascuna delle quali ha come bordo un ciclo in X.*

Dimostrazione. Identica a quella del Lemma 2.8.16, usando il Lemma 2.8.24 al posto del Lemma 2.8.5. $\square$

Ultime definizioni:

Definizione 2.8.26. Diremo che due grafi planari 2-connessi X, $X' \subset \mathbb{R}^2$ sono $\mathbb{R}^2$-*isomorfi* se esiste un isomorfismo g di grafi fra X e X', che manda cicli bordo di facce in cicli bordo di facce, e il ciclo esterno nel ciclo esterno. L'isomorfismo g è detto $\mathbb{R}^2$-*isomorfismo*.

Osservazione 2.8.27. Un $\mathbb{R}^2$-isomorfismo di grafi planari 2-connessi X e X' può essere chiaramente esteso a un omeomorfismo di X con X' come spazi topologici, ma a meno di avviso contrario lo considereremo solo come applicazione al livello dei grafi, dai vertici ai vertici.

Definizione 2.8.28. Una *suddivisione* di un grafo G è un grafo G' ottenuto sostituendo alcuni (o tutti) i lati di G con dei cammini che abbiano gli stessi estremi.

E siamo finalmente pronti per il *teorema di Schönflies:*

Teorema 2.8.29 (Schönflies). *Sia $C \subset \mathbb{R}^2$ una curva di Jordan. Allora $\overline{\text{int}(C)}$ è omeomorfo a un disco chiuso.*

Dimostrazione. Per ipotesi, abbiamo un omeomorfismo $f: C \to S^1$; vogliamo estendere f a un omeomorfismo di $\overline{\text{int}(C)}$ con $\overline{\text{int}(S^1)} = \overline{D}$.

Sia $B \subset \text{int}(C)$ un insieme denso numerabile, e $A \subset C$ un insieme denso numerabile di punti accessibili da $\text{int}(C)$, che esiste per il Lemma 2.8.22. Fissiamo una successione $\{p_n\} \subset A \cup B$ in cui ogni punto di $A \cup B$ appare infinite volte; possiamo anche supporre che $p_0 \in A$.

Sia $X_0 \subset \overline{\text{int}(C)}$ un grafo planare 2-connesso composto da C e da un arco poligonale semplice che collega p_0 con un altro punto di C come nel Lemma 2.8.24. Chiaramente, possiamo trovare un grafo planare 2-connesso $X_0' \subset \overline{D}$, composto da S^1 e un arco poligonale semplice, e un $\mathbb{R}^2$-isomorfismo $g_0: X_0 \to X_0'$ che coincida con f sui vertici di X_0 in C.

Il nostro primo obiettivo è costruire due successioni di grafi planari 2-connessi $X_0, X_1, \dots \subset \overline{\text{int}(C)}$ e $X_0', X_1', \dots \subset \overline{D}$ che soddisfino le proprietà seguenti:

(i) X_n (rispettivamente, X_n') contiene come sottografo una suddivisione di X_{n-1} (rispettivamente, X_{n-1}');

(ii) esiste un $\mathbb{R}^2$-isomorfismo $g_n \colon X_n \to X_n'$ che coincide con g_{n-1} sui vertici di X_{n-1}, e con f sui vertici di X_n in C;

(iii) X_n (rispettivamente, X_n') è formato dall'unione di C (rispettivamente, S^1) con archi poligonali in $\overline{\operatorname{int}(C)}$ (rispettivamente, in $\overline{D}$);

(iv) $p_n \in X_n$;

(iv) $X_n' \setminus S^1$ è connesso.

Procediamo per induzione, e supponiamo di aver già definito $X_1, \ldots, X_{n-1}$ e $X_1', \ldots, X_{n-1}'$ in modo che (i)–(iv) valgano. Se $p_n \in A$, sia P un arco poligonale semplice da p_n a un punto $q_n \in X_{n-1} \setminus C$ (scelto in modo che $p_n q_n$ non sia già un lato di X_{n-1}) tale che $X_{n-1} \cap P = \{p_n, q_n\}$, e poniamo $X_n = X_{n-1} \cup P$. Sia $S \subset X_{n-1}$ il ciclo (Corollario 2.8.25) che borda la faccia di X_{n-1} contenente P. Allora aggiungiamo a X_{n-1}' un arco poligonale semplice P' contenuto nella faccia di bordo $g_{n-1}(S)$ e che unisce $f(p_n)$ con $g_{n-1}(q_n)$ se q_n era un vertice di X_{n-1}, o altrimenti con un punto di $g_{n-1}(\ell)$, dove ℓ è il lato di X_{n-1} contenente q_n. Poniamo $X_n' = X_{n-1}' \cup P'$, e definiamo l'$\mathbb{R}^2$-isomorfismo $g_n \colon X_n \to X_n'$ nel modo ovvio.

Se invece $p_n \in B$, dobbiamo lavorare un po' di più. Consideriamo il più grande quadrato di centro p_n con lati verticali e orizzontali contenuto in $\overline{\operatorname{int}(C)}$. All'interno di questo quadrato (che non ci va bene in quanto i suoi lati potrebbero contenere infiniti punti di C) tracciamo un altro quadrato di centro p_n con lati orizzontali e verticali che distano meno di $1/n$ dai lati corrispondenti del quadrato grande. Suddividiamo questo secondo quadrato con segmenti orizzontali e verticali in regioni di diametro minore di $1/n$, e in modo che per p_n passi sia un segmento orizzontale che uno verticale. Indichiamo con Y_n l'unione di X_{n-1} con tutti questi segmenti orizzontali e verticali ed eventualmente un ulteriore arco poligonale semplice in $\operatorname{int}(C)$ in modo che Y_n sia 2-connesso e $Y_n \setminus C$ sia connesso. Il Lemma 2.8.15 ci dice che Y_n si ottiene partendo da X_{n-1} aggiungendo cammini contenuti in facce. Operiamo aggiunte corrispondenti a X_{n-1}' in modo da ottenere un grafo Y_n' che sia $\mathbb{R}^2$-isomorfo a Y_n. Poi aggiungiamo segmenti orizzontali e verticali in $\overline{D}$ a Y_n' in modo che le facce (limitate) del grafo risultante siano tutte di diametro minore di $1/2n$. Se necessario, spostiamo un pochino questi segmenti in modo che intersechino S^1 solo in $f(A)$ e Y_{n-1}' in un numero finito di punti, mantenendo le facce limitate di diametro minore di $1/n$; in questo modo otteniamo un grafo che chiamiamo X_n'. Sicome X_n' è 2-connesso, lo possiamo ottenere partendo da Y_n' aggiungendo cammini (in questo caso segmenti) contenuti in facce. Operiamo in modo corrispondente su Y_n, in modo da ottenere un grafo X_n che sia $\mathbb{R}^2$-isomorfo a X_n', e (i)–(iv) sono soddisfatte.

Procedendo in questo modo estendiamo f a un'applicazione bigettiva definita su $C \cup V(X_0) \cup V(X_1) \cup \cdots$ a valori in $S^1 \cup V(X_0') \cup V(X_1') \cup \cdots$. Questi insiemi sono densi in $\overline{\operatorname{int}(C)}$ e $\overline{D}$ rispettivamente; vogliamo dimostrare che f ammette un'estensione continua bigettiva da $\overline{\operatorname{int}(C)}$ a $\overline{D}$, che sarà l'omeomorfismo cercato.

Prendiamo $p \in \text{int}(C)$ su cui f non è ancora definito, e scegliamo una successione $\{q_k\} \subset V(X_0) \cup V(X_1) \cup \cdots$ convergente a p. Sia $\delta = d(p, C)$, e $p_n \in B$ tale che $\|p_n - p\| < \delta/3$. Se n è abbastanza grande, p è contenuto nel quadrato di centro p_n usato per costruire H_n. In particolare, p è contenuto in una faccia di X_n con bordo S tale che sia S sia $f(S)$ sono contenuti in un disco di raggio minore di $1/n$. Siccome f preserva le facce di X_n, deve mandare l'interno di S nell'interno di $f(S)$. Ma $\{q_k\}$ è definitivamente nell'interno di S; quindi $\{f(q_k)\}$ è definitivamente nell'interno di $f(S)$. In particolare, la successione $\{f(q_k)\}$ è di Cauchy, e quindi converge. In maniera analoga si vede che il limite non dipende dalla successione scelta, per cui abbiamo esteso f a tutto l'interno di C. Inoltre questa costruzione mostra chiaramente che f è iniettiva e continua nell'interno di C; è anche bigettiva, in quanto $V(X_0') \cup V(X_1') \cup \cdots$ è denso in D. Inoltre, f^{-1} è analogamente continua su D. Per concludere la dimostrazione ci basta allora far vedere che f è continua anche su C, in quanto un'applicazione continua bigettiva da un compatto a uno spazio di Hausdorff è automaticamente un omeomorfismo.

Scegliamo una successione $\{q_k\} \subset \text{int}(C)$ convergente a un punto $q \in C$; dobbiamo far vedere che $\{f(q_k)\}$ converge a $f(q)$. Supponiamo non sia così. Essendo $\overline{D}$ compatto, a meno di prendere una sottosuccessione possiamo supporre che $\{f(q_k)\}$ converga a un punto $q' \neq f(q)$. Siccome f^{-1} è continua in D, necessariamente $q' \in S^1$. Essendo A denso in C, la sua immagine $f(A)$ è densa in S^1; quindi in ciascuno dei due archi S_1 e S_2 da q' a $f(q)$ in S^1 possiamo trovare un punto $f(p_j) \in S_j \cap f(A)$. Per costruzione, esiste un n abbastanza grande tale che X_n contenga un cammino P da p_1 a p_2 che intersechi C solo negli estremi. Per il Lemma 2.8.24, P divide $\text{int}(C)$ in due componenti connesse. L'applicazione f manda queste componenti connesse in due componenti connesse di $D \setminus f(P)$. Una di queste contiene definitivamente $\{f(q_k)\}$, mentre l'altra ha $f(q)$ sul bordo (però non sulla parte di bordo in comune fra le due componenti connesse). Ma siccome i q_k convergono a q, possiamo trovare un insieme connesso (unione infinita di poligonali) in $\text{int}(C)$ contenente definitivamente $\{q_k\}$ e con solo q come punto di accumulazione in C; quindi qualsiasi punto di accumulazione di $\{f(q_k)\}$ dev'essere contenuto nell'intersezione fra S^1 e il bordo della componente connessa contenente $f(q)$, contraddizione. □

Osservazione 2.8.30. Di fatto abbiamo dimostrato che possiamo estendere qualsiasi omeomorfismo f fra C e S^1 a un omeomorfismo fra le chiusure degli interni. Con un poco più di sforzo si può dimostrare che è possibile estenderlo anche a un omeomorfismo di tutto $\mathbb{R}^2$ con se stesso; vedi [22].

3

Teoria locale delle superfici

Il resto di questo libro è dedicato allo studio delle superfici nello spazio. Come per le curve inizieremo discutendo quale può essere la migliore definizione di superficie; ma, contrariamente al caso delle curve, per le superfici risulterà più utile lavorare con sottoinsiemi di $\mathbb{R}^3$ fatti localmente come un aperto del piano piuttosto che con applicazioni da un aperto di $\mathbb{R}^2$ a valori in $\mathbb{R}^3$ con differenziale iniettivo.

Quando diciamo che una superficie è fatta localmente come un aperto del piano non intendiamo riferirci (solo) alla struttura topologica, ma (soprattutto) alla struttura differenziale. In altre parole, su una superficie dev'essere possibile derivare funzioni esattamente come facciamo sugli aperti del piano: il calcolo di una derivata parziale è un'operazione puramente locale, per cui deve potersi effettuare in tutti gli oggetti fatti localmente (dal punto di vista differenziale) come un aperto del piano.

Per realizzare questo programma, nella Sezione 3.2 definiremo precisamente la famiglia delle funzioni differenziabili su una superficie, cioè delle funzioni che saremo in grado di derivare; nella Sezione 3.4 faremo vedere come derivarle, e definiremo il concetto di differenziale di un'applicazione differenziabile fra superfici. Inoltre, nelle Sezioni 3.3 e 3.4 introdurremo i vettori tangenti a una superficie e mostreremo come siano un'incarnazione delle derivate parziali. Infine, nei Complementi dimostreremo (Sezione 3.5) l'importante teorema di Sard sui valori critici di funzioni differenziabili, e vedremo (Sezione 3.6) come estendere funzioni differenziabili da una superficie a tutto $\mathbb{R}^3$.

3.1 Definizione di superficie

Come per le curve, cominciamo ponendoci il problema della giusta definizione di superficie. L'esperienza fatta nel caso unidimensionale suggerisce due possibili strade: possiamo definire le superfici come sottoinsiemi dello spazio che godono di certe proprietà, o come applicazioni da un aperto del piano a valori dello spazio con opportune proprietà di regolarità.

In una variabile avevamo preferito questo secondo approccio, in quanto l'esistenza delle parametrizzazioni rispetto alla lunghezza d'arco ha permesso di collegare strettamente le proprietà geometriche del sostegno della curva con le proprietà differenziali della curva stessa.

Come vedremo, nel caso delle superfici la situazione è sensibilmente più complessa. L'approccio che privilegia le applicazioni sarà utile per lo studio delle questioni locali; ma dal punto di vista globale sarà molto più efficace privilegiare l'altro approccio.

Ma non anticipiamo troppo. Cominciamo introducendo l'ovvia generalizzazione del concetto di curva regolare:

Definizione 3.1.1. Una *superficie immersa* (o *parametrizzata*) nello spazio è un'applicazione $\varphi\colon U \to \mathbb{R}^3$ di classe C^∞, dove $U \subseteq \mathbb{R}^2$ è un aperto, tale che il differenziale $\mathrm{d}\varphi_x\colon \mathbb{R}^2 \to \mathbb{R}^3$ sia iniettivo (cioè abbia rango 2) in ogni punto $x \in U$. L'immagine $\varphi(U)$ di φ è il *sostegno* della superficie immersa.

Osservazione 3.1.2. Per motivi che saranno chiariti nella Sezione 3.4 (vedi l'Osservazione 3.4.20), nello studio delle superfici utilizzeremo soltanto applicazioni di classe C^∞, senza mai considerare casi di regolarità inferiore.

Osservazione 3.1.3. Il differenziale $\mathrm{d}\varphi_x$ di $\varphi = (\varphi_1, \varphi_2, \varphi_3)$ in $x \in U$ è rappresentato dalla matrice jacobiana

$$\mathrm{Jac}\,\varphi\,(x) = \begin{vmatrix} \frac{\partial \varphi_1}{\partial x_1}(x) & \frac{\partial \varphi_1}{\partial x_2}(x) \\ \frac{\partial \varphi_2}{\partial x_1}(x) & \frac{\partial \varphi_2}{\partial x_2}(x) \\ \frac{\partial \varphi_3}{\partial x_1}(x) & \frac{\partial \varphi_3}{\partial x_2}(x) \end{vmatrix} \in M_{3,2}(\mathbb{R})\,.$$

Come per le curve, in questa definizione l'enfasi è sull'applicazione più che sul sostegno. Inoltre, non stiamo richiedendo che le superfici immerse siano un omemomorfismo con l'immagine o iniettive (vedi l'Esempio 3.1.6); entrambe queste proprietà sono però vere localmente. Per dimostrarlo, ci serve un lemma, un po' tecnico ma estremamente utile.

Lemma 3.1.4. *Sia* $\varphi\colon U \to \mathbb{R}^3$ *una superficie immersa, dove* $U \subseteq \mathbb{R}^2$ *è aperto. Allora per ogni* $x_0 \in U$ *esistono un intorno aperto* $\Omega \subseteq \mathbb{R}^3$ *di* $(x_0, 0) \in U \times \mathbb{R}$, *un intorno aperto* $W \subseteq \mathbb{R}^3$ *di* $\varphi(x_0)$, *e un diffeomorfismo* $G\colon \Omega \to W$ *tale che* $G(x, 0) = \varphi(x)$ *per ogni* $(x, 0) \in \Omega \cap (U \times \{0\})$.

Dimostrazione. Per definizione di superficie immersa, il differenziale in x_0 dell'applicazione $\varphi = (\varphi_1, \varphi_2, \varphi_3)$ ha rango 2; quindi la matrice Jacobiana di φ calcolata in x_0 ha un minore 2×2 con determinante non nullo. A meno di riordinare le coordinate possiamo supporre che il minore sia quello ottenuto scartando la terza riga, cioè che si abbia

$$\det\left(\frac{\partial \varphi_i}{\partial x_j}(x_0)\right)_{i,j=1,2} \neq 0\,.$$

Sia allora $G\colon U \times \mathbb{R} \to \mathbb{R}^3$ data da

$$G(x_1, x_2, t) = \varphi(x_1, x_2) + (0, 0, t) \; ;$$

nota che se per trovare il minore con determinante non nullo avessimo invece scartato la riga j-esima, allora G sarebbe stata definita sommando $t\mathbf{e}_j$ a φ, dove $\mathbf{e}_j$ è il j-esimo vettore della base canonica di $\mathbb{R}^3$.

Chiaramente, $G(x, 0) = \varphi(x)$ per ogni $x \in U$, e

$$\det \operatorname{Jac} G\left(x_0, O\right) = \det \left(\frac{\partial \varphi_i}{\partial x_j}(x_0) \right)_{i,j=1,2} \neq 0 \; ;$$

il Teorema 2.2.4 della funzione inversa ci fornisce quindi un intorno $\Omega \subseteq U \times \mathbb{R}$ di (x_0, O) e un intorno $W \subseteq \mathbb{R}^3$ di $\varphi(x_0)$ tali che $G|_\Omega$ sia un diffeomorfismo fra Ω e W, come voluto.   □

In particolare abbiamo

Corollario 3.1.5. *Sia $\varphi\colon U \to \mathbb{R}^3$ una superficie immersa. Allora ogni $x_0 \in U$ ha un intorno $U_1 \subseteq U$ tale che $\varphi|_{U_1}\colon U_1 \to \mathbb{R}^3$ sia un omeomorfismo con l'immagine.*

Dimostrazione. Sia $G\colon \Omega \to W$ il diffeomorfismo fornito dal lemma precedente, $\pi\colon \mathbb{R}^3 \to \mathbb{R}^2$ la proiezione sulle prime due coordinate, e poniamo $U_1 = \pi\big(\Omega \cap (U \times \{0\})\big)$. Allora $\varphi|_{U_1} = G|_{U_1 \times \{O\}}$, in quanto restrizione di un omeomorfismo, è un omeomomorfismo con l'immagine, come richiesto.   □

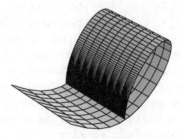

Figura 3.1.

È però importante ricordare che in generale le superfici immerse *non* sono omeomorfismi con l'immagine:

Esempio 3.1.6. Posto $U = (-1, +\infty) \times \mathbb{R}$, sia $\varphi\colon U \to \mathbb{R}^3$ data da

$$\varphi(x, y) = \left(\frac{3x}{1+x^3}, \frac{3x^2}{1+x^3}, y \right) \; ;$$

vedi la Fig. 3.1. Si verifica facilmente che φ è una superficie immersa iniettiva, ma non è un omeomorfismo con l'immagine in quanto $\varphi\big((-1,1) \times (-1,1)\big)$ non è aperto in $\varphi(U)$.

Riflettendo accuratamente sul lavoro fatto nei capitoli precedenti, vediamo che l'efficacia della definizione di curva come classe d'equivalenza di applicazioni è dovuta principalmente all'esistenza di un rappresentante canonico definito partendo da un concetto geometrico di base, la lunghezza. Lo svantaggio (o ricchezza, a seconda di quale metà del bicchiere preferisci) della teoria delle superfici rispetto alla teoria delle curve è che per le superfici questo non si può fare, e non si può fare per motivi intrinseci ineludibili.

Ovviamente, nulla ci vieta di dire che due superfici immerse $\varphi\colon U \to \mathbb{R}^3$ e $\psi\colon V \to \mathbb{R}^3$ sono *equivalenti* se esiste un diffeomorfismo $h\colon U \to V$ tale che $\varphi = \psi \circ h$. Il problema che si presenta però è che la procedura che abbiano seguito nel caso delle curve per estrarre da ciascuna classe d'equivalenza un rappresentante (essenzialmente) unico stavolta non funziona.

Nel caso delle curve, abbiamo ottenuto il rappresentante canonico, la parametrizzazione rispetto alla lunghezza d'arco, sfruttando il concetto geometrico di lunghezza. Due parametrizzazioni rispetto alla lunghezza d'arco equivalenti devono differire per un diffeomorfismo h che conserva le lunghezze; e questo implica (vedi la dimostrazione della Proposizione 1.2.11) che $|h'| \equiv 1$, per cui h è un'isometria affine e la parametrizzazione rispetto alla lunghezza d'arco è unica a meno di traslazioni nel parametro (e cambiamenti di orientazione).

Nel caso delle superfici, è naturale provare a usare l'area al posto della lunghezza. Due "parametrizzazioni rispetto all'area" equivalenti dovrebbero allora differire per un diffeomorfismo h di aperti del piano che conserva le aree. Ma gli Analisti ci insegnano che un diffeomorfismo h conserva le aree se e solo se $|\det \mathrm{Jac}(h)| \equiv 1$, che è una condizione molto più debole della condizione $|h'| \equiv 1$. Per esempio, tutti i diffeomorfismi della forma $h(x,y) = \bigl(x + f(y), y\bigr)$, dove f è una qualsiasi funzione differenziabile di una variabile, conservano le aree; quindi con questa tecnica non c'è alcuna speranza di poter identificare un rappresentante essenzialmente unico.

Ma l'ostacolo è ben più profondo di così. La parametrizzazione rispetto alla lunghezza d'arco funziona perché è un'isometria (locale) fra un intervallo e la curva; invece, vedremo alla fine del Capitolo 4 (col teorema egregium di Gauss) che, tranne casi molto particolari, *isometrie fra un aperto del piano e una superficie non esistono*. Un equivalente della parametrizzazione rispetto alla lunghezza d'arco che permetta di studiare la struttura metrica delle superfici non può esistere. Inoltre, anche la struttura topologica delle superfici è ben più complicata di quella degli aperti del piano (vedi l'Osservazione 3.1.21); tentare di studiarla usando una sola applicazione è senza speranza.

La definizione di superficie che storicamente si è imposta come quella più efficace sia per trattare tematiche locali sia per studiare problemi globali cerca, in un certo senso, di prendere il meglio da entrambi i punti di vista. L'enfasi è sul sostegno, cioè sul sottoinsieme di $\mathbb{R}^3$ considerato come tale; ma le superfici immerse (che, come abbiamo visto, in piccolo funzionano bene) sono lo strumento tramite il quale si concretizza e formalizza l'idea che una superficie dev'essere un insieme localmente fatto come un aperto del piano.

Ma basta con le chiacchiere: è giunto il momento di introdurre la definizione ufficiale di superficie nello spazio.

Definizione 3.1.7. Un sottoinsieme connesso $S \subset \mathbb{R}^3$ è una *superficie (regolare)* nello spazio se per ogni $p \in S$ esiste un'applicazione $\varphi: U \to \mathbb{R}^3$ di classe C^∞, con $U \subseteq \mathbb{R}^2$ aperto, tale che:

(a) $\varphi(U) \subseteq S$ sia un intorno aperto di p in S (ovvero, equivalentemente, esiste un intorno aperto $W \subseteq \mathbb{R}^3$ di p in $\mathbb{R}^3$ tale che $\varphi(U) = W \cap S$);
(b) φ sia un omeomorfismo con l'immagine;
(c) il differenziale $d\varphi_x: \mathbb{R}^2 \to \mathbb{R}^3$ sia iniettivo (cioè abbia rango massimo, uguale a 2) per ogni $x \in U$.

Ogni applicazione φ che soddisfi (a)–(c) è detta *parametrizzazione locale* (o *regolare*) in p; se $O \in U$ e $\varphi(O) = p$ diremo che la parametrizzazione locale è *centrata* in p. L'inversa $\varphi^{-1}: \varphi(U) \to U$ è detta *carta locale* in p; l'intorno $\varphi(U)$ di p in S è detto *intorno coordinato;* le coordinate $\big(x_1(p), x_2(p)\big) = \varphi^{-1}(p)$ sono dette *coordinate locali* di p; e per $j = 1, 2$ la curva $t \mapsto \varphi(x_o + t\mathbf{e}_j)$ è detta *curva* (o *linea*) *coordinata* j-esima passante per $\varphi(x_o)$.

Definizione 3.1.8. Un *atlante* di una superficie regolare $S \subset \mathbb{R}^3$ è una famiglia $\mathcal{A} = \{\varphi_\alpha\}$ di parametrizzazioni locali $\varphi_\alpha: U_\alpha \to S$ tali che $S = \bigcup_\alpha \varphi_\alpha(U_\alpha)$.

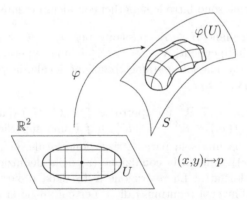

Figura 3.2. Una parametrizzazione locale

Osservazione 3.1.9. Chiaramente, una parametrizzazione locale $\varphi: U \to \mathbb{R}^3$ di una superficie S trasporta la topologia dell'aperto U del piano nella topologia dell'aperto $\varphi(U)$ di S, in quanto φ è un omeomorfismo fra U e $\varphi(U)$. Ma per lavorare con le superfici è importante che tu tenga ben presente che φ trasporta un'altra cosa fondamentale da U a S: un sistema di coordinate. Come illustrato nella Fig. 3.2, la parametrizzazione locale φ permette di associare a ciascun punto $p \in \varphi(U)$ una coppia di numeri reali $(x, y) = \varphi^{-1}(p) \in U$, che svolgeranno un ruolo di coordinate di p in S analogo al ruolo svolto dalle usuali coordinate cartesiane per i punti del piano. In un certo senso, scegliere una parametrizzazione locale di una superficie equivale a costruire una cartina geografica di un pezzo della superficie; e questo è il motivo (anche storico) dell'uso di terminologia geografica in questo contesto. *Attenzione:* parametrizzazioni locali diverse forniscono coordinate (carte) locali diverse! Nella prossima sezione vedremo che relazione c'è fra le coordinate indotte da parametrizzazioni diverse (Teorema 3.2.3).

Osservazione 3.1.10. Se $\varphi\colon U \to S$ è una parametrizzazione locale di una superficie $S \subset \mathbb{R}^3$, e $\chi\colon U_1 \to U$ è un diffeomorfismo, dove U_1 è un altro aperto di $\mathbb{R}^2$, allora $\tilde{\varphi} = \varphi \circ \chi$ è ancora una parametrizzazione locale di S (perché?). In particolare, se $p = \varphi(x_0) \in S$ e χ è la traslazione $\chi(x) = x + x_0$, allora $\tilde{\varphi} = \varphi \circ \chi$ è una parametrizzazione locale di S centrata in p.

Osservazione 3.1.11. Se $\varphi\colon U \to S$ è una parametrizzazione locale di una superficie $S \subset \mathbb{R}^3$, e $V \subset U$ è un aperto di $\mathbb{R}^2$, allora anche $\varphi|_V$ è una parametrizzazione locale di S (perché?). In particolare, possiamo trovare parametrizzazioni locali con dominio piccolo quanto ci pare.

Come vedremo, la filosofia che regola lo studio delle superfici è usare le parametrizzazioni locali per trasferire concetti, proprietà e dimostrazioni dagli aperti del piano ad aperti sulle superfici, e viceversa. Ma vediamo intanto di farci un'idea di come sono fatte le superfici con alcuni esempi.

Esempio 3.1.12. Il piano $S \subset \mathbb{R}^3$ passante per $p_0 \in \mathbb{R}^3$ e parallelo ai vettori linearmente indipendenti $\mathbf{v}_1$, $\mathbf{v}_2 \in \mathbb{R}^3$ è una superficie regolare, con atlante costituito da una sola parametrizzazione locale, la $\varphi\colon \mathbb{R}^2 \to \mathbb{R}^3$ data da $\varphi(x) = p_0 + x_1\mathbf{v}_1 + x_2\mathbf{v}_2$.

Esempio 3.1.13. Sia $U \subseteq \mathbb{R}^2$ un aperto, e $f \in C^\infty(U)$ qualsiasi. Allora il *grafico* $\Gamma_f = \left\{ \big(x, f(x)\big) \in \mathbb{R}^3 \mid x \in U \right\}$ di f è una superficie regolare, con atlante costituito da una sola parametrizzazione locale, la $\varphi\colon U \to \mathbb{R}^3$ data da $\varphi(x) = \big(x, f(x)\big)$. Infatti, la condizione (a) della definizione di superficie è chiaramente soddisfatta. La restrizione a Γ_f della proiezione sulle prime due coordinate è l'inversa (continua) di φ, per cui anche la condizione (b) è soddisfatta. Infine,

$$\operatorname{Jac}\varphi(x) = \begin{vmatrix} 1 & 0 \\ 0 & 1 \\ \frac{\partial f}{\partial x_1}(x) & \frac{\partial f}{\partial x_2}(x) \end{vmatrix}$$

ha rango 2 in ogni punto, e ci siamo.

Esempio 3.1.14. Il sostegno S di una superficie immersa φ che sia un omeomorfismo con l'immagine è una superficie regolare con atlante $\mathcal{A} = \{\varphi\}$. In tal caso diremo che φ è una *parametrizzazione globale* di S.

Esempio 3.1.15. Vogliamo dimostrare che la *sfera*

$$S^2 = \{p \in \mathbb{R}^3 \mid \|p\| = 1\}$$

di centro l'origine e raggio 1 è una superficie regolare trovandone un atlante. Sia $U = \{(x,y) \in \mathbb{R}^2 \mid x^2 + y^2 < 1\}$ il disco unitario aperto nel piano, e definiamo $\varphi_1, \ldots, \varphi_6 \colon U \to \mathbb{R}^3$ ponendo

$$\varphi_1(x,y) = \left(x, y, \sqrt{1 - x^2 - y^2}\right) \ , \quad \varphi_2(x,y) = \left(x, y, -\sqrt{1 - x^2 - y^2}\right) \ ,$$

$$\varphi_3(x,y) = \left(x, \sqrt{1 - x^2 - y^2}, y\right) \ , \quad \varphi_4(x,y) = \left(x, -\sqrt{1 - x^2 - y^2}, y\right) \ ,$$

$$\varphi_5(x,y) = \left(\sqrt{1 - x^2 - y^2}, x, y\right) \ , \quad \varphi_6(x,y) = \left(-\sqrt{1 - x^2 - y^2}, x, y\right) \ .$$

Ragionando come nell'Esempio 3.1.13 è facile vedere che le φ_j sono tutte parametrizzazioni locali di S^2, e che $S^2 = \varphi_1(U) \cup \cdots \cup \varphi_6(U)$, per cui $\{\varphi_1, \ldots, \varphi_6\}$ è un atlante di S^2. Nota che omettendo anche una sola di queste parametrizzazioni locali non si copre tutta la sfera.

Esempio 3.1.16. Descriviamo ora un altro atlante sulla sfera. Posto

$$U = \{(\theta, \phi) \in \mathbb{R}^2 \mid 0 < \theta < \pi, 0 < \phi < 2\pi\} \ ,$$

sia $\varphi_1 \colon U \to \mathbb{R}^3$ data da

$$\varphi_1(\theta, \phi) = (\sin\theta \cos\phi, \sin\theta \sin\phi, \cos\theta) \ ;$$

vogliamo dimostrare che φ_1 è una parametrizzazione locale della sfera. Il parametro θ è usualmente chiamato *colatitudine* (la *latitudine* è $\pi/2 - \theta$), mentre ϕ è la *longitudine*. Le coordinate locali (θ, ϕ) sono dette *coordinate sferiche*; vedi la Fig. 3.3.

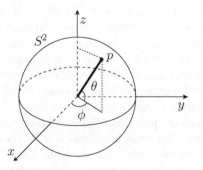

Figura 3.3. Coordinate sferiche

Prima di tutto,

$$\varphi_1(U) = S^2 \setminus \{(x, y, z) \in \mathbb{R}^3 \mid y = 0, x \geq 0\}$$

è un aperto di S^2, per cui la condizione (a) è soddisfatta. Poi,

$$\operatorname{Jac} \varphi_1 (\theta, \phi) = \begin{vmatrix} \cos\theta\cos\phi & -\sin\theta\sin\phi \\ \cos\theta\sin\phi & \sin\theta\cos\phi \\ -\sin\theta & 0 \end{vmatrix} ,$$

e si verifica subito che questa matrice ha sempre rango 2 (in quanto $\sin\theta \neq 0$ quando $(\theta, \phi) \in U$), per cui la condizione (c) è soddisfatta. Inoltre, preso un qualsiasi $(x, y, z) = \varphi(\theta, \phi) \in \varphi_1(U)$, ricaviamo $\theta = \arccos(z) \in (0, \pi)$; essendo $\sin\theta \neq 0$ ricaviamo $(\cos\phi, \sin\phi) \in S^1$ e quindi $\phi \in (0, 2\pi)$ in termini di x, y e z, per cui φ_1 è globalmente iniettiva. Per concludere dovremmo dimostrare che è un omeomorfismo con l'immagine (cioè che φ_1^{-1} è continua); ma vedremo fra poco (Proposizione 3.1.31) che questo è una conseguenza del fatto che sappiamo già che S^2 è una superficie, per cui lasciamo questa verifica per esercizio (ma vedi anche l'Esempio 3.1.18). Infine, sia $\varphi_2: U \to \mathbb{R}^3$ data da

$$\varphi_2(\theta, \phi) = (-\sin\theta\cos\phi, \cos\theta, -\sin\theta\sin\phi) .$$

Ragionando come prima si vede che anche φ_2 è una parametrizzazione locale, con $\varphi_2(U) = S^2 \setminus \{(x, y, z) \in \mathbb{R}^3 \mid z = 0, x \leq 0\}$, per cui $\{\varphi_1, \varphi_2\}$ è un'atlante di S^2. L'Esercizio 3.4 descrive un terzo atlante sulla sfera.

Esempio 3.1.17. Sia $S \subset \mathbb{R}^3$ una superficie, e $S_1 \subseteq S$ un aperto di S. Allora anche S_1 è una superficie. Infatti, dato $p \in S_1$ sia $\varphi: U \to \mathbb{R}^3$ una parametrizzazione locale di S in p. Allora $U_1 = \varphi^{-1}(S_1)$ è aperto in $\mathbb{R}^2$ e $\varphi_1 = \varphi|_{U_1}: U_1 \to \mathbb{R}^3$ è una parametrizzazione locale di S_1 in p.

Se poi $\chi: \Omega \to \mathbb{R}^3$ è un diffeomorfismo con l'immagine definito su un intorno aperto Ω di S, allora $\chi(S)$ è una superficie. Infatti, se φ è una parametrizzazione locale di S in $p \in S$, la $\chi \circ \varphi$ è una parametrizzazione locale di $\chi(S)$ in $\chi(p)$.

Esempio 3.1.18 (Superfici di rotazione). Sia $H \subset \mathbb{R}^3$ un piano, $C \subset H$ il sostegno di un arco aperto di Jordan o di una curva di Jordan di classe C^∞, ed $\ell \subset H$ una retta disgiunta da C. Vogliamo dimostrare che l'insieme $S \subset \mathbb{R}^3$ ottenuto ruotando C attorno a ℓ è una superficie regolare, detta *superficie di rotazione* (o di *rivoluzione*), di *generatrice* C e *asse di rotazione* ℓ.

Senza perdita di generalità possiamo supporre che H sia il piano xz, che ℓ sia l'asse z, e che C giaccia nel semipiano $\{x > 0\}$. Se C è il sostegno di un arco aperto di Jordan, per definizione abbiamo una parametrizzazione globale $\sigma: I \to \mathbb{R}^3$ che è un omeomorfismo con l'immagine, dove $I \subseteq \mathbb{R}$ è un intervallo aperto. Siccome tutti gli intervalli aperti sono diffeomorfi a $\mathbb{R}$ (Esercizio 1.5), senza perdita di generalità possiamo supporre direttamente $I = \mathbb{R}$. Se invece C è il sostegno di una curva di Jordan, prendiamo subito una parametrizzazione periodica $\sigma: \mathbb{R} \to \mathbb{R}^3$ di C. In entrambi i casi, possiamo scrivere $\sigma(t) = \big(\alpha(t), 0, \beta(t)\big)$ con $\alpha(t) > 0$ per ogni $t \in \mathbb{R}$, e quindi

$$S = \left\{ \big(\alpha(t)\cos\theta, \alpha(t)\sin\theta, \beta(t)\big) \mid t, \theta \in \mathbb{R} \right\} .$$

Definiamo allora $\varphi \colon \mathbb{R}^2 \to \mathbb{R}^3$ ponendo

$$\varphi(t,\theta) = \big(\alpha(t)\cos\theta, \alpha(t)\sin\theta, \beta(t)\big)\ ,$$

in modo da avere $S = \varphi(\mathbb{R}^2)$. Fissato $t_0 \in \mathbb{R}$, la curva $\theta \mapsto \varphi(t_0,\theta)$ è detta *parallelo* di S; è la circonferenza di raggio $\alpha(t_0)$ ottenuta ruotando il punto $\sigma(t_0)$ attorno a ℓ. Fissato $\theta_0 \in \mathbb{R}$, la curva $t \mapsto \varphi(t,\theta_0)$ è detta *meridiano* di S; è ottenuta ruotando C di un angolo θ_0 attorno a ℓ.

Ora abbiamo

$$\mathrm{Jac}\,\varphi\,(t,\theta) = \begin{vmatrix} \alpha'(t)\cos\theta & -\alpha(t)\sin\theta \\ \alpha'(t)\sin\theta & \alpha(t)\cos\theta \\ \beta'(t) & 0 \end{vmatrix}\ .$$

Quindi $\mathrm{Jac}\,\varphi\,(t,\theta)$ ha rango minore di 2 se e solo se

$$\begin{cases} \alpha'(t)\alpha(t) = 0\ , \\ \alpha(t)\beta'(t)\sin\theta = 0\ , \\ \alpha(t)\beta'(t)\cos\theta = 0\ , \end{cases}$$

che non accade mai in quanto α è sempre positiva e σ è regolare. In particolare, φ è una superficie immersa di sostegno S.

Questo però non basta a dimostrare che S è una superficie regolare. Per concludere dobbiamo distinguere due casi.

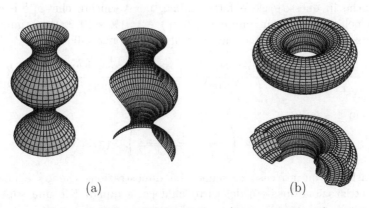

(a)   (b)

Figura 3.4. Superfici di rotazione (intere e sezionate)

(a) *C non è compatta, e σ è una parametrizzazione globale;* vedi la Fig. 3.4.(a). In questo caso poniamo $\varphi_1 = \varphi|_{\mathbb{R}\times(0,2\pi)}$ e $\varphi_2 = \varphi|_{\mathbb{R}\times(-\pi,\pi)}$; siccome l'unione dei sostegni di φ_1 e φ_2 è S, se dimostriamo che φ_1 e φ_2 sono parametrizzazioni locali abbiamo finito. Siccome

$$\varphi_1\big(\mathbb{R}\times(0,2\pi)\big) = S \setminus \{(x,y,z) \in \mathbb{R}^3 \mid y = 0, x \geq 0\}$$

è aperto in S e φ_1 è la restrizione di una superficie immersa, per far vedere che φ_1 è una parametrizzazione locale ci basta dimostrare che è un
omeomorfismo con l'immagine. Da $\varphi_1(t, \theta) = (x, y, z)$ ricaviamo $\beta(t) = z$
e $\alpha(t) = \sqrt{x^2 + y^2}$. Essendo σ iniettiva, da questo ricaviamo un uni-
co $t \in I$, e quindi un unico $\theta \in (0, 2\pi)$ tali che $x = \alpha(t) \cos \theta$ e $y = \alpha(t) \sin \theta$;
dunque φ_1 è invertibile. Inoltre, essendo σ un omeomorfismo con l'im-
magine, la coordinata t dipende in modo continuo da z e $\sqrt{x^2 + y^2}$; se
dimostriamo che anche θ dipende in modo continuo da (x, y, z) abbiamo
dimostrato che φ_1^{-1} è continua. Ora, se $(x, y, z) \in S$ è tale che $y > 0$
abbiamo

$$0 < \frac{y}{x + \sqrt{x^2 + y^2}} = \frac{y/\alpha(t)}{1 + x/\alpha(t)} = \frac{\sin \theta}{1 + \cos \theta} = \frac{\sin(\theta/2)}{\cos(\theta/2)} = \tan \frac{\theta}{2},$$

per cui

$$\theta = 2 \arctan \left(\frac{y}{x + \sqrt{x^2 + y^2}} \right) \in (0, \pi)$$

dipende in modo continuo da (x, y, z). Analogamente, se $(x, y, z) \in S$ è
tale che $y < 0$ troviamo

$$\theta = 2\pi + 2 \arctan \left(\frac{y}{x + \sqrt{x^2 + y^2}} \right) \in (\pi, 2\pi),$$

e anche in questo caso è fatta. Infine, per verificare che φ_1^{-1} è continua nell'intorno di un punto $(x_0, 0, z_0) \in \varphi_1(\mathbb{R} \times (0, 2\pi))$ notiamo che
necessariamente $x_0 < 0$, e che se $(x, y, z) \in S$ con $x < 0$ si ha

$$\frac{y}{\sqrt{x^2 + y^2} - x} = \frac{y/\alpha(t)}{1 - x/\alpha(t)} = \frac{\sin \theta}{1 - \cos \theta} = \frac{\cos(\theta/2)}{\sin(\theta/2)} = \cotan \frac{\theta}{2},$$

per cui

$$\theta = 2 \operatorname{arccotan} \left(\frac{y}{-x + \sqrt{x^2 + y^2}} \right) \in (\pi/2, 3\pi/2),$$

e anche in questo caso ci siamo. La dimostrazione che φ_2 è una parametrizzazione locale è del tutto analoga, e quindi S è una superficie
regolare.

(b) C è compatta, e σ è una parametrizzazione periodica di periodo $2r > 0$;
vedi la Fig. 3.4.(b). Poniamo $\varphi_1 = \varphi|_{(0,2r) \times (0,2\pi)}$, $\varphi_2 = \varphi|_{(0,2r) \times (-\pi,\pi)}$,
$\varphi_3 = \varphi|_{(-r,r) \times (0,2\pi)}$ e $\varphi_4 = \varphi|_{(-r,r) \times (-\pi,\pi)}$; allora ragionando come nel
caso precedente si vede subito che $\{\varphi_1, \varphi_2, \varphi_3, \varphi_4\}$ è un atlante per S.

Un altro modo per dimostrare che le superfici di rotazione sono superfici
regolari è descritto nell'Esercizio 3.23.

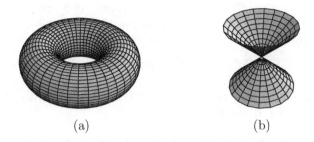

Figura 3.5. (a) un toro; (b) un cono a due falde

Esempio 3.1.19. Un *toro* è la superficie ottenuta ruotando una circonferenza attorno a un asse (contenuto nel piano della circonferenza) che non la interseca. Per esempio, se C è la circonferenza di centro $(x_0, 0, z_0)$ e raggio $0 < r_0 < |x_0|$ nel piano xz, allora il toro ottenuto ruotando C rispetto all'asse z è il sostegno della superficie immersa $\varphi \colon \mathbb{R}^2 \to \mathbb{R}^3$ data da

$$\varphi(t, \theta) = \big((r\cos t + x_0)\cos\theta, (r\cos t + x_0)\sin\theta, r\sin t + z_0\big) ;$$

vedi la Fig. 3.5.(a).

Esempio 3.1.20. Vediamo ora un esempio di sottoinsieme di $\mathbb{R}^3$ che non è una superficie regolare. Il *cono a due falde* è l'insieme

$$S = \{(x, y, z) \in \mathbb{R}^3 \mid x^2 + y^2 = z^2\} ;$$

vedi la Fig. 3.5.(b). L'insieme S non può essere una superficie regolare: infatti, se l'origine $O \in S$ avesse un intorno in S omeomorfo a un aperto del piano, allora $S \setminus \{O\}$ dovrebbe essere connesso (perché?), mentre non lo è. Vedremo fra poco (Esempio 3.1.30) che anche il *cono a una falda* $S \cap \{z \ge 0\}$ non è una superficie regolare, mentre ciascuna delle due componenti connesse di $S \setminus \{O\}$ lo è (Esercizio 3.9).

Osservazione 3.1.21. Siamo ora in grado di far vedere che ci sono superfici non compatte che non possono essere sostegno di una singola superficie immersa che sia anche un omeomorfismo con l'immagine. In altre parole, esistono superfici regolari non compatte che non sono omeomorfe a un aperto del piano. Sia $S \subset \mathbb{R}^3$ la superficie non compatta (Esempi 3.1.17 e 3.1.19) ottenuta togliendo un punto a un toro. Allora S contiene curve di Jordan (i meridiani del toro) che non la sconnettono, per cui non può essere omeomorfa a una aperto del piano senza contraddire il Teorema 2.3.6 della curva di Jordan.

Descriviamo ora una procedura generale per costruire superfici regolari. Cominciamo con una definizione:

Definizione 3.1.22. Sia $V \subseteq \mathbb{R}^n$ un aperto, e $F \colon V \to \mathbb{R}^m$ di classe C^∞. Diremo che $p \in V$ è un *punto critico* di F se $\mathrm{d}F_p \colon \mathbb{R}^n \to \mathbb{R}^m$ non è surgettivo.

Indicheremo con Crit(F) l'insieme dei punti critici di F. Se $p \in V$ è un punto critico, $F(p) \in \mathbb{R}^m$ sarà detto *valore critico*. Un punto $y \in F(V) \subseteq \mathbb{R}^m$ che non è un valore critico è detto *valore regolare*.

Osservazione 3.1.23. Se $f \colon V \to \mathbb{R}$ è una funzione C^∞ definita su un aperto $V \subset \mathbb{R}^n$, e $p \in V$, allora $df_p \colon \mathbb{R}^n \to \mathbb{R}$ non è surgettivo se e solo se è identicamente nullo. In altri termini, $p \in V$ è un punto critico di f se e solo se il gradiente di f si annulla in p.

Osservazione 3.1.24. In un senso molto preciso, quasi ogni punto del codominio di un'applicazione di classe C^∞ è un valore regolare. Infatti, si può dimostrare che se $F \colon V \to \mathbb{R}^m$ è un'applicazione di classe C^∞, dove V è un aperto di $\mathbb{R}^n$, allora l'insieme dei valori critici di F ha misura nulla in $\mathbb{R}^m$ (*teorema di Sard*). Nella Sezione 3.5 dei Complementi a questo capitolo dimostreremo il teorema di Sard per $1 \le n \le 3$ e $m = 1$, che sono gli unici caso che ci interesseranno in questo libro.

L'osservazione precedente spiega l'ampia applicabilità del risultato seguente (vedi anche l'Esercizio 3.9):

Proposizione 3.1.25. *Sia $V \subseteq \mathbb{R}^3$ aperto, e $f \in C^\infty(V)$. Se $a \in \mathbb{R}$ è un valore regolare di f, allora ogni componente connessa dell'insieme di livello $f^{-1}(a) = \{p \in V \mid f(p) = a\}$ è una superficie regolare.*

Dimostrazione. Sia $p_0 = (x_0, y_0, z_0) \in f^{-1}(a)$. Essendo a un valore regolare di f, il gradiente di f non si annulla in p_0 per cui, a meno di permutare le coordinate, possiamo supporre che $\partial f / \partial z(p_0) \neq 0$. Sia allora $F \colon V \to \mathbb{R}^3$ data da $F(x, y, z) = \big(x, y, f(x, y, z)\big)$. Chiaramente,

$$\det \operatorname{Jac} F(p_0) = \frac{\partial f}{\partial z}(p_0) \neq 0 \,.$$

Possiamo quindi applicare il Teorema 2.2.4 della funzione inversa e trovare intorni $\tilde{V} \subseteq V$ di p_0 e $W \subseteq \mathbb{R}^3$ di $F(p_0)$ tali che $F|_{\tilde{V}} \colon \tilde{V} \to W$ sia un diffeomorfismo. Posto $G = (g_1, g_2, g_3) = F^{-1}$ abbiamo

$$(u, v, w) = F \circ G(u, v, w) = \big(g_1(u, v, w), g_2(u, v, w), f\big(G(u, v, w)\big)\big)$$

per cui $g_1(u, v, w) \equiv u$, $g_2(u, v, w) \equiv v$, e

$$\forall (u, v, w) \in W \qquad f\big(G(u, v, w)\big) \equiv w \,. \tag{3.1}$$

L'insieme $U = \{(u, v) \in \mathbb{R}^2 \mid (u, v, a) \in W\}$ è chiaramente un aperto di $\mathbb{R}^2$ e possiamo definire $\varphi \colon U \to \mathbb{R}^3$ con $\varphi(u, v) = G(u, v, a)$. La (3.1) ci dice (perché?) che $\varphi(U) = f^{-1}(a) \cap \tilde{V}$, e puoi verificare facilmente che φ è una parametrizzazione locale di $f^{-1}(a)$ in p_0. $\qquad\square$

Definizione 3.1.26. Sia $V \subseteq \mathbb{R}^3$ aperto e $f \in C^\infty(V)$. Ogni componente connessa di $f^{-1}(a)$, dove $a \in \mathbb{R}$ è valore regolare per f, è detta *superficie di livello* di f.

Nei Complementi al prossimo capitolo dimostreremo (Corollario 4.8.7) che, viceversa, ogni superficie chiusa in $\mathbb{R}^3$ è una superficie di livello; vedi anche l'Esercizio 3.21.

Esempio 3.1.27. L'*ellissoide* di equazione

$$\frac{x^2}{a^2} + \frac{y^2}{b^2} + \frac{z^2}{c^2} = 1$$

è una superficie regolare. Infatti è della forma $f^{-1}(1)$, dove $f\colon \mathbb{R}^3 \to \mathbb{R}$ è data da

$$f(x,y,z) = \frac{x^2}{a^2} + \frac{y^2}{b^2} + \frac{z^2}{c^2}\ .$$

Siccome $\nabla f = \bigl(2x/a^2, 2y/b^2, 2z/c^2\bigr)$, l'unico punto critico di f è l'origine e l'unico valore critico di f è 0, per cui $f^{-1}(1)$ è una superficie di livello.

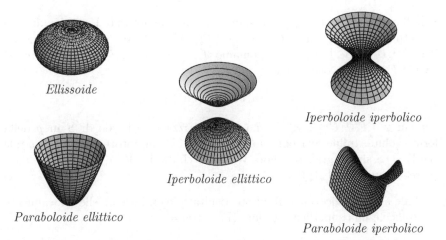

Ellissoide

Iperboloide iperbolico

Iperboloide ellittico

Paraboloide ellittico

Paraboloide iperbolico

Figura 3.6. Quadriche

Esempio 3.1.28. Più in generale, una *quadrica* è il sottoinsieme di $\mathbb{R}^3$ dei punti che risolvono un'equazione del tipo $p(x,y,z) = 0$, dove p è un polinomio di grado 2. Non tutte le quadriche sono superfici regolari (vedi l'Esempio 3.1.20 e l'Esercizio 3.4), ma le componenti connesse di quelle che lo sono forniscono un buon catalogo di esempi di superfici. Oltre all'ellissoide abbiamo l'*iperboloide ellittico* di equazione $(x/a)^2 + (y/b)^2 - (z/c)^2 + 1 = 0$, l'*iperboloide iperbolico* di equazione $(x/a)^2 + (y/b)^2 - (z/c)^2 - 1 = 0$, il *paraboloide ellittico* di equazione $(x/a)^2 + (y/b)^2 - z = 0$, il *paraboloide iperbolico* di equazione $(x/a)^2 - (y/b)^2 - z = 0$, e cilindri sulle coniche nel piano (vedi il Problema 3.3). La Fig. 3.6 ne mostra alcune.

Concludiamo questa sezione con due risultati generali.

Proposizione 3.1.29. *Ogni superficie regolare è localmente un grafico. In altre parole, se $S \subset \mathbb{R}^3$ è una superficie regolare e $p \in S$, allora esiste una parametrizzazione locale $\varphi \colon U \to S$ in p che ha una delle seguenti tre forme:*

$$\varphi(x,y) = \begin{cases} \big(x, y, f(x,y)\big), & oppure \\ \big(x, f(x,y), y\big), & oppure \\ \big(f(x,y), x, y\big), \end{cases}$$

per un'opportuna $f \in C^\infty(U)$. In particolare, esiste sempre un intorno aperto $\Omega \subseteq \mathbb{R}^3$ di S tale che S sia chiusa in Ω.

Dimostrazione. Sia $\varphi = (\varphi_1, \varphi_2, \varphi_3) \colon U_1 \to \mathbb{R}^3$ una parametrizzazione locale centrata in p. A meno di permutare le coordinate possiamo supporre che

$$\det\left(\frac{\partial \varphi_h}{\partial x_k}(O)\right)_{h,k=1,2} \neq 0 \ ;$$

quindi posto $F = (\varphi_1, \varphi_2)$ possiamo trovare un intorno $V \subseteq U_1$ di O e un intorno $U \subseteq \mathbb{R}^2$ di $F(O)$ tali che $F|_V \colon V \to U$ sia un diffeomorfismo. Sia $F^{-1} \colon U \to V$ l'inversa, e poniamo $f = \varphi_3 \circ F^{-1} \colon U \to \mathbb{R}$. Siccome si ha $F \circ F^{-1} = \mathrm{id}_U$, otteniamo

$$\varphi \circ F^{-1}(u,v) = \big(u, v, f(u,v)\big) \ ,$$

per cui $\varphi \circ F^{-1} \colon U \to \mathbb{R}^3$ è una parametrizzazione locale di S in p della forma voluta. Infine, per ogni $p \in S$ sia $W_p \subset \mathbb{R}^3$ un intorno aperto di p tale che $W_p \cap S$ sia un grafico. Allora $W_p \cap S$ è chiuso in W_p, e quindi S è chiusa (perché?) in $\Omega = \bigcup_{p \in S} W_p$. $\square$

Vale anche il viceversa di questo risultato: ogni insieme che è localmente un grafico è una superficie regolare (Esercizio 3.11).

Esempio 3.1.30. Il cono a una falda $S = \{(x,y,z) \in \mathbb{R}^3 \mid z = \sqrt{x^2 + y^2}\}$ non è una superficie regolare. Se lo fosse, dovrebbe essere il grafico di una funzione C^∞ nell'intorno di $(0,0,0)$. Siccome le proiezioni sui piani xz e yz non sono iniettive, dovrebbe essere un grafico sul piano xy; ma allora dovrebbe essere il grafico della funzione $\sqrt{x^2 + y^2}$, che non è di classe C^∞.

E infine ecco il risultato promesso nell'Esempio 3.1.16:

Proposizione 3.1.31. *Sia $S \subset \mathbb{R}^3$ una superficie regolare, $U \subseteq \mathbb{R}^2$ un aperto, e $\varphi \colon U \to \mathbb{R}^3$ una superficie immersa con sostegno contenuto in S. Allora:*

(i) *$\varphi(U)$ è aperto in S;*

(ii) *se φ è iniettiva, allora per ogni $p \in \varphi(U)$ esistono un intorno $W \subset \mathbb{R}^3$ di p in $\mathbb{R}^3$ con $W \cap S \subseteq \varphi(U)$ e una $\Phi \colon W \to \mathbb{R}^2$ di classe C^∞ tali che $\Phi(W) \subseteq U$ e $\Phi|_{W \cap S} \equiv \varphi^{-1}|_{W \cap S}$. In particolare, $\varphi^{-1} \colon \varphi(U) \to U$ è continua, per cui φ è una parametrizzazione locale di S.*

Dimostrazione. Sia $p = \varphi(x_0, y_0) \in \varphi(U)$. Essendo S una superficie, possiamo trovare un intorno W_0 di p in $\mathbb{R}^3$ tale che $W_0 \cap S$ sia un grafico; per fissare le idee diciamo che $W_0 \cap S$ è il grafico sul piano xy di una funzione f. Detta $\pi \colon \mathbb{R}^3 \to \mathbb{R}^2$ la proiezione sul piano xy, poniamo $U_0 = \varphi^{-1}(W_0) \subseteq U$ e $h = \pi \circ \varphi \colon U_0 \to \mathbb{R}^2$. Se $(x, y) \in U_0$ abbiamo $\varphi_3(x, y) = f\big(\varphi_1(x, y), \varphi_2(x, y)\big)$, per cui la terza riga della matrice jacobiana di φ in (x, y) è combinazione lineare delle prime due. Siccome abbiamo supposto che il differenziale di φ abbia sempre rango 2, ne segue che le prime due righe della matrice jacobiana di φ devono essere linearmente indipendenti, e quindi $\operatorname{Jac} h(x, y)$ è invertibile. Il Teorema 2.2.4 della funzione inversa ci fornisce allora un intorno $U_1 \subseteq U_0$ di (x_0, y_0) e un intorno $V_1 \subseteq \mathbb{R}^2$ di $h(x_0, y_0) = \pi(p)$ tali che $h|_{U_1} \colon U_1 \to V_1$ sia un diffeomorfismo. In particolare, $\varphi(U_1) = \varphi \circ h|_{U_1}^{-1}(V_1) = (\pi|_S)^{-1}(V_1)$ è aperto in S, per cui $\varphi(U)$ è un intorno di p in S. Essendo p generico, $\varphi(U)$ è aperto in S, e (i) è dimostrata.

Supponiamo ora che φ sia iniettiva, per cui $\varphi^{-1} \colon \varphi(U) \to U$ è definita. Essendo $\varphi(U)$ aperto in S, a meno di restringere W_0 possiamo supporre che $W_0 \cap S \subseteq \varphi(U)$. Poniamo $W = W_0 \cap \pi^{-1}(V_1)$ e $\Phi = h|_{U_1}^{-1} \circ \pi$; per dimostrare (ii) ci rimane solo da far vedere che $\Phi|_{W \cap S} \equiv \varphi^{-1}|_{W \cap S}$.

Sia $q \in W \cap S$. Essendo $q \in W_0 \cap \pi^{-1}(V_1)$, deve esistere $(u, v) \in V_1$ tale che $q = \big(u, v, f(u, v)\big)$; d'altra parte, essendo $q \in \varphi(U)$, deve esistere un unico $(x, y) \in U$ tale che $q = \varphi(x, y)$. Ma allora $\pi(q) = (u, v) = h(x, y)$, per cui $(x, y) = h|_{U_1}^{-1}(u, v) \in U_1$ e $\varphi^{-1}(q) = (x, y) = h|_{U_1}^{-1} \circ \pi(q) = \Phi(q)$, come richiesto. $\qquad\square$

In altre parole, se sappiamo già che S è una superficie, per verificare se un'applicazione $\varphi \colon U \to \mathbb{R}^3$ da un aperto U di $\mathbb{R}^2$ a valori in S è una parametrizzazione locale basta controllare che φ sia iniettiva e che $d\varphi_x$ abbia rango 2 per ogni $x \in U$.

Osservazione 3.1.32. La proposizione precedente e il Lemma 3.1.4 potrebbero far sospettare che possa essere vero un enunciato del tipo "Sia $\varphi \colon U \to \mathbb{R}^3$ una superficie immersa iniettiva di sostegno $S = \varphi(U)$. Allora per ogni $p \in \varphi(U)$ esiste un intorno $W \subset \mathbb{R}^3$ di p in $\mathbb{R}^3$ e una $\Phi \colon W \to \mathbb{R}^2$ di classe C^∞ tali che $\Phi(W) \subseteq U$ e $\Phi|_{W \cap S} \equiv \varphi^{-1}|_{W \cap S}$. In particolare, $\varphi^{-1} \colon \varphi(U) \to U$ è continua, e S è una superficie regolare." Abbiamo anche una "dimostrazione" di questo enunciato: "Siccome, per ipotesi, φ è una superficie immersa, possiamo applicare il Lemma 3.1.4. Sia $p = \varphi(x_0) \in \varphi(U)$, e $G \colon \Omega \to W$ il diffeomorfismo fornito dal Lemma 3.1.4; a meno di restringere Ω, possiamo anche supporre che $\Omega = U_1 \times (-\delta, \delta)$, dove $\delta > 0$ e $U_1 \subseteq U$ è un opportuno intorno di x_0. Allora $\Phi = \pi \circ G^{-1}$, dove $\pi \colon \mathbb{R}^3 \to \mathbb{R}^2$ è la proiezione sulle prime due coordinate, è come desiderato. Infatti, per ogni $q \in W \cap \varphi(U)$ il punto $G^{-1}(q) = (y, t) \in \Omega$ è l'unico che soddisfa $G(y, t) = q$. Ma $G\big(\varphi^{-1}(q), 0\big) = \varphi\big(\varphi^{-1}(q)\big) = q$, per cui $G^{-1}(q) = \big(\varphi^{-1}(q), 0\big)$, e ci siamo." Invece, *questo enunciato è falso e questa dimostrazione è sbagliata.* L'errore (sottile) nella dimostrazione è che se $q \in W \cap \varphi(U)$ *non è detto che* $\varphi^{-1}(q)$ *appartenga a* U_1, per cui $\big(\varphi^{-1}(q), 0\big)$ non appartiene al dominio di G,

e quindi non possiamo né dire che $G\big(\varphi^{-1}(q),0\big) = \varphi\big(\varphi^{-1}(q)\big) = q$ né dedurre
che $G^{-1}(q) = \big(\varphi^{-1}(q),0\big)$. Ovviamente, il fatto che la dimostrazione sia sba-
gliata non implica necessariamente che l'enunciato sia falso. Ma l'enunciato è
falso, e difatti l'Esempio 3.1.33 conterrà un controesempio. Riassumendo, si
può dedurre la continuità dell'inversa di una superficie immersa φ globalmente
iniettiva *solo se si sa già che l'immagine di φ è contenuta in una superficie
regolare;* altrimenti potrebbe non essere vero.

Esempio 3.1.33. Sia $\varphi\colon(-1,+\infty) \times \mathbb{R} \to \mathbb{R}^3$ la superficie immersa dell'Esempio 3.1.6. Abbiamo già notato che φ è una superficie immersa iniettiva che
non è un omeomorfismo con l'immagine, e si vede subito che il suo sostegno S
non è una superficie regolare, in quanto nell'intorno del punto $(0,0,0) \in S$
nessuna delle tre proiezioni sui piani coordinati è iniettiva, e quindi S non può
essere localmente un grafico.

3.2 Funzioni differenziabili

Le parametrizzazioni locali sono gli strumenti che permettono di concretizzare l'idea che una superficie sia localmente fatta come un aperto del piano;
vediamo come usarle per dire quando una funzione definita su una superficie
è differenziabile. L'idea è la seguente:

Definizione 3.2.1. Sia $S \subset \mathbb{R}^3$ una superficie, e $p \in S$. Una funzione $f\colon S \to \mathbb{R}$
è di *classe C^∞* (o *differenziabile*) in p se esiste una parametrizzazione loca-
le $\varphi\colon U \to S$ in p tale che $f\circ\varphi\colon U \to \mathbb{R}$ sia di classe C^∞ in un intorno di $\varphi^{-1}(p)$.
Diremo che f è di *classe C^∞* se lo è in ogni punto. Lo spazio delle funzioni C^∞
su S sarà indicato con $C^\infty(S)$.

Osservazione 3.2.2. Una funzione differenziabile $f\colon S \to \mathbb{R}$ è automaticamente
continua. Infatti sia $I \subseteq \mathbb{R}$ aperto e $p \in f^{-1}(I)$. Per ipotesi esiste una parametrizzazione locale $\varphi\colon U \to S$ in p tale che $f\circ\varphi$ sia di classe C^∞ (e quindi in particolare continua) in un intorno di $\varphi^{-1}(p)$. Allora $(f\circ\varphi)^{-1}(I) = \varphi^{-1}\big(f^{-1}(I)\big)$ è
un intorno di $\varphi^{-1}(p)$. Ma φ è un omeomorfismo con l'immagine; quindi $f^{-1}(I)$
dev'essere un intorno di $\varphi\big(\varphi^{-1}(p)\big) = p$. Siccome p era arbitrario, ne segue
che $f^{-1}(I)$ è aperto in S, e quindi f è continua.

Il problema con questa definizione è che potrebbe dipendere dalla parametrizzazione locale scelta: a priori, potrebbe esistere un'altra parametrizzazione
locale ψ in p tale che $f \circ \psi$ *non* sia differenziabile in $\psi^{-1}(p)$. Per fortuna, il
seguente teorema implica che questo non può capitare.

Teorema 3.2.3. *Sia S una superficie, e siano $\varphi\colon U \to S$, $\psi\colon V \to S$ due
parametrizzazioni locali con $\Omega = \varphi(U) \cap \psi(V) \neq \varnothing$. Allora l'applicazio-
ne $h = \varphi^{-1} \circ \psi|_{\psi^{-1}(\Omega)}\colon \psi^{-1}(\Omega) \to \varphi^{-1}(\Omega)$ è un diffeomorfismo.*

Dimostrazione. L'applicazione h è un omeomorfismo, in quanto composizione di omeomorfismi; dobbiamo dimostrare che lei e la sua inversa sono di classe C^∞.

Sia $x_0 \in \psi^{-1}(\Omega)$, $y_0 = h(x_0) \in \varphi^{-1}(\Omega)$ e $p = \psi(x_0) = \varphi(y_0) \in \Omega$. La Proposizione 3.1.31 ci fornisce un intorno W di $p \in \mathbb{R}^3$ e un'applicazione $\Phi \colon W \to \mathbb{R}^2$ di classe C^∞ tali che $\Phi|_{W \cap S} \equiv \varphi^{-1}$. Ora, la continuità di ψ ci assicura che esiste un intorno $V_1 \subset \psi^{-1}(\Omega)$ di x_0 tale che $\psi(V_1) \subset W$. Ma allora $h|_{V_1} = \Phi \circ \psi|_{V_1}$, e quindi h è di classe C^∞ in x_0. Essendo x_0 generico, h è di classe C^∞ dappertutto. In modo analogo si dimostra che h^{-1} è di classe C^∞, per cui h è un diffeomorfismo. $\square$

Corollario 3.2.4. *Sia $S \subset \mathbb{R}^3$ una superficie, $f \colon S \to \mathbb{R}$ una funzione, e $p \in S$. Se esiste una parametrizzazione locale $\varphi \colon U \to S$ in p tale che $f \circ \varphi$ sia di classe C^∞ in un intorno di $\varphi^{-1}(p)$, allora $f \circ \psi$ è di classe C^∞ in un intorno di $\psi^{-1}(p)$ per ogni parametrizzazione locale $\psi \colon V \to S$ di S in p.*

Dimostrazione. Infatti possiamo scrivere

$$f \circ \psi = (f \circ \varphi) \circ (\varphi^{-1} \circ \psi),$$

e il teorema precedente ci assicura che $f \circ \psi$ è di classe C^∞ in un intorno di $\psi^{-1}(p)$ se e solo se $f \circ \varphi$ è di classe C^∞ in un intorno di $\varphi^{-1}(p)$. $\square$

Quindi la definizione di funzione differenziabile su una superficie non dipende dalle parametrizzazioni locali; per testare se una funzione è differenziabile possiamo usare una parametrizzazione locale qualsiasi.

Lo stesso approccio ci permette di definire il concetto di applicazione differenziabile fra due superfici:

Definizione 3.2.5. Se S_1, $S_2 \subset \mathbb{R}^3$ sono due superfici, diremo che una applicazione $F \colon S_1 \to S_2$ è di *classe C^∞* (o *differenziabile*) se per ogni $p \in S_1$ esistono una parametrizzazione locale $\varphi_1 \colon U_1 \to S_1$ in p e una parametrizzazione locale $\varphi_2 \colon U_2 \to S_2$ in $F(p)$ tali che $\varphi_2^{-1} \circ F \circ \varphi_1$ sia di classe C^∞ (dove definita). Se inoltre F è invertibile con inversa di classe C^∞, diremo che F è un *diffeomorfismo,* e che S_1 e S_2 sono *diffeomorfe.*

Osservazione 3.2.6. In maniera analoga (Esercizio 3.20) si definisce il concetto di applicazione differenziabile definita su un aperto di $\mathbb{R}^n$ e a valori in una superficie, o definita su una superficie e a valori in $\mathbb{R}^n$.

Si dimostra facilmente che la definizione di applicazione differenziabile non dipende dalle parametrizzazioni locali scelte (Esercizio 3.48), che le applicazioni differenziabili sono continue (Esercizio 3.39), e che la composizione di applicazioni differenziabili è ancora differenziabile:

Proposizione 3.2.7. *Se $F \colon S_1 \to S_2$ e $G \colon S_2 \to S_3$ sono applicazioni differenziabili fra superfici, allora anche la composizione $G \circ F \colon S_1 \to S_3$ è differenziabile.*

Dimostrazione. Fissato $p \in S_1$, scegliamo una parametrizzazione locale qualsiasi $\varphi_1 : U_1 \to S_1$ di S_1 in p, una parametrizzazione locale $\varphi_2 : U_2 \to S_2$ di S_2 in $F(p)$, e una parametrizzazione locale $\varphi_3 : U_3 \to S_3$ di S_3 in $G\big(F(p)\big)$. Allora

$$\varphi_3^{-1} \circ (G \circ F) \circ \varphi_1 = (\varphi_3^{-1} \circ G \circ \varphi_2) \circ (\varphi_2^{-1} \circ F \circ \varphi_1)$$

è di classe C^∞ dove definita, e ci siamo.   □

Esempio 3.2.8. Una parametrizzazione locale $\varphi : U \to \varphi(U) \subset S$ è un diffeomorfismo fra U e $\varphi(U)$. Infatti prima di tutto è per definizione invertibile. Poi, per testare la differenziabilità sua e dell'inversa possiamo usare l'identità id come parametrizzazione locale di U, e lei stessa come parametrizzazione locale di S. Quindi basta verificare che $\varphi^{-1} \circ \varphi \circ$ id e id $\circ \varphi^{-1} \circ \varphi$ siano di classe C^∞, che è ovvio.

Esempio 3.2.9. Se $U \subset \mathbb{R}^n$ è aperto e $F : U \to \mathbb{R}^3$ è un'applicazione C^∞ la cui immagine è contenuta in una superficie S, allora F è di classe C^∞ anche come applicazione a valori in S. Infatti, sia ψ una parametrizzazione locale in un punto $p \in F(U)$; la Proposizione 3.1.31 ci dice che esiste una funzione Ψ di classe C^∞ definita in un intorno di p tale che $\psi^{-1} \circ F = \Psi \circ F$, e quest'ultima composizione è di classe C^∞.

Esempio 3.2.10. Se $S \subset \mathbb{R}^3$ è una superficie, allora l'inclusione $\iota : S \hookrightarrow \mathbb{R}^3$ è di classe C^∞. Infatti, dire che ι è di classe C^∞ è esattamente equivalente (perché?) a dire che le parametrizzazioni locali sono di classe C^∞ considerate come applicazioni a valori in $\mathbb{R}^3$.

Esempio 3.2.11. Se $\Omega \subseteq \mathbb{R}^3$ è un aperto di $\mathbb{R}^3$ contenente la superficie S, e $\tilde{f} \in C^\infty(\Omega)$, allora la restrizione $f = \tilde{f}|_S$ è di classe C^∞ su S. Infatti $f \circ \varphi = \tilde{f} \circ \varphi$ è di classe C^∞ per ogni parametrizzazione locale φ.

In realtà, nella Sezione *3.6* dei Complementi a questo capitolo dimostreremo (Teorema 3.6.7) che l'esempio precedente fornisce tutte le funzioni C^∞ su una superficie S. Per i nostri scopi, però, sarà sufficiente una versione locale di questo risultato:

Proposizione 3.2.12. *Sia $S \subset \mathbb{R}^3$ una superficie, e $p \in S$. Allora una funzione $f : S \to \mathbb{R}$ è di classe C^∞ in p se e solo se esistono un intorno aperto $W \subseteq \mathbb{R}^3$ di p in $\mathbb{R}^3$ e una funzione $\tilde{f} \in C^\infty(W)$ tali che $\tilde{f}|_{W \cap S} \equiv f|_{W \cap S}$.*

Dimostrazione. In una direzione è l'Esempio 3.2.11. Viceversa, supponiamo che f sia di classe C^∞ in p, e sia $\varphi : U \to S$ una parametrizzazione locale centrata in p. La Proposizione 3.1.31.(ii) ci fornisce un intorno W di p in $\mathbb{R}^3$ e un'applicazione $\Phi : W \to \mathbb{R}^2$ di classe C^∞ tali che $\Phi(W) \subseteq U$ e $\Phi_{W \cap S} \equiv \varphi^{-1}|_{W \cap S}$. Allora la funzione $\tilde{f} = (f \circ \varphi) \circ \Phi \in C^\infty(W)$ è come voluto.   □

3.3 Piano tangente

Abbiamo visto che i vettori tangenti svolgono un ruolo fondamentale nello studio delle curve. In questa sezione vogliamo quindi definire il concetto di vettore tangente a una superficie in un punto. Il modo geometricamente più semplice è il seguente:

Definizione 3.3.1. Sia $S \subseteq \mathbb{R}^3$ un insieme, e $p \in S$. Un *vettore tangente* a S in p è un vettore della forma $\sigma'(0)$, dove $\sigma\colon (-\varepsilon, \varepsilon) \to \mathbb{R}^3$ è una curva di classe C^∞ con sostegno contenuto in S e tale che $\sigma(0) = p$. L'insieme di tutti i possibili vettori tangenti a S in p è il *cono tangente* T_pS a S in p.

Osservazione 3.3.2. Un *cono* (di vertice l'origine) in uno spazio vettoriale V è un sottoinsieme $C \subseteq V$ tale che $av \in C$ per ogni $a \in \mathbb{R}$ e $v \in C$. Non è difficile verificare che il cono tangente a un insieme è effettivamente un cono in questo senso. Infatti, prima di tutto il vettore nullo è il vettore tangente a una curva costante, per cui $O \in T_pS$ per ogni $p \in S$. Poi, se $a \in \mathbb{R}^*$ e $O \neq v \in T_pS$, scelta una curva $\sigma\colon (-\varepsilon, \varepsilon) \to S$ con $\sigma(0) = p$ e $\sigma'(0) = v$, allora la curva $\sigma_a\colon (-\varepsilon/|a|, \varepsilon/|a|) \to S$ data da $\sigma_a(t) = \sigma(at)$ è tale che $\sigma_a(0) = p$ e $\sigma_a'(0) = av$, per cui $av \in T_pS$ come richiesto dalla definizione di cono.

Esempio 3.3.3. Se $S \subset \mathbb{R}^3$ è l'unione di due rette per l'origine, si verifica subito (esercizio per te) che $T_OS = S$.

Il vantaggio di questa definizione di vettore tangente è l'evidente significato geometrico. Se S è una superficie, però, l'intuizione geometrica ci suggerisce che T_pS dovrebbe essere un piano, e non semplicemente un cono. Sfortunatamente, questo non è evidente dalla definizione: la somma di due curve in S non è necessariamente una curva in S, per cui il modo "ovvio" di dimostrare che la somma di due vettori tangenti è un vettore tangente non funziona. D'altra parte, l'esempio precedente mostra che se S non è una superficie il cono tangente non ha nessun motivo per essere un piano; quindi per ottenere un risultato del genere dobbiamo sfruttare a fondo la definizione di superficie — ovvero tirare in ballo le parametrizzazioni locali.

Cominciamo col vedere cosa succede nel caso più semplice, quello degli aperti nel piano:

Esempio 3.3.4. Sia $U \subseteq \mathbb{R}^2$ un aperto, e $p \in U$. Ogni curva contenuta in U è piana, per cui i vettori tangenti a U in p sono necessariamente contenuti in $\mathbb{R}^2$. Viceversa, se $v \in \mathbb{R}^2$ allora la curva $\sigma\colon (-\varepsilon, \varepsilon) \to V$ data da $\sigma(t) = p + tv$ ha sostegno contenuto in U per ε abbastanza piccolo, e ha vettore tangente v. Quindi abbiamo dimostrato che $T_pU = \mathbb{R}^2$.

Seguendo la solita filosofia che le parametrizzazioni locali ci permettono di trasportare nozioni dagli aperti del piano alle superfici otteniamo allora la seguente:

Proposizione 3.3.5. *Sia $S \subset \mathbb{R}^3$ una superficie, $p \in S$, e $\varphi: U \to S$ una parametrizzazione locale in p con $\varphi(x_o) = p$. Allora $\mathrm{d}\varphi_{x_o}$ è un isomorfismo fra $\mathbb{R}^2$ e T_pS. In particolare, $T_pS = \mathrm{d}\varphi_{x_o}(\mathbb{R}^2)$ è sempre uno spazio vettoriale di dimensione 2, e $\mathrm{d}\varphi_{x_o}(\mathbb{R}^2)$ non dipende da φ ma solo da S e p.*

Dimostrazione. Dato $v \in \mathbb{R}^2$, possiamo trovare $\varepsilon > 0$ tale che $x_o + tv \in U$ per ogni $t \in (-\varepsilon, \varepsilon)$; quindi la curva $\sigma_v: (-\varepsilon, \varepsilon) \to S$ data da $\sigma_v(t) = \varphi(x_o + tv)$ è ben definita. Siccome $\sigma_v(0) = p$ e $\sigma_v'(0) = \mathrm{d}\varphi_{x_o}(v)$, segue che $\mathrm{d}\varphi_{x_o}(\mathbb{R}^2) \subseteq T_pS$.

Viceversa, sia $\sigma: (-\varepsilon, \varepsilon) \to S$ una curva con $\sigma(0) = p$; a meno di diminuire ε, possiamo supporre che il sostegno di σ sia contenuto in $\varphi(U)$. Grazie alla Proposizione 3.1.31.(ii) la composizione $\sigma_o = \varphi^{-1} \circ \sigma$ è una curva di classe C^∞ in U tale che $\sigma_o(0) = x_o$; poniamo $v = \sigma_o'(0) \in \mathbb{R}^2$. Allora

$$\mathrm{d}\varphi_{x_o}(v) = \frac{\mathrm{d}(\varphi \circ \sigma_o)}{\mathrm{d}t}(0) = \sigma'(0) \, ,$$

per cui $T_pS \subseteq \mathrm{d}\varphi_{x_o}(\mathbb{R}^2)$. Quindi $\mathrm{d}\varphi_{x_o}: \mathbb{R}^2 \to T_pS$ è surgettivo; essendo anche iniettivo, è un isomorfismo fra $\mathbb{R}^2$ e T_pS. $\square$

Definizione 3.3.6. Sia $S \subset \mathbb{R}^3$ una superficie, e $p \in S$. Lo spazio vettoriale $T_pS \subset \mathbb{R}^3$ è detto *piano tangente* a S in p.

Osservazione 3.3.7. Attenzione: il piano tangente come l'abbiamo definito noi è un sottospazio vettoriale di $\mathbb{R}^3$, e quindi passa per l'origine indipendentemente da quale sia il punto $p \in S$. Quando si disegna il piano tangente come un piano appoggiato alla superficie, non si sta disegnando T_pS ma il suo traslato $p + T_pS$, che è il *piano tangente affine* passante per p.

Osservazione 3.3.8. Si può dimostrare (vedi l'Esercizio 3.35) che il piano affine $p + T_pS$ è il piano che meglio approssima la superficie S nel punto p, nel senso discusso nella Sezione 1.4.

Osservazione 3.3.9. Dalla definizione risulta evidente che se $S \subset \mathbb{R}^3$ è una superficie, $p \in S$ e $U \subseteq S$ è un aperto di S contenente p, allora $T_pU = T_pS$. In particolare, se $S = \mathbb{R}^2$ allora $T_pU = T_p\mathbb{R}^2 = \mathbb{R}^2$ per ogni aperto U del piano e ogni $p \in U$.

L'isomorfismo fra $\mathbb{R}^2$ e T_pS fornito dalle parametrizzazioni locali ci permette di introdurre particolari basi del piano tangente:

Definizione 3.3.10. Sia $S \subset \mathbb{R}^3$ una superficie, e $p \in S$. Se $\varphi: U \to S$ è una parametrizzazione locale centrata in p, e $\{e_1, e_2\}$ è la base canonica di $\mathbb{R}^2$, allora definiamo i vettori tangenti $\partial/\partial x_1|_p$, $\partial/\partial x_2|_p \in T_pS$ (i motivi che giustificano questa notazione saranno chiariti nell'Osservazione 3.4.17) ponendo

$$\left.\frac{\partial}{\partial x_j}\right|_p = \mathrm{d}\varphi_O(e_j) = \frac{\partial \varphi}{\partial x_j}(O) = \begin{vmatrix} \frac{\partial \varphi_1}{\partial x_j}(O) \\ \frac{\partial \varphi_2}{\partial x_j}(O) \\ \frac{\partial \varphi_3}{\partial x_j}(O) \end{vmatrix} \, .$$

Scriveremo spesso $\partial_j|_p$ (o anche, quando non ci sarà pericolo di confusione, semplicemente ∂_j) invece di $\partial/\partial x_j|_p$. Chiaramente, $\{\partial_1|_p, \partial_2|_p\}$ è una base di T_pS, la base *indotta* dalla parametrizzazione locale φ. Nota che $\partial_1|_p$ e $\partial_2|_p$ non sono altro che le due colonne della matrice Jacobiana di φ calcolata in $O = \varphi^{-1}(p)$. Infine, una curva in S tangente a $\partial_j|_p$ è la curva coordinata j-esima $\sigma\colon (-\varepsilon, \varepsilon) \to S$ data da $\sigma(t) = \varphi(t\mathbf{e}_j)$ per ε abbastanza piccolo.

Abbiamo visto che un modo per definire superfici è come superfici di livello di una funzione differenziabile. La seguente proposizione ci dice come trovare il piano tangente in questo caso:

Proposizione 3.3.11. *Sia $U \subseteq \mathbb{R}^3$ un aperto, e $a \in \mathbb{R}$ un valore regolare di una funzione $f \in C^\infty(U)$. Se S è una componente connessa di $f^{-1}(a)$ e $p \in S$, il piano tangente T_pS è il sottospazio di $\mathbb{R}^3$ ortogonale a $\nabla f(p)$.*

Dimostrazione. Infatti, prendiamo $v = (v_1, v_2, v_3) \in T_pS$ e sia $\sigma\colon (-\varepsilon, \varepsilon) \to S$ una curva con $\sigma(0) = p$ e $\sigma'(0) = v$. Derivando $f \circ \sigma \equiv a$ e calcolando in 0 otteniamo

$$\frac{\partial f}{\partial x_1}(p)v_1 + \frac{\partial f}{\partial x_2}(p)v_2 + \frac{\partial f}{\partial x_3}(p)v_3 = 0 \;,$$

per cui v è ortogonale a $\nabla f(p)$. Dunque T_pS è contenuto nel sottospazio ortogonale a $\nabla f(p)$; ma entrambi hanno dimensione 2, per cui coincidono. $\square$

Vediamo ora alcuni esempi di piani tangenti.

Esempio 3.3.12. Sia $H \subset \mathbb{R}^3$ un piano passante per un punto $p_0 \in \mathbb{R}^3$, e $H_0 = H - p_0 \subset \mathbb{R}^3$ il piano per l'origine parallelo ad H. Siccome i vettori tangenti a curve con supporto in H devono appartenere ad H_0 (vedi la dimostrazione della Proposizione 1.3.25), otteniamo $T_{p_0}H = H_0$.

Esempio 3.3.13. Sia $p_0 = (x_0, y_0, z_0) \in S^2$ un punto della sfera unitaria di equazione $x^2 + y^2 + z^2 = 1$. Posto $f(x, y, z) = x^2 + y^2 + z^2$, la Proposizione 3.3.11 ci dice che $T_{p_0}S^2$ è il sottospazio ortogonale a $\nabla f(p_0) = (2x_0, 2y_0, 2z_0) = 2p_0$. Quindi *il piano tangente a una sfera in un punto è sempre ortogonale al raggio in quel punto.* Se $z_0 > 0$, usando la parametrizzazione locale φ_1 dell'Esempio 3.1.15 troviamo che una base di $T_{p_0}S^2$ è composta dai vettori

$$\left.\frac{\partial}{\partial x}\right|_{p_0} = \frac{\partial \varphi_1}{\partial x}(x_0, y_0) = \begin{vmatrix} 1 \\ 0 \\ \frac{-x_0}{\sqrt{1-x_0^2-y_0^2}} \end{vmatrix}, \quad \left.\frac{\partial}{\partial y}\right|_{p_0} = \frac{\partial \varphi_1}{\partial y}(x_0, y_0) = \begin{vmatrix} 0 \\ 1 \\ \frac{-y_0}{\sqrt{1-x_0^2-y_0^2}} \end{vmatrix}.$$

La base indotta dalla parametrizzazione locale data dalle coordinate sferiche (Esempio 3.1.16) è invece formata dai vettori

$$\left.\frac{\partial}{\partial \theta}\right|_{p_0} = \begin{vmatrix} \cos\theta\cos\phi \\ \cos\theta\sin\phi \\ -\sin\theta \end{vmatrix} \quad \text{e} \quad \left.\frac{\partial}{\partial \phi}\right|_{p_0} = \begin{vmatrix} -\sin\theta\sin\phi \\ \sin\theta\cos\phi \\ 0 \end{vmatrix}.$$

Esempio 3.3.14. Sia $\Gamma_f \subset \mathbb{R}^3$ il grafico di una funzione $f \in C^\infty(U)$. Usando la parametrizzazione locale dell'Esempio 3.1.13 e la Proposizione 3.3.5 vediamo che una base del piano tangente a Γ_f nel punto $p = (x_1, x_2, f(x_1, x_2)) \in \Gamma_f$ è composta dai vettori

$$\left.\frac{\partial}{\partial x_1}\right|_p = \begin{vmatrix} 1 \\ 0 \\ \frac{\partial f}{\partial x_1}(x_1, x_2) \end{vmatrix} , \qquad \left.\frac{\partial}{\partial x_2}\right|_p = \begin{vmatrix} 0 \\ 1 \\ \frac{\partial f}{\partial x_2}(x_1, x_2) \end{vmatrix} .$$

Esempio 3.3.15. Sia $S \subset \mathbb{R}^3$ la superficie di rotazione ottenuta ruotando attorno all'asse z una curva (o arco aperto) di Jordan C contenuta nel semipiano destro del piano xz. Sia $\sigma\colon \mathbb{R} \to \mathbb{R}^3$ una parametrizzazione globale o periodica di C della forma $\sigma(t) = (\alpha(t), 0, \beta(t))$, e $\varphi\colon \mathbb{R}^2 \to \mathbb{R}^3$ la superficie immersa di sostegno S introdotta nell'Esempio 3.1.18. La Proposizione 3.1.31.(ii) ci dice che ogni restrizione di φ a un aperto su cui è iniettiva è una parametrizzazione locale di S; quindi per ogni $p = \varphi(t, \theta) \in S$ la Proposizione 3.3.5 implica che $T_p S = \mathrm{d}\varphi_{(t,\theta)}(\mathbb{R}^2)$. In particolare, una base del piano tangente in p è composta dai vettori

$$\left.\frac{\partial}{\partial t}\right|_p = \frac{\partial \varphi}{\partial t}(t, \theta) = \begin{vmatrix} \alpha'(t)\cos\theta \\ \alpha'(t)\sin\theta \\ \beta'(t) \end{vmatrix} , \qquad \left.\frac{\partial}{\partial \theta}\right|_p = \frac{\partial \varphi}{\partial \theta}(t, \theta) = \begin{vmatrix} -\alpha(t)\sin\theta \\ \alpha(t)\cos\theta \\ 0 \end{vmatrix} .$$

Esempio 3.3.16. Un polinomio $p(x)$ di secondo grado in tre variabili può essere sempre scritto nella forma $p(x) = x^T \mathsf{A}x + 2b^T x + c$, dove $\mathsf{A} = (a_{ij}) \in M_{3,3}(\mathbb{R})$ è una matrice simmetrica, $b \in \mathbb{R}^3$ (stiamo scrivendo i vettori di $\mathbb{R}^3$ come vettori colonna), e $c \in \mathbb{R}$. In particolare, $\nabla p(x) = 2(\mathsf{A}x + b)$. Quindi se $S \subset \mathbb{R}^3$ è la componente connessa della quadrica di equazione $p(x) = 0$ contenente il punto $x_0 \notin \mathrm{Crit}(p)$, il piano tangente $T_{x_0} S$ alla superficie S (vedi l'Esercizio 3.9) in x_0 è dato da

$$T_{x_0} S = \{v \in \mathbb{R}^3 \mid \langle \mathsf{A}x_0 + b, v\rangle = 0\} .$$

Per esempio, il piano tangente nel punto $x_0 = (1, 0, 1)$ all'iperboloide iperbolico di equazione $x^2 + y^2 - z^2 - 1 = 0$ è il piano $\{v = (v_1, v_2, v_3) \in \mathbb{R}^3 \mid v_1 = v_3\}$.

3.4 Vettori tangenti e derivazioni

La Definizione 3.3.6 di piano tangente ha un problema: dipende strettamente dal fatto che la superficie S è contenuta in $\mathbb{R}^3$, mentre sarebbe piacevole avere un concetto di vettore tangente intrinseco a S, indipendente dall'immersione nello spazio euclideo. In altre parole, ci piacerebbe avere una definizione di $T_p S$ non come sottospazio di $\mathbb{R}^3$ ma come spazio vettoriale astratto, dipendente solo da S e da p. Inoltre, visto che stiamo parlando di "geometria differenziale", prima o poi dovremo trovare il modo di fare derivate su una superficie.

Cosa forse sorprendente, possiamo risolvere entrambi questi problemi in un colpo solo. L'idea cruciale è contenuta nel seguente esempio.

Esempio 3.4.1. Sia $U \subseteq \mathbb{R}^2$ un aperto, e $p \in U$. Allora a ogni vettore tangente $v \in T_pU = \mathbb{R}^2$ possiamo associare una derivata parziale:

$$v = (v_1, v_2) \mapsto \left. \frac{\partial}{\partial v} \right|_p = v_1 \left. \frac{\partial}{\partial x_1} \right|_p + v_2 \left. \frac{\partial}{\partial x_2} \right|_p ,$$

e tutte le derivate parziali sono di questo tipo. Quindi in un certo senso possiamo identificare T_pU con l'insieme delle derivate parziali.

Il nostro obiettivo sarà quindi indentificare, anche nel caso delle superfici, i vettori tangenti con il tipo giusto di derivata parziale. Per far ciò, prima di tutto dobbiamo chiarire che oggetti vogliamo derivare. L'osservazione di base è che per derivare una funzione in un punto basta conoscerne il comportamento in un intorno qualsiasi del punto; se il nostro obiettivo è solo calcolare la derivata in p, due funzioni che coincidono in un intorno di p sono del tutto equivalenti. Questa osservazione suggerisce la seguente

Definizione 3.4.2. Sia $S \subset \mathbb{R}^3$ una superficie, e $p \in S$. Indichiamo con $\mathcal{F}$ l'insieme delle coppie (U, f), dove $U \subseteq S$ è un intorno aperto di p in S, e $f \in C^\infty(U)$. Su $\mathcal{F}$ mettiamo la relazione d'equivalenza $\sim$ definita come segue: $(U, f) \sim (V, g)$ se esiste un intorno aperto $W \subseteq U \cap V$ di p tale che $f|_W \equiv g|_W$. Lo spazio quoziente $C^\infty(p) = \mathcal{F}/\sim$ sarà detto *spiga dei germi di funzioni* C^∞ in p, e un elemento $\mathbf{f} \in C^\infty(p)$ *germe* in p. Un elemento (U, f) della classe di equivalenza $\mathbf{f}$ è detto *rappresentante* di $\mathbf{f}$. Se sarà necessario ricordare su quale superficie stiamo lavorando, scriveremo $C_S^\infty(p)$ invece di $C^\infty(p)$.

Osservazione 3.4.3. Se $U \subseteq S$ è un aperto di una superficie S e $p \in U$, allora chiaramente si ha $C_U^\infty(p) = C_S^\infty(p)$.

Ciò che vogliamo derivare sono quindi i germi di funzioni C^∞. Prima di vedere come, osserviamo che $C^\infty(p)$ ha una naturale struttura algebrica.

Definizione 3.4.4. Un'*algebra* su un campo $\mathbb{K}$ è un insieme A su cui sono definite una somma $+$, un prodotto $\cdot$ e un prodotto per scalari $\lambda\cdot$ tali che $(A, +, \cdot)$ sia un anello, $(A, +, \lambda\cdot)$ sia uno spazio vettoriale, e valga la proprietà associativa $(\lambda f)g = \lambda(fg) = f(\lambda g)$ per ogni $\lambda \in \mathbb{K}$ e $f, g \in A$.

Lemma 3.4.5. *Sia $S \subset \mathbb{R}^3$ una superficie, $p \in S$, e $\mathbf{f}, \mathbf{g} \in C^\infty(p)$ due germi in p. Siano inoltre (U_1, f_1), (U_2, f_2) due rappresentanti di $\mathbf{f}$, e (V_1, g_1), (V_2, g_2) due rappresentanti di $\mathbf{g}$. Allora:*

(i) *$(U_1 \cap V_1, f_1 + g_1)$ è equivalente a $(U_2 \cap V_2, f_2 + g_2)$;*
(ii) *$(U_1 \cap V_1, f_1 g_1)$ è equivalente a $(U_2 \cap V_2, f_2 g_2)$;*
(iii) *$(U_1, \lambda f_1)$ è equivalente a $(U_2, \lambda f_2)$ per ogni $\lambda \in \mathbb{R}$;*
(iv) *$f_1(p) = f_2(p)$.*

Dimostrazione. Cominciamo con (i). Siccome $(U_1, f_1) \sim (U_2, f_2)$, esiste un intorno aperto $W_f \subseteq U_1 \cap U_2$ di p tale che $f_1|_{W_f} \equiv f_2|_{W_f}$. Analogamente, siccome $(V_1, g_1) \sim (V_2, g_2)$, esiste un intorno aperto $W_g \subseteq V_1 \cap V_2$ di p tale che $g_1|_{W_g} \equiv g_2|_{W_g}$. Ma allora $(f_1 + f_2)|_{W_f \cap W_g} \equiv (g_1 + g_2)|_{W_f \cap W_g}$, e quindi $(U_1 \cap V_1, f_1 + g_1) \sim (U_2 \cap V_2, f_2 + g_2)$ in quanto $W_f \cap W_g \subseteq U_1 \cap V_1 \cap U_2 \cap V_2$.

La dimostrazione di (ii) è analoga, e (iii) e (iv) sono ovvie. $\square$

Definizione 3.4.6. Siano $\mathbf{f}, \mathbf{g} \in C^\infty(p)$ due germi in un punto $p \in S$. Indicheremo con $\mathbf{f} + \mathbf{g} \in C^\infty(p)$ il germe rappresentato da $(U \cap V, f + g)$, dove (U, f) è un qualsiasi rappresentante di $\mathbf{f}$ e (V, g) è un qualsiasi rappresentante di $\mathbf{g}$. Analogamente indicheremo con $\mathbf{fg} \in C^\infty(p)$ il germe rappresentato da $(U \cap V, fg)$, e, dato $\lambda \in \mathbb{R}$, con $\lambda\mathbf{f} \in C^\infty(p)$ il germe rappresentato da $(U, \lambda f)$. Il Lemma 3.4.5 ci assicura che queste definizioni sono ben poste, ed è evidente (perché?) che $C^\infty(p)$ con queste operazioni è un'algebra. Infine, per ogni $\mathbf{f} \in C^\infty(p)$ definiamo il suo valore $\mathbf{f}(p) \in \mathbb{R}$ in p ponendo $\mathbf{f}(p) = f(p)$ per un qualsiasi rappresentante (U, f) di $\mathbf{f}$. Di nuovo, il Lemma 3.4.5 ci assicura che $\mathbf{f}(p)$ è ben definito.

Il fatto che la composizione di applicazioni differenziabili sia ancora un'applicazione differenziabile ci permette di confrontare spighe in punti diversi di superfici diverse. Infatti, sia $F: S_1 \to S_2$ un'applicazione di classe C^∞ fra superfici, e siano (V_1, g_1) e (V_2, g_2) due rappresentanti di un germe $\mathbf{g} \in C^\infty(F(p))$. Allora è evidente (esercizio) che $(F^{-1}(V_1), g_1 \circ F)$ e $(F^{-1}(V_2), g_2 \circ F)$ rappresentano lo stesso germe in p, che quindi dipende solo da $\mathbf{g}$ (e da F).

Definizione 3.4.7. Siano $F: S_1 \to S_2$ un'applicazione differenziabile fra superfici e $p \in S_1$. Indicheremo con $F_p^*: C_{S_2}^\infty(F(p)) \to C_{S_1}^\infty(p)$ l'applicazione che associa a un germe $\mathbf{g} \in C_{S_2}^\infty(F(p))$ di rappresentante (V, g) il germe $F_p^*(\mathbf{g}) \in C_{S_1}^\infty(p)$ di rappresentante $(F^{-1}(V), g \circ F)$. A volte scriveremo $\mathbf{g} \circ F$ invece di $F_p^*(\mathbf{g})$. Si vede subito (esercizio) che F_p^* è un omomorfismo di algebre.

Osservazione 3.4.8. Una convenzione molto comune (e molto utile) della matematica contemporanea consiste nell'indicare con una stella in alto (come in F_p^*) un'applicazione associata in modo canonico a un'applicazione data ma che procede in direzione inversa: la F va da S_1 a S_2, mentre F^* va dai germi in S_2 ai germi in S_1. La stessa convenzione prevede di usare la stella in basso (come in F_*) per indicare un'applicazione associata che invece procede nella stessa direzione dell'applicazione data (vedi per esempio le Definizioni 3.4.12 e 3.4.21 più oltre).

Lemma 3.4.9. (i) *Si ha* $(\mathrm{id}_S)_p^* = \mathrm{id}$ *per ogni punto p di una superficie S.*
(ii) *Siano $F: S_1 \to S_2$ e $G: S_2 \to S_3$ applicazioni C^∞ fra superfici, e $p \in S_1$. Allora $(G \circ F)_p^* = F_p^* \circ G_{F(p)}^*$ per ogni $p \in S_1$.*
(iii) *Se $F: S_1 \to S_2$ è un diffeomorfismo allora $F_p^*: C^\infty(F(p)) \to C^\infty(p)$ è un isomorfismo di algebre per ogni $p \in S_1$. In particolare, se $\varphi: U \to S$ è una*

parametrizzazione locale con $\varphi(x_o) = p \in S$, *allora* $\varphi_{x_o}^*\colon C_S^\infty(p) \to C_U^\infty(x_o)$
è un isomorfismo di algebre.

Dimostrazione. (i) Ovvio.

(ii) Segue subito (esercizio) dall'uguaglianza $g \circ (G \circ F) = (g \circ G) \circ F$.

(iii) Infatti (i) e (ii) implicano che $(F^{-1})^*_{F(p)}$ è l'inversa di F_p^*.   □

Adesso siamo finalmente in grado di definire cosa intendiamo per derivata parziale su una superficie.

Definizione 3.4.10. Sia $S \subset \mathbb{R}^3$ una superficie, e $p \in S$. Una *derivazione* in p è una funzione $\mathbb{R}$-lineare $D\colon C^\infty(p) \to \mathbb{R}$ che soddisfa la regola di Leibniz:

$$D(\mathbf{fg}) = \mathbf{f}(p)D(\mathbf{g}) + \mathbf{g}(p)D(\mathbf{f}) \ .$$

Si verifica subito (esercizio) che l'insieme $\mathcal{D}\big(C^\infty(p)\big)$ delle derivazioni di $C^\infty(p)$ è un sottospazio vettoriale del duale (come spazio vettoriale) di $C^\infty(p)$.

Esempio 3.4.11. Sia $U \subset \mathbb{R}^2$ un aperto del piano, e $p \in U$. Abbiamo già osservato che $T_pU = \mathbb{R}^2$. D'altra parte, le derivate parziali in p sono chiaramente delle derivazioni di $C^\infty(p)$; quindi possiamo introdurre un'applicazione lineare naturale $\alpha\colon T_pU \to \mathcal{D}\big(C^\infty(p)\big)$ ponendo

$$\alpha(v) = \left.\frac{\partial}{\partial v}\right|_p = v_1 \left.\frac{\partial}{\partial x_1}\right|_p + v_2 \left.\frac{\partial}{\partial x_2}\right|_p \ .$$

Il punto cruciale qui è che l'applicazione α è in realtà un isomorfismo fra T_pU e $\mathcal{D}\big(C^\infty(p)\big)$. Di più, faremo vedere che T_pS e $\mathcal{D}\big(C_S^\infty(p)\big)$ sono canonicamente isomorfi per ogni superficie S e ogni $p \in S$, fatto che ci fornirà la desiderata caratterizzazione intrinseca del piano tangente. Per dimostrare tutto ciò ci servono ancora una definizione e un lemma.

Definizione 3.4.12. Sia $S \subset \mathbb{R}^3$ una superficie, e $p \in S$. Data una parametrizzazione locale $\varphi\colon U \to S$ con $\varphi(x_o) = p \in S$, definiamo un'applicazione $\varphi_*\colon \mathcal{D}\big(C^\infty(x_o)\big) \to \mathcal{D}\big(C^\infty(p)\big)$ ponendo $\varphi_*(D) = D \circ \varphi_{x_o}^*$, cioè

$$\varphi_*(D)(\mathbf{f}) = D(\mathbf{f} \circ \varphi)$$

per ogni $\mathbf{f} \in C^\infty(p)$ e $D \in \mathcal{D}\big(C^\infty(x_o)\big)$. Si verifica subito (controlla) che $\varphi_*(D)$ è una derivazione, in quanto $\varphi_{x_o}^*$ è un isomorfismo di algebre, per cui l'immagine di φ_* è effettivamente contenuta in $\mathcal{D}\big(C^\infty(p)\big)$. Di più, è facile vedere (esercizio) che φ_* è un isomorfismo di spazi vettoriali, con inversa $(\varphi_*)^{-1}(D) = D \circ (\varphi^{-1})_p^*$.

Osservazione 3.4.13. Vedremo in seguito che φ_* può essere canonicamente identificata col differenziale della parametrizzazione locale.

Lemma 3.4.14. *Sia* $U \subseteq \mathbb{R}^n$ *un aperto stellato rispetto a* $x^o \in \mathbb{R}^n$. *Allora per ogni* $f \in C^\infty(U)$ *esistono* $g_1, \ldots, g_n \in C^\infty(U)$ *tali che* $g_j(x^o) = \frac{\partial f}{\partial x_j}(x^o)$ *e*

$$f(x) = f(x^o) + \sum_{j=1}^{n}(x_j - x_j^o)g_j(x)$$

per ogni $x \in U$.

Dimostrazione. Si ha

$$f(x) - f(x^o) = \int_0^1 \frac{\partial}{\partial t} f\big(x^o + t(x - x^o)\big)\, \mathrm{d}t$$

$$= \sum_{j=1}^{n}(x_j - x_j^o) \int_0^1 \frac{\partial f}{\partial x_j}\big(x^o + t(x - x^o)\big)\, \mathrm{d}t,$$

per cui basta porre

$$g_j(x) = \int_0^1 \frac{\partial f}{\partial x_j}\big(x^o + t(x - x^o)\big)\, \mathrm{d}t.$$

$\square$

Ora possiamo dimostrare la promessa caratterizzazione del piano tangente:

Teorema 3.4.15. *Sia* $S \subset \mathbb{R}^3$ *una superficie, e* $p \in S$. *Il piano tangente* T_pS *è canonicamente isomorfo allo spazio* $\mathcal{D}\big(C^\infty(p)\big)$ *delle derivazioni di* $C^\infty(p)$.

Dimostrazione. Sia $\varphi: U \to S$ una parametrizzazione locale centrata in p. Cominciamo scrivendo il seguente diagramma commutativo:

$$
\begin{array}{ccc}
T_OU = \mathbb{R}^2 & \xrightarrow{\ \alpha\ } & \mathcal{D}\big(C^\infty(O)\big) \\
{\scriptstyle \mathrm{d}\varphi_O} \downarrow & & \downarrow {\scriptstyle \varphi_*} \\
T_pS & \xrightarrow{\ \beta\ } & \mathcal{D}\big(C^\infty(p)\big)
\end{array}
\qquad (3.2)
$$

dove α è l'applicazione introdotta nella Definizione 3.4.12, e

$$\beta = \varphi_* \circ \alpha \circ (\mathrm{d}\varphi_O)^{-1}.$$

Procederemo in due passi: prima di tutto dimostreremo che α è un isomorfismo. Essendo $\mathrm{d}\varphi_O$ e φ_* isomorfismi, questo implicherà che anche β è un isomorfismo. Poi dimostreremo che è possibile esprimere β in modo indipendente da φ; quindi β sarà un isomorfismo canonico, indipendente da qualsiasi scelta, e avremo finito.

Dimostriamo che α è un isomorfismo. Essendo chiaramente lineare, ci basta far vedere che è iniettivo e surgettivo. Se $v = (v_1, v_2) \in \mathbb{R}^2 = T_OU$, si ha

$$v_j = v_j \frac{\partial x_j}{\partial x_j}(O) = \alpha(v)(\mathbf{x}_j)$$

per $j = 1, 2$, dove $\mathbf{x}_j$ è il germe nell'origine della funzione coordinata x_j. Quindi se $v_j \neq 0$ si ha $\alpha(v)(\mathbf{x}_j) \neq 0$, per cui $v \neq O$ implica $\alpha(v) \neq O$ e α è iniettiva. Per la surgettività, prendiamo $D \in \mathcal{D}\big(C^\infty(O)\big)$; vogliamo far vedere che $D = \alpha(v)$, dove $v = (D\mathbf{x}_1, D\mathbf{x}_2)$. Prima di tutto notiamo che

$$D1 = D(1 \cdot 1) = 2D1 \,,$$

e quindi $D\mathbf{c} = 0$ per ogni costante $c \in \mathbb{R}$, dove $\mathbf{c}$ è il germe rappresentato da $(\mathbb{R}^2, c)$. Sia ora $\mathbf{f} \in C^\infty(O)$ qualsiasi. Applicando il Lemma 3.4.14 troviamo

$$D\mathbf{f} = D\big(\mathbf{f}(O)\big) + D\big(\mathbf{x}_1\mathbf{g}_1 + \mathbf{x}_2\mathbf{g}_2\big) \tag{3.3}$$

$$= \sum_{j=1}^{2}\big[\mathbf{x}_j(O)D\mathbf{g}_j + \mathbf{g}_j(O)D\mathbf{x}_j\big] = \sum_{j=1}^{2} D\mathbf{x}_j\,\frac{\partial\mathbf{f}}{\partial x_j}(O) = \alpha(v)(\mathbf{f}) \,,$$

dove $v = (D\mathbf{x}_1, D\mathbf{x}_2)$ come previsto, e ci siamo.

Dunque α e β sono degli isomorfismi; per concludere la dimostrazione ci basta far vedere che β non dipende da φ ma solo da S e da p. Sia $v \in T_pS$; allora deve esistere una curva $\sigma\colon(-\varepsilon,\varepsilon) \to S$ tale che $\sigma(0) = p$ e $\sigma'(0) = v$. Vogliamo far vedere che

$$\beta(v)(\mathbf{f}) = (f \circ \sigma)'(0) \tag{3.4}$$

per ogni $\mathbf{f} \in C^\infty(p)$ e ogni rappresentante $(U, f) \in \mathbf{f}$. Se dimostriamo questo abbiamo finito: infatti il primo membro di (3.4) non dipende né da σ né dal rappresentante di $\mathbf{f}$ scelto, mentre il secondo membro non dipende da alcuna parametrizzazione locale. Quindi β non dipende né da φ né da σ e quindi è l'isomorfismo canonico cercato.

Ci resta da dimostrare (3.4). Scriviamo $\sigma = \varphi \circ \sigma_o$ come nella dimostrazione della Proposizione 3.3.5, per cui $v = \mathrm{d}\varphi_O(v^o) = v_1^o\partial_1|_p + v_2^o\partial_2|_p$ e $v^o = (v_1^o, v_2^o) = \sigma_o'(0) \in \mathbb{R}^2$. Allora

$$\beta(v)(\mathbf{f}) = \big(\varphi_* \circ \alpha \circ (\mathrm{d}\varphi_O)^{-1}\big)(v)(\mathbf{f}) = (\varphi_* \circ \alpha)(v^o)(\mathbf{f})$$

$$= \alpha(v^o)\big(\varphi_O^*(\mathbf{f})\big) = \alpha(v^o)(\mathbf{f} \circ \varphi)$$

$$= v_1^o\frac{\partial(f \circ \varphi)}{\partial x_1}(O) + v_2^o\frac{\partial(f \circ \varphi)}{\partial x_2}(O) \tag{3.5}$$

$$= (\sigma_o')_1(0)\frac{\partial(f \circ \varphi)}{\partial x_1}(O) + (\sigma_o')_2(0)\frac{\partial(f \circ \varphi)}{\partial x_2}(O)$$

$$= \big((f \circ \varphi) \circ \sigma_o\big)'(0) = (f \circ \sigma)'(0) \,,$$

e ci siamo. $\square$

Osservazione 3.4.16. Una conseguenza del diagramma (3.2) è che, come annunciato, l'applicazione φ_* è l'esatto analogo del differenziale di φ quando interpretiamo i piani tangenti come spazi di derivazioni.

D'ora in poi identificheremo sistematicamente T_pS e $\mathcal{D}\big(C^\infty(p)\big)$ senza (quasi mai) menzionare esplicitamente l'isomorfismo β; un vettore tangente sarà considerato sia come un vettore di $\mathbb{R}^3$ che come una derivazione dello spazio dei germi in p senza ulteriori commenti.

Osservazione 3.4.17. Prendiamo una parametrizzazione locale $\varphi\colon U \to S$ centrata in un punto $p \in S$, e un vettore tangente $v = v_1\partial_1|_p + v_2\partial_2|_p \in T_pS$. Allora (3.5) ci dice che l'azione di v come derivazione è data da

$$v(\mathbf{f}) = v_1\frac{\partial(f \circ \varphi)}{\partial x_1}(O) + v_2\frac{\partial(f \circ \varphi)}{\partial x_2}(O) \,,$$

per qualsiasi germe $\mathbf{f} \in C^\infty(p)$ e qualsiasi rappresentante (V, f) di $\mathbf{f}$. In particolare,

$$\frac{\partial}{\partial x_j}\bigg|_p (\mathbf{f}) = \frac{\partial(f \circ \varphi)}{\partial x_j}(O) \,,$$

formula che giustifica la notazione introdotta nella Definizione 3.3.10. Di conseguenza identificheremo sistematicamente i vettori $\{\mathbf{e}_1, \mathbf{e}_2\}$ della base canonica di $\mathbb{R}^2$ con le derivate parziali $\partial/\partial x_1|_p$ e $\partial/\partial x_2|_p \in T_p\mathbb{R}^2$ quale che sia $p \in \mathbb{R}^2$.

Osservazione 3.4.18. Nell'osservazione precedente abbiamo descritto l'azione di un vettore tangente su un germe esprimendo il vettore tangente in termini della base indotta da una parametrizzazione locale. Se invece consideriamo $v = (v_1, v_2, v_3) \in T_pS$ come un vettore di $\mathbb{R}^3$ possiamo descrivere la sua azione come segue: dato $\mathbf{f} \in C^\infty(p)$, scegliamo un rappresentante (V, f) di $\mathbf{f}$ ed estendiamolo con la Proposizione 3.2.12 a una funzione differenziabile $\tilde{f}$ definita in un intorno W di p in $\mathbb{R}^3$. Sia infine $\sigma\colon(-\varepsilon, \varepsilon) \to S$ una curva con $\sigma(0) = p$ e $\sigma'(0) = v$. Allora

$$v(\mathbf{f}) = (f \circ \sigma)'(0) = (\tilde{f} \circ \sigma)'(0) = \sum_{j=1}^{3} v_j\frac{\partial\tilde{f}}{\partial x_j}(p) \,.$$

Attenzione: mentre la combinazione lineare nel membro destro della formula precedente è ben definita e dipende soltanto dal vettore tangente v e dal germe $\mathbf{f}$, ciascuna singola derivata parziale $\partial\tilde{f}/\partial x_j(p)$ dipende dall'estensione $\tilde{f}$ scelta e non soltanto da $\mathbf{f}$, per cui non ha nulla a che fare con la superficie S.

Osservazione 3.4.19. Se abbiamo due parametrizzazioni locali $\varphi\colon U \to S$ e $\hat{\varphi}\colon\hat{U} \to S$ centrate in $p \in S$ otteniamo due basi $\{\partial_1, \partial_2\}$ e $\{\hat{\partial}_1, \hat{\partial}_2\}$ di T_pS, dove $\hat{\partial}_j = \partial\hat{\varphi}/\partial\hat{x}_j(O)$, e $(\hat{x}_1, \hat{x}_2)$ sono le coordinate in $\hat{U}$. Avendo due basi di uno stesso spazio vettoriale, deve esistere la matrice di cambiamento di base. Se $h = \hat{\varphi}^{-1} \circ \varphi$ è il cambiamento di coordinate, abbiamo $\varphi = \hat{\varphi} \circ h$ e dunque

$$\partial_j = \frac{\partial\varphi}{\partial x_j}(O) = \frac{\partial\hat{\varphi}}{\partial x_1}\big(h(O)\big)\frac{\partial h_1}{\partial x_j}(O) + \frac{\partial\hat{\varphi}}{\partial x_2}\big(h(O)\big)\frac{\partial h_2}{\partial x_j}(O)$$

$$= \frac{\partial\hat{x}_1}{\partial x_j}(O)\hat{\partial}_1 + \frac{\partial\hat{x}_2}{\partial x_j}(O)\hat{\partial}_2 \,,$$

dove per rendere la formula più facilmente memorizzabile abbiamo scritto $\partial \hat{x}_i/\partial x_j$ invece di $\partial h_i/\partial x_j$. Quindi *la matrice di cambiamento di base è la matrice jacobiana del cambiamento di coordinate.*

Osservazione 3.4.20. L'identificazione fra vettori tangenti e derivazioni funziona solo lavorando con funzioni e parametrizzazioni locali di classe C^∞. Il motivo è il Lemma 3.4.14. Infatti, se $f \in C^k(U)$ con $k < \infty$ la stessa dimostrazione fornisce funzioni $g_1, \ldots, g_n$ appartenenti a $C^{k-1}(U)$ e non a $C^k(U)$, e il calcolo fatto in (3.4) non si può più ripetere. Si tratta di uno scoglio insuperabile: infatti lo spazio delle derivazioni dei germi di classe C^k con $1 \le k < \infty$ è di dimensione infinita (Esercizio 3.37).

Il modo in cui abbiamo introdotto l'applicazione φ_*, e la sua relazione con il differenziale usuale, suggerisce la seguente definizione di differenziale per una qualsiasi applicazione di classe C^∞ fra superfici:

Definizione 3.4.21. Sia $F\colon S_1 \to S_2$ un'applicazione C^∞ fra due superfici, e $p \in S_1$. Il *differenziale* di F in p è l'applicazione lineare $dF_p\colon T_pS_1 \to T_{F(p)}S_2$ definita da $dF_p(D) = D \circ F_p^*$ per ogni derivazione $D \in T_pS$ di $C^\infty(p)$. A volte si scrive $(F_*)_p$ invece di dF_p.

Non è difficile vedere che aspetto prende il differenziale quando applicato a vettori intesi come vettori tangenti a una curva:

Lemma 3.4.22. *Sia* $F\colon S_1 \to S_2$ *un'applicazione* C^∞ *fra superfici e* $p \in S_1$. *Se* $\sigma\colon (-\varepsilon, \varepsilon) \to S_1$ *è una curva con* $\sigma(0) = p$ *e* $\sigma'(0) = v$ *allora*

$$dF_p(v) = (F \circ \sigma)'(0) \,. \tag{3.6}$$

Dimostrazione. Poniamo $w = (F \circ \sigma)'(0) \in T_{F(p)}S_2$. Usando le notazioni introdotte nella dimostrazione del Teorema 3.4.15, dobbiamo dimostrare che $dF_p\big(\beta(v)\big) = \beta(w)$. Ma infatti per ogni $\mathbf{f} \in C^\infty\big(F(p)\big)$ di rappresentante (U, f) abbiamo

$$dF_p\big(\beta(v)\big)(\mathbf{f}) = \beta(v)\big(F_p^*(\mathbf{f})\big) = \beta(v)(\mathbf{f} \circ F)$$
$$= \big((f \circ F) \circ \sigma\big)'(0) = \big(f \circ (F \circ \sigma)\big)'(0) = \beta(w)(\mathbf{f}) \,,$$

dove abbiamo usato (3.4).   □

Come già accaduto per il piano tangente, siamo di fronte a due possibili modi di introdurre il differenziale, ognuno con pregi e difetti propri. La (3.6) evidenzia il significato geometrico del differenziale, mostrando come agisce sui vettori tangenti alle curve; la Definizione 3.4.21ne rende invece evidente le proprietà algebriche, quali il fatto che il differenziale è un'applicazione lineare fra i piani tangenti, e semplifica ampiamente la dimostrazione delle sue proprietà. Per esempio, otteniamo senza colpo ferire la dimostrazione della seguente proposizione:

Proposizione 3.4.23. (i) *Si ha* $\mathrm{d}(\mathrm{id}_S)_p = \mathrm{id}$ *per ogni superficie S.*
(ii) *Siano* $F \colon S_1 \to S_2$ *e* $G \colon S_2 \to S_3$ *applicazioni* C^∞ *fra superfici, e* $p \in S_1$. *Allora* $\mathrm{d}(G \circ F)_p = \mathrm{d}G_{F(p)} \circ \mathrm{d}F_p$.
(iii) *Se* $F \colon S_1 \to S_2$ *è un diffeomorfismo allora* $\mathrm{d}F_p \colon T_p S_1 \to T_{F(p)} S_2$ *è invertibile e* $(\mathrm{d}F_p)^{-1} = \mathrm{d}(F^{-1})_{F(p)}$.

Dimostrazione. È una conseguenza immediata del Lemma 3.4.9 e della definizione di differenziale. $\qquad \square$

La (3.6) suggerisce anche come definire il differenziale di un'applicazione di classe C^∞ definita su una superficie e a valori in $\mathbb{R}^n$:

Definizione 3.4.24. Se $F \colon S \to \mathbb{R}^n$ è un'applicazione C^∞ e $p \in S$, il *differenziale* $\mathrm{d}F_p \colon T_p S \to \mathbb{R}^n$ di F in p è definito ponendo $\mathrm{d}F_p(v) = (F \circ \sigma)'(0)$, dove $\sigma \colon (-\varepsilon, \varepsilon) \to S$ è una qualsiasi curva in S con $\sigma(0) = p$ e $\sigma'(0) = v$; non è difficile (esercizio) verificare che $\mathrm{d}F_p(v)$ dipende solo da v e non dalla curva σ, e che $\mathrm{d}F_p$ è un'applicazione lineare.

Osservazione 3.4.25. In particolare, se $f \in C^\infty(S)$ e $v \in T_p S$ allora abbiamo

$$\mathrm{d}f_p(v) = (f \circ \sigma)'(0) = v(\mathbf{f}) \,,$$

dove $\mathbf{f}$ è il germe rappresentato da (S, f) in p, formula che mostra come l'azione del differenziale delle funzioni sui vettori tangenti sia duale all'azione dei vettori tangenti sulle funzioni.

Osservazione 3.4.26. Se $F \colon S \to \mathbb{R}^n$ è di classe C^∞ e $\varphi \colon U \to S$ è una parametrizzazione locale centrata in $p \in S$, si vede subito (perché?) che

$$\mathrm{d}F_p(\partial_j) = \frac{\partial(F \circ \varphi)}{\partial x_j}(O)$$

per $j = 1, 2$, dove $\{\partial_1, \partial_2\}$ è la base di $T_p S$ indotta da φ. In particolare, se $\tilde{\varphi}$ è un'altra parametrizzazione locale di S centrata in p e $F = \tilde{\varphi} \circ \varphi^{-1}$, allora

$$dF_p(\partial_j) = \tilde{\partial}_j \qquad (3.7)$$

per $j = 1, 2$, dove $\{\tilde{\partial}_1, \tilde{\partial}_2\}$ è la base di $T_p S$ indotta da $\tilde{\varphi}$.

Vediamo ora come si esprime il differenziale in coordinate locali. Data un'applicazione differenziabile $F \colon S_1 \to S_2$ fra superfici, scegliamo una parametrizzazione locale $\varphi \colon U \to S_1$ centrata in $p \in S_1$, e una parametrizzazione locale $\hat{\varphi} \colon \hat{U} \to S_2$ centrata in $F(p) \in S_2$ con $F\big(\varphi(U)\big) \subseteq \hat{\varphi}(\hat{U})$. Per definizione, *l'espressione di F in coordinate locali* è l'applicazione $\hat{F} = (\hat{F}_1, \hat{F}_2) \colon U \to \hat{U}$ data da

$$\hat{F} = \hat{\varphi}^{-1} \circ F \circ \varphi \,.$$

Vogliamo trovare la matrice che rappresenta dF_p rispetto alle basi $\{\partial_1, \partial_2\}$ di $T_p S_1$ (indotta da φ) e $\{\hat{\partial}_1, \hat{\partial}_2\}$ di $T_{F(p)} S_2$ (indotta da $\hat{\varphi}$). Questa matrice contiene per colonne le coordinate rispetto alla base di arrivo dei trasformati tramite $\mathrm{d}F_p$ dei vettori della base di partenza. Possiamo procedere in due modi: o usando le curve, o usando le derivazioni. Una curva in S_1 tangente a ∂_j in p è $\sigma_j(t) = \varphi(t\mathbf{e}_j)$, per cui

$$\mathrm{d}F_p(\partial_j) = (F \circ \sigma_j)'(0) = \frac{\mathrm{d}}{\mathrm{d}t}\left(\hat{\varphi} \circ \hat{F}(t\mathbf{e}_j)\right)\bigg|_{t=0} = \frac{\partial \hat{F}_1}{\partial x_j}(0)\hat{\partial}_1 + \frac{\partial \hat{F}_2}{\partial x_j}(0)\hat{\partial}_2 \ .$$

Quindi *la matrice che rappresenta* $\mathrm{d}F_p$ *rispetto alle basi indotte dalle due parametrizzazioni locali è esattamente la matrice jacobiana dell'espressione* $\hat{F}$ *di* F *in coordinate locali.* In particolare, il differenziale come l'abbiamo definito noi è effettivamente una generalizzazione alle superfici del solito differenziale di applicazioni fra aperti del piano.

Vediamo di riottenere lo stesso risultato usando le derivazioni. Vogliamo trovare $a_{ij} \in \mathbb{R}$ tali che si abbia $\mathrm{d}F_p(\partial_j) = a_{1j}\hat{\partial}_1 + a_{2j}\hat{\partial}_2$ per $j = 1, 2$. Posto $\hat{\varphi}^{-1} = (\hat{x}_1, \hat{x}_2)$, si verifica subito che

$$\hat{\partial}_h(\hat{\mathbf{x}}_k) = \delta_{hk} = \begin{cases} 1 & \text{se } h = k \ , \\ 0 & \text{se } h \neq k \ , \end{cases}$$

dove $\hat{\mathbf{x}}_k$ è il germe in p della funzione $\hat{x}_k$. Quindi

$$a_{ij} = \mathrm{d}F_p(\partial_j)(\hat{\mathbf{x}}_i) = \partial_j\big(F_p^*(\hat{\mathbf{x}}_i)\big) = \frac{\partial(\hat{x}_i \circ F \circ \varphi)}{\partial x_j}(O) = \frac{\partial \hat{F}_i}{\partial x_j}(0) \ ,$$

coerentemente con quanto visto prima.

Osservazione 3.4.27. Attenzione: la matrice che rappresenta il differenziale di un'applicazione fra superfici è una matrice 2×2, e non una matrice 3×3 o 3×2 o 2×3, in quanto i piani tangenti hanno dimensione 2.

Concludiamo questo capitolo notando come il fatto che il differenziale di un'applicazione fra superfici sia rappresentato dalla matrice jacobiana dell'espressione dell'applicazione in coordinate locali permette di trasferire facilmente alle superfici risultati classici dell'analisi in $\mathbb{R}^2$. Per esempio, ecco il teorema della funzione inversa (per altri risultati di questo genere vedi gli Esercizi 3.19, 3.31 e 3.22):

Corollario 3.4.28. *Sia* $F: S_1 \to S_2$ *un'applicazione differenziabile fra superfici, e* $p \in S_1$ *un punto tale che* $\mathrm{d}F_p: T_pS_1 \to T_{F(p)}S_2$ *sia un isomorfismo. Allora esistono un intorno* $V \subseteq S_1$ *di* p *e un intorno* $\hat{V} \subseteq S_2$ *di* $F(p)$ *tali che* $F|_V: V \to \hat{V}$ *sia un diffeomorfismo.*

Dimostrazione. Sia $\varphi: U \to S_1$ una parametrizzazione locale in p, e $\hat{\varphi}: \hat{U} \to S_2$ una parametrizzazione locale in $F(p)$ con $F\big(\varphi(U)\big) \subseteq \hat{\varphi}(\hat{U})$. Allora la tesi segue subito (perché?) dal classico Teorema 2.2.4 della funzione inversa applicato a $\hat{\varphi}^{-1} \circ F \circ \varphi$. $\qquad \square$

Problemi guida

Definizione 3.P.1. La *catenoide* è una superficie di rotazione avente per generatrice una catenaria (vedi l'Esempio 1.2.16) e asse di rotazione disgiunto dal sostegno della catenaria; vedi la Fig. 3.7.(a).

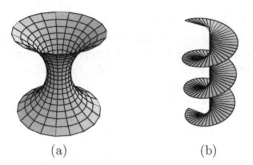

(a)   (b)

Figura 3.7. (a) una catenoide; (b) un elicoide

Problema 3.1. *Sia* $\sigma\colon\mathbb{R}\to\mathbb{R}^3$ *la parametrizzazione* $\sigma(v)=(a\cosh v,0,av)$ *della catenaria, e sia S la catenoide ottenuta ruotando la catenaria attorno all'asse z.*

(i) *Determina una superficie immersa che abbia la catenoide S come sostegno.*
(ii) *Determina per ogni punto p di S una base del piano tangente.*

Soluzione. Una superficie immersa $\varphi\colon\mathbb{R}^2\to\mathbb{R}^3$ che abbia come sostegno la catenoide, ricavata come nell'Esempio 3.1.18, è:

$$\varphi(u,v)=(a\cosh v\cos u, a\cosh v\sin u, av)\ .$$

Poichè σ è una parametrizzazione globale di una curva regolare il cui sostegno non interseca l'asse di rotazione, la superficie di rotazione ottenuta è regolare. In particolare per ogni $(u_0,v_0)\in\mathbb{R}^2$ la restrizione di φ a un intorno di (u_0,v_0) è una parametrizzazione locale di S, per cui nel punto $p=\varphi(u_0,v_0)$ della catenoide una base del piano tangente è data da

$$\partial_1|_p=\frac{\partial\varphi}{\partial u}(u_0,v_0)=\begin{vmatrix} -a\cosh v_0\sin u_0 \\ a\cosh v_0\cos u_0 \\ 0 \end{vmatrix}\ ,$$

$$\partial_2|_p=\frac{\partial\varphi}{\partial v}(u_0,v_0)=\begin{vmatrix} a\sinh v_0\cos u_0 \\ a\sinh v_0\sin u_0 \\ a \end{vmatrix}\ .$$

$\square$

Definizione 3.P.2. Assegnata un'elica circolare in $\mathbb{R}^3$, per ogni punto dell'elica si tracci la retta che interseca ortogonalmente l'asse dell'elica. L'insieme formato dall'unione di queste rette è detto *elicoide retto;* vedi la Fig. 3.7.(b).

Problema 3.2. *Fissato $a \neq 0$, sia $\sigma\colon \mathbb{R} \to \mathbb{R}^3$ l'elica circolare parametrizzata da $\sigma(u) = (\cos u, \sin u, au)$. L'elicoide retto costruito a partire da essa è il sostegno dell'applicazione $\varphi\colon \mathbb{R}^2 \to \mathbb{R}^3$ data da*

$$\varphi(u,v) = (v \cos u, v \sin u, au) \ .$$

(i) *Mostra che φ è una parametrizzazione regolare e l'elicoide è una superficie regolare.*
(ii) *Determina per ogni punto p dell'elicoide una base del piano tangente.*

Soluzione. (i) L'applicazione φ è evidentemente di classe C^∞. Inoltre, il suo differenziale è iniettivo in ogni punto, poiché $\frac{\partial \varphi}{\partial u} = (-v \sin u, v \cos u, a)$ e $\frac{\partial \varphi}{\partial v} = (\cos u, \sin u, 0)$, per cui

$$\frac{\partial \varphi}{\partial u} \wedge \frac{\partial \varphi}{\partial v} = (-a \sin u, a \cos u, -v)$$

ha modulo $\sqrt{a^2 + v^2}$ mai nullo. Infine, φ è iniettiva ed è un omeomorfismo sull'immagine. Infatti, l'inversa continua si costruisce in questo modo: se $(x,y,z) = \varphi(u,v)$, allora $u = z/a$ e $v = x/\cos(z/a)$, oppure $v = y/\sin(z/a)$ se $\cos(z/a) = 0$.

(ii) Nel punto $p = \varphi(u_0, v_0)$ dell'elicoide, una base del piano tangente è data da

$$\partial_1|_p = \frac{\partial \varphi}{\partial u}(u_0, v_0) = \begin{vmatrix} -v_0 \sin u_0 \\ v_0 \cos u_0 \\ a \end{vmatrix} \ , \quad \partial_2|_p = \frac{\partial \varphi}{\partial v}(u_0, v_0) = \begin{vmatrix} \cos u_0 \\ \sin u_0 \\ 0 \end{vmatrix} \ .$$

$\square$

Definizione 3.P.3. Sia $H \subset \mathbb{R}^3$ un piano, $\ell \subset \mathbb{R}^3$ una retta non contenuta in H, e $C \subseteq H$ un sottoinsieme di H. Il *cilindro* di *generatrice* C e *direttrice* ℓ è il sottoinsieme di $\mathbb{R}^3$ formato dalle rette parallele a ℓ passanti per i punti di C. Se ℓ è ortogonale a H, diremo che il cilindro è *retto*.

Problema 3.3. *Sia $C \subset \mathbb{R}^2$ il sostegno di una curva (o un arco aperto) di Jordan di classe C^∞ contenuta nel piano xy, ed $\ell \subset \mathbb{R}^3$ una retta trasversale al piano xy. Indichiamo con $S \subset \mathbb{R}^3$ il cilindro di generatrice C e direttrice ℓ.*

(i)   *Mostra che S è una superficie regolare.*
(ii) *Determina un atlante di S quando ℓ è l'asse z e C è la circonferenza di equazione $x^2 + y^2 = 1$ contenuta nel piano $H = \{z = 0\}$.*
(iii) *Se S è come in (ii), dimostra che l'applicazione $G\colon \mathbb{R}^3 \to \mathbb{R}^2$ definita da $G(x,y,z) = (e^z x, e^z y)$ induce un diffeomorfismo $G|_S\colon S \to \mathbb{R}^2 \backslash \{(0,0)\}$.*

Soluzione. (i) Sia **v** un versore parallelo a ℓ, denotiamo con H il piano xy, e sia $\sigma \colon \mathbb{R} \to C$ una parametrizzazione globale o periodica di C (vedi l'Esempio 3.1.18). Un punto $p = (x, y, z)$ appartiene a S se e solo se esistono un punto $p_0 \in C$ e un numero reale v tali che $p = p_0 + v\mathbf{v}$. Definiamo allora $\varphi \colon \mathbb{R}^2 \to \mathbb{R}^3$ ponendo

$$\varphi(t, v) = \sigma(t) + v\mathbf{v} \ .$$

Siccome $\partial\varphi/\partial t(t, v) = \sigma'(t) \in H$ e $\partial\varphi/\partial v(t, v) = \mathbf{v}$, il differenziale di φ ha sempre rango 2, per cui φ è una superficie immersa di sostegno S.

Se C è un arco aperto di Jordan, allora σ è un omeomorfismo con l'immagine, per cui otteniamo un'inversa continua di φ in questo modo: se $p = \varphi(t, v)$ allora $v = \langle p, \mathbf{v} \rangle$ e $t = \sigma^{-1}(p - \langle p, \mathbf{v} \rangle \mathbf{v})$. Quindi in questo caso φ è una parametrizzazione globale della superficie regolare S.

Se C è una curva di Jordan, lo stesso ragionamento ci mostra che se (a, b) è un intervallo in cui σ è un omeomorfismo con l'immagine allora φ ristretta a $(a, b) \times \mathbb{R}$ è un omeomorfismo con l'immagine; quindi in maniera analoga a quanto fatto per le superfici di rotazione vediamo che S è una superficie regolare con un atlante costituito da due carte, entrambe ottenute restringendo φ a opportuni aperti del piano.

(ii) In questo caso il cilindro è la superficie di livello $f^{-1}(0)$ della funzione $f \colon \mathbb{R}^3 \to \mathbb{R}$ data da $f(x, y, z) = x^2 + y^2 - 1$; nota che 0 è un valore regolare di f perché il gradiente $\nabla f = (2x, 2y, 0)$ di f non si annulla mai su S. Un atlante di S può essere determinato osservando che se $(x, y, z) \in S$ allora $x^2 = 1 - y^2$, per cui $x = \pm\sqrt{1 - y^2}$, e possiamo provare a descrivere localmente la superficie come grafico. Posto $U = \{(u, v) \in \mathbb{R}^2 \mid -1 < u < 1\}$, si ottengono le parametrizzazioni $\varphi_+, \varphi_- \colon U \to \mathbb{R}^3$ definite da :

$$\varphi_+(u, v) = (u, \sqrt{1 - u^2}, v), \quad \varphi_-(u, v) = (u, -\sqrt{1 - u^2}, v).$$

Analogamente, si costruiscono $\psi_+, \psi_- \colon U \to \mathbb{R}^3$ definite da :

$$\psi_+(u, v) = (\sqrt{1 - u^2}, u, v), \quad \psi_-(u, v) = (-\sqrt{1 - u^2}, u, v).$$

Tali applicazioni sono parametrizzazioni locali, in quanto grafico di una funzione di classe C^∞. Si vede facilmente che tali applicazioni costituiscono un atlante, perchè ogni punto di S appartiene al sostegno di almeno una di esse.

Nota che era possibile parametrizzare questo cilindro anche come superficie di rotazione, determinando un atlante con sole due carte.

(iii) L'applicazione $G|_S$ è restrizione a S dell'applicazione G di classe C^∞ su tutto $\mathbb{R}^3$, e dunque è di classe C^∞ su S. Per dimostrare che $G|_S$ è un diffeomorfismo basta quindi trovare un'applicazione $H \colon \mathbb{R}^2 \setminus \{(0,0)\} \to S$ di classe C^∞ che sia l'inversa di $G|_S$. Notiamo prima di tutto che l'immagine di $G|_S$ è contenuta in $\mathbb{R}^2 \setminus \{(0,0)\}$. Inoltre, per ogni $a, b \in \mathbb{R}$ con $a^2 + b^2 = 1$, e la restrizione di $G|_S$ alla retta $\{(a, b, v) \in S \mid v \in \mathbb{R}\}$ di S è una bigezione con la semiretta $\{e^v(a, b) \mid v \in \mathbb{R}\} \subset \mathbb{R}^2 \setminus \{(0,0)\}$.

Quindi $G|_S$ è una bigezione fra S e $\mathbb{R}^2 \setminus \{(0,0)\}$, e l'inversa H cercata è data da $H(a,b) = (a/\sqrt{a^2 + b^2}, b/\sqrt{a^2 + b^2}, \sqrt{a^2 + b^2})$. Nota che l'applicazione H è di classe C^∞ in quanto è un'applicazione C^∞ da $\mathbb{R}^2 \setminus \{(0,0)\}$ in $\mathbb{R}^3$ con immagine S.   □

Problema 3.4. *Come nell'Esempio 3.3.16, scrivi un polinomio $p(x)$ di secondo grado in tre variabili nella forma $p(x) = x^T A x + 2b^T x + c$, dove $A = (a_{ij}) \in M_{3,3}(\mathbb{R})$ è una matrice simmetrica, $b \in \mathbb{R}^3$ (stiamo scrivendo i vettori di $\mathbb{R}^3$ come vettori colonna), e $c \in \mathbb{R}$. Sia ora S la quadrica di $\mathbb{R}^3$ definita dall'equazione $p(x) = 0$. Ricordiamo che la quadrica S è detta a centro se il sistema lineare $Ax + b = O$ ha una soluzione (detta centro della quadrica), e paraboloide altrimenti (vedi [1], pag. 410).*

(i) *Dimostra che (le componenti connesse de) i paraboloidi e le quadriche a centro che non contengono alcuno dei propri centri sono superfici regolari.*

(ii) *Considera la matrice simmetrica*

$$B = \begin{pmatrix} A & b \\ b^T & c \end{pmatrix} \in M_{4,4}(\mathbb{R}),$$

e mostra che un punto $x \in \mathbb{R}^3$ appartiene alla quadrica se e solo se

$$(\, x^T \quad 1\,) B \begin{pmatrix} x \\ 1 \end{pmatrix} = 0. \tag{3.8}$$

(iii) *Dimostra che se $\det B \neq 0$ allora le componenti connesse della quadrica S sono (vuote o) superfici regolari.*

(iv) *Dimostra che se S è una quadrica a centro che contiene un proprio centro, allora le sue componenti connesse sono superfici regolari se e solo S è un piano se e solo se $\operatorname{rg} A = 1$.*

Soluzione. (i) Nell'Esempio 3.3.16 abbiamo visto che $\nabla p(x) = 2(Ax + b)$, per cui i punti critici di f sono esattamente i centri di S. Quindi se S è un paraboloide oppure non contiene i propri centri allora 0 è un valore regolare di p, e le componenti connesse di $S = p^{-1}(0)$ (se non vuote) sono superfici regolari per la Proposizione 3.1.25.

(ii) Il prodotto nel membro sinistro di (3.8) è esattamente uguale a $p(x)$.

(iii) Supponiamo che $\det B \neq 0$, e supponiamo per assurdo che S contenga un proprio centro x_0. Allora da $p(x_0) = 0$ e $Ax_0 + b = O$ si deduce subito che $\begin{pmatrix} x_0 \\ 1 \end{pmatrix}$ è un elemento non nullo del nucleo di B, impossibile; quindi la tesi segue da (i).

(iv) Supponiamo che $x_0 \in S$ sia un centro di S. Siccome i centri di S sono esattamente i punti critici di p, la proprietà di contenere un proprio centro si conserva se operiamo con traslazioni o trasformazioni lineari su $\mathbb{R}^3$; quindi a meno di una traslazione possiamo assumere senza perdita di generalità che $x_0 = O$. Ora, l'origine è un centro se e solo se $b = O$, e appartiene a S se e solo se $c = O$. Questo vuol dire che $O \in S$ è un centro di S se e solo se $p(x) = x^T A x$. Il teorema di Sylvester (vedi [1], pag. 400) ci assicura allora abbiamo solo le seguenti possibilità:

(a) se $\det A \neq 0$ allora a meno di una trasformazione lineare possiamo supporre che $p(x) = x_1^2 + x_2^2 \pm x_3^2$, per cui o $\mathring{S}$ si riduce a un solo punto oppure è un cono a due falde, e in entrambi i casi non è una superficie regolare;

(b) se $\operatorname{rg} A = 2$ allora a meno di una trasformazione lineare possiamo supporre che $p(x) = x_1^2 \pm x_2^2$, per cui o S è una retta oppure è l'unione di due piani incidenti, e in entrambi i casi non è una superficie regolare;

(c) se $\operatorname{rg} A = 1$ allora a meno di una trasformazione lineare abbiamo $p(x) = x_1^2$, per cui S è un piano. $\square$

Esercizi

SUPERFICI IMMERSE E SUPERFICI REGOLARI

3.1. Mostra che l'applicazione $\varphi : \mathbb{R}^2 \to \mathbb{R}^3$ definita da

$$\varphi(u,v) = \left(u - \frac{u^3}{3} + uv^2, v - \frac{v^3}{3} + vu^2, u^2 - v^2 \right).$$

è una superficie immersa iniettiva. È anche un omeomorfismo con l'immagine?

3.2. Dimostra che l'applicazione $\varphi : \mathbb{R}^2 \to \mathbb{R}^3$ definita da

$$\varphi(u,v) = \left(\frac{u+v}{2}, \frac{u-v}{2}, uv \right)$$

è una parametrizzazione globale del paraboloide iperbolico, e descrivine le curve coordinate $v \mapsto \varphi(u_0, v)$ con u_0 fissato, e $u \mapsto \varphi(u, v_0)$, con v_0 fissato.

3.3. Sia $U = \{ (u,v) \in \mathbb{R}^2 \mid u > 0 \}$. Mostra che l'applicazione $\varphi : U \to \mathbb{R}^3$ data da $\varphi(u,v) = (u + v \cos u, u^2 + v \sin u, u^3)$ è una superficie immersa.

3.4. Sia $S^2 \subset \mathbb{R}^3$ la sfera di equazione $x^2 + y^2 + z^2 = 1$, denota con N il punto di coordinate $(0,0,1)$, e sia infine H il piano di equazione $z = 0$, che identificheremo con $\mathbb{R}^2$ tramite la proiezione $(u,v,0) \mapsto (u,v)$. La *proiezione stereografica* $\pi_N : S^2 \setminus \{N\} \to \mathbb{R}^2$ dal punto N sul piano H associa a ogni punto $p = (x,y,z) \in S^2 \setminus \{N\}$ il punto di intersezione $\pi_N(p)$ tra H e la retta congiungente N e p.

(i) Mostra che l'applicazione π_N è bigettiva e continua, con inversa continua $\pi_N^{-1} : \mathbb{R}^2 \to S \setminus \{N\}$ data da

$$\pi_N^{-1}(u,v) = \left(\frac{2u}{u^2 + v^2 + 1}, \frac{2v}{u^2 + v^2 + 1}, \frac{u^2 + v^2 - 1}{u^2 + v^2 + 1} \right).$$

(ii) Mostra che π_N^{-1} è una parametrizzazione locale di S^2.

(iii) Determina, in modo analogo, la proiezione stereografica π_S di S^2 dal punto $S = (0, 0, -1)$ sul piano H.

(iv) Mostra che $\{\pi_N^{-1}, \pi_S^{-1}\}$ è un atlante di S^2 costituito da due carte.

3.5. Sia $S \subset \mathbb{R}^3$ un sottoinsieme connesso di $\mathbb{R}^3$ tale che esista una famiglia $\{S_\alpha\}$ di superfici con $S = \bigcup_\alpha S_\alpha$ e tale che ogni S_α sia aperta in S. Dimostra che S è una superficie.

3.6. Trova un atlante per l'ellissoide di equazione $(x/a)^2 + (y/b)^2 + (z/c)^2 = 1$ (vedi anche l'Esempio 3.1.27).

3.7. Data una curva di Jordan C di classe C^∞ contenuta in un piano $H \subset \mathbb{R}^3$, prendiamo una retta $\ell \subset H$ che non contenga C, e supponiamo che C sia simmetrica rispetto a ℓ (cioè $\rho(C) = C$, dove $\rho : H \to H$ è la simmetria rispetto a ℓ). Dimostra che l'insieme ottenuto ruotando C attorno a ℓ è una superficie regolare. In particolare, questo dimostra di nuovo che la sfera è una superficie regolare.

3.8. Dimostra che l'insieme dei punti critici di un'applicazione $F : U \to \mathbb{R}^m$ di classe C^∞, dove $U \subset \mathbb{R}^n$ è aperto, è un chiuso di U.

3.9. Sia $V \subseteq \mathbb{R}^3$ un aperto e $f \in C^\infty(V)$. Dimostra che per ogni $a \in \mathbb{R}$ le componenti connesse dell'insieme $f^{-1}(a) \setminus \mathrm{Crit}(f)$ sono superfici regolari. Deduci che ciascuna componente connessa del cono a due falde privato del vertice è una superficie regolare.

3.10. Dimostra usando la Proposizione 3.1.25 che il toro di equazione

$$z^2 = r^2 - (\sqrt{x^2 + y^2} - a)^2$$

ottenuto ruotando attorno all'asse z la circonferenza di raggio $r < a$ e centro $(a, 0, 0)$ contenuta nel piano xz, è una superficie regolare.

3.11. Sia $S \subset \mathbb{R}^3$ un sottoinsieme tale che per ogni $p \in S$ esista un intorno aperto W di p in $\mathbb{R}^3$ tale che $W \cap S$ sia un grafico su uno dei tre piani coordinati. Dimostra che S è una superficie regolare.

3.12. Mostra che, se $\sigma : I \to U \subset \mathbb{R}^2$ è la parametrizzazione di una curva regolare di classe C^∞ con sostegno contenuto in un aperto $U \subset \mathbb{R}^2$, e se $\varphi : U \to S$ è una parametrizzazione locale di una superficie S, allora la composizione $\varphi \circ \sigma$ parametrizza una curva C^∞ in S.

3.13. Dimostra che l'insieme $S = \{(x, y, z) \in \mathbb{R}^3 \mid x^2 + y^2 - z^3 = 1\}$ è una superficie regolare, e trovane un atlante.

3.14. Sia $\varphi \colon \mathbb{R} \times (0, \pi) \to S^2$ la superficie immersa data da

$$\varphi(u, v) = (\cos u \sin v, \sin u \sin v, \cos v) \,,$$

e sia $\sigma \colon (0, 1) \to S^2$ la curva definita da $\sigma(t) = \varphi(\log t, 2 \arctan t)$. Mostra che il vettore tangente a σ in $\sigma(t)$ forma un angolo costante di $\pi/4$ con il vettore tangente al meridiano passante per $\sigma(t)$. Ricorda che i meridiani sono caratterizzati dalla condizione $u = \mathrm{cost}$.

3.15. Mostra che la superficie $S_1 \subset \mathbb{R}^3$ di equazione $x^2 + y^2 z^2 = 1$ non è compatta, mentre la superficie $S_2 \subset \mathbb{R}^3$ di equazione $x^2 + y^4 + z^6 = 1$ è compatta.

3.16. Considera una applicazione $f \colon U \to \mathbb{R}^3$, definita su un aperto $U \subset \mathbb{R}^2$ e di classe C^∞, e sia $\varphi \colon \mathbb{R}^2 \to R^3$ data da $\varphi(u, v) = (u, v, f(u, v))$. Dimostra che φ è un diffeomorfismo fra U e $S = \varphi(U)$.

3.17. Fissa dei numeri reali a, b, $c > 0$. Mostra che le seguenti applicazioni sono parametrizzazioni locali di quadriche di $\mathbb{R}^3$, con equazioni analoghe a quelle descritte nell'Esempio 3.1.28:

$$
\begin{array}{ll}
\varphi_1(u, v) = (a \sin u \cos v, b \sin u \sin v, c \cos u) \,, & \text{ellissoide} \\
\varphi_2(u, v) = (a \sinh u \cos v, b \sinh u \sin v, c \cosh u) \,, & \text{iperboloide ellittico} \\
\varphi_3(u, v) = (a \sinh u \sinh v, b \sinh u \cosh v, c \sinh u) \,, & \text{iperboloide iperbolico} \\
\varphi_4(u, v) = (a\, u \cos v, b\, u \sin v, u^2) \,, & \text{paraboloide ellittico} \\
\varphi_5(u, v) = (a\, u \cosh v, b\, u \sinh v, u^2) \,. & \text{paraboloide iperbolico}
\end{array}
$$

È possibile scegliere a, b, c in modo tale che la superficie ottenuta sia una superficie di rotazione rispetto ad un asse coordinato? Discuti separatamente i vari casi.

3.18. Sia $S \subset \mathbb{R}^3$ l'insieme ottenuto ruotando attorno all'asse z il sostegno della trattrice $\sigma \colon (0, \pi) \to \mathbb{R}^3$ data da

$$\sigma(t) = \big(\sin t, 0, \cos t + \log \tan(t/2) \big) \,;$$

vedi la Fig. 3.8 Sia poi $H \subset \mathbb{R}^3$ il piano $\{z = 0\}$. Dimostra che S non è una superficie regolare, mentre ogni componente connessa di $S \setminus H$ lo è.

FUNZIONI DIFFERENZIABILI

3.19. Sia $S \subset \mathbb{R}^3$ una superficie. Dimostra che se $p \in S$ è un minimo o un un massimo locale di una funzione $f \in C^\infty(S)$ allora $\mathrm{d}f_p \equiv 0$.

3.20. Definisci i concetti di applicazione di classe C^∞ da un aperto di $\mathbb{R}^n$ a valori in una superficie, e di applicazione di classe C^∞ da una superficie a valori in uno spazio euclideo $\mathbb{R}^m$.

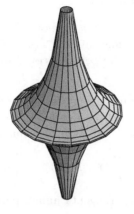

Figura 3.8.

3.21. Sia $S \subset \mathbb{R}^3$ una superficie, e $p \in S$. Dimostra che esiste un intorno aperto $W \subseteq \mathbb{R}^3$ di p in $\mathbb{R}^3$, una funzione $f \in C^\infty(W)$ e un valore regolare $a \in \mathbb{R}$ di f tali che $S \cap W = f^{-1}(a)$.

3.22. Data una superficie $S \subset \mathbb{R}^3$, prendiamo una funzione $f \in C^\infty(S)$ e un valore regolare $a \in \mathbb{R}$ di f, nel senso che $df_p \not\equiv O$ per ogni $p \in f^{-1}(a)$. Dimostra che $f^{-1}(a)$ è localmente il sostegno di una curva semplice di classe C^∞.

3.23. Sia $C \subset \mathbb{R}^2$ il sostegno di una curva (o un arco aperto) di Jordan di classe C^∞ contenuta nel semipiano $\{x > 0\}$. Identifichiamo $\mathbb{R}^2$ col piano xz in $\mathbb{R}^3$, e sia S l'insieme ottenuto ruotando C attorno all'asse z, che indicheremo con ℓ.

(i) Sia $\Phi\colon \mathbb{R}^+ \times \mathbb{R} \times S^1 \to \mathbb{R}^3$ data da $\Phi\big(x, z, (s,t)\big) = (xs, xt, z)$ per ogni $x > 0$, $z \in \mathbb{R}$ e $(s,t) \in S^1$. Dimostra che Φ è un omeomorfismo fra $\mathbb{R}^+ \times \mathbb{R} \times S^1$ e $\mathbb{R}^3 \setminus \ell$, e deducine che S è omeomorfa a $C \times S^1$.

(ii) Sia $\Psi\colon \mathbb{R}^2 \to C \times S^1$ data da $\Psi(t, \theta) = \big(\sigma(t), (\cos\theta, \sin\theta)\big)$, dove $\sigma\colon \mathbb{R} \to \mathbb{R}^2$ è una parametrizzazione globale o periodica di C, e sia $I \subseteq \mathbb{R}$ un intervallo aperto su cui σ è iniettiva. Dimostra che $\Psi|_{I \times (\theta_0, \theta_0 + 2\pi)}$ è un omeomorfismo con l'immagine per ogni $\theta_0 \in \mathbb{R}$.

(iii) Usa i due punti precedenti per dimostrare che S è una superficie regolare.

3.24. Usando il teorema della curva di Jordan per curve continue, dimostra che il complementare del sostegno di una curva di Jordan continua in S^2 ha esattamente due componenti connesse.

PIANO TANGENTE

3.25. Sia $S \subset \mathbb{R}^3$ una superficie e $p \in S$. Dimostra che per ogni base $\{v_1, v_2\}$ di $T_p S$ esiste una parametrizzazione locale $\varphi\colon U \to S$ centrata in p tale che $\partial_1|_p = v_1$ e $\partial_2|_p = v_2$.

3.26. Dato un aperto $W \subseteq \mathbb{R}^3$ e una funzione $f \in C^\infty(W)$, prendiamo $a \in \mathbb{R}$ e sia S una componente connessa di $f^{-1}(a) \setminus \text{Crit}(f)$. Dimostra che per ogni $p \in S$ il piano tangente T_pS coincide con il sottospazio di $\mathbb{R}^3$ ortogonale a $\nabla f(p)$.

3.27. Mostra che il piano tangente in un punto $P = (x_0, y_0, z_0)$ di una superficie di livello $f(x, y, z) = 0$ corrispondente al valore regolare 0 di una funzione $f : \mathbb{R}^3 \to \mathbb{R}$ di classe C^∞ è dato dall'equazione

$$\frac{\partial f}{\partial x}(x_0, y_0, z_0)\, x + \frac{\partial f}{\partial y}(x_0, y_0, z_0)\, y + \frac{\partial f}{\partial z}(x_0, y_0, z_0)\, z = 0 \,,$$

mentre l'equazione del piano tangente affine, parallelo al piano tangente e passante per p, è data da

$$\frac{\partial f}{\partial x}(x_0, y_0, z_0)\,(x - x_0) + \frac{\partial f}{\partial y}(x_0, y_0, z_0)\,(y - y_0) + \frac{\partial f}{\partial z}(x_0, y_0, z_0)\,(z - z_0) = 0 \,.$$

3.28. Determina il piano tangente in ogni punto del paraboloide iperbolico con parametrizzazione globale $\varphi : \mathbb{R}^2 \to \mathbb{R}^3$ data da $\varphi(u, v) = (u, v, u^2 - v^2)$.

3.29. Sia $S \subset \mathbb{R}^3$ una superficie, e $p \in S$. Posto $\mathfrak{m} = \{\mathbf{f} \in C^\infty(p) \mid \mathbf{f}(p) = 0\}$, dimostra che $\mathfrak{m}$ è l'unico ideale massimale di $C^\infty(p)$, e che T_pS è canonicamente isomorfo al duale (come spazio vettoriale) di $\mathfrak{m}/\mathfrak{m}^2$.

3.30. Sia $\varphi : \mathbb{R}^2 \to \mathbb{R}^3$ data da $\varphi(u, v) = (u, v^3, u - v)$, e $\sigma : \mathbb{R} \to \mathbb{R}^3$ la curva parametrizzata da $\sigma(t) = (3t, t^6, 3t - t^2)$.

(i) Dimostra che $S = \varphi(\mathbb{R}^2)$ è una superficie regolare.
(ii) Mostra che σ è regolare e ha sostegno contenuto in S.
(iii) Determina l'applicazione $\sigma_o : \mathbb{R} \to \mathbb{R}^2$ tale che $\sigma = \varphi \circ \sigma_o$.
(iv) Scrivi il versore tangente a σ in $O = \sigma(0)$ come combinazione della base ∂_1 e ∂_2 del piano tangente T_OS a S in $\sigma(0)$ indotta da φ.

3.31. Sia $S \subset \mathbb{R}^3$ una superficie. Dimostra che $F : S \to \mathbb{R}^m$ di classe C^∞ è tale che $\mathrm{d}F_p \equiv O$ per ogni $p \in S$ se e solo se F è costante.

3.32. Diremo che due superfici S_1, $S_2 \subset \mathbb{R}^3$ sono *trasversali* se $S_1 \cap S_2 \neq \varnothing$ e $T_pS_1 \neq T_pS_2$ per ogni $p \in S_1 \cap S_2$. Dimostra che se S_1 ed S_2 sono trasversali allora ogni componente connessa di $S_1 \cap S_2$ è localmente il sostegno di una curva regolare semplice di classe C^∞.

3.33. Sia $H \subset \mathbb{R}^3$ un piano, $\ell \subset \mathbb{R}^3$ una retta non contenuta in H, e $C \subseteq H$ un sottoinsieme di H. Considera il cilindro S di generatrice C e direttrice ℓ. Mostra che il piano tangente a S è costante sui punti di S appartenenti a una retta parallela alla direttrice ℓ.

3.34. Sia $\varphi : \mathbb{R}^3 \to \mathbb{R}^3$ la parametrizzazione globale della superficie regolare $S = \varphi(\mathbb{R}^2)$ data da $\varphi(u, v) = (u - v, u^2 + v, u - v^3)$. Determina l'equazione cartesiana del piano tangente in $p = (0, 2, 0) = \varphi(1, 1)$ a S.

Definizione 3.E.1. Siano S_1 ed S_2 superfici regolari di $\mathbb{R}^3$ che hanno in comune un punto p. Si dice che S_1 e S_2 hanno *contatto di ordine almeno* 1 in p se esistono parametrizzazioni φ_1 di S_1 e φ_2 di S_2, centrate in p, con $\partial\varphi_1/\partial u(O) = \partial\varphi_2/\partial u(O)$ e $\partial\varphi_1/\partial v(O) = \partial\varphi_2/\partial v(O)$. Si dice inoltre che le due superficie hanno *ordine di contatto almeno* 2 in p se esiste una coppia di parametrizzazioni centrate in p per le quali coicidano nell'origine oltre alle derivate prime anche tutte le derivate parziali del secondo ordine.

3.35. Mostra che due superfici hanno ordine di contatto ≥ 1 in p se e solo se hanno in p lo stesso piano tangente in p. In particolare, il piano tangente in p è l'unico piano avente ordine di contatto ≥ 1 con una superficie regolare.

3.36. Mostra che se l'intersezione tra una superficie regolare S e un piano H è costituita da un unico punto p_0, allora H è il piano tangente a S in p_0.

3.37. Dimostra che lo spazio delle derivazioni dei germi di funzione di classe C^k (con $1 \leq k < \infty$) ha dimensione infinita.

3.38. Dimostra che lo spazio delle derivazioni dei germi di funzioni continue si riduce alla sola derivazione nulla.

APPLICAZIONI DIFFERENZIABILI TRA SUPERFICI

3.39. Dimostra che un'applicazione differenziabile fra superfici è necessariamente continua.

3.40. Mostra che la relazione "S_1 è diffeomorfa a S_2" è una relazione di equivalenza sull'insieme delle superfici regolari di $\mathbb{R}^3$.

3.41. Sia $F\colon S^2 \to \mathbb{R}^3$ definita da

$$F(p) = (x^2 - y^2, xy, yz)$$

per ogni $p = (x, y, z) \in S^2$. Poniamo inoltre $N = (0, 0, 1)$ ed $E = (1, 0, 0)$.

(i)   Dimostra che F ristretta a $S^2 \setminus \{\pm N, \pm E\}$ ha differenziale iniettivo in ogni punto.
(ii) Dimostra che $S_1 = F(S^2 \setminus \{y = 0\})$ è una superficie regolare, e trova una base di $T_q S_1$ per ogni $q \in S_1$.
(iii) Dato $p = (0, 1, 0)$ e $q = F(p)$, scegli una parametrizzazione locale di S^2 in p, una parametrizzazione locale di S_1 in q, e scrivi la matrice che rappresenta l'applicazione lineare $\mathrm{d}F_p\colon T_p S^2 \to T_q S_1$ rispetto alle basi di $T_p S^2$ e $T_q S_1$ determinate dalle coordinate locali da te scelte.

3.42. Mostra che l'applicazione antipodale $F\colon S^2 \to S^2$ della sfera S^2 di raggio 1 centrata nell'origine, definita da $F(x, y, z) = (-x, -y - z)$, è un diffeomorfismo.

3.43. Determina un diffeomorfismo esplicito tra la porzione di cilindro definita da $\{(x, y, z) \in \mathbb{R}^3 \mid x^2 + y^2 = 1, -1 < z < 1\}$ e la sfera $S^2 \setminus \{N, S\}$ di raggio 1, centrata nell'origine e privata dei punti $N = (0, 0, 1)$ e $S = (0, 0, -1)$.

3.44. Determina un diffeomorfismo tra la sfera unitaria $S^2 \subset \mathbb{R}^3$ e l'ellissoide di equazione $4x^2 + 9y^2 + 25z^2 = 1$.

3.45. Siano C_1 e C_2 due curve regolari contenute in una superficie regolare S che siano tra loro tangenti in un punto p_0, cioè ammettano la stessa retta tangente in un punto comune p_0. Mostra che, se $F: S \to S$ è un diffeomorfismo, allora $F(C_1)$ e $F(C_2)$ sono curve regolari, tra loro tangenti in $F(p_0)$.

3.46. Sia $f: S_1 \to S_2$ una applicazione differenziabile tra superfici regolari connesse. Mostra che f è costante se e solo se $\mathrm{d}f \equiv 0$.

3.47. Dimostra che ogni superficie di rotazione con generatrice un arco di Jordan aperto è diffeomorfa a un cilindro circolare.

3.48. Sia $F: S_1 \to S_2$ un'applicazione fra superfici, e $p \in S_1$. Dimostra che se esistono una parametrizzazione locale $\varphi_1: U_1 \to S_1$ in p e una parametrizzazione locale $\varphi_2: U_2 \to S_2$ in $F(p)$ tali che $\varphi_2^{-1} \circ F \circ \varphi_1$ sia di classe C^∞ in un intorno di $\varphi_1^{-1}(p)$, allora $\psi_2^{-1} \circ F \circ \psi_1$ è di classe C^∞ in un intorno di $\psi_1^{-1}(p)$ per ogni parametrizzazione locale $\psi_1: V_1 \to S_1$ di S in p e ogni parametrizzazione locale $\psi_2: V_2 \to S_2$ di S in $F(p)$.

3.49. Mostra che una rotazione di $\mathbb{R}^3$ di asse z e angolo θ induce un diffeomorfismo su una superficie regolare di rotazione ottenuta ruotando una curva piana rispetto all'asse z.

3.50. Mostra che, se $S \subset \mathbb{R}^n$ è una superficie regolare e $p_0 \notin S$, la funzione $d: S \to \mathbb{R}$ distanza da p_0, definita da $d(p) = \|p - p_0\|$, è una funzione di classe C^∞.

3.51. Costruisci un diffeomorfismo esplicito F tra l'iperboloide iperbolico di equazione $(x/a)^2 + (y/b)^2 - (z/c)^2 = 1$ e il cilindro circolare retto di equazione $x^2 + y^2 = 1$, determinandone il differenziale $\mathrm{d}F_p$ in ogni punto e descrivendo l'inversa di F in coordinate locali.

3.52. Costruisci un diffeomorfismo fra il cilindro circolare retto di equazione $x^2 + y^2 = 1$ e il piano $\mathbb{R}^2$ privato dell'origine.

Complementi

3.5 Il teorema di Sard

In questa sezione, descriveremo una dimostrazione dovuta a P. Holm (vedi [7]) del teorema di Sard (citato nell'Osservazione 3.1.24) per funzioni definite su aperti della retta, del piano o dello spazio. Cominciamo spiegando cosa vuol dire che un sottoinsieme della retta ha misura nulla.

Definizione 3.5.1. Diremo che un sottoinsieme $A \subset \mathbb{R}$ ha *misura nulla* se per ogni $\varepsilon > 0$ esiste una famiglia numerabile $\{I_\nu\}$ di intervalli la cui unione copra A e tale che $\sum_\nu \mathrm{diam}(I_\nu) < \varepsilon$, dove $\mathrm{diam}(I_\nu)$ indica il diametro di I_ν.

Chiaramente, un insieme di misura nulla non può contenere alcun intervallo, per cui il suo complementare è denso. Inoltre, si vede facilmente (esercizio) che l'unione di una famiglia numerabile di insiemi di misura nulla è ancora un insieme di misura nulla.

Dimostreremo il teorema di Sard solo nel caso che ci interessa, per funzioni di (al più) tre variabili, rinviando a [7] per il caso generale.

Teorema 3.5.2 (Sard). *Sia $V \subseteq \mathbb{R}^n$ aperto, con $1 \leq n \leq 3$, e $f \in C^\infty(V)$. Allora l'insieme dei valori critici di f ha misura nulla in $\mathbb{R}$.*

Dimostrazione. Come vedrai, si tratta essenzialmente di una dimostrazione per induzione sulla dimensione. Cominciamo trattando il caso $n = 1$; siccome ogni aperto di $\mathbb{R}$ è unione al più numerabile di intervalli aperti, senza perdita di generalità possiamo supporre che V sia un intervallo aperto $I \subseteq \mathbb{R}$.

Se $x \in \mathrm{Crit}(f)$ allora la formula di Taylor ci dice che per ogni $y \in I$ esiste ξ compreso fra x e y tale che

$$f(y) - f(x) = \frac{1}{2} f''(\xi)(y - x)^2 \ .$$

Fissiamo ora $\varepsilon > 0$, e scegliamo una famiglia numerabile $\{K_\nu\}$ di intervalli compatti contenuti in I la cui unione copra $\mathrm{Crit}(f)$, e sia ℓ_ν la lunghezza di K_ν.

Posto $M_\nu = \sup_{x \in K_\nu} |f''(x)|$, suddividiamo K_ν in $k_\nu > 2^\nu M_\nu \ell_\nu^2/\varepsilon$ intervallini K_ν^j di lunghezza ℓ_ν/k_ν. Se $x, y \in \mathrm{Crit}(f) \cap K_\nu^j$ abbiamo

$$|f(y) - f(x)| \leq \frac{M_\nu}{2} |y - x|^2 \leq \frac{M_\nu \ell_\nu^2}{2k_\nu^2} \ ,$$

per cui $f\big(\mathrm{Crit}(f) \cap K_\nu^j\big)$ ha diametro minore o uguale di $M_\nu \ell_\nu^2/2k_\nu^2$. Ripetendo l'operazione per tutti gli intervallini K_ν^j otteniamo che $f\big(\mathrm{Crit}(f) \cap K_\nu\big)$ è contenuto in un unione di intervalli la cui somma dei diametri è minore di

$$k_\nu \frac{M_\nu \ell_\nu^2}{2k_\nu^2} < \frac{\varepsilon}{2^{\nu+1}} \ .$$

Ripetendo l'operazione per tutti i $K\nu$ otteniamo che $f(\mathrm{Crit}(f))$ è contenuto in un unione di intervalli la cui somma dei diametri è minore di

$$\varepsilon \sum_{\nu=0}^{\infty} \frac{1}{2^{\nu+1}} = \varepsilon\,,$$

e ci siamo.

Passiamo ora al caso $n = 2$. Poniamo $C_1 = \mathrm{Crit}(f)$ e sia $C_2 \subseteq C_1$ l'insieme dei punti di V in cui si annullano tutte le derivate prime e seconde di f. Chiaramente, $\mathrm{Crit}(f) = C_2 \cup (C_1 \setminus C_2)$; quindi è sufficiente dimostrare che sia $f(C_2)$ che $f(C_1 \setminus C_2)$ hanno misura nulla in $\mathbb{R}$.

Per dimostrare che $f(C_2)$ ha misura nulla, notiamo che la formula di Taylor questa volta ci dà per ogni convesso compatto $K \subset V$ con $\mathrm{Crit}(f) \cap K \neq \varnothing$ un numero $M > 0$ dipendente solo da K e da f tale che

$$|f(y) - f(x)| \leq M\|y - x\|^3$$

per ogni $x \in \mathrm{Crit}(f) \cap K$ e $y \in K$. Procedendo allora come nella dimostrazione del lemma precedente, usando quadrati al posto di intervalli, otteniamo (esercizio) che $f(C_2)$ ha misura nulla.

Sia ora $x_0 \in C_1 \setminus C_2$. In particolare, deve esistere una derivata seconda di f non nulla in x_0; quindi esiste una derivata prima di f, chiamiamola g, con gradiente non nullo in x_0. La Proposizione 1.1.18 ci dice allora che esiste un intorno K di x_0 con chiusura compatta disgiunta da C_2 tale che $g^{-1}(0) \cap K$ sia un grafico. Scegliamo una parametrizzazione regolare $\sigma\colon (-\varepsilon, \varepsilon) \to \mathbb{R}^2$ di $g^{-1}(0) \cap K$ con $\sigma(0) = x_0$. Allora $\sigma^{-1}((C_1 \setminus C_2) \cap K) \subseteq \mathrm{Crit}(f \circ \sigma)$, per cui $f((C_1 \setminus C_2) \cap K)$ è contenuto nell'insieme dei valori critici di $f \circ \sigma$, che ha misura nulla grazie al caso $n = 1$.

Operando così troviamo una famiglia numerabile $\{K_\nu\}$ di aperti a chiusura compatta contenuti in V che coprono $C_1 \setminus C_2$ tali che $f((C_1 \setminus C_2) \cap K_\nu)$ abbia misura nulla per ogni $\nu \in \mathbb{N}$, per cui $f(C_1 \setminus C_2)$ ha misura nulla, ed è fatta.

Siamo finalmente giunti a $n = 3$. Definiamo C_1 e C_2 come prima, introduciamo anche l'insieme C_3 dei punti di V in cui si annullano tutte le derivate prime, seconde e terze di f, e scriviamo $\mathrm{Crit}(f) = C_3 \cup (C_2 \setminus C_3) \cup (C_1 \setminus C_2)$.

Ragionando come nei casi precedenti usando cubetti invece di quadrati si vede subito che $f(C_3)$ ha misura nulla. Prendiamo allora $x_0 \in C_2 \setminus C_3$; allora deve esistere una derivata seconda di f, chiamamola g, con gradiente non nullo in x_0 e tale che $C_2 \setminus C_3 \subseteq g^{-1}(0)$. La Proposizione 3.1.25 (vedi anche l'Esercizio 3.9) ci fornisce un intorno K di x_0 a chiusura compatta disgiunta da C_3 tale che $g^{-1}(0) \cap K$ sia una superficie regolare. A meno di restringere K, possiamo anche supporre che $g^{-1}(0) \cap K$ sia l'immagine di una parametrizzazione locale $\varphi\colon U \to \mathbb{R}^3$ centrata in x_0. Ma allora si vede subito che $\varphi^{-1}((C_2 \setminus C_3) \cap K) \subseteq \mathrm{Crit}(f \circ \varphi)$, per cui $f((C_2 \setminus C_3) \cap K)$ è contenuto nell'insieme dei valori critici di $f \circ \varphi$, che ha misura nulla grazie al caso $n = 2$. Procedendo come prima deduciamo quindi che $f(C_2 \setminus C_3)$ ha misura nulla. Un ragionamento analogo usando le derivate prime mostra che anche $f(C_1 \setminus C_2)$ ha misura nulla, e abbiamo finito. $\square$

3.6 Partizioni dell'unità

Scopo di questa sezione è dimostrare che ogni funzione di classe C^∞ su una superficie si può estendere a una funzione C^∞ definita in un intorno aperto (in $\mathbb{R}^3$) della superficie. Abbiamo visto (Proposizione 3.2.12) come questo sia possibile localmente; ci serve allora una tecnica che permetta di incollare le estensioni locali in modo da ottenere un'estensione globale.

Lo strumento principe per incollare oggetti locali creando un oggetto globale sono le *partizioni dell'unità*. Per introdurle ci servono alcune definizioni e un lemma.

Definizione 3.6.1. Un *ricoprimento* di uno spazio topologico X è una famiglia di sottoinsiemi di X la cui unione coincida con tutto lo spazio X; il ricorpimento è *aperto* se tutti i sottoinsiemi della famiglia sono aperti. Diremo che un ricoprimento $\mathfrak{U} = \{U_\alpha\}_{\alpha \in A}$ di uno spazio topologico X è *localmente finito* se ogni $p \in X$ ha un intorno $U \subseteq X$ tale che $U \cap U_\alpha \neq \varnothing$ solo per un numero finito di indici α. Un ricoprimento $\mathfrak{V} = \{V_\beta\}_{\beta \in B}$ è un *raffinamento* di $\mathfrak{U}$ se per ogni $\beta \in B$ esiste un $\alpha \in A$ tale che $V_\beta \subseteq U_\alpha$.

Lemma 3.6.2. *Sia $\Omega \subseteq \mathbb{R}^n$ un aperto, e $\mathfrak{U} = \{U_\alpha\}_{\alpha \in A}$ un ricoprimento aperto di Ω. Allora esiste un ricoprimento aperto localmente finito $\mathfrak{V} = \{V_\beta\}_{\beta \in B}$ di Ω tale che:*

(i) *$\mathfrak{V}$ è un raffinamento di $\mathfrak{U}$;*
(ii) *per ogni $\beta \in B$ esistono $p_\beta \in \Omega$ e $r_\beta > 0$ tali che $V_\beta = B(p_\beta, r_\beta)$;*
(iii) *posto $W_\beta = B(p_\beta, r_\beta/2)$, anche $\mathfrak{W} = \{W_\beta\}_{\beta \in B}$ è un ricoprimento di Ω.*

Dimostrazione. L'aperto Ω è localmente compatto e a base numerabile; quindi possiamo trovare una base numerabile $\{P_j\}$ composta da aperti a chiusura compatta. Definiamo ora per induzione una famiglia $\{K_j\}$ crescente di compatti. Poniamo $K_1 = \overline{P_1}$. Definito K_j, sia $r \geq j$ il minimo intero per cui $K_j \subset \bigcup_{i=1}^r P_i$, e poniamo

$$K_{j+1} = \overline{P_1} \cup \cdots \cup \overline{P_r}\,.$$

In questo modo abbiamo $K_j \subset \mathring{K}_{j+1}$ (dove $\mathring{K}$ denota la parte interna di K) e $\Omega = \bigcup_j K_j$.

Ora, per ogni $p \in (\mathring{K}_{j+2} \setminus K_{j-1}) \cap U_\alpha$ sia $r_{\alpha,j,p} > 0$ tale che la pallina di centro p e raggio $r_{\alpha,j,p}$ — pallina che indicheremo con $V_{\alpha,j,p}$ — sia contenuta in $(\mathring{K}_{j+2} \setminus K_{j-1}) \cap U_\alpha$, e poniamo $W_{\alpha,j,p} = B(p, r_{\alpha,j,p}/2)$. Ora, al variare di α e p gli aperti $W_{\alpha,j,p}$ formano un ricoprimento aperto di $K_{j+1} \setminus \mathring{K}_j$, che è compatto; quindi possiamo estrarne un sottoricoprimento finito $\{W_{j,r}\}$. Unendo questi ricoprimenti al variare di j otteniamo un ricoprimento aperto numerabile $\{W_\beta\}$ di Ω; se indichiamo con V_β la pallina corrispondente a W_β, per concludere dobbiamo solo dimostrare che il ricoprimento aperto $\{V_\beta\}$ è localmente finito. Ma infatti per ogni $p \in \Omega$ possiamo trovare un indice j tale che $p \in \mathring{K}_j$, e per costruzione solo un numero finito dei V_β intersecano $\mathring{K}_j$. $\square$

Definizione 3.6.3. Sia $f\colon X \to \mathbb{R}$ una funzione continua definita su uno spazio topologico X. Il *supporto* di f è l'insieme $\mathrm{supp}(f) = \overline{\{x \in X \mid f(x) \neq 0\}}$.

Definizione 3.6.4. Una *partizione dell'unità* su un aperto $\Omega \subseteq \mathbb{R}^n$ è una famiglia $\{\rho_\alpha\}_{\alpha \in A} \subset C^\infty(\Omega)$ tale che

(a) $\rho_\alpha \geq 0$ su Ω per ogni $\alpha \in A$;
(b) $\{\mathrm{supp}(\rho_\alpha)\}$ è un ricoprimento localmente finito di Ω;
(c) $\sum_\alpha \rho_\alpha \equiv 1$.

Diremo poi che la partizione dell'unità $\{\rho_\alpha\}$ è *subordinata* al ricoprimento aperto $\mathfrak{U} = \{U_\alpha\}_{\alpha \in A}$ se si ha $\mathrm{supp}(\rho_\alpha) \subset U_\alpha$ per ogni indice $\alpha \in A$.

Osservazione 3.6.5. La proprietà (b) della definizione di partizione dell'unità implica che nell'intorno di ciascun punto di Ω solo un numero finito di elementi della partizione dell'unità sono diversi da zero. In particolare, la somma in (c) è ben definita, in quanto in ciascun punto di Ω solo un numero finito di addendi sono non nulli. Inoltre, siccome Ω è a base numerabile, sempre la proprietà (b) implica (perché?) che $\mathrm{supp}(\rho_\alpha) \neq \varnothing$ solo per una quantità al più numerabile di indici α. In particolare, se la partizione dell'unità è subordinata a un ricoprimento composto da una quantità più che numerabile di aperti, allora $\rho_\alpha \equiv 0$ per tutti gli indici tranne al più una quantità numerabile. Questo non deve stupire, in quanto in uno spazio topologico a base numerabile da ogni ricoprimento aperto si può sempre estrarre un sottoricoprimento numerabile (proprietà di Lindelöf); vedi [8], pag. 49.

Teorema 3.6.6. *Sia $\Omega \subseteq \mathbb{R}^n$ un aperto, e $\mathfrak{U} = \{U_\alpha\}_{\alpha \in A}$ un ricoprimento aperto di Ω. Allora esiste una partizione dell'unità subordinata a $\mathfrak{U}$.*

Dimostrazione. Sia $\mathfrak{V} = \{V_\beta\}_{\beta \in B}$ il raffinamento di $\mathfrak{U}$ dato dal Lemma 3.6.2, e, posto $V_\beta = B(p_\beta, r_\beta)$, indichiamo con $f_\beta \in C^\infty(\mathbb{R}^n)$ la funzione data dal Corollario 1.5.3 applicato a $B(p_\beta, r_\beta)$. In particolare, $\{\mathrm{supp}(f_\beta)\}$ è un ricoprimento localmente finito di Ω che raffina $\mathfrak{U}$, e la somma

$$F = \sum_{\beta \in B} f_\beta$$

definisce (perché?) una funzione di classe C^∞ su tutto Ω. Quindi ponendo $\tilde{\rho}_\beta = f_\beta / F$ otteniamo una partizione dell'unità $\{\tilde{\rho}_\beta\}_{\beta \in B}$ tale che per ogni $\beta \in B$ esiste un $\alpha(\beta) \in A$ per cui $\mathrm{supp}(\tilde{\rho}_\beta) \subset U_{\alpha(\beta)}$. Ma allora definiamo $\rho_\alpha \in C^\infty(\Omega)$ con

$$\rho_\alpha = \sum_{\substack{\beta \in B \\ \alpha(\beta) = \alpha}} \tilde{\rho}_\beta \; ;$$

si verifica subito (esercizio) che $\{\rho_\alpha\}_{\alpha \in A}$ è una partizione dell'unità subordinata a $\mathfrak{U}$, come voluto. $\square$

Vediamo ora come usare le partizioni dell'unità per incollare estensioni locali:

Teorema 3.6.7. *Sia $S \subset \mathbb{R}^3$ una superficie, e $\Omega \subseteq \mathbb{R}^3$ un intorno aperto di S tale che $S \subset \Omega$ sia chiusa in Ω. Allora una funzione $f \colon S \to \mathbb{R}$ è di classe C^∞ su S se e solo se esiste una $\tilde{f} \in C^\infty(\Omega)$ tale che $\tilde{f}|_S \equiv f$.*

Dimostrazione. In una direzione è l'Esempio 3.2.11. Viceversa, sia $f \in C^\infty(S)$. La Proposizione 3.2.12 ci dice che per ogni $p \in S$ possiamo trovare un intorno aperto $W_p \subseteq \Omega$ di p e una funzione $f_p \in C^\infty(W_p)$ tali che $f_p|_{W_p \cap S} \equiv f|_{W_p \cap S}$. Allora $\mathfrak{U} = \{W_p\}_{p \in S} \cup \{\Omega \setminus S\}$ è un ricoprimento aperto di Ω; per il Teorema 3.6.6 esiste una partizione dell'unità $\{\rho_p\}_{p \in S} \cup \{\rho_{\Omega \setminus S}\}$ subordinata a $\mathfrak{U}$. In particolare, per ogni $p \in S$ se estendiamo $\rho_p f_p$ a zero fuori dal supporto di ρ_p otteniamo (perché?) una funzione C^∞ in tutto Ω. Inoltre $\operatorname{supp}(\rho_{\Omega \setminus S}) \subset \Omega \setminus S$, per cui $\rho_{\Omega \setminus S}|_S \equiv 0$ e $\sum_{p \in S} \rho_p|_S \equiv 1$. Poniamo allora

$$\tilde{f} = \sum_{p \in S} \rho_p f_p. \tag{3.9}$$

Siccome nell'intorno di un qualsiasi punto di Ω solo un numero finito di addendi in (3.9) è non nullo, si vede subito che $\tilde{f} \in C^\infty(\Omega)$. Infine, siccome le f_α sono tutte estensioni della stessa f e $\{\rho_\alpha\}$ è una partizione dell'unità, segue subito che $\tilde{f}|_S \equiv f$, come voluto. $\qquad\square$

È facile vedere che se la superficie S non è chiusa in $\mathbb{R}^3$ allora possono esistere delle funzioni di classe C^∞ su S che non si estendono a funzioni di classe C^∞ su tutto $\mathbb{R}^3$.

Esempio 3.6.8. Sia $S = \{(x, y, z) \in \mathbb{R}^3 \mid z = 0, (x, y) \neq (0, 0)\}$ il piano xy privato dell'origine; essendo un aperto di una superficie (il piano xy), S è una superficie. La funzione $f \colon S \to \mathbb{R}$ data da $f(x, y, z) = 1/(x^2 + y^2)$ è di classe C^∞ su S ma non esiste (perché?) alcuna funzione $\tilde{f} \in C^\infty(\mathbb{R}^3)$ tale che $\tilde{f}|_S \equiv f$. Nota che S non è un sottoinsieme chiuso di $\mathbb{R}^3$, ma è un sottoinsieme chiuso dell'aperto $\Omega = \{(x, y, z) \in \mathbb{R}^3 \mid (x, y) \neq (0, 0)\}$, e una estensione di classe C^∞ di f a Ω esiste.

Esercizi

3.53. Dimostra che se $\sigma \colon (a, b) \to \mathbb{R}^2$ è un arco aperto di Jordan di classe C^2 allora esiste una funzione continua $\varepsilon \colon (a, b) \to \mathbb{R}^+$ tale che

$$I_\sigma\big(\sigma(t_1), \varepsilon(t_1)\big) \cap I_\sigma\big(\sigma(t_2), \varepsilon(t_2)\big) = \varnothing$$

per ogni $t_1 \neq t_2$, dove $I_\sigma\big(\sigma(t), \delta\big)$ è il segmento di lunghezza 2δ centrato in $\sigma(t)$ e ortogonale a $\sigma'(t)$ introdotto nella Definizione 2.2.3.

4

Curvature

Uno degli obiettivi principali della geometria differenziale consiste nel trovare un modo efficiente e significativo per misurare la curvatura di oggetti (curve e superfici) che non sono piatti. Per le curve abbiamo visto che basta misurare la variazione del versore tangente; nel caso delle superfici, comprensibilmente, la situazione è più complicata. Il primo problema evidente è che una superficie può curvarsi in modo diverso lungo direzioni diverse; quindi ci serve una misura della curvatura che sia legata alle direzioni tangenti — cioè un modo per misurare la variazione dei piani tangenti.

Per risolvere questo problema dobbiamo introdurre diversi strumenti nuovi. Prima di tutto, abbiamo bisogno di misurare la lunghezza dei vettori tangenti alla superficie. Come indicato nella Sezione 4.1, per far ciò basta restringere il prodotto scalare canonico di $\mathbb{R}^3$ a ciascun piano tangente. In questo modo si ottiene una forma quadratica definita positiva su ciascun piano tangente (la *prima forma fondamentale*), che permette di misurare la lunghezza dei vettori tangenti alla superficie (e, come vedremo nella Sezione 4.2, anche le aree di regioni della superficie). Vale la pena di osservare fin da subito che la prima forma fondamentale è una grandezza *intrinseca* alla superficie: possiamo calcolarla rimanendo all'interno della superficie senza bisogno di uscire in $\mathbb{R}^3$.

Un piano tangente, essendo un piano in $\mathbb{R}^3$, è completamente determinato nel momento in cui se ne conosce un versore ortogonale. Quindi una famiglia di piani tangenti può venire descritta dall'applicazione (detta *mappa di Gauss*) che associa a ciascun punto della superficie un versore normale al piano tangente in quel punto. Nella Sezione 4.3 vedremo che la mappa di Gauss esiste sempre localmente, ed esiste globalmente solo sulle superfici orientabili (cioè provviste di un interno e un esterno).

Nella Sezione 4.4 finalmente definiremo la curvatura di una superficie lungo una direzione tangente. Lo faremo in due modi: uno geometrico (come curvatura della curva ottenuta intersecando la superficie con un piano ortogonale a essa), e uno analitico, tramite il differenziale della mappa di Gauss e una forma quadratica (la *seconda forma fondamentale*) a esso associata. In particolare, nella Sezione 4.5 introdurremo la *curvatura Gaussiana* di una superficie come determinante del differenziale della mappa di Gauss, e vedremo che la curvatura Gaussiana riassume in sé le principali proprietà di curvatura della superficie. Infine, nella Sezione 4.6 dimostreremo il fondamentale *teorema egregium di Gauss:* nonostante la definizione chiami pesantemente in causa lo spazio ambiente $\mathbb{R}^3$, la curvatura Gaussiana è in realtà una quantità *intrinseca,* cioè misurabile rimanendo all'interno della superficie. Per esempio, questo ci permette di stabilire che la Terra non è piatta senza bisogno di foto satellitari, dato che è possibile verificare che la Terra ha curvatura Gaussiana non nulla rimanendo sul livello del mare.

Infine, nei Complementi a questo capitolo dimostreremo che ogni superficie chiusa in $\mathbb{R}^3$ è orientabile (Sezione 4.7); che una superficie S chiusa in un aperto $\Omega \subseteq \mathbb{R}^3$ è una superficie di livello se e solo se è orientabile e $\Omega \setminus S$ è sconnesso (Sezione 4.8); e il *teorema fondamentale della teoria locale delle superfici,* l'analogo meno potente e più complesso del teorema fondamentale della teoria locale delle curve (Sezione 4.9).

4.1 La prima forma fondamentale

Come spiegato nell'introduzione a questo capitolo, cominciamo il nostro viaggio fra le curvature delle superfici misurando le lunghezze dei vettori tangenti.

Lo spazio euclideo $\mathbb{R}^3$ ci giunge fornito del prodotto scalare canonico. Se $S \subset \mathbb{R}^3$ è una superficie e $p \in S$, il piano tangente T_pS può essere pensato come sottospazio vettoriale di $\mathbb{R}^3$, per cui possiamo calcolare il prodotto scalare canonico di due vettori tangenti a S in p.

Definizione 4.1.1. Sia $S \subset \mathbb{R}^3$ una superficie. Per ogni $p \in S$ indicheremo con $\langle \cdot, \cdot \rangle_p$ il prodotto scalare definito positivo su T_pS indotto dal prodotto scalare canonico. La *prima forma fondamentale* $I_p: T_pS \to \mathbb{R}$ è la forma quadratica (definita positiva) associata a questo prodotto scalare:

$$\forall v \in T_pS \qquad I_p(v) = \langle v, v \rangle_p \geq 0 \ .$$

Osservazione 4.1.2. Conoscere la prima forma fondamentale I_p è equivalente a conoscere il prodotto scalare $\langle \cdot, \cdot \rangle_p$: infatti

$$\langle v, w \rangle_p = \frac{1}{2}\big[I_p(v + w) - I_p(v) - I_p(w)\big] = \frac{1}{4}\big[I_p(v + w) - I_p(v - w)\big] \ .$$

Se ci dimentichiamo che la superficie vive nello spazio ambiente $\mathbb{R}^3$, e che la prima forma fondamentale è indotta dal prodotto scalare canonico costante di $\mathbb{R}^3$, e ci limitiamo a cercare di capire cosa si vede di tutto ciò rimanendo sulla superficie, notiamo subito che è naturale pensare a $\langle \cdot, \cdot \rangle_p$ come a un prodotto scalare definito sul piano tangente T_pS che varia al variare di p (e del piano tangente).

Un modo per quantificare questa variabilità consiste nell'usare le parametrizzazioni locali e le basi da loro indotte sui piani tangenti per ricavare la matrice (variabile!) che rappresenta questo prodotto scalare. Sia allora $\varphi\colon U \to S$ una parametrizzazione locale in $p \in S$, e $\{\partial_1, \partial_2\}$ la base di T_pS indotta da φ. Presi due vettori tangenti $v, w \in T_pS$, se li scriviamo come combinazione lineare dei vettori della base, $v = v_1\partial_1 + v_2\partial_2$, $w = w_1\partial_1 + w_2\partial_2 \in T_pS$, possiamo esprimere $\langle v, w \rangle_p$ in coordinate:

$$\langle v, w \rangle_p = v_1 w_1 \langle \partial_1, \partial_1 \rangle_p + [v_1 w_2 + v_2 w_1]\langle \partial_1, \partial_2 \rangle_p + v_2 w_2 \langle \partial_2, \partial_2 \rangle_p \ .$$

Definizione 4.1.3. Sia $\varphi\colon U \to S$ una parametrizzazione locale di una superficie S. I *coefficienti metrici* di S rispetto a φ sono le funzioni E, F, $G\colon U \to \mathbb{R}$ date da

$$E(x) = \langle \partial_1, \partial_1 \rangle_{\varphi(x)} \ , \quad F(x) = \langle \partial_1, \partial_2 \rangle_{\varphi(x)} \ , \quad G(x) = \langle \partial_2, \partial_2 \rangle_{\varphi(x)} \ ,$$

per ogni $x \in U$.

Chiaramente, i coefficienti metrici sono (perché?) funzioni di classe C^∞ su U, che inoltre determinano completamente la prima forma fondamentale:

$$I_p(v) = E(x)v_1^2 + 2F(x)v_1 v_2 + G(x)v_2^2 = \begin{vmatrix} v_1 & v_2 \end{vmatrix} \begin{vmatrix} E(x) & F(x) \\ F(x) & G(x) \end{vmatrix} \begin{vmatrix} v_1 \\ v_2 \end{vmatrix}$$

per ogni $p = \varphi(x) \in \varphi(U)$ e $v = v_1\partial_1 + v_2\partial_2 \in T_pS$.

Osservazione 4.1.4. La notazione E, F e G, che useremo sistematicamente, è stata introdotta da Gauss ai primi dell'Ottocento. In notazione più moderna si scrive $E = g_{11}$, $F = g_{12} = g_{21}$ e $G = g_{22}$, in modo da avere

$$\langle v, w \rangle_p = \sum_{h,k=1}^{2} g_{hk}(p) v_h w_k \ .$$

Osservazione 4.1.5. Noi abbiamo introdotto E, F e G come funzioni definite su U. A volte però sarà comodo considerarle come funzioni definite su $\varphi(U)$, ovvero sostituirle con $E \circ \varphi^{-1}$, $F \circ \varphi^{-1}$ e $G \circ \varphi^{-1}$ rispettivamente. Se ci fai caso, abbiamo operato questa sostituzione proprio nell'ultima formula qui sopra.

Osservazione 4.1.6. Attenzione: i coefficienti metrici dipendono fortemente dalla parametrizzazione locale scelta! L'Esempio 4.1.10 mostrerà quanto i coefficienti metrici possano cambiare, anche in un caso molto semplice, scegliendo una diversa parametrizzazione locale.

Esempio 4.1.7. Sia $S \subset \mathbb{R}^3$ il piano passante per $p_0 \in \mathbb{R}^3$ e parallelo ai vettori linearmente indipendenti $\mathbf{v}_1$, $\mathbf{v}_2 \in \mathbb{R}^3$. Nell'Esempio 3.1.12 abbiamo visto che una parametrizzazione locale di S è l'applicazione $\varphi\colon \mathbb{R}^2 \to \mathbb{R}^3$ data da $\varphi(x_1, x_2) = p_0 + x_1\mathbf{v}_1 + x_2\mathbf{v}_2$. Per ogni $p \in S$ la base di T_pS indotta da φ

è $\partial_1 = \mathbf{v}_1$ e $\partial_2 = \mathbf{v}_2$, per cui i coefficienti metrici del piano rispetto a φ sono dati da $E \equiv \|\mathbf{v}_1\|^2$, $F \equiv \langle \mathbf{v}_1, \mathbf{v}_2 \rangle$ e $G \equiv \|\mathbf{v}_2\|^2$. In particolare, se $\mathbf{v}_1$ e $\mathbf{v}_2$ sono versori ortonormali troviamo

$$E \equiv 1 \,, \quad F \equiv 0 \,, \quad G \equiv 1 \,.$$

Esempio 4.1.8. Sia $U \subseteq \mathbb{R}^2$ aperto, $h \in C^\infty(U)$, e $\varphi: U \to \mathbb{R}^3$ la parametrizzazione locale del grafico Γ_h data da $\varphi(x) = \big(x, h(x)\big)$. Ricordando l'Esempio 3.3.14 vediamo che i coefficienti metrici di Γ_h rispetto a φ sono dati da

$$E = 1 + \left| \frac{\partial h}{\partial x_1} \right|^2 \,, \quad F = \frac{\partial h}{\partial x_1} \frac{\partial h}{\partial x_2} \,, \quad G = 1 + \left| \frac{\partial h}{\partial x_2} \right|^2 \,.$$

Esempio 4.1.9. Sia $S \subset \mathbb{R}^3$ il cilindro circolare retto di raggio 1 centrato sull'asse z. Una parametrizzazione locale è la $\varphi:(0, 2\pi) \times \mathbb{R} \to \mathbb{R}^3$ data da $\varphi(x_1, x_2) = (\cos x_1, \sin x_1, x_2)$. La base indotta da questa parametrizzazione è $\partial_1 = (-\sin x_1, \cos x_1, 0)$ e $\partial_2 = (0, 0, 1)$, per cui

$$E \equiv 1 \,, \quad F \equiv 0 \,, \quad G \equiv 1 \,.$$

Esempio 4.1.10. Usando la parametrizzazione locale $\varphi: U \to \mathbb{R}^3$ della sfera unitaria S^2 data da $\varphi(x, y) = \big(x, y, \sqrt{1 - x^2 - y^2}\big)$ e ricordando la base locale calcolata nell'Esempio 3.3.13 otteniamo

$$E = \frac{1 - y^2}{1 - x^2 - y^2} \,, \quad F = \frac{xy}{1 - x^2 - y^2} \,, \quad G = \frac{1 - x^2}{1 - x^2 - y^2} \,.$$

Usando invece la parametrizzazione $\psi(\theta, \phi) = (\sin\theta \cos\phi, \sin\theta \sin\phi, \cos\theta)$, la seconda base locale calcolata nell'Esempio 3.3.13 ci dà

$$E \equiv 1 \,, \quad F \equiv 0 \,, \quad G = \sin^2\theta \,.$$

Esempio 4.1.11. Sia $S \subset \mathbb{R}^3$ l'elicoide parametrizzato dalla $\varphi: \mathbb{R}^2 \to \mathbb{R}^3$ data da $\varphi(x, y) = (y \cos x, y \sin x, ax)$ per qualche $a \in \mathbb{R}^*$. Allora ricordando la base locale calcolata nel Problema 3.2 troviamo

$$E = y^2 + a^2 \,, \quad F \equiv 0, \quad G \equiv 1 \,.$$

Esempio 4.1.12. Sia S la catenoide parametrizzata dalla $\psi: \mathbb{R} \times (0, 2\pi) \to \mathbb{R}^3$ data da $\psi(x, y) = (a \cosh x \cos y, a \cosh x \sin y, ax)$ per qualche $a \in \mathbb{R}^*$. Allora ricordando la base locale calcolata nel Problema 3.1 troviamo

$$E = a^2 \cosh^2 x \,, \quad F \equiv 0, \quad G = a^2 \cosh^2 x \,.$$

Esempio 4.1.13. Più in generale, sia $\varphi: I \times J \to \mathbb{R}^3$ data da

$$\varphi(t, \theta) = \big(\alpha(t) \cos\theta, \alpha(t) \sin\theta, \beta(t)\big)$$

una parametrizzazione locale di una superficie di rotazione S ottenuta come descritto nell'Esempio 3.1.18 (dove I e J sono opportuni intervalli aperti). Allora usando la base locale calcolata nell'Esempio 3.3.15 otteniamo

$$E = (\alpha')^2 + (\beta')^2 \,, \quad F \equiv 0 \,, \quad G = \alpha^2 \,.$$

Per esempio, se S è il toro studiato nell'Esempio 3.1.19 allora

$$E \equiv r^2 \,, \quad F \equiv 0 \,, \quad G = (r \cos t + x_0)^2 \,.$$

La prima forma fondamentale permette di misurare la lunghezza di curve sulla superficie. Infatti, se $\sigma \colon [a, b] \to S$ è una curva la cui immagine è contenuta nella superficie S allora si ha

$$L(\sigma) = \int_a^b \sqrt{I_{\sigma(t)}\big(\sigma'(t)\big)} \, \mathrm{d}t \,.$$

Viceversa, se sappiamo misurare le lunghezze di curve sulla superficie S possiamo recuperare la prima forma fondamentale in questo modo: dati $p \in S$ e $v \in T_p S$ sia $\sigma \colon (-\varepsilon, \varepsilon) \to S$ una curva con $\sigma(0) = p$ e $\sigma'(0) = v$, e poniamo $\ell(t) = L(\sigma|_{[0,t]})$. Allora (controlla che sia vero)

$$I_p(v) = \left| \frac{\mathrm{d}\ell}{\mathrm{d}t}(0) \right|^2 \,.$$

Quindi, in un certo senso la prima forma fondamentale è legata alle proprietà metriche *intrinseche* della superficie, proprietà che non dipendono dal modo in cui la superficie è immersa in $\mathbb{R}^3$. Rimanendo solo sulla superficie siamo in grado di misurare la lunghezza delle curve, e quindi di calcolare la prima forma fondamentale, senza bisogno di mettere il naso in $\mathbb{R}^3$; e, inoltre, un diffeomorfismo che conserva le lunghezze delle curve conserva anche la prima forma fondamentale. Per questo motivo le proprietà della superficie che dipendono solo dalla prima forma fondamentale sono dette *proprietà intrinseche*. Per esempio, vedremo nelle prossime sezioni che il valore di un certo tipo di curvatura (la curvatura Gaussiana) è una proprietà intrinseca, che ci permetterà di stabilire senza muoverci dal pianeta se la Terra è piatta o no.

Le applicazioni fra superfici che conservano la prima forma fondamentale meritano un nome speciale:

Definizione 4.1.14. Sia $H \colon S_1 \to S_2$ un'applicazione C^∞ fra due superfici. Diremo che H è un'*isometria in* $p \in S_1$ se per ogni $v \in T_p S_1$ si ha

$$I_{H(p)}\big(\mathrm{d}H_p(v)\big) = I_p(v) \,;$$

ovviamente (perché?) questo implica che

$$\big\langle \mathrm{d}H_p(v), \mathrm{d}H_p(w) \big\rangle_{H(p)} = \langle v, w \rangle_p$$

per ogni v, $w \in T_pS_1$. Se H è un'isometria in p, il differenziale di H in p è invertibile, e quindi H è un diffeomorfismo di un intorno di p con un intorno di $H(p)$. Diremo che H è un'*isometria locale* $p \in S_1$ se p ha un intorno U tale che $H|_U$ sia un'isometria in ogni punto di U; e che è un'*isometria locale* se lo è in ogni punto di S_1. Infine, diremo che H è un'*isometria* se è sia un diffeomorfismo globale sia un'isometria locale.

Osservazione 4.1.15. Le isometrie conservano le lunghezze delle curve, e quindi tutte le proprietà intrinseche delle superfici.

Esempio 4.1.16. Indichiamo con $S_1 \subset \mathbb{R}^3$ il piano $z = 0$, con $S_2 \subset \mathbb{R}^3$ il cilindro di equazione $x^2 + y^2 = 1$, e sia $H: S_1 \to S_2$ l'applicazione data da $H(x, y, 0) = (\cos x, \sin x, y)$. Come visto nell'Esempio 3.3.12 il piano tangente a S_1 in un qualsiasi suo punto coincide con S_1 stesso. Inoltre, si ha

$$\mathrm{d}H_p(v) = v_1 \frac{\partial H}{\partial x}(p) + v_2 \frac{\partial H}{\partial y}(p) = (-v_1 \sin x, v_1 \cos x, v_2)$$

per ogni $p = (x, y, 0) \in S_1$ e $v = (v_1, v_2, 0) \in T_pS_1$. Quindi

$$I_{H(p)}\big(\mathrm{d}H_p(v)\big) = \|\mathrm{d}H_p(v)\|^2 = v_1^2 + v_2^2 = \|v\|^2 = I_p(v) \,,$$

per cui H è un'isometria locale. D'altra parte, H non è un'isometria, in quanto non è iniettiva.

Definizione 4.1.17. Diremo che la superficie S_1 è *localmente isometrica* alla superficie S_2 se per ogni $p \in S_1$ esiste un'isometria di un intorno di p in S_1 con un aperto di S_2.

Osservazione 4.1.18. Attenzione: l'essere localmente isometrici *non* è una relazione d'equivalenza; vedi l'Esercizio 4.8.

Due superfici sono localmente isometriche se e solo se hanno (in parametrizzazioni locali opportune) gli stessi coefficienti metrici:

Proposizione 4.1.19. *Siano S, $\tilde{S} \subset \mathbb{R}^3$ due superfici. Allora S è localmente isometrica a $\tilde{S}$ se e solo se per ogni punto $p \in S$ esistono un punto $\tilde{p} \in \tilde{S}$, un aperto $U \subseteq \mathbb{R}^2$, una parametrizzazione locale $\varphi: U \to S$ di S centrata in p, e una parametrizzazione locale $\tilde{\varphi}: U \to \tilde{S}$ di $\tilde{S}$ centrata in $\tilde{p}$ tali che $E \equiv \tilde{E}$, $F \equiv \tilde{F}$ e $G \equiv \tilde{G}$, dove E, F, G (rispettivamente, $\tilde{E}$, $\tilde{F}$, $\tilde{G}$) sono i coefficienti metrici di S rispetto a φ (rispettivamente, di $\tilde{S}$ rispetto a $\tilde{\varphi}$).*

Dimostrazione. Supponiamo che S sia localmente isometrica a $\tilde{S}$. Allora dato $p \in S$ possiamo trovare un intorno V di p e un'isometria $H: V \to H(V) \subseteq \tilde{S}$. Sia $\varphi: U \to S$ una parametrizzazione locale centrata in p e tale che $\varphi(U) \subset V$; allora $\tilde{\varphi} = H \circ \varphi$ è una parametrizzazione locale di $\tilde{S}$ centrata in $\tilde{p} = H(p)$ con le proprietà richieste (verificare, prego).

Viceversa, supponiamo che esistano due parametrizzazioni locali φ e $\tilde{\varphi}$ come nell'enunciato, e poniamo $H = \tilde{\varphi} \circ \varphi^{-1} : \varphi(U) \to \tilde{\varphi}(U)$. Chiaramente H è un diffeomorfismo con l'immagine; dobbiamo dimostrare che è un'isometria. Prendiamo $q \in \varphi(U)$ e $v \in T_q S_1$, e scriviamo $v = v_1 \partial_1 + v_2 \partial_2$. Per costruzione (vedi l'Osservazione 3.4.26) si ha $\mathrm{d}H_q(\partial_j) = \tilde{\partial}_j$; quindi $\mathrm{d}H_q(v) = v_1 \tilde{\partial}_1 + v_2 \tilde{\partial}_2$ e dunque

$$
\begin{aligned}
I_{H(q)}\big(\mathrm{d}H_q(v)\big) &= v_1^2 \tilde{E}\big(\tilde{\varphi}^{-1} \circ H(q)\big) + 2v_1 v_2 \tilde{F}\big(\tilde{\varphi}^{-1} \circ H(q)\big) + v_2^2 \tilde{G}\big(\tilde{\varphi}^{-1} \circ H(q)\big) \\
&= v_1^2 E\big(\varphi^{-1}(q)\big) + 2v_1 v_2 F\big(\varphi^{-1}(q)\big) + v_2^2 G\big(\varphi^{-1}(q)\big) = I_q(v) \,,
\end{aligned}
$$

per cui H è un'isometria, come voluto. $\square$

Esempio 4.1.20. Un piano e un cilindro circolare retto sono quindi localmente isometrici, grazie alla Proposizione precedente e agli Esempi 4.1.7 e 4.1.9 (vedi anche l'Esempio 4.1.16). D'altra parte, non possono essere globalmente isometrici, in quanto non sono neppure omeomorfi (un parallelo del cilindro lo divide in due componenti connesse nessuna delle quali ha chiusura compatta, cosa che non può accadere nel piano grazie al teorema della curva di Jordan).

Se ti stupisci che il piano e il cilindro siano localmente isometrici, aspetta di leggere l'esempio seguente:

Esempio 4.1.21. Ogni elicoide è localmente isometrico a una catenoide. Infatti, sia S un elicoide parametrizzato come nell'Esempio 4.1.11, e sia $\tilde{S}$ la catenoide corrispondente allo stesso valore del parametro $a \in \mathbb{R}^*$, parametrizzata come nell'Esempio 4.1.12. Scelto un punto $p_0 = \varphi(x_0, y_0) \in S$, sia $\chi \colon \mathbb{R} \times (0, 2\pi) \to \mathbb{R}^2$ data da $\chi(x, y) = (y - \pi + x_0, a \sinh x)$. Chiaramente χ è un diffeomorfismo con l'immagine, per cui $\varphi \circ \chi$ è una parametrizzazione locale in p dell'elicoide. I coefficienti metrici rispetto a questa parametrizzazione sono

$$
E = a^2 \cosh^2 x, \quad F \equiv 0, \quad G = a^2 \cosh^2 x \,,
$$

e quindi la Proposizione 4.1.19 ci assicura che l'elicoide è localmente isometrico alla catenoide. In maniera analoga (esercizio) si dimostra che la catenoide è localmente isometrica all'elicoide.

Dunque superfici dall'aspetto esteriore completamente diverso possono essere isometriche, e quindi intrinsecamente indistinguibili. Ma allora come facciamo a capire se due superfici non sono localmente isometriche? Non è che poi si scopre che persino il piano e la sfera sono localmente isometrici? Uno degli obiettivi principali di questo capitolo sarà dare una prima risposta a queste domande: costruiremo una funzione, la curvatura Gaussiana, definita indipendentemente da qualsiasi parametrizzazione locale, che misurerà proprietà intrinseche della superficie, per cui superfici con curvature Gaussiane drasticamente diverse non potranno essere neppure localmente isometriche.

Nei Complementi al prossimo capitolo completeremo il quadro dimostrando un criterio necessario e sufficiente che non richiede la scelta di particolari parametrizzazioni locali perché due superfici siano localmente isometriche (Corollario 5.5.6).

A questo proposito, vale la pena di ricordare che uno dei problemi che hanno portato allo sviluppo della geometria differenziale riguarda la preparazione di carte geografiche. Nel nostro linguaggio, una carta geografica è un diffeomorfismo fra un aperto di una superficie e un aperto del piano (in altre parole, l'inverso di una parametrizzazione locale) che conserva certe proprietà metriche della superficie. Per esempio, una carta geografica in scala 1:1 è un'isometria di un aperto della superficie con un aperto del piano. Ovviamente, le carte in scala 1:1 non sono terribilmente pratiche; di solito preferiamo usare cartine in scala maggiore. Questo suggerisce la seguente

Definizione 4.1.22. Una *similitudine* di *scala* $r > 0$ fra due superfici è un diffeomorfismo $H : S_1 \to S_2$ tale che

$$I_{H(p)}\big(\mathrm{d}H_p(v)\big) = r^2 I_p(v)$$

per ogni $p \in S_1$ e $v \in T_p S_1$.

Una similitudine moltiplica la lunghezza delle curve per un fattore costante (la scala), per cui è ideale per le cartine stradali. Sfortunatamente, vedremo che similitudini fra aperti di superfici e aperti del piano esistono molto di rado. In particolare, dimostreremo che non esistono similitudini fra aperti della sfera e aperti del piano, per cui è impossibile fare una cartina stradale perfetta (quelle che usiamo comunemente sono solo delle approssimazioni). Un sostituto possibile (ed effettivamente usato in cartografia) è dato dalle *applicazioni conformi*, che sono i diffeomorfismi che conservano gli angoli; vedi l'Esercizio 4.59

Visto che ci siamo, concludiamo questa sezione parlando appunto di angoli:

Definizione 4.1.23. Sia $S \subset \mathbb{R}^3$ una superficie, e $p \in S$. Una *determinazione dell'angolo* fra due vettori tangenti v_1, $v_2 \in T_p S$ è un $\theta \in \mathbb{R}$ tale che si abbia

$$\cos \theta = \frac{\langle v_1, v_2 \rangle_p}{\sqrt{I_p(v_1) I_p(v_2)}} \ .$$

Inoltre, se σ_1, $\sigma_2 : (-\varepsilon, \varepsilon) \to S$ sono due curve con $\sigma_1(0) = \sigma_2(0) = p$, diremo (determinazione dell') *angolo* fra σ_1 e σ_2 l'angolo fra $\sigma_1'(0)$ e $\sigma_2'(0)$.

Gli assi cartesiani nel piano si intersecano (di solito) ortogonalmente. Le parametrizzazioni locali con una proprietà analoga saranno molto utili, e si meritano un nome speciale:

Definizione 4.1.24. Diremo che la parametrizzazione locale φ di una superficie S è *ortogonale* se le sue curve coordinate si intersecano ortogonalmente.

Osservazione 4.1.25. I vettori tangenti alle curve coordinate sono ∂_1 e ∂_2; quindi il coseno dell'angolo fra due curve coordinate è dato da $F/\sqrt{EG}$, e una parametrizzazione locale è ortogonale se e solo se $F \equiv 0$. Vedremo nel prossimo capitolo che parametrizzazioni ortogonali esistono sempre (Corollario 5.3.21).

Esempio 4.1.26. I paralleli e i meridiani sono le curve coordinate delle parametrizzazioni locali delle superfici di rotazione viste nell'Esempio 3.1.18, parametrizzazioni che sono ortogonali grazie all'Esempio 4.1.13.

4.2 Area

La prima forma fondamentale permette anche di calcolare l'area di regioni limitate di una superficie regolare. Per semplicità, limiteremo la nostra discussione al caso di regioni contenute nell'immagine di una parametrizzazione locale, rinviando alla Sezione 6.3 per il caso generale.

Iniziamo definendo quali sono le regioni di cui vogliamo calcolare l'area.

Definizione 4.2.1. Sia $\sigma\colon [a,b] \to S$ una curva regolare a tratti parametrizzata rispetto alla lunghezza d'arco in una superficie $S \subset \mathbb{R}^3$, e scegliamo una suddivisione $a = s_0 < s_1 < \cdots < s_k = b$ di $[a,b]$ tale che $\sigma|_{[s_{j-1},s_j]}$ sia regolare per $j = 1,\ldots,k$. Come per le curve piane poniamo

$$\dot\sigma(s_j^-) = \lim_{s \to s_j^-} \dot\sigma(s) \qquad e \qquad \dot\sigma(s_j^+) = \lim_{s \to s_j^+} \dot\sigma(s)\ ;$$

sia $\dot\sigma(s_j^-)$ sia $\dot\sigma(s_j^+)$ sono vettori di $T_{\sigma(s_j)}S$, in generale distinti. Ovviamente, $\dot\sigma(s_0^-)$ e $\dot\sigma(s_k^+)$ non sono definiti, a meno che la curva sia chiusa, nel qual caso porremo $\dot\sigma(s_0^-) = \dot\sigma(s_k^-)$ e $\dot\sigma(s_k^+) = \dot\sigma(s_0^+)$. Diremo che $\sigma(s_j)$ è un *vertice* di σ se $\dot\sigma(s_j^-) \neq \dot\sigma(s_j^+)$, e che è una *cuspide* di σ se $\dot\sigma(s_j^-) = -\dot\sigma(s_j^+)$. Un *poligono curvilineo* in S è una curva regolare a tratti semplice chiusa parametrizzata rispetto alla lunghezza d'arco e priva di cuspidi.

Definizione 4.2.2. Una *regione regolare* $R \subseteq S$ di una superficie S è un sottoinsieme compatto connesso di S ottenuto come chiusura del suo interno e con bordo parametrizzato da un numero finito di poligoni curvilinei con sostegno disgiunto. Se S è compatta, allora $R = S$ è una regione regolare di S con bordo vuoto.

Per definire la lunghezza di una curva l'abbiamo approssimata con una poligonale; per definire l'area di una regione procediamo in maniera simile.

Definizione 4.2.3. Sia $R \subseteq S$ una regione regolare di una superficie S. Una *partizione* di R è una famiglia finita $\mathcal{R} = \{R_1,\ldots,R_n\}$ di regioni regolari contenute in R con $R_i \cap R_j \subseteq \partial R_i \cap \partial R_j$ per ogni $1 \le i \neq j \le n$ e tali che $R = R_1 \cup \cdots \cup R_n$. Il *diametro* $\|\mathcal{R}\|$ di una partizione $\mathcal{R}$ è il massimo dei diametri (in $\mathbb{R}^3$) degli elementi di $\mathcal{R}$. Diremo che un'altra partizione $\tilde{\mathcal{R}} = \{\tilde R_1,\ldots,\tilde R_m\}$ di R è un *raffinamento* di $\mathcal{R}$ se per ogni $i = 1,\ldots,m$

esiste un $1 \le j \le n$ tale che $\tilde{R}_i \subseteq R_j$. Infine, una *partizione puntata* di R è data da una partizione $\mathcal{R} = \{R_1, \ldots, R_n\}$ di R e una n-upla $\mathbf{p} = (p_1, \ldots, p_n)$ di punti di R tali che $p_j \in R_j$ per $j = 1, \ldots, n$.

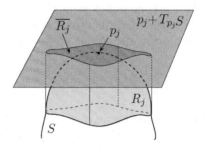

Figura 4.1.

Definizione 4.2.4. Sia $R \subseteq S$ una regione regolare di una superficie S, e $(\mathcal{R}, \mathbf{p})$ una partizione puntata di R. Per ogni $R_j \in \mathcal{R}$, indichiamo con $\overline{R_j}$ la proiezione ortogonale di R_j sul piano tangente affine $p_j + T_{p_j}S$ (vedi la Fig. 4.1), e con $\mathrm{Area}(\overline{R_j})$ la sua area. L'*area* della partizione puntata $(\mathcal{R}, \mathbf{p})$ è per definizione

$$\mathrm{Area}(\mathcal{R}, \mathbf{p}) = \sum_{R_j \in \mathcal{R}} \mathrm{Area}(\overline{R_j}) .$$

Diremo poi che la regione R è *rettificabile* se il limite

$$\mathrm{Area}(R) = \lim_{\|\mathcal{R}\| \to 0} \mathrm{Area}(\mathcal{R}, \mathbf{p})$$

esiste finito. Tale limite verrà detto *area* di R.

Per dimostrare che ogni regione regolare contenuta nell'immagine di una parametrizzazione locale è rettificabile ci servirà il classico teorema di cambiamento di variabile negli integrali multipli (vedi [6], pag. 472):

Teorema 4.2.5. *Sia $h: \tilde{\Omega} \to \Omega$ un diffeomorfismo fra aperti di $\mathbb{R}^n$. Allora per ogni per ogni regione regolare $R \subset \Omega$ e ogni funzione $f: R \to \mathbb{R}$ continua si ha*

$$\int_{h^{-1}(R)} (f \circ h) \, |\det \mathrm{Jac}(h)| \, dx_1 \cdots dx_n = \int_R f \, dx_1 \cdots dx_n .$$

Allora:

Teorema 4.2.6. *Sia $R \subseteq S$ una regione regolare contenuta nell'immagine di una parametrizzazione locale $\varphi: U \to S$ di una superficie S. Allora R è rettificabile e*

$$\mathrm{Area}(R) = \int_{\varphi^{-1}(R)} \sqrt{EG - F^2} \, dx_1 \, dx_2 . \tag{4.1}$$

Dimostrazione. Sia $R_0 \subseteq R$ una regione regolare contenuta in R, e prendiamo un punto $p_0 \in R_0$; il nostro primo obiettivo è descrivere la proiezione ortogonale $\overline{R_0}$ di R_0 in $p_0 + T_{p_0}S$. Se $p_0 = \varphi(x_0)$, una base ortonormale di $T_{p_0}S$ è data dai vettori

$$\epsilon_1 = \frac{1}{\sqrt{E(x_0)}}\partial_1(x_0)\,,$$

$$\epsilon_2 = \sqrt{\frac{E(x_0)}{E(x_0)G(x_0) - F(x_0)^2}}\left(\partial_2(x_0) - \frac{F(x_0)}{E(x_0)}\partial_1(x_0)\right)\,.$$

Ne segue (esercizio) che la proiezione ortogonale $\pi_{x_0}\colon \mathbb{R}^3 \to p_0 + T_{p_0}S$ è data dalla formula

$$\pi_{x_0}(q)$$
$$= p_0 + \frac{1}{\sqrt{E(x_0)}}\langle q - p_0, \partial_1(x_0)\rangle\epsilon_1$$
$$+ \sqrt{\frac{E(x_0)}{E(x_0)G(x_0) - F(x_0)^2}}\left(\langle q - p_0, \partial_2(x_0)\rangle - \frac{F(x_0)}{E(x_0)}\langle q - p_0, \partial_1(x_0)\rangle\right)\epsilon_2\,.$$

Indichiamo poi con $\psi_{x_0}\colon p_0 + T_{p_0}S \to \mathbb{R}^2$ l'applicazione lineare che associa a ciascun punto $p \in p_0 + T_{p_0}S$ le coordinate di $p - p_0$ rispetto alla base $\{\epsilon_1, \epsilon_2\}$; siccome quest'ultima è una base ortonormale, l'applicazione ψ_{x_0} conserva le aree.

Poniamo poi $h_x = \psi_x \circ \pi_x \circ \varphi$, e sia infine $\Phi\colon U \times U \to \mathbb{R}^2 \times U$ l'applicazione $\Phi(x, y) = \big(h_x(y), x\big)$. Si verifica subito che

$$\det \mathrm{Jac}(\Phi)(x_0, x_0) = \det \mathrm{Jac}(h_{x_0})(x_0) = \sqrt{E(x_0)G(x_0) - F(x_0)^2} > 0\,; \quad (4.2)$$

quindi per ogni $x_0 \in U$ esiste un intorno $V_{x_0} \subseteq U$ di x_0 tale che $\Phi|_{V_{x_0} \times V_{x_0}}$ sia un diffeomorfismo con l'immagine. Ricordando la definizione di Φ, questo implica che $h_x|_{V_{x_0}}$ è un diffeomorfismo con l'immagine per ogni $x \in V_{x_0}$. In particolare, se $R_0 = \varphi(Q_0) \subset \varphi(U)$ è una regione regolare con $Q_0 \subset V_{x_0}$ e $x \in Q_0$, allora la proiezione ortogonale $\overline{R_0}$ di R_0 su $\varphi(x) + T_{\varphi(x)}S$ è data da $\pi_x \circ \varphi(Q_0)$ e, siccome ψ_x conserva le aree, il Teorema 4.2.5 implica

$$\mathrm{Area}(\overline{R_0}) = \mathrm{Area}\big(h_x(Q_0)\big) = \int_{Q_0} |\det \mathrm{Jac}(h_x)|\, \mathrm{d}y_1 \mathrm{d}y_2\,. \quad (4.3)$$

Sia ora $R \subset \varphi(U)$ una regione regolare qualsiasi, e $Q = \varphi^{-1}(R)$. Dato $\varepsilon > 0$, vogliamo trovare un $\delta > 0$ tale che per ogni partizione puntata $(\mathcal{R}, \mathbf{p})$ di R di diametro minore di δ si abbia

$$\left|\mathrm{Area}(\mathcal{R}, \mathbf{p}) - \int_Q \sqrt{EG - F^2}\, \mathrm{d}y_1\, \mathrm{d}y_2\right| < \varepsilon\,.$$

La famiglia $\mathfrak{V} = \{V_x \mid x \in Q\}$ è un ricoprimento aperto del compatto Q; sia $\delta_0 > 0$ il numero di Lebesgue (Teorema 2.1.2) di $\mathfrak{V}$. Poi sia $\Psi: Q \times Q \to \mathbb{R}$ data da

$$\Psi(x,y) = |\det \operatorname{Jac}(h_x)(y)| - \sqrt{E(y)G(y) - F(y)^2} \, .$$

La (4.2) ci dice che $\Psi(x,x) \equiv 0$; quindi l'uniforme continuità ci fornisce un $\delta_1 > 0$ tale che

$$|y - x| < \delta_1 \quad \Longrightarrow \quad |\Psi(x,y)| < \varepsilon/\operatorname{Area}(Q) \, .$$

Infine, l'uniforme continuità di $\varphi^{-1}|_R$ ci fornisce un $\delta > 0$ tale che se $R_0 \subseteq R$ ha diametro minore di δ allora $\varphi^{-1}(R_0)$ ha diametro minore di $\min\{\delta_0, \delta_1\}$.

Sia allora $(\mathcal{R}, \mathbf{p})$ una partizione puntata di R di diametro minore di δ, con $\mathcal{R} = \{R_1, \ldots, R_n\}$ e $\mathbf{p} = (p_1, \ldots, p_n)$, e poniamo $Q_j = \varphi^{-1}(R_j)$ e $x_j = \varphi^{-1}(p_j)$. Siccome ciascun Q_j ha diametro minore di δ_0, possiamo utilizzare la (4.3) per calcolare l'area di ciascun $\overline{R_j}$. Quindi

$$\left| \operatorname{Area}(\mathcal{R}, \mathbf{p}) - \int_Q \sqrt{EG - F^2} \, dy_1 \, dy_2 \right|$$

$$= \left| \sum_{j=1}^n \int_{Q_j} |\det \operatorname{Jac}(h_{x_j})| \, dy_1 dy_2 - \int_Q \sqrt{EG - F^2} \, dy_1 \, dy_2 \right|$$

$$\leq \sum_{j=1}^n \int_{Q_j} |\Psi(x_j, y)| \, dy_1 \, dy_2 < \sum_{j=1}^n \frac{\varepsilon}{\operatorname{Area}(Q)} \operatorname{Area}(Q_j) = \varepsilon \, ,$$

in quanto ciascun Q_j ha diametro minore di δ_1, ed è fatta. $\qquad \square$

Una conseguenza di questo risultato è che il valore dell'integrale a membro destro nella (4.1) è indipendente dalla parametrizzazione locale la cui immagine contenga R. Vogliamo concludere questa sezione generalizzando questo risultato in un modo che ci permetterà di integrare funzioni su una superficie. Ci servirà un lemma che contiene due formule che saranno utili anche in seguito:

Lemma 4.2.7. *Sia $\varphi: U \to S$ una parametrizzazione locale di una superficie S. Allora*

$$\|\partial_1 \wedge \partial_2\| = \sqrt{EG - F^2} \, , \tag{4.4}$$

dove $\wedge$ è il prodotto vettore in $\mathbb{R}^3$. Inoltre, se $\hat{\varphi}: \hat{U} \to S$ è un'altra parametrizzazione locale con $V = \hat{\varphi}(\hat{U}) \cap \varphi(U) \neq \varnothing$, e $h = \hat{\varphi}^{-1} \circ \varphi|_{\varphi^{-1}(V)}$, allora

$$\partial_1 \wedge \partial_2|_{\varphi(x)} = \det \operatorname{Jac}(h)(x) \, \hat{\partial}_1 \wedge \hat{\partial}_2|_{\hat{\varphi} \circ h(x)} \tag{4.5}$$

per ogni $x \in \varphi^{-1}(V)$, dove $\{\hat{\partial}_1, \hat{\partial}_2\}$ è la base indotta da $\hat{\varphi}$.

Dimostrazione. La (4.4) segue dall'eguaglianza

$$\|\mathbf{v} \wedge \mathbf{w}\|^2 = \|\mathbf{v}\|^2 \|\mathbf{w}\|^2 - |\langle \mathbf{v}, \mathbf{w} \rangle|^2$$

valida per qualsiasi coppia $\mathbf{v}$, $\mathbf{w}$ di vettori di $\mathbb{R}^3$.

Abbiamo inoltre visto (Osservazione 3.4.19) che

$$\partial_j|_{\varphi(x)} = \frac{\partial \hat{x}_1}{\partial x_j} \hat{\partial}_1|_{\varphi(x)} + \frac{\partial \hat{x}_2}{\partial x_j} \hat{\partial}_2|_{\varphi(x)} \,,$$

da cui (4.5) segue subito. $\qquad\qquad\qquad\qquad\qquad\qquad\qquad\qquad\qquad$ $\square$

Come conseguenza troviamo:

Proposizione 4.2.8. *Siano $R \subseteq S$ una regione regolare di una superficie S, e $f: R \to \mathbb{R}$. Supponiamo esista una parametrizzazione locale $\varphi: U \to S$ di S tale che $R \subset \varphi(U)$. Allora l'integrale*

$$\int_{\varphi^{-1}(R)} (f \circ \varphi) \sqrt{EG - F^2} \, \mathrm{d}x_1 \, \mathrm{d}x_2$$

non dipende da φ.

Dimostrazione. Supponiamo che $\hat{\varphi}: \tilde{U} \to S$ sia un'altra parametrizzazione locale tale che $R \subset \hat{\varphi}(\tilde{U})$, e poniamo $h = \hat{\varphi}^{-1} \circ \varphi$. Allora il lemma precedente e il Teorema 4.2.5 danno

$$\int_{\varphi^{-1}(R)} (f \circ \varphi) \, \sqrt{EG - F^2} \, \mathrm{d}x_1 \, \mathrm{d}x_2 = \int_{\varphi^{-1}(R)} (f \circ \varphi) \|\partial_1 \wedge \partial_2\| \, \mathrm{d}x_1 \, \mathrm{d}x_2$$

$$= \int_{\varphi^{-1}(R)} \left[(f \circ \hat{\varphi}) \|\hat{\partial}_1 \wedge \hat{\partial}_2\| \right] \circ h \, |\det \mathrm{Jac}(h)| \, \mathrm{d}x_1 \, \mathrm{d}x_2$$

$$= \int_{\hat{\varphi}^{-1}(R)} (f \circ \hat{\varphi}) \sqrt{\hat{E}\hat{G} - \hat{F}^2} \, \mathrm{d}x_1 \, \mathrm{d}x_2 \,.$$

$\square$

Possiamo quindi dare la seguente definizione di integrale su una superficie:

Definizione 4.2.9. Sia $R \subseteq S$ una regione regolare di una superficie S contenuta nell'immagine di una parametrizzazione locale $\varphi: U \to S$. Allora per ogni $f: R \to \mathbb{R}$ continua diremo *integrale di f su R* il numero

$$\int_R f \, \mathrm{d}\nu = \int_{\varphi^{-1}(R)} (f \circ \varphi) \sqrt{EG - F^2} \, \mathrm{d}x_1 \, \mathrm{d}x_2 \,.$$

Nella Sezione 6.3 del Capitolo 6 estenderemo questa definizione in modo da poter calcolare l'integrale di funzioni continue su regioni regolari qualsiasi; qui invece concludiamo la sezione dimostrando l'analogo per le superfici del teorema di cambiamento di variabile negli integrali multipli.

Proposizione 4.2.10. *Sia* $F: \tilde{S} \to S$ *un diffeomorfismo fra superfici, e* $R \subseteq S$ *una regione regolare contenuta nell'immagine di una parametrizzazione locale* $\varphi: U \to S$ *e tale che anche* $F^{-1}(R)$ *sia contenuta nell'immagine di una parametrizzazione locale* $\tilde{\varphi}: \tilde{U} \to \tilde{S}$. *Allora per ogni* $f: R \to \mathbb{R}$ *continua si ha*

$$\int_{F^{-1}(R)} (f \circ F) |\det dF| \, d\tilde{\nu} = \int_R f \, d\nu \ .$$

Dimostrazione. Poniamo $\Omega = U$ e $\tilde{\Omega} = \tilde{\varphi}^{-1}\big(F^{-1}(\varphi(U))\big)$, in modo da avere $\varphi^{-1}(R) \subset \Omega$, $\tilde{\varphi}^{-1}\big(F^{-1}(R)\big) \subset \tilde{\Omega}$; inoltre, $h = \varphi^{-1} \circ F \circ \tilde{\varphi}: \tilde{\Omega} \to \Omega$ è un diffeomorfismo. Poniamo $\hat{\varphi} = F \circ \tilde{\varphi}$. Allora $\hat{\varphi}$ è una parametrizzazione locale di S, la cui base locale $\{\hat{\partial}_1, \hat{\partial}_2\}$ si ricava a partire dalla base locale $\{\tilde{\partial}_1, \tilde{\partial}_2\}$ tramite la formula $\hat{\partial}_j = dF(\tilde{\partial}_j)$. In particolare,

$$\|\tilde{\partial}_1 \wedge \tilde{\partial}_2\| \, |\det dF| \circ \tilde{\varphi} = \|\hat{\partial}_1 \wedge \hat{\partial}_2\| \circ \hat{\varphi} = |\det \mathrm{Jac}(h)| \, \|\partial_1 \wedge \partial_2\| \circ h \ ,$$

grazie a (4.5). Allora il Teorema 4.2.5 e (4.4) implicano

$$\int_{F^{-1}(R)} (f \circ F) \ |\det dF| \, d\tilde{\nu}$$

$$= \int_{\hat{\varphi}^{-1}(R)} (f \circ \hat{\varphi}) |\det dF| \circ \tilde{\varphi} \sqrt{\tilde{E}\tilde{G} - \tilde{F}^2} \, dx_1 dx_2$$

$$= \int_{h^{-1}(\varphi^{-1}(R))} (f \circ \varphi \circ h) \|\partial_1 \wedge \partial_2\| \circ h |\det \mathrm{Jac}(h)| \, dx_1 \, dx_2$$

$$= \int_{\varphi^{-1}(R)} (f \circ \varphi) \sqrt{EG - F^2} \, dx_1 dx_2 = \int_R f \, d\nu \ .$$

$\square$

4.3 Orientabilità

Un concetto importante in teoria delle superfici è quello di orientabilità. Detto in parole povere, una superficie è orientabile se ha due facce, una interna e una esterna, come la sfera; una superficie non è orientabile se invece, come il nastro di Möbius (vedi l'Esempio 4.3.11), ha una faccia sola, e non ha un interno e un esterno ben definiti.

Ci sono (almeno) due modi per definire precisamente il concetto di orientabilità: uno intrinseco, e l'altro legato all'immersione della superficie in $\mathbb{R}^3$. Per descrivere il primo, cominciamo col ricordare che *orientare* un piano equivale a scegliere una base ordinata (cioè a fissare un verso di rotazione preferito per gli angoli); due basi determinano la stessa orientazione se e solo se la matrice di cambiamento di base ha determinante positivo (vedi [1], pag. 224). L'idea allora è che una superficie è orientabile se possiamo orientare in maniera coerente tutti i piani tangenti alla superficie. Localmente non è un problema:

scegliamo una parametrizzazione locale e orientiamo ciascun piano tangente del sostegno prendendo come orientazione quella data dalla base $\{\partial_1, \partial_2\}$ (ordinata) indotta dalla parametrizzazione. Siccome i vettori ∂_1 e ∂_2 variano in modo C^∞, possiamo ragionevolmente dire di avere orientato in maniera coerente tutti i piani tangenti nel sostegno della parametrizzazione. Un'altra parametrizzazione induce la stessa orientazione se e solo se la matrice di cambiamento di base (cioè la matrice jacobiana del cambiamento di coordinate; vedi l'Osservazione 3.4.19) ha determinante positivo. Quindi la seguente definizione diventa naturale:

Definizione 4.3.1. Sia $S \subset \mathbb{R}^3$ una superficie. Diremo che due parametrizzazioni locali $\varphi_\alpha : U_\alpha \to S$ e $\varphi_\beta : U_\beta \to S$ *determinano la stessa orientazione* (o sono *equiorientate*) se $\varphi_\alpha(U_\alpha) \cap \varphi_\beta(U_\beta) = \varnothing$ oppure $\det \mathrm{Jac}(\varphi_\beta^{-1} \circ \varphi_\alpha) > 0$ ove definito, cioè su $\varphi_\alpha^{-1}\big(\varphi_\alpha(U_\alpha) \cap \varphi_\beta(U_\beta)\big)$. Se invece $\det \mathrm{Jac}(\varphi_\beta^{-1} \circ \varphi_\alpha) < 0$ ove definito diremo che le due parametrizzazioni locali *determinano l'orientazione opposta*. La superficie S è detta *orientabile* se esiste un atlante $\mathcal{A} = \{\varphi_\alpha\}$ di S composto da carte a due a due equiorientate (e diremo che l'atlante è *orientato*). Se fissiamo un tale atlante $\mathcal{A}$ diremo che la superficie S è *orientata* dall'atlante $\mathcal{A}$.

Osservazione 4.3.2. Attenzione: possono esistere coppie di parametrizzazioni locali che non determinano né la stessa orientazione né quella opposta. Per esempio, può succedere che $\varphi_\alpha(U_\alpha) \cap \varphi_\beta(U_\beta)$ abbia due componenti connesse con $\det \mathrm{Jac}(\varphi_\beta^{-1} \circ \varphi_\alpha)$ positivo su una e negativo sull'altra; vedi l'Esempio 4.3.11.

Ricordando il discorso fatto sopra, vediamo quindi che una superficie S è orientabile se e solo se possiamo orientare contemporaneamente tutti i suoi piani tangenti in maniera coerente.

Esempio 4.3.3. Una superficie che possiede un atlante costituito da una sola parametrizzazione locale è chiaramente orientabile. Per esempio, i grafici sono tutti orientabili.

Esempio 4.3.4. Se una superficie ha un atlante costituito da due parametrizzazioni locali le cui immagini abbiano intersezione connessa, allora è orientabile. Infatti il determinante dello jacobiano del cambiamento di coordinate deve avere (perché?) segno costante sull'intersezione, e quindi a meno di scambiare le coordinate nel dominio di una parametrizzazione (operazione che cambia il segno del determinante dello jacobiano del cambiamento di coordinate), possiamo sempre fare in modo che le due parametrizzazioni determinino la stessa orientazione. Per esempio, la sfera è orientabile (vedi l'Esempio 3.1.16).

Osservazione 4.3.5. L'orientabilità è una proprietà *globale:* non possiamo verificare se una superficie è orientabile controllando solo cosa succede su una parametrizzazione locale alla volta. L'immagine di una singola parametrizzazione locale è sempre orientabile; i problemi nascono da come si collegano fra di loro le varie parametrizzazioni locali.

Questa definizione di orientazione è puramente intrinseca, non dipende dal modo in cui la superficie è immersa in $\mathbb{R}^3$: se due superfici sono diffeomorfe, la prima è orientabile se e solo se lo è l'altra (esercizio). Come anticipato, la seconda definizione di orientazione sarà invece estrinseca: dipenderà strettamente dal fatto che una superficie è contenuta in $\mathbb{R}^3$.

Quando abbiamo studiato le curve di Jordan nel piano, abbiamo visto che il versore normale ci permetteva di distinguere l'interno della curva dall'esterno. È quindi naturale tentare di introdurre i concetti di interno ed esterno di una superficie usando i versori normali:

Definizione 4.3.6. Un *campo di vettori normali* su una superficie $S \subset \mathbb{R}^3$ è un'applicazione $N: S \to \mathbb{R}^3$ di classe C^∞ tale che $N(p)$ sia ortogonale a T_pS per ogni $p \in S$. Se inoltre $\|N\| \equiv 1$ diremo che N è un campo di *versori normali* a S; vedi la Fig. 4.2.

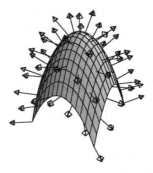

Figura 4.2. Un campo di versori normali

Se N è un campo di versori normali su una superficie S, possiamo intuitivamente dire che N indica la faccia esterna della superficie, mentre $-N$ indica la faccia interna. Ma, contrariamente al caso delle curve, non ogni superficie ha un campo di versori normali:

Proposizione 4.3.7. *Una superficie $S \subset \mathbb{R}^3$ è orientabile se e solo se esiste un campo di versori normali su S.*

Dimostrazione. Cominciamo con un'osservazione generale. Sia $\varphi_\alpha: U_\alpha \to S$ una parametrizzazione locale di una superficie S, e per ogni $p \in \varphi_\alpha(U_\alpha)$ poniamo

$$N_\alpha(p) = \frac{\partial_{1,\alpha} \wedge \partial_{2,\alpha}}{\|\partial_{1,\alpha} \wedge \partial_{2,\alpha}\|}(p) \,,$$

dove $\partial_{j,\alpha} = \partial \varphi_\alpha / \partial x_j$ come al solito. Siccome $\{\partial_{1,\alpha}, \partial_{2,\alpha}\}$ è una base di T_pS il versore $N_\alpha(p)$ è ben definito, non nullo e ortogonale a T_pS; inoltre dipende chiaramente in modo C^∞ da p. Infine, se $\varphi_\beta: U_\beta \to S$ è un'altra parametrizzazione locale con $\varphi_\alpha(U_\alpha) \cap \varphi_\beta(U_\beta) \neq \varnothing$, la (4.5) implica

$$N_\alpha = \mathrm{sgn}\big(\det \mathrm{Jac}(\varphi_\beta^{-1} \circ \varphi_\alpha)\big)\, N_\beta \,. \tag{4.6}$$

Supponiamo ora S orientabile, e sia $\mathcal{A} = \{\varphi_\alpha\}$ un atlante orientato. Se $p \in \varphi_\alpha(U_\alpha) \cap \varphi_\beta(U_\beta)$, con φ_α, $\varphi_\beta \in \mathcal{A}$, la (4.6) ci dice che $N_\alpha(p) = N_\beta(p)$; quindi l'applicazione $p \mapsto N_\alpha(p)$ non dipende dalla particolare parametrizzazione locale scelta, e definisce un campo di versori normali su S.

Viceversa, sia $N\colon S \to \mathbb{R}^3$ un campo di versori normali su S, e sia $\mathcal{A} = \{\varphi_\alpha\}$ un qualsiasi atlante di S tale che il dominio U_α di ciascun φ_α sia connesso. Ora, per definizione di prodotto vettore $N_\alpha(p)$ è ortogonale a T_pS per ogni $p \in \varphi_\alpha(U_\alpha)$ e $\varphi_\alpha \in \mathcal{A}$; quindi $\langle N, N_\alpha \rangle \equiv \pm 1$ su ciascun U_α. Essendo U_α connesso, a meno di modificare φ_α scambiando le coordinate in U_α, possiamo supporre che tutti questi prodotti scalari siano identicamente uguali a 1. Ma allora

$$N_\alpha \equiv N$$

su ciascun U_α, e (4.6) implica che l'atlante è orientato. $\qquad \square$

Definizione 4.3.8. Sia $S \subset \mathbb{R}^3$ una superficie orientata da un atlante $\mathcal{A}$. Diremo che un campo di versori normali N *determina l'orientazione data* se si ha $N = \partial_1 \wedge \partial_2 / \|\partial_1 \wedge \partial_2\|$ per ogni parametrizzazione locale $\varphi \in \mathcal{A}$.

Una conseguenza della proposizione precedente è che se S è una superficie orientata esiste sempre (perché?) un *unico* campo di versori normale che determina l'orientazione data.

Esempio 4.3.9. Ogni superficie di rotazione S è orientabile. Infatti possiamo definire un campo di versori normale $N\colon S \to S^2$ ponendo

$$N(p) = \left.\frac{\partial}{\partial t}\right|_p \wedge \left.\frac{\partial}{\partial \theta}\right|_p \left/ \left\| \left.\frac{\partial}{\partial t}\right|_p \wedge \left.\frac{\partial}{\partial \theta}\right|_p \right\| \right.$$

$$= \frac{1}{\sqrt{\big(\alpha'(t)\big)^2 + \big(\beta'(t)\big)^2}} \begin{vmatrix} -\beta'(t)\cos\theta \\ -\beta'(t)\sin\theta \\ \alpha'(t) \end{vmatrix}$$

per ogni $p = \varphi(t, \theta) \in S$, dove $\varphi\colon \mathbb{R}^2 \to S$ è la superficie immersa di sostegno S introdotta nell'Esempio 3.1.18, e abbiamo usato l'Esempio 3.3.15.

Definizione 4.3.10. Sia $S \subset \mathbb{R}^3$ una superficie orientata, e $N\colon S \to S^2$ un campo di versori normali che determina l'orientazione data. Se $p \in S$, diremo che una base $\{v_1, v_2\}$ di T_pS è *positiva* (rispettivamente, *negativa*) se la base $\{v_1, v_2, N(p)\}$ di $\mathbb{R}^3$ ha la stessa orientazione (rispettivamente, l'orientazione opposta) della base canonica di $\mathbb{R}^3$.

In particolare, una parametrizzazione locale $\varphi\colon U \to S$ determina l'orientazione data su S se e solo se (perché?) $\{\partial_1|_p, \partial_2|_p\}$ è una base positiva di T_pS per ogni $p \in \varphi(U)$.

Figura 4.3. Il nastro di Möbius

Come accennato prima, non ogni superficie è orientabile. L'esempio più famoso di superficie non orientabile è il nastro di Möbius.

Esempio 4.3.11 (Il nastro di Möbius). Sia C la circonferenza nel piano xy di centro l'origine e raggio 2, e ℓ_0 il segmento nel piano yz dato da $y = 2$ e $|z| < 1$, di centro il punto $c = (0, 2, 0)$. Indichiamo con ℓ_θ il segmento ottenuto ruotando c lungo C di un angolo θ e contemporaneamente ruotando ℓ_0 intorno a c di un angolo $\theta/2$. L'unione $S = \bigcup_{\theta \in [0,2\pi]} \ell_\theta$ è detto *nastro di Möbius* (Fig. 4.3); vogliamo dimostrare che è una superficie non orientabile.

Posto $U = \{(u, v) \in \mathbb{R}^2 \mid 0 < u < 2\pi, -1 < v < 1\}$, definiamo $\varphi, \hat{\varphi} \colon U \to S$ con

$$\varphi(u, v) = \left(\left(2 - v \sin \frac{u}{2}\right) \sin u, \left(2 - v \sin \frac{u}{2}\right) \cos u, v \cos \frac{u}{2}\right),$$

$$\hat{\varphi}(u, v) = \left(\left(2 - v \sin \frac{2u + \pi}{4}\right) \cos u, \left(-2 + v \sin \frac{2u + \pi}{4}\right) \sin u, v \cos \frac{2u + \pi}{4}\right).$$

Si verifica facilmente (esercizio) che $\{\varphi, \hat{\varphi}\}$ è un atlante per S, costituito da due parametrizzazioni locali le cui immagini hanno intersezione *non* connessa: infatti $\varphi(U) \cap \hat{\varphi}(U) = \varphi(W_1) \cup \varphi(W_2)$, con

$$W_1 = \{(u, v) \in U \mid \pi/2 < u < 2\pi\} \quad \text{e} \quad W_2 = \{(u, v) \in U \mid 0 < u < \pi/2\} \,.$$

Ora, se $(u, v) \in W_1$ si ha $\varphi(u, v) = \hat{\varphi}(u - \pi/2, v)$, mentre se $(u, v) \in W_2$ si ha $\varphi(u, v) = \hat{\varphi}(u + 3\pi/2, -v)$; quindi

$$\hat{\varphi}^{-1} \circ \varphi(u, v) = \begin{cases} (u - \pi/2, v) & \text{se } (u, v) \in W_1 \,, \\ (u + 3\pi/2, -v) & \text{se } (u, v) \in W_2 \,. \end{cases}$$

In particolare,

$$\det \text{Jac}(\hat{\varphi}^{-1} \circ \varphi) \equiv \begin{cases} +1 & \text{su } W_1 \,, \\ -1 & \text{su } W_2 \,. \end{cases}$$

Ora, supponiamo per assurdo che S sia orientabile, e sia N un campo di versori normali su S. A meno di cambiare segno a N possiamo supporre che N sia dato da $\partial_u \wedge \partial_v / \|\partial_u \wedge \partial_v\|$ su $\varphi(U)$, dove $\partial_u = \partial\varphi/\partial u$ e $\partial_v = \partial\varphi/\partial v$. D'altra parte, si deve avere $N = \pm\hat{\partial}_u \wedge \hat{\partial}_v / \|\hat{\partial}_u \wedge \hat{\partial}_v\|$ su $\hat{\varphi}(U)$, dove $\hat{\partial}_u = \partial\hat{\varphi}/\partial u$ e $\hat{\partial}_v = \partial\hat{\varphi}/\partial v$, con segno costante in quanto U è connesso. Ma la (4.6) applicata su W_1 ci dice che il segno dovrebbe essere $+1$, mentre applicata su W_2 ci dice che il segno dovrebbe essere -1, contraddizione.

Notiamo esplicitamente che il nastro di Möbius *non* è una superficie chiusa in $\mathbb{R}^3$. Questo è essenziale: infatti nei Complementi a questo capitolo dimostreremo che ogni superficie chiusa di $\mathbb{R}^3$ è orientabile (Teorema 4.7.15).

Infine, una vasta famiglia di superfici orientabili è fornita dal seguente

Corollario 4.3.12. *Sia $a \in \mathbb{R}$ un valore regolare per una funzione $f\colon \Omega \to \mathbb{R}$ di classe C^∞, dove $\Omega \subseteq \mathbb{R}^3$ è un aperto. Allora ogni componente connessa S di $f^{-1}(a)$ è orientabile, e un campo di versori normali è dato da $N = \nabla f/\|\nabla f\|$.*

Dimostrazione. Segue subito dalla Proposizione 3.3.11.   □

Nei Complementi a questo capitolo dimostreremo anche un viceversa di questo corollario: se $S \subset \mathbb{R}^3$ è una superficie orientabile, e $\Omega \subseteq \mathbb{R}^3$ un aperto contenente S tale che S sia chiusa in Ω con $\Omega \setminus S$ sconnesso, allora esiste una funzione $f \in C^\infty(\Omega)$ tale che S sia una superficie di livello per f (Proposizione 4.8.6).

4.4 Curvatura normale e seconda forma fondamentale

Come sicuramente immagini già, una delle domande principali a cui deve rispondere la geometria differenziale è come misurare la curvatura di una superficie. La situazione è sensibilmente più complessa di quanto accadeva per le curve, e di conseguenza non solo la risposta è più complicata, ma non è neppure univoca: esistono diversi modi significativi per misurare la curvatura di una superficie, che esploreremo in dettaglio nel resto di questo capitolo.

La prima osservazione naturale è che la curvatura di una superficie, qualunque cosa sia, non è costante in tutte le direzioni. Per esempio, un cilindro circolare non si curva nella direzione delle generatrici, mentre si curva lungo le direzioni tangenti ai paralleli. Quindi viene spontaneo dire che la curvatura del cilindro nelle direzioni delle generatrice è nulla, mentre la curvatura nella direzione dei paralleli è quella dei paralleli stessi, cioè l'inverso del raggio. E nelle altre direzioni? A occhio, la curvatura del cilindro è massima nella direzione del parallelo, minima nella direzione delle generatrici, e assume valori intermedi nelle altre direzioni. Per calcolarla, potremmo per esempio prendere una curva contenuta nella superficie e tangente alla direzione data; del resto, è un approccio che funziona per generatrici e paralleli. Il problema è: quale curva? A priori (e anche a posteriori, come vedremo), se scegliamo una curva a caso la curvatura potrebbe dipendere da caratteristiche della curva e non solamente dalla superficie S e dalla direzione tangente v che ci interessa. Ci serve quindi una procedura che ci fornisca una curva che dipenda solo da S e v e che rappresenti bene la geometria della superficie lungo quella direzione. Il prossimo lemma ci dice come fare:

Lemma 4.4.1. *Sia S una superficie, $p \in S$ e scegliamo un versore $N(p) \in \mathbb{R}^3$ ortogonale a T_pS. Dato $v \in T_pS$ di lunghezza unitaria, sia H_v il piano passante per p e parallelo a v e $N(p)$. Allora l'intersezione $H_v \cap S$ è, almeno nell'intorno di p, il sostegno di una curva regolare.*

Dimostrazione. Il piano H_v ha equazione $\langle x - p, v \wedge N(p) \rangle = 0$. Quindi se $\varphi \colon U \to S$ è una parametrizzazione locale centrata in p, un punto $\varphi(y) \in \varphi(U)$ appartiene a $H_v \cap S$ se e solo se $y \in U$ soddisfa l'equazione $f(y) = 0$, dove

$$ f(y) = \langle \varphi(y) - p, v \wedge N(p) \rangle \;. $$

Se dimostriamo che $C = \{ y \in U \mid f(y) = 0 \}$ è il sostegno di una curva regolare σ vicino a O abbiamo finito, in quanto $H_v \cap \varphi(U) = \varphi(C)$ è allora il sostegno della curva regolare $\varphi \circ \sigma$ vicino a p.

Ora,

$$ \frac{\partial f}{\partial y_i}(O) = \langle \partial_i|_p, v \wedge N(p) \rangle \;; $$

quindi se O fosse un punto critico di f, il vettore $v \wedge N(p)$ dovrebbe essere ortogonale sia a $\partial_1|_p$ che a $\partial_2|_p$. Dunque dovrebbe essere ortogonale a T_pS, cioè parallelo a $N(p)$, mentre non lo è. Quindi O non è un punto critico di f, e la Proposizione 1.1.18 ci assicura che C è un grafico nell'intorno di O $\square$

Definizione 4.4.2. Sia S una superficie. Dato $p \in S$, scegliamo un versore $N(p) \in \mathbb{R}^3$ ortogonale a T_pS. Preso $v \in T_pS$ di lunghezza unitaria, sia H_v il piano passante per p e parallelo a v e $N(p)$. La curva σ regolare parametrizzata rispetto alla lunghezza d'arco con $\sigma(0) = p$ di sostegno l'intersezione $H_v \cap S$ nell'intorno di p è detta *sezione normale* di S in p lungo v (vedi la Fig. 4.4). Siccome $\mathrm{Span}\{v, N(p)\} \cap T_pS = \mathbb{R}v$, il versore tangente della sezione normale in p dev'essere $\pm v$; orienteremo quindi la curva sezione normale in modo che $\dot{\sigma}(0) = v$. In particolare, σ è univocamente definita in un intorno di 0 (perché?).

La sezione normale è una curva che dipende solo dalla geometria della superficie S nella direzione del versore tangente v; quindi possiamo provare a usarla per dare una definizione geometrica di curvatura di una superficie.

Definizione 4.4.3. Sia S una superficie, $p \in S$ e sia $N(p) \in \mathbb{R}^3$ un versore ortogonale a T_pS. Dato $v \in T_pS$ di lunghezza unitaria, orientiamo il piano H_v scegliendo $\{v, N(p)\}$ come base positiva. Diremo allora *curvatura normale* di S in p lungo v la curvatura orientata in p (come curva piana contenuta in H_v) della curva sezione normale di S in p lungo v.

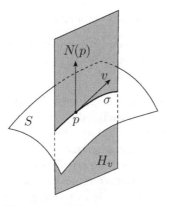

Figura 4.4. Sezione normale

Osservazione 4.4.4. La curva sezione normale chiaramente non dipende dalla scelta dello specifico versore $N(p)$ ortogonale a T_pS. La curvatura normale invece sì: se sostituiamo $-N(p)$ a $N(p)$, la curvatura normale cambia segno (perché?).

Si verifica subito (esercizio per te) che la curvatura normale di un cilindro circolare retto di raggio $r > 0$ è effettivamente nulla nelle direzioni tangenti alle generatrici, e uguale a $\pm 1/r$ nelle direzioni tangenti ai paralleli (che sono curve sezioni normali); il calcolo della curvatura normale nelle altre direzioni è invece più complesso. Per il cilindro le altre curve sezione normale sono ellissi, per cui in qualche modo si può fare; ma su superfici qualunque il problema diventa serio, perché le curve sezione normale sono definite solo in maniera implicita (come intersezione fra un piano e una superficie), per cui il calcolo della loro curvatura orientata potrebbe non essere una cosa semplice.

Per superare questo problema (e, come vedrai, lo supereremo, arrivando a delle formule esplicite semplici per il calcolo della curvatura normale) introduciamo un secondo modo per studiare la curvatura di una superficie. In un certo senso, la curvatura di una curva è una misura della variazione della retta tangente; la curvatura di una superficie potrebbe allora essere una misura della variazione del piano tangente. Ora, la retta tangente a una curva è determinata dal versore tangente, cioè da un'applicazione a valori vettoriali, univocamente definita a meno del segno, per cui misurare la variazione della retta tangente si traduce nel derivare questa applicazione. Invece, per determinare il piano tangente di primo acchito sembrerebbe essere necessario sceglierne una base, scelta tutt'altro che unica. Ma, siccome stiamo parlando di superfici in $\mathbb{R}^3$, in realtà il piano tangente è anche determinato dal versore normale a esso, che è unico a meno del segno; quindi possiamo tentare di misurare la variazione del piano tangente derivando il versore normale.

Cerchiamo ora di formalizzare e rendere rigoroso questo ragionamento. Come vedremo, otterremo effettivamente un modo effettivo per il calcolo della curvatura normale; ma per arrivarci dovremo fare un po' di lavoro.

Cominciamo con una definizione cruciale.

Definizione 4.4.5. Sia $S \subset \mathbb{R}^3$ una superficie orientata. La *mappa di Gauss* di S è il campo di versori normali $N \colon S \to S^2$ che identifica l'orientazione data.

Osservazione 4.4.6. Anche se per semplicità di esposizione lavoreremo spesso solo con superfici orientate, molto di quanto diremo nel resto di questo capitolo vale per ogni superficie. Infatti, localmente ogni superficie è orientabile: se $\varphi \colon U \to S$ è una parametrizzazione locale in un punto p, allora $N = \partial_1 \wedge \partial_2 / \|\partial_1 \wedge \partial_2\|$ è una mappa di Gauss di $\varphi(U)$. Quindi ogni risultato di natura locale che dimostreremo usando la mappa di Gauss e che non cambia sostituendo $-N$ a N vale in realtà per superfici qualsiasi.

La mappa di Gauss determina univocamente i piani tangenti alla superficie, in quanto $T_p S$ è l'ortogonale di $N(p)$; quindi la variazione di N misura come mutano i piani tangenti, ovvero quanto la superficie dista dall'essere un piano (vedi anche l'Esercizio 4.17). Il discorso precedente suggerisce che la curvatura di una superficie possa essere legata al differenziale della mappa di Gauss, proprio come la curvatura di una curva era legata alla derivata del versore tangente. Per verificare se è un'intuizione corretta, esaminiamo alcuni esempi.

Esempio 4.4.7. In un piano parametrizzato come nell'Esempio 3.1.12 abbiamo $N \equiv \mathbf{v}_1 \wedge \mathbf{v}_2 / \|\mathbf{v}_1 \wedge \mathbf{v}_2\|$, per cui N è costante e $dN \equiv O$.

Esempio 4.4.8. Sia $S = S^2$. Usando una qualsiasi delle parametrizzazioni descritte nell'Esempio 4.1.10 si trova $N(p) = p$, coerentemente con l'Esempio 3.3.13. Quindi N è l'identità e, in particolare, $dN_p = \mathrm{id}$ per ogni $p \in S^2$.

Esempio 4.4.9. Sia $S \subset \mathbb{R}^3$ il cilindro circolare retto di equazione $x_1^2 + x_2^2 = 1$. Il Corollario 4.3.12 ci dice che una mappa di Gauss di S è data da

$$N(p) = \begin{vmatrix} p_1 \\ p_2 \\ 0 \end{vmatrix}$$

per ogni $p = (p_1, p_2, p_3) \in S$. In particolare,

$$T_p S = N(p)^\perp = \{v \in \mathbb{R}^3 \mid v_1 p_1 + v_2 p_2 = 0\} \,.$$

Inoltre, essendo N la restrizione a S di un'applicazione lineare di tutto $\mathbb{R}^3$ in sé, otteniamo (perché?) $dN_p(v) = (v_1, v_2, 0)$ per ogni $v = (v_1, v_2, v_3) \in T_p S$. In particolare, $dN_p(T_p S) \subseteq T_p S$, e come endomorfismo di $T_p S$ il differenziale della mappa di Gauss ha un autovalore nullo e un autovalore uguale a 1. L'autovettore relativo all'autovalore nullo è $(0, 0, 1)$, cioè la direzione in cui sappiamo che il cilindro ha curvatura normale nulla; l'autovettore relativo all'autovalore 1 è invece tangente ai paralleli del cilindro, per cui è proprio la direzione in cui il cilindro ha curvatura normale 1. Come vedremo, tutto ciò non è una coincidenza.

Esempio 4.4.10. Sia $\Gamma_h \subset \mathbb{R}^3$ il grafico di una funzione $h \colon U \to \mathbb{R}$, dove $U \subset \mathbb{R}^2$ è aperto, e $\varphi \colon U \to \Gamma_h$ la solita parametrizzazione $\varphi(x) = \big(x, h(x)\big)$ di Γ_h. L'Esempio 3.3.14 ci dice che una mappa di Gauss $N \colon \Gamma_h \to S^2$ di Γ_h è

$$N \circ \varphi = \frac{\partial_1 \wedge \partial_2}{\|\partial_1 \wedge \partial_2\|} = \frac{1}{\sqrt{1 + \|\nabla h\|^2}} \begin{vmatrix} -\partial h/\partial x_1 \\ -\partial h/\partial x_2 \\ 1 \end{vmatrix} .$$

Proviamo a calcolare l'azione del differenziale di N sui piani tangenti a Γ_h. Preso $p = \varphi(x) \in \Gamma_h$, ricordando l'Osservazione 3.4.26 otteniamo

$$\mathrm{d}N_p(\partial_j) = \frac{\partial(N \circ \varphi)}{\partial x_j}(x)$$

$$= \frac{1}{(1 + \|\nabla h\|^2)^{3/2}} \left\{ \left[\frac{\partial h}{\partial x_1} \frac{\partial h}{\partial x_2} \frac{\partial^2 h}{\partial x_j \partial x_2} - \left(1 + \left(\frac{\partial h}{\partial x_2}\right)^2\right) \frac{\partial^2 h}{\partial x_j \partial x_1} \right] \partial_1 \right.$$

$$\left. + \left[\frac{\partial h}{\partial x_1} \frac{\partial h}{\partial x_2} \frac{\partial^2 h}{\partial x_j \partial x_1} - \left(1 + \left(\frac{\partial h}{\partial x_1}\right)^2\right) \frac{\partial^2 h}{\partial x_j \partial x_2} \right] \partial_2 \right\} ;$$

in particolare, $\mathrm{d}N_p(T_p\Gamma_f) \subseteq T_p\Gamma_h$ per ogni $p \in \Gamma_f$.

Esempio 4.4.11. Sia S un elicoide, parametrizzato come nell'Esempio 4.1.11. Allora

$$(N \circ \varphi)(x,y) = \frac{1}{\sqrt{a^2 + y^2}} \begin{vmatrix} -a\sin x \\ a\cos x \\ -y \end{vmatrix} .$$

Sia ora $p = \varphi(x_0, y_0) \in S$, e prendiamo $v = v_1\partial_1 + v_2\partial_2 \in T_pS$. Ragionando come nell'esempio precedente troviamo

$$\mathrm{d}N_p(v) = v_1 \frac{\partial(N \circ \varphi)}{\partial x}(x_0, y_0) + v_2 \frac{\partial(N \circ \varphi)}{\partial y}(x_0, y_0)$$

$$= -\frac{a}{(a^2 + y_0^2)^{3/2}} \, v_2\partial_1 - \frac{a}{(a^2 + y_0^2)^{1/2}} \, v_1\partial_2 .$$

In particolare, anche stavolta $\mathrm{d}N_p(T_pS) \subseteq T_pS$.

Esempio 4.4.12. Sia $S \subset \mathbb{R}^3$ una catenoide, parametrizzata come nell'Esempio 4.1.12. Allora

$$(N \circ \psi)(x,y) = \frac{1}{\cosh x} \begin{vmatrix} \cos y \\ \sin y \\ -\sinh x \end{vmatrix} .$$

Sia ora $p = \psi(x_0, y_0) \in S$, e prendiamo $w = w_1\partial_1 + w_2\partial_2 \in T_pS$. Stavolta otteniamo

$$\mathrm{d}N_p(w) = -\frac{w_1}{a\cosh^2 x_0} \, \partial_1 + \frac{w_2}{a\cosh^2 x_0} \, \partial_2 .$$

In particolare, $\mathrm{d}N_p(T_pS) \subseteq T_pS$ pure stavolta.

Esempio 4.4.13. Sia $S \subset \mathbb{R}^3$ una superficie di rotazione, orientata con la mappa di Gauss $N: S \to S^2$ che abbiamo calcolato nell'Esempio 4.3.9. Allora

$$dN_p\left(\left.\frac{\partial}{\partial t}\right|_p\right) = \frac{\beta'\alpha'' - \alpha'\beta''}{\left((\alpha')^2 + (\beta')^2\right)^{3/2}} \left.\frac{\partial}{\partial t}\right|_p ,$$

$$dN_p\left(\left.\frac{\partial}{\partial \theta}\right|_p\right) = \frac{-\beta'/\alpha}{\sqrt{(\alpha')^2 + (\beta')^2}} \left.\frac{\partial}{\partial \theta}\right|_p ,$$

e di nuovo $dN_p(T_pS) \subseteq T_pS$ per ogni $p \in S$.

In tutti gli esempi precedenti il differenziale della mappa di Gauss manda il piano tangente alla superficie in sé; non è una coincidenza. Per definizione, dN_p manda T_pS in $T_{N(p)}S^2$. Ma abbiamo già notato (Esempio 3.3.13) che il piano tangente alla sfera in un punto è ortogonale a quel punto; quindi $T_{N(p)}S^2$ è ortogonale a $N(p)$, per cui coincide con T_pS. Riassumendo, *possiamo considerare il differenziale della mappa di Gauss in un punto $p \in S$ come un endomorfismo di T_pS.* E non è un endomorfismo qualunque: è simmetrico. Per dimostrarlo ci serve un risultato di Analisi (vedi [6], pag. 165):

Teorema 4.4.14 (Schwarz). *Sia $\Omega \subseteq \mathbb{R}^n$ aperto e $f \in C^2(\Omega)$. Allora*

$$\forall i, j = 1, \ldots, n \qquad \frac{\partial^2 f}{\partial x_i \partial x_j} \equiv \frac{\partial^2 f}{\partial x_j \partial x_i} .$$

Allora:

Proposizione 4.4.15. *Sia $S \subset \mathbb{R}^3$ una superficie orientata con mappa di Gauss $N: S \to S^2$. Allora dN_p è un endomorfismo di T_pS simmetrico rispetto al prodotto scalare $\langle \cdot, \cdot \rangle_p$ per ogni $p \in S$.*

Dimostrazione. Scegliamo una parametrizzazione locale φ centrata in p, e sia $\{\partial_1, \partial_2\}$ la base di T_pS indotta da φ. Ci basta (perché?) dimostrare che dN_p è simmetrico sulla base, cioè che

$$\langle dN_p(\partial_1), \partial_2 \rangle_p = \langle \partial_1, dN_p(\partial_2) \rangle_p . \tag{4.7}$$

Ora, per definizione $\langle N \circ \varphi, \partial_2 \rangle \equiv 0$. Derivando rispetto a x_1 e ricordando l'Osservazione 3.4.26 otteniamo

$$0 = \frac{\partial}{\partial x_1}\langle N \circ \varphi, \partial_2 \rangle(O) = \left\langle \frac{\partial(N \circ \varphi)}{\partial x_1}(O), \frac{\partial \varphi}{\partial x_2}(O) \right\rangle + \left\langle N(p), \frac{\partial^2 \varphi}{\partial x_1 \partial x_2}(O) \right\rangle$$

$$= \langle dN_p(\partial_1), \partial_2 \rangle_p + \left\langle N(p), \frac{\partial^2 \varphi}{\partial x_1 \partial x_2}(O) \right\rangle .$$

Analogamente, derivando $\langle N \circ \varphi, \partial_1 \rangle \equiv 0$ rispetto a x_2 otteniamo

$$0 = \langle dN_p(\partial_2), \partial_1 \rangle_p + \left\langle N(p), \frac{\partial^2 \varphi}{\partial x_1 \partial x_2}(O) \right\rangle ,$$

e (4.7) segue dal Teorema 4.4.14. $\square$

Abbiamo un prodotto scalare e un endomorfismo simmetrico; l'Algebra Lineare suggerisce di mescolarli.

Definizione 4.4.16. Sia $S \subset \mathbb{R}^3$ una superficie orientata, con mappa di Gauss $N\colon S \to S^2$. La *seconda forma fondamentale* di S è la forma quadratica $Q_p\colon T_pS \to \mathbb{R}$ data da

$$\forall v \in T_pS \qquad Q_p(v) = -\langle \mathrm{d}N_p(v), v \rangle_p \,.$$

Osservazione 4.4.17. Il segno meno nella precedente definizione servirà a rendere vera la (4.8).

Osservazione 4.4.18. Cambiando orientazione a S la mappa di Gauss cambia di segno, e quindi anche la seconda forma fondamentale cambia di segno.

Esempio 4.4.19. La seconda forma fondamentale di un piano è ovviamente identicamente nulla.

Esempio 4.4.20. La seconda forma fondamentale di un cilindro orientato con la mappa di Gauss dell'Esempio 4.4.9 è data da $Q_p(v) = -v_1^2 - v_2^2$.

Esempio 4.4.21. La seconda forma fondamentale della sfera orientata con la mappa di Gauss dell'Esempio 4.4.8 è l'opposto della prima forma fondamentale: $Q_p = -I_p$.

Esempio 4.4.22. Sia $\Gamma_h \subset \mathbb{R}^3$ il grafico di una funzione $h\colon U \to \mathbb{R}$, dove $U \subseteq \mathbb{R}^2$ è aperto, orientato con la mappa di Gauss dell'Esempio 4.4.10. Ricordando l'Esempio 4.1.8 troviamo

$$\begin{aligned}
Q_p(v) &= -\langle \mathrm{d}N_p(\partial_1), \partial_1 \rangle_p v_1^2 - 2\langle \mathrm{d}N_p(\partial_1), \partial_2 \rangle_p v_1 v_2 - \langle \mathrm{d}N_p(\partial_2), \partial_2 \rangle_p v_2^2 \\
&= \frac{1}{\sqrt{1 + \|\nabla h(x)\|^2}} \left[\frac{\partial^2 h}{\partial x_1^2}(x)v_1^2 + 2\frac{\partial^2 h}{\partial x_1 \partial x_2}(x)v_1 v_2 + \frac{\partial^2 h}{\partial x_2^2}(x)v_2^2 \right]
\end{aligned}$$

per ogni $p = \big(x, h(x)\big) \in \Gamma_h$ e ogni $v = v_1 \partial_1 + v_2 \partial_2 \in T_p\Gamma_h$. In altre parole, la matrice che rappresenta la seconda forma fondamentale rispetto alla base $\{\partial_1, \partial_2\}$ è $(1 + \|\nabla h\|^2)^{-1/2}\mathrm{Hess}(h)$, dove $\mathrm{Hess}(h)$ è la matrice Hessiana di h.

Esempio 4.4.23. Sia $S \subset \mathbb{R}^3$ un elicoide, orientato con la mappa di Gauss dell'Esempio 4.4.11. Allora ricordando il Problema 3.2 otteniamo

$$\begin{aligned}
Q_p(v) &= \frac{a}{(a^2 + y_0^2)^{1/2}} \left[F(x_0, y_0)\left(v_1^2 + \frac{v_2^2}{a^2 + y_0^2} \right) + 2G(x_0, y_0)v_1 v_2 \right] \\
&= \frac{2a}{(a^2 + y_0^2)^{1/2}} \, v_1 v_2
\end{aligned}$$

per ogni $p = \varphi(x_0, y_0) \in S$ e $v = v_1 \partial_1 + v_2 \partial_2 \in T_pS$.

Esempio 4.4.24. Sia $S \subset \mathbb{R}^3$ una catenoide, orientata con la mappa di Gauss dell'Esempio 4.4.12. Allora

$$Q_p(w) = \frac{E(x_0, y_0)}{a \cosh^2 x_0} w_1^2 - \frac{G(x_0, y_0)}{a \cosh^2 x_0} w_2^2 = a w_1^2 - a w_2^2$$

per ogni $p = \psi(x_0, y_0) \in S$ e $w = w_1 \partial_1 + w_2 \partial_2 \in T_p S$.

Esempio 4.4.25. Sia $S \subset \mathbb{R}^3$ una superficie di rotazione, orientata con la mappa di Gauss dell'Esempio 4.4.13. Allora

$$Q_p(v) = \frac{\alpha' \beta'' - \alpha'' \beta'}{\sqrt{(\alpha')^2 + (\beta')^2}} v_1^2 + \frac{\alpha \beta'}{\sqrt{(\alpha')^2 + (\beta')^2}} v_2^2$$

per ogni $p = \big(\alpha(t) \cos\theta, \alpha(t) \sin\theta, \beta(t)\big) \in S$ e $v = v_1 \partial/\partial t + v_2 \partial/\partial\theta \in T_p S$.

La seconda forma fondamentale, come la curvatura normale, ci permette di associare un numero a ogni versore tangente a una superficie; inoltre la seconda forma fondamentale, come la curvatura normale, ha a che fare con quanto una superficie si curva. La seconda forma fondamentale ha però un vantaggio evidente: come visto negli esempi precedenti, è molto semplice da calcolare partendo da una parametrizzazione locale. Inoltre, il punto è che *la curvatura normale coincide con la seconda forma fondamentale*. Per dimostrarlo, prendiamo una qualsiasi curva $\sigma: (-\varepsilon, \varepsilon) \to S$ in S parametrizzata rispetto alla lunghezza d'arco, e poniamo $\sigma(0) = p \in S$ e $\dot\sigma(0) = v \in T_p S$. Poniamo $N(s) = N\big(\sigma(s)\big)$; chiaramente $\langle \dot\sigma(s), N(s) \rangle \equiv 0$. Derivando troviamo

$$\langle \ddot\sigma(s), N(s) \rangle \equiv -\langle \dot\sigma(s), \dot N(s) \rangle .$$

Ma $\dot N(0) = \mathrm{d}N_p(v)$; quindi

$$Q_p(v) = -\langle \mathrm{d}N_p(v), \dot\sigma(0) \rangle = \langle \ddot\sigma(0), N(p) \rangle . \tag{4.8}$$

Inoltre, se σ è biregolare si ha $\ddot\sigma = \kappa \mathbf{n}$, dove κ è la curvatura di σ, e $\mathbf{n}$ è il versore normale di σ, per cui in questo caso si ha

$$Q_p(v) = \kappa(0) \langle \mathbf{n}(0), N(p) \rangle .$$

Queste formule suggeriscono la seguente

Definizione 4.4.26. Sia $\sigma: I \to S$ una curva parametrizzata rispetto alla lunghezza d'arco contenuta in una superficie orientata S. Diremo *curvatura normale* di σ la funzione $\kappa_n: I \to \mathbb{R}$ data da

$$\kappa_n = \langle \ddot\sigma, N \circ \sigma \rangle = \kappa \langle \mathbf{n}, N \circ \sigma \rangle ,$$

dove la seconda uguaglianza vale quando σ è biregolare. In altre parole, la curvatura normale di σ è la lunghezza (con segno) della proiezione del vettore accelerazione $\ddot\sigma$ sulla direzione normale alla superficie. Inoltre, la (4.8) dice che

$$\kappa_n(s) = Q_{\sigma(s)}\big(\dot\sigma(s)\big) . \tag{4.9}$$

Osservazione 4.4.27. Cambiando l'orientazione di S la funzione curvatura normale cambia di segno.

Se σ è la sezione normale di S in p lungo v, il suo versore normale in p è (perché?) esattamente $N(p)$, per cui la curvatura normale di S in p lungo v è la curvatura normale di σ in p. Siamo quindi finalmente in grado di dimostrare che la seconda forma fondamentale calcola esattamente la curvatura normale della superficie:

Proposizione 4.4.28 (Meusnier). *Sia $S \subset \mathbb{R}^3$ una superficie orientata con mappa di Gauss $N\colon S \to S^2$, e $p \in S$. Allora:*

(i) *due curve in S passanti per p tangenti alla stessa direzione hanno uguale curvatura normale in p;*
(ii) *la curvatura normale di S in p lungo un vettore $v \in T_pS$ di lunghezza unitaria è data da $Q_p(v)$.*

Dimostrazione. (i) Infatti se σ_1 e σ_2 sono curve in S con $\sigma_1(0) = \sigma_2(0) = p$ e $\dot{\sigma}_1(0) = \dot{\sigma}_2(0) = v$, allora la (4.9) ci dice che la curvatura normale in 0 di entrambe è data da $Q_p(v)$.

(ii) Se σ è la sezione normale di S in p lungo v, per quanto detto sopra si ha $\ddot{\sigma}(0) = \tilde{\kappa}(0)N(p)$, dove $\tilde{\kappa}$ è la curvatura orientata di σ, e la tesi segue da (4.8). □

4.5 Curvature principali, Gaussiana e media

Abbiamo quindi dimostrato che le curvature normali di una superficie sono esattamente i valori assunti dalla seconda forma fondamentale sui versori tangenti. Questo suggerisce di studiare più in dettaglio le curvature normali usando le proprietà del differenziale della mappa di Gauss. Come vedremo, il fatto cruciale è che dN_p è un endomorfismo simmetrico, e dunque (grazie al teorema spettrale) diagonalizzabile.

Definizione 4.5.1. Sia $S \subset \mathbb{R}^3$ una superficie orientata con mappa di Gauss $N\colon S \to S^2$, e $p \in S$. Un autovettore di dN_p di lunghezza unitaria è detto *direzione principale* di S in p, e il relativo autovalore cambiato di segno è chiamato *curvatura principale*.

Se $v \in T_pS$ è una direzione principale con curvatura principale k, abbiamo

$$Q_p(v) = -\langle dN_p(v), v \rangle_p = -\langle -kv, v \rangle_p = k \,,$$

per cui le curvature principali sono curvature normali. Per essere esatti, sono la minima e la massima curvatura normale nel punto:

Proposizione 4.5.2. *Sia $S \subset \mathbb{R}^3$ una superficie orientata con mappa di Gauss $N: S \to S^2$, e $p \in S$. Allora possiamo trovare direzioni principali v_1, $v_2 \in T_pS$ con relative curvature principali k_1, $k_2 \in \mathbb{R}$, con $k_1 \leq k_2$ tali che:*

(i) *$\{v_1, v_2\}$ è una base ortonormale di T_pS;*
(ii) *dato un versore $v \in T_pS$ sia $\theta \in (-\pi, \pi]$ una determinazione dell'angolo da v_1 a v, in modo da avere $\cos\theta = \langle v_1, v \rangle_p$ e $\sin\theta = \langle v_2, v \rangle_p$. Allora*

$$Q_p(v) = k_1 \cos^2\theta + k_2 \sin^2\theta \qquad (4.10)$$

(formula di Eulero);
(iii) *k_1 è la minima curvatura normale in p, e k_2 è la massima curvatura normale in p. Più precisamente, l'insieme delle possibili curvature normali di S in p è l'intervallo $[k_1, k_2]$, cioè*

$$\{Q_p(v) \mid v \in T_pS, \ I_p(v) = 1\} = [k_1, k_2] \ .$$

Dimostrazione. Siccome $\mathrm{d}N_p$ è un endomorfismo simmetrico di T_pS, il teorema spettrale (vedi [1], pag. 374) ci fornisce una base ortonormale di autovettori $\{v_1, v_2\}$ che soddisfa (i).

Dato $v \in T_pS$ di lunghezza unitaria, possiamo scrivere $v = \cos\theta\, v_1 + \sin\theta\, v_2$, e quindi otteniamo

$$Q_p(v) = -\langle \mathrm{d}N_p(v), v \rangle_p = \langle k_1 \cos\theta\, v_1 + k_2 \sin\theta\, v_2, \cos\theta\, v_1 + \sin\theta\, v_2 \rangle_p$$
$$= k_1 \cos^2\theta + k_2 \sin^2\theta \ .$$

Infine, se $k_1 = k_2$ allora $\mathrm{d}N_p$ è un multiplo dell'identità, per cui tutte le curvature normali sono uguali e la (iii) è ovvia. Invece, se $k_1 < k_2$ la (4.10) ci dice che

$$Q_p(v) = k_1 + (k_2 - k_1) \sin^2\theta \ ;$$

Quindi la curvatura normale assume massimo (rispettivamente, minimo) per $\theta = \pm\pi/2$ (rispettivamente, $\theta = 0$, π) cioè per $v = \pm v_2$ (rispettivamente, $v = \pm v_1$), e questo massimo (rispettivamente, minimo) è proprio k_2 (rispettivamente, k_1). Inoltre, al variare di $\theta \in (-\pi, \pi]$ la curvatura normale assume tutti i possibili valori fra k_1 e k_2, e la (iii) è dimostrata. $\square$

Studiando gli endomorfismi lineari avrai visto come due quantità fondamentali per descriverne il comportamento siano la traccia (che è uguale alla somma degli autovalori) e il determinante (che è uguale al prodotto degli autovalori). Non ti stupirà quindi scoprire che la traccia e (soprattutto) il determinante di $\mathrm{d}N_p$ rivestiranno un ruolo cruciale nello studio delle superfici.

Definizione 4.5.3. Sia $S \subset \mathbb{R}^3$ una superficie orientata con mappa di Gauss $N: S \to S^2$. La *curvatura Gaussiana* di S è la funzione $K: S \to \mathbb{R}$ data da

$$\forall p \in S \qquad\qquad K(p) = \det(\mathrm{d}N_p) \ ,$$

mentre la *curvatura media* di S è la funzione $H: S \to \mathbb{R}$ data da

$$\forall p \in S \qquad H(p) = -\frac{1}{2}\mathrm{tr}(\mathrm{d}N_p) \ .$$

Osservazione 4.5.4. Se k_1 e k_2 sono le curvature principali di S in $p \in S$, allora $K(p) = k_1 k_2$ e $H(p) = (k_1 + k_2)/2$.

Osservazione 4.5.5. Se cambiamo orientazione su S, la mappa di Gauss N cambia di segno, per cui sia le curvature principali sia la curvatura media cambiano di segno; invece la curvatura Gaussiana K non varia. Quindi possiamo definire la curvatura Gaussiana anche di superfici non orientabili: se p è un punto di una superficie qualsiasi S, la curvatura Gaussiana di S in p è la curvatura Gaussiana in p dell'immagine di una qualsiasi parametrizzazione locale di S centrata in p (ricorda anche l'Osservazione 4.4.6). Analogamente, il modulo della curvatura media è ben definito anche su superfici non orientabili.

Osservazione 4.5.6. La curvatura Gaussiana ammette un'interessante interpretazione in termini di rapporto di aree. Sia $\varphi: U \to \mathbb{R}^3$ una parametrizzazione locale di una superficie $S \subset \mathbb{R}^3$ centrata in $p \in S$, e indichiamo con $B_\delta \subset \mathbb{R}^2$ il disco aperto di centro l'origine e raggio $\delta > 0$. Allora se $K(p) \neq 0$ si ha

$$|K(p)| = \lim_{\delta \to 0} \frac{\mathrm{Area}\big(N \circ \varphi(B_\delta)\big)}{\mathrm{Area}\big(\varphi(B_\delta)\big)} \ ;$$

vedi la Fig 4.5.

$\varphi(B_\delta)$ $\qquad\qquad\qquad\qquad\qquad\qquad N \circ \varphi(B_\delta)$

Figura 4.5.

Per dimostrarlo notiamo prima di tutto che $K(p) = \det \mathrm{d}N_p \neq 0$ implica che $N \circ \varphi|_{B_\delta}$ è una parametrizzazione locale della sfera per $\delta > 0$ abbastanza piccolo. Allora il Teorema 4.2.6 e il Lemma 4.2.7 implicano

$$\mathrm{Area}\big(N \circ \varphi(B_\delta)\big) = \int_{B_\delta} \left\| \frac{\partial(N \circ \varphi)}{\partial x_1} \wedge \frac{\partial(N \circ \varphi)}{\partial x_2} \right\| \mathrm{d}x_1 \, \mathrm{d}x_2$$

$$= \int_{B_\delta} |K| \, \|\partial_1 \wedge \partial_2\| \, \mathrm{d}x_1 \, \mathrm{d}x_2 \ ,$$

e

$$\text{Area}\big(\varphi(B_\delta)\big) = \int_{B_\delta} \|\partial_1 \wedge \partial_2\| \, dx_1 \, dx_2 \ .$$

Quindi

$$\lim_{\delta \to 0} \frac{\text{Area}\big(N \circ \varphi(B_\delta)\big)}{\text{Area}\big(\varphi(B_\delta)\big)} = \frac{\displaystyle\lim_{\delta \to 0} (\pi \delta^2)^{-1} \int_{B_\delta} |K| \, \|\partial_1 \wedge \partial_2\| \, dx_1 \, dx_2}{\displaystyle\lim_{\delta \to 0} (\pi \delta^2)^{-1} \int_{B_\delta} \|\partial_1 \wedge \partial_2\| \, dx_1 \, dx_2}$$

$$= \frac{K(p) \|\partial_1|_p \wedge \partial_2|_p\|}{\|\partial_1|_p \wedge \partial_2|_p\|} = K(p) \ ,$$

grazie al teorema del valor medio per integrali multipli (vedi [6], pag. 452).

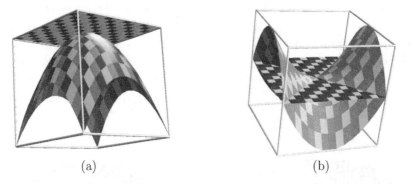

(a)   (b)

Figura 4.6.

Osservazione 4.5.7. Il segno della curvatura Gaussiana può dare un'idea dell'aspetto di una superficie. Se $p \in S$ è un punto con $K(p) > 0$, tutte le curvature normali in p hanno lo stesso segno. Intuitivamente questo vuol dire che tutte le curve sezioni normali di S in p si curvano (perché?) dalla stessa parte rispetto a T_pS, per cui vicino a p la superficie è da un solo lato del piano tangente: vedi la Fig. 4.6.(a). Invece, se $K(p) < 0$ abbiamo curvature normali di S in p di segno diverso; questo vuol dire che le curve sezioni normali possono essere curvate da parti opposte rispetto a T_pS, per cui vicino a p la superficie ha pezzi da entrambe le parti del piano tangente: vedi la Fig. 4.6.(b). Nulla del genere si può invece dire a priori quando $K(p) = 0$. Il Problema 4.17 e gli Esercizi 4.51 e 4.46 formalizzano meglio queste idee intuitive.

L'osservazione precedente invita a classificare i punti di S in base al segno della curvatura Gaussiana.

Definizione 4.5.8. Sia $S \subset \mathbb{R}^3$ una superficie orientata con mappa di Gauss $N: S \to S^2$. Diremo che $p \in S$ è *ellittico* se $K(p) > 0$ (e quindi tutte le curvature normali in p hanno lo stesso segno); *iperbolico* se $K(p) < 0$ (e quindi ci sono curvature normali in p di segno opposto); *parabolico* se $K(p) = 0$ ma $dN_p \neq O$; e *planare* se $dN_p = O$.

Useremo sistematicamente questa classificazione nel Capitolo 7; qui invece vogliamo trovare una procedura effettiva per calcolare i vari tipi di curvature (principali, Gaussiana e media). Cominciamo vedendo come si esprime la seconda forma fondamentale in coordinate locali.

Fissiamo una parametrizzazione locale $\varphi \colon U \to S$ in $p \in S$ di una superficie orientata $S \subset \mathbb{R}^3$ con mappa di Gauss $N \colon S \to S^2$. Se $v = v_1 \partial_1 + v_2 \partial_2 \in T_p S$ allora

$$Q_p(v) = Q_p(\partial_1) v_1^2 - 2\langle \mathrm{d}N_p(\partial_1), \partial_2 \rangle_p v_1 v_2 + Q_p(\partial_2) v_2^2 \,. \tag{4.11}$$

Viene quindi naturale introdurre la seguente

Definizione 4.5.9. Sia $\varphi \colon U \to S$ una parametrizzazione locale di una superficie S. I *coefficienti di forma* di S rispetto a φ sono le tre funzioni e, f, e $g \colon U \to \mathbb{R}$ definite da

$$
\begin{aligned}
e(x) &= Q_{\varphi(x)}(\partial_1) = -\langle \mathrm{d}N_{\varphi(x)}(\partial_1), \partial_1 \rangle_{\varphi(x)} \,, \\
f(x) &= -\langle \mathrm{d}N_{\varphi(x)}(\partial_1), \partial_2 \rangle_{\varphi(x)} \,, \\
g(x) &= Q_{\varphi(x)}(\partial_2) = -\langle \mathrm{d}N_{\varphi(x)}(\partial_2), \partial_2 \rangle_{\varphi(x)}
\end{aligned}
\tag{4.12}
$$

per ogni $x \in U$, dove $N = \partial_1 \wedge \partial_2 / \|\partial_1 \wedge \partial_2\|$, come al solito.

Osservazione 4.5.10. Di nuovo, questa è la notazione di Gauss. Useremo talvolta anche la notazione più moderna $e = h_{11}$, $f = h_{12} = h_{21}$ e $g = h_{22}$.

Osservazione 4.5.11. Derivando le identità $\langle N \circ \varphi, \partial_j \rangle \equiv 0$ per $j = 1$, 2, si ricavano subito le seguenti espressioni per i coefficienti di forma:

$$e = \left\langle N \circ \varphi, \frac{\partial^2 \varphi}{\partial x_1^2} \right\rangle \,, \quad f = \left\langle N \circ \varphi, \frac{\partial^2 \varphi}{\partial x_1 \partial x_2} \right\rangle \,, \quad g = \left\langle N \circ \varphi, \frac{\partial^2 \varphi}{\partial x_2^2} \right\rangle \,. \tag{4.13}$$

Osservazione 4.5.12. Noi abbiamo introdotto e, f e g come funzioni definite su U. A volte però sarà comodo considerarle come funzioni definite su $\varphi(U)$, ovvero sostituirle con $e \circ \varphi^{-1}$, $f \circ \varphi^{-1}$ e $g \circ \varphi^{-1}$ rispettivamente. Infine, anche i coefficienti di forma dipendono fortemente dalla parametrizzazione locale scelta, come si può verificare facilmente (vedi l'Esempio 4.5.18).

Osservazione 4.5.13. I coefficienti metrici e di forma dipendono dalla parametrizzazione locale scelta, ma la curvatura Gaussiana e il valore assoluto della curvatura media no, in quanto definiti direttamente a partire dalla mappa di Gauss senza usare parametrizzazioni locali.

Chiaramente, i coefficienti di forma sono (perché?) funzioni di classe C^∞ su U che determinano completamente la seconda forma fondamentale: infatti la (4.11) ci dà

$$Q_p(v_1 \partial_1 + v_2 \partial_2) = e(x) v_1^2 + 2f(x) v_1 v_2 + g(x) v_2^2$$

per ogni $p = \varphi(x) \in \varphi(U)$ e $v_1\partial_1 + v_2\partial_2 \in T_pS$.

Le (4.13) mostrano come i coefficienti di forma siano esplicitamente calcolabili (e lo verificheremo fra poco sui nostri soliti esempi). Quindi per trovare un modo effettivo di calcolo delle curvature principali, Gaussiana e media ci basterà esprimerle in termini dei coefficienti metrici e di forma. Ricordiamo che le curvature principali, Gaussiana e media si definiscono a partire dagli autovalori di dN_p; quindi può valere la pena cercare di esprimere la matrice $A \in M_{2,2}(\mathbb{R})$ che rappresenta dN_p rispetto alla base $\{\partial_1, \partial_2\}$ tramite le funzioni E, F, G, e, f e g. Ora, per ogni $v = v_1\partial_1 + v_2\partial_2$, $w = w_1\partial_1 + w_2\partial_2 \in T_pS$ abbiamo

$$\begin{vmatrix} w_1 & w_2 \end{vmatrix} \begin{vmatrix} e & f \\ f & g \end{vmatrix} \begin{vmatrix} v_1 \\ v_2 \end{vmatrix} = -\langle dN_p(v), w\rangle_p = -\begin{vmatrix} w_1 & w_2 \end{vmatrix} \begin{vmatrix} E & F \\ F & G \end{vmatrix} A \begin{vmatrix} v_1 \\ v_2 \end{vmatrix},$$

da cui segue (perché?)

$$\begin{vmatrix} e & f \\ f & g \end{vmatrix} = -\begin{vmatrix} E & F \\ F & G \end{vmatrix} A .$$

Ora, $\begin{vmatrix} E & F \\ F & G \end{vmatrix}$ è la matrice che rappresenta un prodotto scalare definito positivo rispetto a una base; in particolare, è invertibile e ha determinante $EF - F^2$ positivo. Abbiamo quindi dimostrato la seguente

Proposizione 4.5.14. *Sia* $\varphi: U \to S$ *una parametrizzazione locale di una superficie* $S \subset \mathbb{R}^3$, *e poniamo* $N = \partial_1 \wedge \partial_2 / \|\partial_1 \wedge \partial_2\|$. *Allora la matrice* $A \in M_{2,2}(\mathbb{R})$ *che rappresenta l'endomorfismo* dN *rispetto alla base* $\{\partial_1, \partial_2\}$ *è data da*

$$A = \begin{vmatrix} a_{11} & a_{12} \\ a_{21} & a_{22} \end{vmatrix} = -\begin{vmatrix} E & F \\ F & G \end{vmatrix}^{-1} \begin{vmatrix} e & f \\ f & g \end{vmatrix}$$

$$= -\frac{1}{EG - F^2}\begin{vmatrix} eG - fF & fG - gF \\ fE - eF & gE - fF \end{vmatrix} . \tag{4.14}$$

In particolare la curvatura Gaussiana è data da

$$K = \det(A) = \frac{eg - f^2}{EG - F^2}, \tag{4.15}$$

la curvatura media è data da

$$H = -\frac{1}{2}\mathrm{tr}(A) = \frac{1}{2}\frac{eG - 2fF + gE}{EG - F^2}, \tag{4.16}$$

e le curvature principali da

$$k_{1,2} = H \pm \sqrt{H^2 - K} . \tag{4.17}$$

Osservazione 4.5.15. Se $\varphi\colon U \to S$ è una parametrizzazione locale ortogonale, cioè con $F \equiv 0$, le formule precedenti si semplificano diventando

$$K = \frac{eg}{EG}\,, \quad H = \frac{1}{2}\left(\frac{e}{E} + \frac{g}{G}\right)\,, \quad k_1 = \frac{e}{E}\,, \quad k_2 = \frac{g}{G}\,.$$

Possiamo ora calcolare le varie curvature nei nostri esempi soliti

Esempio 4.5.16. Nel piano abbiamo $e \equiv f \equiv g \equiv 0$ quale che sia la parametrizzazione, in quanto la seconda forma fondamentale è identicamente nulla. In particolare, le curvature principali, Gaussiana e media sono tutte identicamente nulle.

Esempio 4.5.17. Per il cilindro circolare retto con la parametrizzazione dell'Esempio 4.1.9 abbiamo $e \equiv -1$ e $f \equiv g \equiv 0$, per cui $K \equiv 0$, $H \equiv -1/2$, $k_1 = -1$ e $k_2 = 0$.

Esempio 4.5.18. Abbiamo visto nell'Esempio 4.4.21 che sulla sfera orientata come nell'Esempio 4.4.8 si ha $Q_p = -I_p$. Questo vuol dire che per qualsiasi parametrizzazione i coefficienti di forma sono l'opposto dei corrispondenti coefficienti metrici. In particolare, $K \equiv 1$, $H \equiv -1$ e $k_1 \equiv k_2 \equiv -1$.

Esempio 4.5.19. Sia $U \subseteq \mathbb{R}^2$ aperto, $h \in C^\infty(U)$, e $\varphi\colon U \to \mathbb{R}^3$ la parametrizzazione locale del grafico Γ_h data da $\varphi(x) = \big(x, h(x)\big)$. Ricordando gli Esempi 4.1.8 e 4.4.10 otteniamo

$$e = \frac{1}{\sqrt{1 + \|\nabla h\|^2}}\frac{\partial^2 h}{\partial x_1^2}\,,\ f = \frac{1}{\sqrt{1 + \|\nabla h\|^2}}\frac{\partial^2 h}{\partial x_1 \partial x_2}\,,\ g = \frac{1}{\sqrt{1 + \|\nabla h\|^2}}\frac{\partial^2 h}{\partial x_2^2}\,,$$

per cui

$$K = \frac{1}{(1 + \|\nabla h\|^2)^2}\det\operatorname{Hess}(h)\,,$$

$$H = \frac{1}{2(1 + \|\nabla h\|^2)^{3/2}}\left[\frac{\partial^2 h}{\partial x_1^2}\left(1 + \left|\frac{\partial h}{\partial x_2}\right|^2\right) + \frac{\partial^2 h}{\partial x_2^2}\left(1 + \left|\frac{\partial h}{\partial x_1}\right|^2\right)\right.$$
$$\left. -2\frac{\partial^2 h}{\partial x_1 \partial x_2}\frac{\partial h}{\partial x_1}\frac{\partial h}{\partial x_2}\right]\,.$$

Esempio 4.5.20. Per un elicoide parametrizzato come nell'Esempio 4.1.11 troviamo $f = a/\sqrt{a^2 + y^2}$ e $e \equiv g \equiv 0$, per cui

$$K = -\frac{a^2}{(a^2 + y^2)^2}\,, \quad H \equiv 0\,, \quad k_{1,2} = \pm\frac{a}{a^2 + y^2}\,.$$

Esempio 4.5.21. Per una catenoide parametrizzata come nell'Esempio 4.1.12 troviamo $e \equiv a$, $f \equiv 0$ e $g \equiv -a$, per cui

$$K = -\frac{1}{a^2\cosh^4 x}\,, \quad H \equiv 0\,, \quad k_{1,2} = \pm\frac{1}{a\cosh^2 x}\,.$$

Esempio 4.5.22. Sia S una superficie di rotazione, parametrizzata come nell'Esempio 4.1.13. I coefficienti di forma sono quindi dati da

$$e = \frac{\alpha'\beta'' - \beta'\alpha''}{\sqrt{(\alpha')^2 + (\beta')^2}}, \quad f \equiv 0, \quad g = \frac{\alpha\beta'}{\sqrt{(\alpha')^2 + (\beta')^2}}.$$

Ricordando l'Osservazione 4.5.15 otteniamo dunque

$$K = \frac{\beta'(\alpha'\beta'' - \beta'\alpha'')}{\alpha((\alpha')^2 + (\beta')^2)^2}, \quad H = \frac{\alpha(\alpha'\beta'' - \beta'\alpha'') + \beta'((\alpha')^2 + (\beta')^2)}{2\alpha((\alpha')^2 + (\beta')^2)^{3/2}},$$

$$k_1 = \frac{\alpha'\beta'' - \beta'\alpha''}{((\alpha')^2 + (\beta')^2)^{3/2}}, \quad k_2 = \frac{\beta'}{\alpha((\alpha')^2 + (\beta')^2)^{1/2}}.$$

Se la curva che viene ruotata è parametrizzata rispetto alla lunghezza d'arco, le formule precedenti si semplificano alquanto. Infatti derivando $\dot\alpha^2 + \dot\beta^2 \equiv 1$ otteniamo $\dot\alpha\ddot\alpha + \dot\beta\ddot\beta \equiv 0$, per cui si ha

$$K = -\frac{\ddot\alpha}{\alpha}, \quad H = \frac{\dot\beta + \alpha(\dot\alpha\ddot\beta - \dot\beta\ddot\alpha)}{2\alpha}, \quad k_1 = \dot\alpha\ddot\beta - \dot\beta\ddot\alpha, \quad k_2 = \frac{\dot\beta}{\alpha}.$$

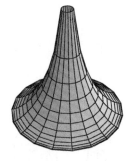

Figura 4.7. La pseudosfera

Esempio 4.5.23. Sia $\sigma\colon (\pi/2, \pi) \to \mathbb{R}^3$ la metà superiore della trattrice

$$\sigma(t) = \left(\sin t, 0, \cos t + \log\tan\frac{t}{2}\right)$$

introdotta nel Problema 1.3. La superficie S di rotazione della trattrice attorno all'asse z è chiamata *pseudosfera;* vedi la Fig. 4.7 (e l'Esercizio 3.18). Usando l'esempio precedente si trova facilmente (vedi anche il Problema 4.8) che la pseudosfera ha curvatura Gaussiana costante -1.

Osservazione 4.5.24. Il piano è un esempio di superficie con curvatura Gaussiana costante nulla, e le sfere sono un esempio di superficie con curvatura Gaussiana costante positiva (Esercizio 4.27). Altri esempio di superfici con curvatura Gaussiana costante nulla sono i cilindri (Esercizio 4.26). La pseudosfera è invece un esempio di superficie con curvatura Gaussiana costante negativa ma, contrariamente a piani, cilindri, e sfere, non è una superficie chiusa di $\mathbb{R}^3$. Questo non è un caso: nel Capitolo 7 dimostreremo che *non esistono* superfici chiuse in $\mathbb{R}^3$ di curvatura Gaussiana costante negativa (Teorema 7.3.6). Inoltre, dimostreremo anche che le sfere sono le sole superfici chiuse con curvatura Gaussiana costante positiva (Teorema 7.1.2 e Osservazione 7.1.4), e che piani e cilindri sono le sole superfici chiuse con curvatura Gaussiana costante nulla (Teorema 7.2.6).

4.6 Il teorema egregium di Gauss

L'obiettivo di questo paragrafo è dimostrare che la curvatura Gaussiana è una proprietà intrinseca di una superficie: dipende solo dalla prima forma fondamentale, e non dal modo con cui la superficie è immersa in $\mathbb{R}^3$. Come puoi immaginare, è un risultato altamente inaspettato; la definizione di K coinvolge direttamente la mappa di Gauss, che è quanto di più collegato all'immersione della superficie in $\mathbb{R}^3$ uno possa inventare. Nonostante ciò, la curvatura Gaussiana si può misurare rimanendo dentro la superficie, dimenticandosi dello spazio ambiente. In particolare, due superfici isometriche devono avere la stessa curvatura Gaussiana; e questo ci darà una condizione sufficiente che dev'essere soddisfatta da una superficie perché possa esistere una similitudine con un aperto del piano.

La strada per giungere a questo risultato è quasi altrettanto importante. L'idea è procedere in modo non dissimile da come ottenemmo le formule di Frenet-Serret per le curve. Il riferimento di Frenet ci permette di associare a ogni punto della curva una base di $\mathbb{R}^3$; quindi le derivate del riferimento di Frenet si devono poter esprimere come combinazione lineare del riferimento stesso, e i coefficienti si sono rivelati essere quantità geometricamente fondamentali per lo studio della curva.

Vediamo come adattare questo ragionamento alle superfici. Sia $\varphi\colon U \to S$ una parametrizzazione locale di una superficie $S \subset \mathbb{R}^3$, e sia $N\colon \varphi(U) \to S^2$ la mappa di Gauss di $\varphi(U)$ data da $N = \partial_1 \wedge \partial_2 / \|\partial_1 \wedge \partial_2\|$ come al solito. La terna $\{\partial_1, \partial_2, N\}$ è sempre una base di $\mathbb{R}^3$, per cui possiamo esprimere qualsiasi vettore di $\mathbb{R}^3$ come una sua combinazione lineare. In particolare devono esistere delle funzioni $\Gamma_{ij}^h, h_{ij}, a_{ij} \in C^\infty(U)$ tali che

$$\frac{\partial^2 \varphi}{\partial x_i \partial x_j} = \Gamma_{ij}^1 \partial_1 + \Gamma_{ij}^2 \partial_2 + h_{ij} N \,, \tag{4.18}$$

$$\frac{\partial (N \circ \varphi)}{\partial x_j} = a_{1j} \partial_1 + a_{2j} \partial_2 \,, \tag{4.19}$$

per $i, j = 1, 2$, dove nell'ultima formula non ci sono termini proporzionali a N perché $\|N\| \equiv 1$ implica che tutte le derivate parziali di $N \circ \varphi$ sono ortogonali a N. Notiamo inoltre che le Γ_{ij}^r e le h_{ij} sono simmetriche rispetto agli indici in basso, cioè $\Gamma_{ji}^r = \Gamma_{ij}^r$ e $h_{ji} = h_{ij}$ per ogni $i, j, r = 1, 2$, per il Teorema 4.4.14.

Alcune delle funzioni che compaiono nelle (4.19) ci sono già note. Per esempio, essendo $\partial(N \circ \varphi)/\partial x_i = \mathrm{d}N_p(\partial_i)$, le a_{ij} non sono altro che le componenti della matrice A che rappresenta $\mathrm{d}N_p$ rispetto alla base $\{\partial_1, \partial_2\}$, e quindi sono date dalla (4.14). Anche le h_{ij} sono note: infatti la (4.13) ci dice che sono proprio i coefficienti di forma (per cui la notazione è coerente con l'Osservazione 4.5.10). Dunque le uniche quantità rimaste per ora davvero incognite sono le Γ_{ij}^r.

Definizione 4.6.1. Le funzioni Γ_{ij}^r sono dette *simboli di Christoffel* della parametrizzazione locale φ.

Vogliamo ora calcolare i simboli di Christoffel. Moltiplicando scalarmente (4.18) per ∂_1 e per ∂_2 con $i = j = 1$ otteniamo

$$
\begin{cases}
E\Gamma_{11}^1 + F\Gamma_{11}^2 = \left\langle \dfrac{\partial^2 \varphi}{\partial x_1^2}, \partial_1 \right\rangle = \dfrac{1}{2} \dfrac{\partial}{\partial x_1} \langle \partial_1, \partial_1 \rangle = \dfrac{1}{2} \dfrac{\partial E}{\partial x_1} \,, \\[2ex]
F\Gamma_{11}^1 + G\Gamma_{11}^2 = \left\langle \dfrac{\partial^2 \varphi}{\partial x_1^2}, \partial_2 \right\rangle = \dfrac{\partial}{\partial x_1} \langle \partial_1, \partial_2 \rangle - \left\langle \partial_1, \dfrac{\partial^2 \varphi}{\partial x_1 \partial x_2} \right\rangle = \dfrac{\partial F}{\partial x_1} - \dfrac{1}{2} \dfrac{\partial E}{\partial x_2} \,.
\end{cases}
$$
$$(4.20)$$

Analogamente si trova

$$
\begin{cases}
E\Gamma_{12}^1 + F\Gamma_{12}^2 = \dfrac{1}{2} \dfrac{\partial E}{\partial x_2} \,, \\[2ex]
F\Gamma_{12}^1 + G\Gamma_{12}^2 = \dfrac{1}{2} \dfrac{\partial G}{\partial x_1} \,,
\end{cases}
\qquad (4.21)
$$

e

$$
\begin{cases}
E\Gamma_{22}^1 + F\Gamma_{22}^2 = \dfrac{\partial F}{\partial x_2} - \dfrac{1}{2} \dfrac{\partial G}{\partial x_1} \,, \\[2ex]
F\Gamma_{22}^1 + G\Gamma_{22}^2 = \dfrac{1}{2} \dfrac{\partial G}{\partial x_2} \,.
\end{cases}
\qquad (4.22)
$$

Questi sono tre sistemi lineari quadrati la cui matrice dei coefficienti ha determinante $EG - F^2$ che è sempre positivo; quindi ammettono un'unica soluzione, esprimibile in termini dei coefficienti metrici e delle loro derivate (vedi l'Esercizio 4.55).

Osservazione 4.6.2. Nota che, in particolare, *i simboli di Christoffel dipendono solo dalla prima forma fondamentale di S,* per cui sono intrinseci. Di conseguenza, *qualsiasi quantità esprimibile tramite i simboli di Christoffel è intrinseca:* dipende solo dalla struttura metrica della superficie, e non dal modo in cui la superficie è immersa in $\mathbb{R}^3$.

Osservazione 4.6.3. Notiamo esplicitamente, in quanto ci sarà utile in seguito, che se la parametrizzazione locale è ortogonale (cioè $F \equiv 0$) i simboli di Christoffel hanno un'espressione particolarmente semplice:

$$\begin{cases} \Gamma_{11}^1 = \dfrac{1}{2E}\dfrac{\partial E}{\partial x_1}\,, & \Gamma_{12}^1 = \Gamma_{21}^1 = \dfrac{1}{2E}\dfrac{\partial E}{\partial x_2}\,, & \Gamma_{22}^1 = -\dfrac{1}{2E}\dfrac{\partial G}{\partial x_1}\,, \\[2mm] \Gamma_{11}^2 = -\dfrac{1}{2G}\dfrac{\partial E}{\partial x_2}\,, & \Gamma_{12}^2 = \Gamma_{21}^2 = \dfrac{1}{2G}\dfrac{\partial G}{\partial x_1}\,, & \Gamma_{22}^2 = \dfrac{1}{2G}\dfrac{\partial G}{\partial x_2}\,. \end{cases} \tag{4.23}$$

Vediamo ora il valore dei simboli di Christoffel nei nostri esempi canonici.

Esempio 4.6.4. L'Esempio 4.1.7 ci dice che i simboli di Christoffel del piano sono identicamente nulli.

Esempio 4.6.5. I simboli di Christoffel del cilindro circolare retto parametrizzato come nell'Esempio 4.1.9 sono anch'essi identicamente nulli.

Esempio 4.6.6. I simboli di Christoffel della parametrizzazione locale della sfera $\varphi(x,y) = (x, y, \sqrt{1 - x^2 - y^2})$ sono

$$\begin{cases} \Gamma_{11}^1 = \dfrac{x(1 - y^2)}{1 - x^2 - y^2}\,, & \Gamma_{12}^1 = \Gamma_{21}^1 = \dfrac{x^2 y}{2(1 - x^2 - y^2)}\,, \\[3mm] \Gamma_{22}^1 = \dfrac{x(1 - x^2)}{1 - x^2 - y^2}\,, & \Gamma_{11}^2 = \dfrac{y(1 - y^2)}{1 - x^2 - y^2}\,, \\[3mm] \Gamma_{12}^2 = \Gamma_{21}^2 = \dfrac{x y^2}{1 - x^2 - y^2}\,, & \Gamma_{22}^2 = \dfrac{y(1 - x^2)}{1 - x^2 - y^2}\,. \end{cases}$$

Invece, i simboli di Christoffel della seconda parametrizzazione locale della sfera $\psi(\theta, \psi) = (\sin\theta\cos\phi, \sin\theta\sin\phi, \cos\theta)$ vista nell'Esempio 4.1.10 sono

$$\begin{cases} \Gamma_{11}^1 \equiv 0\,, & \Gamma_{12}^1 = \Gamma_{21}^1 \equiv 0\,, & \Gamma_{22}^1 = -\sin\theta\cos\theta\,, \\[2mm] \Gamma_{11}^2 \equiv 0\,, & \Gamma_{12}^2 = \Gamma_{21}^2 = \dfrac{\cos\theta}{\sin\theta}\,, & \Gamma_{22}^2 \equiv 0\,. \end{cases}$$

Esempio 4.6.7. Sia $U \subseteq \mathbb{R}^2$ aperto, $h \in C^\infty(U)$, e $\varphi\colon U \to \mathbb{R}^3$ la parametrizzazione locale del grafico Γ_h data da $\varphi(x) = (x, h(x))$. Ricordando l'Esempio 4.1.8 otteniamo

$$\begin{cases} \Gamma_{11}^1 = \dfrac{(\partial h/\partial x_1)(\partial^2 h/\partial x_1^2)}{1 + \|\nabla h\|^2}\,, & \Gamma_{12}^1 = \Gamma_{21}^1 = \dfrac{(\partial h/\partial x_1)(\partial^2 h/\partial x_1 \partial x_2)}{1 + \|\nabla h\|^2}\,, \\[3mm] \Gamma_{22}^1 = \dfrac{(\partial h/\partial x_1)(\partial^2 h/\partial x_2^2)}{1 + \|\nabla h\|^2}\,, & \Gamma_{11}^2 = \dfrac{(\partial h/\partial x_2)(\partial^2 h/\partial x_1^2)}{1 + \|\nabla h\|^2}\,, \\[3mm] \Gamma_{12}^2 = \Gamma_{21}^2 = \dfrac{(\partial h/\partial x_2)(\partial^2 h/\partial x_1 \partial x_2)}{1 + \|\nabla h\|^2}\,, & \Gamma_{22}^2 = \dfrac{(\partial h/\partial x_2)(\partial^2 h/\partial x_2^2)}{1 + \|\nabla h\|^2}\,. \end{cases}$$

Esempio 4.6.8. I simboli di Christoffel dell'elicoide parametrizzato come nell'Esempio 4.1.11 sono

$$
\begin{cases}
\Gamma^1_{11} \equiv 0 \, , \quad \Gamma^1_{12} = \Gamma^1_{21} = \dfrac{y}{a^2 + y^2} \, , \quad \Gamma^1_{22} \equiv 0 \, , \\[2mm]
\Gamma^2_{11} = -y \, , \quad \Gamma^2_{12} = \Gamma^2_{21} \equiv 0 \, , \quad \Gamma^2_{22} \equiv 0 \, .
\end{cases}
$$

Esempio 4.6.9. I simboli di Christoffel della catenoide parametrizzata come nell'Esempio 4.1.12 sono

$$
\begin{cases}
\Gamma^1_{11} = \dfrac{\sinh x}{\cosh x} \, , \quad \Gamma^1_{12} = \Gamma^1_{21} \equiv 0 \, , \quad \Gamma^1_{22} = -\dfrac{\sinh x}{\cosh x} \, , \\[2mm]
\Gamma^2_{11} \equiv 0 \, , \quad \Gamma^2_{12} = \Gamma^2_{21} = \dfrac{\sinh x}{\cosh x} \, , \quad \Gamma^2_{22} \equiv 0 \, .
\end{cases}
$$

Esempio 4.6.10. Concludiamo con i simboli di Christoffel di una superficie di rotazione parametrizzata come nell'Esempio 4.1.13:

$$
\begin{cases}
\Gamma^1_{11} = \dfrac{\alpha'\alpha'' + \beta'\beta''}{(\alpha')^2 + (\beta')^2} \, , \quad \Gamma^1_{12} = \Gamma^1_{21} \equiv 0 \, , \quad \Gamma^1_{22} = -\dfrac{\alpha\alpha'}{(\alpha')^2 + (\beta')^2} \, , \\[2mm]
\Gamma^2_{11} \equiv 0 \, , \quad \Gamma^2_{12} = \Gamma^2_{21} = \dfrac{\alpha'}{\alpha} \, , \quad \Gamma^2_{22} \equiv 0 \, .
\end{cases}
\tag{4.24}
$$

Ora, contrariamente a quanto accadeva per curvatura e torsione, i simboli di Christoffel non possono essere qualsiasi; devono soddisfare delle condizioni di compatibilità. Per trovarle, calcoliamo ora anche le derivate terze della parametrizzazione.

Anche stavolta devono esistere delle funzioni A^r_{ijk}, $B_{ijk} \in C^\infty(U)$ tali che

$$
\frac{\partial^3 \varphi}{\partial x_i \partial x_j \partial x_k} = A^1_{ijk}\partial_1 + A^2_{ijk}\partial_2 + B_{ijk}N \, .
$$

Di nuovo, il Teorema 4.4.14 ci assicura che le funzioni A^r_{ijk} e B_{ijk} sono simmetriche negli indici in basso. In particolare,

$$
A^r_{kij} = A^r_{ijk} = A^r_{ikj} \qquad e \qquad B_{kij} = B_{ijk} = B_{ikj} \tag{4.25}
$$

per ogni i, j, k, $r = 1$, 2.

Per calcolare l'espressione di A^r_{ijk} e B_{ijk} deriviamo le (4.18) e poi inseriamo le (4.18) e (4.19) nelle espressioni trovate. Si ottiene

$$
A^r_{ijk} = \frac{\partial \Gamma^r_{jk}}{\partial x_i} + \Gamma^1_{jk}\Gamma^r_{i1} + \Gamma^2_{jk}\Gamma^r_{i2} + h_{jk}a_{ri} \, ,
$$

$$
B_{ijk} = \Gamma^1_{jk}h_{i1} + \Gamma^2_{jk}h_{i2} + \frac{\partial h_{jk}}{\partial x_i} \, .
$$

Ricordando che $A^r_{ijk} - A^r_{jik} = 0$ ricaviamo per ogni i, j, k, $r = 1$, 2 le fondamentali *equazioni di Gauss:*

$$\frac{\partial \Gamma^r_{jk}}{\partial x_i} - \frac{\partial \Gamma^r_{ik}}{\partial x_j} + \sum_{s=1}^{2} \left(\Gamma^s_{jk}\Gamma^r_{is} - \Gamma^s_{ik}\Gamma^r_{js} \right) = -(h_{jk}a_{ri} - h_{ik}a_{rj}) \; . \qquad (4.26)$$

Prima di vedere cosa si ricava dalla simmetria dei B_{ijk}, notiamo una importantissima conseguenza delle equazioni di Gauss. Se scriviamo la (4.26) per $i = r = 1$ e $j = k = 2$ (vedi l'Esercizio 4.56 per gli altri casi) otteniamo

$$\frac{\partial \Gamma^1_{22}}{\partial x_1} - \frac{\partial \Gamma^1_{12}}{\partial x_2} + \sum_{s=1}^{2} \left(\Gamma^s_{22}\Gamma^1_{1s} - \Gamma^s_{12}\Gamma^1_{2s} \right) = -(h_{22}a_{11} - h_{12}a_{12})$$

$$= \frac{(eg - f^2)G}{EG - F^2} = GK \; .$$

Siccome, come abbiamo già notato, i simboli di Christoffel dipendono solo dalla prima forma fondamentale, abbiamo dimostrato il famosissimo *teorema egregium di Gauss:*

Teorema 4.6.11 (Egregium di Gauss). *La curvatura Gaussiana K di una superficie è data dalla formula*

$$K = \frac{1}{G} \left[\frac{\partial \Gamma^1_{22}}{\partial x_1} - \frac{\partial \Gamma^1_{12}}{\partial x_2} + \sum_{s=1}^{2} \left(\Gamma^s_{22}\Gamma^1_{1s} - \Gamma^s_{12}\Gamma^1_{2s} \right) \right] \; . \qquad (4.27)$$

In particolare, la curvatura Gaussiana di una superficie è una proprietà intrinseca, cioè dipende soltanto dalla prima forma fondamentale.

Di conseguenza, due superfici localmente isometriche devono avere la stessa curvatura Gaussiana:

Corollario 4.6.12. *Sia $F\colon S \to \tilde{S}$ un'isometria locale fra due superfici. Allora $\tilde{K} \circ F = K$, dove K è la curvatura Gaussiana di S e $\tilde{K}$ è la curvatura Gaussiana di $\tilde{S}$. Più in generale, se F è una similitudine di scala $r > 0$ allora $\tilde{K} \circ F = r^{-2}K$.*

Dimostrazione. Segue subito dal Teorema 4.6.11, dalla Proposizione 4.1.19 e dalla definizione di similitudine. □

Osservazione 4.6.13. Attenzione: esistono delle applicazioni $F\colon S \to \tilde{S}$ che soddisfano $\tilde{K} \circ F = K$ ma non sono delle isometrie locali; vedi l'Esercizio 4.38. Nei Complementi del prossimo capitolo discuteremo delle condizioni necessarie e sufficienti per stabilire quando un'applicazione è un'isometria locale (Proposizione 5.5.1).

Una conseguenza del Corollario 4.6.12 è che *se una superficie S è localmente isometrica a (o, più in generale, ha una similitudine con) un pezzo di piano, allora la curvatura Gaussiana di S è identicamente nulla.* Quindi non può esistere alcuna isometria locale fra un pezzo di sfera e un pezzo di piano, in quanto la sfera ha curvatura Gaussiana sempre positiva mentre il piano ha curvatura Gaussiana identicamente nulla: con grande disperazione dei cartografi, non è possibile disegnare una carta geografica della sfera che conservi le distanze, neppure in scala.

Un'ultima conseguenza del Teorema 4.6.11 è un'altra formula esplicita per il calcolo della curvatura Gaussiana:

Lemma 4.6.14. *Sia $\varphi\colon U \to S$ una parametrizzazione locale ortogonale di una superficie S. Allora*

$$K = -\frac{1}{2\sqrt{EG}}\left\{ \frac{\partial}{\partial x_2}\left(\frac{1}{\sqrt{EG}}\frac{\partial E}{\partial x_2}\right) + \frac{\partial}{\partial x_1}\left(\frac{1}{\sqrt{EG}}\frac{\partial G}{\partial x_1}\right)\right\}.$$

Dimostrazione. Se mettiamo le (4.23) dentro (4.27) otteniamo

$$
\begin{aligned}
K &= \frac{1}{G}\left[-\frac{\partial}{\partial x_1}\left(\frac{1}{2E}\frac{\partial G}{\partial x_1}\right) - \frac{\partial}{\partial x_2}\left(\frac{1}{2E}\frac{\partial E}{\partial x_2}\right) - \frac{1}{4E^2}\frac{\partial G}{\partial x_1}\frac{\partial E}{\partial x_1}\right.\\
&\quad \left. +\frac{1}{4EG}\frac{\partial G}{\partial x_2}\frac{\partial E}{\partial x_2} - \frac{1}{4E^2}\left(\frac{\partial E}{\partial x_2}\right)^2 + \frac{1}{4EG}\left(\frac{\partial G}{\partial x_1}\right)^2\right]\\
&= \frac{1}{4E^2G^2}\left(E\frac{\partial G}{\partial x_2} + G\frac{\partial E}{\partial x_2}\right)\frac{\partial E}{\partial x_2} - \frac{1}{2EG}\frac{\partial^2 E}{\partial x_2^2}\\
&\quad +\frac{1}{4E^2G^2}\left(G\frac{\partial E}{\partial x_1} + E\frac{\partial G}{\partial x_1}\right)\frac{\partial G}{\partial x_1} - \frac{1}{2EG}\frac{\partial^2 G}{\partial x_1^2}\\
&= -\frac{1}{2\sqrt{EG}}\left\{ \frac{\partial}{\partial x_2}\left(\frac{1}{\sqrt{EG}}\frac{\partial E}{\partial x_2}\right) + \frac{\partial}{\partial x_1}\left(\frac{1}{\sqrt{EG}}\frac{\partial G}{\partial x_1}\right)\right\}.
\end{aligned}
$$

$\square$

Concludiamo il capitolo completando l'esame delle (4.25). La condizione $B_{ijk} - B_{jik} = 0$ ci fornisce per ogni i, j, $k = 1, 2$ le *equazioni di Codazzi-Mainardi:*

$$\sum_{s=1}^{2}(\Gamma_{jk}^s h_{is} - \Gamma_{ik}^s h_{js}) = \frac{\partial h_{ik}}{\partial x_j} - \frac{\partial h_{jk}}{\partial x_i}.\tag{4.28}$$

Anche se meno importanti delle equazioni di Gauss, le equazioni di Codazzi-Mainardi sono comunque molto utili per lo studio delle superfici, come vedremo in particolare nel Capitolo 7.

Riassumendo, se φ è una parametrizzazione locale di una superficie regolare, le coordinate di φ devono soddisfare i sistemi di equazioni differenziali alle derivate parziali (4.18)–(4.19), i cui coefficienti dipendono dai coefficienti metrici e di forma E, F, G, e, f e g, che a loro volta soddisfano le condizioni di compatibilità (4.26) e (4.28). Viceversa, nei Complementi a questo capitolo dimostreremo il *teorema fondamentale della teoria locale delle superfici,* (noto anche come *teorema di Bonnet*)che essenzialmente dice che date le funzioni E, F, G, e, f e g con E, G, $EG - F^2 > 0$ soddisfacenti (4.26) e (4.28) allora localmente queste funzioni sono rispettivamente i coefficienti metrici e di forma di una superficie regolare, unica a meno di un movimento rigido di $\mathbb{R}^3$; vedi il Teorema 4.9.4

Concludiamo il capitolo con due definizioni che saranno utili nel Capitolo 7 (e negli esercizi di questo capitolo).

Definizione 4.6.15. Sia $S \subset \mathbb{R}^3$ una superficie orientata con mappa di Gauss $N: S \to S^2$. Una curva σ in S tale che $\dot{\sigma}$ sia sempre una direzione principale è detta *linea di curvatura* della superficie S.

Definizione 4.6.16. Sia $S \subset \mathbb{R}^3$ una superficie orientata con mappa di Gauss $N: S \to S^2$. Un versore $v \in T_p S$ tale che $Q_p(v) = 0$ è detto *direzione asintotica*. Una curva σ in S tale che $\dot{\sigma}$ sia sempre una direzione asintotica sarà detta *linea asintotica* della superficie S.

Osservazione 4.6.17. Siccome cambiando orientazione la seconda forma fondamentale si limita a cambiare di segno, e siccome ogni superficie è localmente orientabile, i concetti di direzione principale, direzione asintotica, linea di curvatura e linea asintotica sono ben definiti per qualsiasi superficie, non solo quelle orientabili.

Problemi guida

Notazioni. A partire da questa sezione verrà utilizzate la seguente convenzione per la scrittura delle derivate parziali: se $\varphi\colon U \to \mathbb{R}$ è una funzione di classe C^k (con $k \geq 2$) definita in un aperto $U \subset \mathbb{R}^2$ di coordinate (u,v), indicheremo le derivate parziali di φ con

$$
\begin{cases}
\varphi_u = \dfrac{\partial \varphi}{\partial u}\,,\ \ \varphi_v = \dfrac{\partial \varphi}{\partial v}\,, & \text{per il primo ordine;} \\[2mm]
\varphi_{uu} = \dfrac{\partial^2 \varphi}{\partial u^2}\,,\ \ \varphi_{uv} = \dfrac{\partial^2 \varphi}{\partial u \partial v}\,,\ \ \varphi_{vv} = \dfrac{\partial^2 \varphi}{\partial v^2}\,, & \text{per il secondo ordine.}
\end{cases}
$$

Notazioni analoghe saranno talvolta utilizzate anche per le derivate parziali di funzioni di più di 2 variabili, o di ordine più alto.

Infine, se $\varphi\colon U \to S$ è una parametrizzazione locale $\varphi = \varphi(u,v)$, una *u-curva* (rispettivamente, una *v-curva*) è una curva coordinata della forma $u \mapsto \varphi(u,v_0)$ (rispettivamente, $v \mapsto \varphi(u_0,v)$).

Problema 4.1. *Sia $S \subset \mathbb{R}^3$ la superficie di equazione $z = xy^2$.*

(i) *Determina la prima forma fondamentale di S e i coefficienti metrici.*

(ii) *Determina la seconda forma fondamentale Q di S.*

(iii) *Dimostra che $K \leq 0$ sempre, e che $K = 0$ soltanto per i punti di S con $y = 0$.*

(iv) *Dimostra che $(0,0,0)$ è un punto planare di S.*

(v) *Determina le direzioni principali nei punti di S con curvatura Gaussiana nulla.*

(vi) *Dimostra che le curve σ_1, $\sigma_2\colon \mathbb{R} \to S$ date da*

$$
\sigma_1(t) = (x_0 + t, y_0, z_0 + t\,y_0^2) \quad \text{e} \quad \sigma_2(t) = (\mathrm{e}^t x_0, \mathrm{e}^{-2t} y_0, \mathrm{e}^{-3t} z_0)
$$

sono linee asintotiche passanti per $(x_0, y_0, z_0) \in S$ per ogni x_0, $y_0 \in \mathbb{R}$.

Soluzione. Sia $\varphi\colon \mathbb{R}^2 \to S$ data da $\varphi(u,v) = (u, v, uv^2)$ la parametrizzazione usuale di S vista come grafico, e calcoliamo:

$$
\partial_1 = \varphi_u = (1, 0, v^2)\,, \qquad \partial_2 = \varphi_v = (0, 1, 2uv)\,.
$$

Dunque i coefficienti metrici sono dati da

$$
E = \langle \partial_1, \partial_1 \rangle = 1 + v^4\,, \quad F = \langle \partial_1, \partial_2 \rangle = 2uv^3\,, \quad G = \langle \partial_2, \partial_2 \rangle = 1 + 4u^2v^2\,.
$$

In particolare, $EG - F^2 = 1 + v^4 + 4u^2v^2$; inoltre, la prima forma fondamentale è

$$
\begin{aligned}
I_{\varphi(u,v)}(a_1\partial_1 + a_2\partial_2) &= Ea_1^2 + 2Fa_1a_2 + Ga_2^2 \\
&= (1 + v^4)a_1^2 + 4uv^3 a_1 a_2 + (1 + 4u^2v^2)a_2^2\,.
\end{aligned}
$$

Per determinare i coefficienti di forma e, f e g useremo (4.13). Prima di tutto, osserviamo che

$$\begin{cases} \varphi_u \wedge \varphi_v = (-v^2, -2uv, 1) \,, \\ N = \dfrac{\varphi_u \wedge \varphi_v}{\|\varphi_u \wedge \varphi_v\|} = \dfrac{1}{\sqrt{1 + v^4 + 4u^2v^2}}(-v^2, -2uv, 1) \,, \end{cases}$$

e calcoliamo le derivate parziali di ordine successivo

$$\varphi_{uu} = (0,0,0) \,, \quad \varphi_{uv} = (0,0,2v) \,, \quad \varphi_{vv} = (0,0,2u) \,.$$

Quindi

$$e = \langle N, \varphi_{uu} \rangle = 0 \,,$$
$$f = \langle N, \varphi_{uv} \rangle = \frac{2v}{\sqrt{1 + v^4 + 4u^2v^2}} \,,$$
$$g = \langle N, \varphi_{vv} \rangle = \frac{2u}{\sqrt{1 + v^4 + 4u^2v^2}} \,.$$

In particolare, $eg - f^2 = -4/(4u^2 + 4v^2 + 1)$; inoltre, la seconda forma fondamentale è data da

$$\begin{aligned} Q_{\varphi(u,v)}(a_1\partial_1 + a_2\partial_2) &= e\,a_1^2 + 2f\,a_1a_2 + g\,a_2^2 \\ &= \frac{4v}{\sqrt{1 + v^4 + 4u^2v^2}}\,a_1a_2 + \frac{2u}{\sqrt{1 + v^4 + 4u^2v^2}}\,a_2^2 \,. \end{aligned}$$

Di conseguenza,

$$K = \frac{eg - f^2}{EG - F^2} = \frac{-4v^2}{(1 + v^4 + 4u^2v^2)^2}$$

è sempre minore o uguale di zero, e si annulla se e solo se $v = 0$, che equivale a $y = 0$. Poi $(0,0,0) = \varphi(0,0)$, e si vede subito che $e = f = g = 0$ nell'origine, per cui $(0,0,0)$ è un punto planare.

Ora, ricordiamo che la matrice A che rappresenta il differenziale della mappa di Gauss rispetto alla base $\{\varphi_u, \varphi_v\}$ è data da

$$A = \frac{-1}{EG - F^2} \begin{vmatrix} G & -F \\ -F & E \end{vmatrix} \begin{vmatrix} e & f \\ f & g \end{vmatrix} \,,$$

per cui nel nostro caso si ha

$$A = \frac{-2}{(1 + v^4 + 4u^2v^2)^{3/2}} \begin{vmatrix} -2uv^4 & v + 2u^2v^3 \\ v + v^5 & u - uv^4 \end{vmatrix} \,.$$

In particolare, quando $v = y = 0$ otteniamo

$$A = \begin{vmatrix} 0 & 0 \\ 0 & -2u \end{vmatrix} \,,$$

per cui le direzioni principali coincidono con le direzioni coordinate — e anche (v) è fatta.

Rimane da verificare (vi). Prima di tutto,

$$\sigma_1(t) = \varphi(x_0 + t, y_0) \quad \text{e} \quad \sigma_2(t) = \varphi(e^t x_0, e^{-2t} y_0) ,$$

per cui sono effettivamente curve in S. Derivando otteniamo

$$\sigma_1'(t) = (1, 0, y_0^2) = \varphi_u(x_0 + t, y_0) ,$$
$$\sigma_2'(t) = (e^t x_0, -2e^{-2t} y_0, -3e^{-3t} z_0)$$
$$= e^t x_0 \varphi_u(e^t x_0, e^{-2t} y_0) - 2e^{-2t} y_0 \varphi_v(e^t x_0, e^{-2t} y_0) .$$

Ricordando l'espressione trovata per la seconda forma fondamentale otteniamo $Q\big(\sigma_1'(t)\big) \equiv 0$ e $Q\big(\sigma_2'(t)\big) \equiv 0$, per cui σ_1 e σ_2 sono linee asintotiche. □

Problema 4.2. *Sia $S \subset \mathbb{R}^3$ la superficie regolare con parametrizzazione globale $\varphi \colon \mathbb{R}^2 \to \mathbb{R}^3$ data da $\varphi(u, v) = (u, v, u^2 - v^2)$.*

(i) *Determina i coefficienti metrici E, F, G di φ.*
(ii) *Determina una mappa di Gauss per S.*
(iii) *Determina la seconda forma fondamentale e la curvatura di Gauss di S.*
(iv) *Sia $\sigma \colon I \to S$ una curva con $\sigma(0) = O \in S$. Dimostra che la curvatura normale di σ nell'origine varia tra -2 e 2.*

Soluzione. (i) Derivando troviamo

$$\partial_1 = \varphi_u = (1, 0, 2u) , \qquad \partial_2 = \varphi_v = (0, 1, -2v) ;$$

dunque i coefficienti metrici di φ sono dati da

$$E = 1 + 4u^2 , \quad F = -4uv , \quad G = 1 + 4v^2 .$$

(ii) Basta prendere

$$N = \frac{\varphi_u \wedge \varphi_v}{\|\varphi_u \wedge \varphi_v\|} = \frac{1}{\sqrt{4u^2 + 4v^2 + 1}}(-2u, 2v, 1) .$$

(iii) Le derivate parziali seconde di φ sono $\varphi_{uu} = (0, 0, 2)$, $\varphi_{uv} = (0, 0, 0)$ e $\varphi_{vv} = (0, 0, -2)$, per cui i coefficienti di forma di φ sono

$$e = \frac{2}{\sqrt{4u^2 + 4v^2 + 1}} , \quad f \equiv 0 , \quad g = \frac{-2}{\sqrt{4u^2 + 4v^2 + 1}} ,$$

e la seconda forma fondamentale è data da

$$Q_{\varphi(u,v)}(v_1 \partial_1 + v_2 \partial_2) = e v_1^2 + 2f v_1 v_2 + g v_2^2 = \frac{2(v_1^2 - v_2^2)}{\sqrt{4u^2 + 4v^2 + 1}} .$$

Inoltre,

$$K = \frac{eg - f^2}{EG - F^2} = \frac{-4}{(4u^2 + 4v^2 + 1)^{3/2}}$$

è sempre strettamente negativa, per cui tutti i punti di S sono iperbolici.

(iv) Sappiamo che la curvatura normale di σ è data dalla seconda forma fondamentale calcolata nel versore tangente di σ, e che la seconda forma fondamentale di S nell'origine $O = \varphi(0,0)$ è data da $Q_O(v_1\partial_1 + v_2\partial_2) = 2(v_1^2 - v_2^2)$. Inoltre, se $\dot{\sigma}(0) = v_1\partial_1 + v_2\partial_2$ allora

$$1 = \|\dot{\sigma}(0)\|^2 = E(0,0)v_1^2 + 2F(0,0)v_1v_2 + G(0,0)v_2^2 = v_1^2 + v_2^2 \,.$$

In particolare, possiamo scrivere $v_1 = \cos\theta$ e $v_2 = \sin\theta$ per un opportuno $\theta \in \mathbb{R}$, e quindi

$$\kappa_n(0) = Q_O\big(\dot{\sigma}(0)\big) = 2(\cos^2\theta - \sin^2\theta) = 2\cos(2\theta) \in [-2,2] \,,$$

come richiesto. $\square$

Problema 4.3. *Dimostra che una superficie S orientata composta solo da punti ombelicali è necessariamente contenuta in una sfera o in un piano (che sono superfici composte solo da punti ombelicali; vedi gli Esempi 4.4.7 e 4.4.8).*

Soluzione. L'ipotesi è che esista una funzione $\lambda\colon S \to \mathbb{R}$ tale che si abbia $dN_p(v) = \lambda(p)v$ per ogni $v \in T_pS$ e $p \in S$, dove $N\colon S \to S^2$ è la mappa di Gauss di S. In particolare, se φ è una parametrizzazione locale abbiamo

$$\frac{\partial(N \circ \varphi)}{\partial x_1} = dN(\partial_1) = (\lambda \circ \varphi)\partial_1 \,, \quad \text{e} \quad \frac{\partial(N \circ \varphi)}{\partial x_2} = dN(\partial_2) = (\lambda \circ \varphi)\partial_2 \,.$$

Derivando un'altra volta otteniamo

$$\frac{\partial^2(N \circ \varphi)}{\partial x_2 \partial x_1} = \frac{\partial(\lambda \circ \varphi)}{\partial x_2}\,\partial_1 + (\lambda \circ \varphi)\frac{\partial^2\varphi}{\partial x_2 \partial x_1} \,,$$

$$\frac{\partial^2(N \circ \varphi)}{\partial x_1 \partial x_2} = \frac{\partial(\lambda \circ \varphi)}{\partial x_1}\,\partial_2 + (\lambda \circ \varphi)\frac{\partial^2\varphi}{\partial x_1 \partial x_2} \,,$$

e quindi

$$\frac{\partial(\lambda \circ \varphi)}{\partial x_2}\,\partial_1 - \frac{\partial(\lambda \circ \varphi)}{\partial x_1}\,\partial_2 \equiv O \,.$$

Ma ∂_1 e ∂_2 sono linearmente indipendenti, per cui

$$\frac{\partial(\lambda \circ \varphi)}{\partial x_2} \equiv \frac{\partial(\lambda \circ \varphi)}{\partial x_1} \equiv 0 \,,$$

cioè $\lambda \circ \varphi$ è costante.

Abbiamo quindi dimostrato che λ è localmente costante: essendo S connessa, λ è costante su tutta S. Infatti, scelto $p_0 \in S$ consideriamo l'insieme $R = \{p \in S \mid \lambda(p) = \lambda(p_0)\}$. Questo insieme è non vuoto ($p_0 \in R$), è chiuso, perché λ è continua, ed è aperto, perché λ è localmente costante; quindi la connessione di S implica $R = S$, cioè λ è globalmente costante.

Se $\lambda \equiv 0$, il differenziale della mappa di Gauss è identicamente nullo, cioè N è identicamente uguale a un vettore $N_0 \in S^2$. Scegliamo $p_0 \in S$, e definiamo $h\colon S \to \mathbb{R}$ ponendo $h(q) = \langle q - p, N_0 \rangle$. Se $\varphi\colon U \to S$ è una qualsiasi parametrizzazione locale di S, abbiamo

$$\frac{\partial(h \circ \varphi)}{\partial x_j} = \langle \partial_j, N_0 \rangle \equiv 0$$

per $j = 1,\ 2$. Ne segue che h è localmente costante, e quindi costante per lo stesso ragionamento di prima. Siccome $h(p_0) = 0$, otteniamo $h \equiv 0$, che vuol dire esattamente che S è contenuto nel piano passante per p_0 e ortogonale a N_0.

Se invece $\lambda \equiv \lambda_0 \neq 0$, sia $q\colon S \to \mathbb{R}^3$ data da $q(p) = p - \lambda_0^{-1} N(p)$. Allora

$$\mathrm{d}q_p = \mathrm{id} - \frac{1}{\lambda_0}\mathrm{d}N_p = \mathrm{id} - \frac{1}{\lambda_0}\lambda_0\,\mathrm{id} \equiv O\ ,$$

per cui q è (localmente costante e quindi) costante; indichiamo con q_0 il valore di q, cioè $q \equiv q_0$. Allora $p - q_0 \equiv \lambda_0^{-1} N(p)$ e quindi

$$\forall p \in S \qquad\qquad \|p - q_0\|^2 = \frac{1}{\lambda_0^2}\ ,$$

cioè S è contenuta nella sfera di centro q_0 e raggio $1/|\lambda_0|$. $\square$

Problema 4.4. Quando le linee cordinate sono linee di curvatura?
Sia $\varphi\colon U \to S \subset \mathbb{R}^3$ una parametrizzazione locale di una superficie regolare S, e supponiamo che nessun punto di $\varphi(U)$ sia ombelicale. Dimostra che le curve coordinate sono tutte linee di curvatura se e solo se $F \equiv f \equiv 0$, e mostra che, in tal caso, le curvature principali sono e/E e g/G.

Soluzione. Dire che le linee coordinate sono sempre linee di curvatura equivale a dire che le direzioni coordinate sono sempre direzioni principali, e questo a sua volta è equivalente a dire che la matrice A che rappresenta il differenziale della mappa di Gauss nella base $\{\varphi_u, \varphi_v\}$ è sempre diagonale.

Ora, ricordando (4.14) si vede subito che se $F \equiv f \equiv 0$ allora A è diagonale; quindi in questo caso le curve coordinate sono sempre linee di curvatura (anche in presenza di punti ombelicali), e l'ultima affermazione segue dall'Osservazione 4.5.15.

Viceversa, supponiamo che le linee coordinate siano linee di curvatura. Questo vuol dire che i vettori φ_u e φ_v sono direzioni principali; in particolare, essendo tutti i punti non ombelicali, φ_u e φ_v sono ortogonali fra loro, per cui $F \equiv 0$. Ma allora gli elementi fuori dalla diagonale di A sono $-f/G$ e $-f/E$; dovendo essere nulli, l'unica possibilità è $f \equiv 0$. $\square$

Problema 4.5. *Sia S una superficie orientata, e $N\colon S \to S^2$ la sua mappa di Gauss. Dimostra che una curva $\sigma\colon I \to S$ è una linea di curvatura se e solo se, posto $N(t) = N\big(\sigma(t)\big)$, si ha che $N'(t) = \lambda(t)\sigma'(t)$ per un'opportuna funzione $\lambda\colon I \to \mathbb{R}$ di classe C^∞. In questo caso, $-\lambda(t)$ è la curvatura (principale) di S lungo $\sigma'(t)$.*

Soluzione. È sufficiente osservare che

$$\mathrm{d}N_{\sigma(t)}\big(\sigma'(t)\big) = \frac{\mathrm{d}(N \circ \sigma)}{\mathrm{d}t}(t) = N'(t) \ ,$$

per cui $\sigma'(t)$ è un autovettore di $dN_{\sigma(t)}$ se e solo se $N'(t) = \lambda(t)\sigma'(t)$ per un opportuno $\lambda(t) \in \mathbb{R}$. □

Problema 4.6. Caratterizzazione delle linee di curvatura. *Sia $S \subset \mathbb{R}^3$ una superficie orientata, $\varphi\colon U \to S$ una sua parametrizzazione locale, e sia $\sigma\colon I \to \varphi(U)$ una curva regolare con sostegno contenuto in $\varphi(U)$, in modo da poter scrivere $\sigma(t) = \varphi\big(u(t), v(t)\big)$. Dimostra che σ è una linea di curvatura se e solo se*

$$(fE - eF)(u')^2 + (gE - eG)u'v' + (gF - fG)(v')^2 \equiv 0 \ .$$

Ritrova, in particolare, il risultato del Problema 4.4.

Soluzione. Grazie al Problema 4.5, sappiamo che σ è una linea di curvatura se e solo se $N'(t) = \lambda(t)\sigma'(t)$ per un'opportuna funzione λ di classe C^∞. Ora è sufficiente ricordare la Proposizione 4.5.14 ed eliminare λ dal sistema di equazioni dato da $N'(t) = \lambda(t)\sigma'(t)$. □

Problema 4.7. Caratterizzazione delle linee asintotiche. *Sia $\varphi\colon U \to S$ una parametrizzazione locale di una superficie orientata, e sia $\sigma\colon I \to \varphi(U)$ una curva regolare con sostegno contenuto in $\varphi(U)$, in modo da poter scrivere $\sigma(t) = \varphi\big(u(t), v(t)\big)$. Dimostra che σ è una linea asintotica se e solo se*

$$e(u')^2 + 2fu'v' + g(v')^2 \equiv 0 \ .$$

Deduci in particolare che le curve coordinate sono linee asintotiche nell'intorno di un punto iperbolico se e solo se $e = g = 0$.

Soluzione. Per definizione, la curva σ è una linea asintotica se $Q_{\sigma(t)}\big(\sigma'(t)\big) \equiv 0$, dove Q_p è la seconda forma fondamentale in $p \in S$. Poiché $\sigma'(t) = u'\,\varphi_u + v'\,\varphi_v$, dove $\varphi_u = \partial_1$ e $\varphi_v = \partial_2$ sono calcolati in $\sigma(t)$, la tesi segue immediatamente ricordando che i coefficienti di forma e, f, g rappresentano la seconda forma fondamentale nella base ∂_1 e ∂_2. □

Problema 4.8. *Sia $S \subset \mathbb{R}^3$ la (metà superiore della) pseudosfera ottenuta ruotando attorno all'asse z la (metà superiore della) trattrice $\sigma\colon(\pi/2, \pi) \to \mathbb{R}^3$ data da*

$$\sigma(t) = \big(\sin t, 0, \cos t + \log\tan(t/2)\big) \ ;$$

vedi l'Esercizio 3.18 e l'Esempio 4.5.23. In particolare, S è il sostegno della superficie immersa $\varphi\colon(\pi/2, \pi) \times \mathbb{R} \to \mathbb{R}^3$ data da

$$\varphi(t, \theta) = \left(\sin t \cos\theta, \sin t \sin\theta, \cos t + \log\tan\frac{t}{2}\right).$$

(i)   *Determina la mappa di Gauss $N: S \to S^2$ indotta da φ.*
(ii) *Determina il differenziale $\mathrm{d}N$ della mappa di Gauss e la curvatura Gaussiana di S.*
(iii) *Determina la curvatura media di S.*

Soluzione. Per determinare la mappa di Gauss di S calcoliamo, come di consueto, le derivate parziali della parametrizzazione:

$$\partial_1 = \varphi_t = \cos t(\cos\theta, \sin\theta, \cotan t) \,, \quad \partial_2 = \varphi_\theta = \sin t(-\sin\theta, \cos\theta, 0) \,.$$

Quindi $\varphi_t \wedge \varphi_\theta = \cos t(-\cos t \cos\theta, -\cos t \sin\theta, \sin t)$ e $\|\varphi_t \wedge \varphi_\theta\| = \cos t$, cosicché

$$N\big(\varphi(t,\theta)\big) = (-\cos t \cos\theta, -\cos t \sin\theta, \sin t).$$

e (i) è fatto.

Passiamo a (ii). Per determinare il differenziale $\mathrm{d}N_p$ in $p = \varphi(t,\theta) \in S$, usiamo il fatto che $\mathrm{d}N_p(\varphi_t) = \partial(N \circ \varphi)/\partial t$ e $\mathrm{d}N_p(\varphi_\theta) = \partial(N \circ \varphi)/\partial\theta$. Ricaviamo che

$$\mathrm{d}N_p(\varphi_t) = \sin t\, (\cos\theta, \sin\theta, \cotan t) = (\tan t)\,\varphi_t \,, \quad \mathrm{d}N_p(\varphi_\theta) = -(\cotan t)\varphi_\theta \,.$$

La matrice che rappresenta $\mathrm{d}N_p$ rispetto alla base $\{\varphi_t, \varphi_\theta\}$ è quindi

$$A = \begin{vmatrix} \tan t & 0 \\ 0 & -\cotan t \end{vmatrix} \,;$$

in particolare, $K = \det(A) \equiv -1$, come affermato nell'Esempio 4.5.20. Tra parentesi, S si chiama "pseudosfera" proprio perché ha curvatura Gaussiana costante (anche se negativa) come la sfera usuale.

Infine, per completare il punto (iii) è sufficiente osservare che la curvatura media è data da

$$H = -\frac{1}{2}\mathrm{tr}(A) = -\frac{1}{2}(\tan t + \cotan t) = -\frac{1}{\sin 2t} \,.$$

$\square$

Problema 4.9. *Calcola la curvatura Gaussiana e la curvatura media dell'ellissoide $S = \{(x,y,z) \in \mathbb{R}^3 \mid x^2 + 4y^2 + 9z^2 = 1\}$.*

Soluzione. Siccome S è il luogo di zeri della funzione $h: \mathbb{R}^3 \to \mathbb{R}$ data da $h(x,y,z) = x^2 + 4y^2 + 9z^2 - 1$, il Corollario 4.3.12 ci dice che una mappa di Gauss $N: S \to S^2$ di S è

$$N(x,y,z) = \alpha(x,y,z)(x, 4y, 9z) \,,$$

dove $\alpha: S \to \mathbb{R}$ è la funzione $\alpha(x,y,z) = (x^2 + 16y^2 + 81z^2)^{-1/2}$. Inoltre, il piano tangente in $p = (x_0, y_0, z_0)$ è dato da

$$T_pS = \{(v_1, v_2, v_3) \in \mathbb{R}^3 \mid x_0v_1 + 4y_0v_2 + 9z_0v_3 = 0\} \,.$$

La matrice Jacobiana di N vista come applicazione da $\mathbb{R}^3 \setminus \{O\}$ a $\mathbb{R}^3$ è

$$J = \begin{vmatrix} \alpha + x\alpha_x & x\alpha_y & x\alpha_z \\ 4y\alpha_x & 4\alpha + 4y\alpha_y & 4y\alpha_z \\ 9z\alpha_x & 9z\alpha_y & 9\alpha + 9z\alpha_z \end{vmatrix}$$

per cui

$$dN_p(v_1, v_2, v_3) = J \begin{vmatrix} v_1 \\ v_2 \\ v_3 \end{vmatrix} = \alpha(p) \begin{vmatrix} v_1 \\ 4v_2 \\ 9v_3 \end{vmatrix} - \alpha^3 (x_0 v_1 + 16 y_0 v_2 + 81 z_0 v_3) \begin{vmatrix} x_0 \\ 4y_0 \\ 9z_0 \end{vmatrix} .$$

Supponiamo che $x_0 \neq 0$. Una base $\mathcal{B} = \{w_1, w_2\}$ dei vettori tangenti a S in p è allora data da

$$w_1 = (-9z_0, 0, x_0) \quad \text{e} \quad w_2 = (-4y_0, x_0, 0) .$$

Calcolando esplicitamente $dN_p(w_1)$ e $dN_p(w_2)$ e scrivendoli come combinazione lineare rispetto alla base $\mathcal{B}$, si ricava la matrice che rappresenta dN_p rispetto alla base $\mathcal{B}$:

$$A = \alpha \begin{vmatrix} 9(1 - 72\alpha^2 z_0^2) & -108\alpha^2 y_0 z_0 \\ -288\alpha^2 y_0 z_0 & 4(1 - 12\alpha^2 y_0^2) \end{vmatrix} .$$

Quindi se $x_0 \neq 0$ la curvatura Gaussiana e la curvatura media sono

$$K = \frac{36}{(x_0^2 + 16y_0^2 + 81z_0^2)^2} , \quad H = \frac{36(x_0^2 + y_0^2 + z_0^2 - 1) - 13}{2(x_0^2 + 16y_0^2 + 81z_0^2)^{3/2}} ;$$

nota che K è sempre positiva.

In questo modo, abbiamo determinato le curvature Gaussiana e media in tutti i punti $p = (x, y, z) \in S$ con $x \neq 0$. Ma $S \cap \{x = 0\}$ è una ellisse C, e $A = S \setminus C$ è un aperto denso di S. Poiché le curvature Gaussiana e media sono continue, e le espressioni trovate sono definite e continue in tutta S, devono dare i valori di K e H su tutta S.   □

Problema 4.10. *Sia $S \subset \mathbb{R}^3$ una superficie regolare che abbia una parametrizzazione globale $\varphi : \mathbb{R} \times \mathbb{R}^+ \to S$ i cui coefficienti metrici soddisfino $E(u, v) = G(u, v) = v$ e $F(u, v) \equiv 0$. Dimostra che S non è localmente isometrica ad una sfera.*

Soluzione. Siccome la parametrizzazione è ortogonale, possiamo usare (4.23) per calcolare i simboli di Christoffel di φ. Otteniamo $\Gamma_{11}^1 = 0$, $\Gamma_{11}^2 = -\frac{1}{2v}$, $\Gamma_{12}^1 = \frac{1}{2v}$, $\Gamma_{12}^2 = 0$, $\Gamma_{22}^1 = 0$, $\Gamma_{22}^2 = \frac{1}{2v}$. Il Teorema 4.6.11 egregium di Gauss implica allora

$$K = \frac{1}{G} \left[\frac{\partial \Gamma_{22}^1}{\partial x_1} - \frac{\partial \Gamma_{12}^1}{\partial x_2} + \sum_{s=1}^{2} \left(\Gamma_{22}^s \Gamma_{1s}^1 - \Gamma_{12}^s \Gamma_{2s}^1 \right) \right] = \frac{1}{2v^3} .$$

Dunque K non è costante in nessun aperto di S, per cui (Corollario 4.6.12) S non può essere localmente isometrica a una sfera.   □

Problema 4.11. *Sia* $\sigma:(a,b) \to R^3$ *una curva regolare il cui sostegno sia contenuto nella sfera* S^2 *di raggio 1 e centro l'origine in* $\mathbb{R}^3$. *Mostra che se la curvatura di* σ *è costante allora il sostegno di* σ *è contenuto in una circonferenza.*

Soluzione. Possiamo supporre che σ sia parametrizzata rispetto alla lunghezza d'arco; ricorda inoltre che se orientiamo S^2 come nell'Esempio 4.1.10 abbiamo $\sigma = N \circ \sigma$. Poiché il sostegno di σ è contenuto in S^2, la derivata $\dot{\sigma}$ è tangente a S^2, e dunque ortogonale a σ. Inoltre, per la Proposizione 4.4.28 di Meusnier e l'Esempio 4.4.21 la curvatura normale di σ è identicamente uguale a -1, sempre perché σ è a valori in S^2. Dunque (4.8) e (4.9) implicano $\langle \sigma, \mathbf{n} \rangle \equiv -1/\kappa$.

Ora, $1 = \|\sigma\|^2 = |\langle \sigma, \dot{\sigma} \rangle|^2 + |\langle \sigma, \mathbf{n} \rangle|^2 + |\langle \sigma, \mathbf{b} \rangle|^2$; siccome $\langle \sigma, \dot{\sigma} \rangle \equiv 0$ e $\langle \sigma, \mathbf{n} \rangle$ è una costante non nulla, deduciamo che anche $\langle \sigma, \mathbf{b} \rangle$ è una costante. Quindi

$$0 = \frac{\mathrm{d}}{\mathrm{d}t}\langle \sigma, \mathbf{b} \rangle = -\tau \langle \sigma, \mathbf{n} \rangle = \frac{\tau}{\kappa} \,,$$

per cui $\tau \equiv 0$ e σ è piana. Ma una curva piana regolare con curvatura costante ha sostegno contenuto in una circonferenza, e abbiamo ottenuto la tesi.   □

Problema 4.12. *Sia* $U = (0,1) \times (0,\pi)$ *e sia* $\varphi:U \to \mathbb{R}^3$ *l'applicazione definita da* $\varphi(u,v) = \big(u \cos v, u \sin v, \phi(v)\big)$, *ove* $\phi \in C^\infty\big((0,\pi)\big)$ *è un omeomorfismo sull'immagine.*

(i)   *Mostra che l'immagine* S *di* φ *è una superficie regolare.*
(ii) *Calcola la curvatura di Gauss in ogni punto di* S *e controlla se esiste un aperto di* S *localmente isometrico a un piano.*
(iii) *Fornisci condizioni affinché un punto di* S *sia un punto ombelicale.*

Soluzione. (i) Osserviamo che

$$\partial_1 = \varphi_u = (\cos v, \sin v, 0) \qquad \partial_2 = \varphi_v = \big(-u \sin v, u \cos v, \phi'(v)\big) \,;$$

quindi

$$\varphi_u \wedge \varphi_v = \big(\phi'(v) \sin v, -\phi'(v) \cos v, u\big)$$

non è mai il vettore nullo, perché la sua terza componente non si annulla mai. Dunque φ ha differenziale iniettivo in ogni punto. Inoltre φ è iniettiva, e $\psi:S \to U$ data da $\psi(x,y,z) = (\sqrt{x^2 + y^2}, \phi^{-1}(z))$ è un'inversa continua di φ.

(ii) I coefficienti metrici sono $E = 1$, $F = 0$ e $G = u^2 + \phi'(v)^2$, mentre $\|\varphi_u \wedge \varphi_v\| = \sqrt{u^2 + \phi'(v)^2}$. Per determinare i coefficienti di forma, calcoliamo

$$\varphi_{uu} = (0,0,0) \,, \quad \varphi_{uv} = (-\sin v, \cos v, 0) \,, \quad \varphi_{vv} = \big(-u \cos v, -u \sin v, \phi''(v)\big) \,,$$

per cui

$$e \equiv 0 \,, \quad f = \frac{-\phi'(v)}{\sqrt{u^2 + \phi'(v)^2}} \,, \quad g = \frac{u \phi''(v)}{\sqrt{u^2 + \phi'(v)^2}} \,.$$

Dunque

$$K = -\frac{\phi'(v)^2}{(u^2 + \phi'(v)^2)^2}.$$

Poiché ϕ è iniettiva, ϕ' non può essere nulla su un intervallo, e quindi K non può annullarsi in un aperto. Di conseguenza, nessun aperto di S può essere localmente isometrico a un piano.

(iii) Ricordando (4.17) che esprime le curvature principali in funzione delle curvature media e Gaussiana, la relazione che caratterizza i punti ombelicali è $H^2 - K = 0$. Usando (4.16) troviamo che la curvatura media di S è data da

$$H = \frac{1}{2}\frac{u\phi''(v)}{(u^2 + \phi'(v)^2)^{3/2}},$$

e dunque

$$H^2 - K = \frac{1}{4}\frac{u^2\phi''(v)^2}{(u^2 + \phi'(v)^2)^3} + \frac{\phi'(v)^2}{(u^2 + \phi'(v)^2)^2}.$$

Quindi $H^2 - K = 0$ se e solo se $\phi'(v) = \phi''(v) = 0$, per cui i punti ombelicali di S sono tutti e soli quelli della forma $\big(u\cos v_0, u\sin v_0, \phi(v_0)\big)$, dove $v_0 \in (0, \pi)$ soddisfa $\phi'(v_0) = \phi''(v_0) = 0$. $\square$

Problema 4.13. *Sia $\Sigma = \{(x, y, z) \in \mathbb{R}^3 \mid xyz = 1\}$.*

(i) *Determina il più grande sottoinsieme S di Σ tale che S sia una superficie regolare.*

(ii) *Dimostra che i punti $(x, y, z) \in S$ tali che $|x| = |y| = |z| = 1$ sono punti ombelicali di S.*

Soluzione. (i) Consideriamo la funzione $f\colon \mathbb{R}^3 \to \mathbb{R}$ data da $f(x, y, z) = xyz$. Poiché $\nabla f = (yz, xz, xy)$, otteniamo che 1 è un valore regolare per f, e dunque $\Sigma = S$ è una superficie regolare.

(ii) Sia $p = (x, y, z) \in \Sigma$. In un intorno di p, la superficie Σ è il grafico della funzione $g\colon \mathbb{R}^* \times \mathbb{R}^* \to \mathbb{R}$ data da $g(x, y) = 1/xy$. Come parametrizzazione di Σ vicino a p è quindi possibile utilizzare la parametrizzazione del grafico di g data da $\varphi(u, v) = \big(u, v, g(u, v)\big)$. Quindi procedendo come al solito ricaviamo

$$\partial_1 = \left(1, 0, -\frac{1}{u^2 v}\right), \partial_2 = \left(0, 1, -\frac{1}{uv^2}\right), N = \frac{1}{\sqrt{u^2 + v^2 + u^4 v^4}}(v, u, u^2 v^2),$$

$$E = 1 + \frac{1}{u^4 v^2}, F = \frac{1}{u^3 v^3}, G = 1 + \frac{1}{u^2 v^4},$$

$$e = \frac{2v}{u\sqrt{u^2 + v^2 + u^4 v^4}}, f = \frac{1}{\sqrt{u^2 + v^2 + u^4 v^4}}, g = \frac{2u}{v\sqrt{u^2 + v^2 + u^4 v^4}},$$

$$K = \frac{3u^4 v^4}{(u^2 + v^2 + u^4 v^4)^2}, H = \frac{uv(1 + u^2 v^2 + u^4 v^2)}{(u^2 + v^2 + u^4 v^4)^{3/2}},$$

$$H^2 - K = \frac{u^2 v^2(1 + u^6 v^{10} + u^{10} v^6 - u^6 v^4 - u^4 v^6 - u^8 v^8)}{(u^2 + v^2 + u^4 v^4)^3}.$$

In particolare, tutti i punti della forma $\varphi(u,v)$ con $|u| = |v| = 1$, cioè tutti i punti $p \in S$ con $|x| = |y| = |z| = 1$, sono punti ombelicali.   □

Problema 4.14. *Siano S una superficie orientata di $\mathbb{R}^3$ e $\sigma:\mathbb{R} \to S$ una curva biregolare di classe C^∞ che sia una linea asintotica di S. Dimostra che $T_{\sigma(s)}S$ è il piano osculatore a σ in $\sigma(s)$ per ogni $s \in \mathbb{R}$.*

Soluzione. Possiamo supporre che σ sia parametrizzata rispetto alla lunghezza d'arco. Conservando le consuete notazioni, dobbiamo mostrare che i versori $\mathbf{t}(s)$ e $\mathbf{n}(s)$ generano il piano $T_{\sigma(s)}S$ tangente a S in $\sigma(s)$, cioè il piano ortogonale al versore normale $N(\sigma(s))$. Sicuramente $\mathbf{t}(s) \in T_{\sigma(s)}S$ per definizione di piano tangente a una superficie. Basta quindi mostrare che $\mathbf{n}(s)$ e $N(\sigma(s))$ sono ortogonali. Ma la biregolarità di σ ci dice che

$$\langle \mathbf{n}(s), N(\sigma(s)) \rangle = \frac{1}{\kappa(s)} Q_{\sigma(s)}(\dot{\sigma}(s)) = 0 \ ,$$

perché σ è una linea asintotica.   □

Definizione 4.P.1. Sia $S \subset \mathbb{R}^3$ una superficie orientata da un atlante $\mathcal{A}$. Allora l'atlante $\mathcal{A}^-$ ottenuto scambiando le coordinate in tutte le parametrizzazioni di $\mathcal{A}$, cioè $\varphi \in \mathcal{A}^-$ se e solo se $\varphi \circ \chi \in \mathcal{A}$ dove $\chi(x,y) = (y,x)$, è detto *opposto* di $\mathcal{A}$.

Problema 4.15. *Sia S una superficie orientata da un atlante $\mathcal{A}$, e prendiamo un'altra parametrizzazione locale $\varphi:U \to S$ di S, con U connesso. Dimostra che o φ è equiorientata con tutte le parametrizzazioni locali di $\mathcal{A}$, oppure lo è con tutte le parametrizzazioni locali di $\mathcal{A}^-$.*

Soluzione. Sia N il campo di versori normali che determina l'orientazione data, e $\{\partial_1, \partial_2\}$ la base indotta da φ. Esattamente come nella dimostrazione della Proposizione 4.3.7 otteniamo che $\partial_1 \wedge \partial_2 / \|\partial_1 \wedge \partial_2\| \equiv \pm N$ su $\varphi(U)$, con segno costante perché U è connesso. Quindi (4.6) implica che se il segno è positivo allora φ determina la stessa orientazione di tutti gli elementi di $\mathcal{A}$, mentre se il segno è negativo determina l'orientazione opposta.   □

Problema 4.16. *Sia $S \subset \mathbb{R}^3$ una superficie in cui la funzione modulo della curvatura media non si annulla mai. Dimostra che S è orientabile.*

Soluzione. Sia $\mathcal{A} = \{\varphi_\alpha\}$ un atlante su S tale che il dominio U_α di ciascuna φ_α sia connesso. Usando la solita mappa di Gauss N_α indotta da φ_α possiamo definire una curvatura media su $\varphi_\alpha(U_\alpha)$, che deve avere un segno preciso, in quanto il suo modulo non si annulla mai e U_α è connesso. A meno di scambiare le coordinate in U_α, possiamo quindi supporre che la curvatura media indotta da N_α sia sempre positiva.

Definiamo allora $N:S \to S^2$ ponendo $N(p) = N_\alpha(p)$ per ogni $p \in \varphi_\alpha(U_\alpha)$. Per concludere basta verificare che N sia ben definita. Ma infatti, supponiamo che p appartenga a $\varphi_\alpha(U_\alpha) \cap \varphi_\beta(U_\beta)$. Se avessimo $N_\alpha(p) = -N_\beta(p)$, allora dovremmo avere $N_\alpha \equiv -N_\beta$ in tutto un inotrno di p; quindi la curvatura media indotta da N_α dovrebbe avere segno opposto a quella indotta da N_β in tutto un intorno di p, impossibile. $\square$

Problema 4.17. *Sia $p \in S$ un punto di una superficie $S \subset \mathbb{R}^3$. Dimostra che se p è ellittico allora esiste un intorno V di p in S tale che $V \setminus \{p\}$ è contenuto in uno dei due semispazi aperti delimitati dal piano tangente affine $p + T_pS$. Dimostra invece che se p è iperbolico ogni intorno di p in S interseca entrambi i semispazi aperti determinati dal piano $p + T_pS$.*

Soluzione. Sia $\varphi: U \to S$ una parametrizzazione locale centrata in p, e definiamo la funzione $d: U \to \mathbb{R}$ ponendo $d(x) = \langle \varphi(x) - p, N(p) \rangle$, dove N è la mappa di Gauss indotta da φ. Chiaramente, $\varphi(x) \in p + T_pS$ se e solo se $d(x) = 0$, e $\varphi(x)$ appartiene all'uno o all'altro dei semispazi determinati da $p + T_pS$ a seconda del segno di $d(x)$. Sviluppando d in serie di Taylor nell'origine otteniamo

$$
\begin{aligned}
d(x) &= d(O) + \sum_{j=1}^{2} \frac{\partial d}{\partial x_j}(O)x_j + \frac{1}{2}\sum_{i,j=1}^{2}\frac{\partial^2 d}{\partial x_i \partial x_j}(O)x_i x_j + o(\|x\|^2) \\
&= e(p)x_1^2 + 2f(p)x_1 x_2 + g(p)x_2^2 + o(\|x\|^2) \qquad (4.29) \\
&= Q_p(x_1\partial_1 + x_2\partial_2) + o(\|x\|^2) \,.
\end{aligned}
$$

Ora, se p è ellittico allora le due curvature principali in p hanno lo stesso segno e sono non nulle; in particolare, Q_p ha segno costante in un intorno bucato dell'origine. Ma allora (4.29) ci dice che $d(x)$ ha segno costante in un intorno bucato dell'origine, e quindi esiste un intorno $V \subset S$ di p tale che tutti i punti di $V \setminus \{p\}$ appartengono a uno dei due semispazi aperti delimitati da $p + T_pS$.

Se invece p è iperbolico, le due curvature principali in p hanno segno opposto e sono non nulle; in particolare, Q_p cambia segno in qualsiasi intorno dell'origine. Ne segue che $d(x)$ cambia segno in qualsiasi intorno dell'origine, e quindi ogni intorno di p in S interseca entrambi i semispazi aperti delimitati da $p + T_pS$. $\square$

Problema 4.18. Quadrica osculatrice a una superficie di livello. *Data una funzione $f \in C^\infty(\Omega)$ con 0 come valore regolare, dove $\Omega \subset \mathbb{R}^3$ è un aperto, Sia $p_0 = (x_1^o, x_2^o, x_3^o) \in S = f^{-1}(0)$ un punto della superficie di livello di f.*

(i) *Determina una quadrica Q passante per p_0 e tale S e Q abbiamo lo stesso piano tangente in p_0 e la stessa seconda forma fondamentale. La quadrica Q è detta quadrica osculatrice*

(ii) *Mostra che p_0 è ellittico, iperbolico o parabolico per S se e solo se lo è per Q.*

(iii) *Sia S la superficie di R^3 di equazione $x_1 + x_1^3 + x_2^2 + x_3^3 = 0$. Utilizzando la quadrica osculatrice, mostra che il punto $p_0 = (-1, 1, 1)$ è iperbolico.*

Soluzione. Lo sviluppo di Taylor di f in p_0 è

$$f(x) = \sum_{j=1}^{3} \frac{\partial f}{\partial x_j}(p_0)(x_j - x_j^o)$$

$$= +\frac{1}{2} \sum_{i,j=1}^{3} \frac{\partial^2 f}{\partial x_i \partial x_j}(p_0)(x_i - x_i^o)(x_j - x_j^o) + o(\|x\|^2) \ .$$

Scegliamo come $\mathcal{Q}$ la quadrica determinata dal polinomio

$$P(x) = \sum_{j=1}^{3} \frac{\partial f}{\partial x_j}(p_0)(x_j - x_j^o) + \frac{1}{2} \sum_{i,j=1}^{3} \frac{\partial^2 f}{\partial x_i \partial x_j}(p_0)(x_i - x_i^o)(x_j - x_j^o) \ .$$

In questo modo f e P hanno le stesse derivate prime e seconde in p_0. Siccome il piano tangente a S (rispettivamente, $\mathcal{Q}$) in p_0 è ortogonale al gradiente di f (rispettivamente, P) in p_0, e $\nabla f(p_0) = \nabla P(p_0)$, ricaviamo subito $T_{p_0}S = T_{p_0}\mathcal{Q}$. Inoltre, il differenziale della mappa di Gauss di S in p_0 dipende solo dalle derivate prime di ∇f in p_0, cioè dalle derivate seconde di f in p_0; siccome P ha le stesse derivate (prime e) seconde di f in p_0, ne segue che il differenziale della mappa di Gauss per S agisce su $T_{p_0}S = T_{p_0}\mathcal{Q}$ come il differenziale della mappa di Gauss per $\mathcal{Q}$, e di conseguenza S e $\mathcal{Q}$ hanno uguale seconda forma fondamentale in p_0, e p_0 è ellittico (iperbolico, parabolico) per S se e solo se lo è per $\mathcal{Q}$.

Nel caso (iii), il polinomio P è

$$P(x) = 4(x_1 + 1) + 2(x_2 - 1) + 3(x_3 - 1) - 3(x_1 + 1)^2 + (x_2 - 1)^2 + 3(x_3 - 1)^2 \ .$$

Il teorema di classificazione metrica delle quadriche (vedi [1], pag. 413) ci dice allora che la quadrica $\mathcal{Q}$ è ottenuta con un movimento rigido a partire da un iperboloide iperbolico. Dunque tutti i punti di $\mathcal{Q}$ sono iperbolici, e p_0 è iperbolico anche per S. □

Definizione 4.P.2. Diremo che una superficie $S \subset \mathbb{R}$ è *rigata* se esiste una famiglia $\{r_\lambda\}_{\lambda \in \mathbb{R}}$ di segmenti aperti di retta (o rette intere) disgiunti la cui unione sia S. Le rette r_λ sono dette *generatrici* di S.

Problema 4.19. *Sia S una superficie (regolare) rigata. Mostra che S non contiene punti ellittici, e dunque $K \leq 0$ in ogni punto di S.*

Soluzione. Per ogni punto $p \in S$ passa un segmento. Un segmento in una superficie ha sempre curvatura normale nulla; quindi ogni punto $p \in S$ ha una direzione asintotica, che implica necessariamente $K(p) \leq 0$. □

Problema 4.20. Superficie tangente a una curva. *Sia $\sigma : I \to \mathbb{R}^3$ una curva regolare di classe C^∞, con $I \subseteq \mathbb{R}$ intervallo aperto. L'applicazione $\tilde{\varphi} : I \times \mathbb{R} \to \mathbb{R}^3$, definita da $\tilde{\varphi}(t, v) = \sigma(t) + v\sigma'(t)$ è detta superficie tangente a σ. Ogni retta tangente affine a σ viene detta generatrice della superficie tangente.*

(i)   *Mostra che $\tilde{\varphi}$ non è una superficie immersa.*

(ii) *Mostra che, se la curvatura κ di σ non è mai nulla, allora la restrizione $\varphi = \tilde{\varphi}|_U : U \to \mathbb{R}^3$ di $\tilde{\varphi}$ al sottoinsieme $U = \{(t,v) \in I \times \mathbb{R} \mid v > 0\}$ è una superficie immersa.*

(iii) *Mostra che, in $S = \varphi(U)$, il piano tangente lungo una generatrice della superficie tangente è costante.*

Soluzione. Per rispondere al punto (i) è sufficiente dimostrare che il differenziale di $\tilde{\varphi}$ si annulla in almeno un punto. Poiché $\varphi_t = \sigma' + v\,\sigma''$ e $\varphi_v = \sigma'$, si ha $\varphi_t \wedge \varphi_v = v\,\sigma'' \wedge \sigma'$. Quindi utilizzando l'espressione (1.13) della curvatura di una curva in parametro arbitrario si ricava che $\|\varphi_t \wedge \varphi_v\| = |v|\,\|\sigma'\|^3 \kappa$. In particolare, il differenziale di φ è iniettivo in (t,v) se e solo se $v \neq 0$ e $\kappa(t) \neq 0$, per cui abbiamo risposto sia alla domanda (i) sia alla domanda (ii).

Quanto all'ultima domanda, basta osservare che la direzione individuata dal vettore $\varphi_t \wedge \varphi_v$ è ortogonale al piano tangente a S nel punto considerato. Poiché tale direzione non dipende da v, il piano tangente resta costante lungo i punti di una generatrice di S.   □

Esercizi

PRIMA FORMA FONDAMENTALE

4.1. Determina i coefficienti metrici e la prima forma fondamentale per la superficie regolare di parametrizzazione globale $\varphi(u,v) = (u, v, u^4 + v^4)$.

4.2. Sia $S \subset \mathbb{R}^3$ la superficie di parametrizzazione globale $\varphi \colon \mathbb{R}^+ \times \mathbb{R}^+ \to \mathbb{R}^3$ data da $\varphi(u,v) = (u\cos v, u\sin v, u)$. Dimostra che le curve coordinate di φ sono tra loro ortogonali in ogni punto.

4.3. Sia $S \subset \mathbb{R}^3$ la catenoide, parametrizzata come nel Problema 3.1, e fissato $r \in \mathbb{R}$, sia $\sigma \colon \mathbb{R} \to S$ la curva contenuta nella catenoide definita da $\sigma(t) = \varphi(t, rt)$. Calcola la lunghezza di σ tra $t = 0$ e $t = t_0$, utilizzando la prima forma fondamentale di S.

4.4. Sia $\varphi \colon \mathbb{R}^+ \times (0, 2\pi) \to \mathbb{R}^3$ la parametrizzazione locale del cono $S \subset \mathbb{R}^3$ data da $\varphi(u,v) = (u\cos v, u\sin v, u)$. Scelta una costante $\beta \in \mathbb{R}$, determina la lunghezza della curva $\sigma \colon [0, \pi] \to S$ data da $\sigma(t) = \varphi(e^{t\,\mathrm{cotan}(\beta)/\sqrt{2}}, t)$.

4.5. Sia $S \subset \mathbb{R}^3$ una superficie regolare con parametrizzazione locale $\varphi(u,v)$ i cui coefficienti metrici soddisfino $E \equiv 1$ ed $F \equiv 0$. Mostra che le v-curve coordinate tagliano su ogni u-curva coordinata segmenti di uguale lunghezza.

4.6. Determina la prima forma fondamentale della sfera unitaria di $\mathbb{R}^3$ nella parametrizzazione ottenuta grazie alla proiezione stereografica (vedi l'Esercizio 3.4).

4.7. Determina la prima forma fondamentale del piano xy privato dell'origine, parametrizzato rispetto alle coordinate polari.

ISOMETRIE

4.8. Trova due superfici S_1 ed S_2 tali che S_1 sia localmente isometrica ad S_2 senza che S_2 sia localmente isometrica a S_1.

4.9. Determinare per quali valori di a, $b \in \mathbb{R}$ la superficie

$$S_{a,b} = \{(x,y,z) \in \mathbb{R}^3 \mid z = a\,x^2 + b\,y^2\}$$

è isometrica a un piano.

4.10. Sia $\sigma = (\sigma_1, \sigma_2)\colon \mathbb{R} \to \mathbb{R}^2$ una curva piana regolare parametrizzata rispetto alla lunghezza d'arco. Sia S il cilindro retto su σ parametrizzato da $\varphi(u,v) = \big(\sigma_1(u), \sigma_2(u), v\big)$. Dimostra che S è localmente isometrica al cilindro di equazione $x^2 + y^2 + 2x = 0$.

SUPERFICI ORIENTABILI

4.11. Siano σ, $\tau\colon \mathbb{R} \to \mathbb{R}^3$ le traiettore, parametrizzate rispetto alla lunghezza d'arco, di due punti che si muovono soggetti alle seguenti condizioni:

(a) σ parte da $\sigma(0) = (0,0,0)$, e si muove lungo l'asse x nel verso positivo;
(b) τ parte da $\tau(0) = (0,a,0)$, dove $a \neq 0$, e si muove parallelamente al verso positivo dell'asse z.

Indichiamo con $S \subset \mathbb{R}^3$ l'unione, al variare di $t \in \mathbb{R}$, delle rette passanti per $\sigma(t)$ e $\tau(t)$.

(i)   Dimostra che S è una superficie regolare.
(ii) Trova per ogni punto $p \in S$ una base del piano tangente T_pS.
(iii) Dimostra che S è orientabile.

4.12. Sia $S \subset \mathbb{R}^3$ una superficie orientata da un atlante $\mathcal{A} = \{\varphi_\alpha\}$. Presi $p \in S$ e una base $\{v_1, v_2\}$ di T_pS, dimostra che $\{v_1, v_2\}$ è una base positiva di T_pS se e solo se determina su T_pS la stessa orientazione della base $\{\partial_{1,\alpha}|_p, \partial_{2,\alpha}|_p\}$ per ogni $\varphi_\alpha \in \mathcal{A}$ tale che p appartenga all'immagine di φ_α.

4.13. Quante orientazioni ammette una superficie orientabile?

4.14. Determina un versore normale unitario per la superficie S di $\mathbb{R}^3$ di parametrizzata globale $\varphi\colon \mathbb{R}^2 \to \mathbb{R}^3$ data da $\varphi(u,v) = (\mathrm{e}^u, u+v, u)$. Determina inoltre l'angolo formato dalle curve coordinate.

4.15. Determina un versore normale unitario per la superficie S di $\mathbb{R}^3$ di equazione $z = \mathrm{e}^{xy}$. Stabilisci inoltre per quali valori di λ, $\mu \in \mathbb{R}$ il vettore $(\lambda, 0, \mu)$ è tangente a S in $p_0 = (0,0,1)$.

4.16. Sia $S \subset \mathbb{R}^3$ una superficie orientata da un atlante $\mathcal{A}$, e sia $\mathcal{A}^-$ l'opposto di $\mathcal{A}$. Dimostra che anche $\mathcal{A}^-$ è orientato, ma che le parametrizzazioni locali di $\mathcal{A}^-$ determinano tutte l'orientazione opposta rispetto alle parametrizzazioni locali di $\mathcal{A}$.

CURVATURA NORMALE E SECONDA FORMA FONDAMENTALE

4.17. Dimostra che se S è una superficie orientata con $\mathrm{d}N \equiv O$ allora S è contenuta in un piano.

4.18. Sia S una superficie di livello regolare definita da $F(x, y, z) = 0$, con $F \in C^\infty(U)$ e $U \subset \mathbb{R}^3$ aperto. Mostra che, per ogni $p \in S$, la seconda forma fondamentale Q_p è la restrizione a $T_p S$ della forma quadratica su $\mathbb{R}^3$ indotta dall'Hessiano $\mathrm{Hess}(F)(p)$.

4.19. Considera la superficie di $\mathbb{R}^3$ parametrizzata da $\varphi(u, v) = (u, v, u^2 + v^2)$. Determina la curvatura normale della curva $t \mapsto \varphi(t^2, t)$ in essa contenuta.

4.20. Sia ℓ una retta tangente in un punto p a una superficie regolare di $\mathbb{R}^3$, secondo una direzione non asintotica. Mostra che le circonferenze osculatrici (vedi l'Esempio 1.4.3) in p di tutte le curve su S passanti per p e tangenti a ℓ in p sono contenuti in una sfera.

4.21. Determina la curvatura normale di una curva regolare σ il sui sostegno sia contenuto in una superficie sferica di raggio 3.

CURVATURE PRINCIPALI, GAUSSIANA E MEDIA

4.22. Sia $\sigma \colon I \to \mathbb{R}^3$ una curva biregolare parametrizzata rispetto alla lunghezza d'arco, e sia $M > 0$ tale che $\kappa(s) \leq M$ per ogni $s \in I$. Per ogni $\varepsilon > 0$ sia $\varphi^\varepsilon \colon I \times (0, 2\pi) \to \mathbb{R}^3$ data da

$$\varphi^\varepsilon(s, \theta) = \sigma(s) + \varepsilon \cos \theta \, \mathbf{n}(s) + \varepsilon \sin \theta \, \mathbf{b}(s).$$

(i) Dimostra che se $\varepsilon < 1/M$, allora $\mathrm{d}\varphi^\varepsilon_x$ è iniettivo per ogni $x \in I \times (0, 2\pi)$.

(ii) Supponi che esista $\varepsilon > 0$ in modo che φ^ε sia globalmente iniettiva e un omeomorfismo con l'immagine, in modo che sia una parametrizzazione locale di una superficie $S^\varepsilon = \varphi^\varepsilon\big(I \times (0, 2\pi)\big)$. Trova un campo di versori normali a S^ε, e calcola le curvature Gaussiana e media di S^ε.

(iii) Dimostra che per ogni intervallo $[a, b] \subset I$ esiste un $\varepsilon > 0$ tale che la restrizione $\varphi^\varepsilon|_{(a,b) \times (0, 2\pi)}$ sia globalmente iniettiva e un omeomorfismo con l'immagine.

4.23. Sia $\rho \colon \mathbb{R} \to \mathbb{R}$ un'applicazione C^∞, e $\varphi \colon \mathbb{R} \times (0, 2\pi) \to \mathbb{R}^3$ data da

$$\varphi(z, \theta) = \big(\rho(z) \cos \theta, \rho(z) \sin \theta, z\big).$$

(i) Dimostra che φ parametrizza una superficie regolare S se e solo se ρ non si annulla mai.

(ii) Quando S è una superficie, esprimi usando ρ la prima forma fondamentale rispetto alla parametrizzazione φ, e calcola la curvatura Gaussiana di S.

4.24. Sia $S \subset \mathbb{R}^3$ il paraboloide di rotazione $S = \{(x, y, z) \in \mathbb{R}^3 \mid z = x^2 + y^2\}$.

(i) Calcola le curvature Gaussiana e media di S in tutti i suoi punti.

(ii) Calcola le direzioni principali di S nei punti del supporto della curva $\sigma: \mathbb{R} \to S$ data da

$$\sigma(t) = (2\cos t, 2\sin t, 4) \ .$$

4.25. Dimostra che su una superficie orientabile S si ha sempre $H^2 \geq K$. Per quali punti $p \in S$ si ha l'uguaglianza?

4.26. Dimostra che i cilindri hanno curvatura Gaussiana identicamente nulla.

4.27. Dimostra che la curvatura Gaussiana di una sfera di raggio $R > 0$ è $K \equiv 1/R^2$, mentre la curvatura media (rispetto alla orientazione usuale) è $H \equiv -1/R$.

4.28. Sia $\sigma = (\sigma_1, \sigma_2): \mathbb{R} \to \mathbb{R}^2$ una curva piana regolare parametrizzata rispetto alla lunghezza d'arco. Sia S il cilindro retto su σ parametrizzato da $\varphi(u, v) = (\sigma_1(u), \sigma_2(u), v)$. Trova, in funzione della curvatura κ di σ, le curvature e le direzioni principali di S.

4.29. Indichiamo con $S \subset \mathbb{R}^3$ il sottoinsieme

$$S = \{(x, y, z) \in \mathbb{R}^3 \mid (1 + |x|)^2 - y^2 - z^2 = 0\} \ .$$

(i)   Dimostra che $T = S \cap \{(x, y, z) \in \mathbb{R}^3 \mid x \neq 0\}$ è una superfice regolare.

(ii) Dimostra che S non è una superficie regolare.

(iii) Calcola la curvatura Gaussiana e la curvatura media di T in tutti i suoi punti.

4.30. Sia $S \subset \mathbb{R}^3$ una superficie, e $H \subset \mathbb{R}^3$ un piano tale che $C = H \cap S$ sia il sostegno di una curva regolare e H sia tangente a S in tutti i punti di C. Dimostra che la curvatura Gaussiana di S è nulla in tutti i punti di C.

4.31. Sia S una superficie orientabile di $\mathbb{R}^3$ e sia N un campo di vettori normali unitario su S. Considera l'applicazione $F: S \times \mathbb{R} \to \mathbb{R}^3$ definita da $F(p, t) = p + tN_p$.

(i) Mostra che F è differenziabile.

(ii) Mostra che il differenziale dF è singolare nel punto (p, t) se e solo se $-1/t$ è una delle curvature principali di S in p.

4.32. Dimostra che una superficie con curvatura Gaussiana sempre positiva è necessariamente orientabile.

4.33. Sia $\varphi: \mathbb{R}^2 \to \mathbb{R}^3$ data da

$$\varphi(u, v) = (e^u \cos v, e^v \cos u, v) \ .$$

(i) Trova il più grande $c > 0$ tale che φ ristretta a $\mathbb{R} \times (-c, c)$ sia una parametrizzazione locale di una superficie regolare $S \subset \mathbb{R}^3$.

(ii) Dimostra che la curvatura Gaussiana di S non è mai positiva.

(*Suggerimento:* usa la nota formula $K = (eg - f^2)/(EG - F^2)$ ma senza calcolare esplicitamente $eg - f^2$.)

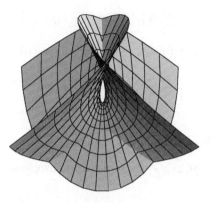

Figura 4.8. Superficie di Enneper

LINEE DI CURVATURA

4.34. Sia $\varphi: \mathbb{R}^2 \to \mathbb{R}^3$ la superficie immersa (*superficie di Enneper*; vedi la Fig. 4.8) data da

$$\varphi(u, v) = \left(u - \frac{u^3}{3} + uv^2, v - \frac{v^3}{3} + vu^2, u^2 - v^2 \right) \ .$$

(i)   Dimostra che una componente connessa S di $\varphi(\mathbb{R}^2) \setminus (\{x = 0\} \cup \{y = 0\})$ è una superficie regolare.

(i)   Dimostra che i coefficienti della prima forma fondamentale di S sono $F \equiv 0$, $E = G = (1 + u^2 + v^2)^2$.

(ii) Dimostra che i coefficienti della seconda forma fondamentale di S sono $e = 2$, $g = -2$, $f = 0$.

(iii) Calcola le curvature principali di S in ogni punto.

(iv) Determina le linee di curvatura di S.

4.35. Supponiamo che due superfici di $\mathbb{R}^3$ si intersechino lungo una curva σ in modo che i piani tangenti formino un angolo costante. Mostra che se σ è una linea di curvatura in una delle due superfici, lo è anche nell'altra.

4.36. Sia $S \subset \mathbb{R}^3$ una superficie orientata con mappa di Gauss $N: S \to S^2$, e $p \in S$.

(i) Dimostra che un vettore $v \in T_pS$ è una direzione principale se e solo se

$$\langle dN_p(v) \wedge v, N(p) \rangle = 0.$$

(ii) Se S è della forma $S = f^{-1}(a)$ per qualche funzione $f \in C^\infty(\mathbb{R}^3)$ con $a \in \mathbb{R}$ valore regolare, dimostra che un vettore $v \in T_pS$ è una direzione principale se e solo se

$$\det \begin{vmatrix} \frac{\partial f}{\partial x^1}(p) & \sum_{i=1}^{3} v^i \frac{\partial^2 f}{\partial x^i \partial x^1}(p) & v^1 \\ \frac{\partial f}{\partial x^2}(p) & \sum_{i=1}^{3} v^i \frac{\partial^2 f}{\partial x^i \partial x^2}(p) & v^2 \\ \frac{\partial f}{\partial x^3}(p) & \sum_{i=1}^{3} v^i \frac{\partial^2 f}{\partial x^i \partial x^3}(p) & v^3 \end{vmatrix} = 0 .$$

ANCORA ISOMETRIE

4.37. Sia $\varphi: (0, 2\pi) \times (0, 2\pi) \to \mathbb{R}^3$ la parametrizzazione globale della superficie $S \subset \mathbb{R}^3$ data da

$$\varphi(u, v) = \big((2 + \cos u) \cos v, (2 + \cos u) \sin v, \sin u\big) .$$

(i)   Determina i coefficienti della prima e della seconda forma fondamentale.
(ii) Determina le curvature principali e le linee di curvatura.
(iii) Stabilisci se S è localmente isometrica al piano.

4.38. Siano $\varphi, \tilde{\varphi}: \mathbb{R}^+ \times (0, 2\pi) \to \mathbb{R}^3$ date da

$$\varphi(u, v) = (u \cos v, u \sin v, \log u), \qquad \tilde{\varphi}(u, v) = (u \cos v, u \sin v, v) ;$$

l'immagine S di φ è la superficie di rotazione generata dalla curva $(t, \log t)$, mentre l'immagine $\tilde{S}$ di $\tilde{\varphi}$ è un pezzo di elicoide. Dimostra che $K \circ \varphi \equiv \tilde{K} \circ \tilde{\varphi}$, dove K (rispettivamente, $\tilde{K}$) è la curvatura Gaussiana di S (rispettivamente, $\tilde{S}$), ma $\tilde{\varphi} \circ \varphi^{-1}$ non è un'isometria. Dimostra poi che S e $\tilde{S}$ non sono localmente isometriche. (*Suggerimento:* nelle parametrizzazioni date K dipende da un solo parametro, che può quindi essere identificato univocamente in entrambe le superfici. Ma le curve ottenute tenendo costante quel parametro hanno lunghezze diverse nelle due superfici.)

LINEE ASINTOTICHE

4.39. Sia $S \subset \mathbb{R}^3$ la superficie con parametrizzazione globale $\varphi: \mathbb{R}^2 \to \mathbb{R}^3$ data da $\varphi(u, v) = (u, v, uv)$.

(i) Determina le linee asintotiche di S.

(ii) Determina i valori assunti dalla curvatura delle sezioni normali di S nell'origine.

4.40. Sia σ una curva regolare di classe C^∞ su una superficie S di $\mathbb{R}^3$. Mostra che, se σ è una linea asintotica, la normale a σ è sempre tangente a S.

4.41. Sia S una superficie regolare di $\mathbb{R}^3$.

(i) Mostra che se ℓ è un segmento contenuto in S, allora ℓ è una linea asintotica per S.

(ii) Mostra che, se S contiene tre rette distinte passanti per uno stesso punto $p \in S$, allora la seconda forma fondamentale di S in p è nulla, cioè p è un punto planare.

4.42. Determina le linee asintotiche della superficie regolare (vedi anche l'Esercizio 4.1) di parametrizzazione globale $\varphi(u, v) = (u, v, u^4 + v^4)$.

4.43. Sia $\varphi: U \to S$ una parametrizzazione locale di una superficie $S \subset \mathbb{R}^3$, e sia N la mappa di Gauss indotta da φ. Mostra che si ha $N_u \wedge N_v = K(\varphi_u \wedge \varphi_v)$, dove K è la curvatura di Gauss.

4.44. Sia p un punto di una superficie regolare $S \subset \mathbb{R}^3$. Supponi che in p vi siano due, e solo due, direzioni asintotiche distinte. Mostra che vi sono un intorno U di p in S e due applicazioni $X, Y: U \to \mathbb{R}^3$ di classe C^∞ tali che, per ogni $q \in U$, i vettori $X(q)$ e $Y(q)$ siano vettori tangenti a S in q linearmente indipendenti e asintotici.

PUNTI ELLITTICI, IPERBOLICI, PARABOLICI, PLANARI E OMBELICALI

4.45. Caratterizzazione dei punti ombelicali. Mostra che un punto p di una superficie regolare S è ombelicale se e solo se, in una parametrizzazione locale di S, la prima e la seconda forma fondamentale in p coincidono. In particolare, mostra che, quando i coefficienti di forma sono non nulli, il punto p è ombelicale se e solo se

$$\frac{E}{e} \equiv \frac{F}{f} \equiv \frac{G}{g},$$

e in tal caso la curvatura normale risulta uguale a $\kappa_n = E/e$.

4.46. Sia S il grafico della funzione $f(x, y) = x^4 + y^4$. Dimostra che il punto $O \in S$ è planare e che S è contenuta in uno dei due semispazi chiusi determinati dal piano $T_O S$.

4.47. Trova i punti ombelicali dell'iperboloide ellittico di equazione

$$\frac{x^2}{a^2} + \frac{y^2}{b^2} - \frac{z^2}{c^2} = -1.$$

4.48. Determina i punti ombelicali sull'ellissoide

$$\frac{x^2}{a^2} + \frac{y^2}{b^2} + \frac{z^2}{c^2} = 1 \ .$$

4.49. Sia S una superficie regolare connessa in cui ogni punto è planare. Mostra che S è contenuta in un piano.

4.50. Sia S una superficie regolare, chiusa e connessa in $\mathbb{R}^3$. Mostra che S è un piano se e solo se, per ogni punto p di S, passano (almeno) tre retta distinte interamente contenute in S.

4.51. Sia S il grafico della funzione $f(x, y) = x^3 - 3y^2x$ (questa superficie è a volte chiamata *sella della scimmia*). Dimostra che il punto $O \in S$ è planare e che ogni intorno di O in S interseca entrambi i semispazi aperti delimitati dal piano $T_O S$.

4.52. Sia $\mathcal{Q}$ una quadrica di $\mathbb{R}^3$ che sia una superficie regolare ma non un piano (vedi il Problema 3.4).

(i)   Mostra che $\mathcal{Q}$ non ha punti parabolici.
(ii) Mostra che se $\mathcal{Q}$ ha un punto iperbolico, allora tutti i punti di $\mathcal{Q}$ sono iperbolici.
(iii) Concludi che se $\mathcal{Q}$ ha un punto ellittico, allora tutti i suoi punti sono ellittici.

4.53. Stabilisci se l'origine O è un punto ellittico, iperbolico, parabolico o planare nelle superfici S_1, S_2, S_3 di equazione

$$S_1 : z - xy = 0 \ , \quad S_2 : z - y^2 - x^4 = 0 \ , \quad S_3 : x + y + z - x^2 - y^2 - z^3 = 0 \ .$$

TEOREMA EGREGIUM DI GAUSS

4.54. Calcola i simboli di Chrstoffel per le coordinate polari del piano.

4.55. Dimostra che i simboli di Christoffel possono essere calcolati con la seguente formula

$$\Gamma_{ij}^k = \frac{1}{2} \sum_{l=1}^{2} g^{kl} \left(\frac{\partial g_{il}}{\partial x_j} + \frac{\partial g_{lj}}{\partial x_i} - \frac{\partial g_{ij}}{\partial x_l} \right) \ ,$$

dove $g_{11} = E$, $g_{12} = g_{21} = F$, $g_{22} = G$, e (g^{ij}) è la matrice inversa della matrice (g_{ij}).

4.56. Verifica che le (4.26) scritte per gli altri possibili valori di i, j, k ed r o sono identicamente soddisfatte, oppure sono conseguenze della simmetria dei simboli di Christoffel, oppure sono equivalenti a (4.27).

4.57. Sia E l'ellissoide di equazione

$$\frac{1}{4}x^2 + y^2 + \frac{1}{9}z^2 = 3 .$$

(i) Calcola la curvatura gaussiana K e le direzioni principali di E nel punto $p = (2, 1, 3) \in E$.

(ii) Calcola l'integrale della curvatura gaussiana K sull'intersezione di E con il quadrante

$$Q = \{(x, y, z) \mid x \geq 0, y \geq 0, z \geq 0\} .$$

4.58. Verifica che le condizioni di compatibilità che sono conseguenza dell'identità $\partial^2 (N \circ \varphi)/\partial x_i \partial x_j \equiv \partial^2 (N \circ \varphi)/\partial x_j \partial x_i$ o sono identicamente soddisfatte oppure sono equivalenti a (4.28).

APPLICAZIONI CONFORMI

Definizione 4.E.1. Un'applicazione $H \colon S_1 \to S_2$ di classe C^∞ tra due superfici di $\mathbb{R}^3$ si dice *conforme* se esiste una funzione di classe C^∞ mai nulla $\lambda \colon S_1 \to \mathbb{R}$ tale che

$$\langle dH_p(v_1), dH_p(v_2) \rangle = \lambda^2(p) \langle v_1, v_2 \rangle$$

per ogni $p \in S_1$ e ogni v_1, $v_2 \in T_p S_1$. L'applicazione H si dice *localmente conforme in p* se esistono intorni U_1 di p in S_1 e U_2 di $H(p)$ in S_2 tali che la restrizione di $H|_{U_1} \colon U_1 \to U_2$ sia conforme. Due superfici S_1 ed S_2 si dicono *conformi* se esiste un diffeomorfismo conforme $H \colon S_1 \to S_2$. Si dice invece che S_1 è *localmente conforme a S_2* se per ogni $p \in S_1$ esistono un punto $q \in S_2$ e un diffeomorfismo conforme fra un intorno di p in S_1 e un intorno di q in S_2.

4.59. Mostra che la proiezione stereografica (vedi l'Esercizio 3.4) è un'applicazione conforme.

4.60. Dimostra l'analogo della Proposizione 4.1.19 per le applicazioni conformi: Siano S, $\tilde{S} \subset \mathbb{R}^3$ due superfici. Allora S è localmente conforme a $\tilde{S}$ se e solo se per ogni punto $p \in S$ esistono un punto $\tilde{p} \in \tilde{S}$, un aperto $U \subseteq \mathbb{R}^2$, una funzione $\lambda \in C^\infty(U)$ mai nulla, una parametrizzazione locale $\varphi \colon U \to S$ di S centrata in p, e una parametrizzazione locale $\tilde{\varphi} \colon U \to \tilde{S}$ di $\tilde{S}$ centrata in $\tilde{p}$ tali che $E \equiv \lambda^2 \tilde{E}$, $F \equiv \lambda^2 \tilde{F}$ e $G \equiv \lambda^2 \tilde{G}$, dove E, F, G (rispettivamente, $\tilde{E}$, $\tilde{F}$, $\tilde{G}$) sono i coefficienti metrici di S rispetto a φ (rispettivamente, di $\tilde{S}$ rispetto a $\tilde{\varphi}$).

Definizione 4.E.2. Una parametrizzazione locale di una superficie S si dice *isoterma* se $E \equiv G$ e $F \equiv 0$.

4.61. Dimostra che due superfici che posseggono ciascuna un atlante formato da parametrizzazioni locali isoterme sono localmente conformi. (*Nota:* È possibile dimostrare che ogni superficie regolare ammette un atlante formato da parametrizzazioni locali isoterme; di conseguenza, due superfici regolari sono sempre localmente conformi. Vedi, per esempio, [3].)

4.62. Sia $\varphi \colon U \to S$ una parametrizzazione locale isoterma. Dimostra che

$$\varphi_{uu} + \varphi_{vv} = 2EHN \;, \quad \text{e che} \quad K = -\frac{\Delta \log G}{G} \;,$$

dove Δ indica il Laplaciano.

SUPERFICI RIGATE

Definizione 4.E.3. Un *conoide* di $\mathbb{R}^3$ è una superficie rigata di $\mathbb{R}^3$ con generatrici parallele ad un piano H e incidenti una retta ℓ. Il conoide è detto *retto* se la retta ℓ è ortogonale al piano H. La retta ℓ è detta *asse* del conoide.

4.63. Mostra che l'elicoide retto parametrizzato come nel Problema 3.2 è un conoide retto.

4.64. Sia $S \subset \mathbb{R}^3$ un conoide retto avente generatrici parallele al piano $z = 0$ e l'asse z come asse. Dimostra che è il sostegno di un'applicazione $\varphi \colon \mathbb{R}^2 \to \mathbb{R}$ della forma

$$\varphi(t,v) = \big(v\cos f(t), v\sin f(t), t\big) \;,$$

dove $f \colon \mathbb{R} \to \mathbb{R}$ è tale che $f(t)$ sia una determinazione dell'angolo tra la generatrice contenuta in $z = t$ e il piano $y = 0$. Dimostra che l'applicazione φ è una superficie immersa se f è di classe C^∞.

4.65. Dimostra che i cilindri introdotti nella Definizione 3.P.3 sono superfici rigate.

4.66. Date una curva regolare $\sigma \colon I \to \mathbb{R}^3$ di classe C^∞, e una curva $\mathbf{v} \colon I \to S^2$ di classe C^∞ sulla sfera, sia $\varphi \colon I \times \mathbb{R}^* \to \mathbb{R}^3$ definita da

$$\varphi(t,v) = \sigma(t) + v\,\mathbf{v}(t) \;. \tag{4.30}$$

Dimostra che φ è una superficie immersa se e solo se $\mathbf{v}$ e $\sigma' + v\mathbf{v}'$ sono sempre linearmente indipendenti. In questo caso φ viene detta *rappresentazione in forma rigata* del suo sostegno S, mentre la curva σ è detta *curva base* e le rette $v \mapsto \varphi(t_0, v)$ sono dette *generatrici* di S.

4.67. Sia $S \subset \mathbb{R}^3$ il paraboloide iperbolico di equazione $z = x^2 - y^2$.

(i) Trova due rappresentazioni parametriche in forma rigata (vedi l'Esercizio 4.66) di S, corrispondenti a due sistemi di generatrici differenti.
(ii) Determina le generatrici dei due sistemi passanti per il punto $p = (1,1,0)$.

4.68. Dimostra che il piano tangente nei punti di una generatrice della (parte non-singolare della) superficie tangente (vedi il Problema 4.20) a una curva biregolare C coincide con il piano osculatore alla curva C nel punto di intersezione con la generatrice.

4.69. Sia $\sigma: I \to \mathbb{R}^3$ una curva piana regolare di classe C^∞, parametrizzata rispetto alla lunghezza d'arco e con curvatura $0 < \kappa < 1$. Sia $\varphi: I \times (0, 2\pi) \to \mathbb{R}^3$ la superficie immersa data da $\varphi(t, v) = \sigma(t) + \cos v \, \mathbf{n}(t) + \mathbf{b}(t)$.

(i) Determina la curvatura di Gauss e la curvatura media in ogni punto del sostegno S di φ.

(ii) Determina le linee di curvatura in ogni punto di S.

4.70. Sia $\sigma: I \to \mathbb{R}^3$ una curva biregolare di classe C^∞, parametrizzata rispetto alla lunghezza d'arco, e sia $\varphi: I \times (-\varepsilon, \varepsilon) \to \mathbb{R}^3$ l'applicazione data da $\varphi(s, \lambda) = \sigma(s) + \lambda \mathbf{n}(s)$.

(i) Mostra che, per ε abbastanza piccolo, φ è una parametrizzazione globale di una superficie S, detta *superficie normale* di σ.

(ii) Mostra che il piano tangente a S in un punto di σ è il piano osculatore a σ.

SUPERFICI MINIME

Definizione 4.E.4. Una superficie $S \subset \mathbb{R}^3$ è chiamata *superficie minima* se ha curvatura media identicamente nulla.

4.71. Dimostra che non esistono superfici minime compatte.

4.72. Sia $\varphi: U \to S$ una parametrizzazione globale di una superficie S, e $h \in C^\infty(U)$. La *variazione normale* di φ lungo h è definita come l'applicazione $\varphi^h: U \times (-\varepsilon, \varepsilon) \to \mathbb{R}^3$ data da

$$\varphi^h(x, t) = \varphi(x) + th(x) N(\varphi(x)) \,,$$

dove $N: \varphi(U) \to S^2$ è la mappa di Gauss indotta da φ.

(i) Dimostra che per ogni aperto $U_0 \subset U$ con chiusura compatta in U esiste un $\varepsilon > 0$ per cui $\varphi^h|_{U_0 \times (-\varepsilon, \varepsilon)}$ è una superficie immersa.

(ii) Sia $R \subset U$ una regione regolare, e $A_R^h: (-\varepsilon, \varepsilon) \to \mathbb{R}$ la funzione definita da $A_R^h(t) = \text{Area}(\varphi^h(R))$. Dimostra che A_R^h è derivabile in zero e che si ha

$$\frac{\mathrm{d}A_R^h}{\mathrm{d}t}(0) = - \int_{\varphi^h(R)} 2hH \, \mathrm{d}\nu \,.$$

(iii) Dimostra che $\varphi(U)$ è minima se e solo se

$$\frac{\mathrm{d}A_R^h}{\mathrm{d}t}(0) = 0$$

per ogni $h \in C^\infty(U)$ e ogni regione regolare $R \subset U$.

4.73. Dimostra che la catenoide è una superficie minima, e che non ci sono altre superfici di rotazione che siano minime.

4.74. Dimostra che l'elicoide è una superficie minima. Viceversa, dimostra che se $S \subset \mathbb{R}^3$ ùna superficie rigata minima i cui punti planari siano isolati, allora S è un elicoide. (*Suggerimento:* può essere utile l'Esercizio 1.59).

4.75. Dimostra che la superficie di Enneper (vedi l'Esercizio 4.34) è minima dove regolare.

4.76. Sia $S \subset \mathbb{R}^3$ una superficie orientata senza punti ombelicali. Dimostra che S è una superficie minima se e solo se la mappa di Gauss $N: S \to S^2$ è un'applicazione conforme. Usa questo risultato per costruire parametrizzazioni locali isoterme sulle superfici minime senza punti ombelicali.

NON CLASSIFICATI MA COMUNQUE INTERESSANTI

4.77. Sia $\sigma: [a, b] \to \mathbb{R}^3$ una curva chiusa di classe C^∞ regolare. Supponi che il sostegno di σ sia contenuto nella palla di centro l'origine e raggio r. Mostra che esiste almeno un punto in cui σ ha curvatura almeno $1/r$.

4.78. Sia $\sigma: \mathbb{R} \to \mathbb{R}^3$ una curva regolare di classe C^∞. Supponi che la curvatura di σ sia maggiore di $1/r$ in ogni punto. È vero che il sostegno di σ è contenuto in una palla di raggio r?

Complementi

4.7 Trasversalità

In questa sezione vogliamo dimostrare che ogni superficie chiusa di $\mathbb{R}^3$ è orientabile, seguendo idee di Samelson (vedi [20]). Per arrivarci faremo anche una piccola introduzione a un concetto importante della geometria differenziale: quello di trasversalità.

Definizione 4.7.1. Un'applicazione $F: \Omega \to \mathbb{R}^3$ di classe C^∞ definita su un aperto $\Omega \subseteq \mathbb{R}^n$ è *trasversale a una superficie* $S \subset \mathbb{R}^3$ *in un punto* $x \in \Omega$ se $F(x) \notin S$ oppure $F(x) \in S$ e $dF_x(\mathbb{R}^n) + T_{F(x)}S = \mathbb{R}^3$; diremo poi che F è *trasversale* a S se lo è in tutti i punti.

Esempio 4.7.2. Una curva $\sigma: I \to \mathbb{R}^3$ di classe C^∞ è trasversale a S in $t \in I$ se $\sigma(t) \notin S$ oppure $\sigma(t) \in S$ e $\sigma'(t) \notin T_{\sigma(t)}S$; vedi la Fig. 4.8.(a). Analogamente, un'applicazione $F: U \to \mathbb{R}^3$ di classe C^∞ definita su un aperto $U \subseteq \mathbb{R}^2$ di $\mathbb{R}^2$ è trasversale a S in $x \in U$ se $F(x) \notin S$ oppure $F(x) \in S$ e $dF_x(\mathbb{R}^2)$ non è contenuto in $T_{F(x)}S$; vedi la Fig. 4.9.(b).

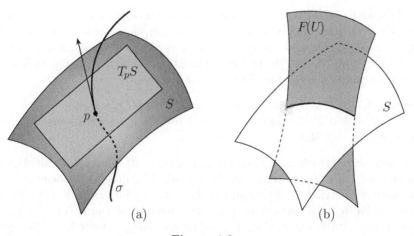

(a)   (b)

Figura 4.9.

Osservazione 4.7.3. È chiaro (controlla) che se un'applicazione $F: \Omega \to \mathbb{R}^3$ è trasversale a una superficie S in un punto allora lo è anche in tutti i punti vicini. Di conseguenza, l'insieme dei punti di trasversalità è sempre un aperto.

Uno dei motivi per cui le applicazioni trasversali sono utili è descritto nel seguente

Lemma 4.7.4. *Sia* $F: U \to \mathbb{R}^3$, *dove* U *è un aperto di* $\mathbb{R}^2$, *un'applicazione di classe* C^∞ *trasversale a una superficie* $S \subset \mathbb{R}^3$. *Allora le componenti connesse di* $F^{-1}(S)$ *sono delle 1-sottovarietà di* $\mathbb{R}^3$.

Dimostrazione. Sia $x_0 \in U$ tale che $p_0 = F(x_0) \in S$. Senza perdita di generalità, possiamo trovare un intorno $W \subseteq \mathbb{R}^3$ di p_0 tale che $S \cap W$ sia il grafico di una funzione $f : U \to \mathbb{R}$ rispetto al piano xy. Sia $U_0 \subseteq U$ un intorno di x_0 tale che $F(U_0) \subset W$. Allora $x \in U_0$ è tale che $F(x) \in S$ se e solo se

$$f\big(F_1(x), F_2(x)\big) - F_3(t) = 0 \; .$$

Definiamo $g : U_0 \to \mathbb{R}$ con $g = f \circ (F_1, F_2) - F_3$, in modo che x appartenga a $U_0 \cap F^{-1}(S)$ se e solo se $g(x) = 0$. Ora, $g(x_0) = 0$ e

$$\frac{\partial g}{\partial x_j}(x_0) = \frac{\partial F_1}{\partial x_j}(x_0) \frac{\partial f}{\partial x_1}\big(F_1(x_0), F_2(x_0)\big) + \frac{\partial F_2}{\partial x_j}(x_0) \frac{\partial f}{\partial x_2}\big(F_1(x_0), F_2(x_0)\big)$$
$$- \frac{\partial F_3}{\partial x_j}(x_0).$$

Se fosse $\nabla g(x_0) = O$, sia $\partial F / \partial x_1(x_0)$ che $\partial F / \partial x_2(x_0)$ apparterrebbero a $T_{p_0} S$, grazie all'Esempio 3.3.14, contro l'ipotesi di trasversalità. Dunque $\nabla g(x_0) \neq O$, e la Proposizione 1.1.18 ci assicura che $U_0 \cap F^{-1}(S)$ è una 1-sottovarietà. Siccome $x_0 \in F^{-1}(S)$ era generico, ne segue che ogni componente connessa di $F^{-1}(S)$ è una 1-sottovarietà.   □

Un'altra caratteristica importante della trasversalità è che se un'applicazione è trasversale a una superficie in qualche punto possiamo sempre modificarla in modo da ottenere un'applicazione trasversale ovunque. A noi basterà una versione più debole di questo risultato, ma sufficientemente indicativa della situazione generale. Cominciamo con il seguente

Lemma 4.7.5. *Per ogni $U \subseteq \mathbb{R}^2$ aperto, $f \in C^\infty(U)$ e $\delta > 0$ esistono $a \in \mathbb{R}^2$ e $b \in \mathbb{R}$ con $\|a\|, |b| < \delta$ tali che 0 sia un valore regolare della funzione $g : U \to \mathbb{R}$ data da $g(x) = f(x) - \langle a, x \rangle - b$.*

Dimostrazione. Scegliamo una successione $\{a_j\} \subset \mathbb{R}^2$ convergente all'origine, e poniamo $f_j(x) = f(x) - \langle a_j, x \rangle$. Per il Teorema 3.5.2 di Sard, l'insieme $S_j \subset \mathbb{R}$ dei valori singolari di f_j ha misura nulla in $\mathbb{R}$; quindi anche $S = \bigcup_j S_j$ ha misura nulla in $\mathbb{R}$. In particolare, possiamo trovare una successione $\{b_h\} \subset \mathbb{R}$ convergente a 0 tale che ogni b_h è un valore regolare per tutte le f_j. Ne segue che se scegliamo j e h in modo che $\|a_h\|, b_j < \delta$, allora 0 è un valore regolare di $f(x) - \langle a_j, x \rangle - b_h$, come voluto.   □

Siamo ora in grado di dimostrare la seguente versione del *teorema di trasversalità* (per l'enunciato generale vedi [15], 1.35):

Teorema 4.7.6. *Sia $F : \Omega \to \mathbb{R}^3$ un'applicazione di classe C^∞, dove $\Omega \subseteq \mathbb{R}^2$ è un intorno aperto del disco unitario $\overline{B^2}$ di centro l'origine nel piano, tale che la curva $\sigma : [0, 2\pi] \to \mathbb{R}^3$ data da $\sigma(t) = F(\cos t, \sin t)$ sia trasversale a una superficie $S \subset \mathbb{R}^3$. Allora esistono un intorno aperto $\Omega_0 \subseteq \Omega$ di $\overline{B^2}$ e un'applicazione $\tilde{F} : \Omega_0 \to \mathbb{R}^3$ di classe C^∞ trasversale a S tale che $\tilde{F}|_{S^1} \equiv F|_{S^1}$.*

Dimostrazione. Grazie all'Osservazione 4.7.3, esiste un intorno V di S^1 in Ω in cui F è già trasversale a S; quindi l'insieme K dei punti di $\Omega_0 = \overline{B^2} \cup V$ in cui F non è trasversale a S è un compatto contenuto in B^2; vogliamo modificare F in un intorno di K disgiunto da S^1.

Per ogni $x \in K$, scegliamo un intorno $W_x \subseteq \mathbb{R}^3$ di $p = F(x) \in S$ tale che $W_x \cap S$ sia il grafico di una funzione g_x. Scegliamo poi un $\varepsilon_x > 0$ tale che $\overline{B(x, 3\varepsilon_x)} \subseteq B^2 \cap F^{-1}(W_x)$. Siccome K è compatto, possiamo trovare $x_1, \ldots, x_r \in K$ tali che $\{B(x_1, \varepsilon_1), \ldots, B(x_r, \varepsilon_r)\}$ sia un ricoprimento aperto di K (dove abbiamo posto per semplicità $\varepsilon_j = \varepsilon_{x_j}$). Poniamo anche $W_j = W_{x_j}$ e $g_j = g_{x_j}$ per $j = 1, \ldots, r$. Modificheremo F su ciascun $B(x_j, 2\varepsilon_j)$ fino a ottenere l'applicazione cercata.

Sia $U = \bigcup_{j=1}^{r} B(x_j, 2\varepsilon_j)$. Poniamo $F_0 = F$ e, dato $k = 1, \ldots, r$, supponiamo di avere costruito una $F_{k-1} \colon \Omega_0 \to \mathbb{R}^3$ che coincida con F su $\Omega_0 \setminus U$, sia trasversale a S in tutti i punti di $\bigcup_{j=1}^{k-1} \overline{B(x_j, \varepsilon_j)}$, e mandi ciascun $\overline{B(x_j, 2\varepsilon_j)}$ nel corrispondente W_j; vogliamo costruire F_k con proprietà analoghe.

Sia $\chi \colon \mathbb{R}^2 \to [0, 1]$ la funzione data dal Corollario 1.5.3 con $p = x_k$ e $r = 2\varepsilon_k$, in modo che $\chi|_{\overline{B(x_k, \varepsilon_k)}} \equiv 1$ e $\chi|_{\mathbb{R}^2 \setminus B(x_k, 2\varepsilon_k)} \equiv 0$. Supponiamo, senza perdita di generalità, che $W_k \cap S$ sia un grafico sul piano xy, e per ogni $a \in \mathbb{R}^2$ e $b \in \mathbb{R}$ definiamo $F_{a,b} \colon \overline{B^2} \to \mathbb{R}^3$ ponendo

$$F_{a,b}(x) = F_{k-1}(x) + \chi(x)\big[\langle a, x \rangle + b\big]\mathbf{e}_3 \; ;$$

vogliamo scegliere a e b in maniera opportuna. Prima di tutto, è chiaro che $F_{a,b}$ coincide con F su $\Omega_0 \setminus U$ quali che siano a e b. Poi, possiamo trovare un $\delta_1 > 0$ tale che $F_{a,b}\big(\overline{B(x_j, 2\varepsilon_j)}\big) \subset W_j$ per ogni $j = 1, \ldots, r$ non appena $\|a\|, |b| < \delta_1$. Possiamo trovare anche un $\delta_2 > 0$ tale che se $\|a\|, |b| < \delta_2$ allora $F_{a,b}$ è trasversale a S in tutti i punti di $\bigcup_{j=1}^{k} \overline{B(x_j, \varepsilon_j)}$. Infatti, chiaramente lo è già in $\bigcup_{j=1}^{k-1} \overline{B(x_j, \varepsilon_j)} \setminus B(x_k, 2\varepsilon_k)$. Poniamo $H = \left(\bigcup_{j=1}^{k-1} \overline{B(x_j, \varepsilon_j)}\right) \cap \overline{B(x_k, 2\varepsilon_k)}$, e sia $\Phi \colon H \times \mathbb{R}^2 \times \mathbb{R} \to \mathbb{R} \times \mathbb{R}^2$ data da

$$\Phi(x, a, b) = \big(h_k \circ F_{a,b}(x), \nabla(h_k \circ F_{a,b})(x)\big) \; ,$$

dove $h_k \colon W_k \to \mathbb{R}$ è data da $h_k(p) = g_k(p_1, p_2) - p_3$, in modo che $h_k(p) = 0$ se e solo se $p \in S$. In particolare, $F_{a,b}$ non è trasversale a S in $x \in \overline{B(x_k, 2\varepsilon_k)}$ se e solo se $\Phi(x, a, b) = (0, O)$, grazie (perché?) alla Proposizione 3.3.11. Per l'ipotesi su $F_{k-1} = F_{O,0}$, sappiamo che $\Phi(H \times \{(O, 0)\}) \subseteq \mathbb{R}^3 \setminus \{O\}$, che è aperto; essendo H compatto, troviamo quindi $0 < \delta_2 \leq \delta_1$ tale che $\Phi(H \times \{(a, b)\}) \subseteq \mathbb{R}^3 \setminus \{O\}$ non appena $\|a\|, |b| < \delta_2$.

Infine, possiamo applicare il Lemma 4.7.5 per trovare $a \in \mathbb{R}^2$ e $b \in \mathbb{R}$ con $\|a\|, |b| < \delta_2$ tali che 0 sia un valore regolare per $h_k \circ F_{a,b}$ su $\overline{B_k(x_k, \varepsilon_k)}$; questo vuol dire che $\Phi(x, a, b) \neq (0, O)$ per ogni $x \in \overline{B_k(x_k, \varepsilon_k)}$, per cui $F_k = F_{a,b}$ è trasversale a S in tutti i punti di $\bigcup_{j=1}^{k} \overline{B(x_j, \varepsilon_j)}$.

Procedendo fino a $k = r$ otteniamo $\tilde{F} = F_r$ come voluto. $\qquad\square$

Corollario 4.7.7. *Sia* $\sigma\colon [0, 2\pi] \to \mathbb{R}^3$ *una curva chiusa di classe* C^∞ *trasversale a una superficie* $S \subset \mathbb{R}^3$. *Allora esistono un intorno* $\Omega_0 \subset \mathbb{R}^2$ *di* $\overline{B^2}$ *nel piano e un'applicazione* $F\colon \Omega_0 \to \mathbb{R}^3$ *di classe* C^∞ *trasversale a* S *e tale che* $F(\cos t, \sin t) = \sigma(t)$ *per ogni* $t \in [0, 2\pi]$.

Dimostrazione. Prima di tutto, sia $\beta\colon \mathbb{R} \to [0,1]$ la funzione data dal Corollario 1.5.2 con $a = 0$ e $b = 2\pi$, e poniamo $\alpha = 1 - \beta$; dunque $\alpha\colon \mathbb{R} \to [0,1]$ è una funzione di classe C^∞ tale che $\alpha^{-1}(0) = (-\infty, 0]$ e $\alpha^{-1}(1) = [1, +\infty)$. Sia allora $\hat{F}\colon \mathbb{R}^2 \to \mathbb{R}^3$ definita da

$$\hat{F}(r\cos t, r\sin t) = \alpha(r^2)\sigma(t) \ ;$$

si verifica facilmente (esercizio) che $\hat{F}$ è di classe C^∞, e chiaramente soddisfa $\hat{F}(\cos t, \sin t) = \sigma(t)$. Basta allora applicare il teorema precedente a $\hat{F}$. $\square$

A noi la teoria della trasversalità serve per dimostrare la seguente:

Proposizione 4.7.8. *Sia* $S \subset \mathbb{R}^3$ *una superficie chiusa, e* $\sigma\colon [0, 2\pi] \to \mathbb{R}^3$ *una curva chiusa di classe* C^∞ *trasversale a* S. *Allora il sostegno di* σ *o è disgiunto da* S *oppure interseca* S *in almeno due punti.*

Dimostrazione. Sia, per assurdo, $\sigma\colon [0,1] \to \mathbb{R}^3$ una curva chiusa di classe C^∞ trasversale a S il cui sostegno intersechi S in un solo punto, e sia $F\colon \Omega_0 \to \mathbb{R}^3$ data dal Corollario 4.7.7. Essendo S chiusa in $\mathbb{R}^3$, l'insieme $F^{-1}(S) \cap B^2$ dev'essere chiuso in B^2. In particolare, le 1-sottovarietà (Lemma 4.7.4) che compongono $F^{-1}(S) \cap B^2$ sono o compatti contenuti in B^2 o omeomorfe a intervalli con chiusura che interseca S^1. Siccome σ interseca S, ci dev'essere almeno una componente C di $F^{-1}(S) \cap B^2$ la cui chiusura interseca S^1. Siccome $F(S^1)$ è il sostegno di σ, l'intersezione $\overline{C} \cap S^1$ consiste di un solo punto. Ma il Lemma 4.7.4 ci dice che $\overline{C}$ è una linea compatta, necessariamente (perché?) tangente a S^1 nel punto di intersezione, per cui σ in quel punto dovrebbe essere tangente a S (in quanto $F(C) \subset S$), contro la trasversalità di σ. $\square$

Nel seguito avremo spesso bisogno di costruire curve di classe C^∞ che collegano punti precisi. Per farlo useremo il seguente

Lemma 4.7.9. *Siano* $\sigma\colon [0,1] \to \mathbb{R}^3$ *e* $\tau\colon [0,1] \to \mathbb{R}^3$ *due curve di classe* C^∞ *con* $\sigma(1) = \tau(0)$. *Allora esiste una curva* $\sigma \star \tau\colon [0,1] \to \mathbb{R}^3$ *di classe* C^∞ *tale che* $\sigma \star \tau|_{[0,1/2]}$ *sia una riparametrizzazione di* σ, *e* $\sigma \star \tau|_{[1/2,1]}$ *sia una riparametrizzazione di* τ. *Inoltre, se* $\tau(1) = \sigma(0)$ *allora* $\sigma \star \tau$ *è di classe* C^∞ *anche come curva chiusa.*

Dimostrazione. Se $\beta\colon \mathbb{R} \to [0,1]$ la funzione di classe C^∞ data dal Corollario 1.5.2 con $a = 0$ e $b = 1$, allora $\sigma \circ \beta$ è una riparametrizzazione di σ le cui derivate si annullano tutte in 0 e 1. In particolare, la curva $\sigma \star \tau\colon [0,1] \to \mathbb{R}^3$ definita da

$$\sigma \star \tau(t) = \begin{cases} \sigma\big(\beta(2t)\big) & \text{se } 0 \le t \le 1/2 \ , \\ \tau\big(\beta(2t-1)\big) & \text{se } 1/2 \le t \le 1 \ , \end{cases}$$

è una curva di classe C^∞ (in quanto nel punto di giunzione tutte le derivate si annullano, e quindi si collegano con continuità) con le proprietà richieste. $\square$

Come prima applicazione di questo lemma dimostriamo che due punti di una superficie (o di un aperto connesso di $\mathbb{R}^3$) si possono sempre congiungere con una curva C^∞. Ci serve una definizione:

Definizione 4.7.10. Un sottoinsieme $X \subseteq \mathbb{R}^3$ è *localmente connesso per archi* C^∞ se ogni $x \in X$ ha un intorno W in $\mathbb{R}^3$ tale che per ogni $y \in W \cap X$ esiste una curva $\sigma \colon [0,1] \to \mathbb{R}^3$ di classe C^∞ con sostegno contenuto in X e tale che $\sigma(0) = x$ e $\sigma(1) = y$.

Per esempio, le superfici e gli aperti connessi di $\mathbb{R}^3$ sono localmente connessi per archi C^∞ (esercizio). Allora:

Corollario 4.7.11. *Sia* $X \subseteq \mathbb{R}^3$ *un sottoinsieme di* $\mathbb{R}^3$ *connesso e localmente connesso per archi* C^∞. *Allora per ogni* x, $y \in X$ *esiste una curva* $\sigma \colon [0,1] \to \mathbb{R}^3$ *di classe* C^∞ *con sostegno contenuto in* X *tale che* $\sigma(0) = x$ *e* $\sigma(1) = y$.

Dimostrazione. Introduciamo su X la relazione d'equivalenza $\sim$ definita dicendo che $x \sim y$ se e solo se esiste una curva $\sigma \colon [0,1] \to \mathbb{R}^3$ di classe C^∞ con sostegno contenuto in X tale che $\sigma(0) = x$ e $\sigma(1) = y$. Il Lemma 4.7.9 ci assicura che questa è effettivamente una relazione d'equivalenza. Inoltre, la locale connessione per archi C^∞ (assieme nuovamente al Lemma 4.7.9) ci dice che le classi d'equivalenza sono aperte. Quindi le classi d'equivalenza formano una partizione in aperti di X; essendo X connesso, deve esistere un'unica classe d'equivalenza, per cui ogni coppia di punti di X è collegabile con una curva di classe C^∞, come voluto. □

Possiamo finalmente cominciare a raccogliere i frutti del nostro lavoro, e vedere cosa questa teoria implica per le superfici chiuse in $\mathbb{R}^3$. Il primo risultato è la prima metà del *teorema di Jordan-Brouwer per le superfici* (vedi il Teorema 4.8.4 per l'enunciato completo):

Proposizione 4.7.12. *Sia* $S \subset \mathbb{R}^3$ *una superficie chiusa. Allora* $\mathbb{R}^3 \setminus S$ *è sconnesso.*

Dimostrazione. Supponiamo per assurdo che $\mathbb{R}^3 \setminus S$ sia connesso. Scegliamo $p \in S$, e $N(p) \in \mathbb{R}^3$ un versore ortogonale a T_pS. Si vede facilmente (esercizio) che esiste $\varepsilon > 0$ tale che $p + tN(p) \notin S$ se $0 < |t| \leq \varepsilon$. Il Corollario 4.7.11 ci fornisce una curva τ di classe C^∞ con sostegno contenuto in $\mathbb{R}^3 \setminus S$ che collega $p + \varepsilon N(p)$ e $p - \varepsilon N(p)$. Il Lemma 4.7.9 ci permette di collegare in modo C^∞ la curva τ al segmento $t \mapsto p + tN(p)$; in questo modo otteniamo una curva chiusa di classe C^∞ trasversale a S che interseca la superficie in un punto solo, contro la Proposizione 4.7.8. □

Per dimostrare che ogni superficie chiusa di $\mathbb{R}^3$ è orientabile ci servirà anche una nuova caratterizzazione delle superfici non orientabili.

Definizione 4.7.13. Sia $\sigma: I \to S$ una curva di classe C^∞ in una superficie $S \subset \mathbb{R}^3$. Un *campo normale lungo* σ è un'applicazione $\tilde{N}: I \to S^2$ di classe C^∞ tale che $\tilde{N}(t)$ sia un versore ortogonale a $T_{\sigma(t)}S$ per ogni $t \in I$.

Lemma 4.7.14. *Sia* $S \subset \mathbb{R}^3$ *una superficie. Allora* S *non è orientabile se e solo se esistono una curva* $\sigma: [0,1] \to S$ *chiusa di classe* C^∞ *e un campo normale* $\tilde{N}: [0,1] \to S^2$ *lungo* σ *tali che* $\tilde{N}(0) = -\tilde{N}(1)$.

Dimostrazione. Supponiamo S orientabile. Date una curva $\sigma: [0,1] \to S$ chiusa di classe C^∞ e un campo normale $\tilde{N}: [0,1] \to S^2$ lungo σ, scegliamo la mappa di Gauss $N: S \to S^2$ tale che $N\big(\sigma(0)\big) = \tilde{N}(0)$. Allora, per continuità, si deve avere $\tilde{N} \equiv N \circ \sigma$, da cui segue in particolare $\tilde{N}(1) = N\big(\sigma(1)\big) = N\big(\sigma(0)\big) = \tilde{N}(0)$.

Viceversa, supponiamo che per ogni curva $\sigma: [0,1] \to S$ chiusa di classe C^∞ e ogni campo normale $\tilde{N}: [0,1] \to \mathbb{R}^3$ lungo σ si abbia $\tilde{N}(1) = \tilde{N}(0)$; vogliamo definire una mappa di Gauss $N: S \to S^2$.

Fissiamo un $p_0 \in S$ e un versore $N(p_0)$ ortogonale a $T_{p_0}S$. Sia $p \in S$, e scegliamo una curva $\sigma: [0,1] \to S$ di classe C^∞ tale che $\sigma(0) = p_0$ e $\sigma(1) = p$ (che esiste per il Corollario 4.7.11). Ora, ragionando come al solito usando il numero di Lebesgue, possiamo trovare una partizione $0 = t_0 < \cdots < t_k = 1$ di $[0,1]$ tale che $\sigma([t_{j-1}, t_j])$ sia contenuto nell'immagine di una parametrizzazione locale φ_j per $j = 1, \ldots, k$. Senza perdita di generalità, possiamo supporre che la mappa di Gauss N_1 indotta da φ_1 coincida con $N(p_0)$ in p_0; definiamo allora $\tilde{N}: [0, t_1] \to S^2$ ponendo $\tilde{N}(t) = N_1\big(\sigma(t)\big)$. Analogamente, possiamo supporre che la mappa di Gauss N_2 indotta da φ_2 coincida con $\tilde{N}(t_1)$ in $\sigma(t_1)$; quindi possiamo usare N_2 per estendere $\tilde{N}$ in modo C^∞ a $[0, t_2]$. Procedendo in questo modo otteniamo una $\tilde{N}: [0,1] \to S^2$ di classe C^∞ (più precisamente, è la restrizione al sostegno di σ di un'applicazione C^∞ definita in un intorno) tale che $\tilde{N}(t)$ sia un versore ortogonale a $T_{\sigma(t)}S$ per ogni $t \in [0,1]$; poniamo $N(p) = \tilde{N}(1)$. Per concludere la dimostrazione basta notare (perché?) che $N(p)$ non dipende dalla curva scelta. Ma infatti, sia $\tau: [0,1] \to S$ un'altra curva di classe C^∞ da p_0 a p, e tale che il campo normale $\tilde{N}_\tau: [0,1] \to S^2$ lungo τ ottenuto col ragionamento precedente soddisfi $\tilde{N}_\tau(1) = -\tilde{N}(1)$. Poniamo $\hat{\tau}(t) = \tau(1-t)$ ed $\hat{N}(t) = -\tilde{N}_\tau(1-t)$. Allora $\sigma \star \hat{\tau}$ è una curva chiusa di classe C^∞ tale che l'applicazione $\tilde{N} \star \hat{N}: [0,1] \to S^2$, costruita in modo analogo a $\sigma \star \hat{\tau}$, sia un campo normale lungo $\sigma \star \hat{\tau}$ con $\tilde{N} \star \hat{N}(1) = -\tilde{N} \star \hat{N}(0)$, contro l'ipotesi iniziale. $\qquad\square$

Siamo finalmente in grado di dimostrare il *Teorema di Brouwer-Samelson*:

Teorema 4.7.15. *Ogni superficie* $S \subset \mathbb{R}^3$ *chiusa di* $\mathbb{R}^3$ *è orientabile.*

Dimostrazione. Supponiamo per assurdo che S non sia orientabile. Allora il lemma precedente ci fornisce una curva chiusa $\tau: [0,1] \to S$ di classe C^∞ e un campo normale $\tilde{N}: [0,1] \to S^2$ lungo τ con $\tilde{N}(0) = -\tilde{N}(1)$.

Si verifica facilmente (esercizio) che per ogni $t_0 \in [0,1]$ esistono δ, $\varepsilon > 0$ tali che $\tau(t) + s\tilde{N}(t) \notin S$ per ogni $t \in (t_0 - \delta, t_0 + \delta)$ e $s \in (0, \varepsilon]$. Siccome $[0,1]$ è compatto, possiamo trovare un $\varepsilon_0 > 0$ tale che $\tau(t) + \varepsilon_0 \tilde{N}(t) \notin S$ per ogni $t \in [0,1]$. Sia allora $\sigma : [0, 2\pi] \to \mathbb{R}^3$ una curva chiusa di classe C^∞ tale che $\sigma(t) = \tau(t) + \varepsilon_0 \tilde{N}(t)$ per $t \in [0,1]$ e tale che $\sigma|_{[1,2\pi]}$ percorra il segmento da $\tau(1) + \varepsilon_0 \tilde{N}(1)$ a $\tau(0) + \varepsilon_0 \tilde{N}(0)$ in modo da chiudersi rimanendo C^∞; una tale curva esiste grazie al Lemma 4.7.9. Ma allora σ è trasversale a S e il suo sostegno interseca S in un solo punto, contro la Proposizione 4.7.8.   □

Per gli esercizi seguenti, servirà una nozione collegata di trasversalità.

Definizione 4.7.16. Diremo che due superfici S_1, $S_2 \subset \mathbb{R}^3$ sono *trasverse* (o *s'intersecano trasversalmente*) *in un punto* $p \in S_1 \cap S_2$ se $T_p S_1 + T_p S_2 = \mathbb{R}^3$; e diremo che sono *trasverse* se lo sono in ogni punto d'intersezione. Infine, l'*angolo* fra S_1 ed S_2 in $p \in S_1 \cap S_2$ è l'angolo fra un versore normale a S_1 in p e un versore normale a S_2 in p.

Esercizi

4.79. Dimostra che se due superfici S_1, $S_2 \subset \mathbb{R}^3$ sono trasverse allora $S_1 \cap S_2$ è una 1-sottovarietà di $\mathbb{R}^3$ (se non è vuota).

4.80. Mostra che se una sfera o un piano intersecano una superficie formando un angolo costante non nullo, allora l'intersezione è una linea di curvatura della superficie.

4.81. Sia C l'intersezione tra la superficie $S_1 \subset \mathbb{R}^3$ di equazione $x_1^2 + x_2^2 + x_3^2 = 4$ e la superficie $S_2 \subset \mathbb{R}^3$ di equazione $(x_1 - 1)^2 + x_2^2 = 1$. Determina quale sottoinsieme di C è una 1-sottovarietà, e disegna C e le due superfici.

4.82. Sia C l'intersezione tra la superficie $S_1 \subset \mathbb{R}^3$ di equazione $x_1^2 + x_2^2 + x_3^2 = 1$ e la superficie $S_2 \subset \mathbb{R}^3$ di equazione $(x_1 - 1)^2 + x_2^2 = 1$. Dimostra che C è una 1-sottovarietà (non vuota), e disegna C e le due superfici.

4.83. Sia $S \subset \mathbb{R}^3$ una superficie regolare; se $p \in S$, chiamiamo *retta normale affine* di S in p la retta per p e parallela a un versore normale a S in p. Mostra che, se tutte le rette normali affini di S intersecano propriamente una retta fissata ℓ, allora S è una superficie di rotazione. (*Suggerimento:* se $p \in S \setminus \ell$, il piano H_p generato da p ed ℓ contiene tutte le rette normali uscenti dai punti di $H_p \cap S$. Osserva che il piano $H_p^\perp$ per p e ortogonale a ℓ interseca trasversalmente S.)

4.84. Sia C una 1-sottovarietà definita implicitamente come intersezione di due superfici trasverse S_1 e S_2, e scegli una sua parametrizzazione locale. In un punto p di C, denota con α l'angolo tra le normali in p alle due superfici, con κ la curvatura di C in p, e (per $j = 1, 2$) con κ_j la curvatura normale di p in S_j nella direzione del versore tangente a C. Dimostra che vale la relazione

$$\kappa^2 \sin^2 \alpha = \kappa_1^2 + \kappa_2^2 - 2\kappa_1 \kappa_2 \cos \alpha \ .$$

4.85. Dimostra che le linee asintotiche sulla superficie $S \subset \mathbb{R}^3$ di equazione $z = (x/a)^4 - (y/b)^4$ sono le curve lungo cui la superficie interseca le due famiglie di cilindri

$$\frac{x^2}{a^2} + \frac{y^2}{b^2} = \text{costante} , \qquad \frac{x^2}{a^2} - \frac{y^2}{b^2} = \text{costante} .$$

Le intersezioni considerate sono trasverse?

4.86. Controlla se l'intersezione tra la sfera unitaria $S^2 \subset \mathbb{R}^3$ e la superficie $S_2 = \{(x,y,z) \in \mathbb{R}^3 \mid e^x - z = 0\}$ è una curva regolare σ e, in caso positivo, determina le equazioni della retta tangente e del piano normale in tutti i punti di σ.

4.8 Intorni tubolari

In questa sezione vogliamo dimostrare il teorema di Jordan-Brouwer per superfici chiuse di $\mathbb{R}^3$, che dice che il complementare di una superficie chiusa ha esattamente due componenti connesse (in maniera analoga al complementare del sostegno di una curva di Jordan nel piano). Come conseguenza, dimostreremo che ogni superficie chiusa in $\mathbb{R}^3$ è la superficie di livello di un'opportuna funzione C^∞; più in generale, vedremo quando vale il viceversa del Corollario 4.3.12. Lo strumento principale per fare tutto ciò è l'intorno tubolare di una superficie.

Definizione 4.8.1. Sia $S \subset \mathbb{R}^3$ una superficie. Dato $\varepsilon > 0$ e $p \in S$, indichiamo con $I_S(p, \varepsilon)$ il segmento $p + (-\varepsilon, \varepsilon)N(p)$ di lunghezza 2ε centrato in p e ortogonale a T_pS, dove $N(p) \in S^2$ è un versore ortogonale a T_pS. Se $\varepsilon: S \to \mathbb{R}^+$ è una funzione continua sempre positiva, e $R \subseteq S$, indicheremo inoltre con $N_R(\varepsilon)$ l'unione dei segmenti $I_S\big(p, \varepsilon(p)\big)$, al variare di $p \in R$. L'insieme $N_S(\varepsilon)$ si chiama *intorno tubolare* di S se $I_S\big(p_1, \varepsilon(p_1)\big) \cap I_S\big(p_2, \varepsilon(p_2)\big) = \varnothing$ per ogni $p_1 \neq p_2 \in S$.

Teorema 4.8.2. *Per ogni superficie $S \subset \mathbb{R}^3$ esiste una funzione $\varepsilon: S \to \mathbb{R}^+$ continua sempre positiva tale che $N_S(\varepsilon)$ sia un intorno tubolare di S. Inoltre:*

(i) *$N_S(\varepsilon)$ è un intorno aperto connesso di S in $\mathbb{R}^3$;*

(ii) *se $\Omega \subseteq \mathbb{R}^3$ è un intorno aperto di S tale che S sia chiusa in Ω, allora possiamo scegliere ε in modo che $N_S(\varepsilon) \subseteq \Omega$;*

(iii) *esiste un'applicazione $\pi: N_S(\varepsilon) \to S$ di classe C^∞ tale che $\pi|_S \equiv \mathrm{id}_S$ e $y \in I_S\big(\pi(y), \varepsilon(\pi(y))\big)$ per ogni $y \in N_S(\varepsilon)$;*

(iv) *se S è orientabile esiste una funzione $h: N_S(\varepsilon) \to \mathbb{R}$ di classe C^∞ tale che $y = \pi(y) + h(y)N\big(\pi(y)\big)$ per ogni $y \in N_S(\varepsilon)$, dove $N: S \to S^2$ è la mappa di Gauss di S. In particolare, $S = h^{-1}(0)$;*

(v) *$N_S(\varepsilon) \setminus S$ ha al più due componenti connesse e, se S è orientabile, allora ha esattamente due componenti connesse.*

Dimostrazione. Sia $\varphi: U \to S$ una parametrizzazione locale di S, compatibile con l'orientazione data se S è orientabile, e poniamo $N = \partial_1 \wedge \partial_2 / \|\partial_1 \wedge \partial_2\|$ come al solito.

Sia $F: U \times \mathbb{R} \to \mathbb{R}^3$ definita da

$$F(x, t) = \varphi(x) + tN\big(\varphi(x)\big) \,.$$

Allora F è di classe C^∞; inoltre,

$$\det \operatorname{Jac}(F)(x, 0) = \left| \frac{\partial \varphi}{\partial x_1}(x) \quad \frac{\partial \varphi}{\partial x_2}(x) \quad N\big(\varphi(x)\big) \right| \neq 0 \,.$$

Quindi per ogni $p \in \varphi(U)$ possiamo trovare un intorno connesso $U_0 \subseteq U$ di $x = \varphi^{-1}(p)$, un $\varepsilon_0 > 0$ e un intorno connesso $W_0 \subseteq \Omega$ di p tali che $F|_{U_0 \times (-\varepsilon_0, \varepsilon_0)}$ sia un diffeomorfismo fra $U_0 \times (-\varepsilon_0, \varepsilon_0)$ e W_0. In altre parole, $W_0 = N_{\varphi(U_0)}(\varepsilon_0)$ è un intorno tubolare di $\varphi(U_0)$. Inoltre, posto $F^{-1} = G = (G_1, G_2, G_3)$ sia $\pi = \varphi \circ (G_1, G_2): W_0 \to S$ e $h = G_3: W_0 \to \mathbb{R}$; allora π e h sono di classe C^∞, e $y = \pi(y) + h(y)N\big(\pi(y)\big)$ per ogni $y \in W_0$. Inoltre, $S \cap W_0 = h^{-1}(0)$, e $W_0 \setminus S$ ha esattamente due componenti connesse, quella in cui h è positivo e quella in cui h è negativo. Infine, se $\tilde{\varphi}: \tilde{U} \to S$ è un'altra parametrizzazione locale di S con $p \in \varphi(U) \cap \tilde{\varphi}(\tilde{U})$ e indichiamo con la tilde gli oggetti ottenuti con questa costruzione partendo da $\tilde{\varphi}$, allora $\tilde{\pi}|_{W_0 \cap \tilde{W}_0} \equiv \pi|_{W_0 \cap \tilde{W}_0}$ e $\tilde{h}|_{W_0 \cap \tilde{W}_0} \equiv \pm h|_{W_0 \cap \tilde{W}_0}$, con segno positivo se φ e $\tilde{\varphi}$ sono equiorientate, negativo altrimenti.

Dunque abbiamo dimostrato il teorema localmente nell'intorno di ciascun punto di S; adesso dobbiamo globalizzare questa costruzione. Poniamo $\partial_{\mathbb{R}^3} S = \overline{S} \setminus S$, dove $\overline{S}$ è la chiusura di S in $\mathbb{R}^3$ (per cui $\partial_{\mathbb{R}^3} S \cap \Omega = \varnothing$), e per ogni $k \in \mathbb{N}^*$ poniamo

$$S_k = \left\{ p \in S \;\middle|\; \|p\| + \frac{1}{d(p, \partial_{\mathbb{R}^3} S)} < k \right\} \,.$$

Ciascun S_k è aperto in S, ha chiusura compatta contenuta in S_{k+1} e ogni punto di S è contenuto in un qualche S_k. Ragionando come nella dimostrazione dell'esistenza dell'intorno tubolare per le curve (Teorema 2.2.5), per ogni $k \in \mathbb{N}^*$ troviamo un $\varepsilon'_k > 0$ tale che $N_{S_k}(\varepsilon'_k)$ sia un intorno tubolare di S_k contenuto in Ω e per cui valgano le proprietà (i)–(v). Inoltre, $\overline{S_{k-1}}$ e $S \setminus S_k$ sono un compatto e un chiuso di S disgiunti, e dunque a distanza positiva; possiamo quindi trovare un $\delta_k > 0$ tale che $N_{\overline{S_{k-1}}}(\delta_k)$ e $N_{S \setminus S_k}(\delta_k)$ siano disgiunti. Infine, possiamo anche assumere che $\varepsilon'_k \le \varepsilon'_{k-1}$ e $\delta_k \le \delta_{k-1}$.

Poniamo $\varepsilon_0 = 1$. Per $k \ge 1$, sia $\varepsilon_k = \min\{\varepsilon'_{k+1}, \varepsilon_{k-1}, \delta_{k+1}\} > 0$, e definiamo

$$V = \bigcup_{k \in \mathbb{N}^*} N_{S_k \setminus S_{k-1}}(\varepsilon_k) \,,$$

dove $S_0 = \varnothing$. Si vede subito (controlla) che V è un intorno aperto di S contenuto in Ω. Inoltre, per ogni $y \in V$ esiste un unico $p \in S$ tale che $y \in I_S(p, \delta)$

per un $\delta > 0$ tale che $I_S(p, \delta) \subset V$. Infatti, supponiamo che esistano $p_1, p_2 \in S$ e $t_1, t_2 \in \mathbb{R}$ tali che $p_1 + t_1 N(p_1) = p_2 + t_2 N(p_2) = y_0 \in V$ e $I_S(p_j, |t_j|) \subset V$ per $j = 1, 2$, dove $N(p_j)$ è un qualsiasi versore ortogonale a $T_{p_j} S$. Sia $k_0 \geq 1$ minimo per cui $p_1, p_2 \in S_{k_0}$; senza perdita di generalità possiamo supporre che $p_1 \in S_{k_0} \setminus S_{k_0-1}$, per cui in particolare $|t_1| \leq \varepsilon_{k_0} \leq \varepsilon'_{k_0}$. Abbiamo due possibilità:

- $p_2 \in S_{k_0} \setminus S_{k_0-2}$. In questo caso $|t_2| < \varepsilon_{k_0-1} \leq \varepsilon'_{k_0}$ e, essendo $N_{S_{k_0}}(\varepsilon'_{k_0})$ un intorno tubolare di S_{k_0}, ne segue che $p_1 = p_2$ e $|t_1| = |t_2|$ come voluto.
- $p_2 \in S_{k_0-2}$. In questo caso $|t_2| < \varepsilon_{k_0-2} \leq \delta_{k_0-1}$, per cui $y_0 \in N_{S_{k_0-2}}(\delta_{k_0-1})$; ma $y_0 \in N_{S_{k_0} \setminus S_{k_0-1}}(\varepsilon_{k_0}) \subset N_{S \setminus S_{k_0-1}}(\delta_{k_0-1})$, per cui $N_{S_{k_0-2}}(\delta_{k_0-1})$ e $N_{S \setminus S_{k_0-1}}(\delta_{k_0-1})$ non sarebbero disgiunti, contraddizione.

Grazie a questa proprietà, possiamo definire un'applicazione $\pi \colon V \to S$ tale che per ogni $y \in V$ esiste $h(y) \in \mathbb{R}$ tale che $y = \pi(y) + h(y)N\big(\pi(y)\big)$, e π è di classe C^∞ in quanto coincide con la restrizione a V delle π definite in ciascun $N_{S_k}(\varepsilon_k)$. Inoltre, se S è orientabile anche la funzione $h \in C^\infty(V)$ è ben definita, ed è tale che $h^{-1}(0) = S$.

Sia $\chi \in C^\infty(\mathbb{R})$ una funzione non crescente positiva tale che $\chi(k) = \varepsilon_{k+1}$ per ogni $k \in \mathbb{N}^*$, e definiamo $\varepsilon \colon S \to \mathbb{R}^+$ ponendo

$$\varepsilon(p) = \chi\left(\|p\| + \frac{1}{d(p, \partial_{\mathbb{R}^3} S)}\right).$$

In particolare, se $p \in S_k \setminus S_{k-1}$ allora $\varepsilon(p) \leq \varepsilon_k$, per cui $N_S(\varepsilon) \subseteq V$ e valgono (ii) e (iii). Chiaramente $N_S(\varepsilon)$ è un intorno aperto di S; dimostriamo che è connesso. Infatti, se $y_1, y_2 \in N_S(\varepsilon)$, possiamo trovare una curva in $N_S(\varepsilon)$ che collega y_1 a y_2 scendendo da y_1 a $\pi(y_1)$ lungo $I_S\big(\pi(y_1), \varepsilon(\pi(y_1))\big)$, proseguendo lungo una curva in S fino a $\pi(y_2)$, e poi risalendo a y_2 lungo $I_S\big(\pi(y_2), \varepsilon(\pi(y_2))\big)$.

Rimane da dimostrare (v). Siccome S è chiusa in $N_S(\varepsilon)$, il bordo in $N_S(\varepsilon)$ di ogni componente connessa di $N_S(\varepsilon) \setminus S$ coincide con S. Ma abbiamo visto che ogni $p \in S$ ha un intorno connesso $W \subseteq N_S(\varepsilon)$ tale che $W \setminus S$ ha esattamente due componenti connesse; siccome ogni componente connessa di $N_S(\varepsilon) \setminus S$ deve contenere una componente connessa di $W \setminus S$, allora $N_S(\varepsilon) \setminus S$ ha al più due componenti connesse.

Infine, sia S orientabile. Per costruzione, la funzione h assume sia valori positivi che valori negativi, e $S = h^{-1}(0)$; quindi $N_S(\varepsilon) \setminus S$ è l'unione disgiunta degli aperti Ω^+ e Ω^-, dove $\Omega^\pm = \{y \in N_S(\varepsilon) \mid \pm h(y) > 0\}$. Per concludere basta far vedere che ciascun $\Omega^\pm$ è connesso. Siano $y_1, y_2 \in \Omega^+$, e scegliamo una curva $\sigma \colon [0, 1] \to S$ che collega $\pi(y_1)$ e $\pi(y_2)$. Sia $\tau \colon [0, 1] \to \Omega^+$ data da

$$\tau(t) = \sigma(t) + \frac{\varepsilon\big(\sigma(t)\big)}{\varepsilon\big(\pi(y_1)\big)} h(y_1) N\big(\sigma(t)\big).$$

Allora possiamo andare da y_1 a y_2 in Ω^+ seguendo prima τ e poi muovendoci lungo $I_S\big(\pi(y_2), \varepsilon(\pi(y_2))\big)$. In modo analogo si dimostra che Ω^- è connesso, e abbiamo finito. $\square$

Come prima conseguenza, otteniamo il seguente

Corollario 4.8.3. *Sia $S \subset \Omega \subseteq \mathbb{R}^3$ una superficie, chiusa nell'aperto Ω di $\mathbb{R}^3$. Allora $\Omega \setminus S$ ha al più due componenti connesse, il cui bordo (in Ω) coincide con S.*

Dimostrazione. Scegliamo $\varepsilon\colon S \to \mathbb{R}^+$ tale che $N_S(\varepsilon)$ sia un intorno tubolare di S contenuto in Ω. Essendo S chiusa in Ω, il bordo (in Ω) di ciascuna componente connessa di $\Omega \setminus S$ coincide con S. In particolare, ciascuna componente connessa di $\Omega \setminus S$ deve contenere una delle componenti connesse di $N_S(\varepsilon) \setminus S$. Di conseguenza, $\Omega \setminus S$ ha al più due componenti connesse. $\quad\square$

In particolare, abbiamo dimostrato il *Teorema di Jordan-Brouwer* per le superfici:

Teorema 4.8.4 (Jordan-Brouwer). *Sia $S \subset \mathbb{R}^3$ una superficie chiusa. Allora $\mathbb{R}^3 \setminus S$ ha esattamente due componenti connesse, entrambe con bordo uguale a S.*

Dimostrazione. Segue dalla Proposizione 4.7.12 e dal Corollario 4.8.3. $\quad\square$

Possiamo anche dare un primo viceversa del Corollario 4.3.12:

Corollario 4.8.5. *Sia $S \subset \Omega \subseteq \mathbb{R}^3$ una superficie orientabile, chiusa nell'aperto Ω di $\mathbb{R}^3$. Allora esiste un intorno aperto $V \subseteq \Omega$ di S e una funzione $h \in C^\infty(V)$ con 0 come valore regolare tale che $S = f^{-1}(0)$.*

Dimostrazione. Sia $\varepsilon\colon S \to \mathbb{R}^+$ una funzione continua sempre positiva tale che $N_S(\varepsilon) \subseteq \Omega$ sia un intorno tubolare di S, e poniamo $V = N_S(\varepsilon)$. Sia $h \in C^\infty(V)$ la funzione data dal Teorema 4.8.2.(iv) rispetto a una mappa di Gauss $N\colon S \to S^2$ di S. Chiaramente, $S = h^{-1}(0)$; inoltre

$$\mathrm{d}h_p\big(N(p)\big) = \lim_{t \to 0} \frac{h\big(p + tN(p)\big)}{t} = 1$$

per ogni $p \in S$, per cui 0 è un valore regolare di h. $\quad\square$

Perché f sia definita in tutto Ω dobbiamo aggiungere un'ipotesi topologica:

Teorema 4.8.6. *Sia $S \subset \Omega \subseteq \mathbb{R}^3$ una superficie, chiusa nell'aperto Ω di $\mathbb{R}^3$. Allora esiste una funzione $f \in C^\infty(\Omega)$ con 0 come valore regolare tale che $S = f^{-1}(0)$ se e solo se S è orientabile e $\Omega \setminus S$ è sconnesso.*

Dimostrazione. Supponiamo che esista una funzione $f \in C^\infty(\Omega)$ con 0 come valore regolare e tale che $S = f^{-1}(0)$; in particolare, S è orientabile per il Corollario 4.3.12. Scegliamo un $p_0 \in S$, e poniamo $g(t) = f\big(p_0 + t\nabla h(p_0)\big)$. Essendo Ω aperto, esiste un $\varepsilon > 0$ tale che g sia definita e di classe C^∞ su $(-\varepsilon, \varepsilon)$. Inoltre, $g(0) = 0$ e $g'(0) = \|\nabla f(p_0)\|^2 > 0$; quindi $g(t)$ è strettamente positiva (rispettivamente, negativa) per $t > 0$ (rispettivamente, $t < 0$) piccolo. In particolare, f cambia di segno in Ω. Poniamo allora $\Omega^\pm = \{x \in \Omega \mid \pm f(x) > 0\}$; ne segue che $\Omega \setminus S = \Omega^+ \cup \Omega^-$ è unione di due aperti non vuoti disgiunti, per cui è sconnesso.

Viceversa, supponiamo che S sia orientabile e $\Omega \setminus S$ sconnesso (per cui ha esattamente due componenti connesse, grazie al Corollario 4.8.3). Scegliamo $\varepsilon\colon S \to \mathbb{R}^+$ tale che $N_S(\varepsilon)$ sia un intorno tubolare di S contenuto in Ω, e sia $h \in C^\infty\big(N_S(\varepsilon)\big)$ la funzione data dal Teorema 4.8.2.(iv) rispetto a una mappa di Gauss $N\colon S \to S^2$ di S. Poniamo $N_S^\pm(\varepsilon) = N_S(\varepsilon) \cap \{\pm h > 0\}$, per cui $N_S(\varepsilon) \setminus S$ è l'unione disgiunta degli aperti connessi $N_S^+(\varepsilon)$ e $N_S^-(\varepsilon)$. Indichiamo con $\Omega^\pm$ la componente connessa di $\Omega \setminus S$ che contiene $N_S^\pm(\varepsilon)$. Allora $\{N_S(\varepsilon), \Omega^+ \setminus \overline{N_S^+(\varepsilon/2)}, \Omega^- \setminus \overline{N_S^-(\varepsilon/2)}\}$ è un ricoprimento aperto di Ω. Sia $\{\rho_0, \rho_+, \rho_-\}$ una partizione dell'unità subordinata a questo ricoprimento (Teorema 3.6.6), e definiamo $f\colon \Omega \to \mathbb{R}$ ponendo

$$f(x) = \rho_0(x)h(x) + \rho_+(x) - \rho_-(x) \ .$$

La prima osservazione è che, siccome $\mathrm{supp}(\rho_0) \subset N_S(\varepsilon)$, allora $f \in C^\infty(\Omega)$. Inoltre, $\rho|_0 \equiv 1$ e $\rho_\pm \equiv 0$ in un intorno di S; quindi $f \equiv h$ in un intorno di S e, in particolare, $S \subseteq f^{-1}(0)$. Poi, se $x \in \Omega^+$ allora $\rho_-(x) = 0$; quindi $f(x) > 0$ in quanto o $\rho_+(x) > 0$ (e $\rho_0(x)h(x) \geq 0$) oppure $\rho_+(x) = 0$, che implica $x \in N_S^+(\varepsilon)$ e $\rho_0(x)h(x) = h(x) > 0$. Analogamente si verifica che $f(x) < 0$ se $x \in \Omega^-$, per cui $S = f^{-1}(0)$. Siccome f coincide con h in un intorno di S, si dimostra come nel Corollario precedente che 0 è un valore regolare per f, e abbiamo finito. $\qquad\square$

Mettendo tutto insieme abbiamo dimostrato che ogni superficie chiusa di $\mathbb{R}^3$ è una superficie di livello:

Corollario 4.8.7. *Sia $S \subset \mathbb{R}^3$ una superficie. Allora S è chiusa in $\mathbb{R}^3$ se e solo se esiste una $h \in C^\infty(\mathbb{R}^3)$ con 0 come valore regolare tale che $S = h^{-1}(0)$.*

Dimostrazione. Una direzione è ovvia. Viceversa, se S è chiusa la tesi segue dai Teoremi 4.7.15 e 4.8.6 e dalla Proposizione 4.7.12. $\qquad\square$

4.9 Il teorema fondamentale della teoria locale delle superfici

Nel Capitolo 1 abbiamo visto che curvatura e torsione determinano univocamente (a meno di movimenti rigidi) una curva nello spazio e, viceversa, che possiamo sempre trovare una curva regolare con curvatura e torsione predeterminate. In questa sezione vogliamo studiare un problema analogo per le superfici: se coefficienti metrici e coefficienti di forma identificano univocamente una superficie regolare. Come vedrai, la risposta sarà simile ma con alcune differenze significative.

La dimostrazione del teorema fondamentale della teoria locale delle curve (Teorema 1.3.37) era basata in modo essenziale sul Teorema 1.3.36 di esistenza e unicità delle soluzione di un sistema di equazioni differenziali ordinarie; nello studio delle superfici compaiono invece equazioni differenziali alle derivate parziali. Siccome il risultato che ci serve non compare nei testi standard di Analisi Matematica, ne riportiamo qui sia l'enunciato che una dimostrazione, partendo dal classico teorema di esistenza e unicità locale delle soluzioni dei sistemi di equazioni differenziali ordinarie dipendenti da un parametro (vedi [23], pagg. 150–157 e [9], pagg. 65–86):

Teorema 4.9.1. *Dati due aperti $\Omega_1 \subseteq \mathbb{R}^n$ e $V_0 \subseteq \mathbb{R}^l$, un intervallo $I \subseteq \mathbb{R}$, e due applicazioni $a: V_0 \times I \times \Omega_1 \to \mathbb{R}^n$ e $b: V_0 \to \Omega_1$ di classe C^k, con $k \in \mathbb{N}^* \cup \{\infty\}$, si consideri il seguente problema di Cauchy:*

$$\begin{cases} \dfrac{d\sigma}{dt}(z,t) = a\big(z,t,\sigma(t)\big) \,, \\ \sigma(z,t_0) = b(z) \,, \end{cases} \tag{4.31}$$

dove $z = (z_1, \ldots, z_l)$ sono le coordinate in $\mathbb{R}^l$. Allora:

(i) *Per ogni $t_0 \in I$ e $z_0 \in V_0$ esistono $\delta > 0$, un intorno aperto $V \subseteq V_0$ di z_0 e un'applicazione $\sigma: V \times (t_0 - \delta, t_0 + \delta) \to \Omega$ di classe C^k soluzione di (4.31).*
(ii) *Due soluzioni di (4.31) coincidono sempre nell'intersezione dei loro domini di definizione.*

Allora:

Teorema 4.9.2. *Siano dati tre aperti $\Omega_0 \subseteq \mathbb{R}^n$, $\Omega_1 \subseteq \mathbb{R}^m$ e $V_0 \subseteq \mathbb{R}^l$, e due applicazioni $G: V_0 \times \Omega_0 \times \Omega_1 \to M_{m,n}(\mathbb{R})$ e $b: V_0 \to \Omega_1$ di classe C^k, con $k \in \{2, 3, \ldots, \infty\}$. Indichiamo con $x = (x_1, \ldots, x_n)$ le coordinate in $\mathbb{R}^n$, con $y = (y_1, \ldots, y_m)$ le coordinate in $\mathbb{R}^m$, e con $z = (z_1, \ldots, z_l)$ le coordinate in $\mathbb{R}^l$. Supponiamo che G soddisfi le seguenti condizioni di compatibilità:*

$$\frac{\partial G_{jr}}{\partial x_s} + \sum_{h=1}^m \frac{\partial G_{jr}}{\partial y_h} G_{js} \equiv \frac{\partial G_{js}}{\partial x_r} + \sum_{h=1}^m \frac{\partial G_{js}}{\partial y_h} G_{jr} \tag{4.32}$$

per $j = 1, \ldots, m$ e $r, s = 1, \ldots, n$. Allora per ogni $x^o \in \Omega_0$ e ogni $z^o \in V_0$ esistono un intorno $\Omega \subseteq \Omega_0$ di x^o e un intorno $V \subseteq V_0$ di z^o tali che il sistema

$$\begin{cases} \dfrac{\partial F_j}{\partial x_r}(z,x) = G_{jr}\big(z,x,F(z,x)\big) \,, \quad j = 1, \ldots, m, \ r = 1, \ldots, n \,, \\ F(z,x^o) = b(z) \,, \end{cases} \tag{4.33}$$

ammette una soluzione $F: V \times \Omega \to \Omega_1$ di classe C^k. Inoltre due tali soluzioni coincidono sempre nell'intersezione dei domini di definizione.

Osservazione 4.9.3. Se $F: V \times \Omega \to \Omega_1$ soddisfa la (4.33) ed è di classe almeno C^2, il Teorema 4.4.14 implica che

$$\frac{\partial}{\partial x_s} G_{jr}(z, x, F(z, x)) = \frac{\partial^2 F_j}{\partial x_s \partial x_r}(z, x)$$

$$\equiv \frac{\partial^2 F_j}{\partial x_r \partial x_s}(z, x) = \frac{\partial}{\partial x_r} G_{js}(z, x, F(z, x)),$$

che è esattamente (4.32) ristretta al grafico di F.

Dimostrazione (del Teorema 4.9.2). Supponiamo che le (4.32) siano soddisfatte; vogliamo dimostrare che (4.33) ha un'unica soluzione. Procederemo per induzione su n. Per $n = 1$ le (4.32) sono automaticamente soddisfatte, e la tesi segue dal Teorema 4.9.1.

Supponiamo allora l'enunciato vero per $n - 1$, e scriviamo $x = (x_1, \hat{x})$ con $\hat{x} = (x_2, \ldots, x_{n-1}) \in \mathbb{R}^{n-1}$. Per il Teorema 4.9.1 il problema di Cauchy

$$\begin{cases} \dfrac{d\sigma_j}{dt}(z, t) = G_{j1}(z, t, \hat{x}^o, \sigma(z, t)), & j = 1, \ldots, m, \\ \sigma(z, x_1^o) = b(z), \end{cases} \qquad (4.34)$$

ammette un'unica soluzione $\sigma: V \times (x_1^o - \delta, x_1^o + \delta) \to \Omega_1$ di classe C^k, per opportuni $\delta > 0$ e $V \subseteq V_0$ intorno di z^o. Poi, per ogni $x_1 \in (x_1^o - \delta, x_1^o + \delta)$ possiamo considerare il problema di Cauchy

$$\begin{cases} \dfrac{\partial F_j}{\partial x_r}(z, x_1, \hat{x}) = G_{jr}(z, x_1, \hat{x}, F(z, x_1, \hat{x})), & j = 1, \ldots, m, \, r = 2, \ldots, n, \\ F(z, x_1, \hat{x}^o) = \sigma(z, x_1), \end{cases}$$

$$(4.35)$$

che (a patto di rimpicciolire V se necessario), per ipotesi induttiva ha un'unica soluzione $F: V \times \Omega \to \Omega_1$ di classe C^k, dove $\Omega \subseteq \Omega_0$ è un intorno di x^o. In particolare, $F(z, x^o) = \sigma(z, x_1^o) = b(z)$; vogliamo quindi dimostrare che questa F è una soluzione di (4.33). Nota che se (4.33) ammette una soluzione F allora $(z, t) \mapsto F(z, t, \hat{x}^o)$ deve risolvere (4.34), e $(z, \hat{x}) \mapsto F(z, x_1, \hat{x})$ deve risolvere (4.35), per cui la soluzione di (4.33) se esiste è necessariamente unica.

Per costruzione abbiamo

$$\frac{\partial F_j}{\partial x_r}(z, x) = G_{jr}(z, x, F(z, x)) \qquad (4.36)$$

per $j = 1, \ldots m$ e $r = 2, \ldots, n$; dobbiamo verificare come si comporta $\partial F_j / \partial x_1$. Prima di tutto, abbiamo

$$\frac{\partial F_j}{\partial x_1}(z, x_1, \hat{x}^o) = \frac{d\sigma_j}{dt}(z, x_1) = G_{j1}(z, x_1, \hat{x}^o, F(z, x_1, \hat{x}^o)).$$

Poniamo

$$U_j(z,x) = \frac{\partial F_j}{\partial x_1}(z,x) - G_{j1}\big(z,x,F(z,x)\big) \; ;$$

allora $U_j(z,x_1,\hat{x}^o) = 0$, e noi vogliamo dimostrare che $U_j \equiv 0$ per $j = 1,\dots,m$. Fissiamo $2 \le r \le n$. Allora

$$
\begin{aligned}
\frac{\partial U_j}{\partial x_r}(z,x) &= \frac{\partial^2 F_j}{\partial x_r \partial x_1}(z,x) - \frac{\partial G_{j1}}{\partial x_r}\big(z,x,F(z,x)\big) \\
&\quad - \sum_{h=1}^{m} \frac{\partial G_{j1}}{\partial y_h}\big(z,x,F(z,x)\big)G_{jr}\big(z,x,F(z,x)\big) \\
&= \frac{\partial^2 F_j}{\partial x_1 \partial x_r}(z,x) - \frac{\partial G_{j1}}{\partial x_r}\big(z,x,F(z,x)\big) \\
&\quad - \sum_{h=1}^{m} \frac{\partial G_{j1}}{\partial y_h}\big(z,x,F(z,x)\big)G_{jr}\big(z,x,F(z,x)\big) \\
&= \frac{\partial}{\partial x_1}G_{jr}\big(z,x,F(z,x)\big) - \frac{\partial G_{j1}}{\partial x_r}\big(z,x,F(z,x)\big) \\
&\quad - \sum_{h=1}^{m} \frac{\partial G_{j1}}{\partial y_h}\big(z,x,F(z,x)\big)G_{jr}\big(z,x,F(z,x)\big) \\
&= \frac{\partial G_{jr}}{\partial x_1}\big(z,x,F(z,x)\big) + \sum_{h=1}^{m} \frac{\partial G_{jr}}{\partial y_h}\big(z,x,F(z,x)\big)\frac{\partial F_h}{\partial x_1}(z,x) \\
&\quad - \frac{\partial G_{j1}}{\partial x_r}\big(z,x,F(z,x)\big) - \sum_{h=1}^{m} \frac{\partial G_{j1}}{\partial y_h}\big(z,x,F(z,x)\big)G_{jr}\big(z,x,F(z,x)\big) \\
&= \sum_{h=1}^{m} \frac{\partial G_{jr}}{\partial y_h}\big(z,x,F(z,x)\big)U_h(z,x) \; ,
\end{aligned}
$$

grazie a (4.36) e alle equazioni di compatibilità (4.32). Quindi per ogni x_1 fissato la $\hat{x} \mapsto U(z,x_1,\hat{x})$ è una soluzione del sistema

$$
\begin{cases}
\dfrac{\partial U_j}{\partial x_r} = \displaystyle\sum_{h=1}^{m} \frac{\partial G_{jr}}{\partial y_h}\big(z,x_1,\hat{x},F(z,x_1,\hat{x})\big)U_h(z,\hat{x}) \; , & j = 1,\dots,m, \; r = 2,\dots,n \; , \\[2mm]
U(z,\hat{x}^o) \equiv O \; ,
\end{cases}
$$

che soddisfa (esercizio) le condizioni di compatibilità (4.32). Ma allora l'ipotesi induttiva ci assicura che l'unica soluzione è $U \equiv O$, ed è fatta. $\square$

Siamo ora pronti per enunciare e dimostrare il *teorema fondamentale della teoria delle superfici*, anche noto come *teorema di Bonnet*:

Teorema 4.9.4 (Bonnet). *Siano E, F, G, e, f, $g \in C^{\infty}(\Omega_0)$, dove $\Omega_0 \subset \mathbb{R}^2$ è un aperto del piano, funzioni soddisfacenti le equazioni di Gauss (4.26) e* *di Codazzi-Mainardi (4.28), dove gli a_{ij} sono dati da (4.14) e i Γ_{ij}^k sono dati dalle (4.20)–(4.22), e tali che E, G, ed $EG - F^2$ siano sempre positive. Allora per ogni $q \in \Omega_0$ esiste un intorno connesso $\Omega \subseteq \Omega_0$ di q e una superficie immersa $\varphi \colon \Omega \to \varphi(\Omega) \subset \mathbb{R}^3$ tale che $\varphi(\Omega)$ sia una superficie regolare con E, F, G come coefficienti metrici ed e, f, g come coefficienti di forma. Inoltre, se $\tilde{\varphi} \colon \Omega \to \mathbb{R}^3$ è un'altra superficie immersa che soddisfa le stesse condizioni, allora esistono una rotazione $\rho \in SO(3)$ e un vettore $b \in \mathbb{R}^3$ tali che $\tilde{\varphi} = \rho \circ \varphi + b$.*

Osservazione 4.9.5. Prima di cominciare la dimostrazione, nota le due differenze principali fra questo risultato e il Teorema 1.3.37: le funzioni date non possono essere qualsiasi ma devono soddisfare delle relazioni di compatibilità; e otteniamo l'esistenza solo locale della superficie. Se ci pensi un attimo, queste sono esattamente le stesse differenze che ci sono fra il Teorema 1.3.36 e il Teorema 4.9.2.

Dimostrazione (del Teorema 4.9.4). Come nel caso delle curve, l'idea è di studiare il seguente sistema di equazioni differenziali alle derivate parziali

$$\begin{cases} \dfrac{\partial(\partial_j)}{\partial x_i} = \Gamma_{ij}^1 \partial_1 + \Gamma_{ij}^2 \partial_2 + h_{ij}N \,, & i, j = 1,\, 2 \,, \\[2mm] \dfrac{\partial N}{\partial x_j} = a_{1j}\partial_1 + a_{2j}\partial_2 \,, & j = 1,\, 2 \,, \end{cases} \qquad (4.37)$$

nelle incognite ∂_1, ∂_2, $N \colon \Omega_0 \to \mathbb{R}^3$. Si tratta di un sistema della forma (4.33); inoltre, abbiamo visto nella Sezione 4.5 che le condizioni di compatibilità di questo sistema sono esattamente le equazioni di Gauss e di Codazzi-Mainardi. Dato $q \in \Omega_0$, scegliamo tre vettori ∂_1^o, ∂_2^o, $N^o \in \mathbb{R}^3$ tali che

$$\begin{aligned} \|\partial_1^o\|^2 = E(q) \,, \ \ & \langle \partial_1^o, \partial_2^o \rangle = F(q) \,, \ \ \|\partial_2^o\|^2 = G(q) \,, \\ \|N^o\|^2 = 1 \,, \ \ & \langle \partial_1^o, N^o \rangle = \langle \partial_2^o, N^o \rangle = 0 \,, \ \ \langle \partial_1^o \wedge \partial_2^o, N^o \rangle > 0 \,. \end{aligned} \qquad (4.38)$$

Il Teorema 4.9.2 ci fornisce allora un intorno connesso $\Omega_1 \subseteq \Omega_0$ di q e applicazioni ∂_1, ∂_2, $N \colon \Omega_1 \to \mathbb{R}^3$ di classe C^∞ che risolvono (4.37) con le condizioni iniziali $\partial_1(q) = \partial_1^o$, $\partial_2(q) = \partial_2^o$ ed $N(q) = N^o$.

Ora, le funzioni $\langle \partial_i, \partial_j \rangle$, $\langle \partial_j, N \rangle$, $\langle N, N \rangle \colon \Omega_1 \to \mathbb{R}$, per $i, j = 1, 2$, sono soluzione del sistema

$$\begin{cases} \dfrac{\partial f_{ij}}{\partial x_k} = \Gamma_{ki}^1 f_{1j} + \Gamma_{ki}^2 f_{2j} + \Gamma_{kj}^1 f_{1i} + \Gamma_{kj}^2 f_{2i} + h_{ki}f_{j3} + h_{kj}f_{i3}, & i, j, k = 1, 2 \,, \\[2mm] \dfrac{\partial f_{j3}}{\partial x_k} = \Gamma_{kj}^1 f_{13} + \Gamma_{kj}^2 f_{23} + h_{kj}f_{33} + a_{1k}f_{j1} + a_{2k}f_{j2} \,, & j, k = 1, 2 \,, \\[2mm] \dfrac{\partial f_{3,3}}{\partial x_k} = 2a_{1k}f_{13} + 2a_{2k}f_{23} \,, & k = 1, 2 \,, \end{cases}$$

con le condizioni iniziali (4.38). Con un po' di pazienza, si verifica (esercizio) che questo sistema soddisfa le condizioni di compatibilità, e che (altro esercizio) $f_{11} \equiv E$, $f_{12} \equiv f_{21} \equiv F$, $f_{22} \equiv G$, $f_{13} \equiv f_{23} \equiv 0$, $f_{33} \equiv 1$ soddisfano lo stesso sistema con le stesse condizioni iniziali; quindi il Teorema 4.9.2 ci assicura che

$$\|\partial_1\|^2 \equiv E \ , \ \langle \partial_1, \partial_2 \rangle \equiv F \ , \ \|\partial_2\|^2 \equiv G \ , \ \|N\|^2 \equiv 1 \ , \ \langle \partial_1, N \rangle \equiv \langle \partial_2, N \rangle \equiv 0 \ ,$$

su tutto Ω_1. In particolare, $\|\partial_1 \wedge \partial_2\|^2 \equiv EG - F^2 > 0$ su tutto Ω_1, per cui ∂_1 e ∂_2 sono sempre linearmente indipendenti. Inoltre, $N \equiv \pm \partial_1 \wedge \partial_2 / \|\partial_1 \wedge \partial_2\|$; siccome il segno è positivo in q, è positivo ovunque.

Fissato $p^o \in \mathbb{R}^3$, consideriamo ora il sistema

$$\begin{cases} \dfrac{\partial \varphi}{\partial x_j} = \partial_j \ , \quad j = 1, 2 \ , \\[2mm] \varphi(q) = p^o \ . \end{cases} \tag{4.39}$$

La simmetria dei Γ_{ij}^k e degli h_{ij} ci assicura che le condizioni di compatibilità sono soddisfatte; quindi troviamo un intorno connesso $\Omega \subseteq \Omega_1$ di q e un'applicazione $\varphi \colon \Omega \to \mathbb{R}^3$ di classe C^∞ che risolve (4.39). Vogliamo dimostrare che, a meno di rimpicciolire ulteriormente Ω, l'applicazione φ è come vogliamo.

Siccome ∂_1 e ∂_2 sono sempre linearmente dipendenti, il differenziale di φ ha sempre rango 2, e il Corollario 3.1.5 ci assicura che, a meno di restringere ulteriormente Ω, la φ è una parametrizzazione globale della superficie regolare $S = \varphi(\Omega)$ con coefficienti metrici E, F e G. Inoltre N è per costruzione la mappa di Gauss di S, per cui (4.37) ci assicura che e, f e g sono i coefficienti di forma di S, come voluto.

Rimane da verificare l'unicità. Sia $\tilde{\varphi} \colon \Omega \to \mathbb{R}^3$ un'altra superficie immersa che sia un omeomorfismo con l'immagine e con gli stessi coefficienti metrici e di forma. A meno di una traslazione e una rotazione, possiamo supporre che $\tilde{\varphi}(q) = \varphi(q)$, che $\partial \tilde{\varphi}/\partial x_j(q) = \partial \varphi / \partial x_j(q)$ per $j = 1, 2$, e quindi $\tilde{N}(q) = N(q)$, dove $\tilde{N}$ è la mappa di Gauss di $\tilde{\varphi}(\Omega)$ indotta da $\tilde{\varphi}$. Ma allora sia $\partial \varphi / \partial x_j$ e N che $\partial \tilde{\varphi}/\partial x_j$ e $\tilde{N}$ soddisfano il sistema (4.39) con le stesse condizioni iniziali; quindi coincidono dappertutto. Ma allora φ e $\tilde{\varphi}$ soddisfano il sistema (4.39) con le stesse condizioni iniziali; quindi $\tilde{\varphi} \equiv \varphi$, ed è fatta. $\quad\square$

5

Geodetiche

Nello studio della geometria del piano, le rette svolgono ovviamente un ruolo fondamentale. Scopo di questo capitolo è introdurre le curve che hanno sulle superfici un ruolo analogo a quello delle rette nel piano.

Ci sono (almeno) due modi distinti di caratterizzare le rette (o, più in generale, i segmenti) fra tutte le curve del piano: uno geometrico e globale, l'altro analitico e locale. Un segmento è la curva più breve fra i suoi estremi (caratterizzazione geometrica globale); ed è una curva con vettore tangente costante (caratterizzazione analitica locale).

La caratterizzazione geometrica globale si presta male a essere trasferita sulle superfici: come vedremo, la curva più breve che collega due punti su una superficie potrebbe non esistere (Osservazione 5.2.10), oppure potrebbe non essere unica (Osservazione 5.2.11). La caratterizzazione analitica locale è più in linea col modo che abbiamo usato finora per studiare le superfici, ma presenta apparentemente un problema: anche nello spazio una curva con vettore tangente costante è una retta. Ma vediamo meglio cosa vuol dire "vettore tangente costante". Il vettore tangente σ' a una curva $\sigma\colon I \to \mathbb{R}^2$ è costante se non varia; geometricamente, il vettore $\sigma'(t_1)$, visto come vettore applicato in $\sigma(t_1)$, è *parallelo* al vettore $\sigma'(t_2)$ applicato in $\sigma(t_2)$ per ogni t_1, $t_2 \in I$. In altre parole, σ' è ottenuto traslando parallelamente uno stesso vettore lungo il sostegno di σ. Ora, se invece $\sigma\colon I \to S$ è una curva in una superficie S, stando dentro S in realtà non vediamo tutta la variazione del vettore tangente σ': se il vettore tangente varia in direzione ortogonale alla superficie, dal punto di vista di S non sembra variare affatto. In altre parole, la variazione del vettore tangente di una curva in una superficie, dal punto di vista della superficie, non è misurata dalla derivata del vettore tangente, ma dalla *proiezione ortogonale* della derivata sui piani tangenti alla superficie. Questa operazione (la proiezione ortogonale della derivata) si chiama *derivata covariante,* e vedremo nella Sezione 5.1 che è un'operazione completamente intrinseca alla superficie. Riassumendo, dal punto di vista di una superficie il vettore tangente a una curva è "costante" (o, con una terminologia più precisa suggerita da quanto detto prima, *parallelo*) se ha derivata covariante nulla. Una *geodetica* su una superficie è una curva con vettore tangente parallelo in questo senso.

Nella Sezione 5.1 faremo vedere che le geodetiche esistono. Più precisamente, mostreremo che per ogni punto $p \in S$ di una superficie S e ogni vettore tangente $v \in T_p S$ esiste un'unica geodetica massimale $\sigma_v \colon I_v \to S$ uscente da p tangente alla direzione v, cioè tale che $\sigma_v(0) = p$ e $\sigma_v'(0) = v$. Inoltre introdurremo anche una misura, la *curvatura geodetica,* di quanto una curva dista dall'essere una geodetica.

Nei prossimi due capitoli vedremo come usare efficacemente le geodetiche per studiare la geometria delle superfici. Nella Sezione 5.2 vedremo invece come recuperare dalla caratterizzazione analitica locale la caratterizzazione geometrica globale di cui abbiamo parlato all'inizio. Per l'esattezza, dimostreremo che la curva più breve fra due punti di una superficie è sempre una geodetica, e, viceversa, che ogni geodetica è localmente la curva più breve fra i punti del suo sostegno (Teorema 5.2.8). Attenzione, però, non ogni geodetica è la curva più breve fra i suoi estremi (Osservazione 5.2.9).

La Sezione 5.3 di questo capitolo è invece dedicata a un argomento lievemente diverso: i campi vettoriali. Un *campo vettoriale* su una superficie S è un'applicazione C^∞ che associa a ogni punto $p \in S$ un vettore tangente a S in p. In un certo senso, stiamo prescrivendo direzione (e velocità) di movimento di punti situati sulla superficie. Le curve percorse dai punti sotto l'azione del campo vettoriale si chiamano *curve integrali* del campo. I campi vettoriali hanno innumerevoli applicazioni anche al di fuori della Matematica (per esempio, sono ampiamente usati in Fisica); qui ci limiteremo a dimostrare alcune proprietà di base (l'esistenza e unicità delle curve integrali, per esempio), e a indicare come usarli per costruire parametrizzazioni locali con proprietà particolari (Teorema 5.3.19).

Infine, nei Complementi di questo capitolo riprenderemo lo studio delle geodetiche, dando nella Sezione 5.4 una condizione necessaria e sufficiente perché le geodetiche di una superficie S siano definite per tutti i tempi (*Teorema 5.4.8 di Hopf-Rinow*). Infine, nella Sezione 5.5 daremo una condizione necessaria e sufficiente in termini di geodetiche e curvatura Gaussiana perché due superfici siano localmente isometriche (Teorema 5.5.5).

5.1 Geodetiche e curvatura geodetica

Le rette nel piano sono ovviamente estremamente importanti per lo studio della geometria del piano; in questa sezione introdurremo la classe delle curve che svolgono per le superfici il ruolo svolto dalle rette nel piano.

Come descritto nell'introduzione a questo capitolo, vogliamo generalizzare alle superfici la caratterizzazione analitica locale delle rette come curve con vettore tangente costante; dedurremo la caratterizzazione geometrica globale nella prossima sezione, caratterizzazione che risulterà lievemente ma significativamente diversa da quella delle rette nel piano.

Cominciamo col definire la classe di oggetti, di cui i vettori tangenti a una curva sono un tipico esempio, che vogliamo poter derivare in maniera intrinseca.

Definizione 5.1.1. Un *campo vettoriale lungo una curva* $\sigma: I \to S$ di classe C^∞ è un'applicazione $\xi: I \to \mathbb{R}^3$ di classe C^∞ tale che $\xi(t) \in T_{\sigma(t)}S$ per ogni $t \in I$. Più in generale, se $\sigma: I \to S$ è una curva di classe C^∞ a tratti, un *campo vettoriale lungo* σ sarà un'applicazione *continua* $\xi: I \to \mathbb{R}^3$ tale che $\xi(t) \in T_{\sigma(t)}S$ per ogni $t \in I$, e di classe C^∞ in ogni sottointervallo di I in cui σ è di classe C^∞. Lo spazio vettoriale dei campi vettoriali lungo σ sarà indicato con $\mathcal{T}(\sigma)$.

Esempio 5.1.2. Il vettore tangente $\sigma': I \to \mathbb{R}^3$ di una curva $\sigma: I \to S$ di classe C^∞ è un tipico esempio di campo vettoriale lungo una curva.

Vogliamo misurare quanto varia un campo vettoriale $\xi \in \mathcal{T}(\sigma)$ lungo una curva $\sigma: I \to S$ di classe C^∞. Dal punto di vista di $\mathbb{R}^3$, la variazione di ξ è data dalla sua derivata ξ'. Ma, come detto nell'introduzione a questo capitolo, dal punto di vista della superficie S questa derivata non ha significato; solo la componente tangente a S di ξ' può essere visibile dall'interno della superficie. Quindi una misura geometricamente più significativa della variazione di un campo vettoriale lungo una curva contenuta in una superficie è la seguente:

Definizione 5.1.3. La *derivata covariante* di un campo vettoriale $\xi \in \mathcal{T}(\sigma)$ lungo una curva $\sigma: I \to S$ di classe C^∞ in una superficie S è il campo vettoriale $D\xi \in \mathcal{T}(\sigma)$ definito da

$$D\xi(t) = \pi_{\sigma(t)}\left(\frac{d\xi}{dt}(t)\right) ,$$

dove $\pi_{\sigma(t)}: \mathbb{R}^3 \to T_{\sigma(t)}S$ è la proiezione ortogonale sul piano tangente a S in $\sigma(t)$.

Osservazione 5.1.4. Se $\xi \in \mathcal{T}(\sigma)$ è un campo vettoriale lungo una curva $\sigma: I \to S$ di classe C^∞, allora possiamo scrivere $\xi' = D\xi + w$, dove $w: I \to \mathbb{R}^3$ è un applicazione di classe C^∞ tale che $w(t)$ sia ortogonale a $T_{\sigma(t)}S$ per ogni $t \in S$. In particolare,

$$\langle \xi', \tilde{\xi}\rangle_\sigma \equiv \langle D\xi, \tilde{\xi}\rangle_\sigma$$

per ogni altro campo vettoriale $\tilde{\xi} \in \mathcal{T}(\sigma)$. Da questo segue subito che

$$\frac{d}{dt}\langle \xi, \tilde{\xi}\rangle_\sigma = \langle D\xi, \tilde{\xi}\rangle_\sigma + \langle \xi, D\tilde{\xi}\rangle_\sigma \tag{5.1}$$

per ogni coppia di campi vettoriali $\xi, \tilde{\xi} \in \mathcal{T}(\sigma)$.

Dalla definizione potrebbe sembrare che la derivata covariante dipenda dal modo in cui la superficie è immersa in $\mathbb{R}^3$. Invece, *la derivata covariante è un concetto puramente intrinseco:* dipende solo dalla prima forma fondamentale di S. Per vederlo, esprimiamo $D\xi$ in coordinate locali.

Sia $\varphi: U \to S$ una parametrizzazione locale la cui immagine contenga il sostegno di una curva $\sigma: I \to S$. Se ξ è un campo vettoriale lungo σ, possiamo scrivere $\sigma(t) = \varphi(\sigma_1(t), \sigma_2(t))$ e $\xi(t) = \xi_1(t)\partial_1|_{\sigma(t)} + \xi_2(t)\partial_2|_{\sigma(t)}$ per ogni $t \in I$. Allora

$$
\begin{aligned}
\frac{d\xi}{dt} &= \frac{d}{dt}\left(\xi_1 \frac{\partial\varphi}{\partial x_1} \circ \sigma\right) + \frac{d}{dt}\left(\xi_2 \frac{\partial\varphi}{\partial x_2} \circ \sigma\right) \\
&= \sum_{j=1}^{2}\left[\frac{d\xi_j}{dt}\partial_j|_\sigma + \xi_j\left(\sigma_1' \frac{\partial^2\varphi}{\partial x_1 \partial x_j} \circ \sigma + \sigma_2' \frac{\partial^2\varphi}{\partial x_2 \partial x_j} \circ \sigma\right)\right],
\end{aligned}
$$

per cui ricordando (4.18) otteniamo

$$
D\xi = \sum_{k=1}^{2}\left[\frac{d\xi_k}{dt} + \sum_{i,j=1}^{2}(\Gamma_{ij}^k \circ \sigma)\sigma_i'\xi_j\right]\partial_k|_\sigma. \tag{5.2}
$$

Dunque D si esprime in funzione dei simboli di Christoffel, e quindi dipende solo dalla prima forma fondamentale, come affermato.

Un campo vettoriale costante (o parallelo) lungo una curva è un campo che non varia. La seguente definizione formalizza quindi questa idea:

Definizione 5.1.5. Sia $\sigma: I \to S$ una curva di classe C^∞ in una superficie S. Un campo vettoriale $\xi \in \mathcal{T}(\sigma)$ lungo σ è *parallelo* se $D\xi \equiv O$. Più in generale, se $\sigma: I \to S$ è una curva di classe C^∞ a tratti, un campo vettoriale $\xi \in \mathcal{T}(\sigma)$ è *parallelo* se lo è ristretto a tutti i sottointervalli di I ove σ è C^∞.

Il prossimo risultato mostra non solo che campi vettoriali paralleli lungo una curva esistono (e ne esistono tanti), ma anche che si comportano nei confronti della prima forma fondamentale in modo coerente con l'idea intuitiva di campo parallelo:

Proposizione 5.1.6. *Sia $\sigma: I \to S$ una curva di classe C^∞ a tratti in una superficie S. Allora:*

(i) *Dato $t_0 \in I$ e $v \in T_{\sigma(t_0)}S$, esiste un unico campo vettoriale $\xi \in \mathcal{T}(\sigma)$ parallelo tale che $\xi(t_0) = v$.*

(ii) *Se $\xi, \tilde{\xi} \in \mathcal{T}(\sigma)$ sono campi vettoriali paralleli lungo σ, il prodotto scalare $\langle \xi, \tilde{\xi} \rangle_\sigma$ è costante. In particolare, la norma di un campo parallelo è costante.*

Dimostrazione. (i) Supponiamo per il momento che σ sia di classe C^∞. La (5.2) dice che localmente $D\xi \equiv O$ è un sistema di due equazioni differenziali ordinarie lineari; quindi l'asserto segue dal solito Teorema 1.3.36 di esistenza e unicità delle soluzioni dei sistemi lineari di equazioni differenziali ordinarie. Infatti, prima di tutto il Teorema 1.3.36 ci assicura l'esistenza di un'unica soluzione definita su un sottointervallo $\tilde{I}$ di I contenente t_0 e tale che $\sigma(\tilde{I})$ sia contenuto nell'immagine di una parametrizzazione locale. Sia ora $I_0 \subset I$ l'intervallo massimale contenente t_0 su cui sia definito un campo vettoriale ξ parallelo tale che $\xi(t_0) = v$. Se $I_0 \neq I$, sia $t_1 \in I$ un estremo di I_0 e prendiamo una parametrizzazione locale $\psi \colon V \to S$ centrata in $\sigma(t_1)$. Allora esiste sicuramente un $t_2 \in I_0$ tale che $\sigma(t_2) \in \psi(V)$, e il Teorema 1.3.36 ci assicura l'esistenza di un unico campo vettoriale $\tilde{\xi}$ definito su $\sigma^{-1}\big(\psi(V)\big)$ tale che $\tilde{\xi}(t_2) = \xi(t_2)$; in particolare, $\tilde{\xi}$ è definito anche in t_1. Ma l'unicità ci assicura che $\tilde{\xi}$ e ξ coincidono sull'intersezione degli intervalli di definizione, per cui $\tilde{\xi}$ estende ξ anche a un intorno di t_1, contro l'ipotesi che t_1 fosse un estremo di I_0. Quindi $I_0 = I$, come affermato.

In generale, se σ è di classe C^∞ a tratti, basta applicare il ragionamento precedente a ciascun sottointervallo di I su cui σ è di classe C^∞ (cominciando da un intervallo contenente t_0) per costruire il campo parallelo $\xi \in \mathcal{T}(\sigma)$ cercato.

(ii) La (5.1) implica

$$\frac{\mathrm{d}}{\mathrm{d}t}\langle\xi,\tilde{\xi}\rangle_\sigma = \langle D\xi,\tilde{\xi}\rangle_\sigma + \langle\xi,D\tilde{\xi}\rangle_\sigma \equiv 0\ ,$$

perché $D\xi$, $D\tilde{\xi} \equiv O$, e $\langle\xi,\tilde{\xi}\rangle_\sigma$ è costante.   □

Siamo ora in grado di definire le curve che svolgono sulle superfici il ruolo analogo a quello svolto dalle rette nel piano: le curve con vettore tangente parallelo.

Definizione 5.1.7. Una *geodetica* su una superficie S è una curva $\sigma \colon I \to S$ di classe C^∞ tale che $\sigma' \in \mathcal{T}(\sigma)$ sia parallelo, cioè tale che $D\sigma' \equiv O$.

Osservazione 5.1.8. Tradizionalmente, in cartografia le geodetiche sono le rotte più brevi fra due punti della Terra. Vedremo nella prossima sezione che (quando esistono) le curve più brevi che congiungono due punti di una superficie sono geodetiche anche nel nostro senso; e, viceversa, ogni geodetica come l'abbiamo appena definita è localmente la curva più breve che congiunge due punti del suo sostegno.

Ovviamente, come prima cosa dobbiamo far vedere che le geodetiche esistono. Sia $\sigma \colon I \to S$ una curva di classe C^∞ il cui sostegno sia contenuto nell'immagine di una parametrizzazione locale $\varphi \colon U \to S$. Allora (5.2) ci dice che $\sigma = \varphi(\sigma_1, \sigma_2)$ è una geodetica se e solo se soddisfa il seguente sistema di equazioni differenziali, detto *equazione delle geodetiche:* è

$$\sigma_j'' + \sum_{h,k=1}^{2}(\Gamma_{hk}^j \circ \sigma)\sigma_h'\sigma_k' = 0\ , \qquad j = 1, 2\ . \tag{5.3}$$

Questo è un sistema di equazioni differenziali ordinarie non lineari, del second'ordine. Possiamo trasformarlo in un sistema di equazioni differenziali ordinarie del primo ordine introducendo delle variabili ausiliarie v_1, v_2 per rappresentare le componenti di σ'. In altre parole, ci riconduciamo al sistema equivalente del primo ordine

$$\begin{cases} v'_j + \displaystyle\sum_{h,k=1}^{2} \left(\Gamma^j_{hk} \circ \sigma \right) v_h v_k = 0 \,, & j = 1, 2 \,, \\ \sigma'_j = v_j \,, & j = 1, 2 \,. \end{cases} \tag{5.4}$$

È quindi naturale ricorrere al Teorema 4.9.1, che riportiamo qui in una versione semplificata (ottenuta prendendo $V_0 = \Omega_1$ e $b = \mathrm{id}_{V_0}$) sufficiente per i nostri scopi:

Teorema 5.1.9. *Dati un aperto $U \subseteq \mathbb{R}^n$ e funzioni $a_1, \ldots, a_n \in C^\infty(U)$, si consideri il seguente problema di Cauchy per una curva $\sigma \colon I \to U$:*

$$\begin{cases} \dfrac{d\sigma_j}{dt}(t) = a_j\big(\sigma(t)\big) \,, & j = 1, \ldots, n \,, \\ \sigma(t_0) = x \in U \,. \end{cases} \tag{5.5}$$

Allora:

(i) *per ogni $t_0 \in \mathbb{R}$ e $x_0 \in U$ esistono $\delta > 0$ e un intorno aperto $U_0 \subseteq U$ di x_0 tali che per ogni $x \in U_0$ esiste una curva $\sigma_x \colon (t_0 - \delta, t_0 + \delta) \to U$ di classe C^∞ soluzione di (5.5);*

(ii) *l'applicazione $\Sigma \colon U_0 \times (t_0 - \delta, t_0 + \delta) \to U$ data da $\Sigma(x, t) = \sigma_x(t)$ è di classe C^∞;*

(iii) *due soluzioni di (5.5) coincidono sempre nell'intersezione dei loro domini di definizione.*

Di conseguenza:

Proposizione 5.1.10. *Sia $S \subset \mathbb{R}^3$ una superficie. Allora per ogni $p \in S$ e $v \in T_pS$ esiste una geodetica $\sigma \colon I \to S$ tale che $0 \in I$, $\sigma(0) = p$ e $\sigma'(0) = v$. Inoltre, se $\tilde{\sigma} \colon \tilde{I} \to S$ è un'altra geodetica soddisfacente le stesse condizioni allora σ e $\tilde{\sigma}$ coincidono in $I \cap \tilde{I}$. In particolare, per ogni $p \in S$ e $v \in T_pS$ esiste un intervallo aperto massimale $I_v \subseteq \mathbb{R}$ e un'unica geodetica $\sigma_v \colon I_v \to S$ tale che $\sigma_v(0) = p$ e $\sigma'_v(0) = v$.*

Dimostrazione. Il Teorema 5.1.9 applicato a (5.4) ci dice che esistono $\varepsilon > 0$ e una curva $\sigma \colon (-\varepsilon, \varepsilon) \to U \subset S$ che è soluzione di (5.3) con condizioni iniziali $\sigma(0) = p$ e $\sigma'(0) = v$. Inoltre, se $\tilde{\sigma}$ è un'altra geodetica che soddisfa le stesse condizioni iniziali allora σ e $\tilde{\sigma}$ coincidono in un qualche intorno di 0. Sia I_0 il massimo intervallo contenuto in $I \cap \tilde{I}$ su cui σ e $\tilde{\sigma}$ coincidono. Se I_0 fosse strettamente contenuto in $I \cap \tilde{I}$, esisterebbe un estremo t_0 di I_0 contenuto

in $I \cap \tilde{I}$, e potremmo applicare il solito Teorema 5.1.9 con condizioni inizia-
li $\sigma(t_0)$ e $\sigma'(t_0)$. Ma allora σ e $\tilde{\sigma}$ coinciderebbero anche in un intorno di t_0,
contro la definizione di I_0. Quindi $I_0 = I \cap \tilde{I}$, per cui esiste un'unica geodetica
massimale uscente da un punto tangente a una data direzione. $\square$

Un'osservazione che va fatta subito è che siccome il concetto di derivata
covariante (e quindi quello di parallelismo) è intrinseco, le isometrie locali
mandano geodetiche in geodetiche:

Proposizione 5.1.11. *Siano $H: S \to \tilde{S}$ un'isometria locale fra superfici,
e $\sigma: I \to S_1$ una curva di classe C^∞ a tratti. Allora per ogni $\xi \in \mathcal{T}(\sigma)$ si
ha $\mathrm{d}H_\sigma(\xi) \in \mathcal{T}(H \circ \sigma)$ e $D(\mathrm{d}H_\sigma(\xi)) = \mathrm{d}H_\sigma(D\xi)$. In particolare, ξ è parallelo
lungo σ se e solo se $\mathrm{d}H_\sigma(\xi)$ è parallelo lungo $H \circ \sigma$, e σ è una geodetica di S
se e solo se $H \circ \sigma$ è una geodetica di $\tilde{S}$.*

Dimostrazione. Scegliamo $t_0 \in I$ e una parametrizzazione locale $\varphi: U \to S_1$
centrata in $\sigma(t_0)$ in modo che $H|_{\varphi(U)}$ sia un'isometria con l'immagine. In
particolare, $\tilde{\varphi} = H \circ \varphi$ è una parametrizzazione locale di $\tilde{S}$ e, se indichiamo con Γ_{ij}^k i simboli di Christoffel di φ e con $\tilde{\Gamma}_{ij}^k$ i simboli di Christoffel
di $\tilde{\varphi}$, abbiamo $\tilde{\Gamma}_{ij}^k \circ H = \Gamma_{ij}^k$ per ogni i, j, $k = 1$, 2. Inoltre, (3.7) impli-
ca che la base $\tilde{\partial}_j|_{H \circ \sigma} = \mathrm{d}H_\sigma(\partial_j|_\sigma)$ per $j = 1$, 2, dove $\{\tilde{\partial}_1, \tilde{\partial}_2\}$ è la base
indotta da $\tilde{\varphi}$, per cui se scriviamo $\sigma = \varphi(\sigma_1, \sigma_2)$ e $\xi = \xi_1 \partial_1|_\sigma + \xi_2 \partial_2|_\sigma$ ot-
teniamo $H \circ \varphi = \tilde{\varphi}(\sigma_1, \sigma_2)$ e $\mathrm{d}H_\sigma(\xi) = \xi_1 \tilde{\partial}_1|_{H \circ \sigma} + \xi_2 \tilde{\partial}_2|_{H \circ \sigma}$. Allora (5.2)
dà

$$
\mathrm{d}H_{\sigma(t_0)}\big(D\xi(t_0)\big) = \sum_{k=1}^{2} \left[\frac{\mathrm{d}\xi_k}{\mathrm{d}t}(t_0) + \sum_{i,j=1}^{2} \Gamma_{ij}^k\big(\sigma(t_0)\big)\sigma_i'(t_0)\xi_j(t_0) \right] \tilde{\partial}_k|_{H(\sigma(t_0))}
$$

$$
= \sum_{k=1}^{2} \left[\frac{\mathrm{d}\xi_k}{\mathrm{d}t}(t_0) + \sum_{i,j=1}^{2} \tilde{\Gamma}_{ij}^k\big(H(\sigma(t_0))\big)\sigma_i'(t_0)\xi_j(t_0) \right] \tilde{\partial}_k|_{H(\sigma(t_0))}
$$

$$
= D\big(\mathrm{d}H_{\sigma(t_0)}\big(\xi(t_0)\big)\big) ,
$$

come voluto. In particolare, essendo $\mathrm{d}H$ iniettivo, abbiamo $D\xi \equiv O$ se e solo
se $D(\mathrm{d}H_\sigma(\xi)) \equiv O$, e $D\big((H \circ \sigma)'\big) \equiv O$ se e solo se $D\sigma' \equiv O$, e ci siamo. $\square$

La prossima proposizione contiene alcune proprietà elementari delle geodetiche, utili le (rare) volte in cui si riescono a determinare esplicitamente:

Proposizione 5.1.12. *Sia $\sigma: I \to S$ una curva di classe C^∞ in una superficie S. Allora:*

(i) *σ è una geodetica se e solo se σ'' è sempre ortogonale alla superficie, cioè
se e solo se $\sigma''(t) \perp T_{\sigma(t)}S$ per ogni $t \in I$;*

(ii) *se σ è una geodetica allora è parametrizzata rispetto a un multiplo della
lunghezza d'arco, cioè $\|\sigma'\|$ è costante.*

Dimostrazione. (i) Segue dalla definizione di $D\sigma'$ come proiezione ortogonale di σ'' sui piani tangenti a S.

(ii) Segue subito dalla Proposizione 5.1.6.(ii).   □

Vediamo ora alcuni esempi di geodetiche.

Esempio 5.1.13. Se σ è una curva regolare con sostegno contenuto in un piano H, il vettore σ'' può essere ortogonale a H solo se è nullo (perché?). Quindi le geodetiche di un piano sono le curve con derivata seconda identicamente nulla, cioè le rette (parametrizzate rispetto a un multiplo della lunghezza d'arco). Questo lo si può dedurre anche dall'equazione delle geodetiche notando che i simboli di Christoffel di un piano sono identicamente nulli.

Più in generale, una retta (parametrizzata rispetto a un multiplo della lunghezza d'arco) contenuta in una superficie S è sempre una geodetica, in quanto ha derivata seconda identicamente nulla.

Esempio 5.1.14. Vogliamo determinare tutte le geodetiche di un cilindro circolare retto S parametrizzato come nell'Esempio 4.1.9. Prima di tutto, l'esempio precedente ci dice che i meridiani del cilindro (le rette verticali contenute nel cilindro) parametrizzati rispetto a un multiplo della lunghezza d'arco sono geodetiche. Anche i paralleli (le circonferenze ottenute intersecando il cilindro con un piano ortogonale all'asse) parametrizzati rispetto a un multiplo della lunghezza d'arco sono geodetiche: infatti, la loro derivata seconda è parallela al raggio, e quindi al versore normale del cilindro (vedi l'Esempio 4.4.9), per cui possiamo applicare la Proposizione 5.1.12.(i).

Vogliamo determinare ora le geodetiche uscenti dal punto $p_0 = (1,0,0)$. Ora, l'applicazione $H\colon \mathbb{R}^2 \to S$ data da $H(x_1, x_2) = (\cos x_1, \sin x_1, x_2)$ è, grazie all'Esempio 4.1.16, un'isometria locale, e quindi (Proposizione 5.1.11) manda geodetiche in geodetiche. Le geodetiche uscenti dall'origine nel piano sono le rette $t \mapsto (at, bt)$, con $(a,b) \neq (0,0)$; quindi le curve

$$\sigma_{a,b}(t) = \big(\cos(at), \sin(at), bt\big)$$

sono geodetiche del cilindro uscenti da p_0. Siccome si verifica facilmente che per ogni $v \in T_{p_0}S$ esiste una coppia $(a,b) \in \mathbb{R}^2$ tale che $\sigma'_{a,b}(0) = v$, la Proposizione 5.1.10 ci assicura che abbiamo ottenuto tutte le geodetiche uscenti da p_0 (e quindi se non sono un parallelo o un meridiano sono delle eliche circolari).

Infine, tramite una traslazione e una rotazione, che sono chiaramente isometrie, possiamo portare p_0 in qualsiasi altro punto p del cilindro, e le geodetiche uscenti da p si ottengono come rotazione e traslazione delle geodetiche uscenti da p_0. Riassumendo, le geodetiche del cilindro sono i meridiani, i paralleli, e le eliche circolari contenute nel cilindro.

Esempio 5.1.15. Le geodetiche sulla sfera sono tutti e soli i cerchi massimi, parametrizzati rispetto a un multiplo della lunghezza d'arco. Infatti, un cerchio massimo è dato dall'intersezione della sfera con un piano passante per il centro della sfera, e quindi la sua derivata seconda è parallela al versore normale della sfera (vedi l'Esempio 4.4.8), e possiamo nuovamente applicare la Proposizione 5.1.12.(i). D'altra parte, dato un punto e una direzione tangente esiste sempre un cerchio massimo passante per quel punto e tangente a quella direzione, per cui non ci sono altre geodetiche.

Esempio 5.1.16. Per dare un'idea di quanto possa essere difficile calcolare esplicitamente le geodetiche anche in casi semplici, scriviamo l'equazione delle geodetiche per il grafico Γ_h di una funzione $h \in C^\infty(U)$ definita su un aperto U di $\mathbb{R}^2$. Ricordando l'Esempio 4.6.7 le (5.3) diventano

$$\sigma_j'' + \frac{1}{1 + \|(\nabla h) \circ \sigma\|^2} \left(\frac{\partial h}{\partial x_k} \circ \sigma \right) \langle (\mathrm{Hess}(h) \circ \sigma) \cdot \sigma', \sigma' \rangle = 0 \,, \quad j = 1, 2 \,,$$

che è un sistema di equazioni differenziali praticamente impossibile da risolvere esplicitamente tranne in casi molto particolari.

Esempio 5.1.17 (Geodetiche delle superfici di rotazione). Vogliamo studiare le geodetiche su una superficie di rotazione, ottenuta ruotando attorno all'asse z la curva $\sigma(t) = \big(\alpha(t), 0, \beta(t)\big)$ con $\alpha(t) > 0$ sempre. Sia $\varphi \colon \mathbb{R}^2 \to \mathbb{R}^3$ la solita superficie immersa con sostegno S data da $\varphi(t, \theta) = \big(\alpha(t) \cos \theta, \alpha(t) \sin \theta, \beta(t)\big)$, le cui restrizioni forniscono parametrizzazioni locali per S come mostrato nell'Esempio 3.1.18. Usando i simboli di Christoffel calcolati nell'Esempio 4.6.10 vediamo che una curva $\tau(s) = \varphi\big(t(s), \theta(s)\big)$ parametrizzata rispetto a un multiplo della lunghezza d'arco è una geodetica se e solo se

$$\begin{cases} t'' + \left(\dfrac{\alpha'\alpha'' + \beta'\beta''}{(\alpha')^2 + (\beta')^2} \circ t \right) (t')^2 - \left(\dfrac{\alpha\alpha'}{(\alpha')^2 + (\beta')^2} \circ t \right) (\theta')^2 = 0 \,, \\ \theta'' + \left(\dfrac{2\alpha'}{\alpha} \circ t \right) \theta' t' = 0 \,. \end{cases} \quad (5.6)$$

In particolare, se la curva σ è parametrizzata rispetto alla lunghezza d'arco l'equazione delle geodetiche per le superfici di rotazione si riduce a

$$\begin{cases} t'' - \big((\alpha\dot{\alpha}) \circ t\big)(\theta')^2 = 0 \,, \\ \theta'' + \left(\dfrac{2\dot{\alpha}}{\alpha} \circ t \right) \theta' t' = 0 \,. \end{cases} \quad (5.7)$$

Vediamo quali conseguenze possiamo trarre da queste equazioni.

– I meridiani, cioè le curve $\tau(s) = \varphi\big(t(s), \theta_0\big)$ con $\theta_0 \in \mathbb{R}$ costante, parametrizzati rispetto a un multiplo della lunghezza d'arco sono geodetiche. Infatti, la seconda delle (5.7) è chiaramente soddisfatta. Inoltre, dire che τ è parametrizzata rispetto a un multiplo della lunghezza d'arco equivale a dire che $E(t')^2 \equiv k^2$ per un qualche $k \in \mathbb{R}^+$ cioè, grazie all'Esempio 4.1.13, $(t')^2 \equiv k^2$. Quindi $2t't'' \equiv 0$, da cui deduciamo $t'' \equiv 0$ (perché?), e anche la prima delle (5.7) è soddisfatta.

– Vediamo quando un parallelo, cioè una curva $\tau(s) = \varphi\big(t_0, \theta(s)\big)$ con $t_0 \in \mathbb{R}$
costante, parametrizzata rispetto a un multiplo della lunghezza d'arco, è
una geodetica. La seconda delle (5.7) ci dice che θ' dev'essere costante; inoltre, essendo τ parametrizzata rispetto a un multiplo della lunghezza d'arco,
si deve avere $G(\theta')^2 \equiv k^2$ per qualche $k \in \mathbb{R}^+$, per cui l'Esempio 4.1.13
implica $|\theta'| \equiv k/\alpha(t_0)$. La prima delle (5.7) allora diventa $\dot\alpha(t_0)/\alpha(t_0) = 0$,
cioè $\dot\alpha(t_0) = 0$. Abbiamo quindi dimostrato che τ è una geodetica se e solo
se t_0 è un punto critico di α, o, in altre parole, che *un parallelo (parametriz-*
zato rispetto a un multiplo della lunghezza d'arco) è una geodetica se e solo
se è ottenuto ruotando un punto in cui il vettore tangente della generatrice
sia parallelo all'asse di rotazione della superficie; vedi la Fig. 5.1.

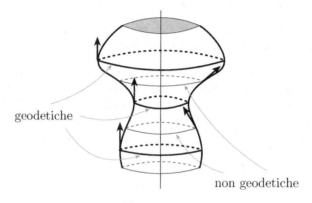

geodetiche

non geodetiche

Figura 5.1.

– A parte il caso dei meridiani e dei paralleli, è alquanto raro poter risolvere
esplicitamente (5.7). È però possibile dedurre da quelle equazioni diverse
informazioni sul comportamento qualitativo delle geodetiche sulle superfici
di rotazione; vediamo come. Siccome α non si annulla mai, possiamo mol-
tiplicare la seconda delle (5.7) per $\alpha^2 \circ t$, ottenendo $(\theta'\alpha^2 \circ t)' \equiv 0$; quindi
la quantità $\alpha^2\theta'$ è costante lungo ogni geodetica. In altre parole, (5.7) è
equivalente a
$$\begin{cases} t'' = c^2 \dfrac{\dot\alpha}{\alpha^3} \circ t\,, & c \in \mathbb{R}\,, \\[2mm] \theta' = \dfrac{c}{\alpha^2 \circ t}\,. \end{cases}$$
La costante c (che cambia da geodetica a geodetica) ha un significato geo-
metrico. Per trovarlo, notiamo prima di tutto che $c = 0$ corrisponde a θ
costante, cioè ai meridiani. D'altra parte, $\alpha\big(t(s)\big)$ è il raggio del parallelo
passante per $\tau(s)$, parametrizzato da $\theta \mapsto \varphi\big(t(s), \theta\big)$; quindi l'angolo $\psi(s)$
fra la geodetica τ e il parallelo passante per $\tau(s)$ è tale che
$$\cos\psi = \frac{\langle \tau', \partial/\partial\theta \rangle_\tau}{\|\tau'\|\sqrt{G}} = \frac{1}{\|\tau'\|}\theta'(\alpha \circ t) = \frac{c}{\|\tau'\|\,\alpha \circ t}\,,$$

con $\|\tau'\|$ costante, grazie a $\dot\tau = \dot t(\partial/\partial t) + \dot\theta(\partial/\partial\theta)$ e all'Esempio 4.1.13, per cui

$$\alpha\cos\psi = \text{cost.} \tag{5.8}$$

lungo la geodetica. Abbiamo quindi ottenuto l'importante *relazione di Clairaut: per ogni geodetica di una superficie di rotazione il prodotto $\alpha\cos\psi$ del coseno dell'angolo fra il parallelo e la geodetica e il raggio del parallelo è costante.*

La relazione di Clairaut è molto utile per lo studio qualitativo del comportamento delle geodetiche sulle superfici di rotazione. Per esempio, se $\tau\colon I \to S$ è una geodetica uscente da $p_0 = \tau(s_0)$ in una direzione che forma un angolo ψ_0 col parallelo per p_0 otteniamo subito che

$$\forall s \in I \qquad \alpha\big(t(s)\big) \geq |c|/\|\tau'\| = \alpha(p_0)|\cos\psi_0|\,,$$

cioè *la geodetica τ non può mai intersecare paralleli con raggio minore di $\alpha(p_0)|\cos\psi_0|$.* Altre applicazioni della relazione di Clairaut sono descritte nel Problema 5.3 e nell'Esercizio 5.1.

Vogliamo introdurre ora una misura di quanto una curva si discosta dall'essere una geodetica. Cominciamo con la

Proposizione 5.1.18. *Sia $\sigma\colon I \to S$ una curva regolare in una superficie S. Allora σ è una geodetica se e solo se è parametrizzata rispetto a un multiplo della lunghezza d'arco e la sua curvatura κ coincide con il modulo della sua curvatura normale $|\kappa_n|$.*

Dimostrazione. Siccome l'enunciato è locale, possiamo supporre S orientabile. Sia N un campo di versori normali su S; nota che il modulo della curvatura normale non dipende dalla scelta di N, e che vale la formula

$$\kappa_n = \langle \ddot\sigma, N \circ \sigma \rangle = \frac{\langle \sigma'', N \circ \sigma \rangle}{\|\sigma'\|^2}\,, \tag{5.9}$$

in quanto

$$\ddot\sigma = \frac{\sigma''}{\|\sigma'\|^2} + \big(\log\|\sigma'\|\big)' \sigma' \tag{5.10}$$

e σ' è ortogonale a $N\circ\sigma$. La Proposizione 5.1.12.(i) ci dice che la curva σ è una geodetica se e solo se σ'' è parallelo a $N \circ \sigma$. Inoltre, (5.10) implica che $\|\sigma'\|$ è costante se e solo se $\ddot\sigma = \sigma''/\|\sigma'\|^2$, nel qual caso si ha $\kappa = \|\ddot\sigma\| = \|\sigma''\|/\|\sigma'\|^2$.

Supponiamo allora che σ sia una geodetica. Dunque σ'' è parallelo a $N\circ\sigma$, per cui $|\langle \sigma'', N \circ \sigma \rangle| = \|\sigma''\|$. Inoltre, la Proposizione 5.1.12.(ii) dice che $\|\sigma'\|$ è costante; quindi $\kappa = \|\sigma''\|/\|\sigma'\|^2$ e la formula (5.9) implica

$$|\kappa_n| = \frac{|\langle \sigma'', N \circ \sigma \rangle|}{\|\sigma'\|^2} = \frac{\|\sigma''\|}{\|\sigma'\|^2} = \kappa\,.$$

Viceversa, se $\|\sigma'\|$ è costante e $|\kappa_n| \equiv \kappa$, la (5.9) dà $|\langle\sigma'', N\circ\sigma\rangle| \equiv \|\sigma''\|$, che può avvenire solo se σ'' è parallela a $N \circ \sigma$, e quindi, grazie alla Proposizione 5.1.12.(i), solo se σ è una geodetica. $\qquad\square$

Dunque si può constatare quanto una curva disti dall'essere una geodetica misurando quanto la curvatura della curva differisce dalla sua curvatura normale. Vogliamo quantificare questa osservazione.

Sia $\sigma: I \to S$ una curva regolare su una superficie orientata S, e $N: I \to \mathbb{R}^3$ un campo di versori normali lungo σ, cioè un'applicazione di classe C^∞ tale che $\|N(t)\| = 1$ e $N(t) \perp T_{\sigma(t)}S$ per ogni $t \in I$. Se $\xi \in \mathcal{T}(\sigma)$ è un campo di *versori* lungo σ, derivando $\langle \xi, \xi \rangle_\sigma \equiv 1$ ricordando (5.1) si ottiene

$$0 = \frac{\mathrm{d}}{\mathrm{d}t} \langle \xi, \xi \rangle_\sigma = 2 \langle D\xi, \xi \rangle_\sigma \ .$$

Dunque $D\xi$ è ortogonale sia a N che a ξ; quindi deve esistere una funzione $\lambda: I \to \mathbb{R}$ tale che $D\xi = \lambda N \wedge \xi$. Per la precisione, siccome $N \wedge \xi$ è un versore, otteniamo $\lambda = \langle D\xi, N \wedge \xi \rangle_\sigma$, e in particolare λ è di classe C^∞.

Definizione 5.1.19. Sia $\sigma: I \to S$ una curva regolare parametrizzata rispetto alla lunghezza d'arco su una superficie orientata S, e sia $N: I \to \mathbb{R}^3$ un campo di versori normali lungo σ. La *curvatura geodetica* di σ è la funzione $\kappa_g: I \to \mathbb{R}$ data da

$$\kappa_g = \langle D\dot\sigma, N \wedge \dot\sigma \rangle = \langle \ddot\sigma, N \wedge \dot\sigma \rangle \ ,$$

in modo che si abbia

$$D\dot\sigma = \kappa_g N \wedge \dot\sigma \ .$$

Osservazione 5.1.20. Nota che sostituendo N con $-N$ la curvatura geodetica cambia di segno, per cui il *modulo* della curvatura geodetica è ben definito anche su superfici non orientabili. Inoltre, la curvatura geodetica cambia di segno anche invertendo l'orientazione della curva.

In particolare, $\|D\dot\sigma\|^2 = \kappa_g^2$. Siccome $\ddot\sigma = D\dot\sigma + \langle \ddot\sigma, N \rangle N$ è una decomposizione ortogonale, e abbiamo $\|\ddot\sigma\|^2 = \kappa^2$ e $|\langle \ddot\sigma, N \rangle|^2 = |\kappa_n|^2$, si ricava subito il seguente

Corollario 5.1.21. *Sia* $\sigma: I \to S$ *una curva parametrizzata rispetto alla lunghezza d'arco in una superficie* S. *Allora*

$$\kappa^2 = \kappa_n^2 + \kappa_g^2 \ . \tag{5.11}$$

In particolare, una curva σ *parametrizzata rispetto alla lunghezza d'arco è una geodetica se e solo se la sua curvatura geodetica è identicamente nulla.*

Nel seguito ci servirà una formula esplicita per il calcolo della curvatura geodetica. Per ottenerla, cominciamo con il

Lemma 5.1.22. *Sia* $\varphi: U \to S$ *una parametrizzazione locale ortogonale di una superficie* S, *e poniamo* $X_j = \partial_j / \|\partial_j\|$ *per* $j = 1, 2$. *Sia poi* $\sigma: I \to \varphi(U) \subseteq S$ *una curva regolare parametrizzata rispetto alla lunghezza d'arco, e scriviamo* $\sigma(s) = \varphi(\sigma_1(s), \sigma_2(s))$ *e* $\xi_j = X_j \circ \sigma \in \mathcal{T}(\sigma)$. *Allora*

$$\langle D\xi_1, \xi_2 \rangle_\sigma = \frac{1}{2\sqrt{EG}} \left[\dot\sigma_2 \frac{\partial G}{\partial x_1} - \dot\sigma_1 \frac{\partial E}{\partial x_2} \right] \ .$$

Dimostrazione. Abbiamo

$$\langle D\xi_1, \xi_2\rangle_\sigma = \left\langle \frac{\mathrm{d}(X_1 \circ \sigma)}{\mathrm{d}s}, X_2 \right\rangle_\sigma = \left\langle \frac{\partial X_1}{\partial x_1}, X_2 \right\rangle_\sigma \dot\sigma_1 + \left\langle \frac{\partial X_1}{\partial x_2}, X_2 \right\rangle_\sigma \dot\sigma_2 \,.$$

Derivando $F = \langle \partial_1, \partial_2 \rangle \equiv 0$ rispetto a x_1 troviamo

$$\left\langle \frac{\partial^2\varphi}{\partial x_1^2}, \frac{\partial\varphi}{\partial x_2} \right\rangle = -\left\langle \frac{\partial\varphi}{\partial x_1}, \frac{\partial^2\varphi}{\partial x_1 \partial x_2} \right\rangle = -\frac{1}{2}\frac{\partial E}{\partial x_2} \,,$$

per cui

$$\left\langle \frac{\partial X_1}{\partial x_1}, X_2 \right\rangle = \left\langle \frac{\partial}{\partial x_1}\left(\frac{1}{\sqrt{E}}\frac{\partial\varphi}{\partial x_1} \right), \frac{1}{\sqrt{G}}\frac{\partial\varphi}{\partial x_2} \right\rangle = -\frac{1}{2\sqrt{EG}}\frac{\partial E}{\partial x_2} \,.$$

Analogamente si trova

$$\left\langle \frac{\partial X_1}{\partial x_2}, X_2 \right\rangle = \left\langle \frac{\partial}{\partial x_2}\left(\frac{1}{\sqrt{E}}\frac{\partial\varphi}{\partial x_1} \right), \frac{1}{\sqrt{G}}\frac{\partial\varphi}{\partial x_2} \right\rangle = \frac{1}{2\sqrt{EG}}\frac{\partial G}{\partial x_1} \,,$$

e ci siamo. $\square$

Ci serve anche un'altra definizione. Sia $S \subset \mathbb{R}^3$ una superficie orientata da una mappa di Gauss $N\colon S \to S^2$, e sia $\sigma\colon [a, b] \to S$ una curva parametrizzata rispetto alla lunghezza d'arco. Supponiamo di avere due campi vettoriali $\xi_1, \xi_2 \in \mathcal{T}(\sigma)$ lungo σ mai nulli; in particolare, $\{\xi_1(s), N(\sigma(s)) \wedge \xi_1(s)\}$ è una base ortogonale positiva di $T_{\sigma(s)}S$ per ogni $s \in [a, b]$, e possiamo scrivere

$$\frac{\xi_2}{\|\xi_2\|} = \frac{\langle \xi_1, \xi_2\rangle}{\|\xi_1\|\|\xi_2\|}\frac{\xi_1}{\|\xi_1\|} + \frac{\langle (N\circ\sigma)\wedge\xi_1, \xi_2\rangle}{\|\xi_1\|\|\xi_2\|}\frac{(N\circ\sigma)\wedge\xi_1}{\|\xi_1\|} \,.$$

Allora possiamo definire un'applicazione continua $\phi\colon [a, b] \to S^1$ ponendo

$$\phi = \left(\frac{\langle \xi_1, \xi_2\rangle}{\|\xi_1\|\|\xi_2\|}, \frac{\langle (N\circ\sigma)\wedge\xi_1, \xi_2\rangle}{\|\xi_1\|\|\xi_2\|} \right) \,.$$

Definizione 5.1.23. Una *determinazione continua dell'angolo da ξ_1 a ξ_2* è un qualsiasi sollevamento $\theta\colon [a, b] \to \mathbb{R}$ di ϕ (vedi la Proposizione 2.1.4). In particolare, per costruzione si ha

$$\frac{\xi_2}{\|\xi_2\|} = \cos\theta \frac{\xi_1}{\|\xi_1\|} + \sin\theta \frac{(N\circ\sigma)\wedge\xi_1}{\|\xi_1\|} \,.$$

Osservazione 5.1.24. Sia $\varphi\colon U \to S$ una parametrizzazione locale *ortogonale* di una superficie S, e $\sigma\colon [a, b] \to \varphi(U) \subseteq S$ una curva parametrizzata rispetto alla lunghezza d'arco. Se prendiamo come al solito $N = \partial_1 \wedge \partial_2 / \|\partial_1 \wedge \partial_2\|$, allora $N \wedge (\partial_1/\|\partial_1\|) = \partial_2/\|\partial_2\|$. Quindi ogni determinazione continua $\theta\colon [a, b] \to \mathbb{R}$ dell'angolo da $\partial_1|_\sigma$ a $\dot\sigma$ è tale che

$$\dot\sigma = \cos\theta \frac{\partial_1|_\sigma}{\|\partial_1|_\sigma\|} + \sin\theta \frac{\partial_2|_\sigma}{\|\partial_2|_\sigma\|} \,. \tag{5.12}$$

Possiamo quindi concludere questa sezione con la

Proposizione 5.1.25. *Sia $\varphi: U \to S$ una parametrizzazione locale ortogonale di una superficie S, e $\sigma: I \to \varphi(U) \subseteq S$ una curva parametrizzata rispetto alla lunghezza d'arco. Scriviamo $\sigma(s) = \varphi(\sigma_1(s), \sigma_2(s))$; allora la curvatura geodetica di σ è data da*

$$\kappa_g = \frac{1}{2\sqrt{EG}} \left[\dot{\sigma}_2 \frac{\partial G}{\partial x_1} - \dot{\sigma}_1 \frac{\partial E}{\partial x_2} \right] + \frac{d\theta}{ds} ,$$

dove $\theta: I \to \mathbb{R}$ è una determinazione continua dell'angolo da $\partial_1|_\sigma$ a $\dot{\sigma}$.

Dimostrazione. Poniamo $\xi_1 = \partial_1|_\sigma / \|\partial_1|_\sigma\|$, $\xi_2 = \partial_2|_\sigma / \|\partial_2|_\sigma\|$, e $N = \xi_1 \wedge \xi_2$; in particolare, $N \wedge \xi_1 = \xi_2$ e $N \wedge \xi_2 = -\xi_1$. Ricordando (5.12) otteniamo

$$N \wedge \dot{\sigma} = -(\sin\theta)\xi_1 + (\cos\theta)\xi_2 ,$$
$$\ddot{\sigma} = -(\sin\theta)\dot{\theta}\xi_1 + (\cos\theta)\dot{\xi}_1 + (\cos\theta)\dot{\theta}\xi_2 + (\sin\theta)\dot{\xi}_2 ,$$

e

$$D\dot{\sigma} = -(\sin\theta)\dot{\theta}\xi_1 + (\cos\theta)D\xi_1 + (\cos\theta)\dot{\theta}\xi_2 + (\sin\theta)D\xi_2 .$$

Inoltre derivando $\langle \xi_1, \xi_1 \rangle_\sigma \equiv \langle \xi_2, \xi_2 \rangle_\sigma \equiv 1$ e $\langle \xi_1, \xi_2 \rangle_\sigma \equiv 0$ otteniamo

$$\langle D\xi_1, \xi_1 \rangle_\sigma = \langle D\xi_2, \xi_2 \rangle_\sigma \equiv 0 \quad \text{e} \quad \langle D\xi_1, \xi_2 \rangle_\sigma = -\langle \xi_1, D\xi_2 \rangle_\sigma ,$$

per cui

$$\begin{aligned} \kappa_g &= \langle D\dot{\sigma}, N \wedge \dot{\sigma} \rangle_\sigma \\ &= (\sin\theta)^2 \dot{\theta} + (\cos\theta)^2 \langle D\xi_1, \xi_2 \rangle_\sigma + (\cos\theta)^2 \dot{\theta} - (\sin\theta)^2 \langle \xi_1, D\xi_2 \rangle_\sigma \\ &= \langle D\xi_1, \xi_2 \rangle_\sigma + \dot{\theta} . \end{aligned}$$

La tesi segue allora dal Lemma 5.1.22.   □

5.2 Proprietà di minimizzazione

Scopo di questa sezione è mantenere una promessa: dimostreremo che le curve più brevi fra due punti di una superficie sono delle geodetiche, e che il viceversa vale localmente.

La Proposizione 5.1.10 ci dice che per ogni $p \in S$ e $v \in T_p S$ esiste un'unica geodetica massimale $\sigma_v: I_v \to S$ con $\sigma_v(0) = p$ e $\sigma_v'(0) = v$. Una conseguenza del prossimo lemma è che il sostegno di σ_v dipende solo dalla direzione di v:

Lemma 5.2.1. *Sia $S \subset \mathbb{R}^3$ una superficie, $p \in M$ e $v \in T_p M$. Allora:*

(i) *per ogni c, $t \in \mathbb{R}$ si ha*

$$\sigma_{cv}(t) = \sigma_v(ct) \tag{5.13}$$

non appena uno dei due membri è definito;

(ii) *se σ_v è definita in $t \in \mathbb{R}$ e $s \in \mathbb{R}$, allora σ_v è definita in $s + t$ se e solo se $\sigma_{\sigma_v'(t)}$ è definita in s, e in tal caso si ha*

$$\sigma_{\sigma_v'(t)}(s) = \sigma_v(t + s) \ . \tag{5.14}$$

Osservazione 5.2.2. La frase "σ_v è definita in $t \in \mathbb{R}$" significa che esiste un intervallo aperto contenente l'origine e t su cui σ_v è definita.

Dimostrazione (del Lemma 5.2.1). (i) Se $c = 0$ non c'è nulla da dimostrare. Se $c \neq 0$, cominciamo col dimostrare che (5.13) vale non appena $\sigma_v(ct)$ esiste. Poniamo $\tilde{\sigma}(t) = \sigma_v(ct)$; chiaramente $\tilde{\sigma}(0) = p$ e $\tilde{\sigma}'(0) = cv$, per cui basta dimostrare che $\tilde{\sigma}$ è una geodetica. Ma infatti

$$D\tilde{\sigma}'(t) = \pi_{\tilde{\sigma}(t)}\left(\frac{\mathrm{d}^2\tilde{\sigma}}{\mathrm{d}t^2}(t)\right) = c^2\pi_{\sigma_v(ct)}\left(\frac{\mathrm{d}^2\sigma_v}{\mathrm{d}t^2}(ct)\right) = c^2 D\sigma_v'(ct) = O \ ,$$

e ci siamo.

Infine, supponiamo che $\sigma_{cv}(t)$ esista, e poniamo $v' = cv$ e $s = ct$. Allora $\sigma_{cv}(t) = \sigma_{v'}(c^{-1}s)$ esiste, per cui è uguale a $\sigma_{c^{-1}v'}(s) = \sigma_v(ct)$, e ci siamo.

(ii) Posto $I_v - t = \{s \in \mathbb{R} \mid s + t \in I_v\}$, la curva $\sigma \colon I_v - t \to S$ definita da $\sigma(s) = \sigma_v(s + t)$ è chiaramente una geodetica con $\sigma(0) = \sigma_v(t)$ e $\sigma'(0) = \sigma_v'(t)$; quindi $\sigma(s) = \sigma_{\sigma_v'(t)}(s)$ per ogni $s \in I_v - t$. Questo vuol dire che se σ_v è definita in $s + t$ allora $\sigma_{\sigma_v'(t)}$ è definita in s (cioè $I_v - t \subseteq I_{\sigma_v'(t)}$), e vale (5.14). In particolare, $-t \in I_v - t \subseteq I_{\sigma_v'(t)}$, per cui $\sigma_{\sigma_v'(t)}(-t) = p$ e $\sigma_{\sigma_v'(t)}'(-t) = \sigma_v'(0) = v$. Applicando lo stesso ragionamento a $\bigl(-t, \sigma_v(t)\bigr)$ invece di (t, p) otteniamo $I_{\sigma_v'(t)} + t \subseteq I_v$, per cui $I_{\sigma_v'(t)} + t = I_v$ (che vuol dire esattamente che σ_v è definita in $s+t$ se e solo se $\sigma_{\sigma_v'(t)}$ è definita in s), e (5.14) vale sempre. $\qquad\square$

In particolare, otteniamo $\sigma_v(t) = \sigma_{tv}(1)$ non appena uno dei due membri è definito; quindi studiare il comportamento di $\sigma_v(t)$ al variare di t equivale a studiare il comportamento di $\sigma_v(1)$ al variare della lunghezza di v. Questo suggerisce di considerare l'applicazione $v \mapsto \sigma_v(1)$ definita su un opportuno sottoinsieme di T_pS:

Definizione 5.2.3. Sia S una superficie, e $p \in S$. Indichiamo con

$$\mathcal{E}_p = \{v \in T_pS \mid 1 \in I_v\}$$

l'insieme dei vettori tangenti $v \in T_pS$ tali che σ_v sia definita in un intorno di $[0, 1]$. Allora la *mappa esponenziale* $\exp_p\colon \mathcal{E}_p \to S$ di S in p è definita da $\exp_p(v) = \sigma_v(1)$.

Osservazione 5.2.4. Il motivo della comparsa del termine "esponenziale" in questo contesto è legato alla geometria differenziale di varietà (l'equivalente multidimensionale delle superfici) di dimensione più alta. Per la precisione, si può definire in maniera naturale un concetto di geodetica anche sui gruppi compatti di matrici, quali per esempio il gruppo ortogonale $O(n)$, e si può dimostrare che la corrispondente mappa esponenziale nell'elemento neutro del gruppo è data proprio dall'esponenziale di matrici.

Possiamo dimostrare fin da subito che la mappa esponenziale ha buone proprietà:

Proposizione 5.2.5. *Sia $S \subset \mathbb{R}^3$ una superficie e $p \in S$. Allora:*

(i) *$\mathcal{E}_p$ è un intorno aperto stellato dell'origine in T_pS;*

(ii) *per ogni $v \in T_pS$ e $t_0 \in \mathbb{R}$ tali che σ_v sia definita in t_0 esistono $\delta > 0$ e una parametrizzazione locale $\varphi\colon U \to S$ centrata in p tali che, posto $w_0 = (\mathrm{d}\varphi_O)^{-1}(v)$, l'applicazione $(x,w,t) \mapsto \sigma_{\mathrm{d}\varphi_x(w)}(t)$ sia definita e di classe C^∞ su $U \times B(w_0,\delta) \times (t_0 - \delta, t_0 + \delta) \subset \mathbb{R}^2 \times \mathbb{R}^2 \times \mathbb{R} = \mathbb{R}^5$;*

(iii) *l'applicazione $\exp_p\colon \mathcal{E}_p \to S$ è di classe C^∞;*

(iv) *$\mathrm{d}(\exp_p)_O = \mathrm{id}$, e, in particolare, $\exp_p$ è un diffeomorfismo di un intorno di O in T_pS con un intorno di p in S.*

Dimostrazione. Il Lemma 5.2.1 implica subito che $\mathcal{E}_p$ è stellato rispetto all'origine. Introduciamo ora l'insieme

$$\mathcal{U} = \{(p,v,t_0) \mid p \in S, \ v \in T_pS, \ \sigma_v \text{è definita in } t_0 \in \mathbb{R}\},$$

e il sottoinsieme $\mathcal{W} \subseteq \mathcal{U}$ dei punti $(p,v,t_0) \in \mathcal{U}$ per cui esistono $\delta > 0$ e una parametrizzazione locale $\varphi\colon U \to S$ centrata in p tali che, posto $w_0 = (\mathrm{d}\varphi_O)^{-1}(v)$, l'applicazione $(x,w,t) \mapsto \sigma_{\mathrm{d}\varphi_x(w)}(t)$ sia di classe C^∞ nell'aperto $U \times B(w_0,\delta) \times (t_0 - \delta, t_0 + \delta) \subset \mathbb{R}^2 \times \mathbb{R}^2 \times \mathbb{R} = \mathbb{R}^5$.

Chiaramente, $\mathcal{E}_p = \pi\big(\mathcal{U} \cap (\{p\} \times T_pS \times \{1\})\big)$, dove $\pi\colon S \times \mathbb{R}^3 \times \mathbb{R}$ è la proiezione sul fattore centrale; d'altra parte, $\mathcal{W}_p = \pi\big(\mathcal{W} \cap (\{p\} \times T_pS \times \{1\})\big)$ è per definizione aperto in T_pS ed $\exp_p$ è di classe C^∞ in $\mathcal{W}_p$; quindi per avere (i)–(iii) ci basta dimostrare che $\mathcal{U} = \mathcal{W}$.

Notiamo prima di tutto che $(p,v,0) \in \mathcal{W}$ per ogni $p \in S$ e $v \in T_pS$, grazie al Teorema 5.1.9 applicato al sistema (5.4).

Supponiamo per assurdo che esista $(p_0,v_0,t_0) \in \mathcal{U} \setminus \mathcal{W}$; essendo $t_0 \neq 0$, possiamo supporre $t_0 > 0$; il caso $t_0 < 0$ sarà analogo.

Sia $\hat{t} = \sup\{t \in \mathbb{R} \mid \{p_0\} \times \{v_0\} \times [0,t] \subset \mathcal{W}\}$; chiaramente, $0 < \hat{t} \leq t_0$. D'altra parte, essendo $(p_0,v_0,t_0) \in \mathcal{U}$, la geodetica σ_{v_0} è definita in $\hat{t}$; poniamo $\hat{p} = \sigma_{v_0}(\hat{t})$ e $\hat{v} = \sigma'_{v_0}(\hat{t})$. Siccome $(\hat{p},\hat{v},0) \in \mathcal{W}$, esistono una parametrizzazione locale $\hat{\varphi}\colon \hat{U} \to S$ centrata in $\hat{p}$, un $\delta > 0$ e un intorno $\hat{W} \subseteq \mathbb{R}^2$ di $\hat{w} = (\mathrm{d}\hat{\varphi}_O)^{-1}(\hat{v})$ tali che l'applicazione $(x,w,t) \mapsto \sigma_{\mathrm{d}\hat{\varphi}_x(w)}(t)$ sia di classe C^∞ in $\hat{U} \times \hat{W} \times (-\delta,\delta)$.

Scegliamo ora $t_1 < \hat{t}$ tale che $t_1 + \delta > \hat{t}$, $\sigma_{v_0}(t_1) \in \hat{V} = \hat{\varphi}(\hat{U})$, e $\sigma'_{v_0}(t_1) \in \mathrm{d}\hat{\varphi}_{x_1}(\hat{W})$, dove $x_1 = \hat{\varphi}^{-1}(\sigma_{v_0}(t_1))$. Siccome sappiamo che si ha $\{p_0\} \times \{v_0\} \times [0,t_1] \subset \mathcal{W}$, possiamo trovare una parametrizzazione locale $\varphi\colon U \to S$ centrata in p_0, un $\varepsilon > 0$ e un intorno $W \subseteq \mathbb{R}^2$

di $w_0 = (\mathrm{d}\varphi_O)^{-1}(v_0)$ tali che l'applicazione $(x, w, t) \mapsto \sigma_{\mathrm{d}\varphi_x(v)}(t)$ sia di classe C^∞ in $U \times W \times (-\varepsilon, t_1 + \varepsilon)$; inoltre, a meno di rimpicciolire U e W, possiamo anche supporre che $\sigma_{\mathrm{d}\varphi_x(w)}(t_1) \in \hat{V}$ e $\sigma'_{\mathrm{d}\varphi_x(w)}(t_1) \in \mathrm{d}\hat{\varphi}_{x'}(\hat{W})$ per ogni $(x, w) \in U \times W$, dove $x' = \hat{\varphi}^{-1}\big(\sigma_{\mathrm{d}\varphi_x(w)}(t_1)\big)$.

Dunque, se $(x, w) \in U \times W$ il punto $\sigma_{\mathrm{d}\varphi_x(w)}(t_1)$ è ben definito e dipende C^∞ da x e w. Quindi anche $x' = \hat{\varphi}^{-1}\big(\sigma_{\mathrm{d}\varphi_x(w)}(t_1)\big) \in \hat{U}$ e il vettore $w' = (\mathrm{d}\hat{\varphi}_{x'})^{-1}\big(\sigma'_{\mathrm{d}\varphi_x(w)}(t_1)\big) \in \hat{W}$ dipendono C^∞ da x e w. Ma allora per ogni $t \in (t_1 - \delta, t_1 + \delta)$ il punto

$$\sigma_{\sigma'_{\mathrm{d}\varphi_x(w)}(t_1)}(t - t_1) = \sigma_{\mathrm{d}\hat{\varphi}_{x'}(w')}(t - t_1)$$

dipende C^∞ da x, w e t. Ma il Lemma 5.2.1.(ii) implica

$$\sigma_{\sigma'_{\mathrm{d}\varphi_x(w)}(t_1)}(t - t_1) = \sigma_{\mathrm{d}\varphi_x(w)}(t) \; ;$$

quindi abbiamo dimostrato che l'applicazione $(x, w, t) \mapsto \sigma_{\mathrm{d}\varphi_x(w)}(t)$ è di classe C^∞ in $U \times W \times (-\varepsilon, t_1 + \delta)$, e questo contraddice la definizione di $\hat{t}$.

Per finire, calcoliamo il differenziale di $\exp_p$ nell'origine. Se $w \in T_p S$, per definizione abbiamo

$$\mathrm{d}(\exp_p)_O(w) = \frac{\mathrm{d}}{\mathrm{d}t}(\exp_p \circ \tau)\Big|_{t=0} ,$$

dove τ è una qualsiasi curva in $T_p S$ con $\tau(0) = O$ e $\tau'(0) = w$. Per esempio, possiamo prendere $\tau(t) = tw$; quindi

$$\mathrm{d}(\exp_p)_O(w) = \frac{\mathrm{d}}{\mathrm{d}t}\exp_p(tw)\Big|_{t=0} = \frac{\mathrm{d}}{\mathrm{d}t}\sigma_{tw}(1)\Big|_{t=0} = \frac{\mathrm{d}}{\mathrm{d}t}\sigma_w(t)\Big|_{t=0} = w ,$$

grazie a (5.13). Dunque $\mathrm{d}(\exp_p)_O = \mathrm{id}$ è invertibile, e la mappa esponenziale è un diffeomorfismo di un intorno di O in $T_p S$ con un intorno di p in S. $\square$

In particolare notiamo che (5.13) implica che le geodetiche uscenti da un punto $p \in S$ si possono scrivere nella forma

$$\sigma_v(t) = \exp_p(tv) \; .$$

La precedente proposizione ci permette di introdurre alcune definizioni:

Definizione 5.2.6. Se $p \in S$ e $\delta > 0$ sia $B_p(O, \delta) = \{v \in T_p S \mid \|v\|_p < \delta\}$ la palla di centro l'origine e raggio $\delta > 0$ nel piano tangente a p. Il *raggio d'iniettività* inj rad(p) di S in p è il più grande $\delta > 0$ tale che $\exp_p \colon B_p(O, \delta) \to S$ sia un diffeomorfismo con l'immagine. Se $0 < \delta \leq$ inj rad(p), chiameremo l'insieme $B_\delta(p) = \exp_p\big(B_p(O, \delta)\big)$ *palla geodetica* di centro p e raggio δ. Le geodetiche uscenti da p, cioè le curve della forma $t \mapsto \exp_p(tv)$, sono dette *geodetiche radiali*; le curve immagine tramite $\exp_p$ delle circonferenze di centro l'origine in T_pS e raggio minore di inj rad(p) sono dette *circonferenze geodetiche*. Infine, posto $B^*_\delta(p) = B_\delta(p) \setminus \{p\}$, il *campo radiale* $\partial/\partial r \colon B^*_\delta(p) \to \mathbb{R}^3$ è definito da

$$\left.\frac{\partial}{\partial r}\right|_q = \dot\sigma_v(1) \in T_qS$$

per ogni $q = \exp_p(v) \in B^*_\delta(p)$.

Nel piano, le geodetiche radiali uscenti dall'origine sono le semirette, sono ortogonali alle circonferenze (geodetiche) centrate nell'origine, e sono ovunque tangenti al campo radiale. L'importante *lemma di Gauss* che stiamo per dimostrare dice che tutte queste proprietà valgono su qualsiasi superficie; come vedremo, questo è il passaggio cruciale per ottenere le proprietà di minimizzazione delle geodetiche.

Lemma 5.2.7. *Dati $p \in S$ e $0 < \delta \le$ inj rad(p), sia $B_\delta(p) \subset S$ una palla geodetica di centro p. Allora:*

(i) *per ogni $q = \exp_p(v) \in B^*_\delta(p)$ si ha*

$$\left.\frac{\partial}{\partial r}\right|_q = \frac{\sigma'_v(1)}{\|v\|} = \dot\sigma_{v/\|v\|}(\|v\|) = \frac{1}{\|v\|}\mathrm{d}(\exp_p)_v(v) \ ;$$

in particolare, $\|\partial/\partial r\| \equiv 1$ e $\|\mathrm{d}(\exp_p)_v(v)\| = \|v\|$;
(ii) *le geodetiche radiali uscenti da p parametrizzate rispetto alla lunghezza d'arco sono tangenti al campo radiale in $B^*_\delta(p)$;*
(iii) (*Lemma di Gauss*) *il campo radiale è ortogonale a tutte le circonferenze geodetiche contenute in $B^*_\delta(p)$, e, in particolare,*

$$\langle \mathrm{d}(\exp_p)_v(v), \mathrm{d}(\exp_p)_v(w)\rangle = \langle v, w\rangle \tag{5.15}$$

per ogni $w \in T_pS$.

Dimostrazione. (i) La prima uguaglianza segue da $\|\sigma'_v(1)\| = \|\sigma'_v(0)\| = \|v\|$; la seconda si ottiene derivando $\sigma_{v/\|v\|}(t) = \sigma_v(t/\|v\|)$ e ponendo $t = \|v\|$. Infine, una curva in T_pS uscente da v tangente a v è $\sigma(t) = v + tv$; quindi

$$\mathrm{d}(\exp_p)_v(v) = \left.\frac{\mathrm{d}}{\mathrm{d}t}\exp_p\big((1+t)v\big)\right|_{t=0} = \left.\frac{\mathrm{d}}{\mathrm{d}t}\sigma_v(1+t)\right|_{t=0} = \sigma'_v(1) \ . \tag{5.16}$$

(ii) Le geodetiche radiali parametrizzate rispetto alla lunghezza d'arco uscenti da p sono le curve σ_v con $v \in T_pS$ di norma unitaria. Siccome $\sigma_{sv}(t) = \sigma_v(ts)$, otteniamo $\sigma'_{sv}(1) = s\dot\sigma_v(s)$, e la (i) ci dà

$$\dot\sigma_v(s) = \frac{\sigma'_{sv}(1)}{\|sv\|} = \left.\frac{\partial}{\partial r}\right|_{\exp_p(sv)} = \left.\frac{\partial}{\partial r}\right|_{\sigma_v(s)} \ ,$$

per cui σ_v è sempre tangente a $\partial/\partial r$.

(iii) Prendiamo $q \in B_\delta^*(p)$, e $v \in T_pS$ tale che $q = \exp_p(v)$. Fissiamo inoltre una base ortonormale $\{E_1, E_2\}$ di T_pS tale che $E_1 = v/\|v\|$. Allora σ_{E_1} è la geodetica radiale da p a $q = \sigma_{E_1}(\|v\|)$ parametrizzata rispetto alla lunghezza d'arco, mentre la circonferenza geodetica passante per q è parametrizzata dalla curva $\tau(s) = \exp_p(\|v\|(\cos s)E_1 + \|v\|(\sin s)E_2)$. Dunque il nostro obiettivo è dimostrare che $\dot\sigma_{E_1}(\|v\|)$ è ortogonale a $\tau'(0)$. Per far ciò, introduciamo l'applicazione $\Sigma\colon (-\pi, \pi) \times (-\delta, \delta) \to S$ definita da

$$\Sigma(s, t) = \exp_p(t(\cos s)E_1 + t(\sin s)E_2) \; ;$$

siccome $\|t(\cos s)E_1 + t(\sin s)E_2\| = |t| < \delta$, la Σ è ben definita e di classe C^∞. Ora, $\sigma_{E_1}(t) = \Sigma(0, t)$ e $\tau(s) = \Sigma(s, \|v\|)$; quindi dobbiamo dimostrare che il prodotto scalare

$$\left\langle \frac{\partial\Sigma}{\partial t}(0, \|v\|), \frac{\partial\Sigma}{\partial s}(0, \|v\|) \right\rangle$$

si annulla.

Poniamo $v_s = (\cos s)E_1 + (\sin s)E_2$, in modo da avere $\Sigma(s, t) = \sigma_{v_s}(t)$. In particolare, ogni σ_{v_s} è una geodetica parametrizzata rispetto alla lunghezza d'arco, per cui $D\dot\sigma_{v_s} \equiv O$ e $\|\dot\sigma_{v_s}(t)\| \equiv 1$. Allora

$$
\begin{aligned}
\frac{\partial}{\partial t}\left\langle \frac{\partial\Sigma}{\partial t}(s, t), \frac{\partial\Sigma}{\partial s}(s, t) \right\rangle &= \left\langle \frac{\partial}{\partial t}\dot\sigma_{v_s}(t), \frac{\partial\Sigma}{\partial s}(s, t) \right\rangle + \left\langle \frac{\partial\Sigma}{\partial t}(s, t), \frac{\partial^2\Sigma}{\partial t\partial s}(s, t) \right\rangle \\
&= \left\langle D\dot\sigma_{v_s}(t), \frac{\partial\Sigma}{\partial s}(s, t) \right\rangle + \left\langle \frac{\partial\Sigma}{\partial t}(s, t), \frac{\partial^2\Sigma}{\partial s\partial t}(s, t) \right\rangle \\
&= \left\langle \frac{\partial\Sigma}{\partial t}(s, t), \frac{\partial^2\Sigma}{\partial s\partial t}(s, t) \right\rangle = \frac{1}{2}\frac{\partial}{\partial s}\left\| \frac{\partial\Sigma}{\partial t}(s, t) \right\|^2 \\
&= \frac{1}{2}\frac{\partial}{\partial s}\|\dot\sigma_{v_s}(t)\|^2 = \frac{1}{2}\frac{\partial}{\partial s}\|v_s\|^2 \\
&= 0 \; .
\end{aligned}
$$

Ma allora $\langle \partial\Sigma/\partial t, \partial\Sigma/\partial s \rangle$ non dipende da t, e

$$\left\langle \frac{\partial\Sigma}{\partial t}(0, \|v\|), \frac{\partial\Sigma}{\partial s}(0, \|v\|) \right\rangle = \left\langle \frac{\partial\Sigma}{\partial t}(0, 0), \frac{\partial\Sigma}{\partial s}(0, 0) \right\rangle \; .$$

Siccome

$$\frac{\partial\Sigma}{\partial s}(0, t) = t\, d(\exp_p)_{tE_1}(E_2) = O \; ,$$

otteniamo $\partial\Sigma/\partial s(0, 0) = O$, ed è fatta.

In particolare, siccome $\dot\sigma_{E_1}(\|v\|) = \|v\|\,d(\exp_p)_v(v)$ grazie a (i), e

$$\tau'(0) = \|v\|\,d(\exp_p)_v(E_2) \; ,$$

abbiamo dimostrato (5.15) per $w = v$ e per w ortogonale a v. Siccome ogni vettore di T_pS si può scrivere come somma di un multiplo di v con un vettore ortogonale a v, abbiamo la tesi. $\qquad\square$

Siamo finalmente in grado di dimostrare la promessa caratterizzazione delle geodetiche come curve (localmente) più brevi fra due punti:

Teorema 5.2.8. *Sia S una superficie, e $p \in S$.*

(i) *Se $0 < \delta \leq \operatorname{inj} \operatorname{rad}(p)$, allora per ogni $q \in B_\delta(p)$ la geodetica radiale da p a q è l'unica (a meno di riparametrizzazioni) curva più breve in S congiungente p e q.*

(ii) *Sia $\sigma \colon [0,1] \to S$ una curva regolare a tratti in S congiungente due punti p e q. Se σ è la curva più breve fra quelle regolari a tratti congiungenti p e q in S allora σ è una geodetica.*

(iii) *Sia $\sigma \colon [a,b] \to S$ una geodetica parametrizzata rispetto alla lunghezza d'arco, $t_0 \in [a,b]$, e $\delta = \operatorname{inj} \operatorname{rad}\bigl(\sigma(t_0)\bigr)$. Allora σ è la curva più breve in S da $\sigma(t_0)$ a $\sigma(t_1)$ non appena $|t_0 - t_1| < \delta$.*

Dimostrazione. (i) Sia $q_0 \in B_\delta(p)$, scegliamo $v_0 \in T_pS$ tale che $q_0 = \exp_p(v_0)$, e poniamo $E_1 = v_0/\|v_0\|$, in modo che $\sigma_{E_1} \colon [0, \|v_0\|] \to S$ sia la geodetica radiale parametrizzata rispetto alla lunghezza d'arco che congiunge p e q_0. Dimostreremo che se $\tau \colon [0, \ell] \to S$ è un'altra curva regolare a tratti parametrizzata rispetto alla lunghezza d'arco in S da p a q_0 allora $L(\tau) \geq L(\sigma_{E_1}) = \|v_0\|$, con uguaglianza se e solo se $\tau = \sigma_{E_1}$.

Se τ ritorna più volte in p, chiaramente possiamo toglierne un pezzo e trovare una curva più corta da p a q_0; quindi possiamo supporre che $\tau(s) \neq p$ per ogni $s > 0$.

Supponiamo ora che il sostegno di τ sia contenuto in $B_\delta(p)$; vedremo più oltre come rimuovere questa ipotesi. In questo caso, per ogni $s \in (0, \ell]$ in cui τ sia derivabile esistono $a(s) \in \mathbb{R}$ e $w(s) \in T_{\tau(s)}S$ ortogonale al campo radiale tali che

$$\dot{\tau}(s) = a(s) \left.\frac{\partial}{\partial r}\right|_{\tau(s)} + w(s) \;;$$

nota che, per il Lemma di Gauss 5.2.7.(iii), il vettore $w(s)$ è tangente alla circonferenza geodetica passante per $\tau(s)$.

Sia $r \colon B_\delta^*(p) \to \mathbb{R}^+$ data da

$$r(q) = \| \exp_p^{-1}(q)\|_p \;.$$

Chiaramente, r è di classe C^∞, e le circonferenze geodetiche sono le curve di livello di r; quindi (perché?) si ha $\mathrm{d}r_q(w) = 0$ per ogni vettore $w \in T_qS$ tangente alla circonferenza geodetica passante per $q \in B_\delta^*(p)$. Inoltre, se $q = \exp_p(v)$ si ha

$$\mathrm{d}r_q \left(\left.\frac{\partial}{\partial r}\right|_q\right) = \mathrm{d}r_{\exp_p(v)}\left(\frac{\sigma_v'(1)}{\|v\|}\right)$$

$$= \frac{1}{\|v\|} \left.\frac{\mathrm{d}}{\mathrm{d}t}(r \circ \exp_p)(tv)\right|_{t=1} = \frac{1}{\|v\|} \left.\frac{\mathrm{d}}{\mathrm{d}t}(t\|v\|)\right|_{t=1} \equiv 1 \;,$$

e quindi otteniamo

$$\frac{\mathrm{d}(r \circ \tau)}{\mathrm{d}s}(s) = \mathrm{d}r_{\tau(s)}\big(\dot{\tau}(s)\big) = a(s) \ .$$

Siamo pronti a stimare la lunghezza di τ. Sia $0 = s_0 < \cdots < s_k = \ell$ una partizione di $[0, \ell]$ tale che $\tau|_{[s_{j-1}, s_j]}$ sia regolare per $j = 1, \ldots, k$. Allora

$$L(\tau) = \sum_{j=1}^{k} \int_{s_{j-1}}^{s_j} \|\dot{\tau}(s)\| \, \mathrm{d}s = \sum_{j=1}^{k} \int_{s_{j-1}}^{s_j} \sqrt{|a(s)|^2 + \|w(s)\|^2} \, \mathrm{d}s$$

$$\geq \sum_{j=1}^{k} \int_{s_{j-1}}^{s_j} |a(s)| \, \mathrm{d}s \geq \sum_{j=1}^{k} \int_{s_{j-1}}^{s_j} a(s) \, \mathrm{d}s = \sum_{j=1}^{k} \int_{s_{j-1}}^{s_j} \frac{\mathrm{d}(r \circ \tau)}{\mathrm{d}s}(s) \, \mathrm{d}s$$

$$= \sum_{j=1}^{k} \big[r\big(\tau(s_j)\big) - r\big(\tau(s_{j-1})\big) \big] = r(q_0) - r(p) = \|v_0\| = L(\sigma_{E_1}) \ .$$

Dunque τ è lunga almeno quanto σ_{E_1}. Si ha uguaglianza solo se $w(s) = O$ e $a(s) \geq 0$ per ogni s; ma allora, essendo $\dot{\tau}$ di lunghezza unitaria, otteniamo $\dot{\tau} \equiv \partial/\partial r|_\tau$. Quindi τ dev'essere una curva da p a q_0 e sempre tangente al campo radiale, esattamente come σ_{E_1}, per il Lemma 5.2.7.(ii); quindi σ_{E_1} e τ risolvono lo stesso sistema di equazioni differenziali ordinarie con le stesse condizioni iniziali, per cui il Teorema 5.1.9 implica $\tau \equiv \sigma_{E_1}$, come voluto.

Infine, se l'immagine di τ non è contenuta in $B_p(\delta)$, sia $t_1 > 0$ il primo valore per cui τ interseca $\partial B_p(\delta)$. Allora il ragionamento precedente mostra che

$$L(\tau) \geq L(\tau|_{[0, t_1]}) \geq \delta > \|v_0\| \ ,$$

ed è fatta.

(ii) Se σ è la curva più breve fra p e q, lo è anche fra due qualsiasi punti del suo sostegno: se così non fosse, potremmo sostituirne un pezzo con uno più breve e ottenere una curva regolare a tratti da p a q più corta di σ. Ma abbiamo appena fatto vedere che localmente le curve più brevi fra due punti sono geodetiche; quindi σ dev'essere una geodetica.

(iii) Infatti sotto queste ipotesi $\sigma(t_1)$ appartiene alla palla geodetica di centro $\sigma(t_0)$ e raggio δ, e σ è la geodetica radiale da $\sigma(t_0)$ a $\sigma(t_1)$. $\square$

Osservazione 5.2.9. In generale, non è detto che una geodetica sia la curva più breve fra i suoi estremi. Per esempio, un segmento di cerchio massimo sulla sfera unitaria S^2 che sia più lungo di π non lo è: il segmento complementare dello stesso cerchio massimo è più corto.

Osservazione 5.2.10. Non sempre esiste la curva più breve che congiunge due punti di una superficie. Per esempio, se $S = \mathbb{R}^2 \setminus \{O\}$ e $p \in S$, allora quale che sia la curva in S che collega p e $-p$ esiste sempre (perché?) una curva più corta in S da p a $-p$. Nei Complementi di questo capitolo però dimostreremo che *se* $S \subset \mathbb{R}^3$ *è una superficie chiusa in* $\mathbb{R}^3$, *allora ogni coppia di punti di* S *può venire collegata da una curva in* S *di lunghezza minima, che è necessariamente una geodetica* (Corollario 5.4.11).

Osservazione 5.2.11. Anche quando esiste, non è detto che la curva più breve che congiunge due punti sia unica. Per esempio, due punti antipodali sulla sfera sono collegati da infiniti cerchi massimi, tutti della stessa lunghezza

5.3 Campi vettoriali

In questa sezione introdurremo la nozione fondamentale di campo vettoriale tangente a una superficie. Come prima applicazione, dimostreremo l'esistenza di parametrizzazioni locali ortogonali.

Definizione 5.3.1. Sia $S \subset \mathbb{R}^3$ una superficie. Un *campo vettoriale (tangente)* su S è un'applicazione $X: S \to \mathbb{R}^3$ di classe C^∞ tale che $X(p) \in T_p S$ per ogni $p \in S$. Indicheremo con $\mathcal{T}(S)$ lo spazio vettoriale dei campi vettoriali tangenti a S.

Esempio 5.3.2. Se $\varphi: U \to S$ è una parametrizzazione locale di una superficie S, allora $\partial_1, \partial_2: \varphi(U) \to \mathbb{R}^3$ sono campi vettoriali definiti su $\varphi(U)$; diremo che sono i *campi coordinati* indotti da φ.

Esempio 5.3.3. Sia $S \subset \mathbb{R}^3$ la superficie di rotazione ottenuta ruotando attorno all'asse z una curva con sostegno contenuto nel piano xz. Sia $X: S \to \mathbb{R}^3$ definita da

$$X(p) = \begin{vmatrix} -p_2 \\ p_1 \\ 0 \end{vmatrix}$$

per ogni $p = (p_1, p_2, p_3) \in S$. È chiaro che X è di classe C^∞; dimostriamo che è un campo vettoriale facendo vedere che $X(p) \in T_p S$ per ogni $p \in S$. Infatti, se $\varphi: \mathbb{R}^2 \to \mathbb{R}^3$ è la superficie immersa di sostegno S introdotta nell'Esempio 3.1.18, l'Esempio 3.3.15 ci dice che

$$X(p) = \frac{\partial \varphi}{\partial \theta}(\varphi^{-1}(p)) = \left. \frac{\partial}{\partial \theta} \right|_p \in T_p S \,.$$

In altre parole, $X(p)$ è tangente al parallelo passante per p; vedi la Fig. 5.2.

Osservazione 5.3.4. Sia $X \in \mathcal{T}(S)$ un campo vettoriale su una superficie S, e $\varphi: U \to S$ una parametrizzazione locale di S. Per ogni $x \in U$ il vettore $X(\varphi(x))$ appartiene a $T_{\varphi(x)} S$; quindi devono esistere $X_1(x), X_2(x) \in \mathbb{R}$ tali che si abbia

$$X(\varphi(x)) = X_1(x)\partial_1|_{\varphi(x)} + X_2(x)\partial_2|_{\varphi(x)} \,.$$

Figura 5.2. Un campo vettoriale sul toro

In questo modo abbiamo definito due funzioni X_1, $X_2: U \to \mathbb{R}$ tali che

$$X \circ \varphi \equiv X_1 \partial_1 + X_2 \partial_2 . \qquad (5.17)$$

Nota che X_1 e X_2 risolvono il sistema lineare

$$\begin{cases} EX_1 + FX_2 = \langle X \circ \varphi, \partial_1 \rangle , \\ FX_1 + GX_2 = \langle X \circ \varphi, \partial_2 \rangle , \end{cases}$$

che ha coefficienti e termini noti di classe C^∞ e determinante mai nullo; quindi anche X_1 e X_2 sono di classe C^∞. Viceversa, è facile dimostrare (vedi l'Esercizio 5.5) che un'applicazione $X: S \to \mathbb{R}^3$ è un campo vettoriale se e solo se per ogni parametrizzazione locale $\varphi: U \to S$ esistono X_1, $X_2 \in C^\infty(U)$ tali che (5.17) valga.

Osservazione 5.3.5. Nel Capitolo 3 abbiamo studiato i vettori tangenti a una superficie come vettori tangenti a una curva e come derivazioni dei germi di funzioni C^∞. Questa duplice natura si riflette anche sui campi vettoriali. Parleremo fra poco delle curve tangenti a un campo vettoriale; qui vogliamo farti riflettere un attimo sull'altro aspetto. Sia $X \in \mathcal{T}(S)$ un campo vettoriale tangente a una superficie S, e $f \in C^\infty(S)$. Per ogni $p \in S$, il campo vettoriale X ci fornisce una derivazione $X(p)$ di $C^\infty(p)$; e la funzione f ci fornisce un germe $\mathbf{f}_p \in C^\infty(p)$ di rappresentante (S, f). Quindi possiamo definire una funzione $X(f): S \to \mathbb{R}$ ponendo

$$\forall p \in S \qquad\qquad X(f)(p) = X(p)(\mathbf{f}_p) .$$

La (5.17) ci dice che se $\varphi: U \to S$ è una parametrizzazione locale allora

$$X(f) \circ \varphi = X_1 \frac{\partial (f \circ \varphi)}{\partial x_1} + X_2 \frac{\partial (f \circ \varphi)}{\partial x_2} \in C^\infty(U) ;$$

quindi $X(f)$ è una funzione di classe C^∞ su S. Inoltre, l'Osservazione 3.4.25 ci fornisce la seguente relazione importante:

$$\forall X \in \mathcal{T}(S),\ \forall f \in C^\infty(S) \qquad X(f) = \mathrm{d}f(X)\,. \tag{5.18}$$

Abbiamo quindi visto che un campo vettoriale tangente X induce un'applicazione di $C^\infty(S)$ in sé, che continueremo a indicare con X. Questa applicazione è chiaramente lineare; di più, è una *derivazione* di $C^\infty(S)$, cioè $X(fg) = fX(g) + gX(f)$ per ogni f, $g \in C^\infty(S)$, come segue subito dalla definizione. Viceversa, si può dimostrare (Esercizio 5.30) che ogni derivazione $X\colon C^\infty(S) \to C^\infty(S)$ lineare è indotta da un campo vettoriale su S.

Un campo vettoriale è quindi un modo liscio di associare un vettore tangente a ciascun punto della superficie. Siccome i vettori tangenti della superficie possono essere pensati come vettori tangenti a curve sulla superficie, è naturale chiedersi se esistano curve i cui vettori tangenti diano il campo vettoriale:

Definizione 5.3.6. Una *curva integrale* (o *traiettoria*) di un campo vettoriale $X \in \mathcal{T}(S)$ su una superficie S è una curva $\sigma\colon I \to S$ tale che $\sigma'(t) = X\big(\sigma(t)\big)$ per ogni $t \in I$. La Fig. 5.3 mostra alcuni campi vettoriali sul piano con le relative curve integrali.

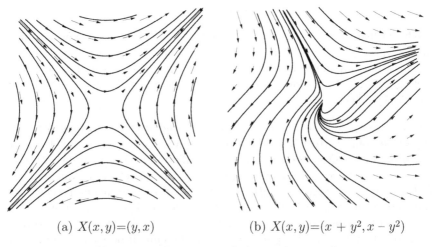

(a) $X(x,y){=}(y,x)$ (b) $X(x,y){=}(x + y^2, x - y^2)$

Figura 5.3. Curve integrali di campi vettoriali

Sia $X \in \mathcal{T}(S)$ un campo vettoriale su una superficie S, e $p \in S$; vogliamo vedere se esiste una curva integrale di X che parte da p. Prendiamo una parametrizzazione locale $\varphi\colon U \to S$ centrata in p, e scriviamo $X \circ \varphi = X_1\partial_1 + X_2\partial_2$. Ogni curva $\sigma\colon (-\varepsilon,\varepsilon) \to \varphi(U) \subseteq S$ con $\sigma(0) = p$ sarà della forma $\sigma = \varphi \circ \sigma^o = \varphi(\sigma_1^o, \sigma_2^o)$ per un'opportuna curva $\sigma^o\colon (-\varepsilon, \varepsilon) \to U$ con $\sigma^o(0) = O$. Allora σ è una curva integrale di X se e solo se

$$(\sigma_1^o)'\partial_1 + (\sigma_2^o)'\partial_2 = \sigma' = X \circ \sigma = (X_1 \circ \sigma^o)\partial_1 + (X_2 \circ \sigma^o)\partial_2 \,,$$

cioè se e solo se σ^o è soluzione del problema di Cauchy

$$\begin{cases} (\sigma_1^o)' = X_1 \circ \sigma^o \,, \\ (\sigma_2^o)' = X_2 \circ \sigma^o \,, \\ \sigma^o(0) = O \,. \end{cases} \tag{5.19}$$

Dunque, almeno in piccolo, per trovare le curve integrali di un campo vettoriale dobbiamo risolvere sistemi di equazioni differenziali ordinarie. È quindi naturale ricorrere al Teorema 5.1.9, ottenendo il seguente risultato:

Teorema 5.3.7. *Sia $X \in \mathcal{T}(S)$ un campo vettoriale su una superficie S. Allora:*

(i) *per ogni $p_0 \in S$ esiste una curva integrale $\sigma\colon I \to S$ di X con $\sigma(0) = p_0$, e due tali curve integrali coincidono nell'intersezione degli intervalli di definizione;*

(ii) *per ogni $p_0 \in S$ esistono $\varepsilon > 0$, un intorno V di p_0 in S e un'applicazione $\Sigma\colon V \times (-\varepsilon, \varepsilon) \to S$ di classe C^∞ tale che per ogni $p \in V$ la curva $\sigma_p = \Sigma(p, \cdot)$ sia una curva integrale di X con $\sigma_p(0) = p$.*

Dimostrazione. Dato $p_0 \in S$ e una parametrizzazione locale $\varphi\colon U \to S$ centrata in p_0, abbiamo visto che trovare le curve integrali di X con sostegno contenuto in $\varphi(U)$ equivale a risolvere il sistema (5.19). Il Teorema 5.1.9 ci fornisce quindi direttamente (ii) e la prima parte di (i). Siano adesso $\sigma\colon I \to S$ e $\hat{\sigma}\colon \hat{I} \to S$ due curve integrali di X (con sostegno non necessariamente contenuto nell'immagine di una parametrizzazione locale) uscenti dallo stesso punto $p_0 \in S$. Il Teorema 5.1.9.(iii) ci assicura che σ e $\hat{\sigma}$ coincidono in un intervallo aperto I_0 contenente 0 e contenuto in $I \cap \hat{I}$; vogliamo far vedere che $I_0 = I \cap \hat{I}$. Se I_0 fosse strettamente più piccolo di $I \cap \hat{I}$, potremmo trovare un estremo $t_0 \in \partial I_0 \cap (I \cap \hat{I})$. Essendo $t_0 \in I \cap \hat{I}$, sia σ che $\hat{\sigma}$ sono definite in un intorno di t_0. Essendo $t_0 \in \partial I_0$, per continuità $\sigma(t_0) = \hat{\sigma}(t_0)$. Ma allora σ e $\hat{\sigma}$ sono curve integrali di X uscenti dallo stesso punto; il Teorema 5.1.9.(iii) implica quindi che σ e $\hat{\sigma}$ coincidono in un intorno di t_0, contro l'ipotesi che $t_0 \in \partial I_0$. Quindi $I_0 = I \cap \hat{I}$, e abbiamo finito. $\square$

Osservazione 5.3.8. Il fatto che due curve integrali uscenti dallo stesso punto $p \in S$ coincidano nell'intersezione degli intervalli di definizione ci assicura che esiste sempre la curva integrale *massimale* uscente da p.

Definizione 5.3.9. Sia $X \in \mathcal{T}(S)$ un campo vettoriale su una superficie S, e $p_0 \in S$. L'applicazione $\Sigma\colon V \times (-\varepsilon, \varepsilon) \to S$ definita nel Teorema 5.3.7.(ii) è detta *flusso locale* di X vicino a p_0.

Un'altra conseguenza del Teorema 5.3.16 è che i sostegni di curve integrali massimali distinte sono necessariamente disgiunti (in quanto la curva integrale massimale uscente da un qualsiasi punto è unica). Quindi la superficie S è suddivisa nell'unione disgiunta dei sostegni di queste curve.

Esempio 5.3.10. Sia $U \subseteq \mathbb{R}^2$ un aperto, e prendiamo $X \in \mathcal{T}(U)$ dato da $X \equiv \partial/\partial x_1$. Allora la curva integrale di X uscente dal punto $p = (p_1, p_2)$ è il segmento $t \mapsto (t + p_1, p_2)$. In particolare, i sostegni delle curve integrali di X sono l'intersezione con U dei segmenti $\{x_2 = \text{cost.}\}$. Come vedrai nella dimostrazione del Teorema 5.3.18, questa situazione molto semplice funge da modello al caso generale.

Esempio 5.3.11. Sia $X \in \mathcal{T}(\mathbb{R}^2)$ dato da

$$X(x) = x_2 \frac{\partial}{\partial x_1} + x_1 \frac{\partial}{\partial x_2}$$

vogliamo dimostrare che le curve integrali di X sono quelle illustrate nella Fig. 5.3.(a). La curva integrale σ di X uscente da $p^o = (x_1^o, x_2^o)$ è la soluzione del problema di Cauchy

$$\begin{cases} \sigma_1'(t) = \sigma_2(t) \,, \\ \sigma_2'(t) = \sigma_1(t) \,, \\ \sigma(0) = p^o \,. \end{cases} \tag{5.20}$$

Prima di tutto notiamo che se p^o è l'origine, allora la curva costante $\sigma(t) \equiv O$ è una soluzione (e quindi l'unica soluzione) di (5.20). Questo è vero in generale: se $p \in S$ è un punto in cui un campo vettoriale $X \in \mathcal{T}(S)$ si annulla, allora la curva integrale di S uscente da p è la curva costante $\sigma \equiv p$ (verifica, grazie).

Sia allora $p^0 \neq O$. Una curva σ è soluzione di (5.20) se e solo se risolve

$$\begin{cases} \sigma_1''(t) = \sigma_1(t) \,, \\ \sigma_2(t) = \sigma_1'(t) \,, \\ \sigma(0) = p^o \,. \end{cases}$$

Dunque la curva integrale di X uscente da p^o è

$$\sigma(t) = \left(\frac{x_1^o + x_2^o}{2} \mathrm{e}^t + \frac{x_1^o - x_2^o}{2} \mathrm{e}^{-t}, \frac{x_1^o + x_2^o}{2} \mathrm{e}^t - \frac{x_1^o - x_2^o}{2} \mathrm{e}^{-t} \right) \,.$$

In particolare, se $\sigma = (\sigma_1, \sigma_2)$ è una curva integrale qualsiasi di X, allora $\sigma_1^2 - \sigma_2^2$ è costante; dunque i sostegni delle curve integrali di X sono le iperboli curve di livello della funzione $f(x) = x_1^2 - x_2^2$.

Esempio 5.3.12. Le curve coordinate sono, praticamente per definizione, le curve integrali dei campi coordinati indotti da una parametrizzazione locale.

Esempio 5.3.13. Le curve integrali del campo vettoriale $X \in \mathcal{T}(S)$ definito nell'Esempio 5.3.3 sulla superficie di rotazione $S \subset \mathbb{R}^3$ sono evidentemente i paralleli. Questo vuol dire che i sostegni delle curve integrali di X sono gli insiemi della forma $\varphi(\{t = \text{cost.}\})$, dove $\varphi\colon\mathbb{R}^2 \to \mathbb{R}^3$ è la solita superficie immersa di sostegno S. In particolare, se $U \subset \mathbb{R}^2$ è un aperto su cui φ è invertibile, allora i sostegni delle curve integrali contenute in $\varphi(U)$ sono gli insiemi di livello della prima coordinata di $(\varphi|_U)^{-1}$.

Gli esempi precedenti sembrano suggerire che le curve integrali di un campo vettoriale potrebbero essere, almeno localmente, gli insiemi di livello di opportune funzioni di classe C^∞. Diamo allora un nome alle funzioni costanti sui sostegni delle curve integrali di un campo vettoriale:

Definizione 5.3.14. Sia $X \in \mathcal{T}(S)$ un campo vettoriale su una superficie S, e $V \subseteq S$ un aperto. Una funzione $f \in C^\infty(V)$ costante sui sostegni delle curve integrali di X contenuti in V si dice *integrale primo* di X in V. Inoltre, f è un integrale primo *proprio* se $\mathrm{d}f_q \neq O$ per ogni $q \in V$ (per cui, in particolare, la funzione f non è costante).

Osservazione 5.3.15. Se f è un integrale primo proprio del campo vettoriale $X \in \mathcal{T}(S)$ in un aperto V di una superficie S, e $p_0 \in S$, allora l'insieme $C_{p_0} = \{q \in V \mid f(q) = f(p_0)\}$ è il sostegno di una curva regolare (perché? Ricorda la Proposizione 1.1.18). D'altra parte, il sostegno della curva integrale di X che esce da p_0 dev'essere contenuto in C_{p_0}, per definizione di integrale primo. Quindi C_{p_0} è il sostegno della curva integrale di X uscente da p_0, per cui determinare un integrale primo permette di trovare i sostegni delle curve integrali di un campo vettoriale.

È possibile dare una caratterizzazione degli integrali primi che non richiede di conoscere a priori le curve integrali:

Lemma 5.3.16. *Sia $X \in \mathcal{T}(S)$ un campo vettoriale su una superficie S, e $V \subseteq S$ un aperto. Allora una funzione $f \in C^\infty(V)$ è un integrale primo di X se e solo se $df(X) \equiv 0$ se e solo se $X(f) \equiv 0$.*

Dimostrazione. Sia $\sigma\colon I \to U$ una curva integrale di X, e $t \in I$. Allora le Osservazioni 3.4.25 e 5.3.5 ci dicono che

$$X(f)\big(\sigma(t)\big) = \mathrm{d}f_{\sigma(t)}\big(X(\sigma(t))\big) = (f \circ \sigma)'(t)\,,$$

per cui f è costante lungo tutte le curve integrali se e solo se $df(X) \equiv 0$ se e solo se $X(f) \equiv 0$. $\square$

Osservazione 5.3.17. Sia $\varphi\colon U \to S$ una parametrizzazione locale e $X \in \mathcal{T}(S)$. Allora una funzione $f \in C^\infty\big(\varphi(U)\big)$ è un integrale primo di X su $\varphi(U)$ se e solo se

$$X_1\frac{\partial(f \circ \varphi)}{\partial x_1} + X_2\frac{\partial(f \circ \varphi)}{\partial x_2} \equiv 0\,,$$

dove abbiamo scritto $X \circ \varphi = X_1\partial_1 + X_2\partial_2$ come al solito. Quindi mentre per trovare le curve integrali occorre risolvere un sistema di equazioni differenziali ordinarie non lineari, per trovare gli integrali primi (e quindi i sostegni delle curve integrali) occorre risolvere un'equazione differenziale alle derivate parziali ma lineare.

Mostriamo ora come sia possibile usare l'Esempio 5.3.10 per costruire integrali primi propri in generale:

Teorema 5.3.18. *Sia $X \in \mathcal{T}(S)$ un campo vettoriale su una superficie S, e $p \in S$ tale che $X(p) \neq O$. Allora esiste un integrale primo proprio f di X definito in un intorno V di p.*

Dimostrazione. Sia $\varphi \colon U \to S$ una parametrizzazione locale centrata in p, e scriviamo $X(p) = a_1\partial_1|_p + a_2\partial_2|_p$. Sia $A \in GL(2, \mathbb{R})$ una matrice invertibile tale che

$$A \begin{vmatrix} a^1 \\ a^2 \end{vmatrix} = \begin{vmatrix} 1 \\ 0 \end{vmatrix} \; ;$$

allora non è difficile verificare (controlla) che $\tilde{\varphi} = \varphi \circ A^{-1}$ è una parametrizzazione locale di S centrata in p e tale che $X(p) = \tilde{\partial}_1|_p$, dove $\tilde{\partial}_1 = \partial\tilde{\varphi}/\partial x_1$. Quindi senza perdita di generalità possiamo assumere di avere una parametrizzazione locale $\varphi \colon U \to S$ centrata in p e tale che $\partial_1|_p = X(p)$.

Sia $\Sigma \colon V \times (-\varepsilon, \varepsilon) \to S$ il flusso locale di X vicino a p, con $V \subseteq \varphi(U)$, e poniamo $\hat{V} = \pi\bigl(\varphi^{-1}(V) \cap \{x_1 = 0\}\bigr)$, dove $\pi \colon \mathbb{R}^2 \to \mathbb{R}$ è la proiezione sulla seconda coordinata. Definiamo $\hat{\Sigma} \colon (-\varepsilon, \varepsilon) \times \hat{V} \to S$ ponendo

$$\hat{\Sigma}(t, x_2) = \Sigma\bigl(\varphi(0, x_2), t\bigr) \; ;$$

in particolare, $\hat{\Sigma}(0, x_2) = \varphi(0, x_2)$ per ogni $x_2 \in \hat{V}$.

L'idea è che $\hat{\Sigma}$ manda i segmenti $\{x_2 = \text{cost.}\}$ in curve integrali di X; quindi se $\hat{\Sigma}$ è invertibile, la seconda coordinata dell'inversa di $\hat{\Sigma}$ è costante sulle curve integrali, cioè è un integrale primo; vedi la Fig. 5.4.

Vogliamo quindi dimostrare che $\hat{\Sigma}$ è invertibile in un intorno dell'origine, applicando il teorema della funzione inversa per le superfici (Corollario 3.4.28). Indichiamo, in accordo con l'Osservazione 3.4.17, con $\partial/\partial t$ e $\partial/\partial x_2$ la base canonica di $T_O\mathbb{R}^2$. Per definizione abbiamo

$$d\hat{\Sigma}_O\left(\frac{\partial}{\partial t}\right) = \frac{\partial}{\partial t}\hat{\Sigma}(t, 0)\bigg|_{t=0} = \frac{\partial}{\partial t}\Sigma(p, t)\bigg|_{t=0} = \sigma_p'(0) = X(p) = \frac{\partial}{\partial x_1}\bigg|_p \, ,$$

$$d\hat{\Sigma}_O\left(\frac{\partial}{\partial x_2}\right) = \frac{\partial}{\partial x_2}\hat{\Sigma}(0, x_2)\bigg|_{x_2=0} = \frac{\partial}{\partial x_2}\Sigma\bigl(\varphi(0, x_2), 0\bigr)\bigg|_{x_2=0} = \frac{\partial}{\partial x_2}\bigg|_p \, ,$$

e quindi $d\hat{\Sigma}_O$ è invertibile, in quanto manda una base di $T_O\mathbb{R}^2$ in una base di T_pS. Possiamo dunque applicare il Corollario 3.4.28, e sia $W \subseteq V$ un intorno di p su cui $\hat{\Sigma}^{-1} = (\hat{\Sigma}_1^{-1}, \hat{\Sigma}_2^{-1})$ esiste. Come già osservato, $\hat{\Sigma}^{-1}$ manda le curve integrali di X nei segmenti $\{x_2 = \text{cost.}\}$, in quanto $\hat{\Sigma}$ manda i segmenti $\{x_2 = \text{cost.}\}$ in curve integrali di X. Quindi la funzione $f = \hat{\Sigma}_2^{-1}$ è di

di sottrarre una costante a f_1 ed f_2 possiamo anche supporre che si abbia $(p) = f_2(p) = 0$. Definiamo $\psi: W \to \mathbb{R}^2$ ponendo $\psi(q) = (f_2(q), f_1(q))$. a si ha

$$\begin{aligned}
\mathrm{d}\psi(X_1) &= (\mathrm{d}f_2(X_1), \mathrm{d}f_1(X_1)) = (a_1, 0)\,, \\
\mathrm{d}\psi(X_2) &= (\mathrm{d}f_2(X_2), \mathrm{d}f_1(X_2)) = (0, a_2)\,,
\end{aligned} \tag{5.21}$$

pportune funzioni a_1, $a_2: W \to \mathbb{R}$. Notiamo che $a_1(p)$, $a_2(p) \neq 0$: infatti, avesse, per esempio, $a_1(p) = 0$ allora necessariamente si dovrebbe avere $(f_2)_p(X_1) = 0 = \mathrm{d}(f_2)_p(X_2)$, e quindi $\mathrm{d}(f_2)_p$, annullandosi su una base $_pS$, sarebbe nullo, mentre f_2 è un integrale primo proprio. A meno di ringere W, possiamo allora supporre $a_1(q)$, $a_2(q) \neq 0$ per ogni $q \in W$. In particolare, quindi, (5.21) implica che $\mathrm{d}\psi_p: T_p S \to \mathbb{R}^2$ è invertibile; que il Corollario 3.4.28 ci assicura che esiste un intorno $V \subseteq W$ di p tale $\psi|_V: V \to \psi(V) = U \subseteq \mathbb{R}^2$ sia un diffeomorfismo. Poniamo $\varphi = \psi^{-1}$; allora φ è una parametrizzazione locale centrata in p, è la parametrizzazione cercata. Infatti, (5.21) dice che $\mathrm{d}\psi(X_j) = a_j e_j$, e $\{e_1, e_2\}$ è la base canonica di $\mathbb{R}^2$, per cui

$$X_j = (\mathrm{d}\psi)^{-1}(a_j e_j) = a_j \mathrm{d}\varphi(e_j) = a_j \partial_j$$

r $j = 1$, 2, come voluto.

Infine, se σ è una curva coordinata di φ tangente a ∂_j, e b_j è una soluzione ll'equazione differenziale $b_j' = a_j \circ \sigma \circ b_j$, allora b_j è invertibile (in quanto a_j n si annulla mai) e la curva $\tau = \sigma \circ b_j$ è una riparametrizzazione di σ tale e

$$\tau' = b_j'(\sigma' \circ b_j) = (a_j \circ \tau)\partial_j|_\tau = X_j \circ \tau\,,$$

oè τ è una curva integrale di X_j. Quindi curve integrali di X_j e curve coorinate di φ hanno lo stesso sostegno, e abbiamo finito. $\qquad\square$

Per esempio, possiamo usare questa tecnica per dimostrare che parametrizzazioni locali ortogonali centrate in un punto dato esistono sempre (fatto he, come abbiamo già visto per esempio nelle Osservazioni 4.5.15 e 4.6.3, è pesso piuttosto utile per semplificare i calcoli):

Corollario 5.3.21. *Sia $S \subset \mathbb{R}^3$ una superficie, e $p \in S$. Allora esiste una parametrizzazione locale ortogonale centrata in p.*

Dimostrazione. Sia $\varphi: U \to S$ una parametrizzazione locale qualunque centrata in p. Poniamo $X_1 = \partial_1$ e

$$X_2 = \partial_2 - \frac{\langle \partial_1, \partial_2 \rangle}{\langle \partial_1, \partial_1 \rangle}\partial_1.$$

Allora X_1 è sempre perpendicolare a X_2, per cui applicando il Teorema 5.3.19 otteniamo la parametrizzazione locale ortogonale cercata. $\qquad\square$

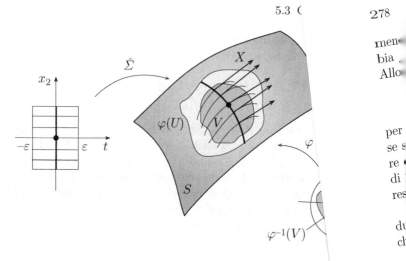

Figura 5.4.

classe C^∞ e costante sulle curve integrali di X, per cui è un
di X. Inoltre, il conto precedente ci dice che

$$\mathrm{d}f_p\left(\left.\frac{\partial}{\partial x_2}\right|_p\right) = \mathrm{d}(\hat{\Sigma}_2^{-1})_p\left(\left.\frac{\partial}{\partial x_2}\right|_p\right) = \frac{\partial}{\partial x_2} \; ;$$

quindi $\mathrm{d}f_p \neq O$, e f è un integrale primo proprio di X in un int

Torneremo a parlare di campi vettoriali in generale nella Se
concludiamo invece mostrando come sia possibile usare campi v
tegrali primi per costruire parametrizzazioni locali con sostegn‹
coordinate preassegnato.

Teorema 5.3.19. *Siano X_1, $X_2 \in \mathcal{T}(S)$ campi vettoriali su una
tali che $X_1(p) \wedge X_2(p) \neq O$ per un qualche $p \in S$. Allora esiste u
trizzazione locale $\varphi \colon U \to S$ centrata in p tale che ∂_j sia proporzi
per $j = 1$, 2. In particolare, i sostegni delle curve coordinate di
coincidono con i sostegni delle curve integrali di X_1 e X_2.*

Osservazione 5.3.20. Dire che $X_1(p) \wedge X_2(p) \neq O$ equivale a dire ‹
e $X_2(p)$ sono linearmente indipendenti, ovvero che $\{X_1(p), X_2(p)\}$ è
di T_pS. Nota che, ragionando come all'inizio della dimostrazione d
ma 5.3.18, è facile trovare una parametrizzazione locale $\varphi \colon U \to S$ cent
tale che $\partial_1|_p = X_1(p)$ e $\partial_2|_p = X_2(p)$; il problema qui consiste nell'
qualcosa di analogo in un intorno di p, e non solo nel punto.

Dimostrazione (del Teorema 5.3.19). Scegliamo un intorno $W \subseteq S$ ‹
le che esistano integrali primi propri $f_j \in C^\infty(W)$ di X_j, per $j =$

Osservazione 5.3.22. Ci si potrebbe chiedere se esistono parametrizzazioni locali *ortonormali,* cioè tali che $\|\partial_1\| \equiv \|\partial_2\| \equiv 1$ e $\langle \partial_1, \partial_2 \rangle \equiv 0$. La risposta è che questo accade se e solo se la superficie S è localmente isometrica a un piano. Infatti, in una parametrizzazione locale ortonormale si ha $E \equiv G \equiv 1$ e $F \equiv 0$, e la tesi segue dalla Proposizione 4.1.19. In particolare, la curvatura Gaussiana di S dev'essere nulla; quindi se $K \not\equiv 0$ non possono esserci parametrizzazioni locali ortonormali.

Osservazione 5.3.23. Una conseguenza dell'osservazione precedente è che dati due campi vettoriali X_1, X_2 su una superficie S tali che $X_1(p) \wedge X_2(p) \neq O$, non è detto che esista una parametrizzazione locale φ centrata in p tale che si abbia esattamente $\partial_1 \equiv X_1$ e $\partial_2 \equiv X_2$ in un intorno di p. Infatti, siccome è sempre possibile trovare due campi vettoriali ortonormali definiti nell'intorno di p (basta applicare il procedimento di ortogonalizzazione di Gram-Schmidt a due campi vettoriali qualsiasi linearmente indipendente in p), se così fosse potremmo trovare sempre una parametrizzazione locale ortonormale, mentre abbiamo appena visto che in generale questo non è possibile. L'Esercizio 5.36 descrive una condizione necessaria e sufficiente perché due campi X_1 e X_2 siano i campi coordinati di una parametrizzazione locale.

Concludiamo dimostrando l'esistenza di altri due tipi di parametrizzazioni locali speciali, che saranno utili nel Capitolo 7.

Corollario 5.3.24. *Sia $S \subset \mathbb{R}^3$ una superficie, e $p \in S$. Allora:*

(i) *se p non è un punto ombelicale, allora esiste una parametrizzazione locale centrata in p le cui curve coordinate sono linee di curvatura;*

(ii) *se p è un punto iperbolico, allora esiste una parametrizzazione locale centrata in p le cui curve coordinate sono linee asintotiche.*

Dimostrazione. (i) Il fatto che p non è ombelicale implica che esiste un intorno $V \subset S$ di p tale che ogni punto $q \in V$ ha due direzioni caratteristiche distinte, che sono gli autovettori di dN_q, dove N è una qualsiasi mappa di Gauss per S definita in un intorno di p. Siccome gli autovettori si possono esprimere in termini della matrice che rappresenta dN_q rispetto alla base indotta da una qualsiasi parametrizzazione locale centrata in p, e quindi (grazie alla Proposizione 4.5.14) in termini dei coefficienti metrici e dei coefficienti di forma, ne segue che, a meno di restringere V, possiamo definire due campi vettoriali X_1, $X_2 \in \mathcal{T}(V)$ tali che $X_1(q)$ e $X_2(q)$ siano direzioni principali distinte per ogni $q \in V$. Allora la tesi segue subito dal Teorema 5.3.19.

(ii) Il teorema di Sylvester (vedi [1], pag. 400) implica che in ogni punto iperbolico la seconda forma fondamentale ammette due direzioni asintotiche linearmente indipendenti. Allora un ragionamento analogo (vedi anche l'Esercizio 4.44) a quello fatto nel punto (i) permette di costruire due campi vettoriali X_1, $X_2 \in \mathcal{T}(V)$ in un intorno $V \subset S$ di p tali che $X_1(q)$ e $X_2(q)$ siano direzioni asintotiche linearmente indipendenti per ogni $q \in V$, e si conclude di nuovo col Teorema 5.3.19.   □

Problemi guida

Problema 5.1. *Mostra che se una geodetica σ su una superficie orientata è anche una linea di curvatura, allora σ è piana.*

Soluzione. Possiamo supporre che la curva σ sia parametrizzata rispetto a un multiplo della lunghezza d'arco. Poiché σ è una geodetica, $\ddot{\sigma}$ è sempre parallelo a $N \circ \sigma$. Inoltre, $\dot{\sigma}$ è sempre parallelo a $\mathrm{d}N_\sigma(\dot{\sigma}) = \mathrm{d}(N \circ \sigma)/\mathrm{d}s$, perché σ è una linea di curvatura. Dunque, posto $\mathbf{v} = \dot{\sigma} \wedge (N \circ \sigma)$, otteniamo $\dot{\mathbf{v}} \equiv 0$, per cui $\mathbf{v}$ è costantemente uguale a un vettore fisso $\mathbf{v}_0$, che non è nullo in quanto $\dot{\sigma}$ è ortogonale a $\ddot{\sigma}$, e quindi a $N \circ \sigma$. Allora la funzione $\langle \sigma, \mathbf{v}_0 \rangle$ ha derivata identicamente nulla, per cui è costante, e questo vuol dire esattamente che il sostegno di σ giace in un piano ortogonale a $\mathbf{v}_0$. □

Problema 5.2. *Sia $S \subset \mathbb{R}^3$ una superficie di rotazione sostegno della superficie immersa $\varphi \colon \mathbb{R} \times \mathbb{R} \to \mathbb{R}^3$ data da $\varphi(t, \theta) = \big(\alpha(t) \cos\theta, \alpha(t) \sin\theta, \beta(t)\big)$. Sia poi $\sigma \colon I \to S$ una geodetica parametrizzata rispetto alla lunghezza d'arco, fissiamo $s_0 \in I$ e scriviamo $\sigma(s) = \varphi\big(t(s), \theta(s)\big)$. Supponiamo che σ non sia un parallelo. Allora esistono costanti b, $c \in \mathbb{R}$ tali che*

$$\theta(s) = c \int_{s_0}^{s} \frac{1}{\alpha} \sqrt{\frac{(\alpha')^2 + (\beta')^2}{\alpha^2 - c^2}} \, \mathrm{d}t + b \,. \tag{5.22}$$

Soluzione. Se σ è un meridiano, basta prendere $c = 0$ e (5.22) è soddisfatta; quindi d'ora in poi supporremo che σ non sia un neppure un meridiano.

Il fatto che σ è parametrizzato rispetto alla lunghezza d'arco si traduce in

$$1 \equiv \|\dot{\sigma}\|^2 = (t')^2 [(\alpha')^2 + (\beta')^2] \circ t + (\alpha \circ t)^2 (\theta')^2 \,. \tag{5.23}$$

Abbiamo già notato (nell'Esempio 5.1.17), che la seconda equazione in (5.6) è equivalente a $(\alpha \circ t)^2 \theta' \equiv c \in \mathbb{R}$, con $c \neq 0$ perché σ non è un meridiano. Quindi otteniamo

$$(t')^2 [(\alpha')^2 + (\beta')^2] \circ t = 1 - \frac{c^2}{(\alpha \circ t)^2}$$

e, derivando rispetto a s,

$$(t')^3 [\alpha' \alpha'' + \beta' \beta''] \circ t + t' t'' [(\alpha')^2 + (\beta')^2] \circ t = \frac{c^2 \alpha' \circ t}{(\alpha \circ t)^3} t' \,.$$

Siccome σ non è un parallelo, $t' \not\equiv 0$; inoltre, la relazione di Clairaut implica (perché?) che σ può essere tangente a un parallelo solo in punti isolati, per cui dividendo per t' la formula appena ottenuta ricaviamo la prima equazione in (5.6). In altre parole, abbiamo dimostrato che una curva parametrizzata rispetto alla lunghezza d'arco che non sia un meridiano, è una geodetica se e solo se è tangente ai paralleli solo in punti isolati e soddisfa la seconda equazione in in (5.6).

Ora, $\theta'(s)$ non può mai annullarsi, in quanto $c \neq 0$. Possiamo quindi invertire $s \mapsto \theta(s)$, ottenendo s (e quindi t) come funzione di θ. Moltiplicando (5.23) per $(\mathrm{d}s/\mathrm{d}\theta)^2 = (\alpha \circ t \circ s)^4 / c^2$ otteniamo

$$(\alpha \circ t)^2 = c^2 + c^2 \left(\frac{\mathrm{d}t}{\mathrm{d}\theta} \right) \frac{(\alpha')^2 + (\beta')^2}{\alpha^2} \circ t \, ,$$

dove in questa formula stiamo considerando t come funzione di θ. Siccome $\alpha \geq |c|$, ricaviamo quindi

$$\frac{\mathrm{d}t}{\mathrm{d}\theta} = \frac{\alpha \circ t}{c} \sqrt{\frac{\alpha^2 - c^2}{(\alpha')^2 + (\beta')^2}} \circ t \, .$$

Invertendo e integrando otteniamo (5.22). $\qquad\square$

Problema 5.3. *Sia $S \subset \mathbb{R}^3$ il paraboloide ellittico di rotazione di equazione $z = x^2 + y^2$, con parametrizzazione locale $\varphi \colon \mathbb{R}^+ \times (0, 2\pi) \to \mathbb{R}^3$ data da $\varphi(t, \theta) = (t \cos\theta, t \sin\theta, t^2)$.*

(i)   *Determina la curvatura geodetica dei paralleli.*
(ii) *Mostra che i meridiani sono geodetiche.*
(iii) *Mostra che una geodetica $\sigma \colon \mathbb{R} \to S$ di S, che non sia un meridiano e che venga percorsa nella direzione crescente dei raggi dei paralleli, interseca infinite tutti i meridiani.*

Soluzione. Calcoliamo:

$$\varphi_t = (\cos\theta, \sin\theta, 2t) \, , \quad \varphi_\theta = (-t\sin\theta, t\cos\theta, 0) \, ,$$
$$E = \langle \varphi_t, \varphi_t \rangle = 1 + 4t^2 \, , \quad F = \langle \varphi_t, \varphi_\theta \rangle = 0 \, , \quad G = \langle \varphi_\theta, \varphi_\theta \rangle = t^2 \, ,$$
$$N = \frac{1}{\sqrt{1 + 4t^2}} (-2t\cos\theta, -2t\sin\theta, 1) \, .$$

Allora per i paralleli troviamo

$$\mathbf{t} = (-\sin\theta, \cos\theta, 0) \, , \quad \dot{\mathbf{t}} = \frac{1}{\|\varphi_\theta\|} \mathbf{t}' = (-\cos\theta, -\sin\theta, 0) \, ,$$
$$N \wedge \mathbf{t} = \frac{1}{\sqrt{1 + 4t^2}} (-\cos\theta, -\sin\theta, -2t) \, ,$$

per cui

$$\kappa_g = \langle \dot{\mathbf{t}}, N \wedge \mathbf{t} \rangle = \frac{1}{\sqrt{1 + 4t_0^2}} \, ,$$

e in particolare la curvatura geodetica non dipende da θ e non si annulla mai (in accordo con lo studio svolto nell'Esempio 5.1.17 di quali paralleli sono geodetiche in una superficie di rotazione).

Per i meridiani possiamo procedere analogamente; oppure, possiamo citare l'Esempio 5.1.17 dove viene dimostrato che tutti i meridiani di superfici di rotazione sono geodetiche. O ancora, siccome φ è una parametrizzazione locale ortogonale, possiamo usare la Proposizione 5.1.25 per calcolare direttamente la curvatura geodetica dei meridiani, tenendo presente che in questo caso $\dot\sigma$ è parallelo a $\partial_1|_\sigma = \varphi_r|_\sigma$, per cui l'angolo θ non compare nella formula. Otteniamo

$$\kappa_g = -\frac{1}{2\sqrt{EG}}\frac{\partial E}{\partial\theta} \equiv 0\ ,$$

per cui i meridiani sono geodetiche.

Dimostriamo ora il punto (iii). Sia p_0 un punto del paraboloide e denotiamo con $\mathbf{v}_0$ un vettore tangente al parallelo di raggio t_0 passante per p_0. Sia $\sigma:\mathbb{R} \to S$ una geodetica parametrizzata rispetto alla lunghezza d'arco, passante per p_0, che forma un angolo $\psi > 0$ con $\mathbf{v}_0$ e che non sia un meridiano. Scriviamo, come al solito, $\sigma(s) = \varphi\big(t(s), \theta(s)\big)$. Innanzitutto, σ non può essere tangente a un meridiano in alcun punto, per la Proposizione 5.1.10 sull'unicità della geodetica uscente da un punto tangente a una direzione. In base alla relazione di Clairaut (5.8), sappiamo che $t\cos\psi = c$ è una costante positiva, per $\psi \in [0, \pi/2]$; dunque, ψ cresce al crescere di t. Inoltre, (5.22) implica

$$\theta(s) = c\int_{s_0}^s \frac{1}{t}\sqrt{\frac{1 + 4t^2}{t^2 - c^2}}\,\mathrm{d}t + b > c\int_{s_0}^s \frac{\mathrm{d}t}{t} + b \to +\infty$$

per $s \to +\infty$, e dunque σ gira infinite volte attorno al paraboloide, intersecando ogni meridiano infinite volte. $\square$

Problema 5.4. *Considera una curva biregolare $\sigma:[0,1] \to \mathbb{R}^3$ di classe C^∞ parametrizzata rispetto alla lunghezza d'arco. Definisci $\varphi:[0,1]\times(-\varepsilon,\varepsilon) \to \mathbb{R}^3$ ponendo*

$$\varphi(s,v) = \sigma(s) + v\mathbf{b}(s)$$

ove con $\mathbf{b}$ si denota la binormale di σ. Dimostra che φ è una superficie immersa, e che la curva σ è una geodetica del sostegno di φ.

Soluzione. Poiché σ è parametrizzata rispetto alla lunghezza d'arco, utilizzando le formule di Frenet si ricava che:

$$\partial_1 = \dot\sigma + v\dot{\mathbf{b}} = \mathbf{t} - v\tau\mathbf{n}\ , \ \ \partial_2 = \mathbf{b}\ , \ \ \partial_1 \wedge \partial_2 = -\mathbf{n} - v\tau\mathbf{t}\ .$$

In particolare, il vettore $\partial_1 \wedge \partial_2$ è non nullo per ogni (u,v), in quanto combinazione lineare a coefficienti mai nulli dei vettori linearmente indipendenti $\mathbf{t}$ e $\mathbf{n}$, per cui φ è una superficie immersa.

In particolare, per ogni $s_0 \in (0,1)$ esiste un intorno $U \subset \mathbb{R}^2$ di $(s_0, 0)$ tale che $\varphi|_U:U \to \mathbb{R}^3$ sia un omeomorfismo con l'immagine, per cui $\varphi(U)$ è una superfice regolare contenente il sostegno di σ ristretto a un intorno di s_0, e possiamo chiederci se questa restrizione sia una geodetica di $\varphi(U)$. Ora, nel punto $\sigma(s)$ la normale alla superficie è data da $\partial_1 \wedge \partial_2(s, 0) = -\mathbf{n}(s)$; dunque σ è una geodetica, perché la normale a σ è parallela alla normale alla superficie. $\square$

Problema 5.5. *Sia* $X\colon S \to \mathbb{R}^3$ *una applicazione. Dimostra che* X *è un campo di vettori se e solo se per ogni parametrizzazione locale* $\varphi\colon U \to S$ *di* S *esistono* X_1, $X_2 \in C^\infty(U)$ *tali che* $X \circ \varphi = X_1\partial_1 + X_2\partial_2$, *cioè* $X \circ \varphi = \mathrm{d}\varphi(X_1, X_2)$.

Soluzione. Supponiamo che X soddisfi le ipotesi indicate. Siccome i campi ∂_1 e ∂_2 sono di classe C^∞, e X_1, $X_2 \in C^\infty(U)$, la composizione $X \circ \varphi$ è anch'essa un'applicazione di classe C^∞ su U. Siccome questo vale per ogni parametrizzazione locale, abbiamo dimostrato che X è di classe C^∞ su S. Infine, la condizione $X(p) \in T_pS$ per ogni $p \in S$ è ovviamente soddisfatta, perché $X(p)$ è combinazione lineare di una base di T_pS.

Il viceversa è stato dimostrato nell'Osservazione 5.3.4.   □

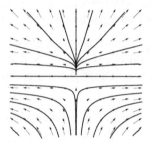

Figura 5.5. $X(x,y) = (x,y^2)$

Problema 5.6. *Sia* $X\colon \mathbb{R}^2 \to \mathbb{R}^2$ *il campo vettoriale definito da*

$$X(x_1,x_2) = x_1\frac{\partial}{\partial x_1} + x_2^2\frac{\partial}{\partial x_2}\,.$$

Determina le curve integrali di X *(vedi la Fig. 5.5).*

Soluzione. Il campo X si annulla solo nell'origine. Una curva $\sigma = (\sigma_1, \sigma_2)$ è curva integrale per X se e solo se soddisfa il seguente sistema di equazioni differenziali ordinarie:

$$\begin{cases} \sigma_1'(t) = \sigma_1(t) \\ \sigma_2'(t) = \sigma_2(t)^2 \end{cases}$$

Sia $p_0 = (x_1, x_2)$ il punto di partenza considerato. Se $p_0 = O$ allora $\sigma \equiv (0,0)$ è la curva integrale uscente da p_0; supponiamo quindi $p_0 \neq O$. Prima di tutto otteniamo $\sigma_1(t) = x_1\mathrm{e}^t$; quindi se $x_2 = 0$ la curva integrale uscente da p_0 è data da $\sigma(t) = (x_1\mathrm{e}^t, 0)$.

Se invece $x_2 \neq 0$, otteniamo $\sigma_2(t) = 1/(x_2^{-1} - t)$, e la curva integrale uscente da p_0 è data da

$$\sigma(t) = \left(x_1\mathrm{e}^t, \frac{1}{x_2^{-1} - t}\right)\,.$$

Nota che in questo caso σ non è definita su tutta la retta reale, ma diverge per $t \to 1/x_2$.   □

Esercizi

GEODETICHE E CURVATURA GEODETICA

5.1. Sia S una superficie regolare di $\mathbb{R}^3$. Una geodetica $\sigma\colon\mathbb{R} \to S$ si dice *chiusa* se σ è una curva chiusa, cioè se esiste $a \in \mathbb{R}$ tale che $\sigma(t) = \sigma(t + a)$ per ogni $t \in \mathbb{R}$. Se S è l'iperboloide di $\mathbb{R}^3$ di equazione $x^2 + y^2 = 1 + z^2$, mostra che l'unica geodetica chiusa su S è la circonferenza ottenuta intersecando S con il piano $z = 0$. (*Suggerimento:* usa la relazione di Clairaut.)

5.2. Sia $S \subset \mathbb{R}^3$ l'iperboloide iperbolico, e $C \subset S$ il sostegno del parallelo centrale, che sappiamo esssere una geodetica. Dimostra che per ogni punto $p \in S \setminus C$ passano infinite geodetiche con sostegno disgiunto da C.

5.3. Sia $\varphi\colon\mathbb{R}^2 \to \mathbb{R}^3$ una parametrizzazione globale di una superficie regolare S, e supponi che per ogni curva $\sigma\colon I \to S$ si abbia $D\partial_1 \equiv O$, dove D è la derivata covariante lungo σ. Dimostra che la curvatura Gaussiana di S è identicamente nulla.

5.4. Sia $S \subset \mathbb{R}^3$ il toro di rotazione generato ruotando la circonferenza

$$(x - a)^2 + z^2 = r^2, \quad y = 0,$$

attorno all'asse z, dove $0 < r < a$. Calcolare la curvatura geodetica del parallelo superiore, generato ruotando il punto $(a, 0, r)$.

5.5. Sia $H \subset \mathbb{R}^3$ il piano passante per l'asse x formante un angolo θ (con $\theta \neq \pi/2, 3\pi/2$) col piano xy; sia poi $S \subset \mathbb{R}^3$ il cilindro di equazione $x^2 + y^2 = 1$, e poniamo $C = S \cap P$.

(i) Dimostra che la $\psi\colon\mathbb{R}^2 \to \mathbb{R}^3$ data da $\psi(s, t) = (s, t\cos\theta, t\sin\theta)$ è una parametrizzazione del piano H.

(ii) Dimostra che C è un'ellisse, calcolandone l'equazione rispetto alle coordinate (s, t) di H introdotte in (i).

(iii) Calcola la curvatura geodetica di C (parametrizzata rispetto alla lunghezza d'arco) in S.

5.6. Sia $\sigma\colon I \to S$ una curva regolare parametrizzata rispetto alla lunghezza d'arco in una superficie orientata S con mappa di Gauss $N\colon S \to S^2$. Poniamo $\mathbf{u}(s) = N(\sigma(s)) \wedge \mathbf{t}(s)$ e $\mathbf{v}(s) = N(\sigma(s))$; la terna $\{\mathbf{t}, \mathbf{u}, \mathbf{v}\}$ è detta *riferimento di Darboux* di σ.

(i) Dimostra che si ha

$$\begin{cases} \dot{\mathbf{t}} = \kappa_g\mathbf{u} + \kappa_n\mathbf{v}\,, \\ \dot{\mathbf{u}} = -\kappa_g\mathbf{t} + \tau_g\mathbf{v}\,, \\ \dot{\mathbf{v}} = -\kappa_n\mathbf{t} - \tau_g\mathbf{u}\,, \end{cases}$$

dove κ_n è la curvatura normale, κ_g la curvatura geodetica e $\tau_g\colon I \to \mathbb{R}$ è una funzione detta *torsione geodetica*.

(ii) Dimostra che, come accade per la curvatura normale, due curve in S parametrizzate rispetto alla lunghezza d'arco passanti per un punto $p \in S$ tangenti allo stesso vettore hanno la stessa torsione geodetica in p. Quindi se $v \in T_pS$ ha lunghezza unitaria possiamo parlare della torsione geodetica $\tau_g(v)$ di v.

(iii) Dimostra che se $v \in T_pS$ ha lunghezza unitaria allora

$$\tau_g(v) = -\langle \mathrm{d}N_p(v), N \wedge v \rangle \,.$$

(iv) Siano v_1, $v_2 \in T_pS$ direzioni principali ortonormali, ordinate in modo che $v_1 \wedge v_2 = N$, e siano k_1, k_2 le rispettive curvature principali. Dimostra che per ogni $v \in T_pS$ di lunghezza unitaria si ha

$$\tau_g(v) = \frac{k_2 - k_1}{2} \sin(2\theta) \,,$$

dove θ è l'angolo da v_1 a v.

(v) Indicato con ϕ l'angolo fra $\mathbf{n}$ e $\mathbf{v}$, dimostra che $\mathbf{u} = (\sin \phi)\mathbf{n} - (\cos \phi)\mathbf{b}$ e che

$$\tau_g = \tau + \frac{\mathrm{d}\phi}{\mathrm{d}s} \,.$$

Deduci che per ogni $v \in T_pS$ di lunghezza unitaria tale che $\kappa_n(v) \neq 0$ allora $\tau_g(v)$ è la torsione in p della geodetica uscente da p tangente a v. Se invece $\kappa_n(v) = 0$, dimostra che $|\tau_g(v)| = \sqrt{-K(p)}$.

5.7. Posto $p_n = (0, 0, 1)$, $S_1 = S^2 \setminus \{p_n\}$ e $S_2 = \{(x, y, z) \mid z = 0\}$, indichiamo con $\pi \colon S_1 \to S_2$ la proiezione stereografica.

(i) Determina i punti p di S_1 tali che il differenziale $\mathrm{d}\pi_p$ sia una isometria da T_pS_1 a $T_{\pi(p)}S_2$.

(ii) Per ogni punto p di S_1 trova una geodetica σ_p su S_1 passante per p e tale che la sua immagine $\pi \circ \sigma$ sia una retta in S_2.

(iii) Esiste un punto $p \in S_1$ tale che la geodetica σ_p sia chiusa?

5.8. Siano $S_1 = \{(x, y, z) \mid x^2 + y^2 - z^2 - 1 = 0\}$ l'iperboloide a una falda, e $S_2 = \{(x, y, z) \mid x^2 + y^2 = 1\}$ il cilindro, e sia $h \colon S_1 \to S_2$ l'applicazione ottenuta associando a $p = (x, y, z) \in S_1$ il punto $q \in S_2$ di intersezione della semiretta $(0, 0, z) + \mathbb{R}^+(x, y, 0)$ con S_2.

(i) Usando le parametrizzazioni locali standard di S_1 e S_2 considerate come superfici di rotazione, determina le espressioni in coordinate delle prime forme fondamentali di S_1, S_2 e dell'applicazione h.

(ii) Trova tutti i punti $p \in S_1$ nei quali $\mathrm{d}h_p$ è una isometria.

(iii) Trova, se esiste, una isometria fra S_1 e S_2, o dimostra che non ne può esistere alcuna.

(iv) Trova una curva su S_1 di curvatura geodetica costante e non nulla che viene mandata da h in una geodetica di S_2.

5.9. Mostra che, se una geodetica è una curva biregolare piana, allora è una linea di curvatura. Trova un esempio di curva regolare in cui tale tale implicazione non è più valida.

5.10. Mostra che, se in una superficie tutte le geodetiche sono curve piane allora la superficie è contenuta in un piano o in una sfera.

5.11. Sia S una superficie di R^3. Considera una curva $\sigma\colon [-\delta, \delta] \to S$ di classe C^∞ in S, e un campo $\xi \in \mathcal{T}(\sigma)$ di versori tangenti ortogonali a $\dot\sigma$. Dimostra che esiste un $\varepsilon > 0$ tale che la $\Sigma\colon (-\varepsilon, \varepsilon) \times (-\varepsilon, \varepsilon) \to S$ data da

$$\Sigma(u, v) = \exp_{\sigma(v)}(u\xi(v))$$

sia ben definita. Inoltre, mostra che, per ε sufficientemente piccolo, Σ è l'inversa di una parametrizzazione locale su un intorno di $\sigma(0)$, che, nelle coordinate (u, v), le linee coordinate sono ortogonali, e che $E \equiv 0$ in $\sigma(0)$.

5.12. Mostra che una superficie regolare di $\mathbb{R}^3$ ha due famiglie mutuamente ortogonali di geodetiche se e solo se ha curvatura Gaussiana identicamente nulla.

5.13. Mostra che, se due superfici in $\mathbb{R}^3$ sono tangenti lungo una curva σ, e σ è una geodetica per una delle due superfici, allora σ è una geodetica anche per l'altra superficie.

5.14. Sia $\varphi\colon \mathbb{R}^2 \to \mathbb{R}^3$ l'applicazione data da

$$\varphi(u, v) = (2\cos u, \sin u, 2v) \ .$$

(i)   Trova il più grande $c > 0$ tale che φ ristretta a $(-c, c) \times \mathbb{R}$ sia una parametrizzazione globale di una superficie regolare $S \subset \mathbb{R}^3$.
(ii) Dimostra che la curvatura Gaussiana di S è identicamente nulla.
(iii) Dimostra che le direzioni coordinate φ_u e φ_v di questa parametrizzazione sono sempre direzioni principali.
(iv) Mostra che se $\sigma(t) = \varphi\big(u(t), v(t)\big)$ è una geodetica in S allora $v(t) = at + b$ per opportuni $a, b \in \mathbb{R}$.

5.15. Sia $T \subset \mathbb{R}^3$ il toro ottenuto ruotando attorno all'asse z la circonferenza nel piano (y, z) di centro $(0, 2, 0)$ e raggio 1.

(i)   Dimostra che l'applicazione $\varphi\colon (-\pi/2, 3\pi/2) \times (0, 2\pi) \to \mathbb{R}^3$ data da

$$\varphi(u, v) = \big((2 + \cos u)\cos v, (2 + \cos u)\sin v, \sin u\big)$$

è una parametrizzazione locale di T.
(ii) Indichiamo con $\sigma_u\colon (0, 2\pi) \to T$ il parallelo

$$\sigma_u(t) = \big((2 + \cos u)\cos t, (2 + \cos u)\sin t, \sin u\big).$$

Calcola la curvatura geodetica di σ_u al variare di $u \in (-\pi/2, 3\pi/2)$.

5.16. Considera le superfici regolari

$$S = \{(x,y,z) \in \mathbb{R}^3 \mid x^2 - y^2 - z^2 = 0, x > 0\}\,,$$
$$T = \{(x,y,z) \in \mathbb{R}^3 \mid y^2 + z^2 - 1 = 0, x > 0\}\,,$$

e l'applicazione $\phi\colon S \to T$ data da

$$\phi(x,y,z) = \left(x, \frac{y}{\sqrt{y^2+z^2}}, \frac{z}{\sqrt{y^2+z^2}}\right)\,.$$

(i)   Dimostra che S e T sono superfici regolari.
(ii) Dimostra che ϕ è un diffeomorfismo fra S e T.
(iii) Dimostra che per ogni punto di S passa una geodetica che è mandata da ϕ in una geodetica di T.
(iv) Dimostra che ϕ non è una isometria, trovando una curva chiusa σ in S tale che $\phi(\sigma)$ sia una geodetica, mentre σ non lo è.

5.17. Sia S una superficie regolare di $\mathbb{R}^3$, e $\varphi\colon U \to S$ una parametrizzazione locale ortogonale. Mostra che la curvatura geodetica delle v-curve è data da

$$\frac{1}{\sqrt{EG}} \frac{\partial G}{\partial u}\,.$$

5.18. Sia S una superficie regolare di $\mathbb{R}^3$, e $\varphi\colon U \to S$ una parametrizzazione locale ortogonale tale che $E \equiv 1$. Dimostra che le u-curve sono geodetiche.

5.19. Mostra che i paralleli di una superficie di rotazione in $\mathbb{R}^3$ hanno curvatura geodetica costante.

5.20. Sia $\sigma = (\sigma_1, \sigma_2)\colon \mathbb{R} \to \mathbb{R}^2$ una curva piana regolare parametrizzata rispetto alla lunghezza d'arco. Sia S il cilindro retto su σ parametrizzato da $\varphi(u,v) = \big(\sigma_1(u), \sigma_2(u), v\big)$. Determina, nei termini della parametrizzazione φ, le geodetiche di S parametrizzate per lunghezza d'arco.

5.21. Sia S la superficie di rotazione ottenuta ruotando attorno all'asse z la curva $\sigma\colon \mathbb{R} \to \mathbb{R}^3$ data da

$$\sigma(t) = (3 + 2\cos t, 0, \sin t)\,.$$

Dato $a \in [-1,1]$, sia σ_a la curva ottenuta intersecando S con il piano $\{(x,y,z) \mid z = a\}$.

(i)   Calcola curvatura geodetica e curvatura normale di σ_a per ogni $a \in [-1,1]$.
(ii) Trova i valori di a per i quali la curva σ_a è una geodetica, e calcola la lunghezza di σ_a in questi casi.
(iii) Trova i valori di a per i quali la curva σ_a ha curvatura normale identicamente nulla, e calcola la lunghezza di σ_a in questi casi.

5.22. Sia $S \in \mathbb{R}^3$ una superficie con una parametrizzazione globale $\varphi \colon U \to S$ tale che $\partial G/\partial v \equiv 0$ e $\partial G/\partial u \equiv 2\partial F/\partial v$. Mostra che le v-curve sono geodetiche su S.

5.23. Trova tutte le geodetiche sulla superficie regolare di $\mathbb{R}^3$ definita dall'equazione $x^2 + 2y^2 = 2$.

CAMPI VETTORIALI

5.24. Dimostra che per ogni $p \in S$ e $v \in T_p S$ esiste un campo vettoriale $X \in \mathcal{T}(S)$ tale che $X(p) = v$.

5.25. Sia $X \in \mathcal{T}(S)$ un campo vettoriale su una superficie S, e $p \in S$ tale che $X(p) \neq O$. Dimostra che esiste una parametrizzazione locale $\varphi \colon U \to S$ in p tale che $X|_{\varphi(U)} \equiv \partial_1$.

5.26. Sia $S \subset \mathbb{R}^3$ una superficie chiusa, e $X \in \mathcal{T}(S)$. Supponiamo che esista $M > 0$ tale che $\|X(p)\| \leq M$ per ogni $p \in S$. Dimostra allora che tutte le curve integrali di X sono definite su $\mathbb{R}$.

5.27. Determina le curve integrali del campo vetoriale $X \colon \mathbb{R}^2 \to \mathbb{R}^2$ definito da

$$X(x,y) = -x\frac{\partial}{\partial x} + y\frac{\partial}{\partial y} \ .$$

5.28. Determina le curve integrali del campo vettoriale $X \colon \mathbb{R}^2 \to \mathbb{R}^2$ definito da

$$X(x,y) = -y\frac{\partial}{\partial x} + x\frac{\partial}{\partial y} \ .$$

5.29. Ricava una parametrizzazione locale del paraboloide iperbolico di equazione $z = x^2 - y^2$ le cui curve coordinate siano linee asintotiche.

PARENTESI DI LIE

5.30. Dimostra che ogni derivazione lineare di $C^\infty(S)$ è indotta da un campo vettoriale su S.

5.31. Dati $X, Y \in \mathcal{T}(S)$, definiamo $[X,Y] \colon C^\infty(S) \to C^\infty(S)$ ponendo

$$[X,Y](f) = X\big(Y(f)\big) - Y\big(X(f)\big)$$

per ogni $f \in C^\infty(S)$. Dimostra che $[X,Y]$ è una derivazione lineare di $C^\infty(S)$, per cui (Esercizio 5.30) è indotta da un campo vettoriale su S, detto *parentesi di Lie* di X e Y, e che continueremo a indicare con $[X,Y]$.

5.32. Mostra che, se X, Y e Z sono campi di vettori su una superficie $S \subset \mathbb{R}^3$ e $f \in C^\infty(S)$ allora valgono le seguenti proprietà per la parentesi di Lie definita nell'Esercizio 5.31:

(i) $[X, Y] = -[Y, X]$;
(ii) $[X + Y, Z] = [X, Y] + [Z, Y]$;
(iii) $[X, fY] = X(f)Y + f[X, Y]$;
(iv) $[X, [Y, Z]] + [Y, [Z, X]] + [Z, [X, Y]] \equiv O$ (*identità di Jacobi*).

5.33. Se X, $Y \in \mathcal{T}(S)$ sono due campi vettoriali su una superficie $S \subset \mathbb{R}^3$, e $\varphi : U \to S$ è una parametrizzazione locale di S, scriviamo $X \circ \varphi = X_1 \partial_1 + X_2 \partial_2$ e $Y \circ \varphi = Y_1 \partial_1 + Y_2 \partial_2$. Dimostra che

$$[X, Y] \circ \varphi = \sum_{i,j=1}^{2} \left[X_i \frac{\partial Y_j}{\partial x_i} - Y_i \frac{\partial X_j}{\partial x_i} \right] \partial_j .$$

In particolare, $[\partial_1, \partial_2] \equiv O$.

5.34. Siano X, $Y \in \mathcal{T}(S)$ due campi vettoriali su una superficie S, e $p \in S$. Sia $\Theta : V \times (-\varepsilon, \varepsilon) \to S$ il flusso locale di X vicino a p, e per ogni $t \in (-\varepsilon, \varepsilon)$ definiamo $\theta_t : V \to S$ ponendo $\theta_t(q) = \Theta(q, t)$. Dimostra che

$$\lim_{t \to 0} \frac{d(\theta_{-t})_{\theta_t(p)}(Y) - Y(p)}{t} = [X, Y](p) .$$

5.35. Siano X, $Y \in \mathcal{T}(S)$ due campi vettoriali su una superficie $S \subset \mathbb{R}^3$. Indichiamo con Θ il flusso locale di X, e con Ψ il flusso locale di Y. Dimostra che le seguenti affermazioni sono equivalenti:

(i) $[X, Y] = O$;
(ii) $d(\theta_{-t})_{\theta_t(p)}(Y) = Y(p)$ non appena $\theta_t(p)$ è definito;
(iii) $d(\theta_{-s})_{\psi_s(p)}(X) = X(p)$ non appena $\psi_s(p)$ è definito;
(iv) $\psi_s \circ \theta_t = \theta_t \circ \psi_s$ non appena uno dei due membri è definito.

5.36. Siano X_1, $X_2 \in \mathcal{T}(S)$ due campi vettoriali su una superficie $S \subset \mathbb{R}^3$ linearmente indipendenti nell'intorno di un punto $p \in S$. Dimostra che le seguenti affermazioni sono equivalenti:

(i) esiste una parametrizzazione locale $\varphi : U \to S$ centrata in p tale che si abbia $X_j|_{\varphi(U)} = \partial_j$ per $j = 1, 2$;
(ii) $[X_1, X_1] \equiv O$ in un intorno di p.

Complementi

5.4 Il teorema di Hopf-Rinow

La distanza euclidea fra punti nel piano (o nello spazio) è strettamente correlata alla lunghezza delle curve, nel senso che la distanza $\|p_2 - p_1\|$ fra due punti p_1, $p_2 \in \mathbb{R}^2$ è il minimo della lunghezza delle curve da p_1 a p_2; inoltre, esiste sempre una curva di lunghezza uguale alla distanza fra p_1 e p_2, il segmento che li congiunge.

In questa sezione vedremo come usare le curve per introdurre una distanza intrinseca su ogni superficie, e sotto quali condizioni questa distanza è effettivamente realizzata da una curva sulla superficie (che, per il Teorema 5.2.8, sarà necessariamente una geodetica).

L'idea di fondo è che la distanza (intrinseca) fra due punti di una superficie si dovrebbe misurare prendendo la curva più breve che congiunge i due punti sulla superficie. Siccome, come abbiamo già notato, questa curva potrebbe non esistere, invece del minimo dobbiamo usare l'estremo inferiore:

Definizione 5.4.1. Sia $S \subset \mathbb{R}^3$ una superficie. La funzione $d_S \colon S \times S \to \mathbb{R}^+$ data da

$$d_S(p, q) = \inf\{L(\sigma) \mid \sigma \colon [a, b] \to S \text{ è una curva } C^\infty \text{ a tratti da } p \text{ a } q\}$$

è detta *distanza intrinseca* su S.

Ovviamente, perché d_S sia utile dobbiamo dimostrare che è effettivamente una distanza nel senso degli spazi metrici, e che la topologia di (S, d_S) come spazio metrico coincide con la topologia di S come sottoinsieme di $\mathbb{R}^3$:

Proposizione 5.4.2. *Sia $S \subset \mathbb{R}^3$ una superficie. Allora la distanza intrinseca d_S è effettivamente una distanza, e induce su S l'usuale topologia di sottospazio di $\mathbb{R}^3$.*

Dimostrazione. Dalla definizione è chiaro che $d_S(p, q) = d_S(q, p) \geq 0$ e che $d_S(p, p) = 0$ per ogni p, $q \in S$. Siano ora p, q, $r \in S$; se σ è una curva C^∞ a tratti in S da p a q, e τ è una curva C^∞ a tratti in S da q a r, la curva $\sigma \star \tau$ ottenuta percorrendo prima σ e poi (un'opportuna riparametrizzazione di) τ è una curva C^∞ a tratti da p a r con $L(\sigma \star \tau) = L(\sigma) + L(\tau)$. Passando all'estremo inferiore su σ e τ, e ricordando che $d_S(p, r)$ è l'estremo inferiore delle lunghezze di tutte le curve da p a r, otteniamo

$$d_S(p, r) \leq d_S(p, q) + d_S(q, r) \,,$$

cioè la disuguaglianza triangolare. Infine, siccome chiaramente vale la disuguaglianza

$$\|p - q\| \leq d_S(p, q) \tag{5.24}$$

per ogni p, $q \in S$, otteniamo $d_S(p, q) > 0$ se $p \neq q$, e quindi d_S è una distanza.

Rimane da dimostrare che la topologia indotta da d_S su S è quella usuale. Indichiamo con $B_S(p, \varepsilon) \subset S$ la palla di centro $p \in S$ e raggio $\varepsilon > 0$ per d_S, e con $B(p, \varepsilon) \subset \mathbb{R}^3$ la palla di centro p e raggio ε per la distanza euclidea in $\mathbb{R}^3$. La (5.24) implica subito

$$B_S(p, \varepsilon) \subseteq B(p, \varepsilon) \cap S \ ,$$

per ogni $p \in S$ e $\varepsilon > 0$, per cui gli aperti della topologia usuale di S sono aperti anche per la topologia indotta da d_S.

Viceversa, dobbiamo far vedere che ogni palla $B_S(p, \varepsilon)$ contiene l'intersezione con S di una palla euclidea. Infatti, sia $\varepsilon_1 = \min\{\mathrm{inj\ rad}(p), \varepsilon\} > 0$. Siccome $\exp_p : B_p(O, \varepsilon_1) \to B_{\varepsilon_1}(p)$ è un diffeomorfismo, la palla geodetica $B_{\varepsilon_1}(p)$ è un aperto (per la topologia usuale) di S; quindi esiste $\delta > 0$ tale che $B(p, \delta) \cap S \subseteq B_{\varepsilon_1}(p)$. Ma, d'altra parte, per ogni $q = \exp_p(v) \in B_{\varepsilon_1}(p)$ la geodetica radiale $t \mapsto \exp_p(tv)$ è una curva di classe C^∞ da p a q di lunghezza $\|v\| < \varepsilon_1$; quindi $d_S(p, q) \leq \varepsilon_1$, per cui

$$B(p, \delta) \cap S \subseteq B_{\varepsilon_1}(p) \subseteq B_S(p, \varepsilon) \ ,$$

e gli aperti per d_S sono aperti anche per la topologia usuale. $\square$

Le curve che realizzano la distanza meritano chiaramente un nome particolare.

Definizione 5.4.3. Una curva di classe C^∞ a tratti $\sigma : [a, b] \to S$ su una superficie S è detta *minimizzante* se ha lunghezza minore o uguale a quella di qualsiasi altra curva C^∞ a tratti su S con gli stessi estremi, ovvero se e solo se $L(\sigma) = d_S\big(\sigma(a), \sigma(b)\big)$. La curva σ è invece *localmente minimizzante* se per ogni $t \in [a, b]$ esiste $\varepsilon > 0$ tale che $\sigma|_{[t-\varepsilon, t+\varepsilon]}$ è minimizzante (con le ovvie convenzioni se $t = a$ o $t = b$).

Il Teorema 5.2.8 si esprime bene in questo linguaggio, e implica anche che le palle geodetiche sono in realtà le palle per la distanza intrinseca:

Corollario 5.4.4. *Sia $S \subset \mathbb{R}^3$ una superficie, $p \in M$ e $0 < \delta \leq \mathrm{inj\ rad}(p)$. Allora:*

(i) *se q appartiene alla palla geodetica $B_\delta(p)$ di centro p, allora la geodetica radiale da p a q è l'unica (a meno di riparametrizzazioni) curva minimizzante da p a q;*

(ii) *la palla geodetica $B_\delta(p)$ coincide con la palla $B_S(p, \delta)$ di centro p e raggio δ per la distanza intrinseca di S, e $d_S(p, q) = \|\exp_p^{-1}(q)\|$ per ogni $q \in B_\delta(p)$;*

(iii) *ogni geodetica di S è localmente minimizzante e, viceversa, ogni curva in S localmente minimizzante è una geodetica.*

Dimostrazione. (i) È esattamente il Teorema 5.2.8.(i).

(ii) Se $q \in B_\delta(p)$, esiste un unico $v \in B_p(O, \delta)$ tale che $q = \exp_p(v)$, e la geodetica radiale $t \mapsto \exp_p(tv)$ da p a q, che è minimizzante, ha lunghezza $d_S(p, q) = \|v\| < \delta$; quindi $B_\delta(p) \subseteq B_S(p, \delta)$ e $d_S(p, q) = \|\exp_p^{-1}(q)\|$. Viceversa, se $q \in B_S(p, \delta)$ deve esistere una curva σ da p a q di lunghezza minore di δ; ma abbiamo visto nella dimostrazione del Teorema 5.2.8.(i) che ogni curva che esce da $B_\delta(p)$ deve avere lunghezza almeno uguale a δ, per cui $q \in B_\delta(p)$, e ci siamo.

(iii) Segue dal Teorema 5.2.8.(ii) e (iii). $\qquad\square$

Vogliamo ora dare una condizione sufficiente per l'esistenza delle curve minimizzanti. È facile trovare esempi di situazioni in cui la curva minimizzante non esiste: basta prendere due punti di una superficie S collegati da un'unica curva minimizzante σ (per esempio, il centro e un altro punto di una palla geodetica), e togliere da S un punto del sostegno di σ. Questo esempio suggerisce che l'esistenza delle curve minimizzanti sia collegata alla possibilità di estendere indefinitamente le geodetiche; e infatti dimostreremo fra un attimo che se tutte le geodetiche di una superficie hanno come intervallo di definizione l'intera retta reale allora curve minimizzanti esistono sempre (ma il viceversa non è vero: vedi l'Osservazione 5.4.10).

Cominciamo con il dare un enunciato equivalente alla possibilità di estendere indefinitamente le geodetiche:

Lemma 5.4.5. *Sia $S \subset \mathbb{R}^3$ una superficie, e $p \in S$. Allora per ogni $v \in T_p S$ la geodetica $\sigma_v \colon I_v \to S$ è definita su tutta la retta reale (cioè $I_v = \mathbb{R}$) se e solo se la mappa esponenziale $\exp_p$ è definita su tutto il piano tangente (cioè $\mathcal{E}_p = T_p S$).*

Dimostrazione. Supponiamo che $\exp_p$ sia definito su tutto $T_p S$. Allora per ogni $v \in T_p S$ la curva $\sigma(t) = \exp_p(tv)$ è definita su tutto $\mathbb{R}$, e il Lemma 5.2.1.(i) ci dice che $\sigma(t) = \sigma_{tv}(1) = \sigma_v(t)$, per cui σ_v è definita su tutto $\mathbb{R}$.

Viceversa, se σ_v è definita su tutto $\mathbb{R}$ è definita anche in 1, per cui $\exp_p(v)$ è ben definito. $\qquad\square$

Ci servirà anche un risultato sul raggio d'iniettività. Per l'esattezza, vogliamo far vedere che ogni punto p di una superficie S ha un intorno $V \subset S$ tale che l'estremo inferiore dei raggi d'iniettività dei punti di V sia positivo.

Definizione 5.4.6. Il *raggio d'iniettività* di un sottoinsieme $C \subseteq S$ di una superficie S è il numero

$$\mathrm{inj\ rad}(C) = \inf\{\mathrm{inj\ rad}(q) \mid q \in C\} \geq 0 \ .$$

Diremo che un aperto $V \subseteq S$ è *uniformemente normale* se ha raggio d'iniettività positivo. In altre parole, V è uniformemente normale se e solo se esiste $\delta > 0$ tale che $\exp_q$ sia un diffeomorfismo di $B_q(O, \delta)$ con $B_\delta(q)$ per ogni $q \in V$.

Allora

Proposizione 5.4.7. *Ogni punto di una superficie $S \subset \mathbb{R}^3$ ha un intorno uniformemente normale.*

Dimostrazione. Dato $p \in S$, la Proposizione 5.2.5.(ii) ci fornisce un $\delta > 0$ e una parametrizzazione locale $\varphi: U \to S$ centrata in p tali che l'applicazione $(x, w, t) \mapsto \sigma_{d\varphi_x(w)}(t)$ sia di classe C^∞ nell'aperto $U \times B(O, \delta) \times (1-\delta, 1+\delta)$ di $\mathbb{R}^2 \times \mathbb{R}^2 \times \mathbb{R} = \mathbb{R}^5$. In particolare, l'applicazione $\tilde{E}: U \times B(O, \delta) \to S$ data da $\tilde{E}(x, w) = \exp_{\varphi(x)}(d\varphi_x(w))$ è di classe C^∞. Inoltre, siccome $\tilde{E}(O, O) = p$, possiamo trovare $U_1 \subset U$ intorno di O e $0 < \delta_1 < \delta$ tali che si abbia $\tilde{E}(U_1 \times B(O, \delta_1)) \subseteq \varphi(U)$. Definiamo allora $E: U_1 \times B(O, \delta_1) \to U \times U$ ponendo

$$E(x, w) = \left(x, \varphi^{-1}(\tilde{E}(x, w))\right) \, ;$$

vogliamo dimostrare che E è invertibile in un intorno di (O, O). Al solito, ci basta verificare che $dE_{(O,O)}$ sia invertibile. Indichiamo con $x = (x_1, x_2)$ le coordinate di x, e con $w = (w_1, w_2)$ le coordinate di w. Allora per $j = 1, 2$ si ha

$$
\begin{aligned}
dE_{(O,O)}\left(\frac{\partial}{\partial w_j}\right) &= \frac{d}{dt}E(O, t\mathbf{e}_j)\Big|_{t=0} = \frac{d}{dt}\left(O, \varphi^{-1}(\exp_p(t\,\partial_j|_p))\right)\Big|_{t=0} \\
&= \left(O, d\varphi_p^{-1} \circ d(\exp_p)_O(\partial_j|_p)\right) = \left(O, d\varphi_p^{-1}(\partial_j|_p)\right) \\
&= \left(O, \frac{\partial}{\partial x_j}\right),
\end{aligned}
$$

in quanto $d(\exp_p)_O = \text{id}$ grazie alla Proposizione 5.2.5.(iv). D'altra parte, abbiamo anche

$$
\begin{aligned}
dE_{(O,O)}\left(\frac{\partial}{\partial x_j}\right) &= \frac{d}{dt}E(t\mathbf{e}_j, O)\Big|_{t=0} = \frac{d}{dt}\left(t\mathbf{e}_j, \varphi^{-1}(\exp_{\varphi(t\mathbf{e}_j)}(O))\right)\Big|_{t=0} \\
&= \frac{d}{dt}(t\mathbf{e}_j, t\mathbf{e}_j)\Big|_{t=0} = \left(\frac{\partial}{\partial x_j}, \frac{\partial}{\partial x_j}\right).
\end{aligned}
$$

Quindi $dE_{O,O}$, mandando una base di $\mathbb{R}^2 \times \mathbb{R}^2$ in una base di $\mathbb{R}^2 \times \mathbb{R}^2$, è invertibile, per cui esistono un intorno $U_0 \subseteq U_1$ di O e un $0 < \delta_0 \le \delta_1$ tali che $E|_{U_0 \times B(O, \delta_0)}$ sia un diffeomorfismo con l'immagine. In particolare, questo implica che per ogni $x \in U_0$ l'applicazione $\tilde{e}_x: B(O, \delta_0) \to U$ data da $\tilde{e}_x(w) = \varphi^{-1}(\exp_{\varphi(x)}(d\varphi_x(w)))$ è un diffeomorfismo con l'immagine

Infine, a meno di restringere U_0 possiamo trovare (perché?) un $\varepsilon > 0$ tale che $B_{\varphi(x)}(O, \varepsilon) \subseteq d\varphi_x(B(O, \delta_0))$ per ogni $x \in U_0$. Poniamo $V_0 = \varphi(U_0)$; allora per ogni $q = \varphi(x) \in V_0$ l'applicazione $\exp_q: B_q(O, \varepsilon) \to S$ è un diffeomorfismo con l'immagine, in quanto $\exp_q = \varphi \circ \tilde{e}_x \circ (d\varphi_x)^{-1}$, e V_0 è un intorno uniformemente normale di p. $\qquad \square$

Possiamo ora dare la promessa condizione necessaria e sufficiente per l'estendibilità delle geodetiche, condizione che sarà anche sufficiente per l'esistenza delle geodetiche minimizzanti. La cosa interessante di questo risultato, il *teorema di Hopf-Rinow*, è che questa condizione si esprime in termini della distanza intrinseca:

Teorema 5.4.8 (Hopf-Rinow). *Sia $S \subset \mathbb{R}^3$ una superficie. Allora le seguenti condizioni sono equivalenti:*

(i) *la distanza intrinseca d_S è completa;*
(ii) *per ogni $p \in S$ la mappa esponenziale $\exp_p$ è definita su tutto T_pS;*
(iii) *esiste un punto $p \in S$ per cui la mappa esponenziale $\exp_p$ è definita su tutto T_pS;*
(iv) *ogni insieme di S chiuso e limitato (rispetto a d_S) è compatto.*

Inoltre, ciascuna di queste condizioni implica che

(v) *ogni coppia di punti di S può essere collegata da una geodetica minimizzante.*

Dimostrazione. (i) $\Longrightarrow$ (ii). Grazie al Lemma 5.4.5 basta dimostrare che per ogni $p \in S$ e $v \in T_pS$ la geodetica σ_v è definita su tutto $\mathbb{R}$. Poniamo

$$t_0 = \sup\{t > 0 \mid \sigma_v \text{ è definita in } t\} \, ,$$

e supponiamo per assurdo che t_0 sia finito. Siccome

$$d_S\big(\sigma_v(s), \sigma_v(t)\big) \le L(\sigma_v|_{[s,t]}) = \|v\| \, |s - t|$$

per ogni $0 \le s \le t < t_0$, se $\{t_k\} \subset [0, t_0)$ converge crescendo a t_0 la successione $\{\sigma_v(t_k)\}$ è di Cauchy in S per la distanza d_S, e quindi converge a un punto $q \in S$, indipendente (perché?) dalla successione scelta. Dunque ponendo $\sigma_v(t_0) = q$ otteniamo un'applicazione continua da $[0, t_0]$ in S. Sia V un intorno uniformemente normale di q, con raggio d'iniettività $\varepsilon > 0$. Per ogni k abbastanza grande, abbiamo sia $|t_k - t_0| < \delta/\|v\|$ sia $\sigma_v(t_k) \in V$. In particolare, le geodetiche radiali uscenti da $\sigma_v(t_k)$ si prolungano per una lunghezza almeno uguale a δ; siccome $L(\sigma_v|_{[t_k, t_0]}) = |t_0 - t_k| \|v\| < \delta$, la geodetica σ_v si prolunga oltre t_0, contraddizione. Quindi $t_0 = +\infty$; in maniera analoga si dimostra che σ_v è definita su tutto $(-\infty, 0]$, ed è fatta.

(ii) $\Longrightarrow$ (iii). Ovvio.

Introduciamo ora la condizione

(v')*Esiste un punto $p \in S$ che può essere collegato a qualsiasi altro punto di S con una geodetica minimizzante.*

(iii) $\Longrightarrow$ (v'). Dato $q \in S$, poniamo $r = d_S(p, q)$, e sia $B_{2\varepsilon}(p)$ una palla geodetica di centro p tale che $q \notin \overline{B_\varepsilon(p)}$. Sia $x_0 \in \partial B_\varepsilon(p)$ un punto della circonferenza geodetica $\partial B_\varepsilon(p)$ in cui la funzione continua $d_S(q, \cdot)$ ammette

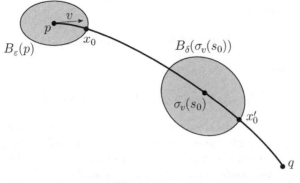

Figura 5.6.

minimo. Possiamo scrivere $x_0 = \exp_p(\varepsilon v)$ per un opportuno $v \in T_pS$ di norma unitaria; se dimostriamo che $\sigma_v(r) = q$, abbiamo trovato una geodetica minimizzante da p a q.

Poniamo

$$A = \{s \in [0, r] \mid d_S\big(\sigma_v(s), q\big) = d_S(p, q) - s\}\ .$$

L'insieme A è non vuoto ($0 \in A$), ed è chiuso in $[0, r]$; se dimostriamo che $\sup A = r$ abbiamo finito. Sia $s_0 \in A$ minore di r; ci basta far vedere che esiste $\delta > 0$ abbastanza piccolo tale che $s_0 + \delta \in A$. Essendo $s_0 < r = d_S(p, q)$, il punto $\sigma_v(s_0)$ non può essere q; scegliamo $0 < \delta < \text{inj rad}\big(\sigma_v(s_0)\big)$ in modo che $q \notin B_\delta\big(\sigma_v(s_0)\big)$. Per costruzione,

$$d_S\big(p, \sigma_v(s_0)\big) \leq s_0 = d_S(p, q) - d_S\big(\sigma_v(s_0), q\big)\ ,$$

cosa possibile se e solo se $d_S\big(p, \sigma_v(s_0)\big) = s_0$. Sia $x_0' \in \partial B_\delta\big(\sigma_v(s_0)\big)$ un punto della circonferenza geodetica $\partial B_\delta\big(\sigma_v(s_0)\big)$ in cui la funzione continua $d_S(q, \cdot)$ assume minimo (vedi la Fig. 5.6); in particolare, se $s_0 = 0$ prendiamo $\delta = \varepsilon$ e $x_0' = x_0$. Allora

$$d_S(p, q) - s_0 = d_S\big(\sigma_v(s_0), q\big) \leq d_S\big(\sigma_v(s_0), x_0'\big) + d_S(x_0', q) = \delta + d_S(x_0', q)\ , \tag{5.25}$$

poiché per il Corollario 5.4.4.(ii) la circonferenza geodetica $\partial B_\delta\big(\sigma_v(s_0)\big)$ consiste esattamente dei punti di S a distanza δ da $\sigma_v(s_0)$. D'altra parte, se $\tau : [a, b] \to S$ è una curva C^∞ a tratti da $\sigma_v(s_0)$ a q e $\tau(t_0)$ è il primo punto di intersezione fra il sostegno di τ e $\partial B_\delta\big(\sigma_v(s_0)\big)$, si ha

$$L(\tau) = L(\tau|_{[a,t_0]}) + L(\tau|_{[t_0,b]}) \geq \delta + \min_{x \in \partial B_\delta(\sigma_v(s_0))} d_S(x, q) = \delta + d_S(x_0', q)\ .$$

Prendendo l'estremo inferiore rispetto a τ otteniamo

$$d_S\big(\sigma_v(s_0), q\big) \geq \delta + d_S(x_0', q)\ ,$$

e quindi, ricordando (5.25),

$$d_S(p,q) - s_0 = \delta + d_S(x'_0, q) \,,$$

da cui si deduce

$$d_S(p, x'_0) \geq d_S(p,q) - d_S(q, x'_0) = s_0 + \delta \,.$$

D'altra parte, la curva $\tilde{\sigma}$ ottenuta unendo $\sigma_v|_{[0,s_0]}$ con la geodetica radiale da $\sigma_v(s_0)$ a x'_0 ha lunghezza esattamente $s_0 + \delta$; quindi $d_S(p, x'_0) = s_0 + \delta$. In particolare, la curva $\tilde{\sigma}$ è minimizzante, per cui è una geodetica e dunque coincide con σ_v. Ma allora $\sigma_v(s_0 + \delta) = x'_0$ e quindi

$$d_S\big(\sigma_v(s_0 + \delta), q\big) = d_S(x'_0, q) = d_S(p,q) - (s_0 + \delta) \,,$$

cioè $s_0 + \delta \in A$, come voluto.

(ii) $\Longrightarrow$ (v): si ragiona come in (iii) $\Longrightarrow$ (v').

(iii)+(v') $\Longrightarrow$ (iv). Basta far vedere che le palle chiuse $\overline{B_S(p,R)}$ di centro $p \in S$ e raggio $R > 0$ per la distanza intrinseca sono compatte. Per far ciò, è sufficiente dimostrare che $\overline{B_S(p,R)} = \exp_p\big(\overline{B_p(O,R)}\big)$; infatti $\exp_p$ è continua, i chiusi limitati del piano T_pS sono compatti, e l'immagine attraverso un'applicazione continua di compatti è compatta.

Se $v \in \overline{B_p(O,R)}$ allora la geodetica radiale $t \mapsto \exp_p(tv)$ da p a $q = \exp_p(v)$ ha lunghezza $\|v\| \leq R$; quindi $d_S(p,q) \leq R$ e $\exp_p\big(\overline{B_p(O,R)}\big) \subseteq \overline{B_S(p,R)}$. Viceversa, se $q \in \overline{B_S(p,R)}$, sia σ una geodetica minimizzante da p a q; dovendo avere lunghezza al massimo R, dev'essere della forma $\sigma(t) = \exp_p(tv)$ con $\|v\| \leq R$, per cui $q = \exp_p(v) \in \exp_p\big(\overline{B_p(O,R)}\big)$, e ci siamo.

(iv) $\Longrightarrow$ (i). Sia $\{p_n\} \subset S$ una successione di Cauchy per d_S; in particolare, è un insieme limitato di S. Scelto $q \in S$ esiste $R > 0$ tale che $\{p_n\} \subset \overline{B_S(q,R)}$. Per l'ipotesi (iv), la palla chiusa $\overline{B_S(q,R)}$ è compatta; quindi dalla successione $\{p_n\}$ possiamo estrarre una sottosuccessione $\{p_{n_k}\}$ convergente a un punto $p \in \overline{B_S(q,R)}$. Ma allora necessariamente l'intera successione di Cauchy $\{p_n\}$ deve convergere a $p \in S$, e abbiamo dimostrato che S è completa. $\quad\square$

Definizione 5.4.9. Una superficie $S \subset \mathbb{R}^3$ la cui distanza intrinseca sia completa sarà detta *completa*.

Osservazione 5.4.10. La condizione (v) nell'enunciato del Teorema 5.4.8 è strettamente più debole delle altre: esistono superfici non complete dove ogni coppia di punti è collegata da una geodetica minimizzante. L'esempio più semplice è fornito da un aperto convesso Ω del piano (che non sia tutto il piano): ogni coppia di punti di Ω è collegata da una geodetica minimizzante in Ω (un segmento), ma esistono geodetiche di Ω non prolungabili indefinitamente (basta prendere un segmento che collega un punto di Ω con un punto del bordo di Ω).

La classe principe di superfici complete è quella delle superfici chiuse di $\mathbb{R}^3$:

Corollario 5.4.11. *Ogni superficie chiusa S di $\mathbb{R}^3$ è completa. In particolare, ogni coppia di punti di una superficie chiusa è collegata da una geodetica minimizzante.*

Dimostrazione. Ricordando (5.24) vediamo subito che ogni sottoinsieme limitato (rispetto alla distanza intrinseca) di S è limitato anche in $\mathbb{R}^3$; inoltre, essendo S chiusa, ogni sottoinsieme chiuso di S è chiuso in $\mathbb{R}^3$. Quindi ogni insieme chiuso e limitato di S, essendo chiuso e limitato in $\mathbb{R}^3$, è compatto, e la tesi segue dal teorema precedente. $\square$

Osservazione 5.4.12. Esistono superfici di $\mathbb{R}^3$ che sono complete ma non chiuse. Sia $\sigma\colon \mathbb{R} \to \mathbb{R}^2$ la curva $\sigma(t) = \big((1+\mathrm{e}^{-t})\cos t, (1+\mathrm{e}^{-t})\sin t\big)$; è una spirale che tende asintoticamente alla circonferenza unitaria senza mai raggiungerla. Indicato con $C = \sigma(\mathbb{R})$ il sostegno di σ, sia $S = C \times \mathbb{R}$ il cilindro retto di base C (vedi la Fig. 5.7). Allora S è una superficie chiaramente non chiusa di $\mathbb{R}^3$; vogliamo mostrare che è completa.

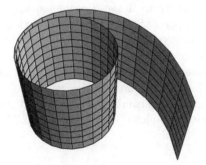

Figura 5.7. Una superficie completa non chiusa

Per far ciò basta dimostrare che per ogni $p_0 \in S$ e $R > 0$ la palla chiusa $\overline{B_S(p_0, R)} \subset S$ è chiusa in $\mathbb{R}^3$ — perché in tal caso, essendo chiaramente limitata, è compatta, e la tesi segue dal Teorema di Hopf-Rinow. Scelta una riparametrizzazione rispetto alla lunghezza d'arco $\sigma_0\colon \mathbb{R} \to \mathbb{R}^2$ di σ, siano s_0, $z_0 \in \mathbb{R}$ tali che $p_0 = \big(\sigma_0(s_0), z_0\big)$. Prendiamo una curva $\tau\colon [a,b] \to S$ di classe C^∞ a tratti con $\tau(a) = p_0$ e di lunghezza minore o uguale di R; ci basta (perché?) dimostrare che il sostegno di τ è contenuto in un insieme compatto di S dipendente solo da p_0 e R ma non da τ.

Siccome C è un arco aperto di Jordan, possiamo trovare due funzioni h, $z\colon [a,b] \to \mathbb{R}$ di classe C^∞ a tratti tali che $\tau(t) = \big(\sigma_0(h(t)), z(t)\big)$ per ogni $t \in [a,b]$; in particolare, $h(a) = s_0$ e $z(a) = z_0$. Ora, per ogni $t_0 \in [a,b]$ si ha

$$|z(t_0) - z_0| = \left| \int_a^{t_0} z'(t)\, \mathrm{d}t \right| \le \int_a^{t_0} |z'(t)|\, \mathrm{d}t \le \int_a^{t_0} \|\tau'(t)\|\, \mathrm{d}t = L(\tau|_{[a,t_0]}) \le R \;;$$

quindi l'immagine della funzione z è contenuta nell'intervallo $[z_0 - R, z_0 + R]$. Analogamente, siccome σ_0 è parametrizzata rispetto alla lunghezza d'arco troviamo

$$|h(t_0) - s_0| = \left| \int_a^{t_0} h'(t)\, dt \right| \le \int_a^{t_0} |h'(t)|\, dt = \int_a^{t_0} \|(\sigma_0 \circ h)'(t)\|\, dt$$

$$\le \int_a^{t_0} \|\tau'(t)\|\, dt = L(\tau|_{[a,t_0]}) \le R \ ;$$

quindi $h([a, b]) \subseteq [s_0 - R, s_0 + R]$. Ne segue quindi che il sostegno di τ è contenuto nel compatto $\sigma_0([s_0 - R, s_0 + R]) \times [z_0 - R, z_0 + R] \subset S$, e abbiamo finito.

Osservazione 5.4.13. Sia $S \subset \mathbb{R}^3$ una superficie completa; allora non esiste alcuna superficie $\tilde{S} \subset \mathbb{R}^3$ che contenga propriamente S (si dice che S *non è estendibile*). Infatti, supponiamo per assurdo che esista una superficie $\tilde{S}$ tale che $\tilde{S} \supset S$ propriamente, e sia q_0 un punto del bordo di S in $\tilde{S}$. Essendo S una superficie, è aperta in $\tilde{S}$ (perché?); quindi $q_0 \notin S$. Scegliamo una palla geodetica $B_\delta(q_0) \subset \tilde{S}$ centrata in q_0. Siccome q_0 appartiene al bordo di S, esiste un punto $p_0 \in B_\delta(q_0) \cap S$. Siccome p_0 appartiene alla palla geodetica, è collegato a q_0 da una geodetica $\sigma \colon [0, 1] \to \tilde{S}$. Ma, essendo p interno a S, esiste $\varepsilon > 0$ tale che $\sigma|_{[0,\varepsilon)}$ sia una geodetica in S, e chiaramente questa geodetica non è prolungabile indefinitamente in S, in quanto il suo sostegno deve raggiungere $q_0 \notin S$ in un tempo finito.

Il viceversa di questa affermazione non è vero: esistono superfici non estendibili che non sono complete (vedi l'Esercizio 5.37).

Esercizi

5.37. Mostra che il cono a una falda privato dell'origine è una superficie S non estendibile che non è completa. Determina, inoltre, per ogni punto $p \in S$ una geodetica su S passante per p che non può essere estesa ad ogni valore del parametro.

5.38. Dimostra che una geodetica in una superficie di rotazione non può tendere asintoticamente a un parallelo che non sia a sua volta una geodetica.

5.39. Dimostra che ogni geodetica del paraboloide ellittico di rotazione di equazione $z = x^2 + y^2$ interseca se stessa infinite volte a meno che non sia un meridiano. (*Suggerimento:* usa il Problema 5.3, l'Esercizio 5.38 e la relazione di Clairaut.)

5.40. Una *curva divergente* in una superficie S è una curva $\sigma \colon \mathbb{R}^+ \to S$ tale che per ogni compatto $K \subset S$ esiste $t_0 > 0$ tale che $\sigma(t) \notin K$ per ogni $t \ge t_0$. Dimostra che S è completa se e solo se ogni curva divergente in S ha lunghezza infinita.

5.5 Superfici localmente isometriche

In questa sezione vogliamo far vedere come usare geodetiche e curvatura Gaussiana per scoprire quando due superfici sono localmente isometriche.

Un primo risultato in quest'ordine d'idee è molto semplice da dimostrare:

Proposizione 5.5.1. *Sia $H: S \to \tilde{S}$ un'applicazione di classe C^∞ fra superfici. Allora H è un'isometria locale se e solo se manda geodetiche parametrizzate rispetto alla lunghezza d'arco di S in geodetiche parametrizzate rispetto alla lunghezza d'arco di $\tilde{S}$.*

Dimostrazione. Una direzione è la Proposizione 5.1.11. Viceversa, supponiamo che H mandi geodetiche parametrizzate rispetto alla lunghezza d'arco in geodetiche parametrizzate rispetto alla lunghezza d'arco. Questo vuol dire per ogni $p \in S$ e $v \in T_pS$ di lunghezza unitaria la curva $H \circ \sigma_v$ è una geodetica di $\tilde{S}$ parametrizzata rispetto alla lunghezza d'arco. In particolare,

$$\|v\| = 1 = \|(H \circ \sigma_v)'(0)\| = \big\|\mathrm{d}H_p\big(\sigma_v'(0)\big)\big\| = \|\mathrm{d}H_p(v)\| \, ,$$

e quindi $\mathrm{d}H_p$ è un'isometria. Siccome $p \in S$ era generico, abbiamo dimostrato che H è un'isometria locale.   □

Più interessante è cercare di stabilire direttamente quando due superfici sono localmente isometriche in un punto. Per semplificare gli enunciati, introduciamo la seguente

Definizione 5.5.2. Siano S, $\tilde{S} \subset \mathbb{R}^3$ due superfici, $p \in S$ e $\tilde{p} \in \tilde{S}$. Diremo che (S, p) è *localmente isometrica a* $(\tilde{S}, \tilde{p})$ se esiste un'isometria fra un intorno di p in S e un intorno di $\tilde{p}$ in $\tilde{S}$.

Se (S, p) è localmente isometrica a $(\tilde{S}, \tilde{p})$, sia $H: V \to \tilde{V}$ un'isometria fra un intorno di p e un intorno di $\tilde{p}$. Siccome H deve mandare geodetiche in geodetiche, si deve avere $H \circ \sigma_v = \sigma_{\mathrm{d}H_p(v)}$ per ogni $v \in T_pS$. Inoltre, il teorema egregium di Gauss (o, più precisamente, il Corollario 4.6.12) ci dice che $\tilde{K} \circ H \equiv K$, dove K è la curvatura Gaussiana di S e $\tilde{K}$ quella di $\tilde{S}$. Mettendo insieme queste due cose, otteniamo che se (S, p) è localmente isometrica a $(\tilde{S}, \tilde{p})$ allora

$$\forall v \in T_pS \qquad \tilde{K} \circ \sigma_{I(v)} \equiv K \circ \sigma_v \, , \tag{5.26}$$

dove $I = \mathrm{d}H_p: T_pS \to T_{\tilde{p}}\tilde{S}$ è un'isometria lineare.

Il nostro obiettivo è dimostrare che (5.26) è anche una condizione sufficiente perché (S, p) sia localmente isometrica a $(\tilde{S}, \tilde{p})$. Cominciamo con due lemmi, tecnici ma importanti.

Lemma 5.5.3. *Sia S una superficie, $p \in S$, e scegliamo una mappa di Gauss $N: V \to S^2$ definita in un intorno $V \subseteq S$ di p. Allora per ogni base ortogonale $\{v_1, v_2\}$ di T_pS si ha*

$$\langle v_1, \mathrm{d}N_p(v_2)\rangle \mathrm{d}N_p(v_1) - \langle v_1, \mathrm{d}N_p(v_1)\rangle \mathrm{d}N_p(v_2) = -\|v_1\|^2 K(p)v_2 \, . \tag{5.27}$$

Dimostrazione. Prima di tutto, nota che il membro sinistro di (5.27) non dipende dalla mappa di Gauss scelta, per cui non è necessario supporre S orientabile.

Sia $\{w_1, w_2\}$ una base ortonormale di T_pS formata da direzioni principali, con rispettive curvature principali k_1 e k_2 (Proposizione 4.5.2); in particolare, $K(p) = k_1 k_2$. Siccome $\{v_1, v_2\}$ è una base ortogonale di T_pS, esiste $\theta \in \mathbb{R}$ tale che $v_1 = \|v_1\|(\cos\theta w_1 + \sin\theta w_2)$ e $v_2 = \pm\|v_2\|(-\sin\theta w_1 + \cos\theta w_2)$. Allora chiaramente otteniamo $\mathrm{d}N_p(v_1) = -\|v_1\|(k_1\cos\theta w_1 + k_2\sin\theta w_2)$ e $\mathrm{d}N_p(v_2) = \pm\|v_2\|(k_1\sin\theta w_1 - k_2\cos\theta w_2)$, per cui

$$\langle v_1, \mathrm{d}N_p(v_2)\rangle\, \mathrm{d}N_p(v_1) - \langle v_1, \mathrm{d}N_p(v_1)\rangle\, \mathrm{d}N_p(v_2)$$
$$= \mp\|v_1\|^2\|v_2\|(k_1 - k_2)\cos\theta\sin\theta(k_1\cos\theta w_1 + k_2\sin\theta w_2)$$
$$\pm\|v_1\|^2\|v_2\|(k_1\cos^2\theta + k_2\sin^2\theta)(k_1\sin\theta w_1 - k_2\cos\theta w_2)$$
$$= \pm\|v_1\|^2\|v_2\|k_1 k_2(\sin\theta w_1 - \cos\theta w_2)w_2 = -\|v_1\|^2 K(p)v_2\,. \quad \square$$

Lemma 5.5.4. *Sia $S \subset \mathbb{R}^3$ una superficie, e siano $p \in S$ e $0 < \delta < \mathrm{inj\ rad}(p)$. Dato $v \in B_p(O,\delta)$, indichiamo con $\sigma_v\colon I_v \to S$ la geodetica uscente da p tangente a v. Dato $w \in T_pS$ ortogonale a v e $\varepsilon > 0$ abbastanza piccolo, definiamo $\Sigma\colon (-\varepsilon,\varepsilon) \times [0,1] \to B_\delta(p)$ ponendo*

$$\Sigma(s,t) = \exp_p\big(t(v + sw)\big)\,;$$

in particolare, $\Sigma(0,t) = \sigma_v(t)$. Sia $J\colon [0,1] \to \mathbb{R}^3$ data da

$$J(t) = \frac{\partial\Sigma}{\partial s}(0,t) = \mathrm{d}(\exp_p)_{tv}(tw) \in T_{\sigma_v(t)}S\,.$$

Allora:

(i) $J(0) = O$ e $J(1) = \mathrm{d}(\exp_p)_v(w)$;
(ii) $DJ(0) = w$;
(iii) $J(t)$ è ortogonale a $\sigma_v'(t)$ per ogni $t \in [0,1]$;
(iv) $D^2J \equiv -\|v\|^2(K \circ \sigma_v)J$.

Dimostrazione. (i) Ovvio.

(ii) Si ha

$$\frac{\partial J}{\partial t}(t) = \frac{\partial^2\Sigma}{\partial t\partial s}(0,t) = \mathrm{d}(\exp_p)_{tv}(w) + t\frac{\partial}{\partial t}\big(\mathrm{d}(\exp_p)_{tv}(w)\big)\Big|_t\,;$$

quindi per $t = 0$, ricordando che $\mathrm{d}(\exp_p)_O = \mathrm{id}$, otteniamo $\partial J/\partial t(0) = w$. In particolare, siccome $w \in T_pS$, la derivata covariante di J lungo σ_v in 0 è uguale a $\partial J/\partial t(0)$, e ci siamo.

(iii) Derivando $\sigma_v(t) = \exp_p(tv)$, otteniamo $\sigma_v'(t) = \mathrm{d}(\exp_p)_{tv}(v)$. Siccome $J(t) = \mathrm{d}(\exp_p)_{tv}(tw)$ e $\langle v, w\rangle = 0$, il Lemma 5.2.7.(iii) ci assicura che $J(t)$ è ortogonale a $\sigma_v'(t)$ per ogni $t \in (0,1]$. Siccome $J(0) = O$, ci siamo.

(iv) Per costruzione, per ogni $s \in (-\varepsilon, \varepsilon)$ la curva $\sigma_s = \Sigma(s, \cdot)$ è una geodetica; quindi $D\sigma'_s \equiv O$, dove D è la derivata covariante lungo σ_s. Ricordando la definizione di derivata covariante, questo vuol dire che

$$\frac{\partial^2 \Sigma}{\partial t^2} - \left\langle \frac{\partial^2 \Sigma}{\partial t^2}, N \circ \Sigma \right\rangle N \circ \Sigma \equiv O \,,$$

dove $N \colon B_\delta(p) \to S^2$ è una mappa di Gauss (che esiste sempre: perché?). Derivando rispetto a s e proiettando di nuovo sul piano tangente otteniamo

$$\begin{aligned} O &\equiv \frac{\partial^3 \Sigma}{\partial s \partial t^2} - \left\langle \frac{\partial^3 \Sigma}{\partial s \partial t^2}, N \circ \Sigma \right\rangle N \circ \Sigma - \left\langle \frac{\partial^2 \Sigma}{\partial t^2}, N \circ \Sigma \right\rangle \frac{\partial(N \circ \Sigma)}{\partial s} \\ &\equiv \frac{\partial^3 \Sigma}{\partial t^2 \partial s} - \left\langle \frac{\partial^3 \Sigma}{\partial t^2 \partial s}, N \circ \Sigma \right\rangle N \circ \Sigma + \left\langle \frac{\partial \Sigma}{\partial t}, \frac{\partial(N \circ \Sigma)}{\partial t} \right\rangle \frac{\partial(N \circ \Sigma)}{\partial s} \,, \end{aligned}$$

in quanto $\langle \partial\Sigma/\partial t, N \circ \Sigma \rangle \equiv 0$.

Ora, anche $\partial\Sigma/\partial s$ è un campo vettoriale lungo σ_s, e si ha

$$\begin{aligned} D^2 \frac{\partial \Sigma}{\partial s} &= D \left(\frac{\partial^2 \Sigma}{\partial t \partial s} - \left\langle \frac{\partial^2 \Sigma}{\partial t \partial s}, N \circ \Sigma \right\rangle N \circ \sigma \right) \\ &= \frac{\partial^3 \Sigma}{\partial t^2 \partial s} - \left\langle \frac{\partial^3 \Sigma}{\partial^2 t \partial s}, N \circ \Sigma \right\rangle N \circ \sigma + \left\langle \frac{\partial \Sigma}{\partial t}, \frac{\partial(N \circ \Sigma)}{\partial s} \right\rangle \frac{\partial(N \circ \Sigma)}{\partial t} \,, \end{aligned}$$

dove abbiamo usato di nuovo $\langle \partial\Sigma/\partial t, N \circ \Sigma \rangle \equiv 0$. Prendendo ora $s = 0$ otteniamo quindi

$$D^2 J = \langle \sigma'_v, \mathrm{d}N_{\sigma_v}(J) \rangle \mathrm{d}N_{\sigma_v}(\sigma'_v) - \langle \sigma'_v, \mathrm{d}N_{\sigma_v}(\sigma'_v) \rangle \mathrm{d}N_{\sigma_v}(J) = -\|v\|^2 (K \circ \sigma_v) J \,,$$

grazie al Lemma 5.5.3, che possiamo applicare perché J è ortogonale a σ'_v. □

Siamo ora pronti a dimostrare il risultato principale di questa sezione:

Teorema 5.5.5. *Siano* S, $\tilde{S} \subset \mathbb{R}^3$ *due superfici, e supponiamo di avere un punto* $p \in S$, *un punto* $\tilde{p} \in \tilde{S}$, *un* $0 < \delta < \mathrm{inj\ rad}(p)$, *e un'isometria lineare* $I \colon T_p S \to T_{\tilde{p}} \tilde{S}$ *tali che* $\tilde{K} \circ \sigma_{I(v)} \equiv K \circ \sigma_v$ *su* $[0,1]$ *per ogni* $v \in T_p S$ *con* $\|v\| < \delta$, *dove* K *è la curvatura Gaussiana di* S *e* $\tilde{K}$ *la curvatura Gaussiana di* $\tilde{S}$. *Allora* $H = \exp_{\tilde{p}} \circ I \circ \exp_p^{-1} \colon B_\delta(p) \to B_\delta(\tilde{p})$ *è un'isometria locale. Inoltre, se* δ *è anche minore di* $\mathrm{inj\ rad}(\tilde{p})$, *allora* H *è un'isometria.*

Dimostrazione. Siccome $\mathrm{d}H_p = I$, l'applicazione H è un'isometria in p. Sia allora $q = \exp_p^*(v) \in B_\delta(p)$ qualsiasi; dobbiamo dimostrare che

$$\forall \hat{w} \in T_q S \qquad \|\mathrm{d}(\exp_{\tilde{p}} \circ I \circ \exp_p^{-1})_q(\hat{w})\| = \|\hat{w}\| \,.$$

Ora, $\mathrm{d}(\exp_p^{-1})_q = (\mathrm{d}(\exp_p)_v)^{-1}$ e

$$\mathrm{d}(\exp_{\tilde{p}} \circ I \circ \exp_p^{-1})_q = \mathrm{d}(\exp_{\tilde{p}})_{I(v)} \circ I \circ (\mathrm{d}(\exp_p)_v)^{-1} \,;$$

quindi ponendo $w = (\mathrm{d}(\exp_p)_v)^{-1}(\hat{w}) \in T_pS$ ci basta dimostrare che

$$\forall w \in T_pS \qquad \left\|\mathrm{d}(\exp_{\tilde{p}})_{I(v)}\big(I(w)\big)\right\| = \left\|\mathrm{d}(\exp_p)_v(w)\right\| . \qquad (5.28)$$

Cominciamo considerando il caso $w = v$. La (5.16) dà $\|\mathrm{d}(\exp_p)_v(v)\| = \|v\|$. Analogamente, $\left\|\mathrm{d}(\exp_{\tilde{p}})_{I(v)}\big(I(v)\big)\right\| = \|I(v)\|$; essendo I un'isometria, abbiamo dimostrato (5.28) per $w = v$.

Supponiamo ora che w sia ortogonale a v. Definiamo allora $J: [0,1] \to \mathbb{R}^3$ come nel lemma precedente, e introduciamo analogamente $\tilde{J}: [0,1] \to \mathbb{R}^3$ su $\tilde{S}$ usando $I(v)$ e $I(w)$ invece di v e w. Il Lemma 5.5.4.(i) ci dice allora che ci basta dimostrare che $\|J(1)\| = \|\tilde{J}(1)\|$.

Poniamo $v_1 = v/\|v\|$ e $v_2 = w/\|w\|$, in modo che $\{v_1, v_2\}$ sia una base ortonormale di T_pS. Siano $\xi_1, \xi_2 \in \mathcal{T}(\sigma_v)$ gli unici (Proposizione 5.1.6) campi paralleli lungo σ_v tali che $\xi_j(0) = v_j$. In particolare, $\{\xi_1(t), \xi_2(t)\}$ è una base ortonormale di $T_{\sigma_v(t)}S$ per ogni $t \in [0,1]$; quindi possiamo trovare due funzioni $J_1, J_2: [0,1] \to \mathbb{R}$ di classe C^∞ tali che $J \equiv J_1\xi_1 + J_2\xi_2$. In particolare, $D^2J = J_1''\xi_1 + J_2''\xi_2$; quindi il Lemma 5.5.4.(iv) implica che J_1 e J_2 risolvono il sistema lineare di equazioni differenziali ordinarie

$$\begin{cases} \dfrac{\mathrm{d}^2 J_i}{\mathrm{d}t^2} = -\|v\|^2 (K \circ \sigma_v) J_i , & i = 1,\, 2 , \\[2mm] J_i(0) = 0, \quad \dfrac{\mathrm{d}J_i}{\mathrm{d}t}(0) = \|w\|\delta_{i2} , & i = 1,\, 2 . \end{cases}$$

Procedendo nello stesso modo in $\tilde{S}$, troviamo due funzioni $\tilde{J}_1, \tilde{J}_2: [0,1] \to \mathbb{R}$ e due campi vettoriali paralleli $\tilde{\xi}_1, \tilde{\xi}_2 \in \mathcal{T}(\sigma_{I(v)})$ tali che $\tilde{J} = \tilde{J}_1\tilde{\xi}_1 + \tilde{J}_2\tilde{\xi}_2$, e che soddisfano il sistema lineare di equazioni differenziali ordinarie

$$\begin{cases} \dfrac{\mathrm{d}^2 \tilde{J}_i}{\mathrm{d}t^2} = -\|I(v)\|^2 (\tilde{K} \circ \sigma_{I(v)}) \tilde{J}_i , & i = 1,\, 2 , \\[2mm] \tilde{J}_i(0) = 0, \quad \dfrac{\mathrm{d}\tilde{J}_i}{\mathrm{d}t}(0) = \|I(w)\|\delta_{i2} , & i = 1,\, 2 . \end{cases}$$

Ma I è un'isometria, e $K \circ \sigma_v \equiv \tilde{K} \circ \sigma_{I(v)}$ per ipotesi; quindi il Teorema 1.3.36 implica $\tilde{J}_i \equiv J_i$ per $i = 1,\, 2$, e dunque

$$\|\tilde{J}(1)\|^2 = \tilde{J}_1(1)^2 + \tilde{J}_2(1)^2 = J_1(1)^2 + J_2(1)^2 = \|J(1)\|^2 .$$

Infine, preso $w \in T_pS$, scriviamo $w = cv + w^\perp$, con $w^\perp$ ortogonale a v. Abbiamo notato che $\mathrm{d}(\exp_p)_v(w^\perp)$ è ortogonale a $\sigma_v'(1) = \mathrm{d}(\exp_p)_v(v)$; quindi

$$\|\mathrm{d}(\exp_p)_v(w)\|^2 = c^2\|\mathrm{d}(\exp_p)_v(v)\|^2 + \|\mathrm{d}(\exp_p)_v(w^\perp)\|^2 .$$

Analogamente, possiamo scrivere $I(w) = cI(v) + I(w^\perp)$, con $I(w^\perp)$ ortogonale a $I(v)$, per cui

$$\left\|\mathrm{d}(\exp_{\tilde{p}})_{I(v)}\big(I(w)\big)\right\|^2 = c^2\left\|\mathrm{d}(\exp_{\tilde{p}})_{I(v)}\big(I(v)\big)\right\|^2 + \left\|\mathrm{d}(\exp_{\tilde{p}})_{I(v)}\big(I(w^\perp)\big)\right\|^2 ,$$

e (5.28) segue da quanto già visto.

Infine, se si ha anche $\delta < \text{inj rad}(\tilde{p})$, allora H è un diffeomorfismo, e dunque un'isometria globale. $\square$

E quindi:

Corollario 5.5.6. *Siano S, $\tilde{S} \subset \mathbb{R}^3$ due superfici, $p \in S$ e $\tilde{p} \in \tilde{S}$. Allora (S, p) è localmente isometrica a $(\tilde{S}, \tilde{p})$ se e solo se esiste un'isometria lineare $I: T_p S \to T_{\tilde{p}} \tilde{S}$ tale che (5.26) sia valida. In particolare, due superfici di curvatura Gaussiana costante uguale sono sempre localmente isometriche.*

Dimostrazione. Una direzione l'abbiamo già dimostrata ricavando (5.26). Viceversa, se (5.26) vale il teorema precedente ci fornisce un'isometria fra un intorno di p e un intorno di $\tilde{p}$, come voluto.

Infine, se S e $\tilde{S}$ hanno entrambe curvatura Gaussiana costante K_0, la (5.26) è automaticamente soddisfatta. $\square$

In parole povere possiamo riassumere questo risultato dicendo che *il comportamento della curvatura Gaussiana lungo le geodetiche caratterizza completamente la superficie.*

Osservazione 5.5.7. L'Esercizio 4.38 mostra che possono esistere due superfici S, $\tilde{S} \subset \mathbb{R}^3$, due punti $p \in S$ e $\tilde{p} \in \tilde{S}$ e un diffeomorfismo $F: S \to \tilde{S}$ di classe C^∞ tali che $F(p) = \tilde{p}$ e $\tilde{K} \circ F \equiv K$, anche senza che (S, p) sia localmente isometrica a $(\tilde{S}, \tilde{p})$.

6

Il teorema di Gauss-Bonnet

Questo Capitolo è dedicato alla dimostrazione del teorema di Gauss-Bonnet, indubbiamente uno dei risultati più importanti (se non il più importante in assoluto) della geometria differenziale delle superfici. Il teorema di Gauss-Bonnet rivela una relazione inaspettata e profonda fra concetti puramente locali e definiti in termini differenziali, quali la curvatura Gaussiana e la curvatura geodetica, e la topologia globale della superficie.

Come vedremo, il teorema di Gauss-Bonnet ha una versione locale e una versione globale. La versione locale (che dimostreremo nella Sezione 6.1) è un enunciato che si applica a regioni regolari semplici (cioè omeomorfe a un disco chiuso) e piccole (cioè contenute nell'immagine di una parametrizzazione locale ortogonale). Per ottenere una versione valida per regioni regolari qualsiasi, abbiamo bisogno di poter spezzettare una regione regolare in tante regioni regolari semplici piccole. Questo è sempre possibile, usando le triangolazioni che introdurremo nella Sezione 6.2 (anche se la dimostrazione dell'esistenza delle triangolazioni è rimandata alla Sezione 6.5 dei Complementi a questo capitolo). In particolare, usando le triangolazioni introdurremo anche la caratteristica di Eulero-Poincaré, un invariante topologico fondamentale delle regioni regolari.

Nella Sezione 6.3 saremo quindi in grado di dimostrare il teorema di Gauss-Bonnet globale, e ne presenteremo varie applicazioni, di cui forse la più famosa è il fatto che l'integrale della curvatura Gaussiana su una superficie compatta orientabile S è sempre uguale a 2π volte la caratteristica di Eulero-Poincaré di S (Corollario 6.3.10). La Sezione 6.4 è invece dedicata alla dimostrazione del teorema di Poincaré-Hopf, una notevole applicazione del teorema di Gauss-Bonnet ai campi vettoriali. Infine, i Complementi di questo Capitolo contengono le dimostrazioni complete dei risultati sulle triangolazioni enunciati nella Sezione 6.2.

6.1 Il teorema di Gauss-Bonnet locale

La versione locale del teorema di Gauss-Bonnet è un enunciato riguardante regioni regolari (vedi la Definizione 4.2.2) contenute nell'immagine di una parametrizzazione locale ortogonale, ed è in un certo senso una generalizzazione del teorema delle tangenti di Hopf. Come prima cosa quindi abbiamo bisogno di definire l'indice di rotazione per poligoni curvilinei su superfici.

Osservazione 6.1.1. In questo capitolo, con un lieve abuso di terminologia, useremo talvolta la frase "poligono curvilineo" per indicare quello che, strettamente parlando, è solo il sostegno di un poligono curvilineo.

Definizione 6.1.2. Sia $\sigma\colon [a,b] \to S$ un poligono curvilineo in una superficie S, con sostegno contenuto nell'immagine di una parametrizzazione locale $\varphi\colon U \to S$ (e diremo che il poligono curvilineo è *piccolo*). Scegliamo una partizione $a = s_0 < s_1 < \cdots < s_k = b$ di $[a,b]$ tale che $\sigma|_{[s_{j-1},s_j]}$ sia regolare per $j = 1,\ldots,k$. L'*angolo esterno* di σ in s_j è l'angolo $\varepsilon_j \in (-\pi,\pi)$ da $\dot{\sigma}(s_j^-)$ a $\dot{\sigma}(s_j^+)$, preso col segno positivo se $\{\dot{\sigma}(s_j^-),\dot{\sigma}(s_j^+)\}$ è una base positiva di $T_{\sigma(s_j)}S$, col segno negativo altrimenti (e stiamo mettendo su $T_{\sigma(s_j)}S$ l'orientazione indotta da φ); l'angolo esterno è ben definito perché σ non ha cuspidi. Definiamo poi la funzione *angolo di rotazione* $\theta\colon [a,b] \to \mathbb{R}$ nel seguente modo: sia $\theta\colon [a,t_1) \to \mathbb{R}$ la determinazione continua (vedi l'Osservazione 5.1.24) dell'angolo da $\partial_1|_\sigma$ a $\dot{\sigma}$, scelta in modo che $\theta(a) \in (-\pi,\pi]$. Poniamo poi

$$\theta(s_1) = \lim_{s \to s_1^-} \theta(s) + \varepsilon_1 \,,$$

dove ε_1 è l'angolo esterno in s_1; vedi la Fig 6.1. Nota che, per costruzione, $\theta(s_1)$ è una determinazione dell'angolo fra $\partial_1|_{\sigma(s_1)}$ e $\dot{\sigma}(s_1^+)$, mentre $\lim_{s \to s_1^-} \theta(s)$ è una determinazione dell'angolo fra $\partial_1|_{\sigma(s_1)}$ e $\dot{\sigma}(s_1^-)$.

Definiamo poi $\theta\colon [s_1,s_2) \to \mathbb{R}$ come la determinazione continua dell'angolo da $\partial_1|_\sigma$ a $\dot{\sigma}$ con valore iniziale $\theta(s_1)$, e poniamo $\theta(s_2) = \lim_{s \to s_2^-} \theta(s) + \varepsilon_2$. Procedendo in questo modo definiamo θ su tutto l'intervallo $[a,b)$ in modo che risulti continua da destra, e concludiamo ponendo

$$\theta(b) = \lim_{s \to b^-} \theta(s) + \varepsilon_k \,,$$

dove ε_k è l'angolo esterno in $b = s_k$; chiaramente, $\theta(b)$ è una determinazione dell'angolo fra $\partial_1|_{\sigma(b)}$ e $\dot{\sigma}(s_k^+)$. Allora l'*indice di rotazione* $\rho(\sigma)$ del poligono curvilineo σ è il numero

$$\rho(\sigma) = \frac{1}{2\pi}\big(\theta(b) - \theta(a)\big) \,.$$

Siccome $\dot{\sigma}(s_k^+) = \dot{\sigma}(s_0^+)$, l'indice di rotazione è necessariamente un numero intero. Inoltre, nota che la scelta di una diversa determinazione $\theta(a)$ dell'angolo da $\partial_1|_{\sigma(a)}$ a $\dot{\sigma}(a)$ modifica di una costante additiva l'angolo di rotazione, ma non cambia l'indice di rotazione.

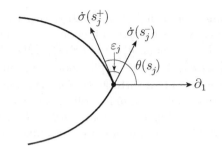

Figura 6.1.

Il Teorema 2.4.7 delle tangenti asserisce che l'indice di rotazione di un poligono curvilineo nel piano è ± 1. Non è difficile verificare che lo stesso enunciato vale per poligoni curvilinei piccoli:

Proposizione 6.1.3. *Sia $\sigma \colon [a,b] \to S$ un poligono curvilineo contenuto nell'immagine di una parametrizzazione locale $\varphi \colon U \to S$ di una superficie S, e poniamo $\sigma_o = \varphi^{-1} \circ \sigma \colon [a,b] \to \mathbb{R}^2$. Allora l'indice di rotazione di σ coincide con quello di σ_o. In particolare, $\rho(\sigma) = \pm 1$.*

Dimostrazione. L'idea è confrontare come calcoliamo l'angolo di rotazione e gli angoli esterni per σ e per σ_o. L'angolo di rotazione per σ_o è ottenuto calcolando l'angolo fra la direzione costante $\partial/\partial x_1$ e il vettore tangente σ_o' usando il prodotto scalare canonico $\langle \cdot, \cdot \rangle^0$ di $\mathbb{R}^2$. Invece, l'angolo di rotazione per σ è ottenuto calcolando l'angolo fra la direzione variabile $\partial_1|_{\sigma(s)} = \mathrm{d}\varphi_{\sigma_o(s)}(\partial/\partial x_1)$ e il versore tangente $\dot{\sigma}(s) = \mathrm{d}\varphi_{\sigma_o(s)}\big(\dot{\sigma}_o(s)\big)$ usando il prodotto scalare in $T_{\sigma(s)}S$ dato dalla prima forma fondamentale. Un'osservazione analoga vale anche per il calcolo degli angoli esterni. Questo suggerisce che possiamo ottenere l'angolo di rotazione e gli angoli esterni di σ lavorando solo con $\partial/\partial x_1$ e i vettori tangenti di σ_o se per calcolare l'angolo di vettori applicati nel punto $\sigma_o(s)$ usiamo il prodotto scalare

$$\forall v, w \in \mathbb{R}^2 \qquad \langle v, w \rangle_s^1 = \big\langle \mathrm{d}\varphi_{\sigma_o(s)}(v), \mathrm{d}\varphi_{\sigma_o(s)}(w) \big\rangle_{\sigma(s)}.$$

Ma allora potremmo anche misurare angoli di rotazione e angoli esterni nel punto $\sigma_o(s)$ usando più in generale il prodotto scalare su $\mathbb{R}^2$

$$\langle \cdot, \cdot \rangle_s^\lambda = (1 - \lambda)\langle \cdot, \cdot \rangle^0 + \lambda \langle \cdot, \cdot \rangle_s^1$$

al variare di $\lambda \in [0,1]$. In questo modo otterremmo per ogni $\lambda \in [0,1]$ un indice di rotazione $\rho^\lambda(\sigma)$, che dovrebbe dipendere con continuità da λ. Ma d'altra parte $\rho^\lambda(\sigma)$ è sempre un intero, in quanto $\dot{\sigma}_o(b^+) = \dot{\sigma}_o(a^+)$; quindi $\rho^\lambda(\sigma)$ dovrebbe essere costante. Siccome ρ^0 è l'indice di rotazione di σ_o, e ρ^1 è l'indice di rotazione di σ, avremmo finito.

Vediamo di formalizzare questo argomento. Dati $s \in [a,b]$ e $\lambda \in [0,1]$, sia $\{X_1^\lambda(s), X_2^\lambda(s)\}$ la base di $\mathbb{R}^2$ ottenuta applicando il processo di ortonormalizzazione di Gram-Schmidt a $\{\partial/\partial x_1, \partial/\partial x_2\}$ rispetto al prodotto scalare $\langle\cdot,\cdot\rangle_s^\lambda$; chiaramente, $X_1^\lambda(s)$ e $X_2^\lambda(s)$ dipendono con continuità da λ e s. Per $s \in [a, s_1)$ e $j = 1, 2$ poniamo $a_j^\lambda(s) = \langle\sigma_o'(s), X_j^\lambda(s)\rangle_s^\lambda/\|\sigma_o'(s)\|_s^\lambda$, in modo che $\alpha(\lambda, s) = \big(a_1^\lambda(s), a_2^\lambda(s)\big)$ sia un'applicazione continua da $[0, 1] \times [a, s_1)$ a S^1, estendibile con continuità a tutto $[0, 1] \times [a, s_1]$ usando $\sigma_o'(s_1^-)$. La Proposizione 2.1.13 ci fornisce allora un unico sollevamento $\Theta\colon [0, 1] \times [a, s_1] \to \mathbb{R}$ tale che $\Theta(0, a) \in (-\pi, \pi]$. Per costruzione, $\Theta(0, s)$ è l'angolo di rotazione di σ_o in $[a, s_1)$, mentre $\Theta(1, s)$ è, a meno di una costante additiva, l'angolo di rotazione di σ in $[a, s_1)$.

In maniera analoga, possiamo definire una funzione continua $\varepsilon_1\colon [0, 1] \to \mathbb{R}$ tale che $\varepsilon_1(\lambda)$ sia una determinazione dell'angolo da $\sigma_o'(s_1^-)$ a $\sigma_o'(s_1^+)$ misurato con il prodotto scalare $\langle\cdot,\cdot\rangle_{s_1}^\lambda$. Quindi possiamo procedere a definire Θ su $[0, 1] \times [s_1, s_2)$ usando $\Theta(0, s_1) + \varepsilon_1(0)$ come valore iniziale. In questo modo otteniamo un'applicazione $\Theta\colon [0, 1] \times [a, b] \to \mathbb{R}$ con $\Theta(\cdot, s)$ continua in λ per ogni $s \in [a, b]$, per cui $\rho^\lambda(\sigma) = \big(\Theta(\lambda, b) - \Theta(\lambda, a)\big)/2\pi$ è continua in λ. Ma, come già osservato, $\rho^\lambda(\sigma)$ è a valori interi; quindi è costante, e $\rho^0(\sigma) = \rho^1(\sigma)$, come volevamo dimostrare.

Infine, l'ultima affermazione segue dal Teorema 2.4.7 delle tangenti.   □

Definizione 6.1.4. Diremo che un poligono curvilineo $\sigma\colon [a, b] \to S$ contenuto nell'immagine di una parametrizzazione locale $\varphi\colon U \to S$ di una superficie S è *orientato positivamente* (*rispetto a φ*) se ha indice di rotazione $+1$.

Abbiamo visto (Definizione 4.2.2) che una regione regolare è un sottoinsieme compatto connesso di una superficie ottenuto come chiusura della sua parte interna e con bordo costituito da un numero finito di poligoni curvilinei disgiunti. Mentre il teorema di Gauss-Bonnet globale riguarderà regioni regolari qualunque, il teorema di Gauss-Bonnet locale si occupa di regioni regolari di un tipo particolare.

Definizione 6.1.5. Una regione regolare $R \subseteq S$ di una superficie S è detta *semplice* se è omeomorfa a un disco chiuso.

Osservazione 6.1.6. Il bordo di una regione regolare semplice è un solo poligono curvilineo. Viceversa, il teorema di Schönflies citato nell'Osservazione 2.3.7 (e dimostrato nella Sezione 2.8 dei Complementi al Capitolo 2) implica che una regione regolare R con bordo costituito da un unico poligono curvilineo e contenuta nell'immagine di una parametrizzazione locale è necessariamente semplice. Questo *non* è vero se R non è contenuta nell'immagine di una parametrizzazione locale. Per esempio, un poligono curvilineo piccolo in un toro può essere bordo di due regioni regolari: una semplice R_i, contenuta nell'immagine di una parametrizzazione locale, e l'altra R_e non semplice (e non contenuta nell'immagine di alcuna parametrizzazione locale); vedi la Figura 6.2.

Rammentando infine la definizione di integrale su una regione regolare contenuta nell'immagine di una parametrizzazione locale (Definizione 4.2.9), siamo in grado di dimostrare la versione locale del teorema di Gauss-Bonnet:

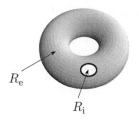

R_{e}

R_{i}

Figura 6.2.

Teorema 6.1.7 (Gauss-Bonnet locale). *Sia $R \subset S$ una regione regolare semplice contenuta nell'immagine di una parametrizzazione locale ortogonale $\varphi \colon U \to S$. Indichiamo con $\sigma \colon [a,b] \to S$ una parametrizzazione rispetto alla lunghezza d'arco del bordo di R, orientata positivamente rispetto a φ, di angoli esterni $\varepsilon_1, \dots, \varepsilon_k \in (-\pi, \pi)$. Infine, orientiamo $\varphi(U)$ scegliendo $N = \partial_1 \wedge \partial_2 / \|\partial_1 \wedge \partial_2\|$ come campo di versori normali, e indichiamo con κ_g la corrispondente curvatura geodetica di σ (definita fuori dai vertici). Allora*

$$\int_R K \, \mathrm{d}\nu + \int_a^b \kappa_g \, \mathrm{d}s + \sum_{j=1}^k \varepsilon_j = 2\pi \, , \qquad (6.1)$$

dove K è la curvatura Gaussiana di S.

Dimostrazione. Scriviamo $\sigma = \varphi(\sigma_1, \sigma_2)$, come al solito. La Proposizione 5.1.25 ci dice che nei punti in cui σ è regolare si ha

$$\kappa_g = \frac{1}{2\sqrt{EG}} \left[\dot{\sigma}_2 \frac{\partial G}{\partial x_1} - \dot{\sigma}_1 \frac{\partial E}{\partial x_2} \right] + \frac{\mathrm{d}\theta}{\mathrm{d}s} \, ,$$

dove $\theta \colon [a,b] \to \mathbb{R}$ è l'angolo di rotazione di σ. Dunque se $a = s_0 < \dots < s_k = b$ è una partizione di $[a,b]$ tale che $\sigma|_{[s_{j-1}, s_j]}$ sia regolare per $j = 1, \dots, k$, ricordando il classico teorema di Gauss-Green (Teorema 2.7.1) otteniamo

$$\int_a^b \kappa_g \, \mathrm{d}s = \sum_{j=1}^k \int_{s_{j-1}}^{s_j} \kappa_g(s) \, \mathrm{d}s$$

$$= \int_a^b \left[\frac{1}{2\sqrt{EG}} \frac{\partial G}{\partial x_1} \dot{\sigma}_2 - \frac{1}{2\sqrt{EG}} \frac{\partial E}{\partial x_2} \dot{\sigma}_1 \right]$$

$$+ \sum_{j=1}^k [\theta(s_j) - \theta(s_{j-1}) - \varepsilon_j]$$

$$= \int_{\varphi^{-1}(R)} \left[\frac{\partial}{\partial x_1} \left(\frac{1}{2\sqrt{EG}} \frac{\partial G}{\partial x_1} \right) + \frac{\partial}{\partial x_2} \left(\frac{1}{2\sqrt{EG}} \frac{\partial E}{\partial x_2} \right) \right] \mathrm{d}x_1 \, \mathrm{d}x_2$$

$$+ 2\pi \rho(\sigma) - \sum_{j=1}^k \varepsilon_j \, ,$$

dove $\rho(\sigma)$ è l'indice di rotazione di σ. Ma $\rho(\sigma) = 1$, in quanto σ è orientata positivamente rispetto a φ; quindi ricordando il Lemma 4.6.14 e la definizione di integrale su R otteniamo

$$\int_a^b \kappa_g \, \mathrm{d}s = - \int_{\varphi^{-1}(R)} K \sqrt{EG} \, \mathrm{d}x_1 \, \mathrm{d}x_2 + 2\pi - \sum_{j=1}^k \varepsilon_j = - \int_R K \, \mathrm{d}\nu + 2\pi - \sum_{j=1}^k \varepsilon_j \, ,$$

ed è fatta.   □

Osservazione 6.1.8. L'ipotesi che la regione regolare R sia contenuta nell'immagine di una parametrizzazione locale ortogonale serve solo a semplificare la dimostrazione; come vedremo, (6.1) vale anche senza questa ipotesi.

Il teorema di Gauss-Bonnet locale ci dice quindi che, su una regione regolare semplice, la curvatura Gaussiana sulla regione, la curvatura geodetica del bordo e gli angoli esterni si combinano in modo tale da dare sempre 2π. In altre parole, ogni modifica di uno di questi elementi si ripercuote necessariamente sugli altri, in modo da mantenere il totale costante.

Il Teorema 6.3.9 di Gauss-Bonnet globale (per la cui dimostrazione avremo bisogno della versione locale appena dimostrata) ci dirà il valore del membro sinistro di (6.1) per regioni regolari *qualsiasi,* non necessariamente semplici. In particolare, risulterà che il membro destro di (6.1) andrebbe scritto come $2\pi \cdot 1$, dove quell'1 è in realtà un invariante *topologico* delle regioni semplici. La prossima sezione conterrà una digressione di topologia delle superfici il cui scopo sarà esattamente introdurre questo invariante; torneremo a parlare del teorema di Gauss-Bonnet nella Sezione 6.3, dove illustreremo anche numerose applicazioni di questo potente risultato.

6.2 Triangolazioni

L'idea cruciale è che per ottenere una versione globale del teorema di Gauss-Bonnet dobbiamo suddividere la regione regolare in pezzettini piccoli su cui applicare la versione locale, e poi sommare il risultato. Quindi il nostro primo obiettivo è formalizzare il procedimento di suddivisione di una regione regolare in pezzi più piccoli.

Definizione 6.2.1. Un *triangolo* (*liscio*) in una superficie è una regione regolare semplice T in cui siano stati evidenziati tre punti del bordo, detti *vertici* del triangolo, includenti tutti i vertici del bordo ∂T di T come poligono curvilineo. In altre parole, ∂T ha al più tre vertici come poligono curvilineo, che sono tutti vertici di T come triangolo, ma qualcuno dei vertici di T come triangolo potrebbe non essere un vertice di ∂T come poligono curvilineo; vedi la Fig. 6.3.(a). I vertici dividono il bordo del triangolo in tre parti, dette (ovviamente) *lati*.

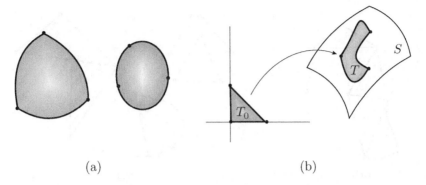

Figura 6.3. (a) triangoli; (b) un 2-simplesso

Più in generale, un *2-simplesso* in uno spazio topologico X è un sottoinsieme di X omeomorfo al *triangolo standard*

$$T_0 = \{(t_1, t_2) \in \mathbb{R}^2 \mid t_1, t_2 \geq 0, \ t_1 + t_2 \leq 1\} \subset \mathbb{R}^2 \ .$$

I *vertici* di un 2-simplesso T sono i punti corrispondenti ai vertici $(0,0)$, $(1,0)$ e $(0,1)$ del triangolo standard, i *lati* di T sono i sottoinsiemi corrispondenti ai lati di T_0, e l'*interno* è formato dai punti corrispondenti all'interno di T_0 in $\mathbb{R}^2$; vedi la Fig. 6.3.(b).

Definizione 6.2.2. Sia $R \subseteq S$ è una regione regolare ($R = S$ con S compatta è ammesso). Una *triangolazione (regolare)* di R è una famiglia finita $\mathbf{T} = \{T_1, \ldots, T_r\}$ di triangoli (detti *facce* della triangolazione) tali che

(a) $R = \bigcup_{j=1}^r T_j$;
(b) l'intersezione di due facce distinte o è vuota o è un singolo vertice (comune a entrambe le facce), o è un lato intero (comune a entrambe le facce);
(c) l'intersezione di una faccia con il bordo di R se non è vuota consiste di vertici o lati interi; e
(d) ogni vertice del bordo di R è vertice di (almeno) una faccia della triangolazione.

Indicheremo con $v(\mathbf{T})$ il numero totale dei vertici dei triangoli di $\mathbf{T}$, con $l(\mathbf{T})$ il numero totale dei lati dei triangoli di $\mathbf{T}$, e con $f(\mathbf{T}) = r$ il numero di facce di $\mathbf{T}$. Infine, una *triangolazione topologica* di R (o, più in generale, di uno spazio topologico omeomorfo a una regione regolare di una superficie) è definita nello stesso modo usando 2-simplessi invece di triangoli lisci.

Osservazione 6.2.3. In altre parole, gli interni delle facce di una triangolazione sono sempre a due a due disgiunti, e due facce (o una faccia e il bordo di una regione) se si intersecano in un pezzo di lato contengono entrambe il lato intero. La Fig. 6.4 mostra intersezioni permesse e intersezioni vietate fra facce di una trangolazione (e il bordo della regione).

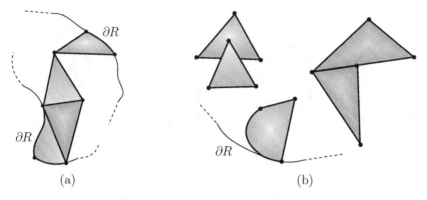

Figura 6.4. (a) intersezioni permesse; (b) intersezioni vietate

Osservazione 6.2.4. Se un lato di una triangolazione topologica **T** di una regione regolare $R \subseteq S$ è contenuto in una sola faccia di R, allora dev'essere (perché?) per forza un sottoinsieme del bordo di R. Invece, nessun lato di **T** può essere contenuto in tre facce distinte. Infatti, supponiamo per assurdo che il lato ℓ sia contenuto nelle tre facce T_1, T_2 e T_3. Siano due punti p_1, $p_2 \in \ell$ tali che l'intero segmento ℓ_0 di ℓ da p_1 a p_2 sia contenuto nell'immagine di una parametrizzazione locale $\varphi: U \to S$. Allora possiamo collegare p_1 con p_2 sia con una curva semplice continua contenuta nell'intersezione fra $\varphi(U)$ e l'interno di T_1 sia con una curva semplice continua contenuta nell'intersezione fra $\varphi(U)$ e l'interno di T_2; in questo modo otteniamo una curva continua semplice chiusa in $\varphi(U)$ il cui sostegno interseca ℓ solo in p_1 e p_2 (vedi la Fig. 6.5). Applicando φ^{-1} abbiamo trovato una curva di Jordan in U il cui sostegno C interseca $\varphi^{-1}(\ell)$ solo in $\varphi^{-1}(p_1)$ e $\varphi^{-1}(p_2)$, e il cui interno è un intorno di $\varphi^{-1}(\ell_0)$ (estremi esclusi) contenuto in $\varphi^{-1}(T_1 \cup T_2)$. Ma allora $\varphi^{-1}(T_3)$ dovrebbe essere contenuto nella componente illimitata di $\mathbb{R}^2 \setminus C$, mentre è aderente a ℓ_0, contraddizione.

Riassumendo, *ogni lato di una triangolazione topologica di una regione regolare R appartiene a esattamente una faccia della triangolazione se è contenuto in ∂R, ed esattamente a due facce della triangolazione altrimenti.*

Per poter usare le triangolazioni, come minimo dobbiamo accertarci che esistano. Il primo teorema di questa sezione, la cui dimostrazione (difficile) è rinviata alla Sezione 6.5 dei Complementi di questo capitolo, ha proprio questa funzione:

Teorema 6.2.5. *Sia $R \subseteq S$ una regione regolare su una superficie S, e $\mathcal{U}$ un ricoprimento aperto di R. Allora esiste una triangolazione **T** di R tale che per ogni $T \in \mathbf{T}$ esiste $U \in \mathcal{U}$ con $T \subset U$.*

Dunque le triangolazioni esistono, e possiamo sceglierle con triangoli piccoli a piacere. Però, sono tutt'altro che uniche; quindi dobbiamo trovare un modo per assicurarci che i risultati che otterremo siano indipendenti dalla particolare

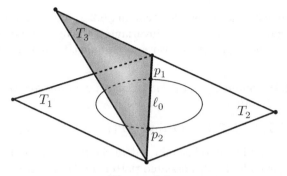

Figura 6.5.

triangolazione scelta per dimostrarli. In altre parole, dobbiamo trovare un modo per confrontare triangolazioni diverse.

Una prima idea potrebbe essere quella di suddividere le facce delle due triangolazioni che vogliamo confrontare in triangoli talmente piccoli da ottenere una triangolazione che raffina entrambe (nel senso che i triangoli di quelle grandi sono tutti ottenuti come unione di triangoli di quella piccola), e usare questa terza triangolazione come collegamento fra le due triangolazioni originali. Sfortunatamente, la realtà è un po' più complicata, e questa idea ingenua così come l'abbiamo illustrata non funziona; fortunatamente, è possibile aggiustarla in modo da arrivare allo scopo che ci siamo prefissi (anche se serviranno 3 triangolazioni intermedie invece di una sola, come vedrai). Cominciamo dando un nome alla triangolazione piccola:

Definizione 6.2.6. Una triangolazione $\mathbf{T}'$ è un *raffinamento* di una triangolazione $\mathbf{T}$ se ogni triangolo di $\mathbf{T}'$ è contenuto in un triangolo di $\mathbf{T}$.

Osservazione 6.2.7. Nota che se $\mathbf{T}'$ è un raffinamento di $\mathbf{T}$, allora ogni triangolo di $\mathbf{T}$ è unione di triangoli di $\mathbf{T}'$ (perché?).

In generale, due triangolazioni diverse non ammettono un raffinamento comune (vedi l'Osservazione 6.2.9). Il prossimo teorema (anche questo dimostrato nella Sezione 6.5 dei Complementi a questo capitolo) ci fornisce una via alternativa più complessa ma altrettanto valida per confrontare triangolazioni diverse:

Teorema 6.2.8. *Siano $\mathbf{T}_0$ e $\mathbf{T}_1$ due triangolazioni topologiche (regolari) di una regione regolare $R \subseteq S$. Allora esistono sempre una triangolazione topologica $\mathbf{T}^*$ (con lati regolari a tratti) e due triangolazioni topologiche (regolari) $\mathbf{T}_0^*$ e $\mathbf{T}_1^*$ tali che $\mathbf{T}_0^*$ sia un raffinamento sia di $\mathbf{T}_0$ sia di $\mathbf{T}^*$, e $\mathbf{T}_1^*$ sia un raffinamento comune sia di $\mathbf{T}_1$ sia di $\mathbf{T}^*$.*

Osservazione 6.2.9. Se un lato di $\mathbf{T}_1$ interseca in infiniti punti isolati un lato di $\mathbf{T}_0$, cosa che può tranquillamente succedere, allora $\mathbf{T}_0$ e $\mathbf{T}_1$ non possono avere un raffinamento comune. Per questo motivo è in generale necessario passare attraverso la triangolazione intermedia $\mathbf{T}^*$.

Come primo esempio di uso del Teorema 6.2.8, mostriamo come utilizzare le triangolazioni per definire un invariante topologico fondamentale delle regioni regolari (che è proprio l'invariante annunciato alla fine della sezione precedente).

Teorema 6.2.10. *Siano* $\mathbf{T}_0$ *e* $\mathbf{T}_1$ *due triangolazioni topologiche di una regione regolare* $R \subseteq S$. *Allora*

$$f(\mathbf{T}_0) - l(\mathbf{T}_0) + v(\mathbf{T}_0) = f(\mathbf{T}_1) - l(\mathbf{T}_1) + v(\mathbf{T}_1) \,. \tag{6.2}$$

Dimostrazione. Cominciamo facendo vedere che (6.2) vale se $\mathbf{T}_1$ è un raffinamento di $\mathbf{T}_0$. Partendo da $\mathbf{T}_1$ possiamo riottenere $\mathbf{T}_0$ tramite una successione finita delle due operazioni seguenti (vedi la Fig. 6.6):

(1) togliere un lato che collega due vertici in cui arrivano almeno altri due lati;
(2) cancellare un vertice in cui arrivano solo due lati.

Ovviamente, durante i passaggi intermedi non è detto che le faccie (nel senso di componenti connesse del complementare in R dell'unione dei lati) che si ottengono siano sempre triangoli (nel senso che hanno solo tre vertici nel bordo); ma sono sicuramente sempre aperti connessi, e saranno nuovamente triangoli al termine delle operazioni.

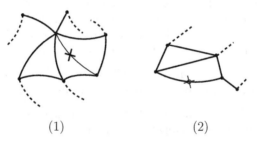

(1)   (2)

Figura 6.6.

Ora, l'operazione (1) diminuisce di 1 sia il numero dei lati sia il numero delle facce, mentre l'operazione (2) diminuisce di 1 sia il numero dei lati sia il numero dei vertici. In entrambi i casi, la quantità ottenuta sottraendo il numero dei lati alla somma del numero delle facce e del numero dei vertici non cambia; quindi abbiamo dimostrato la (6.2) per i raffinamenti.

Siano ora $\mathbf{T}^*$, $\mathbf{T}_0^*$ e $\mathbf{T}_1^*$ le triangolazioni fornite dal Teorema 6.2.8. Quanto abbiamo visto implica

$$\begin{aligned}
f(\mathbf{T}_0) - l(\mathbf{T}_0) + v(\mathbf{T}_0) &= f(\mathbf{T}_0^*) - l(\mathbf{T}_0^*) + v(\mathbf{T}_0^*) \\
&= f(\mathbf{T}^*) - l(\mathbf{T}^*) + v(\mathbf{T}^*) \\
&= f(\mathbf{T}_1^*) - l(\mathbf{T}_1^*) + v(\mathbf{T}_1^*) = f(\mathbf{T}_1) - l(\mathbf{T}_1) + v(\mathbf{T}_1) \,,
\end{aligned}$$

e ci siamo.   □

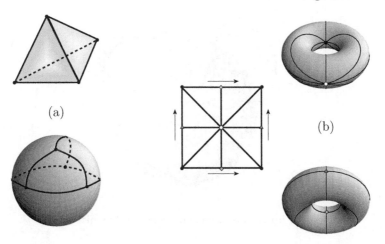

Figura 6.7.

Definizione 6.2.11. La *caratteristica di Eulero-Poincaré* $\chi(R)$ di una regione regolare R contenuta in una superficie S è definita da

$$\chi(R) = f(\mathbf{T}) - l(\mathbf{T}) + v(\mathbf{T}) \in \mathbb{Z}\,,$$

dove $\mathbf{T}$ è una qualunque triangolazione topologica di R.

Il Teorema 6.2.10 ci assicura che la caratteristica di Eulero-Poincaré è ben definita, cioè non dipende dalla triangolazione usata per calcolarla. In particolare, è un invariante topologico:

Proposizione 6.2.12. (i) *Se* $R \subseteq S$ *e* $R' \subseteq S'$ *sono due regioni regolari omeomorfe, allora* $\chi(R) = \chi(R')$.
(ii) *La caratteristica di Eulero-Poincaré di una regione regolare semplice è* 1.
(iii) *La caratteristica di Eulero-Poincaré di una sfera è* 2.
(iv) *La caratteristica di Eulero-Poincaré di un toro è* 0.

Dimostrazione. (i) Se $\psi\colon R \to R'$ è un omeomorfismo e $\mathbf{T} = \{T_1, \dots, T_r\}$ è una triangolazione topologica di R, allora $\psi(\mathbf{T}) = \{\psi(T_1), \dots, \psi(T_r)\}$ è una triangolazione topologica di R' con ugual numero di facce, lati e vertici, per cui $\chi(R) = \chi(R')$.

(ii) Una regione regolare semplice è omeomorfa a un disco chiuso, che è omeomorfo al triangolo standard, la cui caratteristica di Eulero-Poincaré è chiaramente 1.

(ii) Usando come modello un tetraedro (che è omeomorfo a una sfera), costruiamo facilmente una triangolazione di una sfera S con 4 facce, 6 lati e 4 vertici, per cui $\chi(S) = 2$; vedi la Fig. 6.7.(a).

(iii) Usando come modello un quadrato con i lati identificati, otteniamo una triangolazione di un toro con 8 facce, 12 lati e 4 vertici, per cui la caratteristica di Eulero-Poincaré del toro è zero; vedi la Fig. 6.7.(b).   □

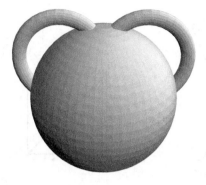

Figura 6.8. Una superficie con 2 manici

Concludiamo questa sezione enunciando il famoso *teorema di classificazione delle superfici compatte orientabili* che, pur esulando dagli argomenti trattati in questo libro (e non intervenendo nella dimostrazione del teorema di Gauss-Bonnet globale), è utile per inserire nel contesto giusto alcuni risultati che vedremo, e per dare un'idea dell'importanza della caratteristica di Eulero-Poincaré.

Definizione 6.2.13. Un *manico* in una superficie S è una regione regolare M in S omeomorfa a un cilindro circolare (finito) chiuso e tale che $S \setminus M$ sia connessa. Dato $g \in \mathbb{N}$, una *sfera con g manici* è una superficie S contenente g manici $M_1, \dots, M_g$ disgiunti in modo che $S \setminus (M_1 \cup \dots \cup M_g)$ sia una sfera privata di $2g$ palle geodetiche chiuse disgiunte; vedi la Fig. 6.8.

Teorema 6.2.14 (classificazione delle superfici compatte orientabili).
Ogni superficie compatta orientabile è omeomorfa a una sfera con $g \geq 0$ manici, che ha caratteristica di Eulero-Poincaré $2 - 2g$. In particolare:

(i)   *due superfici compatte orientabili sono omeomorfe se e solo se hanno la stessa caratteristica di Eulero-Poincaré;*

(ii) *la sfera è l'unica superficie compatta orientabile con caratteristica di Eulero-Poincaré positiva;*

(iii) *il toro è l'unica superficie compatta orientabile con caratteristica di Eulero-Poincaré nulla.*

Puoi trovare una dimostrazione di questo risultato in [22].

In particolare, le superfici orientabili compatte hanno tutte caratteristica di Eulero-Poincaré pari, e minore o uguale di 2, e non è difficile costruire regioni regolari con caratteristica di Eulero-Poincaré dispari e minore o uguale a 1 (Esercizio 6.4).

Osservazione 6.2.15. In caso te lo stia chiedendo, in $\mathbb{R}^3$ non esistono superfici compatte non orientabili, a causa del Teorema 4.7.15 dimostrato nei Complementi al Capitolo 4.

6.3 Il teorema di Gauss-Bonnet globale

Siamo quasi pronti per la dimostrazione del teorema di Gauss-Bonnet globale che, come annunciato, ci darà il valore del membro sinistro di (6.1) per qualsiasi regione regolare; dobbiamo però ancora sistemare un paio di dettagli.

Prima di tutto, in (6.1) compare l'integrale della curvatura Gaussiana, e noi finora abbiamo definito l'integrale solo per funzioni definite su una regione regolare contenuta nell'immagine di una parametrizzazione locale. Le triangolazioni ci permettono di superare facilmente questa difficoltà:

Lemma 6.3.1. *Sia $R \subseteq S$ una regione regolare, e scegliamo due triangolazioni regolari $\mathbf{T}_0 = \{T_{01}, \ldots, T_{0r}\}$ e $\mathbf{T}_1 = \{T_{11}, \ldots, T_{1s}\}$ di R tali che ogni loro triangolo sia contenuto nell'immagine di una parametrizzazione locale. Allora*

$$\sum_{h=1}^{r} \int_{T_{0h}} f \, d\nu = \sum_{k=1}^{s} \int_{T_{1k}} f \, d\nu \tag{6.3}$$

per ogni funzione continua $f \colon R \to \mathbb{R}$.

Dimostrazione. Siano

$$\mathbf{T}^* = \{T_1^*, \ldots, T_u^*\}, \qquad \mathbf{T}_0^* = \{T_{01}^*, \ldots, T_{0v}^*\}, \qquad \mathbf{T}_1^* = \{T_{11}^*, \ldots, T_{1w}^*\}$$

le triangolazioni date dal Teorema 6.2.8. Siccome ogni triangolo di $\mathbf{T}_0$ è (grazie all'Osservazione 6.2.7) unione di un numero finito di triangoli di $\mathbf{T}_0^*$ e, viceversa, ogni triangolo di $\mathbf{T}_0^*$ è contenuto in un unico triangolo di $\mathbf{T}_0$ (e i lati non contano negli integrali), ricaviamo

$$\sum_{h=1}^{r} \int_{T_{0h}} f \, d\nu = \sum_{j=1}^{v} \int_{T_{0j}^*} f \, d\nu \,.$$

Ripetendo il ragionamento con $\mathbf{T}^*$ e $\mathbf{T}_0^*$, poi con $\mathbf{T}^*$ e $\mathbf{T}_1^*$, e infine con $\mathbf{T}_1$ e $\mathbf{T}_1^*$ otteniamo la tesi. $\qquad\square$

Possiamo quindi usare (6.3) per definire l'integrale di una funzione continua f su qualsiasi regione regolare $R \subseteq S$:

Definizione 6.3.2. Sia $R \subseteq S$ una regione regolare di una superficie S, e $f \colon R \to \mathbb{R}$ una funzione continua. Allora l'*integrale* di f su R è

$$\int_R f \, d\nu = \sum_{j=1}^{r} \int_{T_r} f \, d\nu \,, \tag{6.4}$$

dove $\mathbf{T} = \{T_1, \ldots, T_r\}$ è una qualsiasi triangolazione regolare di R i cui triangoli siano contenuti nelle immagini di parametrizzazioni locali, triangolazione che esiste grazie al Teorema 6.2.5. Il lemma precedente ci assicura che $\int_R f \, d\nu$ non dipende dalla scelta di $\mathbf{T}$, per cui è ben definito.

La seconda difficoltà da superare per calcolare il membro sinistro di (6.1) per regioni regolari qualsiasi consiste nel fatto che vi compare la curvatura geodetica. Prima di tutto, la curvatura geodetica è definita solo per superfici orientabili; e quindi dovremo assumere che la nostra regione regolare R sia contenuta in una superficie orientabile. Ma questo non basta: la curvatura geodetica cambia di segno se invertiamo l'orientazione di una curva, per cui dobbiamo trovare il modo di fissare una volta per tutte l'orientazione dei poligoni curvilinei che formano il bordo di R.

Nel caso dei poligoni curvilinei piccoli ce l'eravamo cavata usando l'indice di rotazione; il caso generale richiede invece un approccio un po' diverso (che dev'essere però compatibile col precedente). Ci servono alcune definizioni e un lemma.

Definizione 6.3.3. Sia $\sigma: I \to S$ una curva parametrizzata rispetto alla lunghezza d'arco in una superficie orientata S, e $N: S \to S^2$ la mappa di Gauss di S. Il *versore normale intrinseco* di σ è l'applicazione $\hat{\mathbf{n}} \in \mathcal{T}(\sigma)$ data da

$$\hat{\mathbf{n}} = (N \circ \sigma) \wedge \dot{\sigma} \ .$$

Nota che $\tilde{\mathbf{n}}(s)$ è l'unico versore in $T_{\sigma(s)}S$ tale che $\{\dot{\sigma}(s), \tilde{\mathbf{n}}(s)\}$ sia una base ortonormale positiva di $T_{\sigma(s)}S$, per ogni $s \in I$.

Definizione 6.3.4. Sia $R \subset S$ una regione regolare di una superficie S. Diremo che una curva regolare $\tau: (-\varepsilon, \varepsilon) \to S$ *entra dentro* R se $\tau(0) \in \partial R$, $\tau(t) \in R$ per ogni $t > 0$, e $\tau(t) \notin R$ per ogni $t < 0$. Inoltre, se $\tau(0)$ non è un vertice di ∂R richiederemo anche che $\tau'(0)$ non sia tangente a ∂R.

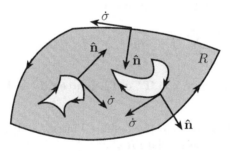

Figura 6.9.

Definizione 6.3.5. Sia $R \subset S$ una regione regolare di una superficie S, e $\sigma: [a, b] \to S$ un poligono curvilineo che parametrizza una delle componenti del bordo di R. Diremo che σ è *orientato positivamente rispetto a* R se il versore normale intrinseco $\hat{\mathbf{n}}$ di σ (definito fuori dai vertici) punta verso l'interno di R, nel senso che per ogni $s_0 \in [a, b]$ tale che $\sigma(s_0)$ non sia un vertice e ogni curva regolare $\tau: (-\varepsilon, \varepsilon) \to S$ con $\tau(0) = \sigma(s_0)$ che entra dentro R si ha $\langle \tau'(0), \tilde{\mathbf{n}}(s_0) \rangle \geq 0$; vedi la Fig. 6.9. Infine, diremo che il bordo della regione regolare R è *orientato positivamente* se ogni sua componente lo è rispetto a R.

Perché questa sia una buona definizione dobbiamo verificare che il bordo di una regione regolare può sempre venire orientato positivamente. Per dimostrarlo abbiamo bisogno di una versione del concetto di intorno tubolare per curve su superfici.

Lemma 6.3.6. *Sia* $\sigma\colon [a,b] \to S$ *una curva parametrizzata rispetto alla lunghezza d'arco in una superficie orientata* S. *Allora esiste* $\varepsilon > 0$ *tale che l'applicazione* $\varphi\colon (a,b) \times (-\delta,\delta) \to S$ *data da*

$$\varphi(s,t) = \exp_{\sigma(s)}\big(t\hat{\mathbf{n}}(s)\big)$$

sia una parametrizzazione locale di S.

Dimostrazione. Prima di tutto, essendo $[a,b]$ compatto, la Proposizione 5.2.5 ci assicura (perché?) che, per $\delta > 0$ abbastanza piccolo, la φ è ben definita e di classe C^∞. Ora, per ogni $s_0 \in [a,b]$ si ha

$$\frac{\partial\varphi}{\partial s}(s_0,0) = \dot{\sigma}(s_0) \quad \text{e} \quad \frac{\partial\varphi}{\partial t}(s_0,0) = \frac{\mathrm{d}}{\mathrm{d}t}\exp_{\sigma(s_0)}\big(t\hat{\mathbf{n}}(s_0)\big)\Big|_{t=0} = \hat{\mathbf{n}}(s_0) \ ;$$

quindi, grazie al Corollario 3.4.28, per ogni $s_0 \in [a,b]$ possiamo trovare $\delta_{s_0} > 0$ tale che $\varphi|_{(s_0-\delta_{s_0},s_0+\delta_{s_0})\times(-\delta_{s_0},\delta_{s_0})}$ sia una parametrizzazione locale. Infine, ragionando come nella dimostrazione del Teorema 2.2.5 e ricordando la Proposizione 3.1.31, possiamo trovare un $\delta > 0$ come richiesto. $\qquad\square$

Sia allora $\sigma\colon [a,b] \to S$ un poligono curvilineo componente del bordo di una regione regolare R in una superficie orientata S, e supponiamo prima di tutto che σ non abbia vertici. Preso $s_0 \in [a,b]$ (e, grazie alla periodicità di σ, possiamo anche supporre $s_0 \neq a,\ b$), sia $\tau\colon (-\varepsilon,\varepsilon) \to S$ una curva con $\tau(0) = \sigma(s_0)$ che entra dentro R. Se $\varphi\colon U \to S$, dove $U = (a,b) \times (-\delta,\delta)$, è la parametrizzazione locale data dal lemma precedente, a meno di rimpicciolire ε possiamo trovare due funzioni $\tau_1, \tau_2\colon (-\varepsilon,\varepsilon) \to \mathbb{R}$ di classe C^∞ tali che $\tau = \varphi(\tau_1,\tau_2)$; in particolare,

$$\langle \tau'(0), \hat{\mathbf{n}}(s_0)\rangle = \tau_2'(0) \ .$$

Quindi $\hat{\mathbf{n}}(s_0)$ punta verso l'interno di R se e solo se τ_2 è non decrescente in 0. Siccome $\tau_2(0) = 0$, questo significa che dobbiamo avere $\tau_2(t) \geq 0$ per $t > 0$ piccolo, e $\tau_2(t) < 0$ per $t < 0$ piccolo (non può essere uguale a zero perché $\tau(t)$ non appartiene a R per $t < 0$). Ricordando la definizione di φ otteniamo quindi che $\hat{\mathbf{n}}(s_0)$ punta verso l'interno di R se e solo se la curva $t \mapsto \varphi(s_0,t)$ entra dentro R.

Ora, per costruzione $\sigma = \varphi(\cdot,0)$; quindi l'interno di R deve intersecare una e una sola delle due componenti connesse di $\varphi(U \setminus \{t = 0\})$. Il ragionamento precedente ci dice che σ è orientata positivamente rispetto a R se e solo se l'interno di R interseca la componente connessa di $\varphi(U \setminus \{t = 0\})$ corrispondente a $t > 0$; siccome cambiare orientazione a σ corrisponde a cambiare di segno $\hat{\mathbf{n}}$, e quindi a scambiare le due componenti connesse di $\varphi(U \setminus \{t = 0\})$, siamo sicuri che esattamente una delle due orientazioni di σ la orienta positivamente rispetto a R. Inoltre, non appena $\hat{\mathbf{n}}(s_0)$ punta verso l'interno di R per un $s_0 \in [a, b]$, la curva σ è orientata positivamente rispetto a R.

Se invece σ ha dei vertici, usando la tecnica introdotta alla fine della dimostrazione del Teorema 2.4.7, possiamo modificare σ ed R vicino ai vertici in modo da ottenere una successione $\sigma_k \colon [a, b] \to S$ di poligoni curvilinei privi di vertici, che coincidono su sottointervalli sempre più grandi, convergenti a σ e che parametrizzano opportune componenti del bordo di regioni regolari R_k. L'argomento precedente ci dice che non appena orientiamo positivamente una σ_k rispetto a R_k allora anche tutte le altre lo sono (rispetto alla loro regione regolare); quindi passando al limite otteniamo una e una sola orientazione di σ che la rende orientata positivamente rispetto a R.

Osservazione 6.3.7. In particolare, il ragionamento precedente ci dice che se R ed R' sono regioni regolari della stessa superficie orientata tali che $\partial R \cap \partial R'$ consista in un tratto di un poligono curvilineo σ, allora σ è orientata positivamente rispetto a R se e solo se è orientata negativamente (nel senso ovvio) rispetto a R'.

Osservazione 6.3.8. Rimane da verificare che se $R \subset S$ è una regione regolare semplice contenuta nell'immagine di una parametrizzazione locale ortogonale $\varphi \colon U \to S$ allora le due Definizioni 6.1.4 e 6.3.5 di bordo orientato positivamente coincidono. Al solito, ragionando come nella dimostrazione del Teorema 2.4.7 possiamo senza perdita di generalità supporre che il bordo $\sigma \colon [a, b] \to S$ di R non abbia vertici. Inoltre, abbiamo già notato (Osservazione 2.4.9) che le due definizioni coincidono per curve nel piano.

Posto $\sigma_o = \varphi^{-1} \circ \sigma = (\sigma_1, \sigma_2)$, sappiamo (Proposizione 6.1.3) che $\rho(\sigma) = +1$ se e solo se $\rho(\sigma_o) = +1$. Inoltre, $\rho(\sigma_o) = +1$ se e solo se (Osservazione 2.4.9) il versore normale di σ_o punta verso l'interno di $\varphi^{-1}(R)$. Ora possiamo scrivere

$$\dot{\sigma} = \dot{\sigma}_1 \partial_1 + \dot{\sigma}_2 \partial_2 = \sqrt{E} \dot{\sigma}_1 \frac{\partial_1}{\sqrt{E}} + \sqrt{G} \dot{\sigma}_2 \frac{\partial_2}{\sqrt{G}} \; ;$$

quindi il versore normale intrinseco di σ è dato da

$$\hat{\mathbf{n}} = -\sqrt{\frac{G}{E}} \dot{\sigma}_2 \partial_1 + \sqrt{\frac{E}{G}} \dot{\sigma}_1 \partial_2 \; .$$

Invece il versore normale orientato $\tilde{\mathbf{n}}_o$ di σ_o è $\tilde{\mathbf{n}}_o = (-\dot{\sigma}_2, \dot{\sigma}_1)/\|\dot{\sigma}_o\|$.

Fissiamo ora $s_0 \in [a, b]$. Una curva $\tau \colon (-\varepsilon, \varepsilon) \to S$ entra dentro R in $\sigma(s_0)$ se e solo se $\tau_o = \varphi^{-1} \circ \tau = (\tau_1, \tau_2)$ entra dentro $\varphi^{-1}(R)$ in $\sigma_o(s_0)$. Siccome $\tau' = \tau_1' \partial_1 + \tau_2' \partial_2$, abbiamo

$$\langle \tau'(0), \hat{\mathbf{n}}(s_0) \rangle = \sqrt{EG} \left[-\tau_1'(0) \dot{\sigma}_2(s_0) + \tau_2'(0) \dot{\sigma}_1(s_0) \right] \; ,$$

$$\langle \tau_o'(0), \tilde{\mathbf{n}}_o(s_0) \rangle = \frac{1}{\|\dot{\sigma}_o(s_0)\|} \left[-\tau_1'(0) \dot{\sigma}_2(s_0) + \tau_2'(0) \dot{\sigma}_1(s_0) \right] \; ;$$

quindi $\tilde{\mathbf{n}}_o$ punta verso l'interno di $\varphi^{-1}(R)$ se e solo se $\hat{\mathbf{n}}$ punta verso l'interno di R, ed è fatta.

E finalmente siamo pronti per il

Teorema 6.3.9 (Gauss-Bonnet globale). *Sia $R \subseteq S$ una regione regolare ($R = S$ è ammesso) di una superficie S orientata, con ∂R orientato positivamente. Siano $C_1, \ldots, C_s$ le componenti del bordo di R, parametrizzate per $j = 1, \ldots, s$ dalle curve $\sigma_j \colon [a_j, b_j] \to S$ con curvatura geodetica κ_g^j (e se $R = S$ allora $\partial R = \varnothing$). Indichiamo inoltre con $\{\varepsilon_1, \ldots, \varepsilon_p\}$ l'insieme di tutti gli angoli esterni delle curve $\sigma_1, \ldots, \sigma_s$. Allora*

$$\int_R K \, d\nu + \sum_{j=1}^{s} \int_{a_j}^{b_j} \kappa_g^j \, ds + \sum_{h=1}^{p} \varepsilon_j = 2\pi \chi(R) \,. \tag{6.5}$$

Dimostrazione. Sia $\mathbf{T}$ una triangolazione di R tale che ogni triangolo di $\mathbf{T}$ sia contenuto nell'immagine di una parametrizzazione locale ortogonale compatibile con l'orientazione (una tale triangolazione esiste grazie al Teorema 6.2.5). Orientiamo positivamente il bordo di ciascun triangolo; per la discussione precedente, questa orientazione è compatibile con quella del bordo di R.

Applichiamo il teorema di Gauss-Bonnet locale a ciascun triangolo, e sommiamo. Siccome (grazie alle Osservazioni 6.2.4 e 6.3.7) gli integrali della curvatura geodetica sui lati interni della triangolazione si elidono a due a due, otteniamo

$$\int_R K \, d\nu + \sum_{j=1}^{s} \int_{a_j}^{b_j} \kappa_g^j \, ds + \sum_{i=1}^{f(\mathbf{T})} \sum_{j=1}^{3} \varepsilon_{ij} = 2\pi f(\mathbf{T}) \,, \tag{6.6}$$

dove ε_{i1}, ε_{i2} ed ε_{i3} sono gli angoli esterni del triangolo $T_i \in \mathbf{T}$. Se indichiamo con $\phi_{ij} = \pi - \varepsilon_{ij}$ gli angoli *interni* del triangolo T_i, si ha

$$\sum_{i=1}^{f(\mathbf{T})} \sum_{j=1}^{3} \varepsilon_{ij} = 3\pi f(\mathbf{T}) - \sum_{i=1}^{f(\mathbf{T})} \sum_{j=1}^{3} \phi_{ij} \,.$$

Indichiamo con l_i (rispettivamente, l_b) il numero di lati della triangolazione interni a R (rispettivamente, sul bordo di R), e con v_i (rispettivamente, v_b) il numero di vertici della triangolazione interni a R (rispettivamente, appartenenti al bordo di R); chiaramente, $l_\mathrm{i} + l_\mathrm{b} = l(\mathbf{T})$ e $v_\mathrm{i} + v_\mathrm{b} = v(\mathbf{T})$. Siccome il bordo di R è costituito da poligoni curvilinei, $l_\mathrm{b} = v_\mathrm{b}$. Inoltre, ogni faccia ha tre lati, ogni lato interno è lato di due facce, e ogni lato sul bordo di una faccia sola (Osservazione 6.2.4), per cui

$$3f(\mathbf{T}) = 2l_\mathrm{i} + l_\mathrm{b} \,.$$

Quindi

$$\sum_{i=1}^{f(\mathbf{T})} \sum_{j=1}^{3} \varepsilon_{ij} = 2\pi l_\mathrm{i} + \pi l_\mathrm{b} - \sum_{i=1}^{f(\mathbf{T})} \sum_{j=1}^{3} \phi_{ij} \,.$$

Scriviamo $v_b = v_{bc} + v_{bt}$, dove $v_{bc} = p$ è il numero di vertici dei poligoni curvilinei componenti il bordo di R, e v_{bt} è il numero degli altri vertici della triangolazione sul bordo. Ora, la somma degli angoli interni attorno a ciascun vertice interno è 2π; la somma degli angoli interni su ciascun vertice esterno che non sia vertice di ∂R è π; e la somma degli angoli interni su un vertice di ∂R è π meno l'angolo esterno corrispondente. Quindi otteniamo

$$\sum_{i=1}^{f(\mathbf{T})} \sum_{j=1}^{3} \varepsilon_{ij} = 2\pi l_i + \pi l_b - 2\pi v_i - \pi v_{bt} - \sum_{h=1}^{p} (\pi - \varepsilon_j)$$

$$= 2\pi l_i + 2\pi l_b - \pi v_b - 2\pi v_i - \pi v_{bt} - \pi v_{bc} + \sum_{h=1}^{p} \varepsilon_j$$

$$= 2\pi l(\mathbf{T}) - 2\pi v(\mathbf{T}) + \sum_{h=1}^{p} \varepsilon_j \ ,$$

e ricordando (6.6) abbiamo concluso. $\square$

Non è possibile sovrastimare l'importanza del teorema di Gauss-Bonnet nella geometria differenziale. Forse il modo più semplice per rendersi conto della potenza di questo risultato è semplificare al massimo la situazione considerando il caso $R = S$:

Corollario 6.3.10. *Sia S una superficie compatta orientabile. Allora*

$$\int_S K \, d\nu = 2\pi\chi(S) \ . \tag{6.7}$$

Dimostrazione. Segue subito dal teorema di Gauss-Bonnet, in quanto S è una regione regolare senza bordo. $\square$

Osservazione 6.3.11. Nei Complementi al Capitolo 4 abbiamo dimostrato (Teorema 4.7.15) che ogni superficie chiusa (e quindi, in particolare, ogni superficie compatta) in $\mathbb{R}^3$ è orientabile, per cui il corollario precedente si applica in realtà a tutte le superfici compatte.

Si tratta di un potente e inaspettato legame fra un oggetto prettamente locale e dipendente dalla struttura differenziabile (la curvatura Gaussiana) e un oggetto prettamente globale e dipendente solo dalla topologia (la caratteristica di Eulero-Poincaré). Per esempio, comunque si deformi una sfera (vedi la Fig. 6.10) l'integrale della curvatura Gaussiana non cambia, rimane 4π, non c'è niente da fare.

Come conseguenza, ricordando il Teorema 6.2.14, il segno della curvatura Gaussiana può forzare il tipo topologico di una superficie:

Corollario 6.3.12. *Una superficie compatta orientabile con curvatura Gaussiana $K \geq 0$ e positiva in almeno un punto è omeomorfa a una sfera.*

Figura 6.10. Una deformazione della sfera

Dimostrazione. Segue dal corollario precedente e dal fatto che la sfera è l'unica superficie compatta orientabile con caratteristica di Eulero-Poincaré positiva (Teorema 6.2.14). $\square$

Osservazione 6.3.13. Ci sono collegamenti molto profondi fra il segno della curvatura Gaussiana e la topologia delle superfici. Per esempio, nei Complementi del prossimo capitolo vedremo che ogni superficie compatta orientabile con curvatura Gaussiana strettamente positiva è *diffeomorfa* alla sfera; il diffeomorfismo è la mappa di Gauss $N \colon S \to S^2$ (Teorema 7.4.9). Viceversa, vedremo anche che ogni superficie chiusa di $\mathbb{R}^3$ semplicemente connessa con curvatura Gaussiana $K \le 0$ è diffeomorfa a un piano; il diffeomorfismo è la mappa esponenziale $\exp_p \colon T_p S \to S$ (Teorema 7.6.4).

Il Corollario 6.3.10 era un'applicazione del teorema di Gauss-Bonnet a regioni regolari senza bordo, in cui due dei tre addendi del membro sinistro di (6.5) erano nulli. Otteniamo conseguenze altrettanto interessanti per regioni regolari con bordo costituito da poligoni geodetici (cioè poligoni curvilinei i cui tratti regolari siano geodetiche), per i quali si annulla l'addendo centrale del membro sinistro di (6.5). Per esempio, Gauss era particolarmente orgoglioso del seguente

Corollario 6.3.14. *Sia $T \subset S$ un triangolo geodetico, cioè un triangolo i cui tre lati siano geodetiche, e indichiamo con $\phi_j = \pi - \varepsilon_j$, per $j = 1, 2, 3$ i tre angoli interni (dove $\varepsilon_1, \varepsilon_2, \varepsilon_3$ sono gli angoli esterni). Allora*

$$\phi_1 + \phi_2 + \phi_3 = \pi + \int_T K \, d\nu \ .$$

In particolare, se la curvatura Gaussiana K è costante allora la somma degli angoli interni di un triangolo geodetico differisce da π per K volte l'area del triangolo.

Dimostrazione. Segue subito da (6.5). $\square$

Osservazione 6.3.15. È noto dalla geometria elementare che una delle condizioni equivalenti al postulato delle parallele di Euclide è proprio che la somma degli angoli interni di un triangolo sia esattamente uguale a π. Quindi, se interpretiamo le geodetiche come il naturale equivalente dei segmenti su una superficie qualsiasi, questo corollario dà una misurazione quantitativa della non validità del postulato di Euclide in superfici che non siano il piano.

Un'altra applicazione interessante del teorema di Gauss-Bonnet alle geodetiche è la seguente:

Proposizione 6.3.16. *Sia $S \subset \mathbb{R}^3$ una superficie orientabile diffeomorfa a un cilindro circolare e con $K < 0$ ovunque. Allora su S esiste (a meno di riparametrizzazioni) al più una sola geodetica chiusa semplice, e questa geodetica non può essere il bordo di una regione regolare semplice.*

Osservazione 6.3.17. Una superficie di rotazione S con generatrice un arco di Jordan aperto C è sempre diffeomorfa a un cilindro circolare (Esercizio 3.47). Inoltre, se C ha una parametrizzazione rispetto alla lunghezza d'arco della forma $s \mapsto (\alpha(s), 0, \beta(s))$ con α sempre positiva come al solito, allora S ha curvatura Gaussiana sempre negativa se e solo se $\ddot{\alpha} > 0$ (Esempio 4.5.22). In particolare, α ha al più un punto critico, e quindi (Esempio 5.1.17) al più un parallelo di S è una geodetica (chiusa semplice). Infine, il parallelo centrale dell'iperboloide iperbolico è una geodetica, per cui una può esistere.

Dimostrazione (della Proposizione 6.3.16). Sia $C \subset S$ il sostegno di una geodetica chiusa semplice $\sigma \colon \mathbb{R} \to S$. Supponiamo per assurdo che C sia il bordo di una regione regolare semplice $R \subset S$. Allora il teorema di Gauss-Bonnet e la Proposizione 6.2.12.(ii) implicano

$$2\pi = 2\pi \chi(R) = \int_R K \, d\nu < 0 \,,$$

impossibile.

Essendo S diffeomorfa a un cilindro circolare, che è a sua volta diffeomorfo al piano privato di un punto (Esercizio 3.52), deve esistere un diffeomorfismo $\Phi \colon S \to \mathbb{R}^2 \setminus \{O\}$ fra S e il piano privato dell'origine. La curva $\Phi \circ \sigma$ è allora una curva di Jordan nel piano, di sostegno $\Phi(C)$. Il Teorema 2.3.6 della curva di Jordan ci dice che $\mathbb{R}^2 \setminus \Phi(C)$ ha due componenti connesse, di cui una sola limitata, entrambe con bordo $\Phi(C)$. Se l'origine appartenesse alla componente connessa illimitata, allora $\Phi(C)$ sarebbe bordo di una regione regolare semplice, il suo interno Ω (Osservazione 2.3.7), e quindi C sarebbe bordo della regione regolare semplice $\Phi^{-1}(\Omega)$, contro quanto appena visto. Di conseguenza, l'origine deve appartenere a Ω.

Sia ora, per assurdo, $\tilde{\sigma} \colon \mathbb{R} \to S$ un'altra geodetica chiusa semplice con sostegno $\tilde{C}$ distinto da C; nota che, per l'argomentazione precedente, l'origine è contenuta anche nell'interno di $\Phi(\tilde{C})$. Se $C \cap \tilde{C} = \varnothing$, allora $\Phi(C)$ e $\Phi(\tilde{C})$

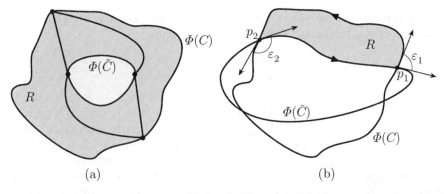

Figura 6.11.

sono una contenuta dentro l'altra, e quindi sono il bordo di una regione regolare $R \subset \mathbb{R}^2 \setminus \{O\}$. È facile (esercizio) costruire una triangolazione di R come in Figura 6.11.(a) con 4 facce, 8 lati e 4 vertici, per cui $\chi(R) = 0$. Ma allora C e $\tilde{C}$ formano il bordo della regione regolare $\Phi^{-1}(R) \subset S$, e si ha

$$0 = 2\pi\chi\big(\Phi^{-1}(R)\big) = \int_{\Phi^{-1}(R)} K \, d\nu < 0 \,,$$

impossibile.

Dunque C e $\tilde{C}$ si devono intersecare. Siccome l'unicità della geodetica uscente da un punto in una data direzione implica che C e $\tilde{C}$ non possono essere tangenti in un punto d'intersezione, s'intersecano necessariamente in almeno due punti. Allora possiamo trovare (esercizio per te, usando come al solito il diffeomorfismo Φ) due punti d'intersezione consecutivi, un arco in C da p_1 a p_2 e un arco in $\tilde{C}$ da p_2 a p_1 che formino il bordo di una regione regolare semplice R con due vertici di angoli esterni ε_1 ed ε_2; vedi la Figura 6.11.(b). Ma allora

$$2\pi = 2\pi\chi(R) = \int_R K \, d\nu + \varepsilon_1 + \varepsilon_2 < 2\pi \,,$$

in quanto $|\varepsilon_1| + |\varepsilon_2| < 2\pi$, e abbiamo raggiunto di nuovo una contraddizione.
□

Il teorema di Gauss-Bonnet ci fornisce anche un modo semplice per calcolare la caratteristica di Eulero-Poincaré delle regioni regolari del piano:

Corollario 6.3.18. *Sia $R \subset \mathbb{R}^2$ una regione regolare del piano, e supponiamo che il bordo di R abbia $r \geq 1$ componenti connesse. Allora*

$$\chi(R) = 2 - r.$$

Dimostrazione. Siano $\sigma_1, \ldots, \sigma_r$ i poligoni curvilinei che formano il bordo di R, orientati positivamente rispetto a R. Prima di tutto, la Proposizione 5.1.25 ci dice che la curvatura geodetica di una curva nel piano coincide con la derivata dell'angolo di rotazione; ricordando la definizione dell'indice di rotazione e il teorema di Gauss-Bonnet otteniamo

$$\sum_{j=1}^{r} \rho(\sigma_j) = \chi(R) \ .$$

Il Teorema 2.4.7 delle tangenti ci dice che $\rho(\sigma_j) = \pm 1$, dove il segno dipende solo dall'orientazione di σ_j. Ora, essendo la parte interna R^o di R connessa, è contenuta in una delle due componenti connesse di $\mathbb{R}^2 \setminus C_j$ per ogni $j = 1, \ldots, r$, dove C_j è il sostegno di σ_j. A meno di riordinare gli indici, possiamo supporre che C_1 sia la componente del bordo di R contenente un punto $p_0 \in R$ di distanza massima d_0 dall'origine. In particolare, C_1 è tangente in p_0 alla circonferenza C di raggio d_0 e centro l'origine. Siccome, per costruzione, la parte interna di R dev'essere contenuta nell'interno di C ed è aderente a p_0, non può essere contenuta nella componente connessa illimitata di $\mathbb{R}^2 \setminus C_1$; quindi è contenuta nell'interno di C_1. In particolare, l'Osservazione 2.3.10 implica che σ_1, essendo orientata positivamente rispetto a R, è orientata positivamente tout-court, per cui $\rho(\sigma_1) = +1$.

Infine, siccome per $j = 2, \ldots, r$ la componente C_j è contenuta nell'interno di C_1, necessariamente R^o è contenuta nella componente connessa illimitata di $\mathbb{R}^2 \setminus C_j$; quindi σ_j, essendo orientata positivamente rispetto a R, ha indice di rotazione -1. Abbiamo dunque $\rho(\sigma_1) + \cdots + \rho(\sigma_r) = 1 - (r-1)$, e ci siamo.

□

Negli esercizi di questo capitolo troverai altre applicazioni del teorema di Gauss-Bonnet nello spirito di quelle che abbiamo appena discusso; la prossima sezione contiene invece un'applicazione completamente diversa, e piuttosto importante.

6.4 Il teorema di Poincaré-Hopf

L'ultima applicazione del teorema di Gauss-Bonnet che presentiamo riguarda i campi vettoriali o, più precisamente, i loro zeri.

Definizione 6.4.1. Sia $X \in \mathcal{T}(S)$ un campo vettoriale su una superficie S. Diremo che $p \in S$ è un *punto singolare* (o *zero*) di X se $X(p) = O$. L'insieme dei punti singolari di X sarà indicato con $\mathrm{Sing}(X)$. Un punto non singolare sarà detto *regolare*.

Se $p \in S$ non è un punto singolare del campo vettoriale $X \in \mathcal{T}(S)$, usando le tecniche viste nella Sezione 5.3 non è difficile dimostrare (Esercizio 5.25) che esiste una parametrizzazione locale $\varphi: U \to S$ centrata in p tale che $X \equiv \partial_1$ in $\varphi(U)$. Dunque il comportamento di X nell'intorno di un punto non singolare è completamente determinato; in particolare, le sue curve integrali sono localmente curve coordinate di una parametrizzazione locale.

Se invece $p \in S$ è un punto *singolare* del campo vettoriale X, il comportamento di X e delle sue curve integrali in un intorno di p può essere molto vario e complicato; vedi per esempio le Figg. 5.3 e 6.12.

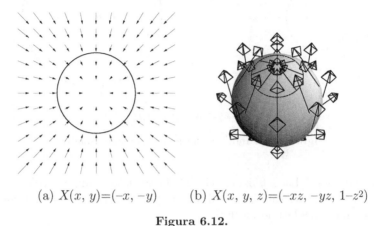

(a) $X(x, y){=}(-x, -y)$ (b) $X(x, y, z){=}(-xz, -yz, 1{-}z^2)$

Figura 6.12.

Vogliamo introdurre ora un modo per associare a ogni punto singolare isolato di un campo vettoriale un numero intero che, in un certo senso, riassume il comportamento qualitativo del campo nell'intorno del punto.

Definizione 6.4.2. Sia $X \in \mathcal{T}(S)$ un campo vettoriale su una superficie S, e $p \in S$ un punto o regolare o singolare *isolato* di X. Prendiamo una parametrizzazione locale $\varphi\colon U \to S$ centrata in p, con U omeomorfo a un disco aperto, e supponiamo che si abbia $\varphi(U) \cap \mathrm{Sing}(X) \subseteq \{p\}$, cioè che $\varphi(U)$ non contenga punti singolari di X tranne al più p. Fissiamo poi un campo vettoriale $Y_0 \in \mathcal{T}(\varphi(U))$ mai nullo; per esempio, $Y_0 = \partial_1$. Sia poi $R \subset \varphi(U)$ una regione regolare semplice che contenga p al suo interno, e $\sigma\colon [a, b] \to \partial R \subset \varphi(U)$ una parametrizzazione del bordo di R, orientata positivamente (rispetto a φ). Indichiamo con $\theta\colon [a, b] \to \mathbb{R}$ una determinazione continua dell'angolo fra $Y_0 \circ \sigma$ e $X \circ \sigma$. Allora l'*indice* di X in p è dato da

$$\mathrm{ind}_p(X) = \frac{1}{2\pi}\big(\theta(b) - \theta(a)\big) \in \mathbb{Z}\,.$$

In parole povere, $\mathrm{ind}_p(X)$ misura il numero di rotazioni compiute da X lungo una curva che circonda p; vedi la Fig. 6.13 dove, per semplicità, nell'immagine di destra abbiamo modificato la lunghezza di X (operazione che non cambia l'indice) in modo da rendere più semplice la lettura del numero di rotazioni.

Questa definizione di indice solleva subito diversi interrogativi, a cui cercheremo di rispondere nelle prossime osservazioni.

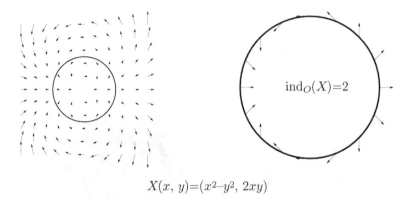

$$X(x,\,y)=(x^2-y^2,\,2xy)$$

Figura 6.13. Indice di un punto singolare isolato

Osservazione 6.4.3. La definizione che abbiamo dato si applica solo a punti regolari e a punti singolari *isolati* di un campo vettoriale; non definiremo un indice in punti singolari non isolati.

Osservazione 6.4.4. L'indice di un campo vettoriale X in un punto p dipende solo dal comportamento di X in un intorno di p, e non dal campo Y_0 o dalla regione regolare R che compaiono nella definizione.

Dimostriamo prima di tutto che non dipende dalla regione regolare. Sia $\tilde{R} \subset \varphi(U)$ un'altra regione regolare semplice contenente p al suo interno, e $\tilde{\sigma}$ una parametrizzazione del bordo di $\tilde{R}$, orientata positivamente (rispetto a φ), e che senza perdita di generalità possiamo supporre definita anch'essa su $[a,b]$. Siccome U è omeomorfo a un disco aperto e R e $\tilde{R}$ sono regioni semplici, non è difficile (vedi l'Esercizio 2.13) dimostrare che esiste un'omotopia $\Phi\colon [0,1] \times [a,b] \to \varphi(U) \setminus \{p\}$ fra σ e $\tilde{\sigma}$ come curve chiuse. Siccome X non si annulla mai in $\varphi(U) \setminus \{p\}$, possiamo definire (usando il Corollario 2.1.14) una determinazione continua $\Theta\colon [0,1] \times [a,b] \to \mathbb{R}$ dell'angolo da $Y_0 \circ \Phi$ e $X \circ \Phi$. Allora la funzione $s \mapsto [\Theta(s,b) - \Theta(s,a)]/2\pi$ è una funzione continua a valori interi definita su un connesso; quindi è costante, e l'indice di X in p calcolato usando R coincide con l'indice calcolato usando $\tilde{R}$.

L'indice non dipende neppure dal campo Y_0. Se $Y_1 \in \mathcal{T}\big(\varphi(U)\big)$ è un altro campo vettoriale mai nullo, essendo R omeomorfa a un disco chiuso possiamo usare nuovamente il Corollario 2.1.14 (come?) per definire una determinazione continua $\psi\colon R \to \mathbb{R}$ dell'angolo da Y_0 a Y_1. Allora se $\theta\colon [a,b] \to \mathbb{R}$ è una determinazione continua dell'angolo da $Y_0 \circ \sigma$ a $X \circ \sigma$, abbiamo che $\theta - \psi \circ \sigma$ è una determinazione continua dell'angolo da $Y_1 \circ \sigma$ a $X \circ \sigma$; essendo

$$\big[\theta(b) - \psi\big(\sigma(b)\big)\big] - \big[\theta(a) - \psi\big(\sigma(a)\big)\big] = \theta(b) - \theta(a)\,,$$

ne segue che l'indice di X in p calcolato usando Y_1 coincide con l'indice calcolato usando Y_0.

Infine, l'indice non dipende neppure dall'orientazione messa su $\varphi(U)$. Infatti, se invertiamo l'orientazione cambiamo di segno la determinazione dell'angolo da $Y_0 \circ \sigma$ a $X \circ \sigma$, ma invertiamo anche l'orientazione di σ, per cui il valore dell'indice non cambia.

Quindi l'indice di un campo vettoriale in un punto (regolare o) singolare isolato è ben definito. La prossima osservazione suggerisce una tecnica per calcolarlo:

Osservazione 6.4.5. Se X è un campo vettoriale definito su un aperto $U \subset \mathbb{R}^2$ del piano e $p \in U$, allora l'indice di X in p è semplicemente (perché?) il grado dell'applicazione $\phi: [a, b] \to S^1$ definita da

$$\phi(t) = \frac{X\big(\sigma(t)\big)}{\big\|X\big(\sigma(t)\big)\big\|} \,,$$

dove $\sigma: [a, b] \to U$ è una qualsiasi curva di Jordan regolare a tratti orientata positivamente con p al suo interno.

Il caso generale può essere ricondotto a questo usando una parametrizzazione locale, come al solito. Siano $X \in \mathcal{T}(S)$, $p \in S$ e $\varphi: U \to S$ una parametrizzazione locale centrata in p, e scriviamo $X \circ \varphi = X_1 \partial_1 + X_2 \partial_2$. Allora $X_o = (X_1, X_2) = \mathrm{d}\varphi^{-1}(X)$ è un campo vettoriale su U, e ragionando come nella dimostrazione della Proposizione 6.1.3 (e prendendo $Y_0 = \partial_1$) si vede facilmente che l'indice di X in $p = \varphi(O)$ è esattamente uguale all'indice di X_o in O.

Esempio 6.4.6. Sia $X \in \mathcal{T}(\mathbb{R}^2)$ dato da $X(x_1, x_2) = (-x_1, -x_2)$; vedi la Fig. 6.12.(a). L'origine è un punto singolare isolato di X. Se prendiamo come curva di Jordan $\sigma: [0, 2\pi] \to \mathbb{R}^2$ la circonferenza $\sigma(t) = (\cos t, \sin t)$ troviamo $\phi(t) = (-\cos t, -\sin t)$, per cui, usando per esempio il Corollario 2.1.18, otteniamo $\mathrm{ind}_O(X) = 1$.

Esempio 6.4.7. Sia $X \in \mathcal{T}(S^2)$ il campo vettoriale definito da $X(p) = \pi_p(\mathbf{e}_3)$, dove $\pi_p: \mathbb{R}^3 \to T_p S^2$ è la proiezione ortogonale, ed $\mathbf{e}_3 = (0, 0, 1)$; vedi la Fig. 6.12.(b). Allora X ha esattamente due punti singolari, il polo nord $N = \mathbf{e}_3$ e il polo sud $S = -N$. Per calcolare l'indice di X in N, scegliamo come parametrizzazione locale $\varphi: U \to \mathbb{R}^2$ la prima dell'Esempio 3.1.15, cioè $\varphi(x, y) = (x, y, \sqrt{1 - x^2 - y^2})$, e come regione regolare semplice quella delimitata dalla curva $\sigma: [a, b] \to S^2$ data da

$$\sigma(t) = \varphi\big(\tfrac{1}{2}\cos t, \tfrac{1}{2}\sin t\big) = \big(\tfrac{1}{2}\cos t, \tfrac{1}{2}\sin t, \tfrac{\sqrt{3}}{2}\big) \,.$$

Si verifica facilmente (controlla) che $X(p) = (-p_1 p_3, -p_2 p_3, 1 - p_3^2)$ per ogni $p = (p_1, p_2, p_3) \in S^2$, per cui

$$X\big(\sigma(t)\big) = \big(-\tfrac{\sqrt{3}}{4}\cos t, -\tfrac{\sqrt{3}}{4}\sin t, \tfrac{1}{4}\big) \,.$$

Ora, $\partial_1|_\sigma = (1, 0, -\frac{1}{\sqrt{3}} \cos t)$ e $\partial_2|_\sigma = (0, 1, -\frac{1}{\sqrt{3}} \sin t)$; quindi se scriviamo $X \circ \sigma = X_1 \partial_1|_\sigma + \partial_2|_\sigma$ troviamo $(X_1, X_2) = \left(-\frac{\sqrt{3}}{4} \cos t, -\frac{\sqrt{3}}{4} \sin t\right)$, per cui $\phi(t) = (-\cos t, -\sin t)$, e $\mathrm{ind}_N(X) = 1$. In maniera analoga (esercizio) si trova $\mathrm{ind}_S(X) = 1$.

Osservazione 6.4.8. L'indice è interessante solo nei punti singolari; infatti, *l'indice di un campo vettoriale in un punto regolare è sempre 0*. Infatti, sia $p \in S$ un punto regolare del campo vettoriale $X \in \mathcal{T}(S)$. Allora possiamo trovare una parametrizzazione locale $\varphi \colon U \to S$ centrata in p, con U omeomorfo a un disco aperto, tale che X non si annulli mai in $\varphi(U)$. Quindi (a meno di restringere lievemente U) possiamo definire una determinazione continua $\Theta \colon \varphi(U) \to \mathbb{R}$ dell'angolo da ∂_1 a X su tutto $\varphi(U)$, grazie al solito Corollario 2.1.14. Ma allora se $\sigma \colon [a, b] \to \varphi(U)$ è una parametrizzazione del bordo di una qualsiasi regione regolare semplice contenente p al suo interno abbiamo che $\Theta \circ \sigma$ è una determinazione continua dell'angolo da $\partial_1|_\sigma$ a $X \circ \sigma$, e $\mathrm{ind}_p(X) = \left[\Theta\big(\sigma(b)\big) - \Theta\big(\sigma(a)\big)\right]/2\pi = 0$, come affermato.

La seguente proposizione mostra un modo alternativo per calcolare l'indice di un campo vettoriale in un punto, con una formula che inizia a suggerire come possa esservi un collegamento con il teorema di Gauss-Bonnet:

Proposizione 6.4.9. Sia $X \in \mathcal{T}(S)$ *un campo vettoriale su una superficie* S, *e* $p \in S$ *un punto regolare o singolare isolato di* X. *Sia* $R \subset \varphi(U)$ *una regione regolare semplice che contenga* p *al suo interno, contenuta nell'immagine di una parametrizzazione locale ortogonale* $\varphi \colon U \to S$, *e tale che* $R \cap \mathrm{Sing}(X) \subseteq \{p\}$. *Sia poi* $\sigma \colon [a, b] \to \partial R \subset \varphi(U)$ *una parametrizzazione rispetto alla lunghezza d'arco del bordo di* R, *orientata positivamente rispetto a* φ, *e scegliamo un qualsiasi campo vettoriale* $\eta \in \mathcal{T}(\sigma)$ *parallelo lungo* σ *non nullo. Allora*

$$\mathrm{ind}_p(X) = \frac{1}{2\pi} \int_R K \, \mathrm{d}\nu - \frac{1}{2\pi} \big[\phi(b) - \phi(a)\big] , \qquad (6.8)$$

dove $\phi \colon [a, b] \to \mathbb{R}$ *è una determinazione continua dell'angolo da* $X \circ \sigma$ *a* η.

Dimostrazione. Indichiamo con $\psi \colon [a, b] \to \mathbb{R}$ una determinazione continua dell'angolo da $\partial_1|_\sigma$ a η. Vogliamo innanzitutto dimostrare che

$$\frac{\mathrm{d}\psi}{\mathrm{d}s} = -\frac{1}{2\sqrt{EG}} \left[\dot\sigma_2 \frac{\partial G}{\partial x_1} - \dot\sigma_1 \frac{\partial E}{\partial x_2}\right] , \qquad (6.9)$$

dove abbiamo scritto come al solito $\sigma = \varphi(\sigma_1, \sigma_2)$. Poniamo $\xi_j = \partial_j|_\sigma / \|\partial_j|_\sigma\|$ per $j = 1, 2$; in particolare, $\eta/\|\eta\| = (\cos\psi)\xi_1 + (\sin\psi)\xi_2$. Il Lemma 5.1.22 ci dice che per ottenere (6.9) basta dimostrare che

$$\frac{\mathrm{d}\psi}{\mathrm{d}s} + \langle D\xi_1, \xi_2\rangle_\sigma \equiv 0 .$$

Ora, $\{\xi_1, \xi_2\}$ è una base ortonormale, per cui $\langle D\xi_1, \xi_1\rangle_\sigma \equiv \langle D\xi_2, \xi_2\rangle_\sigma \equiv 0$ e $\langle D\xi_1, \xi_2\rangle_\sigma = -\langle \xi_1, D\xi_2\rangle_\sigma$, per cui da $D\xi_j = \langle D\xi_j, \xi_1\rangle_\sigma \xi_1 + \langle D\xi_j, \xi_2\rangle_\sigma \xi_2$ ricaviamo

$$D\xi_1 = \langle D\xi_1, \xi_2\rangle_\sigma \xi_2 \qquad \text{e} \qquad D\xi_2 = -\langle D\xi_1, \xi_2\rangle_\sigma \xi_1 \ .$$

Ricordando che η è parallelo (e in particolare $\|\eta\|$ è costante) deduciamo quindi

$$O = D(\eta/\|\eta\|) = -\dot\psi(\sin\psi)\xi_1 + (\cos\psi)D\xi_1 + \dot\psi(\cos\psi)\xi_2 + (\sin\psi)D\xi_2$$
$$= \left(\frac{\mathrm{d}\psi}{\mathrm{d}s} + \langle D\xi_1, \xi_2\rangle_\sigma\right) \left[-(\sin\psi)\xi_1 + (\cos\psi)\xi_2\right] \ .$$

Quindi $\mathrm{d}\psi/\mathrm{d}s + \langle D\xi_1, \xi_2\rangle_\sigma \equiv 0$, e (6.9) è dimostrata.

Integrando (6.9) fra a e b troviamo dunque

$$\psi(b) - \psi(a) = \int_a^b \frac{\mathrm{d}\psi}{\mathrm{d}s}\,\mathrm{d}s = -\int_a^b \frac{1}{2\sqrt{EG}}\left[\dot\sigma_2\frac{\partial G}{\partial x_1} - \dot\sigma_1\frac{\partial E}{\partial x_2}\right]\mathrm{d}s = \int_R K\,\mathrm{d}\nu \ ,$$

dove l'ultima eguaglianza segue dal conto già visto nella dimostrazione del Teorema 6.1.7.

Ora, se $\theta\colon [a, b] \to \mathbb{R}$ è una determinazione continua dell'angolo da $\partial_1|_\sigma$ a $X \circ \sigma$, allora $\phi = \psi - \theta$ è una determinazione dell'angolo da $X \circ \sigma$ a η. Quindi

$$\mathrm{ind}_p(X) = \frac{1}{2\pi}[\theta(b) - \theta(a)] = \frac{1}{2\pi}[\psi(b) - \psi(a)] - \frac{1}{2\pi}[\phi(b) - \phi(a)]$$
$$= \frac{1}{2\pi}\int_R K\,\mathrm{d}\nu - \frac{1}{2\pi}[\phi(b) - \phi(a)] \ ,$$

e ci siamo. □

Siamo ora in grado di dimostrare la promessa applicazione del teorema di Gauss-Bonnet ai campi vettoriali:

Teorema 6.4.10 (Poincaré-Hopf). *Sia $X \in \mathcal{T}(S)$ un campo vettoriale con solo punti singolari isolati su una superficie compatta orientabile S. Allora*

$$\sum_{p \in S} \mathrm{ind}_p(X) = \chi(S) \ . \tag{6.10}$$

In particolare, se S non è omeomorfa a un toro ogni campo vettoriale su S ha necessariamente dei punti singolari.

Osservazione 6.4.11. Ricordiamo nuovamente che nei Complementi al Capitolo 4 abbiamo dimostrato (Teorema 4.7.15) che ogni superficie compatta è orientabile, per cui il teorema di Poincaré-Hopf si applica a tutte le superfici compatte.

Dimostrazione (del Teorema 6.4.10). Prima di tutto nota che l'insieme dei punti singolari di X (essendo un sottoinsieme discreto di una superficie compatta) è finito; quindi l'Osservazione 6.4.8 ci assicura che la somma nel membro sinistro di (6.10) è in realtà una somma finita.

Sia $\mathbf{T} = \{T_1, \ldots, T_r\}$ una triangolazione di S con facce contenute nell'immagine di parametrizzazioni locali ortogonali compatibili con l'orientazione data. Possiamo anche (perché?) assumere che ogni faccia contenga nel suo interno al più un punto singolare di X, e che nessun punto singolare sia su un lato della triangolazione. Infine, orientiamo positivamente il bordo di ciascuna faccia, e per $i = 1, \ldots, r$ scegliamo un campo vettoriale η_i parallelo lungo il bordo di T_i; sia ϕ_i una determinazione continua dell'angolo da X a η_i.

Se $\ell_{i,j}$ è un lato di T_i di vertici v_1 e v_0, allora il numero $\phi_{i,j} = \phi_i(v_1) - \phi_i(v_0)$ non dipende dalla particolare determinazione dell'angolo che abbiamo scelto. Inoltre, $\phi_{i,j}$ non dipende neppure dal particolare campo parallelo scelto. Infatti, se indichiamo con ψ una determinazione continua dell'angolo da ∂_1 a η lungo $\ell_{i,j}$ e con θ una determinazione continua dell'angolo da ∂_1 a X lungo $\ell_{i,j}$, dove ∂_1 è indotto da una parametrizzazione locale ortogonale contenente $\ell_{i,j}$ nell'immagine, allora la (6.9) implica

$$\phi_{i,j} = -\int_{s_0}^{s_1} \frac{1}{2\sqrt{EG}} \left[\dot{\sigma}_2 \frac{\partial G}{\partial x_1} - \dot{\sigma}_1 \frac{\partial E}{\partial x_2} \right] ds - \left[\theta(v_1) - \theta(v_0) \right] ,$$

dove σ è una parametrizzazione rispetto alla lunghezza d'arco del bordo di T_i con $\sigma(s_j) = v_j$ per $j = 0, 1$. In particolare, se $\ell_{i,j}$ è lato anche della faccia $T_{i'}$, diciamo $\ell_{i,j} = \ell_{i',j'}$, otteniamo

$$\phi_{i,j} = -\phi_{i',j'} , \tag{6.11}$$

grazie all'Osservazione 6.3.7.

Ora, la proposizione precedente applicata a T_i ci dice che

$$\int_{T_i} K \, d\nu - \sum_{j=1}^{3} \phi_{i,j} = \begin{cases} 0 & \text{se } T_i \cap \text{Sing}(X) = \varnothing , \\ 2\pi \, \text{ind}_p(X) & \text{se } T_i \cap \text{Sing}(X) = \{p\} . \end{cases}$$

Sommando su tutti i triangoli si ottiene quindi

$$\int_S K \, d\nu - 2\pi \sum_{p \in S} \text{ind}_p(X) = \sum_{i=1}^{f(\mathbf{T})} \sum_{j=1}^{3} \phi_{i,j} . \tag{6.12}$$

Ma ogni lato della triangolazione è lato di esattamente due facce distinte (Osservazione 6.2.4); quindi la (6.11) implica che il membro destro di (6.12) si annulla, e la tesi segue dal Corollario 6.3.10. □

Il teorema di Poincaré-Hopf è un ottimo esempio di risultato che combina in maniera inaspettata proprietà locali con proprietà globali, oggetti analitici con oggetti geometrici. Il membro sinistro di (6.10) dipende dalle proprietà differenziali *locali* di un oggetto analitico, il campo vettoriale; il membro destro invece dipende solo dalle proprietà topologiche *globali* di un oggetto geometrico, la superficie, e *non* dipende dal particolare campo vettoriale considerato.

Per apprezzare la potenza di questo teorema, pensa che se $p \in S$ è un punto singolare di un campo vettoriale $X \in \mathcal{T}(S)$ su una superficie compatta orientata, è molto facile modificare X in un intorno piccolo quanto vogliamo del punto p in modo da ottenere un campo vettoriale X_1 che non si annulli in p. Ma ciò facendo creiamo *necessariamente* dei nuovi punti singolari (o modifichiamo l'indice di quelli vecchi), con una sorta di azione a distanza, in quanto il valore della somma nel membro sinistro di (6.10) non deve cambiare.

Una conseguenza particolarmente espressiva del teorema di Poincaré-Hopf è il cosiddetto *teorema del parrucchiere:*

Corollario 6.4.12. *Sia $S \subset \mathbb{R}^3$ una superficie compatta orientabile con caratteristica di Eulero-Poincaré non nulla. Allora ogni campo vettoriale su S ha almeno un punto singolare.*

Dimostrazione. Sia $X \in \mathcal{T}(S)$. Se X non avesse punti singolari, la somma nel membro sinistro di (6.10) varrebbe zero, mentre per ipotesi $\chi(S) \neq 0$.   □

Osservazione 6.4.13. Il motivo del nome curioso attribuito al corollario precedente è che possiamo immaginare un campo vettoriale come fosse una pettinatura (ordinata: niente creste alla mohicana, qui) di capelli sulla superficie S. Allora il Corollario 6.4.12 ci dice che se $\chi(S) \neq 0$ qualsiasi parrucchiere, per quanto bravo sia, sarà costretto a lasciare sulla superficie della testa una chierica (un punto singolare isolato) oppure una riga (composta da punti singolari non isolati).

Osservazione 6.4.14. Se S è una superficie compatta orientabile con $\chi(S) = 0$, allora possono esistere campi vettoriali su S privi di punti singolari; vedi l'Esempio 5.3.3 e la Fig. 5.1.

Problemi guida

Problema 6.1. *Dimostra che ogni superficie compatta $S \subset \mathbb{R}^3$ contiene un aperto di punti ellittici.*

Soluzione. Essendo S compatta, ha un punto p_0 di massima distanza dall'origine; vogliamo dimostrare che p_0 è ellittico.

Indichiamo con $S_0 \subset \mathbb{R}^3$ la sfera di centro l'origine e raggio $\|p_0\|$. Chiaramente, $p_0 \in S_0 \cap S$, e S è contenuta nella palla chiusa di bordo S_0. In particolare, S è tangente a S_0 in p_0; quindi p_0 è ortogonale a $T_{p_0}S$.

Siccome siamo interessati solo a cosa succede in un intorno di p_0, senza perdita di generalità possiamo assumere S orientabile, e scegliere una mappa di Gauss $N \colon S \to S^2$ tale che $N(p_0) = p_0/\|p_0\|$. Sia ora $\sigma \colon (-\varepsilon, \varepsilon) \to S$ una curva parametrizzata rispetto alla lunghezza d'arco tale che $\sigma(0) = p_0$. La funzione $s \mapsto \|\sigma(s)\|^2$ assume un massimo assoluto per $s = 0$; quindi deve avere derivata seconda non positiva in 0. Derivando otteniamo

$$\kappa_n(0) \leq -\frac{1}{\|p_0\|} \,,$$

dove κ_n è la curvatura normale di σ.

Siccome σ era una curva arbitraria, ne segue che tutte le curvature normali di S in p_0 hanno lo stesso segno, e quindi p_0 è ellittico. Infine, $K(p_0) > 0$ implica che K è positiva in tutto un intorno di p_0, e quindi S contiene un aperto di punti ellittici.   □

Problema 6.2. *Sia S una superficie compatta orientabile di $\mathbb{R}^3$ non omeomorfa ad una sfera. Mostra che S contiene punti ellittici, punti iperbolici e punti a curvatura Gaussiana nulla.*

Soluzione. Poiché per ipotesi S non è omeomorfa ad una sfera, deve avere caratteristica di Eulero-Poincaré $\chi(S)$ minore o uguale a 0. Dal teorema di Gauss-Bonnet globale segue che

$$\int_S K \, d\nu \leq 0.$$

Sappiamo che S contiene un aperto di punti ellittici, grazie al Problema 6.1. Possiamo dunque considerare una triangolazione $\{T_1, \ldots, T_r\}$ di S tale che T_1 sia contenuto in un aperto di punti ellittici. La definizione di integrale ci dice che $\int_S K \, d\nu = \sum_{i=1}^n \int_{T_i} K \, d\nu \leq 0$. Poichè $\int_{T_1} K \, d\nu > 0$, si deve avere che $\sum_{i=2}^r \int_{T_i} K \, d\nu < 0$. In particolare, K deve assumere su S valori strettamente negativi e dunque, per la continuità di K e per la connessione di S, anche il valore nullo.   □

Problema 6.3. *Sia S una superficie orientabile di $\mathbb{R}^3$ con $K \leq 0$ ovunque. Sia $R \subset S$ una regione regolare semplice il cui bordo sia un poligono geodetico. Mostra che il poligono ha almeno tre vertici. Concludi che in S una geodetica chiusa e semplice o una geodetica che si autointerseca non possono essere bordo di una regione semplice.*

Soluzione. Poiché R è semplice, ha caratteristica di Eulero-Poicaré $\chi(R) = 1$. Il teorema di Gauss Bonnet ci dice che

$$\int_R K \, d\nu = 2\pi - \sum_{h=1}^{p} \varepsilon_h \, ,$$

dove $\varepsilon_1, \ldots, \varepsilon_h$ sono gli angoli esterni, come di consueto. Poichè $\int_R K \, d\nu \leq 0$, si deve avere $\sum_{h=1}^{p} \varepsilon_h \geq 2\pi$. D'altra parte, $\varepsilon_h \in (-\pi, \pi)$; dunque $p > 2$, come si voleva. $\square$

Esercizi

TEOREMA DI GAUSS-BONNET

6.1. Mostra che l'enunciato del Problema guida 6.1 è falso senza l'ipotesi che S sia compatta, trovando delle superfici regolari in $\mathbb{R}^3$ prive di punti ellittici.

6.2. Sia $H \colon S_1 \to S_2$ una isometria tra due superfici regolari S_1 e S_2 di $\mathbb{R}^3$. Se $R \subset S_1$ è una regione regolare e $f \colon R \to \mathbb{R}$ è continua, mostra che $H(R)$ è una regione regolare di S_2 e che

$$\int_R f \, d\nu = \int_{H(R)} (f \circ H^{-1}) \, d\nu.$$

6.3. Mostra che due geodetiche chiuse e semplici in una superficie compatta regolare S di $\mathbb{R}^3$ interamente formata da punti ellittici si intersecano sempre. Mostra che l'asserto diventa falso se S non è compatta.

6.4. Per quali valori di $d \in \mathbb{Z}$ esiste una regione regolare R contenuta in una superficie S con $\chi(R) = d$?

6.5. Un *poligono geodetico* è un poligono curvilineo i cui tratti regolari (i *lati*) siano geodetiche. Un poligono geodetico è *semplice* se è il bordo di una regione regolare semplice.

(i) Sia S una superficie con curvatura Gaussiana $K \leq 0$. Dimostra che su S non esistono poligoni geodetici semplici con esattamente 0, 1 o 2 vertici.

(ii) Costruisci su S^2 poligoni geodetici semplici con esattamente 0 e 2 vertici, e dimostra che su S^2 non esistono poligoni geodetici semplici con esattamente 1 vertice.

6.6. Scopo di questo esercizio è costruire un poligono geodetico semplice con esattamente 1 vertice. Sia $S \subset \mathbb{R}^3$ l'ellissoide di rotazione

$$S = \left\{ (x, y, z) \in \mathbb{R}^3 \ \middle| \ x^2 + y^2 + \frac{z^2}{100} = 1 \right\}.$$

Se $p_0 = (\frac{1}{2}, 0, 5\sqrt{3}) \in S$ e $v_0 = (0, -1, 0) \in T_{p_0}S$, sia $\sigma(s) = \big(x(s), y(s), z(s)\big)$ la geodetica parametrizzata rispetto alla lunghezza d'arco con $\sigma(0) = p_0$ e $\dot{\sigma}(0) = v_0$. Poniamo inoltre $r(s) = \sqrt{x(s)^2 + y(s)^2}$, in modo da poter scrivere

$$\sigma(s) = \big(r(s)\cos\phi(s), r(s)\sin\phi(s), z(s)\big),$$

dove $\phi(s)$ è la determinazione dell'angolo fra $(1,0)$ e $\big(x(s), y(s)\big)$ con valore iniziale $\phi(0) = 0$.

Ricordando le proprietà delle geodetiche e soprattutto il teorema di Clairaut dimostra che:

(i) σ non è il parallelo passante per p_0;

(ii) $1 \geq r(s) \geq 1/2$ per ogni $s \in \mathbb{R}$, per cui in particolare $\big(x(s), y(s)\big) \neq (0,0)$ sempre, e quindi $\phi(s)$ è ben definito per ogni valore di s;

(iii) $x\dot{y} - \dot{x}y \equiv 1/2 \equiv r^2\dot{\phi}$, per cui ϕ è monotona crescente, $2 \geq \dot{\phi} \geq 1/2$, e $2s \geq \phi(s) \geq s/2$;

(iv) $r\dot{r} + (z\dot{z}/100) \equiv 0$ e $\dot{r}^2 + \dot{\phi}/2 + |\dot{z}|^2 \equiv 1$, per cui $|\dot{z}| \leq \sqrt{3}/2$ e $\dot{z}(s) = 0$ se e solo se $r(s) = 1/2$;

(v) se $s_0 > 0$ è tale che $\phi(s_0) = \pi$, allora $\pi/2 \leq s_0 \leq 2\pi$, la coordinata z è monotona decrescente in $[0, s_0]$, $z(s_0) \geq (5-\pi)\sqrt{3} > 0$ e $r(s_0) < 1$;

(vi) $\sigma(-s_0) = \sigma(s_0)$; (*Suggerimento:* usa la simmetria di S rispetto al piano xz.)

(vii) $\dot{\sigma}(s_0) \neq \pm\dot{\sigma}(-s_0)$, per cui $\sigma|_{[-s_0, s_0]}$ è un poligono geodetico semplice con un solo vertice.

6.7. Sia $S \subset \mathbb{R}^3$ l'ellissoide di equazione $x^2 + y^2 + 4z^2 = 1$.

(i) Parametrizza i lati del poligono geodetico su S avente per vertici i punti

$$\begin{cases} p_1 = (1, 0, 0)\,, \\ p_2 = (\cos\theta_0, \sin\theta_0, 0)\,, & \text{per un fissato } \theta_0 \in [0, \pi/2]\,, \\ p_3 = (0, 0, 1/2)\,. \end{cases}$$

(ii) Calcola $\int_T K \, d\nu$ sia direttamente sia utilizzando il teorema di Gauss-Bonnet.

6.8. Sia $S = S^2$ la sfera unitaria. Dato $\theta_0 \in [0, \pi/2]$, siano $\sigma_1 : [0, \theta_0] \to S^2$, σ_2, $\sigma_3 : [0, \pi/2] \to S^2$ le geodetiche

$$\sigma_1(s) = (\cos s, \sin s, 0)\,,$$
$$\sigma_2(s) = (\cos\theta_0 \cos s, \sin\theta_0 \cos s, \sin s)\,,$$
$$\sigma_3(s) = (\sin s, 0, \cos s)\,,$$

e indichiamo con $T \subset S^2$ il triangolo geodetico di lati σ_1, σ_2 e σ_3.

(i) Calcola l'area di T quando $\theta_0 = \pi/2$.

(ii) Calcola l'area di T per qualsiasi $\theta_0 \in [0, \pi/2]$.

6.9. Sia $f_t \colon \mathbb{R}^3 \to \mathbb{R}$ la funzione

$$f_t(x, y, z) = \frac{1}{t^2} x^2 + y^2 + z^2 - 1,$$

dove $t > 0$ è un parametro reale positivo, e poniamo

$$S_t = \{(x, y, z) \in \mathbb{R}^3 \mid f_t(x, y, z) = 0\} .$$

(i)   Dimostra che $S_t \subset \mathbb{R}^3$ è una superficie regolare per ogni $t > 0$.
(ii) Calcola la prima e la seconda forma fondamentale di S_t nel punto $(t, 0, 0)$.
(iii) Posto $D_t = S_t \cap \{(x, y, z) \in \mathbb{R}^3 \mid y \geq 0\}$, calcola l'integrale della curvatura gaussiana su D_t.

6.10. Sia $S \subset \mathbb{R}^3$ l'ellissoide

$$S = \left\{ (x, y, z) \in \mathbb{R}^3 \;\middle|\; x^2 + y^2 + \frac{1}{2} z^2 = 1 \right\} .$$

(i) Calcola le curvature principali, Gaussiana e media di S in $p = (1, 0, 0)$.
(ii) Sia $T \subset S$ la regione regolare data da

$$T = \{p = (x, y, z) \in S \mid x \geq 0, y \geq 0, z \geq 0\} .$$

Calcola l'integrale su T della curvatura Gaussiana K di S.

6.11. Sulla sfera $S^2 \subset \mathbb{R}^3$ si consideri un triangolo geodetico delimitato da archi, ciascuno dei quali forma un quarto di cerchio massimo, e sia $\sigma \colon [0, \ell] \to S^2$ una sua parametrizzazione rispetto alla lunghezza d'arco.

(i)   Dimostra che, anche se σ è solo regolare a tratti, per ogni $v \in T_p S^2$ esiste un unico campo vettoriale $\xi_v \in \mathcal{T}(\sigma)$ parallelo lungo σ tale che $\xi_v(0) = v$.
(ii) Dimostra che l'applicazione $L \colon T_p S^2 \to T_p S^2$ data da $L(v) = \xi_v(\ell)$ è lineare.
(iii) Determina esplicitamente L.

6.12. Determina la curvatura Gaussiana K della superficie $S \subset \mathbb{R}^3$ di equazione $x^2 + y^2 = (\cosh z)^2$, e calcola

$$\int_S K \, d\nu .$$

6.13. Considera una curva piana regolare chiusa σ di $\mathbb{R}^3$, parametrizzata rispetto alla lunghezza d'arco. Se $\mathbf{v}$ è un vettore normale al piano contenente il sostegno di σ, determina l'integrale (su tutta la superficie) della curvatura Gaussiana della superficie S parametrizzata da

$$\varphi(s, v) = \sigma(s) + a \cos v \, \mathbf{n}(s) + a \sin v \, \mathbf{v} ,$$

per una costante reale a abbastanza piccola.

TEOREMA DI POINCARÉ-HOPF

6.14. Sia $X\colon S^2 \to \mathbb{R}^3$ dato da $X(x,y,z) = \left(-xy, 1-y^2-z, y(1-z)\right)$. Dimostra che X è un campo vettoriale su S^2, trovane i punti singolari e calcolane l'indice.

6.15. Sia $S \subset \mathbb{R}^3$ la superficie data dall'equazione

$$x^4 + y^4 + z^4 - 1 = 0 \,,$$

e sia $X \in \mathcal{T}(S)$ il campo vettoriale dato da

$$X(p) = \pi_p\left(\frac{\partial}{\partial x}\right)$$

per ogni $p \in S$, dove $\pi_p\colon \mathbb{R}^3 \to T_pS$ è la proiezione ortogonale sul piano tangente a S in p.

(i)   Trova i punti singolari di X.
(ii) Dimostra che l'applicazione $F\colon S \to S^2$ data da $F(p) = p/\|p\|$ è un diffeomorfismo fra S e la sfera unitaria S^2.
(iii) Calcola l'indice dei punti singolari di X.

6.16. Sia $S = S^2$ la sfera unitaria, e per ogni $p \in S^2$ sia $\pi_p\colon \mathbb{R}^3 \to T_pS^2$ la proiezione ortogonale sul piano tangente a S^2 in p. Sia $X\colon S^2 \to TS^2$ il campo di vettori su S dato da

$$X(p) = \pi_p\left(\frac{\partial}{\partial z}\right) \,.$$

(i)   Dimostra che X ha esattamente due punti singolari, p_1 e p_2.
(ii) Calcola la somma degli indici dei punti singolari di X su S^2.
(iii) Usa le simmetrie del problema per mostrare che $\mathrm{ind}_{p_1}(X) = \mathrm{ind}_{p_2}(X) = 1$.
(iv) Calcola esplicitamente l'indice di X nel punto p_2 usando la parametrizzazione locale $\varphi\colon \mathbb{R}^2 \to S^2$ data da

$$\varphi(u,v) = \left(\frac{2u}{u^2+v^2+1}, \frac{2v}{u^2+v^2+1}, \frac{u^2+v^2-1}{u^2+v^2+1}\right) ,$$

che è l'inversa della proiezione stereografica.

6.17. Sia S il toro ottenuto ruotando la circonferenza $(x-2)^2+z^2 = 1$ attorno all'asse z. Per ogni $p \in S$, si denoti con $\pi_p\colon \mathbb{R}^3 \to T_pS$ la proiezione ortogonale, e sia $X \in \mathcal{T}(S)$ dato da $X(p) = \pi_p(\partial/\partial y)$.

(i)   Determina i punti singolari di X.
(ii) Calcola la somma degli indici dei punti singolari di X su S.
(iii) Calcola l'indice di X in $(0,3,0)$.

6.18. Dimostra che due geodetiche chiuse semplici in una superficie compatta di curvatura Gaussiana sempre positiva si intersecano sempre.

6.19. Dimostra che l'indice è invariante per diffeomorfismi locali.

Complementi

6.5 Esistenza delle triangolazioni

Obiettivo di questa sezione è dimostrare i teoremi sulle triangolazioni (Teoremi 6.2.5 e 6.2.8) enunciati nella Sezione 6.2. Cominciamo con un paio di definizioni preliminari.

Definizione 6.5.1. In questa sezione, un *arco (curva) di Jordan* in una superficie S sarà il sostegno C di una curva continua $\sigma\colon [a, b] \to S$ semplice non chiusa (chiusa). Se inoltre σ è una curva regolare, diremo che C è un arco di Jordan *regolare*; se poi σ è una geodetica, diremo che C è un *arco geodetico*.

Definizione 6.5.2. Una *regione topologica* in una superficie S è un sottoinsieme $R \subseteq S$ compatto ottenuto come chiusura della sua parte interna, e il cui bordo è composto da un numero finito di curve di Jordan disgiunte. Una *regione topologica semplice* è una regione topologica omeomorfa a un disco chiuso.

Definizione 6.5.3. Sia $R \subset S$ una regione topologica semplice di una superficie S. Un *taglio* di R è un arco di Jordan $C \subset R$ che interseca ∂R solo negli estremi.

La dimostrazione dell'esistenza delle triangolazioni si baserà su due lemmi fondamentali, il primo dei quali dipende dal Teorema 2.8.29 di Schönflies (vedi l'Osservazione 2.3.7), e generalizza i Lemmi 2.8.5, 2.8.16 e 2.8.24:

Lemma 6.5.4. *Sia $R \subset S$ una regione topologica (regolare) semplice, e $C \subset R$ un taglio (regolare). Allora $R \setminus C$ ha esattamente due componenti connesse, che sono regioni topologiche (regolari) semplici con bordo costituito da C e da un arco del bordo di R.*

Dimostrazione. Siccome è un problema topologico, possiamo assumere che R sia il disco unitario del piano.

Siano p_1, $p_2 \in \partial R$ i due punti di intersezione di C con ∂R, e indichiamo con C_1, C_2 i due archi di circonferenza tagliati da p_1 e p_2 sul bordo di R. Allora $C \cup C_j$ è il sostegno di una curva di Jordan, e quindi divide il piano in due componenti connesse, una limitata Ω_1 (che, per il teorema di Schönflies, è una regione topologica semplice), e l'altra illimitata. La componente connessa illimitata di $\mathbb{R}^2 \setminus \partial R$ interseca la componente connessa illimitata di $\mathbb{R}^2 \setminus (C \cup C_j)$, e quindi vi è contenuta; dunque Ω_j è contenuta nel disco unitario, e ha bordo $C \cup C_j$.

Se $\Omega_1 \cap \Omega_2$ fosse non vuoto, coinciderebbero, mentre hanno bordi distinti. Quindi $\Omega_1 \cap \Omega_2 = \varnothing$; per concludere ci basta dimostrare che $R \setminus C$ non ha altre componenti connesse. Ma infatti, se identifichiamo il bordo di R a un punto, otteniamo uno spazio topologico X omeomorfo a una sfera. In X, il taglio C è diventato una curva di Jordan; quindi $X \setminus C$ deve avere due componenti connesse, che devono essere Ω_1 e Ω_2. $\qquad\square$

Il secondo lemma fondamentale sarà lo strumento che ci permetterà di costruire i lati delle triangolazioni. Ci serve una definizione.

Definizione 6.5.5. Sia $R \subseteq S$ una regione topologica di una superficie S. Diremo che R è *in buona posizione* rispetto a un insieme finito $\mathcal{J}$ di archi e curve di Jordan contenuti in R se ogni componente di ∂R interseca $J = \cup \mathcal{J}$ in un numero finito di punti o sottoarchi.

Allora:

Lemma 6.5.6. *Sia $\mathcal{J}$ un insieme finito di archi e curve di Jordan contenuti in una regione topologica $R \subseteq S$ di una superficie S in buona posizione rispetto a $\mathcal{J}$, e poniamo $J = \cup \mathcal{J}$. Allora ogni coppia di punti di R può essere collegata da un arco di Jordan C, contenuto nell'interno di R esclusi al più gli estremi, tale che $C \cap J$ sia un numero finito di punti o di sottoarchi di C, e che al di fuori di questi sia unione di un numero finito di archi geodetici.*

Dimostrazione. Cominciamo col dimostrare l'enunciato per i punti interni a R. La relazione che dichiara che due punti dell'interno di R sono equivalenti se e solo se possono venire collegati da un arco di Jordan come nell'enunciato è una relazione d'equivalenza (perché?); quindi ci basta dimostrare che le classi di equivalenza sono aperte.

Siccome $\mathcal{J}$ è finito, se $p \notin J$ appartiene all'interno di R possiamo trovare un $\varepsilon > 0$ tale che la palla geodetica $B_\varepsilon(p)$ sia contenuta in $R \setminus J$. Allora ogni punto di $B_\varepsilon(p)$ può essere collegato a p tramite una geodetica che non interseca J, per cui tutti i punti di $B_\varepsilon(p)$ sono equivalenti a p.

Sia ora $p \in J$. Siccome $\mathcal{J}$ è (tuttora) finito, possiamo trovare un $\varepsilon > 0$ tale che la palla geodetica $B_\varepsilon(p) \subset R$ intersechi soltanto quegli elementi di $\mathcal{J}$ che contengono p. Prendiamo $q \in B_\varepsilon(p)$. Seguiamo la geodetica radiale da q fino al primo punto (che può anche essere p o q) che appartiene a un elemento di $\mathcal{J}$, e poi seguiamo quell'elemento fino a p. Quindi anche in questo caso tutti i punti di $B_\varepsilon(p)$ sono equivalenti a p.

Sia ora $p_0 \in \partial R$. Se $p_0 \notin J$, o più in generale se esiste un intorno U di p_0 tale che $J \cap \partial R \cap U \subset \partial R$, possiamo trovare una geodetica radiale uscente da p_0 con sostegno C_0 contenuto (a parte p_0) nell'interno di R e disgiunto da J. Sia p il secondo estremo di C_0. Allora quanto visto finora, applicato a $\mathcal{J}' = \mathcal{J} \cup \{C_0\}$, ci assicura che per ogni punto q dell'interno di R possiamo trovare un arco di Jordan da q a p contenuto nell'interno di R che interseca gli elementi di $\mathcal{J}'$ in un numero finito di punti o sottoarchi. Seguiamo questo arco da q fino al primo punto di intersezione con C_0, e poi seguiamo C_0 fino a p_0; in questo modo otteniamo un arco da q a p_0 come richiesto.

Se invece $p_0 \in \partial R \cap J$ ed esiste un elemento J_0 di $\mathcal{J}$ contenente p e che non è contenuto in ∂R in un intorno di p_0, essendo R è in buona posizione rispetto a $\mathcal{J}$ esiste un sottoarco C_0 di J_0 uscente da p_0 e contenuto nell'interno di R (a parte p_0). Allora possiamo ripetere la costruzione precedente, collegando p_0 a qualsiasi punto dell'interno di R con un arco con le proprietà richieste.

Infine, sia q_0 un altro punto di ∂R. Di nuovo, possiamo trovare un arco C_0 uscente da q_0, contenuto nell'interno di R a parte q_0, e disgiunto da $J \setminus \{q_0\}$ o contenuto in un elemento di $\mathcal{J}$. Sia q l'altro estremo di C_0. Applichiamo quanto visto a $\mathcal{J} \cup \{C_0\}$ per ottenere un arco di Jordan come richiesto da p_0 a q. Seguiamo questo arco da p_0 fino alla prima intersezione con C_0, e poi seguiamo C_0 fino a q_0, e abbiamo collegato p_0 anche a q_0 come voluto. □

Osservazione 6.5.7. Dalla dimostrazione è chiaro che se gli elementi di $\mathcal{J}$ e la regione R sono regolari allora gli archi costruiti sono regolari a tratti. Inoltre è facile vedere (esercizio) che se $\mathcal{J} = \varnothing$ allora gli archi costruiti possono essere regolari ovunque.

Per poter dedurre il Teorema 6.2.8 sui raffinamenti avremo bisogno di una versione più generale del Teorema 6.2.5 di esistenza delle triangolazioni, per il cui enunciato ci servono altre due definizioni.

Definizione 6.5.8. Sia **T** una triangolazione topologica di una regione topologica $R \subseteq S$. Diremo che **T** è *subordinata* a un ricoprimento aperto $\mathfrak{U}$ di R se per ogni $T \in \mathbf{T}$ esiste un $U \in \mathfrak{U}$ tale che $T \subset U$.

Definizione 6.5.9. Sia $\mathcal{J}$ un insieme finito di archi e curve di Jordan in una regione topologica R. Diremo che una triangolazione topologica **T** di R è *in buona posizione* rispetto a $\mathcal{J}$ se ogni lato di **T** interseca $J = \cup \mathcal{J}$ in un numero finito di punti o sottoarchi.

Possiamo finalmente dimostrare l'esistenza delle triangolazioni:

Teorema 6.5.10. *Data una regione topologica $R \subseteq S$ di una superficie S, siano $\mathfrak{U}$ un ricoprimento aperto di R e $\mathcal{J}$ un insieme finito di archi e curve di Jordan in R, e supponiamo che R sia in buona posizione rispetto a $\mathcal{J}$. Allora esiste una triangolazione topologica **T** di R subordinata a $\mathcal{U}$ e in buona posizione rispetto a $\mathcal{J}$.*

Dimostrazione. Sia $\delta > 0$ il numero di Lebesgue del ricoprimento $\mathfrak{U}$ (calcolato rispetto alla distanza intrinseca di S introdotta nella Sezione 5.4). Per ogni $p \in R$ scegliamo $0 < \varepsilon_p < \varepsilon'_p < \text{inj rad}(p)$ tali che $\varepsilon'_p < \delta$. Inoltre possiamo supporre che $B_{\varepsilon'_p}(p)$ intersechi solo gli elementi di $\mathcal{J}'$ che contengono p, dove $\mathcal{J}'$ è ottenuto da $\mathcal{J}$ aggiungendo le componenti del bordo di R (per cui in particolare se p appartiene all'interno di R allora $B_{\varepsilon'_p}(p)$ è contenuto nell'interno di R); e se $p \in \partial R$ possiamo anche supporre che sia $B_{\varepsilon_p}(p) \cap \partial R$ sia $B_{\varepsilon'_p}(p) \cap \partial R$ siano degli archi di Jordan. Notiamo infine che, siccome ogni palla geodetica è una palla per la distanza intrinseca (Corollario 5.4.4), esiste automaticamente un $U \in \mathfrak{U}$ tale che $B_{\varepsilon'_p}(p) \subset U$.

La regione R è compatta; quindi possiamo trovare $p_1, \ldots, p_k \in R$ tali che $\{B_{\varepsilon_1}(p_1), \ldots, B_{\varepsilon_k}(p_k)\}$ sia un ricoprimento aperto di R, dove abbiamo posto $\varepsilon_j = \varepsilon_{p_j}$. Il nostro primo obiettivo è trovare k regioni regolari (o topologiche) semplici contenute in R i cui interni (in R) formino un ricoprimento aperto di R, e tali che $\mathcal{J} \cup \{\partial R_1, \ldots, \partial R_k\}$ sia in buona posizione rispetto a tutte loro.

Cominciamo con p_1. Supponiamo prima che p_1 appartenga all'interno di R, per cui tutta la palla geodetica $B_{\varepsilon_1'}(p_1)$ è contenuta nell'interno di R. Scegliamo $\varepsilon_1 < \varepsilon_1'' < \varepsilon_1'$ e due punti $q_1, q_2 \in \partial B_{\varepsilon_1''}(p_1)$. Allora i due segmenti di geodetica radiale da p_1 a q_1 e q_2 compresi fra le circonferenze geodetiche di raggio ε_1'' e ε_1' suddividono la corona $B_{\varepsilon_1'}(p_1) \setminus B_{\varepsilon_1''}(p_1)$ in due regioni regolari semplici Ω_1 e Ω_2; vedi la Fig. 6.14.(a).

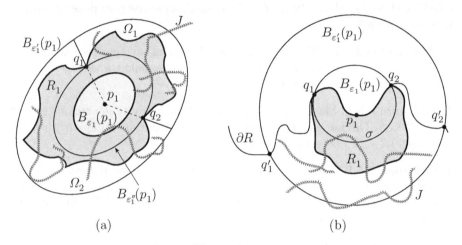

(a)   (b)

Figura 6.14.

Il Lemma 6.5.6 ci fornisce allora in ciascun Ω_j un arco di Jordan (regolare a tratti se gli elementi di $\mathcal{J}$ sono regolari) che collega q_1 a q_2 intersecando $J = \cup\mathcal{J}$ in un numero finito di punti o sottoarchi. Questi due archi si uniscono a formare il bordo di una regione regolare (o topologica) semplice R_1, in buona posizione rispetto a $\mathcal{J}$. Inoltre, l'interno di R_1 contiene $B_{\varepsilon_1}(p_1)$. Infatti, siccome $\partial R_1 \cap \partial B_{\varepsilon_1}(p_1) = \varnothing$, o $B_{\varepsilon_1}(p_1)$ è contenuto nell'interno di R_1, oppure è contenuto in $B_{\varepsilon_1'}(p_1) \setminus R_1$. Ma in quest'ultimo caso dovremmo avere $\partial\Omega_1 \cap R_1 = \{q_1, q_2\} \in \partial R_1$, per cui l'interno di Ω_1 dovrebbe essere disgiunto da R_1, mentre una delle curve che forma il bordo di R_1 è contenuta nell'interno di Ω_1.

Supponiamo ora invece che $p_1 \in \partial R$. Per ipotesi, $\partial R \cap B_{\varepsilon_1}(p_1)$ è un arco di Jordan, che interseca $\partial B_{\varepsilon_1}(p_1)$ in due punti, q_1 e q_2. Seguiamo il bordo di R oltre q_1 e q_2 fino ai primi (e unici) punti di intersezione con $\partial B_{\varepsilon_1'}(p_1)$, che indichiamo rispettivamente con q_1' e q_2'. Siccome $\partial R \cap B_{\varepsilon_1}(p_1)$ è un taglio di $B_{\varepsilon_1}(p_1)$, divide $B_{\varepsilon_1}(p_1)$ in due componenti connesse, una contenuta in R e l'altra esterna a R. In particolare, solo uno dei due archi di circonferenza geodetica da q_1 a q_2 è contenuto in R; chiamiamolo σ. Indichiamo con Ω la regione regolare (o topologica) semplice con bordo composto da σ, i due archi di bordo da q_j a q_j', e l'unico arco di circonferenza geodetica da q_1' a q_2' per cui $B_{\varepsilon_1}(p_1)$ sia esterno a Ω; vedi la Fig. 6.14.(b). In particolare, $\Omega \subset R$. Il Lemma 6.5.6 (o, più precisamente, la sua dimostrazione, che indica come in questo caso sia irrilevante il modo in cui $\partial B_{\varepsilon_1'}(p_1)$ interseca J) ci fornisce allora un arco di Jordan (regolare a tratti se gli elementi di $\mathcal{J}$ sono regolari) in Ω che collega q_1 a q_2 intersecando J in un numero finito di punti e sottoarchi, e contenuto nell'interno di R a parte gli estremi. Allora questo arco assieme a $\partial R \cap B_{\varepsilon_1}(p_1)$ forma il bordo di una regione regolare (o topologica) semplice $R_1 \subset R$ in buona posizione rispetto a $\mathcal{J}$, e si vede facilmente che $R_1 \cap B_{\varepsilon_1}(p_1) = R \cap B_{\varepsilon_1}(p_1)$.

Supponiamo ora di aver costruito $R_1, \dots, R_{j-1}$. Per costruire R_j applichiamo lo stesso procedimento a p_j ma rispetto a $\mathcal{J} \cup \{\partial R_1, \dots, \partial R_{j-1}\}$ invece del solo $\mathcal{J}$, ed è evidente che le regioni $R_1, \dots, R_k$ così costruite sono come voluto.

Gli interni delle regioni $R_1, \dots, R_k$ possono ovviamente intersecarsi; vediamo ora come suddividerle in modo da evitarlo. Prima di tutto, possiamo chiaramente scartare tutte le regioni R_j contenute in qualche R_i per $i \neq j$.

Ora, può succedere che $\partial R_j \subset R_i$ per qualche $i \neq j$. Siccome R_j non è contenuta in R_i, la regione che ∂R_j borda all'interno di R_i dev'essere il complementare in R dell'interno di R_j. Quindi $R \setminus \partial R_j$ è l'unione di due aperti disgiunti Ω_1 e Ω_2 entrambi omeomorfi a un disco e di bordo comune ∂R_j (e, in particolare, R è omeomorfo a una sfera). In questo caso è facile trovare una triangolazione di R con le proprietà volute. Infatti, prendiamo come vertici due punti di ∂R_j. Colleghiamo questi due vertici con un arco in Ω_1 costruito usando il Lemma 6.5.6 come al solito, e scegliamo un punto dell'arco interno a Ω_1 come nuovo vertice (e colleghiamolo agli altri vertici di ∂R_j se necessario). Ripetiamo questa procedura in Ω_2, e abbiamo la triangolazione cercata.

Supponiamo allora che $\partial R_j \not\subset R_i$ per ogni $i \neq j$, e prendiamo un dato R_j. Per costruzione, ∂R_1 interseca R_j in un numero finito (eventualmente nullo) di archi di ∂R_j e di tagli. Il primo taglio divide R_j in due regioni semplici, per il Lemma 6.5.4. Il secondo taglio divide una di queste due regioni in due sottoregioni semplici, e così via. Quindi ∂R_1 divide R_j in un numero finito di regioni semplici. Ognuna di queste interseca ∂R_2 in un numero finito (eventualmente nullo) di archi nel bordo o di tagli, e quindi è suddivisa da ∂R_2 in un numero finito di sottoregioni semplici. Procedendo in questo modo, vediamo che R_j è alla fine suddivisa in un numero finito di sottoregioni semplici.

Indichiamo con R_{jh} le regioni in cui è suddivisa R_j. Chiaramente, due regioni R_{jh} e R_{ik} o coincidono o hanno interni disgiunti, in quanto il bordo di ciascuna delle due non interseca l'interno dell'altra.

Analogamente, ciascun ∂R_j è suddiviso in sottoarchi ℓ_{jr} dai punti di intersezione con le altre ∂R_i o dai punti estremi dei sottoarchi che ha in comune con le altre ∂R_j. Inoltre, il bordo di ciascun R_{jh} è unione di archi ℓ_{ir}.

Abbiamo finito. Prendiamo come vertici prima di tutto gli estremi di tutti i ℓ_{jr}. Se qualche R_{jh} si trova ad avere un bordo con meno di due vertici, ne aggiungiamo due qualsiasi. Per ciascun R_{jh} colleghiamo due punti del

suo bordo con il Lemma 6.5.6, aggiungiamo come ulteriore vertice un punto
dell'arco interno a R_{jh}, e colleghiamolo (sempre col Lemma 6.5.6) agli altri
vertici del bordo; così abbiamo costruito la triangolazione voluta.   □

Osservazione 6.5.11. Nota che se R è una regione regolare e gli elementi di $\mathcal{J}$
sono regolari a tratti allora i lati della triangolazione topologica costruita nel
teorema precedente sono regolari a tratti.

Il Teorema 6.2.5 segue quindi da questa osservazione, dal Teorema 6.5.10
e dal seguente:

Lemma 6.5.12. *Sia* **T** *una triangolazione topologica di una superficie regolare* $R \subseteq S$ *con lati regolari a tratti. Allora esiste un raffinamento di* **T** *che è
una triangolazione regolare di* R.

Dimostrazione. Colleghiamo ogni vertice (come curva) di un lato di **T** che
non sia già un vertice della triangolazione con il vertice (come triangolazione)
opposto della stessa faccia, usando il Lemma 6.5.6 e l'Osservazione 6.5.7 per
assicurarci che il nuovo lato sia un arco di Jordan regolare; in questo modo
otteniamo la triangolazione regolare cercata.   □

Per dimostrare il Teorema 6.2.8 dobbiamo lavorare ancora un pochino.
Un'ultima definizione:

Definizione 6.5.13. Diremo che due triangolazioni sono *in buona posizione* se ciascuna delle due è in buona posizione rispetto alla famiglia dei lati
dell'altra.

Un corollario immediato del Teorema 6.5.10 è il seguente

Corollario 6.5.14. *Sia* $R \subseteq S$ *una regione regolare,* $\mathfrak{U}$ *un ricoprimento aperto
di* R, *e* $\mathbf{T}_0$, $\mathbf{T}_1$ *due triangolazioni topologiche (regolari) di* R. *Allora esiste una
triangolazione topologica (con lati regolari a tratti)* $\mathbf{T}^*$ *subordinata a* $\mathfrak{U}$ *che è
in buona posizione sia con* $\mathbf{T}_0$ *sia con* $\mathbf{T}_1$.

Dimostrazione. Indichiamo con $\mathcal{J}$ la famiglia formata dai lati di $\mathbf{T}_0$ e di $\mathbf{T}_1$;
chiaramente, R è in buona posizione rispetto a $\mathcal{J}$. Allora basta applicare il
Teorema 6.5.10 e l'Osservazione 6.5.11 per ottenere una triangolazione $\mathbf{T}^*$
topologica (con lati regolari a tratti se $\mathbf{T}_0$ e $\mathbf{T}_1$ erano regolari) in buona
posizione rispetto sia a $\mathbf{T}_0$ sia a $\mathbf{T}_1$.   □

Il Teorema 6.2.8 segue allora da questo corollario e dalla proposizione
seguente:

Proposizione 6.5.15. *Sia* $R \subseteq S$ *una regione regolare, e siano* $\mathbf{T}_0$ *e* $\mathbf{T}_1$ *due
triangolazioni topologiche di* R *(con lati regolari a tratti). Supponiamo che* $\mathbf{T}_0$
e $\mathbf{T}_1$ *siano in buona posizione. Allora esiste una triangolazione topologica
(regolare)* $\mathbf{T}^*$ *che è un raffinamento sia di* $\mathbf{T}_0$ *sia di* $\mathbf{T}_1$.

Dimostrazione. Ci basta dimostrare che l'unione dei lati di $\mathbf{T}_0$ e $\mathbf{T}_1$ divide R in un'unione finita di regioni topologiche semplici (con bordo regolare a tratti). Infatti, una volta ottenuto questo possiamo triangolare ciascuna regione collegando (con un arco di Jordan regolare, grazie al Lemma 6.5.6 e all'Osservazione 6.5.7) un punto interno ai vertici sul bordo della regione. In questo modo otteniamo una triangolazione topologica (con lati regolari a tratti) che raffina sia $\mathbf{T}_0$ sia $\mathbf{T}_1$, e il Lemma 6.5.12 ci dice che se necessario possiamo trovare un ulteriore raffinamento che è una triangolazione regolare, come voluto.

Sia T_0 una faccia di $\mathbf{T}_0$; dobbiamo quindi verificare che i lati di $\mathbf{T}_1$ la suddividono in un numero finito di regioni topologiche semplici (con bordo regolare a tratti).

Siccome $\mathbf{T}_0$ e $\mathbf{T}_1$ sono in buona posizione, ogni lato di $\mathbf{T}_1$ o è completamente contenuto nell'interno di T_0, oppure interseca il bordo di T_0 in un numero finito di punti o sottoarchi. Prima di tutto, il Lemma 6.5.4 usato come nella seconda parte della dimostrazione del Teorema 6.5.10 mostra che i lati di $\mathbf{T}_1$ senza vertici interni a T_0 suddividono T_0 in un numero finito di regioni regolari semplici (con bordo regolare a tratti).

Fatto questo, supponiamo che esista un lato ℓ di $\mathbf{T}_1$ con un vertice interno a una di queste regioni regolari semplici R_j, ma non completamente contenuto nell'interno di R_j. Siccome le facce di $\mathbf{T}_1$ coprono tutto R_j, possiamo sicuramente costruire un arco di Jordan (regolare a tratti) che parte dal vertice interno di ℓ e che raggiunge il bordo di R_j procedendo prima, se necessario, lungo lati di $\mathbf{T}_1$ completamente interni a R_j, e poi sicuramente lungo un sottoarco di un altro lato di $\mathbf{T}_1$ con un vertice interno a R_j. Unendo questo arco con il sottoarco di ℓ dal vertice interno al bordo R_j otteniamo un taglio, che quindi divide (sempre per il il Lemma 6.5.4) R_j in due regioni semplici (regolari a tratti).

Ripetendo questa procedura riusciamo a trattare tutti i lati di $\mathbf{T}_1$, in quanto chiaramente ogni lato di $\mathbf{T}_1$ completamente interno a una regione R_j dev'essere collegabile al bordo di R_j tramite un arco composto da lati di $\mathbf{T}_1$, e quindi l'esistenza di un lato di questo genere implica necessariamente l'esistenza di un lato con un vertice interno intersecante il bordo. Siccome $\mathbf{T}_1$ ha un numero finito di lati, in un numero finito di passaggi completiamo la costruzione. □

7

Teoria globale delle superfici

Il teorema di Gauss-Bonnet è solo il primo (anche se uno dei più importanti) dei tanti teoremi di teoria globale delle superfici. Si tratta di una teoria così vasta e ricca di risultati che è impossibile renderle giustizia all'interno di un solo capitolo (o di un solo volume, se è per questo). Ci limiteremo quindi a presentare alcuni teoremi significativi che danno l'idea delle tecniche che si usano e del tipo di risultati che si possono ottenere.

L'obiettivo principale di questo capitolo è ottenere la classificazione completa delle superfici chiuse di $\mathbb{R}^3$ con curvatura Gaussiana costante. Infatti, nella Sezione 7.1 dimostreremo che le sole superfici chiuse con curvatura Gaussiana costante sono le sfere (a dire il vero, lo dimostreremo solo per le superfici compatte; per avere l'enunciato completo ci servirà il materiale che presenteremo nella Sezione 7.4 dei Complementi a questo capitolo). Nella Sezione 7.2 dimostreremo invece che le sole superfici chiuse con curvatura Gaussiana identicamente nulla sono i piani e i cilindri, e nella Sezione 7.3 che non esistono superfici chiuse con curvatura Gaussiana costante negativa. Come vedrai, le dimostrazioni di questi ultimi risultati sono piuttosto complesse, e usano in maniera essenziale le proprietà delle linee asintotiche e le equazioni di Codazzi-Mainardi (4.28).

Nei Complementi ci spingeremo oltre, introducendo tecniche piuttosto raffinate per lo studio delle superfici chiuse con curvatura Gaussiana di segno costante. Nella Sezione 7.4 dimostreremo che ogni superficie compatta con curvatura Gaussiana positiva è diffeomorfa alla sfera (teorema di Hadamard) mentre ogni superficie chiusa non compatta con curvatura Gaussiana positiva è diffeomorfa a un aperto convesso del piano (teorema di Stoker). Nella Sezione 7.5 introdurremo i concetti di rivestimento e di superficie semplicemente connessa, e nella Sezione 7.6 dimostreremo infine un altro teorema dovuto a Hadamard: ogni superficie chiusa semplicemente connessa con curvatura Gaussiana nonpositiva è diffeomorfa a un piano.

7.1 Superfici di curvatura costante positiva

Obiettivo di questa sezione è dimostrare che le uniche superfici compatte di curvatura Gaussiana costante sono le sfere (teorema di Liebmann).

Cominciamo osservando che in realtà possiamo direttamente assumere che la superficie abbia curvatura costante positiva, grazie al Problema 6.1, che ci dice che ogni superficie compatta ha punti ellittici.

Abbiamo visto nel Problema 4.3 che le sfere sono caratterizzate dal fatto che sono composte esclusivamente da da punti ombelicali (e non sono dei piani). Il Problema 6.1 implica in particolare che una superficie compatta non può essere contenuta in un piano (perché?); quindi questo suggerisce di tentare di dimostrare che una superficie compatta con curvatura Gaussiana costante è composta solo da punti ombelicali.

Per arrivarci utilizzeremo il seguente criterio per ottenere punti ombelicali, originariamente dovuto a Hilbert:

Proposizione 7.1.1. *Sia $S \subset \mathbb{R}^3$ una superficie orientata, e k_1, $k_2 \colon S \to \mathbb{R}$ le corrispondenti curvature principali, con $k_1 \leq k_2$ come al solito. Sia $p \in S$ un punto che sia contemporaneamente di minimo locale per k_1 e di massimo locale per k_2; supponiamo inoltre che $K(p) > 0$. Allora p è un punto ombelicale.*

Dimostrazione. Sia $N \colon S \to S^2$ la mappa di Gauss di S. Senza perdita di generalità possiamo supporre che p sia l'origine $O \in \mathbb{R}^3$, e che $N(p) = \mathbf{e}_3$, il terzo vettore della base canonica. Inoltre, per la Proposizione 3.1.29, la superficie S è un grafico nell'intorno di p; avendo imposto $N(p) = \mathbf{e}_3$, dev'essere un grafico rispetto al piano $x_1 x_2$, per cui abbiamo una parametrizzazione locale $\varphi \colon U \to S$ centrata in p della forma $\varphi(x_1, x_2) = \big(x_1, x_2, h(x_1, x_2)\big)$ per un'opportuna funzione $h \colon U \to \mathbb{R}$ tale che $h(O) = 0$ e $\nabla h(O) = (0,0)$. Infine, a meno di una rotazione intorno all'asse z possiamo anche supporre (Proposizione 4.5.2) che $\mathbf{e}_j = \partial_j|_p$ sia una direzione principale relativa a $k_j(p)$ per $j = 1, 2$.

Siano ora σ_1, $\sigma_2 \colon (-\varepsilon, \varepsilon) \to S$ date da $\sigma_1(t) = \varphi(0, t)$ e $\sigma_2(t) = \varphi(t, 0)$, e definiamo le funzioni ℓ_1, $\ell_2 \colon (-\varepsilon, \varepsilon) \to \mathbb{R}$ ponendo

$$\ell_j(t) = Q_{\sigma_j(t)}(\partial_j/\|\partial_j\|) \ ;$$

in altre parole, $\ell_1 = (e/E^2) \circ \sigma_1$ e $\ell_2 = (g/G^2) \circ \sigma_2$, dove E, F e G sono i coefficienti metrici ed e, f e g i coefficienti di forma di S rispetto a φ.

Le ipotesi su p implicano che per $|t|$ abbastanza piccolo si ha

$$\ell_1(0) = Q_p(\mathbf{e}_1) = k_1(p) \leq k_1\big(\sigma_1(t)\big) \leq Q_{\sigma_1(t)}(\partial_1/\|\partial_1\|) = \ell_1(t) \ ,$$

$$\ell_2(0) = Q_p(\mathbf{e}_2) = k_2(p) \geq k_2\big(\sigma_2(t)\big) \geq Q_{\sigma_2(t)}(\partial_2/\|\partial_2\|) = \ell_2(t) \ ;$$

quindi 0 è un punto di minimo locale per ℓ_1 e di massimo locale per ℓ_2. In particolare,

$$\ell_2''(0) \leq 0 \leq \ell_1''(0) \ .$$

Usando l'Esempio 4.5.19, che contiene l'espressione dei coefficienti di forma di un grafico, otteniamo la seguente espressione per ℓ_1 ed ℓ_2:

$$\ell_1(t) = \left(\frac{1}{(1 + |\partial h/\partial x_1|^2)\sqrt{1 + \|\nabla h\|^2}} \frac{\partial^2 h}{\partial x_1^2} \right)(0, t) \ ,$$

$$\ell_2(t) = \left(\frac{1}{(1 + |\partial h/\partial x_2|^2)\sqrt{1 + \|\nabla h\|^2}} \frac{\partial^2 h}{\partial x_2^2} \right)(t, 0) \ ;$$

in particolare,

$$\frac{\partial^2 h}{dex_j^2}(O) = \ell_j(0) = k_j(p) \ .$$

Inoltre, essendo $\partial_1|_p$ e $\partial_2|_p$ direzioni principali, si deve avere anche $f(p) = 0$, per cui $\partial^2 h/\partial x_1 \partial x_2(O) = 0$.

Derivando due volte le espressioni trovate per ℓ_j e valutando il risultato in 0 otteniamo

$$\frac{\partial^4 h}{\partial x_1^2 \partial x_2^2}(O) - \left[\frac{\partial^2 h}{\partial x_1^2}(O) \right]^2 \frac{\partial^2 h}{\partial x_2^2}(O) = \ell_2''(0)$$

$$\leq \ell_1''(0) = \frac{\partial^4 h}{\partial x_1^2 \partial x_2^2}(O) - \left[\frac{\partial^2 h}{\partial x_2^2}(O) \right]^2 \frac{\partial^2 h}{\partial x_1^2}(O) \ ,$$

ovvero

$$k_1(p)k_2(p)\big[k_2(p) - k_1(p)\big] \leq 0 \ .$$

Siccome sappiamo che $k_1(p)k_2(p) = K(p) > 0$, otteniamo $k_2(p) \leq k_1(p)$. Questo è possibile solo se $k_2(p) = k_1(p)$, e quindi p è un punto ombelicale.   □

Siamo ora in grado di dimostrare l'annunciato *teorema di Liebmann*:

Teorema 7.1.2 (Liebmann). *Le sole superfici compatte con curvatura Gaussiana costante sono le sfere.*

Dimostrazione. Sia $S \subset \mathbb{R}^3$ una superficie compatta con curvatura Gaussiana costante $K \equiv K_0$. Prima di tutto, il Problema 6.1 ci assicura che $K_0 > 0$; quindi S non può essere contenuta in un piano. Inoltre, siccome la curvatura Gaussiana è sempre positiva, il modulo della curvatura media non può mai annullarsi; il Problema 4.16 ci assicura allora che S è orientabile.

Fissiamo un'orientazione di S, e siano $k_1, k_2: S \to \mathbb{R}$ le curvature principali di S, con $k_1 \leq k_2$ come al solito. Siccome k_1 e k_2 sono continue (fatto che segue, per esempio, dalla Proposizione 4.5.14) e S è compatta, deve esistere un punto $p \in S$ di massimo per k_2. Siccome il prodotto $k_1 k_2$ è costante, il punto p dev'essere anche un punto di minimo per $k_1 = K_0/k_2$. Possiamo allora applicare la Proposizione 7.1.1, e dedurre che p è un punto ombelicale, cioè $k_1(p) = k_2(p)$. Ma allora per ogni $q \in S$ abbiamo

$$k_2(q) \leq k_2(p) = k_1(p) \leq k_1(q) \leq k_2(q) \ ;$$

quindi tutti i punti di S sono ombelicali.

Il Problema 4.3 implica allora che S è contenuta in una sfera S_0; rimane da dimostrare che $S = S_0$. Essendo S compatta, è chiusa in S_0. Essendo una superficie, è unione delle immagini di parametrizzazioni locali, e quindi è aperta in S_0 grazie alla Proposizione 3.1.31.(i). Ma S_0 è connessa; quindi $S = S_0$, ed è fatta.   □

Figura 7.1.

Esempio 7.1.3. L'ipotesi di compattezza (o, quanto meno, di chiusura in $\mathbb{R}^3$; vedi l'osservazione seguente) nel teorema di Liebmann è essenziale: esistono superfici non chiuse di $\mathbb{R}^3$ con curvatura Gaussiana costante positiva non contenute in una sfera. Scegliamo una costante $C > 1$, e sia $S \subset \mathbb{R}^3$ la superficie di rotazione ottenuta ruotando la curva $\sigma\colon \left(-\arcsin(1/C), \arcsin(1/C)\right) \to \mathbb{R}^3$ data da

$$\sigma(s) = \left(C \cos s, 0, \int_0^s \sqrt{1 - C^2 \sin^2 t}\, dt \right) ;$$

vedi la Fig. 7.1.

Siccome la curva σ è parametrizzata rispetto alla lunghezza d'arco, l'Esempio 4.5.22 ci fornisce i seguenti valori per le curvature principali di S:

$$k_1 = \frac{C \cos s}{\sqrt{1 - C^2 \sin^2 s}}, \qquad k_2 = \frac{\sqrt{1 - C^2 \sin^2 s}}{C \cos s} ;$$

quindi $K = k_1 k_2 \equiv 1$. Inoltre, da $C > 1$ segue che S non ha punti ombelicali, per cui non è contenuta in una sfera. Ovviamente, S non è compatta (né chiusa in $\mathbb{R}^3$).

Osservazione 7.1.4. Nei Complementi a questo capitolo dimostreremo (Teorema 7.4.14) che ogni superficie S chiusa in $\mathbb{R}^3$ con curvatura Gaussiana limitata dal basso da una costante positiva è necessariamente compatta. Quindi il teorema di Liebmann implica che *le sole superfici chiuse di $\mathbb{R}^3$ con curvatura Gaussiana costante positiva sono le sfere.*

7.2 Superfici di curvatura costante nulla

Scopo di questa sezione è classificare le superfici chiuse di $\mathbb{R}^3$ con curvatura Gaussiana identicamente nulla. A parte i piani (Esempio 4.5.16), abbiamo già incontrato superfici con questa caratteristica: i cilindri circolari retti (Esempio 4.5.17) e, più in generale, tutti i cilindri (Esercizio 4.26). Il teorema di Hartman e Niremberg che dimostreremo fra poco dice che non ce ne sono altre: ogni superficie chiusa di $\mathbb{R}^3$ con curvatura Gaussiana identicamente nulla è un piano o un cilindro.

Sia $S \subset \mathbb{R}^3$ una superficie S con curvatura Gaussiana identicamente nulla. I punti di S devono essere o parabolici o planari. Indicheremo con $\mathrm{Pl}(S) \subseteq S$ l'insieme dei punti planari di S, e con $\mathrm{Pa}(S) \subseteq S$ l'insieme dei punti parabolici di S. Siccome $\mathrm{Pl}(S) = \{p \in S \mid |H(p)| = 0\}$, dove $|H|$ è il modulo della curvatura media di S, l'insieme dei punti planari è chiuso in S; conseguentemente, l'insieme $\mathrm{Pa}(S) = S \setminus \mathrm{Pl}(S)$ dei punti parabolici è aperto in S.

Il nostro primo obiettivo è far vedere che per ogni punto parabolico di S passa effettivamente una retta. Ricordiamo (vedi la Definizione 4.6.16) che una *direzione asintotica* in $p \in S$ è un $v \in T_pS$ di lunghezza unitaria tale che $Q_p(v) = 0$; chiaramente, questo concetto non dipende dall'orientazione locale scelta per definire la seconda forma fondamentale, e quindi è ben definito anche per superfici non orientabili. Ora, se $p \in S$ è un punto parabolico, (4.10) assicura che, a meno del segno, esiste un'unica direzione asintotica in p, che è anche una direzione principale. Dunque possiamo definire un campo vettoriale $X^{\mathrm{Pa}} \in \mathcal{T}\big(\mathrm{Pa}(S)\big)$ tale che $X^{\mathrm{Pa}}(p)$ sia una direzione asintotica di S in p. Il Teorema 5.3.7 ci fornisce allora per ogni $p \in \mathrm{Pa}(S)$ un'unica curva integrale massimale di X^{Pa} uscente da p; indicheremo con $R(p) \subset \mathrm{Pa}(S)$ il sostegno di questa curva, che è chiaramente il sostegno dell'unica linea asintotica passante da p. Abbiamo trovato la retta cercata:

Proposizione 7.2.1. *Sia $S \subset \mathbb{R}^3$ una superficie con curvatura Gaussiana $K \equiv 0$, e $p \in \mathrm{Pa}(S)$. Allora $R(p) \subset \mathrm{Pa}(S)$ è l'unico segmento (aperto) di retta passante per p contenuto in S.*

Dimostrazione. Siccome p non è un punto ombelicale, il Corollario 5.3.24.(ii) ci assicura che esiste una parametrizzazione locale $\varphi\colon U \to S$ centrata in p le cui curve coordinate sono linee di curvatura; chiaramente, possiamo assumere che $V = \varphi(U) \subseteq \mathrm{Pa}(S)$. Inoltre, una delle due curve coordinate passanti per un punto di V dev'essere tangente alla direzione asintotica per quel punto, per cui il suo sostegno è l'intersezione del sostegno della corrispondente linea asintotica massimale con V. Senza perdita di generalità, possiamo supporre che le curve coordinate asintotiche siano le curve $\{x_2 = \text{cost.}\}$.

Sia $N\colon V \to S^2$ la mappa di Gauss indotta da φ. Per costruzione, abbiamo $\partial(N \circ \varphi)/\partial x_1 = dN(\partial_1) \equiv O$ in V; in particolare, N è costante lungo le curve $\{x_2 = \text{cost.}\}$. Inoltre, abbiamo anche $\partial^2(N \circ \varphi)/\partial x_1 \partial x_2 \equiv O$ in V; quindi pure $\partial(N \circ \varphi)/\partial x_2 = dN(\partial_2)$ è costante (e mai nullo, dato che stiamo lavorando nell'insieme dei punti parabolici) lungo le curve $\{x_2 = \text{cost.}\}$. Poi

$$\frac{\partial}{\partial x_1} \langle \varphi, N \circ \varphi \rangle = \langle \partial_1, N \circ \varphi \rangle + \left\langle \varphi, \frac{\partial(N \circ \varphi)}{\partial x_1} \right\rangle \equiv 0 \,.$$

Di conseguenza, la funzione $\langle \varphi, N \circ \varphi \rangle$ è costante lungo le curve $\{x_2 = \text{cost.}\}$, che vuol dire che ciascuna curva $\{x_2 = \text{cost.}\}$ è contenuta in un piano ortogonale al valore costante di N lungo quella curva. Analogamente,

$$\frac{\partial}{\partial x_1} \left\langle \varphi, \frac{\partial(N \circ \varphi)}{\partial x_2} \right\rangle = \left\langle \partial_1, \frac{\partial(N \circ \varphi)}{\partial x_2} \right\rangle + \left\langle \varphi, \frac{\partial^2(N \circ \varphi)}{\partial x_1 \partial x_2} \right\rangle \equiv 0 \,,$$

in quanto $\partial(N \circ \varphi)/\partial x_2 = dN(\partial_2)$ è un multiplo di ∂_2 e dunque (Proposizione 4.5.2) ortogonale a ∂_1. Quindi anche la funzione $\langle \varphi, \partial(N \circ \varphi)/\partial x_2 \rangle$ è costante lungo le curve $\{x_2 = \text{cost.}\}$, che vuol dire che ciascuna curva $\{x_2 = \text{cost.}\}$ è contenuta in un piano ortogonale al valore costante di $\partial(N \circ \varphi)/\partial x_2$ lungo quella curva. Quindi ciascuna curva $\{x_2 = \text{cost.}\}$ è contenuta nell'intersezione di due piani (distinti, in quanto N è sempre ortogonale a $\partial(N \circ \varphi)/\partial x_2$), e quindi è un segmento di retta.

Rimane da vedere l'unicità. Ma ogni segmento di retta R passante per p è necessariamente (perché?) una linea asintotica; siccome $R(p)$ è l'unica linea asintotica passante per p, ci siamo. □

Vedremo fra poco che se S è chiusa in $\mathbb{R}^3$ allora ciascuna $R(p)$ è effettivamente una retta intera. Per dimostrarlo, ci servirà sapere che la chiusura di $R(p)$ non interseca l'insieme $\text{Pl}(S)$ dei punti planari di S. Per verificare quest'ultima affermazione, utilizzeremo la seguente conseguenza delle equazioni di Codazzi-Mainardi:

Lemma 7.2.2. *Sia $S \subset \mathbb{R}^3$ una superficie con curvatura Gaussiana identicamente nulla, $p \in \text{Pa}(S)$, e $\sigma\colon I \to \text{Pa}(S)$ una parametrizzazione rispetto alla lunghezza d'arco di $R(p)$. Allora*

$$\frac{d^2}{ds^2} \left(\frac{1}{|H| \circ \sigma} \right) \equiv 0 \,,$$

dove $|H|$ è il modulo della curvatura media di S.

Dimostrazione. Nota prima di tutto che $|H|$ non si annulla mai su $\text{Pa}(S)$, per cui l'enunciato ha senso.

Sia $\varphi\colon U \to S$ la parametrizzazione locale centrata in p già usata nella dimostrazione precedente. In particolare, essendo ∂_1 e ∂_2 direzioni principali, abbiamo $F \equiv f \equiv 0$ in $V = \varphi(U)$. Inoltre, essendo $\mathrm{d}N(\partial_1) \equiv O$ abbiamo anche $e \equiv 0$, e quindi il modulo della curvatura media è dato da $|H| = |g|/2G$. Infine, g deve avere segno costante su $R(p)$, in quanto non si annulla mai in $\mathrm{Pa}(S)$. Quindi

$$|H| = \pm\frac{g}{2G}$$

in $R(p)$, e siamo ricondotti a calcolare la derivata seconda di $(G/g) \circ \sigma$.

A questo scopo ricorriamo alle equazioni di Codazzi-Mainardi (4.28). Siccome $F \equiv 0$, i simboli di Christoffel sono dati da (4.23); quindi ricordando che $h_{11} = e \equiv 0$, $h_{12} = h_{21} = f \equiv 0$ e $h_{22} = g$, le equazioni di Codazzi-Mainardi si riducono a

$$\frac{g}{2G}\frac{\partial E}{\partial x_2} = 0\,, \qquad \frac{g}{2G}\frac{\partial G}{\partial x_1} = \frac{\partial g}{\partial x_1}\,. \tag{7.1}$$

La prima equazione implica che $\partial E/\partial x_2 \equiv 0$; quindi E dipende solo da x_1. Allora la $\chi\colon U \to \mathbb{R}^2$ data da

$$\chi(x) = \left(\int_0^{x_1} \sqrt{E(t, x_2)}\,\mathrm{d}t, x_2\right)$$

è un diffeomorfismo, e la $\hat{\varphi} = \varphi \circ \chi^{-1}$ è ancora una parametrizzazione locale con tutte le proprietà di φ, visto che l'unica cosa che abbiamo fatto è stato cambiare la parametrizzazione delle curve $\{x_2 = \mathrm{cost.}\}$ in modo da parametrizzarle rispetto alla lunghezza d'arco.

Dunque a meno di cambiare parametrizzazione come indicato possiamo supporre anche $E \equiv 1$. In particolare, il Lemma 4.6.14 ci dice che

$$-\frac{1}{\sqrt{G}}\frac{\partial^2 \sqrt{G}}{\partial x_1^2} = -\frac{1}{2\sqrt{G}}\frac{\partial}{\partial x_1}\left(\frac{1}{\sqrt{G}}\frac{\partial G}{\partial x_1}\right) = K \equiv 0\,;$$

quindi si deve poter scrivere

$$\sqrt{G(x)} = a_1(x_2)x_1 + a_2(x_2) \tag{7.2}$$

per opportune funzioni a_1, a_2 dipendenti solo da x_2.

Ora, la seconda equazione in (7.1) si può scrivere come

$$\frac{\partial \log|g|}{\partial x_1} = \frac{1}{g}\frac{\partial g}{\partial x_1} = \frac{1}{2G}\frac{\partial G}{\partial x_1} = \frac{1}{\sqrt{G}}\frac{\partial \sqrt{G}}{\partial x_1} = \frac{\partial \log \sqrt{G}}{\partial x_1}\,;$$

quindi si ha $g(x) = a_3(x_2)\sqrt{G(x)}$ per un'opportuna funzione a_3 dipendente solo da x_2. Riassumendo,

$$\pm\frac{1}{2|H|} = \frac{G}{g} = \sqrt{G}\frac{\sqrt{G}}{g} = \frac{a_1(x_2)x_1 + a_2(x_2)}{a_3(x_2)}\,. \tag{7.3}$$

Ora, in questa parametrizzazione locale la curva σ è esattamente la curva $s \mapsto \varphi(s,0)$; quindi

$$\frac{\partial^2}{\partial s^2}\left(\frac{1}{|H \circ \sigma|}\right) = \pm 2\frac{\partial^2}{\partial x_1^2}\left.\frac{G}{g}\right|_{x_2=0} \equiv 0 \ ,$$

come voluto.   □

Corollario 7.2.3. *Sia $S \subset \mathbb{R}^3$ una superficie con curvatura Gaussiana identicamente nulla, e $p \in \mathrm{Pa}(S)$. Allora $\overline{R(p)} \cap \mathrm{Pl}(S) = \varnothing$. In particolare, se S è chiusa in $\mathbb{R}^3$ allora $R(p)$ è una retta, e inoltre le rette $R(p)$ per p che varia in una componente connessa di $\mathrm{Pa}(S)$ sono tutte parallele.*

Dimostrazione. Sia $\sigma\colon (a,b) \to S$ una parametrizzazione rispetto alla lunghezza d'arco di $R(p)$. Se $\overline{R(p)} \cap \mathrm{Pl}(S)$ fosse non vuoto, a meno di cambiare l'orientazione di σ avremmo $\lim_{s\to b}\sigma(s) = q_0 \in \mathrm{Pl}(S)$. Ora, il lemma precedente ci dice che esistono costanti a_1, $a_2 \in \mathbb{R}$ tali che

$$\left|H\big(\sigma(s)\big)\right| = \frac{1}{a_1 s + a_2} \ ; \tag{7.4}$$

quindi, essendo il modulo della curvatura media nullo in tutti i punti planari, dovremmo avere

$$0 = |H(q_0)| = \lim_{s\to b}\left|H\big(\sigma(s)\big)\right| = \lim_{s\to b}\frac{1}{a_1 s + a_2} = \frac{1}{a_1 b + a_2} \neq 0 \ ,$$

contraddizione.

Abbiamo quindi dimostrato che $\overline{R(p)}\cap\mathrm{Pl}(S) = \varnothing$. Siccome $R(p)$, in quanto sostegno di una curva integrale, è chiuso in $\mathrm{Pa}(S)$, dev'essere chiuso in S. Se S è chiusa in $\mathbb{R}^3$, ne segue che $R(p)$ è chiuso in $\mathbb{R}^3$, e quindi dev'essere una retta intera.

Dobbiamo infine dimostrare che le rette $R(p)$, per p che varia in una componente connessa di $\mathrm{Pa}(S)$, sono tutte parallele. Dato $p \in \mathrm{Pa}(S)$, sia $\sigma\colon\mathbb{R} \to S$ una parametrizzazione rispetto alla lunghezza d'arco di $R(p)$. Chiaramente, $\left|H\big(\sigma(s)\big)\right|$ è definita (e mai nulla) per tutti i valori di s; ma (7.4) ci dice che questo è possibile solo se $|H| \circ \sigma$ è costante.

Sia allora $\varphi\colon U \to S$ la parametrizzazione locale centrata in p costruita nella dimostrazione del lemma precedente. Il fatto che $|H| \circ \sigma$ sia costante si traduce nel richiedere che $|H|\circ\varphi$ non dipenda da x_1 e quindi, ricordando (7.3) e (7.2), nel richiedere che G non dipenda da x_1. In particolare, $\partial G/\partial x_1 \equiv 0$, e avevamo già notato che $E \equiv 1$ e $F \equiv e \equiv f \equiv 0$. Ma allora (4.18) e (4.23) implicano

$$\frac{\partial^2\varphi}{\partial x_1^2} = \Gamma_{11}^1\partial_1 + \Gamma_{11}^2\partial_2 + eN \equiv O \ , \qquad \frac{\partial^2\varphi}{\partial x_2\partial x_1} = \Gamma_{21}^1\partial_1 + \Gamma_{21}^2\partial_2 + fN \equiv O \ ;$$

ma questo vuol dire che $\partial_1 = \partial\varphi/\partial x_1$, cioè la direzione tangente alle rette $R(q)$ per $q \in \varphi(U)$, è costante, per cui tutte le $R(q)$ sono parallele.

Abbiamo quindi dimostrato che tutte le rette $R(q)$ per q che varia in un intorno di p sono parallele; quindi l'insieme dei punti $q \in \mathrm{Pa}(S)$ tali che $R(q)$ è parallelo a una retta data è aperto, e questo implica subito (perché?) l'asserto.

$\square$

Dunque se S è chiusa in $\mathbb{R}^3$ l'insieme dei punti parabolici è unione disgiunta di rette; vediamo ora cosa succede per $\partial_S \mathrm{Pa}(S)$, il bordo in S dell'insieme dei punti parabolici. Ci servirà il seguente

Lemma 7.2.4. *Sia $S \subset \mathbb{R}^3$ una superficie con curvatura Gaussiana identicamente nulla, e prendiamo $p \in \partial_S \mathrm{Pa}(S)$. Supponiamo di avere una successione $\{q_n\} \subset \mathrm{Pa}(S)$ convergente a p tale che i segmenti $R(q_n)$ convergano a un segmento $C \subset S$ passante per p di lunghezza positiva. Allora C è l'unico segmento passante per p contenuto in S.*

Dimostrazione. Supponiamo esista un altro segmento $C' \subset S$ passante per p. Allora per n abbastanza grande il segmento $R(q_n)$ deve intersecare (ed essere distinto da) C'. Ma un segmento ha sempre curvatura normale zero, per cui è sempre una linea asintotica; quindi il punto $q \in C' \cap R(q_n)$ dovrebbe contemporaneamente essere parabolico e avere due direzioni asintotiche distinte, impossibile. $\square$

Allora:

Proposizione 7.2.5. *Sia $S \subset \mathbb{R}^3$ una superficie con curvatura Gaussiana identicamente nulla. Allora per ogni $p \in \partial_S \mathrm{Pa}(S)$ passa un unico segmento aperto di retta $C(p) \subset S$. Inoltre, $C(p) \subset \partial_S \mathrm{Pa}(S)$, e, se S è chiusa in $\mathbb{R}^3$, allora $C(p)$ è una retta.*

Dimostrazione. Dato $p \in \partial_S \mathrm{Pa}(S)$, vogliamo far vedere che se $q \in \mathrm{Pa}(S)$ tende a p il segmento $R(q)$ converge a un segmento $C(p)$ passante per p contenuto in S. Prima di tutto osserviamo che

$$\liminf_{\substack{q \to p \\ q \in \mathrm{Pa}(S)}} |R(q)| > 0 \,, \tag{7.5}$$

dove $|R(q)|$ è la lunghezza del segmento $R(q)$, in quanto altrimenti p sarebbe un punto d'accumulazione di estremi di segmenti $R(q)$ che non appartengono a S (per il Corollario 7.2.3), contro il fatto che p è interno a S. Facciamo ora vedere che la direzione asintotica in $q \in \mathrm{Pa}(S)$ ammette limite per q tendente a p. Se così non fosse, potremmo trovare due successioni $\{q_n\}$ e $\{q_n'\}$ tendenti a p tali che i corrispondenti segmenti $R(q_n)$ e $R(q_n')$ convergono a segmenti C e C' distinti passanti per p, entrambi di lunghezza positiva grazie a (7.5), e questo contraddirebbe il Lemma 7.2.4.

Dunque i segmenti $R(q)$ convergono a un segmento $C(p)$ contenuto in S di lunghezza positiva, che è unico per il Lemma 7.2.4, ed è un segmento aperto in quanto altrimenti i suoi estremi (in S) sarebbero limite di punti non in S, impossibile. Vogliamo dimostrare ora che $C(p) \subset \partial_S\mathrm{Pa}(S)$. Chiaramente, $C(p) \subset \overline{\mathrm{Pa}(S)} = \mathrm{Pa}(S) \cup \partial_S\mathrm{Pa}(S)$. Se esistesse $q \in \mathrm{Pa}(S) \cap C(p)$, allora $C(p) \cap \mathrm{Pa}(S)$ dovrebbe essere contenuto (in quanto limite di linee asintotiche) in $R(q)$; ma allora avremmo $\overline{R(q)} \cap \mathrm{Pl}(S) \neq \varnothing$, di nuovo contro il Corollario 7.2.3.

Infine, se S è chiusa in $\mathbb{R}^3$, essendo $C(p)$ chiuso in $\partial_S\mathrm{Pa}(S)$, ne segue che $C(p)$ è chiuso in $\mathbb{R}^3$, e quindi è una retta.   □

Quindi $\mathrm{Pa}(S)\cup\partial_S\mathrm{Pa}(S)$ è unione disgiunta di segmenti (di rette quando S è chiusa). A questo punto siamo in grado di dimostrare l'annunciato *teorema di Hartman-Niremberg*:

Teorema 7.2.6 (Hartman-Niremberg). *Sia $S \subset \mathbb{R}^3$ una superficie chiusa con curvatura Gaussiana identicamente nulla. Allora S è un piano o un cilindro.*

Dimostrazione. Supponiamo che S non sia un piano. Allora il Problema 4.3 ci assicura che S contiene punti parabolici. Quanto dimostrato finora implica che $\mathrm{Pa}(S) \cup \partial_S\mathrm{Pa}(S)$ è unione disgiunta di rette. Ora, le componenti connesse di $\mathrm{Pl}(S) \setminus \partial_S\mathrm{Pa}(S)$ sono aperti composti da punti planari, per cui (Problema 4.3) sono pezzi di piano, con bordo composto da rette, in quanto contenuto in $\partial_S\mathrm{Pa}(S)$. Queste rette devono essere parallele, perché altrimenti si intersecherebbero, contro il fatto che per ciascun punto di $\partial_S\mathrm{Pa}(S)$ può passare un'unica retta contenuta in S. Quindi anche attraverso ciascun punto di $\mathrm{Pl}(S)\setminus\partial_S\mathrm{Pa}(S)$ passa una e una sola retta, e quelle appartenenti alla stessa componente connessa sono tutte parallele fra loro.

Ma abbiamo visto che anche tutte le rette appartenenti a una componente connessa K di $\mathrm{Pa}(S)$ sono parallele fra di loro, il che implica (ricordando anche la dimostrazione della Proposizione 7.2.5) che pure le rette costituenti il bordo di K sono parallele.

Siano ora p_0 e p_1 due punti qualsiasi di S, e $\sigma\colon [0,1] \to S$ una curva che li congiunge (che esiste perché S è connessa). Per compattezza, possiamo trovare una partizione $0 = t_0 < \cdots < t_k = 1$ di $[0,1]$ tale che ciascun $\sigma([t_{j-1},t_j])$ sia contenuto nella chiusura di una componente connessa di $S \setminus \partial_S\mathrm{Pa}(S)$. Allora per ogni $j = 1,\ldots,k$ le rette passanti per ciascun $\sigma(t)$ con $t \in [t_{j-1},t_j]$ sono tutte parallele fra loro. Ma t_j appartiene sia a $[t_{j-1},t_j]$ che a $[t_j,t_{j+1}]$; quindi tutte le rette passanti per i punti del sostegno di σ sono parallele. In particolare, sono parallele le rette per p_0 e p_1. Ma p_0 e p_1 erano punti generici; quindi S è un clindro.   □

Osservazione 7.2.7. Anche stavolta possiamo sostituire l'ipotesi di chiusura in $\mathbb{R}^3$ con l'ipotesi di completezza (vedi la Definizione 5.4.9). Infatti, ogni segmento in una superficie dev'essere una geodetica, e ogni geodetica in una superficie completa dev'essere definita per tutti i tempi (Teorema 5.4.8); quindi possiamo ripetere tutte le argomentazioni che ci hanno permesso di dire che i vari segmenti contenuti in S sono delle rette.

Esempio 7.2.8. Di nuovo, l'ipotesi di chiusura (o di completezza) è essenziale: esistono delle superfici non chiuse con curvatura Gaussiana identicamente nulla non contenute né in un piano né in un cilindro. Un esempio molto semplice è la falda superiore di un cono circolare

$$S = \{(x, y, z) \in \mathbb{R}^3 \mid z^2 = x^2 + y^2, \ z > 0\} \,,$$

che è la superficie di rotazione della curva $\sigma: \mathbb{R}^+ \to \mathbb{R}$ data da $\sigma(t) = (t, 0, t)$. L'Esempio 4.5.22 ci dice infatti che $K \equiv 0$ e $H(x, y, z) = 1/z$. In particolare, S è costituita solo da punti parabolici, per cui non è contenuta in un piano. Non è neppure contenuta in un cilindro: infatti, per ciascun punto parabolico di S passa uno e un solo segmento contenuto in S (Proposizione 7.2.1). Quindi se S fosse contenuta in un cilindro le generatrici dovrebbero essere parallele, ma non lo sono.

7.3 Superfici di curvatura costante negativa

Nelle sezioni precedenti abbiamo classificato le superfici chiuse con curvatura Gaussiana costante positiva o nulla; rimangono le superfici chiuse con curvatura Gaussiana costante nulla. Il nostro obiettivo sarà dimostrare un teorema dovuto a Hilbert, che dice che non c'è molto da classificare: non esistono superfici chiuse con curvatura Gaussiana costante negativa.

Se $S \subset \mathbb{R}^3$ è una superficie con curvatura Gaussiana negativa, allora ogni punto di S è iperbolico, e quindi possiede due direzioni asintotiche distinte. Il Corollario 5.3.24.(ii) ci assicura che esiste una parametrizzazione locale centrata in p in cui le curve coordinate sono linee asintotiche. Come vedremo, nel caso in cui la curvatura Gaussiana di S è costante (negativa) possiamo dire molto di più su questa parametrizzazione locale, ottenendo la chiave per la dimostrazione del teorema di Hilbert. Ma cominciamo con una definizione.

Definizione 7.3.1. Una parametrizzazione locale $\varphi: U \to S$ di una superficie S è detta *di Chebyscheff* se $E \equiv G \equiv 1$, cioè se le curve coordinate sono parametrizzate rispetto alla lunghezza d'arco. Diremo invece che φ è *asintotica* se le curve coordinate sono linee asintotiche.

Per dimostrare l'esistenza di parametrizzazioni locali asintotiche di Chebyscheff ci serve un conto preliminare.

Lemma 7.3.2. *Sia* $\varphi: U \to S$ *una parametrizzazione locale asintotica di una superficie S. Allora*

$$\frac{\partial f}{\partial x_1} = \frac{1}{EG - F^2} \left[\frac{1}{2} \frac{\partial (EG - F^2)}{\partial x_1} + F \frac{\partial E}{\partial x_2} - E \frac{\partial G}{\partial x_1} \right] f \,, \qquad (7.6)$$

$$\frac{\partial f}{\partial x_2} = \frac{1}{EG - F^2} \left[\frac{1}{2} \frac{\partial (EG - F^2)}{\partial x_2} + F \frac{\partial G}{\partial x_1} - G \frac{\partial E}{\partial x_2} \right] f \,. \qquad (7.7)$$

Dimostrazione. Le equazioni (4.28) di Codazzi-Mainardi, ricordando che in questa parametrizzazione locale si ha $e \equiv g \equiv 0$, danno

$$\frac{\partial f}{\partial x_1} = (\Gamma_{11}^1 - \Gamma_{21}^2)f \;, \qquad \frac{\partial f}{\partial x_2} = (\Gamma_{22}^2 - \Gamma_{12}^1)f \;.$$

Siccome

$$\Gamma_{11}^1 - \Gamma_{21}^2 = \frac{1}{2(EG - F^2)} \left[G\frac{\partial E}{\partial x_1} - 2F\frac{\partial F}{\partial x_1} + 2F\frac{\partial E}{\partial x_2} - E\frac{\partial G}{\partial x_1} \right] \;,$$

$$\Gamma_{22}^2 - \Gamma_{12}^1 = \frac{1}{2(EG - F^2)} \left[E\frac{\partial G}{\partial x_2} - 2F\frac{\partial F}{\partial x_2} + 2F\frac{\partial G}{\partial x_1} - G\frac{\partial E}{\partial x_2} \right] \;,$$

otteniamo la tesi.   □

Allora:

Proposizione 7.3.3. *Sia $S \subset \mathbb{R}^3$ una superficie con curvatura Gaussiana costante negativa $K \equiv -K_0 < 0$. Allora per ogni punto $p \in S$ esiste una parametrizzazione locale asintotica di Chebyscheff centrata in p.*

Dimostrazione. Sia $\varphi \colon U \to S$ una parametrizzazione locale asintotica centrata in p, che esiste per il Corollario 5.3.24.(ii). A meno di due cambiamenti di parametro (effettuati indipendentemente sulle due variabili), possiamo assumere che le due curve coordinate passanti per $p = \varphi(0,0)$ siano parametrizzate rispetto alla lunghezza d'arco. Quindi

$$E(\cdot, 0) \equiv G(0, \cdot) \equiv 1 \;;$$

vogliamo dimostrare che il fatto che la curvatura Gaussiana sia una costante negativa implica che φ è di Chebyscheff.

Prima di tutto notiamo che $K \equiv -K_0$ implica che $f^2 = K_0(EG - F^2)$. Sostituendo questo in (7.6) moltiplicata per $2f$ otteniamo

$$F\frac{\partial E}{\partial x_2} - E\frac{\partial G}{\partial x_1} \equiv 0 \;.$$

Procedendo analogamente in (7.7) otteniamo

$$-G\frac{\partial E}{\partial x_2} + F\frac{\partial G}{\partial x_1} \equiv 0 \;.$$

Il sistema formato da queste due equazioni ha determinante $F^2 - EG$ che non si annulla mai; quindi $\partial E/\partial x_2 \equiv \partial G/\partial x_1 \equiv 0$. Ma questo vuol dire che E non dipende da x_2 e G non dipende da x_1, per cui $E(x_1, x_2) = E(x_1, 0) \equiv 1$ e $G(x_1, x_2) = G(0, x_2) \equiv 1$, come voluto.   □

Sia $\varphi\colon U \to S$ una parametrizzazione locale di Chebyscheff, con U omeomorfo a un quadrato. Siccome ∂_1 e ∂_2 sono di norma unitaria, abbia-
mo $N = \partial_1 \wedge \partial_2$, e $\{\partial_1, N \wedge \partial_2\}$ è sempre una base ortonormale del piano
tangente. A meno di restringere U, possiamo usare il Corollario 2.1.14 per de-
finire una determinazione continua $\theta\colon U \to \mathbb{R}$ dell'angolo da ∂_1 a ∂_2 in modo
da poter scrivere

$$\partial_2 = (\cos\theta)\partial_1 + (\sin\theta)N \wedge \partial_1 \ .$$

Inoltre, siccome ∂_1 e ∂_2 sono sempre linearmente indipendenti, θ non può mai
valere né 0 né π; quindi scegliendo opportunamente il valore iniziale possiamo
ottenere $\theta(U) \subseteq (0, \pi)$. In particolare, essendo

$$\cos\theta = F \qquad \text{e} \qquad \sin\theta = \sqrt{1 - F^2} = \sqrt{EG - F^2} \ ,$$

otteniamo $\theta = \arccos F$, per cui θ è di classe C^∞. La funzione θ soddisfa
un'importante equazione differenziale:

Lemma 7.3.4. *Sia $\varphi\colon U \to S$ una parametrizzazione locale di Chebyscheff,
con U omeomorfo a un quadrato, di una superficie S, e sia $\theta\colon U \to (0, \pi)$ la
determinazione continua dell'angolo da ∂_1 a ∂_2 sopra descritta. Allora*

$$\frac{\partial^2 \theta}{\partial x_1 \partial x_2} = (-K)\sin\theta \ . \tag{7.8}$$

Dimostrazione. Ricordando che $\theta = \arccos F$ e che $\sin\theta = \sqrt{1 - F^2}$ otteniamo
facilmente che

$$-\frac{1}{\sin\theta}\frac{\partial^2\theta}{\partial x_1 \partial x_2} = \frac{1}{1 - F^2}\frac{\partial^2 F}{\partial x_1 \partial x_2} + \frac{F}{(1 - F^2)^2}\frac{\partial F}{\partial x_1}\frac{\partial F}{\partial x_2} \ .$$

Ora, mettendo $E \equiv G \equiv 1$ nella definizione dei simboli di Christoffel troviamo

$$\Gamma_{11}^1 = \frac{-F}{1 - F^2}\frac{\partial F}{\partial x_1} \ , \quad \Gamma_{12}^1 = \Gamma_{21}^1 \equiv 0 \ , \quad \Gamma_{22}^1 = \frac{1}{1 - F^2}\frac{\partial F}{\partial x_2} \ ,$$

$$\Gamma_{11}^2 = \frac{1}{1 - F^2}\frac{\partial F}{\partial x_1} \ , \quad \Gamma_{12}^2 = \Gamma_{21}^2 \equiv 0 \ , \quad \Gamma_{22}^2 = \frac{-F}{1 - F^2}\frac{\partial F}{\partial x_2} \ .$$

Quindi (4.27) implica

$$K = \frac{\partial}{\partial x_1}\left(\frac{1}{1 - F^2}\frac{\partial F}{\partial x_2}\right) - \frac{F}{(1 - F^2)^2}\frac{\partial F}{\partial x_1}\frac{\partial F}{\partial x_2}$$

$$= \frac{1}{1 - F^2}\frac{\partial^2 F}{\partial x_1 \partial x_2} + \frac{F}{(1 - F^2)^2}\frac{\partial F}{\partial x_1}\frac{\partial F}{\partial x_2} \ ,$$

e ci siamo. $\qquad\qquad\qquad\qquad\qquad\qquad\qquad\qquad\qquad\qquad\qquad\qquad\qquad\qquad\qquad$ □

L'idea della dimostrazione della non esistenza di superfici chiuse con curvatura Gaussiana costante negativa è usare le parametrizzazioni locali asintoti-
che di Chebyscheff per definire una funzione $\theta\colon \mathbb{R}^2 \to (0, \pi)$ che soddisfa (7.8),
e poi dimostrare che una tale funzione non può esistere.

Ci serve ancora un lemma, nella cui dimostrazione entra in modo cruciale
il fatto che lavoriamo con superfici chiuse:

Lemma 7.3.5. *Sia $S \subset \mathbb{R}^3$ una superficie chiusa con curvatura Gaussiana sempre negativa, e $\sigma: I \to S$ una parametrizzazione rispetto alla lunghezza d'arco di una linea asintotica massimale di S. Allora $I = \mathbb{R}$.*

Dimostrazione. Supponiamo, per assurdo, che $I \neq \mathbb{R}$, e sia $s_0 \in \mathbb{R}$ un estremo (finito) di I; senza perdita di generalità, possiamo supporre che sia l'estremo superiore di I. Siccome σ è parametrizzata rispetto alla lunghezza d'arco,

$$\|\sigma(s) - \sigma(s')\| \leq L(\sigma|_{[s,s']}) = |s - s'|$$

per ogni s, $s' \in I$ con $s < s'$. Quindi per ogni successione $\{s_n\} \subset I$ convergente a s_0 la successione $\{\sigma(s_n)\}$ è di Cauchy in $\mathbb{R}^3$, e dunque converge a un punto $p_0 \in \mathbb{R}^3$. Ma S è chiusa in $\mathbb{R}^3$, per cui $p_0 \in S$. Si verifica facilmente che p_0 non dipende dalla successione scelta, e quindi ponendo $\sigma(s_0) = p_0$ abbiamo esteso con continuità σ a s_0.

Ora, il Teorema 5.3.7.(ii) ci fornisce un intorno $V \subseteq S$ di p_0 e un $\varepsilon > 0$ tale che per ogni $p \in V$ le linee asintotiche parametrizzate rispetto alla lunghezza d'arco passanti per p sono definite sull'intervallo $(-\varepsilon, \varepsilon)$. Ma allora se prendiamo $s_1 \in I$ tale che $\sigma(s_1) \in V$ e $|s_0 - s_1| < \varepsilon$, la curva σ, che è una linea asintotica passante per $\sigma(s_1)$, dev'essere definita almeno fino a $s_1 + \varepsilon > s_0$, contro la massimalità. $\square$

Siamo finalmente pronti per dimostrare il *teorema di Hilbert*:

Teorema 7.3.6 (Hilbert). *Non esistono superfici chiuse in $\mathbb{R}^3$ con curvatura Gaussiana costante negativa.*

Dimostrazione. Supponiamo per assurdo che $S \subset \mathbb{R}^3$ sia una superficie chiusa con curvatura Gaussiana costante negativa $K \equiv -K_0 < 0$. Fissiamo un punto $p_0 \in S$, e sia $\sigma: \mathbb{R} \to S$ una linea asintotica parametrizzata rispetto alla lunghezza d'arco con $\sigma(0) = p_0$; l'esistenza di σ è assicurata dal lemma precedente.

Sia $\xi_0 \in T_{p_0}S$ una direzione asintotica di lunghezza unitaria in p_0 linearmente indipendente da $\dot{\sigma}(0)$; allora esiste (perché?) un unico campo vettoriale $\xi \in \mathcal{T}(\sigma)$ lungo σ_0 con $\xi(0) = \xi_0$ tale che $\xi(s) \in T_{\sigma(s)}S$ sia una direzione asintotica di lunghezza unitaria in $\sigma(s)$ linearmente indipendente da $\dot{\sigma}(s)$. Definiamo allora una $\Phi: \mathbb{R}^2 \to S$ ponendo

$$\Phi(x_1, x_2) = \sigma_{x_1}(x_2) \,,$$

dove $\sigma_{x_1}: \mathbb{R} \to S$ è l'unica linea asintotica parametrizzata rispetto alla lunghezza d'arco tale che $\sigma_{x_1}(0) = \sigma(x_1)$ e $\dot{\sigma}_{x_1}(0) = \xi(x_1)$; vedi la Fig. 7.2.

Vogliamo dimostrare che per ogni $x^o = (x_1^o, x_2^o) \in \mathbb{R}^2$ esiste un $\varepsilon > 0$ tale che Φ ristretta a $(x_1^o - \varepsilon, x_1^o + \varepsilon) \times (x_2^o - \varepsilon, x_2^o + \varepsilon)$ sia una parametrizzazione locale asintotica di Chebyscheff in $\Phi(x^o)$.

Fissiamo allora un $x_1^o \in \mathbb{R}$. Noi sappiamo che le curve $s \mapsto \Phi(s, 0)$ e $s \mapsto \Phi(x_1^o, s)$ sono linee asintotiche parametrizzate rispetto alla lunghezza

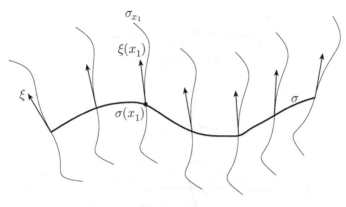

Figura 7.2.

d'arco, con versori tangenti linearmente indipendenti nel punto d'intersezione $p = \Phi(x_1^o, 0)$. La prima osservazione è (Proposizione 7.3.3) che esiste una parametrizzazione locale asintotica di Chebyscheff $\varphi\colon (x_1^o - \varepsilon, x_1^o + \varepsilon) \times (-\varepsilon, \varepsilon) \to S$ con $\varphi(x_1^o, 0) = p$, $\partial_1|_p = \partial\Phi/\partial x_1(x_1^o, 0)$ e $\partial_2|_p = \partial\Phi/\partial x_2(x_1^o, 0)$. Ma allora $s \mapsto \varphi(x_1, s)$ è la linea asintotica uscente da $\sigma(x_1)$ tangente a $\xi(x_1)$ parametrizzata rispetto alla lunghezza d'arco, per cui $\varphi(x_1, s) = \Phi(x_1, s)$ per ogni $x_1 \in (x_1^o - \varepsilon, x_1^o + \varepsilon)$ e $s \in (-\varepsilon, \varepsilon)$. In altre parole, Φ ristretta a $(x_1^o - \varepsilon, x_1^o + \varepsilon) \times (-\varepsilon, \varepsilon)$ è una parametrizzazione locale asintotica di Chebyscheff.

Ora supponiamo che $x_2 \in \mathbb{R}$ sia tale che $s \mapsto \Phi(s, x_2)$ sia una linea asintotica nell'intorno di x_1^o. Nota che, per s fissato e t vicino a x_2, il punto $\Phi(s, t)$ è ottenuto seguendo σ_s da $\sigma_s(x_2)$ a $\sigma_s(t)$, che è una linea asintotica uscente da $\sigma_s(x_2)$. Quindi la seconda osservazione è che possiamo ripetere il ragionamento precedente e trovare un $\varepsilon > 0$ tale che Φ ristretta a $(x_1^o - \varepsilon, x_1^o + \varepsilon) \times (x_2 - \varepsilon, x_2 + \varepsilon)$ sia una parametrizzazione locale asintotica di Chebysheff.

Siccome $[0, x_2^o]$ è compatto, possiamo coprire il sostegno di $\sigma_{x_1^o}|_{[0, x_2^o]}$ con le immagini di un numero finito $\varphi_1, \ldots, \varphi_n$ di parametrizzazioni locali asintotiche di Chebyscheff, in modo che ciascuna immagine intersechi la successiva come nella Fig. 7.3. Allora la prima osservazione sopra implica che Φ coincide con φ_1 (a meno di cambiare l'orientazione di φ_1), e la seconda osservazione implica che, passo passo, arriviamo a dimostrare che Φ è una parametrizzazione locale asintotica di Chebyscheff nell'intorno di (x_1^o, x_2^o).

Definiamo allora $\theta\colon \mathbb{R}^2 \to (0, \pi)$ con

$$\theta = \arccos\left\langle \frac{\partial\Phi}{\partial x_1}, \frac{\partial\Phi}{\partial x_2} \right\rangle .$$

Il Lemma 7.3.4 ci dice che θ soddisfa (7.8) su tutto $\mathbb{R}^2$, con $-K \equiv K_0 > 0$; vogliamo far vedere che una tale funzione non può esistere.

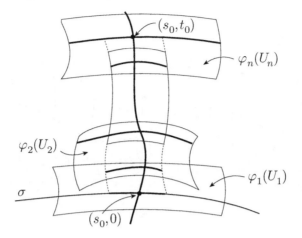

Figura 7.3.

Prima di tutto, $\partial^2\theta/\partial x_1\partial x_2 > 0$ sempre; quindi $\partial\theta/\partial x_1$ è una funzione crescente di x_2 e, in particolare,

$$\frac{\partial\theta}{\partial x_1}(x_1, x_2) > \frac{\partial\theta}{\partial x_1}(x_1, 0) \tag{7.9}$$

per ogni $x_2 > 0$. Integrando questa relazione sull'intervallo $[a, b]$ rispetto a x_1 otteniamo

$$\theta(b, x_2) - \theta(a, x_2) > \theta(b, 0) - \theta(a, 0) \tag{7.10}$$

per ogni $x_2 > 0$ e ogni $a < b$. Ora, siccome $\partial\theta/\partial x_1$ non è identicamente nulla, a meno di una traslazione possiamo assumere che $\partial\theta/\partial x_1(0, 0) \neq 0$. Siccome anche la funzione $(x_1, x_2) \mapsto \theta(-x_1, -x_2)$ soddisfa (7.8), possiamo anche supporre che $\partial\theta/\partial x_1(0, 0) > 0$. Siano $0 < s_1 < s_2 < s_3$ con $\partial\theta/\partial x_1(\cdot, 0) > 0$ su $[0, s_3]$, e poniamo

$$\delta = \min\{\theta(s_3, 0) - \theta(s_2, 0), \theta(s_1, 0) - \theta(0, 0)\} \in (0, \pi) \,.$$

Quindi ricordando (7.9) e (7.10) otteniamo che per ogni $x_2 > 0$ la funzione $s \mapsto \theta(s, x_2)$ è crescente, e

$$\min\{\theta(s_3, x_2) - \theta(s_2, x_2), \theta(s_1, x_2) - \theta(0, x_2)\} > \delta \,.$$

Ricordando che l'immagine di θ è contenuta in $(0, \pi)$ tutto ciò implica che

$$\delta \leq \theta(x_1, x_2) \leq \pi - \delta$$

per ogni $x_1 \in [s_1, s_2]$ e ogni $x_2 \geq 0$, per cui

$$\forall x_1 \in [s_1, s_2] \ \forall x_2 \geq 0 \qquad \sin\theta(x_1, x_2) \geq \sin\delta \,.$$

Ma integrando (7.8) sul rettangolo $[s_1, s_2] \times [0, T]$ otteniamo

$$K_0 \int_0^T \int_{s_1}^{s_2} \sin \theta(x_1, x_2) \, \mathrm{d}x_1 \mathrm{d}x_2 = \int_0^T \int_{s_1}^{s_2} \frac{\partial^2 \theta}{\partial x_1 \partial x_2} \, \mathrm{d}x_1 \mathrm{d}x_2$$
$$= \theta(s_2, T) - \theta(s_2, 0) - \theta(s_1, T) + \theta(s_1, 0) \ .$$

Quindi

$$\theta(s_2, T) - \theta(s_1, T) = \theta(s_2, 0) - \theta(s_1, 0) + K_0 \int_0^T \int_{s_1}^{s_2} \sin \theta(x_1, x_2) \, \mathrm{d}x_1 \mathrm{d}x_2$$
$$\geq \theta(s_2, 0) - \theta(s_1, 0) + K_0(s_2 - s_1)T \sin \delta$$

per ogni $T > 0$, che è impossibile in quanto il membro sinistro è minore di π.
$\square$

Osservazione 7.3.7. Come al solito, il teorema di Hilbert vale anche per superfici complete (nel senso della Definzione 5.4.9). Infatti, l'unico punto in cui abbiamo usato la chiusura di S è stato nella dimostrazione del Lemma 7.3.5, e la stessa dimostrazione vale per superfici complete.

Osservazione 7.3.8. Sempre come al solito, l'ipotesi di chiusura (o di completezza) è essenziale: infatti, abbiamo visto che la pseudosfera (Esempio 4.5.23) è una superficie non chiusa (né completa) con curvatura Gaussiana costante negativa. D'altra parte, superfici chiuse con curvatura Gaussiana sempre negativa (ma non costante) esistono: per esempio, l'elicoide (Esempio 4.5.20). Nota però che in quel caso l'estremo superiore dei valori della curvatura è zero. Questo non è una coincidenza: il *teorema di Efimov* asserisce che non esistono superfici chiuse di $\mathbb{R}^3$ con $K \leq -C < 0$ per un'opportuna costante $C > 0$. Puoi trovare una dimostrazione di questo teorema in [14].

Problemi guida

Definizione 7.P.1. Un *cono* è una superficie rigata generata da una famiglia ad un parametro di rette che passano tutte per uno stesso punto.

Definizione 7.P.2. Una superficie rigata S, parametrizzata in forma rigata mediante la posizione $\varphi(t,v) = \sigma(t) + v\,\mathbf{v}(t)$, con $v \neq 0$ come in (4.30) (vedi l'Esercizio 4.66, si dice *non cilindrica* se $\|\mathbf{v}\| \equiv 1$ e $\mathbf{v}'(t) \neq 0$. La superficie rigata S si dice *sviluppabile* se il piano tangente è costante lungo i punti di ciascuna generatrice.

Problema 7.1. *Sia S una superficie rigata, con parametrizzazione locale in forma rigata $\varphi(t,v) = \sigma(t) + v\,\mathbf{v}(t)$, dove la curva base σ è parametrizzata rispetto alla lunghezza d'arco. Mostra che S è sviluppabile se e solo se*

$$\det|\,\dot{\sigma}\quad \mathbf{v}\quad \mathbf{v}'\,| \equiv 0\,.$$

Soluzione. Il piano tangente a S in $p_0 = \varphi(t_0, v_0)$ è generato da

$$\varphi_t = \dot{\sigma}(t_0) + v_0\mathbf{v}'(t_0)\qquad \text{e}\qquad \varphi_v = \mathbf{v}(t_0)\,.$$

In particolare, il piano tangente in $\varphi(t_0, 0)$ è generato da $\dot{\sigma}(t_0)$ e da $\mathbf{t}(t_0)$. Affinchè il piano tangente sia costante lungo le generatrici, occorre quindi che $\dot{\sigma}(t_0) + v_0\mathbf{v}'(t_0)$ dipenda linearmente da $\dot{\sigma}(t_0)$ e da $\mathbf{t}(t_0)$, e la tesi segue dalle proprietà del determinante.   □

Problema 7.2. *Sia $\sigma\colon (a,b) \to \mathbb{R}^3$ una curva regolare di classe C^∞, parametrizzata rispetto alla lunghezza d'arco. Sia $S \subset \mathbb{R}^3$ una superficie regolare rigata sviluppabile, che ammetta una parametrizzazione locale $\varphi\colon (a,b)\times\mathbb{R} \to S$ della forma $\varphi(t,v) = \sigma(t) + v\,\mathbf{v}(t)$, con $\|\mathbf{v}\| \equiv 1$.*

(i) *Mostra che, se $\mathbf{v}(t)$ e $\mathbf{v}'(t)$ sono linearmente dipendenti per ogni $t \in (a,b)$, allora le generatrici di S sono tra loro parallele e S è contenuta in un piano o in un cilindro.*

(ii) *Mostra che, se $\mathbf{v}$ e $\mathbf{v}'$ sono sempre linearmente indipendenti, allora $\dot{\sigma}$ è sempre combinazione lineare di $\mathbf{v}$ e $\mathbf{v}'$.*

Soluzione. I vettori $\mathbf{v}$ e $\mathbf{v}'$ sono tra loro ortogonali, perché $\|\mathbf{v}\| \equiv 1$; quindi l'unico modo in cui possono essere anche linearmente dipendenti è che $\mathbf{v}' \equiv O$. Dunque $\mathbf{v}$ è costante, e le generatrici sono tra loro parallele.

Per dimostrare l'affermazione in (ii), basta ricordare che, grazie al Problema 7.1, se S è sviluppabile allaora i vettori $\dot{\sigma}$, $\mathbf{v}$ e $\mathbf{v}'$ sono sempre linearmente dipendenti.

Esercizi

7.1. Sia $S \subset \mathbb{R}^3$ una superficie compatta con curvatura Gaussiana K sempre positiva, che possiamo assumere orientata (Esercizio 4.32). Dimostra che se

(i)   la curvatura media H di S è costante, oppure

(ii) il quoziente H/K è costante, oppure

(iii) una curvatura principale (k_1 o k_2) è costante, oppure

(iv) esiste una funzione decrescente $h\colon \mathbb{R} \to \mathbb{R}$ tale che $k_2 = h(k_1)$,

allora S è una sfera.

7.2. Sia S una superficie regolare di $\mathbb{R}^3$ chiusa in $\mathbb{R}^3$, con curvatura Gaussiana e media costanti e priva di punti ombelicali. Mostra che S è un cilindro circolare retto.

7.3. Sia S una superficie regolare chiusa orientabile in $\mathbb{R}^3$. Dimostra che è possibile orientare S in modo che $Q_p = -I_p$ per ogni $p \in S$ se e solo se S è una sfera di raggio 1.

7.4. Dimostra che un cilindro è una superficie rigata sviluppabile.

Definizione 7.E.1. Sia $S \subset \mathbb{R}^3$ una superficie orientata in $\mathbb{R}^3$, di mappa di Gauss $N\colon S \to S^2$. La *terza forma fondamentale* di S è l'applicazione $III_p\colon T_pS \times T_pS \to \mathbb{R}$ data da

$$III_p(v, w) = \langle \nabla_v N(p), \nabla_w N(p) \rangle \,,$$

dove $\nabla_v N(p)$ indica la derivata direzionale di N nella direzione di v, effettuata in $\mathbb{R}^3$ e calcolata in p.

7.5. Sia $S \subset \mathbb{R}^3$ una superficie orientata in $\mathbb{R}^3$, di mappa di Gauss $N\colon S \to S^2$.

(i)   Dimostra che III_p è una forma bilineare simmetrica su T_pS indipendente dalla scelta di N.

(ii) Dimostra che vale la relazione

$$III_p - 2H(p)Q_p + K(p)I_p \equiv 0 \,.$$

7.6. Sia S una superficie chiusa in $\mathbb{R}^3$. Dimostra che la prima e la terza forma fondamentale di S sono uguali se e solo se S è una sfera di raggio 1.

7.7. Sia S una superficie chiusa orientabile in $\mathbb{R}^3$. Dimostra che se è possibile orientare S in modo che la seconda e la terza forma fondamentale di S coincidano, allora S è una sfera di raggio 1, oppure un piano, oppure un cilindro circolare retto di raggio 1.

7.8. Mostra che la parte regolare della superficie tangente a una curva di classe C^∞ è sviluppabile (vedi anche il Problema 4.20).

7.9. Supponi di avere una parametrizzazione locale $\varphi\colon U \to S$ di una superficie S della forma

$$\varphi(x, y) = a(y) + xb(y) \,,$$

dove a e b sono opportune applicazioni a valori in $\mathbb{R}^3$ tali che $b'(y) = h(y)a'(y)$ per una qualche funzione h a valori reali. Dimostra che la curvatura Gaussiana di $\varphi(U)$ è identicamente nulla. Che condizioni devono soddisfare a e b perché $\varphi(U)$ non sia composta solo da punti planari?

7.10. Determina una parametrizzazione in forma rigata (vedi l'Esercizio 4.66) della superficie rigata S avente per curva base la curva $\sigma \colon (0, +\infty) \to \mathbb{R}^3$ parametrizzata da $\sigma(t) = (t, t^2, t^3)$ e direttrici parallele a $\mathbf{v} = (\cos u, \sin u, 0)$. La superficie S è sviluppabile?

7.11. Mostra che la superficie normale (vedi l'Esercizio 4.70) a una curva σ è sviluppabile se e solo se la curva è piana.

7.12. Considera una curva σ di classe C^∞ in una superficie regolare S di $\mathbb{R}^3$, e sia S_1 la superficie descritta dall'unione delle rette normali affini a S passanti per i punti del sostegno di σ. Mostra che S_1 è sviluppabile se e solo se σ è una linea di curvatura di S.

Complementi

7.4 Curvatura Gaussiana positiva

In questa sezione vogliamo studiare in dettaglio le superfici chiuse in $\mathbb{R}^3$ con curvatura Gaussiana positiva. In particolare dimostreremo che sono sempre diffeomorfe o a una sfera o a un aperto convesso del piano (teoremi di Hadamard e di Stoker).

Cominciamo con alcune osservazioni di carattere generale. Sia $S \subset \mathbb{R}^3$ una superficie chiusa. Nei Complementi al Capitolo 4 abbiamo dimostrato che S è orientabile (Teorema 4.7.15) e che $\mathbb{R}^3 \setminus S$ consiste esattamente di due componenti connesse (Teorema 4.8.4). Se fissiamo una mappa di Gauss $N \colon S \to S^2$, il Teorema 4.8.2 ci dice inoltre che esiste un'unica componente connessa di $\mathbb{R}^3 \setminus S$ che contiene punti della forma $p + tN(p)$, con $p \in S$ e $0 < t < \varepsilon(p)$, dove $\varepsilon \colon S \to \mathbb{R}^+$ è una funzione continua tale che $N_S(\varepsilon)$ sia un intorno tubolare di S. Possiamo quindi introdurre la seguente:

Definizione 7.4.1. Sia $S \subset \mathbb{R}^3$ una superficie chiusa orientata con mappa di Gauss $N \colon S \to S^2$. Allora l'*interno* di S è l'unica componente connessa di $\mathbb{R}^3 \setminus S$ che contiene punti della forma $p + tN(p)$, con $p \in S$ e $0 < t < \varepsilon(p)$, dove $\varepsilon \colon S \to \mathbb{R}^+$ è una funzione continua tale che $N_S(\varepsilon)$ sia un intorno tubolare di S.

Supponiamo ora che la curvatura Gaussiana di S sia sempre positiva. In particolare, le curvature principali di S hanno sempre lo stesso segno e non si annullano mai; di conseguenza, esiste una mappa di Gauss $N \colon S \to S^2$ rispetto a cui le curvature principali di S siano sempre positive. D'ora in poi *supporremo sempre che le superfici con curvatura Gaussiana sempre positiva siano orientate con la mappa di Gauss che rende tutte le curvature principali positive*.

Il primo obiettivo di questa sezione è far vedere che l'ipotesi $K > 0$ implica la convessità dell'interno di S e (in un senso da precisare) di S stessa. Ma vediamo di definire quali sono le nozioni di convessità che ci interessano.

Definizione 7.4.2. Dati due punti $x,\, y \in \mathbb{R}^n$, indicheremo con $[x,y] \subset \mathbb{R}^n$ il segmento chiuso da x a y, e con $]x,y[\subset \mathbb{R}^n$ il segmento aperto da x a y. Un sottoinsieme $K \subseteq \mathbb{R}^n$ è *convesso* se $[x,y] \subseteq K$ per ogni $x,\, y \in K$; *strettamente convesso* se $]x,y[$ è contenuto nell'interno di K per ogni $x,\, y \in K$.

Osservazione 7.4.3. Chiaramente, ogni insieme strettamente convesso è convesso, e ha parte interna convessa. Inoltre, ogni aperto convesso è banalmente strettamente convesso, per cui la nozione di stretta convessità è interessante solo per insiemi non aperti. Infine, si verifica facilmente (esercizio) che la chiusura di un insieme convesso è ancora convessa.

È evidente che una superficie non potrà mai essere convessa in questo senso a meno che non sia contenuta in un piano. Introduciamo allora un'altra nozione di convessità per superfici, che sarà utile in questa sezione.

Definizione 7.4.4. Sia $S \subset \mathbb{R}^3$ una superficie, e $p \in S$. Il *piano tangente affine* a S in p è il piano $H_pS = p + T_pS$ parallelo a T_pS e passante per p. Se S è orientata e $N \colon S \to S^2$ è la corrispondente mappa di Gauss, indicheremo con $H_p^{\pm}S \subset \mathbb{R}^3$ il semispazio aperto determinato da H_pS e contenente $p \pm N(p)$.

Definizione 7.4.5. Diremo che una superficie $S \subset \mathbb{R}^3$ è *convessa* se per ogni $p \in S$ è contenuta in uno dei due semispazi chiusi determinati da H_pS; e che è *strettamente convessa* se $S \setminus \{p\}$ è contenuta in uno dei due semispazi aperti determinati da H_pS per ogni $p \in S$.

Il risultato che ci permetterà di collegare la positività della curvatura Gaussiana con le varie nozioni di convessità è il seguente:

Lemma 7.4.6. *Sia $S \subset \mathbb{R}^3$ una superficie chiusa, e $p \in S$ un punto tale che $K(p) > 0$. Sia $N \colon S \to S^2$ la mappa di Gauss di S tale che le curvature principali siano positive in un intorno di p, e $\Omega \subset \mathbb{R}^3$ l'interno di S. Sia $h_p \colon \mathbb{R}^3 \to \mathbb{R}$ la funzione*

$$h_p(x) = \langle x - p, N(p) \rangle .$$

Allora esiste un intorno $V_p \subset \mathbb{R}^3$ di p tale che h_p è strettamente positiva in $(\overline{\Omega} \setminus \{p\}) \cap V_p$; inoltre, non esistono segmenti $[x,y] \subset V_p \cap \overline{\Omega}$ con $p \in]x,y[$.

Dimostrazione. Per ogni curva $\sigma \colon (-\varepsilon, \varepsilon) \to S$ con $\sigma(0) = p$ e $\sigma'(0) = v \in T_pS$ si ha

$$d(h_p)_p(v) = \langle \sigma'(0), N(p) \rangle = 0 \quad \text{e} \quad (h_p \circ \sigma)''(0) = \langle \sigma''(0), N(p) \rangle = Q_p(v) ,$$

grazie a (4.8). Siccome Q_p è strettamente definita positiva per la scelta di N, ne segue che p è un minimo locale stretto per $h_p|_S$, per cui esiste un intorno $V_p \subset \mathbb{R}^3$ di p tale che $h_p(q) > 0$ per ogni $q \in (S \setminus \{p\}) \cap V_p$.

Sia $N_S(\varepsilon) \subset \mathbb{R}^3$ un intorno tubolare di S, e $\pi \colon N_S(\varepsilon) \to S$ e $h \colon N_S(\varepsilon) \to \mathbb{R}$ le applicazioni introdotte nel Teorema 4.8.2; in particolare, $h(x) > 0$ per ogni $x \in \Omega \cap N_S(\varepsilon)$. A meno di restringere V_p, possiamo supporre che si abbia $V_p = \pi^{-1}(V_p \cap S) \subset N_S(\varepsilon)$, e che $\langle N(q), N(p) \rangle > 0$ per ogni $q \in V_p \cap S$. Allora per ogni $x \in V_p \cap \Omega$ si ha

$$h_p(x) = h_p\big(\pi(x)\big) + h(x)\langle N\big(\pi(x)\big), N(p) \rangle > 0 ;$$

quindi abbiamo $h_p(q) > 0$ per ogni $q \in (\overline{\Omega} \setminus \{p\}) \cap V_p$.

Supponiamo che esista un segmento $[x,y] \subset V_p \cap \overline{\Omega}$ con $p \in]x,y[$. Sia $\sigma \colon [0,1] \to \mathbb{R}^3$ la parametrizzazione data da $\sigma(t) = x + t(y - x)$, e sia $t_0 \in (0,1)$ tale che $\sigma(t_0) = p$; in particolare,

$$h_p\big(\sigma(t)\big) = (t - t_0)\langle y - x, N(p) \rangle .$$

Quindi $h_p \circ \sigma$ o è identicamente nulla oppure cambia segno in $[0,1]$; ma dal fatto che $[x,y] \subset \overline{\Omega} \cap V_p$ deduciamo che $h_p\big(\sigma(t)\big) > 0$ per ogni $t \neq t_0$, contraddizione. $\qquad \square$

Allora:

Proposizione 7.4.7. *Sia $S \subset \mathbb{R}^3$ una superficie chiusa con curvatura Gaussiana sempre positiva, e sia $\Omega \subset \mathbb{R}^3$ il suo interno. Allora:*

(i) *$\overline{\Omega}$ è strettamente convesso;*
(ii) *S è strettamente convessa;*
(iii) *$\overline{\Omega} = \bigcap_{p \in S} \overline{H_p^+ S}$ e $\Omega = \bigcap_{p \in S} H_p^+ S$.*

Dimostrazione. Cominciamo col dimostrare che Ω è convesso, ovvero che il sottoinsieme $A = \{(x,y) \in \Omega \times \Omega \mid [x,y] \subset \Omega\}$ di $\Omega \times \Omega$ coincide con tutto $\Omega \times \Omega$. Siccome Ω è connesso, se A fosse diverso da $\Omega \times \Omega$ potremmo trovare $(x_0, y_0) \in \partial A$. Quindi devono esistere due successioni $\{x_n\}$, $\{y_n\} \subset \Omega$ tali che $x_n \to x_0$, $y_n \to y_0$, $[x_n, y_n] \subset \Omega$ ma $[x_0, y_0] \not\subset \Omega$. Chiaramente si deve avere $[x_0, y_0] \subset \overline{\Omega} = \Omega \cup S$; scegliamo un punto $p \in]x_0, y_0[\cap S$, e sia $V_p \subset \mathbb{R}^3$ l'intorno di p dato dal lemma precedente. Allora intersecando $[x_0, y_0]$ con V_p avremmo trovato un segmento contenuto in $\overline{\Omega} \cap V_p$ contenente p al suo interno, contro il Lemma 7.4.6.

Quindi Ω è convesso, e dunque anche $\overline{\Omega}$ lo è. Se $\overline{\Omega}$ non fosse strettamente convesso, dovrebbero esistere due punti x_0, $y_0 \in S$ tali che $]x_0, y_0[\cap S \neq \varnothing$, e di nuovo contraddiremmo il Lemma 7.4.6.

Fissiamo ora $p \in S$, e supponiamo per assurdo che esista un $q \in H_p S \cap \overline{\Omega}$ diverso da p. Allora l'intero segmento $]p, q[$ dovrebbe essere contenuto in $H_p S \cap \Omega$. Ma il Lemma 7.4.6 implica che la funzione h_p è strettamente positiva in $V_p \cap \Omega$, mentre è identicamente nulla su $H_p S$, contraddizione.

Dunque $\overline{\Omega} \setminus \{p\}$ è connesso e non interseca $H_p S = h_p^{-1}(0)$; quindi h_p non può cambiare di segno in $\overline{\Omega} \setminus \{p\}$. Essendo positiva vicino a p, è positiva ovunque, per cui $\overline{\Omega} \setminus \{p\} \subset H_p^+ S$. Siccome questo vale per ogni $p \in S$, abbiamo in particolare dimostrato che S è strettamente convessa, che $\overline{\Omega} \subseteq \bigcap_{p \in S} \overline{H_p^+ S}$ e che $\Omega \subseteq \bigcap_{p \in S} H_p^+ S$.

Supponiamo per assurdo che esista $q_0 \in \bigcap_{p \in S} \overline{H_p^+ S} \setminus \overline{\Omega}$, e scegliamo il punto $p_0 \in \overline{\Omega}$ più vicino a q_0, che esiste perché $\overline{\Omega}$ è chiuso. Chiaramente, $p_0 \in \partial\overline{\Omega} = S$. Sia $\sigma\colon (-\varepsilon, \varepsilon) \to S$ una curva con $\sigma(0) = p$, e poniamo $f(t) = \|\sigma(t) - q_0\|^2$. Allora dobbiamo avere

$$2\langle \sigma'(0), p_0 - q_0 \rangle = f'(0) = 0 \ ;$$

siccome questo vale per ogni curva σ di questo genere, $p_0 - q_0$ dev'essere ortogonale a $T_{p_0} S$, cioè $q_0 - p_0 = \lambda N(p_0)$ per qualche $\lambda \in \mathbb{R}^*$. Ora, essendo $q_0 \in \overline{H_{p_0}^+ S}$ abbiamo

$$0 \le h_{p_0}(q_0) = \lambda \ ,$$

e quindi $h_{p_0}(p_0 + t(q_0 - p_0)) = t\lambda \ge 0$ per ogni $t > 0$. D'altra parte, $p_0 + t(q_0 - p_0) \notin \overline{\Omega}$ per ogni $t \in (0,1]$, in quanto p_0 è il punto di $\overline{\Omega}$ più vicino a q_0, per cui $h_{p_0}(p_0 + t(q_0 - p_0)) < 0$ per $t > 0$ abbastanza piccolo, contraddizione.

Quindi $\overline{\Omega} = \bigcap_{p\in S} \overline{H_p^+ S} \supset \bigcap_{p\in S} H_p^+ S$. Ma $\partial\Omega \cap \bigcap_{p\in S} H_p^+ S = \varnothing$, per cui $\Omega \supseteq \bigcap_{p\in S} H_p^+ S$, e abbiamo finito. $\square$

Una conseguenza di questa proposizione è che la mappa di Gauss di una superficie con curvatura Gaussiana positiva si comporta particolarmente bene:

Proposizione 7.4.8. *Sia $S \subset \mathbb{R}^3$ una superficie chiusa con curvatura Gaussiana sempre positiva. Allora la mappa di Gauss $N\colon S \to S^2$ è un diffeomorfismo locale iniettivo.*

Dimostrazione. Siccome la curvatura Gaussiana è esattamente il determinante del differenziale di N, il teorema della funzione inversa per superfici (Corollario 3.4.28) ci assicura che la mappa di Gauss è un diffeomorfismo locale.

Supponiamo per assurdo esistano due punti $p, q \in S$ tali che $N(p) = N(q)$; in particolare, $H_p S$ e $H_q S$ sono paralleli. La proposizione precedente ci dice che $S \subset \overline{H_p^+ S} \cap \overline{H_q^+ S}$; siccome $H_p S$ e $H_q S$ sono paralleli, questa intersezione deve coincidere con uno dei due semispazi, diciamo $\overline{H_p^+ S}$. Ma allora $q \in H_q S \subset \overline{H_p^- S}$, per cui $q \in \overline{H_p^+ S} \cap \overline{H_p^- S} = H_p S$ e quindi $H_p S = H_q S$. Dalla stretta convessità di S deduciamo allora

$$\{p\} = S \cap H_p S = S \cap H_q S = \{q\} \,,$$

per cui $p = q$ e N è iniettiva. $\square$

Abbiamo ottenuto il *teorema di Hadamard:*

Corollario 7.4.9 (Hadamard). *Sia $S \subset \mathbb{R}^3$ una superficie compatta con curvatura Gaussiana sempre positiva. Allora la mappa di Gauss $N\colon S \to S^2$ è un diffeomorfismo.*

Dimostrazione. La proposizione precedente ci dice che N è un diffeomorfismo locale iniettivo; in particolare, $N(S)$ è aperto in S^2. Ma S è compatta; quindi $N(S)$ è anche chiuso in S^2. Essendo S^2 connessa, questo implica che $N(S) = S^2$. Dunque N è un diffeomorfismo locale bigettivo, cioè un diffeomorfismo. $\square$

Quindi ogni superficie compatta con curvatura Gaussiana sempre positiva è diffeomorfa a una sfera. Per ricavare la geometria di quelle non compatte dobbiamo lavorare ancora un poco. Cominciamo col

Lemma 7.4.10. *Sia $S \subset \mathbb{R}^3$ una superficie chiusa con curvatura Gaussiana sempre positiva, e sia $\Omega \subset \mathbb{R}^3$ il suo interno. Allora*

(i) *se $\overline{\Omega}$ contiene una semiretta chiusa ℓ, allora Ω contiene tutte le semirette aperte parallele a ℓ uscenti da punti di $\overline{\Omega}$;*

(ii) *$\overline{\Omega}$ non contiene rette.*

Dimostrazione. (i) Supponiamo esistano $x \in \overline{\Omega}$ e $v \in \mathbb{R}^3$ non nullo tali che $x + tv \in \overline{\Omega}$ per ogni $t \geq 0$. Se $y \in \overline{\Omega}$, la stretta convessità implica che $]y, x + tv[\subset \Omega$ per ogni $t \geq 0$. Passando al limite per $t \to +\infty$ otteniamo quindi che la semiretta aperta uscente da y parallela a v è contenuta in $\overline{\Omega}$, e non può intersecare $\partial\Omega = S$ senza contraddire il Lemma 7.4.6.

(ii) Supponiamo che $\overline{\Omega}$ contenga una retta ℓ. Allora se $p \in S$ la parte (i) implica che la retta per p parallela a v è contenuta in $\overline{\Omega}$, e questo contraddice di nuovo il Lemma 7.4.6. $\square$

Siamo pronti per dimostrare il *teorema di Stoker*:

Teorema 7.4.11 (Stoker). *Ogni superficie chiusa non compatta con curvatura Gaussiana sempre positiva $S \subset \mathbb{R}^3$ è un grafico su un aperto convesso di un piano.*

Dimostrazione. Siccome S non è compatta, non è limitata. Quindi per ogni punto $q \in S$ possiamo trovare una successione $\{q_n\} \subset S$ tale che si abbia $\|q_n - q\| \to +\infty$; a meno di estrarre una sottosuccessione possiamo anche supporre che $(q_n - q)/\|q_n - q\| \to v \in S^2$. Sia $\Omega \subset \mathbb{R}^3$ l'interno di S. Siccome $\overline{\Omega}$ è convesso, abbiamo $[q, q_n] \subset \overline{\Omega}$ per ogni n; facendo tendere n all'infinito vediamo che $\overline{\Omega}$ deve contenere la semiretta aperta ℓ_q^+ uscente da q e parallela a v. Ma allora il lemma precedente ci dice che Ω contiene la semiretta aperta ℓ_p^+ uscente da p e parallela a v per ogni $p \in S$.

Indichiamo con ℓ_p la retta passante per p parallela a v. Prima di tutto, se ℓ_p intersecasse S in un punto p' distinto da p avremmo $p' \in \ell_p^+$ oppure $p \in \ell_{p'}^+$, contro il Lemma 7.4.6. Quindi $\ell_p \cap S = \{p\}$ per ogni $p \in S$. Inoltre, ℓ_p non può essere tangente a S; se lo fosse, necessariamente in p, dovremmo avere $\ell_p \subset H_pS$ e $\ell_p^+ \subset \Omega$, contro la Proposizione 7.4.7.(iii). Quindi $v \notin T_pS$ per ogni $p \in S$

Sia $H \subset \mathbb{R}^3$ il piano passante per l'origine e ortogonale a v. Quanto visto finora ci dice che ogni retta ortogonale a H interseca S in al più un punto; quindi la proiezione ortogonale $\pi \colon \mathbb{R}^3 \to H$ ristretta a S è iniettiva. In particolare, S è un grafico sull'immagine $\pi(S) \subseteq H$. Ora, per ogni $p \in S$ e $w \in T_pS$ non nullo si ha

$$\mathrm{d}\pi_p(w) = w - \langle w, v \rangle v \neq O \ ,$$

perché $v \notin T_pS$. Quindi $\pi|_S \colon S \to H$ è un diffeomorfismo locale iniettivo, cioè un diffeomorfismo fra S e la sua immagine $\pi(S)$, che dev'essere aperta in H. Infine, $\pi(S)$ è convesso. Infatti, siano $\pi(p), \pi(q) \in \pi(S)$. Sappiamo che il segmento $]p, q[$ è contenuto in Ω, e che per ogni $x \in]p, q[$ la semiretta aperta uscente da x parallela a v è contenuta in Ω. Ma sappiamo anche che $\overline{\Omega}$ non contiene rette; quindi la retta passante per x parallela a v deve intersecare S, per cui l'intero segmento $[\pi(p), \pi(q)]$ è contenuto in $\pi(S)$. $\square$

In particolare, quindi, *ogni superficie chiusa non compatta con curvatura Gaussiana positiva è diffeomorfa a un aperto convesso del piano, e quindi è omeomorfa a un piano.*

Nell'Osservazione 7.1.4 avevamo anticipato che le superfici chiuse con curvatura Gaussiana limitata dal basso da una costante positiva sono necessariamente compatte. Per dimostrarlo ci servono ancora due lemmi. Il primo è di carattere generale:

Lemma 7.4.12. *Sia $S \subset \mathbb{R}^3$ una superficie che sia un grafico sopra un aperto Ω di un piano $H \subset \mathbb{R}^3$ per l'origine, e indichiamo con $\pi\colon \mathbb{R}^3 \to H$ la proiezione ortogonale. Allora per ogni regione regolare $R \subset S$ si ha*

$$\text{Area}(R) \geq \text{Area}\big(\pi(R)\big) .$$

Dimostrazione. A meno di una rotazione di $\mathbb{R}^3$ possiamo supporre che H sia il piano xy, e che S sia il grafico di una funzione $h\colon \Omega \to \mathbb{R}$. Allora il Teorema 4.2.6 e l'Esempio 4.1.8 implicano

$$\text{Area}(R) = \int_{\pi(R)} \sqrt{1 + \|\nabla h\|^2}\, \mathrm{d}x\, \mathrm{d}y \geq \int_{\pi(R)} \mathrm{d}x\, \mathrm{d}y = \text{Area}\big(\pi(R)\big) ,$$

come voluto.   □

Il secondo lemma riguarda invece solo le superfici con curvatura positiva:

Lemma 7.4.13. *Sia $S \subset \mathbb{R}^3$ una superficie chiusa con curvatura Gaussiana positiva, di interno $\Omega \subset \mathbb{R}^3$, e sia $H \subset \mathbb{R}^3$ un piano tale che $H \cap \Omega \neq \varnothing$. Allora esiste un sottoinsieme aperto $V \subseteq S$ di S che è un grafico su $H \cap \Omega$.*

Dimostrazione. Sia $U = H \cap \Omega$, e scegliamo un versore $v \in S^2$ ortogonale ad H. Supponiamo esista $x \in U$ tale che la semiretta ℓ_x^+ uscente da x parallela a v non intersechi S. Allora ℓ_x^+ dev'essere contenuta in una delle due componenti connesse di $\mathbb{R}^3 \setminus S$ e, essendo $x \in \Omega$, otteniamo $\ell_x^+ \subset \Omega$. Quindi il Lemma 7.4.10 implica che $\ell_y^+ \subset \Omega$ per ogni $y \in U$, dove ℓ_y^+ è la semiretta uscente da y parallela a v. Ma allora, siccome Ω non può contenere rette, la semiretta opposta ℓ_y^- deve intersecare S per ogni $y \in U$.

Dunque a meno di scambiare v con $-v$ possiamo supporre che tutte le semirette ℓ_x^+ uscenti dai punti $x \in U$ intersechino S, per cui basta procedere come nella dimostrazione del Teorema 7.4.11 per ottenere la tesi.   □

Siamo ora in grado di dimostrare il promesso *teorema di Bonnet*:

Teorema 7.4.14 (Bonnet). *Sia $S \subset \mathbb{R}^3$ una superficie chiusa tale che*

$$K_0 = \inf_{p \in S} K(p) > 0 .$$

Allora S è compatta, e

$$\text{Area}(S) \leq \frac{4\pi}{K_0} . \tag{7.11}$$

Dimostrazione. La Proposizione 7.4.8 ci dice che la mappa di Gauss $N \colon S \to S^2$ è un diffeomorfismo con un aperto di S^2. In particolare, per ogni regione regolare $R \subseteq S$ contenuta nell'immagine di una parametrizzazione locale si ha

$$K_0 \operatorname{Area}(R) = \int_R K_0 \, d\nu \le \int_R K \, d\nu = \int_R |\det dN| \, d\nu = \operatorname{Area}\big(N(R)\big) \le 4\pi \,,$$

dove abbiamo usato la Proposizione 4.2.10. Quindi otteniamo

$$\operatorname{Area}(R) \le \frac{4\pi}{K_0} \tag{7.12}$$

per ogni regione regolare $R \subseteq S$ contenuta nell'immagine di una parametrizzazione locale.

Adesso supponiamo per assurdo che S non sia compatta. Allora il Teorema 7.4.11 ci dice che S è un grafico su un aperto convesso di un piano $H_0 \subset \mathbb{R}^3$, ortogonale a un versore $v \in S^2$. In particolare, se $\Omega \subset \mathbb{R}^3$ è l'interno di S, possiamo scegliere v in modo che per ogni $x \in \Omega$ la semiretta ℓ_x^+ uscente da x parallela a v sia contenuta in Ω. Dunque se $[x_0, y_0] \subset \Omega$ e $n \in \mathbb{N}^*$ allora l'insieme

$$Q_n = \{x + tv \mid x \in [x_0, y_0],\ 0 \le t \le n\} \subset \Omega$$

è un rettangolo nel piano H contenente $]x_0, y_0[$ e parallelo a v. Il Lemma 7.4.13 ci assicura che esiste una regione regolare $R_n \subset S$ che è un grafico sopra Q_n. Il Lemma 7.4.12 quindi implica

$$\frac{4\pi}{K_0} \ge \operatorname{Area}(R_n) \ge \operatorname{Area}(Q_n) = n\|y_0 - x_0\|$$

per ogni $n \in \mathbb{N}^*$, impossibile.

Dunque S è compatta, per cui (Corollario 7.4.9) è diffeomorfa a una sfera. Ne segue che è unione crescente di regioni regolari contenute nell'immagine di una parametrizzazione locale, e (7.11) segue da (7.12). $\qquad\square$

Osservazione 7.4.15. La disuguaglianza (7.11) è la migliore possibile: infatti per la sfera unitaria S^2 abbiamo $\operatorname{Area}(S^2) = 4\pi$ e $K \equiv 1$.

Osservazione 7.4.16. Esiste una dimostrazione (vedi [4], pag. 352) completamente diversa del teorema di Bonnet, basata sullo studio del comportamento delle geodetiche, che fornisce una stima sul diametro (rispetto alla distanza intrinseca) della superficie: $\operatorname{diam}(S) \le \pi/\sqrt{K_0}$.

Osservazione 7.4.17. In caso ti fosse venuto il dubbio, esistono superfici chiuse non compatte con curvatura Gaussiana positiva. Un esempio tipico è il paraboloide ellittico, che è il grafico della funzione $h \colon \mathbb{R}^2 \to \mathbb{R}$ data da $h(x_1, x_2) = x_1^2 + x_2^2$. Infatti, l'Esempio 4.5.19 implica

$$K = \frac{4}{\big(1 + 4(x_1^2 + x_2^2)\big)^2} > 0 \,.$$

7.5 Rivestimenti

Per lo studio delle superfici con curvatura Gaussiana non positiva abbiamo bisogno di introdurre alcuni concetti preliminari di topologia, che, per semplicità, formuleremo direttamente per il caso delle superfici dimostrando solo i risultati che ci serviranno per il seguito. Puoi trovare un'esposizione più completa della teoria dei rivestimenti in [12].

Sia $F\colon \tilde{S} \to S$ un diffeomorfismo locale fra superfici. In particolare, questo vuol dire che ogni $\tilde{p} \in \tilde{S}$ ha un intorno aperto $\tilde{U} \subseteq \tilde{S}$ tale che $F|_{\tilde{U}}$ sia un diffeomorfismo con l'immagine. Come già notato altre volte, questo non dice moltissimo sulla struttura di S. Essenzialmente, possono succedere due cose. La prima, evidente, che F potrebbe non essere surgettiva, per cui al di fuori dell'immagine di F non c'è alcuna relazione fra S e $\tilde{S}$. La seconda cosa che potrebbe succedere è che, in un certo senso, potrebbe esistere una componente connessa $\hat{U}$ dell'immagine inversa di un aperto U di $F(S)$, anche piccolo, a cui "mancano" dei punti, nel senso che $F(\hat{U}) \neq U$.

Esempio 7.5.1. Sia $S = \{(x,y,z) \in \mathbb{R}^3 \mid x^2 + y^2 = 1\} \subset \mathbb{R}^3$ il cilindro retto di raggio 1, e $F\colon \mathbb{R}^2 \to S$ il diffeomorfismo locale dato da

$$F(x_1, x_2) = (\cos x_1, \sin x_1, x_2) \,.$$

Se $\tilde{S} = (0, 3\pi) \times (-1, 1)$, allora $F|_{\tilde{S}}$ è un diffeomorfismo locale non surgettivo. Se invece $\tilde{S}_1 = (0, 3\pi) \times \mathbb{R}$, allora $F|_{\tilde{S}_1}$ è un diffeomorfismo locale surgettivo, ma si verifica il secondo problema sopra menzionato. Infatti, dato $\varepsilon > 0$ poniamo $U_\varepsilon = F\big((\pi - \varepsilon, \pi + \varepsilon) \times (-\varepsilon, \varepsilon)\big)$. Allora

$$F|_{\tilde{S}_1}^{-1}(U_\varepsilon) = (\pi - \varepsilon, \pi + \varepsilon) \times (-\varepsilon, \varepsilon) \cup (3\pi - \varepsilon, 3\pi) \times (-\varepsilon, \varepsilon)$$

ma $F\big((3\pi - \varepsilon, 3\pi) \times (-\varepsilon, \varepsilon)\big) \neq U_\varepsilon$.

La prossima definizione introduce un tipo particolare di diffeomorfismo locale per cui questi problemi non si pongono.

Definizione 7.5.2. Un'applicazione $F\colon \tilde{S} \to S$ di classe C^∞ fra superfici è un *rivestimento liscio* se ogni $p \in S$ ha un intorno aperto connesso $U_p \subseteq S$ tale che le componenti connesse $\{\tilde{U}_\alpha\}$ di $F^{-1}(U_p)$ sono tali che $F|_{\tilde{U}_\alpha}$ sia un diffeomorfismo fra $\tilde{U}_\alpha$ e U per ogni α. Gli intorni U_p sono detti *ben rivestiti*, le componenti connesse $\tilde{U}_\alpha$ *fogli* su U, e l'insieme $F^{-1}(p)$ *fibra* di p.

Osservazione 7.5.3. Se sostituiamo a $\tilde{S}$ e S due spazi topologici, a F un'applicazione continua, e chiediamo che $F|_{\tilde{U}_\alpha}$ sia un omeomorfismo fra $\tilde{U}_\alpha$ e U_p otteniamo la definizione topologica generale di rivestimento. Per esempio, è facile vedere (ricordando per esempio l'inizio della dimostrazione della Proposizione 2.1.4) che l'applicazione $\pi\colon \mathbb{R} \to S^1$ data da $\pi(x) = (\cos x, \sin x)$ è un rivestimento topologico. In effetti, diverse delle cose che faremo in questa sezione sono una generalizzazione di alcuni risultati visti nella Sezione 2.1.

Esempio 7.5.4. La $F \colon \mathbb{R}^2 \to S$ introdotta nell'Esempio 7.5.1 è un rivestimento liscio. Infatti, per ogni $p = F(x_1, x_2)$ poniamo $U_p = F\big((x_1 - \pi, x_1 + \pi) \times \mathbb{R}\big)$. Allora

$$F^{-1}(U_p) = \bigcup_{k \in \mathbb{Z}} \big(x_1 + (2k-1)\pi, x_1 + (2k+1)\pi\big) \times \mathbb{R},$$

e si verifica facilmente che $F|_{(x_1 + (2k-1)\pi,\, x_1 + (2k+1)\pi) \times \mathbb{R}}$ è un diffeomorfismo fra $(x_1 + (2k-1)\pi, x_1 + (2k+1)\pi) \times \mathbb{R}$ e U_p per ogni $k \in \mathbb{Z}$.

Un rivestimento liscio è chiaramente un diffeomorfismo locale surgettivo, e gli intorni ben rivestiti sono diffeomorfi a tutte le componenti connesse delle loro controimmagini; quindi possiamo ragionevolmente dire che un rivestimento liscio F dalla superficie $\tilde{S}$ sulla superficie S ci dà un modo globale di confrontare le strutture locali di $\tilde{S}$ e S.

L'obiettivo principale di questa sezione è ottenere una caratterizzazione dei diffeomorfismi locali che sono rivestimenti lisci. Come vedremo, la cosa importante sarà la possibilità di sollevare curve.

Definizione 7.5.5. Sia $F \colon \tilde{S} \to S$ un'applicazione C^∞ fra superfici. Un *sollevamento* di un'applicazione $\psi \colon X \to S$ è un'applicazione continua $\tilde{\psi} \colon X \to \tilde{S}$ tale che $\psi = F \circ \tilde{\psi}$. Diremo che F ha *la proprietà del sollevamento continuo (rispettivamente, C^1)* se ogni curva continua (rispettivamente, C^1 a tratti) in S ha un sollevamento continuo (rispettivamente, C^1 a tratti).

Osservazione 7.5.6. Nell'applicazione alle superfici con curvatura Gaussiana non positiva che abbiamo in mente (Proposizione 7.6.3), saremo in grado di sollevare solo le curve rettificabili; per questo motivo abbiamo deciso di introdurre la proprietà del sollevamento C^1 questo caso. Comunque, alla fine di questa sezione saremo in grado di dimostrare che un diffeomorfismo locale con la proprietà del sollevamento C^1 ha anche la proprietà del sollevamento continuo.

Osservazione 7.5.7. Un'applicazione $F \colon \tilde{S} \to S$ con la proprietà del sollevamento C^1 è necessariamente surgettiva. Infatti, prendiamo $p \in F(\tilde{S})$ e $q \in S$ qualsiasi. Essendo S connessa, si dimostra facilmente (esercizio) che esiste una curva $\sigma \colon [a, b] \to S$ di classe C^1 a tratti da p a q. Sia $\tilde{\sigma} \colon [a, b] \to \tilde{S}$ un suo sollevamento; allora $F\big(\tilde{\sigma}(b)\big) = \sigma(b) = q \in F(\tilde{S})$, e F è surgettiva.

Un'osservazione importante è che i sollevamenti (rispetto a un diffeomorfismo locale) se esistono sono essenzialmente unici:

Lemma 7.5.8. *Sia $F \colon \tilde{S} \to S$ un diffeomorfismo locale, X uno spazio topologico di Hausdorff connesso, e $\psi \colon X \to S$ un'applicazione continua. Supponiamo di avere due sollevamenti $\tilde{\psi}$, $\hat{\psi} \colon X \to \tilde{S}$ di ψ tali che $\tilde{\psi}(x_0) = \hat{\psi}(x_0)$ per un qualche $x_0 \in X$. Allora $\tilde{\psi} \equiv \hat{\psi}$.*

Dimostrazione. Sia $C = \{x \in X \mid \tilde{\psi}(x) = \hat{\psi}(x)\}$. Sappiamo che C è un chiuso non vuoto di X; per concludere ci basta dimostrare che è anche aperto.

Prendiamo $x_1 \in C$. Siccome F è un diffeomorfismo locale, esiste un intorno aperto $\tilde{U}$ di $\tilde{\psi}(x_1) = \hat{\psi}(x_1)$ tale che $F|_{\tilde{U}}$ sia un diffeomorfismo fra $\tilde{U}$ e $U = F(\tilde{U})$; in particolare, U è un intorno aperto di $\psi(x_1) = F\big(\tilde{\psi}(x_1)\big)$. Per continuità, esiste un intorno aperto $V \subseteq X$ di x_1 tale che $\tilde{\psi}(V) \cup \hat{\psi}(V) \subset \tilde{U}$. Ma allora da $F \circ \tilde{\psi}|_V \equiv \psi|_V \equiv F \circ \hat{\psi}|_V$ si deduce $\tilde{\psi}|_V \equiv F|_{\tilde{U}}^{-1} \circ \psi|_V \equiv \hat{\psi}|_V$, per cui $V \subseteq C$, ed è fatta.   □

Osservazione 7.5.9. Ogni sollevamento di una curva C^1 a tratti rispetto a un diffeomorfismo locale è necessariamente C^1 a tratti; quindi un diffeomorfismo locale con la proprietà del sollevamento continuo ha anche la proprietà del sollevamento C^1.

L'ultimo teorema di questa sezione dimostrerà che i rivestimenti lisci sono tutti e soli quei diffeomorfismi locali che hanno la proprietà del sollevamento C^1; per arrivarci dobbiamo prima di tutto far vedere che i rivestimenti ce l'hanno.

Proposizione 7.5.10. *Ogni rivestimento liscio fra superfici ha la proprietà del sollevamento continuo (e quindi anche del sollevamento C^1).*

Dimostrazione. Sia $F \colon \tilde{S} \to S$ un rivestimento liscio, e $\sigma \colon [a, b] \to S$ una curva continua; dobbiamo costruire un sollevamento di σ.

Per continuità, per ogni $t \in [a, b]$ esiste un intervallo aperto $I_t \subseteq [a, b]$ contenente t tale che $\sigma(I_t)$ sia contenuto in un intorno ben rivestito $U_{\sigma(t)}$ di $\sigma(t)$. Per compattezza, il ricoprimento aperto $\{I_t\}$ di $[a, b]$ ammette un sottoricoprimento finito, che indicheremo con $\mathfrak{I} = \{I_0, \dots, I_r\}$; a meno dell'ordine, possiamo supporre che $a \in I_0$.

Scegliamo un punto $\tilde{p}_0 \in F^{-1}\big(\sigma(a)\big)$. Sia $U_0 \subseteq S$ un intorno ben rivestito contenente $\sigma(I_0)$, e scegliamo la componente connessa $\tilde{U}_0$ di $F^{-1}(U_0)$ contenente $\tilde{p}_0$. Allora possiamo definire un sollevamento $\tilde{\sigma}$ di σ su I_0 ponendo $\tilde{\sigma} = F|_{\tilde{U}_0}^{-1} \circ \sigma$.

Se $I_0 = [a, b]$ abbiamo finito. Altrimenti deve esistere un altro elemento di $\mathfrak{I}$, che possiamo supporre essere I_1, tale che $I_0 \cap I_1 \neq \varnothing$. Scegliamo $t_0 \in I_0 \cap I_1$, sia $U_1 \subseteq S$ un intorno ben rivestito contenente $\sigma(I_1)$, e scegliamo la componente connessa $\tilde{U}_1$ di $F^{-1}(U_1)$ contenente $\tilde{\sigma}(t_0)$. Allora possiamo definire un sollevamento $\tilde{\sigma}$ di σ su I_1 ponendo nuovamente $\tilde{\sigma} = F|_{\tilde{U}_1}^{-1} \circ \sigma$. Il Lemma 7.5.8 ci assicura che questo nuovo sollevamento coincide col precedente su $I_0 \cap I_1$; quindi abbiamo trovato un sollevamento di σ su $I_0 \cup I_1$.

Se $I_0 \cup I_1 = [a, b]$ abbiamo finito; altrimenti ripetiamo il procedimento con un altro intervallo, e in un numero finito di passi solleviamo σ su tutto $[a, b]$.   □

Nella Sezione 2.1 abbiamo introdotto il concetto di omotopia fra curve (Definizione 2.1.9). Nel nostro contesto dobbiamo introdurre un pizzico di terminologia in più:

Definizione 7.5.11. Siano σ_0, $\sigma_1 \colon [a, b] \to S$ due curve continue in una superficie S, e $\Psi \colon [0, 1] \times [a, b] \to S$ un'omotopia fra σ_0 e σ_1. Se esiste un $p \in S$ tale che $\Psi(\cdot, a) \equiv p$ (e quindi, in particolare, $\sigma_0(a) = p = \sigma_1(a)$) diremo che Ψ ha *origine* p. Se inoltre anche $\Psi(\cdot, b)$ è costante, diremo che Ψ è *a estremi fissi*. Diremo invece che Ψ è C^1 *a tratti* se tutte le curve $t \mapsto \Psi(s_0, t)$ e $s \mapsto \Psi(s, t_0)$ sono di classe C^1 a tratti.

Non è difficile vedere che anche le omotopie si sollevano:

Proposizione 7.5.12. *Sia* $F \colon \tilde{S} \to S$ *un diffeomorfismo locale fra superfici con la proprietà del sollevamento continuo (C^1), e $\Phi \colon [0, 1] \times [a, b] \to S$ un'omotopia (C^1 a tratti) di origine $p_0 \in S$. Allora per ogni $\tilde{p}_0$ nella fibra di p_0 esiste un unico sollevamento $\tilde{\Phi} \colon [0, 1] \times [a, b] \to \tilde{S}$ di Φ di origine $\tilde{p}_0$.*

Dimostrazione. Lo dimostreremo per il caso continuo; il caso C^1 a tratti sarà del tutto analogo.

L'unicità segue subito dal Lemma 7.5.8. Per l'esistenza, definiamo un'applicazione $\tilde{\Psi} \colon [0, 1] \times [a, b] \to \tilde{S}$ ponendo $\tilde{\Psi}(s, t) = \tilde{\sigma}_s(t)$, dove $\tilde{\sigma}_s \colon [a, b] \to \tilde{S}$ è l'unico sollevamento della curva $\sigma_s = \Psi(s, \cdot)$ tale che $\tilde{\sigma}_s(a) = \tilde{p}_0$. Chiaramente, $\tilde{\Psi}$ è un sollevamento di Ψ e $\tilde{\Psi}(\cdot, a) \equiv \tilde{p}_0$; per concludere la dimostrazione ci basta far vedere che $\tilde{\Psi}$ è continua.

Prendiamo $(s_0, t_0) \in [0, 1] \times [a, b]$. Siccome F è un diffeomorfismo locale, esiste un intorno aperto $\tilde{U}$ di $\tilde{\Psi}(s_0, t_0)$ tale che $F|_{\tilde{U}}$ sia un diffeomorfismo con l'immagine $U = F(\tilde{U}) \subseteq S$, che è un intorno aperto di $\Psi(s_0, t_0)$. Sia $Q_0 \subset [0, 1] \times [a, b]$ un quadrato aperto di lato 2ε centrato in (s_0, t_0) tale che $\Psi(Q_0) \subset U$; se facciamo vedere che $\tilde{\Psi}|_{Q_0} \equiv F|_{\tilde{U}}^{-1} \circ \Psi$ abbiamo dimostrato che $\tilde{\Psi}$ è continua in (s_0, t_0), ed è fatta.

Nota che $s \mapsto F|_{\tilde{U}_0}^{-1}\big(\Psi(s, t_0)\big)$ definita in $(s_0 - \varepsilon, s_0 + \varepsilon)$ è un sollevamento della curva $s \mapsto \Psi(s, t_0)$ che parte da $\tilde{\Psi}(s_0, t_0)$; per l'unicità del sollevamento otteniamo $\tilde{\Psi}(s, t_0) = F|_{\tilde{U}_0}^{-1}\big(\Psi(s, t_0)\big)$ per tutti gli $s \in (s_0 - \varepsilon, s_0 + \varepsilon)$. Analogamente, per ogni $s \in (s_0 - \varepsilon, s_0 + \varepsilon)$ la curva $t \mapsto F|_{\tilde{U}_0}^{-1}\big(\Psi(s, t)\big)$ definita in $(t_0 - \varepsilon, t_0 + \varepsilon)$ è un sollevamento della curva $t \mapsto \Psi(s, t)$ che parte da $\tilde{\Psi}(s, t_0)$; per l'unicità del sollevamento otteniamo $\tilde{\Psi}(s, t) = F|_{\tilde{U}_0}^{-1}\big(\Psi(s, t)\big)$ per tutti gli $(s, t) \in Q_0$, come voluto. $\square$

Una conseguenza importante di questo risultato è che i sollevamenti di curve omotope sono omotopi:

Corollario 7.5.13. *Sia* $F \colon \tilde{S} \to S$ *un diffeomorfismo locale fra superfici con la proprietà del sollevamento continuo (C^1), e σ_0, $\sigma_1 \colon [a, b] \to \mathbb{R}$ due curve (C^1 a tratti) tali che $\sigma_0(a) = p = \sigma_1(a)$ e $\sigma_0(b) = q = \sigma_1(b)$. Scelto $\tilde{p} \in F^{-1}(p)$, siano $\tilde{\sigma}_0$, $\tilde{\sigma}_1 \colon [a, b] \to \tilde{S}$ i sollevamenti di σ_0 e σ_1 uscenti da $\tilde{p}$. Allora esiste un'omotopia (C^1 a tratti) a estremi fissi fra σ_0 e σ_1 se e solo se esiste un'omotopia (C^1 a tratti) a estremi fissi fra $\tilde{\sigma}_0$ e $\tilde{\sigma}_1$.*

Dimostrazione. Se $\tilde{\Psi}\colon [0,1] \times [a,b] \to \tilde{S}$ è un'omotopia (C^1 a tratti) a estremi fissi fra $\tilde{\sigma}_0$ e $\tilde{\sigma}_1$, allora $F \circ \Psi$ è un'omotopia (C^1 a tratti) con origine p fra σ_0 e σ_1.

Viceversa, supponiamo che $\Psi\colon [0,1] \times [a,b] \to S$ sia un'omotopia regolare a tratti a estremi fissi fra σ_0 e σ_1, e sia $\tilde{\Psi}\colon [0,1] \times [a,b] \to \tilde{S}$ il sollevamento di origine $\tilde{p}$ dato dalla proposizione precedente. Essendo F un diffeomorfismo locale, $\tilde{\Psi}$ è regolare a tratti. L'unicità del sollevamento di curve ci assicura che $\tilde{\Psi}$ è un'omotopia fra $\tilde{\sigma}_0$ e $\tilde{\sigma}_1$. Inoltre, $s \mapsto \tilde{\Psi}(s,b)$ dev'essere un sollevamento della curva costante $s \mapsto \Psi(s,b) \equiv q$; quindi si deve avere $\tilde{\Psi}(\cdot,b) \equiv \tilde{\sigma}_0(b)$, per cui $\tilde{\Psi}$ è a estremi fissi. $\square$

Le omotopie ci permettono di identificare una classe particolare di superfici i cui rivestimenti sono necessariamente banali.

Definizione 7.5.14. Una superficie $S \subset \mathbb{R}^3$ è *semplicemente connessa* se per ogni curva chiusa $\sigma_0\colon [a,b] \to S$ esiste un'omotopia a estremi fissi fra σ_0 e la curva costante $\sigma_1 \equiv \sigma_0(a)$.

Esempio 7.5.15. Ogni aperto convesso del piano è semplicemente connesso. Infatti, sia $U \subseteq \mathbb{R}^2$ un aperto convesso, e $\sigma\colon [a,b] \to U$ una curva chiusa. Allora la $\Psi\colon [0,1] \times]a,b] \to U$ data da

$$\Psi(s,t) = s\sigma(a) + (1-s)\sigma(t) \qquad (7.13)$$

è un'omotopia fra σ e la curva costante $\sigma_1 \equiv \sigma(a)$. In particolare, ogni superficie omeomorfa a un aperto convesso del piano è semplicemente connessa.

Osservazione 7.5.16. Nota che se σ è una curva C^1 a tratti, allora l'omotopia definita in (7.13) è anch'essa C^1 a tratti. In particolare, quindi, ogni curva C^1 a tratti in una superficie *diffeomorfa* a un aperto convesso del piano ammette un'omotopia C^1 *a tratti* con la curva costante.

Possiamo finalmente raccogliere i frutti del nostro lavoro dimostrando che ogni diffeomorfismo locale con la proprietà del sollevamento C^1 è un rivestimento liscio:

Teorema 7.5.17. *Sia $F\colon \tilde{S} \to S$ un diffeomorfismo locale fra superfici con la proprietà del sollevamento C^1. Allora F è un rivestimento liscio, per cui in particolare ha la proprietà del sollevamento continuo.*

Dimostrazione. Dato $p_0 \in S$, sia $U \subseteq S$ l'immagine di una parametrizzazione locale in p_0 con dominio un disco aperto del piano; in particolare, U è un intorno aperto connesso semplicemente connesso. Vogliamo dimostrare che U è ben rivestito.

Sia $F^{-1}(U) = \bigcup \tilde{U}_\alpha$ la decomposizione di $F^{-1}(U)$ in componenti connesse. Siccome $\tilde{S}$ è localmente connessa per archi C^∞ (vedi la Definizione 4.7.10), si verifica facilmente (esercizio) che ogni $\tilde{U}_\alpha$ è una componente connessa per archi di $F^{-1}(U)$. Se dimostriamo che $F|_{\tilde{U}_\alpha}$ è un diffeomorfismo fra $\tilde{U}_\alpha$ e U abbiamo fatto vedere che F è un rivestimento liscio.

Comiciamo dimostrando che $F(\tilde{U}_\alpha) = U$. Preso $p \in U$, sia $\sigma \colon [a, b] \to U$ una curva C^1 a tratti da un punto $q \in F(\tilde{U}_\alpha)$ a p. Siccome F ha la proprietà del sollevamento C^1, esiste un sollevamento $\tilde{\sigma}$ di σ uscente da un punto $\tilde{q} \in \tilde{U}_\alpha$. Chiaramente, $\tilde{\sigma}([a, b]) \subset F^{-1}(U)$; essendo $\tilde{U}_\alpha$ una componente connessa per archi di $F^{-1}(U)$, l'intero sostegno di $\tilde{\sigma}$ è contenuto in $\tilde{U}_\alpha$. In particolare, $p = F(\tilde{\sigma}(b)) \in F(\tilde{U}_\alpha)$, e F è surgettiva.

Adesso che sappiamo che F è surgettiva, il ragionamento appena fatto ci mostra che $\tilde{F}|_{U_\alpha} \colon U_\alpha \to U$ è un diffeomorfismo locale con la proprietà del sollevamento C^1; per concludere, ci basta dimostrare che è iniettivo.

Siano $\tilde{p}_1, \tilde{p}_2 \in \tilde{U}_\alpha$ tali che $F(\tilde{p}_1) = F(\tilde{p}_2) = p$. Siccome $\tilde{U}_\alpha$ è connesso per archi, esiste una curva C^1 a tratti $\tilde{\sigma}_0 \colon [a, b] \to \tilde{U}_\alpha$ da $\tilde{p}_1$ a $\tilde{p}_2$. Allora la curva $\sigma_0 = F \circ \tilde{\sigma}_0$ è una curva chiusa di classe C^1 a tratti. Siccome U è diffeomorfo a un disco del piano, l'Osservazione 7.5.16 ci dice che esiste un'omotopia $\Psi \colon [0, 1] \times [a, b] \to U$ di classe C^1 a tratti a estremi fissi fra σ_0 e la curva costante $\sigma_1 \equiv p$. La Proposizione 7.5.13 ci fornisce allora un'omotopia C^1 a tratti $\tilde{\Psi} \colon [0, 1] \times [a, b] \to \tilde{U}_\alpha$ a estremi fissi fra la curva $\tilde{\sigma}_0$ e il sollevamento $\tilde{\sigma}_1 \equiv \tilde{p}_1$ di σ_1. In particolare, si deve avere $\tilde{p}_2 = \tilde{\sigma}_0(b) = \tilde{\sigma}_1(b) = \tilde{p}_1$, e quindi F è iniettiva. $\qquad\square$

Il ragionamento fatto nella parte finale della dimostrazione precedente ci permette infine di concludere che le superfici semplicemente connesse non ammettono rivestimenti non banali:

Proposizione 7.5.18. *Sia $F \colon \tilde{S} \to S$ un rivestimento liscio fra superfici. Se S è semplicemente connessa, allora F è un diffeomorfismo.*

Dimostrazione. Dobbiamo dimostrare che F è iniettiva. Siano $\tilde{p}_1, \tilde{p}_2 \in \tilde{S}$ tali che $F(\tilde{p}_1) = F(\tilde{p}_2) = p$. Siccome $\tilde{S}$ è connesso, esiste una curva $\tilde{\sigma}_0 \colon [a, b] \to \tilde{S}$ da $\tilde{p}_1$ a $\tilde{p}_2$. Allora la curva $\sigma_0 = F \circ \tilde{\sigma}_0$ è una curva chiusa; essendo S semplicemente connesso, esiste un'omotopia $\Psi \colon [0, 1] \times [a, b] \to S$ a estremi fissi fra σ_0 e la curva costante $\sigma_1 \equiv p$. La Proposizione 7.5.13 ci fornisce allora un'omotopia $\tilde{\Psi} \colon [0, 1] \times [a, b] \to \tilde{S}$ a estremi fissi fra la curva $\tilde{\sigma}_0$ e il sollevamento $\tilde{\sigma}_1 \equiv \tilde{p}_1$ di σ_1. In particolare, si deve avere $\tilde{p}_2 = \tilde{\sigma}_0(b) = \tilde{\sigma}_1(b) = \tilde{p}_1$, e quindi F è iniettiva. $\qquad\square$

Esempio 7.5.19. Una conseguenza della proposizione precedente è che nessuna superficie di rotazione S è semplicemente connessa. Infatti, si verifica facilmente che l'applicazione $\varphi \colon \mathbb{R}^2 \to S$ definita nell'Esempio 3.1.18 è un rivestimento liscio ma non è un diffeomorfismo.

7.6 Curvatura Gaussiana non positiva

Siamo arrivati all'ultimo capitolo di questo libro, dedicato alle superfici con curvatura Gaussiana non positiva. Sappiamo, per il Problema 6.1, che non possono essere compatte; saremo però in grado di dire molto sulla loro struttura geometrica. Infatti, il nostro obiettivo è dimostrare che ogni superficie completa con curvatura Gaussiana non positiva è rivestita dal piano (teorema di Cartan-Hadamard). In particolare, ogni superficie completa semplicemente connessa con curvatura Gaussiana non positiva è diffeomorfa a un piano.

Sia $S \subset \mathbb{R}^3$ una superficie completa (vedi la Definizione 5.4.9); in particolare, per ogni $p \in S$ la mappa esponenziale $\exp_p$ è definita su tutto il piano tangente T_pS (Teorema 5.4.8). La proprietà cruciale delle superfici con curvatura Gaussiana non positiva è che la mappa esponenziale aumenta le lunghezze dei vettori tangenti:

Proposizione 7.6.1. *Sia $S \subset \mathbb{R}^3$ una superficie completa con curvatura Gaussiana K non positiva, e $p \in S$. Allora*

$$\forall v, w \in T_pS \qquad \|\mathrm{d}(\exp_p)_v(w)\| \geq \|w\| . \tag{7.14}$$

In particolare, $\exp_p$ è un diffeomorfismo locale.

Dimostrazione. Se $v = O$, la (7.14) è ovvia. Se $v \neq O$, il Lemma 5.2.7 ci dice che $\|\mathrm{d}(\exp_p)_v(v)\| = \|v\|$, e che se w è ortogonale a v allora $\mathrm{d}(\exp_p)_v(w)$ è ortogonale a $\mathrm{d}(\exp_p)_v(v)$; quindi (perché?) possiamo limitarci a dimostrare (7.14) per i vettori w ortogonali a v.

Siccome S è completa, l'applicazione $\Sigma \colon \mathbb{R} \times [0,1] \to S$ data da

$$\Sigma(s,t) = \exp_p\big(t(v + sw)\big)$$

è ben definita e di classe C^∞. Definiamo allora $J \colon [0,1] \to \mathbb{R}^3$ ponendo

$$J(t) = \frac{\partial \Sigma}{\partial s}(0,t) = \mathrm{d}(\exp_p)_{tv}(tw) \in T_{\sigma_v(t)}S ,$$

dove $\sigma_v \colon \mathbb{R} \to S$ è la geodetica $\sigma_v(t) = \exp_p(tv)$ uscente da p e tangente a v. Il Lemma 5.5.4 ci dice che il campo $J \in \mathcal{T}(\sigma_v)$ è tale che $J(0) = O$, $DJ(0) = w$ e $\langle J, \sigma_v' \rangle \equiv 0$. Inoltre, $J(1) = \mathrm{d}(\exp_p)_v(w)$; quindi il nostro obiettivo è diventato dimostrare che $\|J(1)\| \geq \|w\|$.

Prima di tutto, grazie al Lemma 5.5.4.(iv) abbiamo

$$\frac{\mathrm{d}}{\mathrm{d}t}\langle J, DJ \rangle = \|DJ\|^2 + \langle J, D^2J \rangle = \|DJ\|^2 - \|v\|^2(K \circ \sigma_v)\|J\|^2 \geq 0 ,$$

grazie al fatto che $K \leq 0$ ovunque. Essendo $J(0) = O$, questo implica che $\langle J, DJ \rangle \geq 0$; quindi

$$\frac{\mathrm{d}}{\mathrm{d}t}\|DJ\|^2 = 2\langle D^2J, DJ \rangle = -2\|v\|^2(K \circ \sigma)\langle J, DJ \rangle \geq 0 ,$$

di nuovo per l'ipotesi sul segno della curvatura Gaussiana. In particolare,

$$\|DJ(t)\|^2 \geq \|DJ(0)\|^2 = \|w\|^2$$

per ogni $t \in [0, 1]$. Da questo segue che

$$\frac{d^2}{dt^2}\|J\|^2 = 2\|DJ\|^2 + 2\langle J, D^2 J\rangle \geq 2\|w\|^2 - 2\|v\|^2 (K \circ \sigma_v)\|J\|^2 \geq 2\|w\|^2 \ .$$

Integrando rispetto a t da 0 a 1 troviamo

$$\frac{d}{dt}\|J\|^2 \geq 2\|w\|^2 t + \frac{d\|J\|^2}{dt}(0) = 2\|w\|^2 t + 2\langle DJ(0), J(0)\rangle = 2\|w\|^2 t \ .$$

Integriamo di nuovo:

$$\|J\|^2 \geq \|w\|^2 t^2 + \|J(0)\|^2 = \|w\|^2 t^2 \ ,$$

e ponendo $t = 1$ otteniamo $\|J(1)\|^2 \geq \|w\|^2$, come voluto.

Dunque abbiamo dimostrato (7.14). In particolare, da questo segue che il differenziale $d(\exp_p)_v$ di $\exp_p$ è iniettivo per ogni $v \in T_p S$, per cui $\exp_p$ è un diffeomorfismo locale (Corollario 3.4.28).   □

Per semplicità di esposizione, introduciamo la seguente

Definizione 7.6.2. Un'applicazione $F \colon S_1 \to S_2$ di classe C^∞ fra superfici è detta *espansiva* se $\|dF_p(v)\| \geq \|v\|$ per ogni $p \in S_1$ e ogni $v \in T_p S_1$.

Chiaramente, ogni applicazione espansiva è un diffeomorfismo locale. Ma se S_1 è completa possiamo essere più precisi:

Proposizione 7.6.3. *Ogni applicazione espansiva* $F \colon \tilde{S} \to S$ *fra superfici, con* $\tilde{S}$ *completa, è un rivestimento liscio.*

Dimostrazione. Siccome sappiamo che F è un diffeomorfismo locale, per il Teorema 7.5.17 ci basta dimostrare che F ha la proprietà del sollevamento C^1.

Cominciamo a far vedere che possiamo sollevare le curve C^1 a tratti uscenti da un punto dell'immagine di F. Sia $\sigma \colon [0, \ell] \to S$ una curva C^1 a tratti con $\sigma(0) = p = F(\tilde{p})$. Siccome F è un diffeomorfismo locale, esiste un intorno $\tilde{U} \subseteq \tilde{S}$ di $\tilde{p}$ tale che $F|_{\tilde{U}}$ è un diffeomorfismo; in particolare, $F(\tilde{U})$ è aperto in S. Per continuità, esiste un $\varepsilon > 0$ tale che $\sigma\big([0, \varepsilon)\big) \subset F(\tilde{U})$; quindi ponendo $\tilde{\sigma} = (F|_{\tilde{U}})^{-1} \circ \sigma \colon [0, \varepsilon) \to \tilde{S}$ abbiamo trovato un sollevamento di σ su $[0, \varepsilon)$.

Chiaramente possiamo ripetere questo ragionamento a partire da qualsiasi punto del sostegno di σ contenuto nell'immagine di F. Quindi l'insieme

$$A = \{t \in [0, \ell] \mid \text{esiste un sollevamento } \tilde{\sigma} \colon [0, t] \to \tilde{S} \text{ di } \sigma \text{ con } \tilde{\sigma}(0) = \tilde{p}\}$$

è aperto in $[0, \ell]$. Sia $t_0 = \sup A$; se dimostriamo che $t_0 \in A$, allora necessariamente $t_0 = \ell$, per cui abbiamo sollevato σ su tutto $[0, \ell]$, come richiesto.

Scegliamo una successione $\{t_n\} \subset A$ convergente a t_0; vogliamo prima di tutto dimostrare che $\{\tilde{\sigma}(t_n)\}$ ha un punto d'accumulazione in $\tilde{S}$. Supponiamo per assurdo che non ce l'abbia. Essendo $\tilde{S}$ completa, il Teorema 5.4.8 di Hopf-Rinow implica che la distanza intrinseca $d_{\tilde{S}}(\tilde{p}, \tilde{\sigma}(t_n))$ deve divergere per $n \to +\infty$. Allora abbiamo anche $L(\tilde{\sigma}|_{[0,t_n]}) \to +\infty$. Ma F è espansiva; quindi $L(\sigma|_{[0,t_n]}) \geq L(\tilde{\sigma}|_{[0,t_n]})$, per cui anche $L(\sigma|_{[0,t_n]})$ dovrebbe divergere, mentre invece converge a $L(\sigma|_{[0,t_0]})$.

Dunque a meno di prendere una sottosuccessione possiamo supporre che $\tilde{\sigma}(t_n)$ converga a un punto $\tilde{q} \in \tilde{S}$. Per continuità, $F(\tilde{q}) = \sigma(t_0)$; in particolare, $\sigma(t_0)$ appartiene all'immagine di F. Sia $\tilde{U} \subseteq \tilde{S}$ un intorno aperto di $\tilde{q}$ su cui F è un diffeomorfismo; in particolare, $F(\tilde{U})$ è un intorno aperto in S di $\sigma(t_0)$. Siccome $\tilde{q}$ è un punto di accumulazione di $\{\tilde{\sigma}(t_n)\}$, possiamo trovare un $n_0 \in \mathbb{N}$ tale che $\tilde{\sigma}(t_{n_0}) \in \tilde{U}$. Inoltre, esiste un intorno aperto $I \subseteq [0,\ell]$ di t_0 tale che $\sigma(I) \subset F(\tilde{U})$. Quindi possiamo definire un sollevamento di σ su I con $(F|_{\tilde{U}})^{-1} \circ \sigma$. Siccome $(F|_{\tilde{U}})^{-1} \circ \sigma(t_{n_0}) = \tilde{\sigma}(t_{n_0})$, questo sollevamento deve coincidere con $\tilde{\sigma}$ su $I \cap [0,t_0)$, e quindi abbiamo trovato un sollevamento di σ su $[0,t_0]$. In particolare, $t_0 \in A$, come voluto.

Abbiamo quindi dimostrato che siamo in grado di sollevare tutte le curve C^1 a tratti che escono da un punto dell'immagine di F. Ora, se $q \in S$ è un punto qualsiasi, possiamo sempre trovare una curva C^1 a tratti $\sigma:[0,\ell] \to S$ da un punto $p \in F(\tilde{S})$ a q. Se $\tilde{\sigma}$ è un sollevamento di σ abbiamo allora $F(\tilde{\sigma}(\ell)) = \sigma(\ell) = q$, per cui $q \in F(\tilde{S})$. Dunque F è surgettiva, e abbiamo finito. $\square$

Mettendo insieme le Proposizioni 7.6.1 e 7.6.3 otteniamo l'annunciato *teorema di Cartan-Hadamard:*

Teorema 7.6.4. *Sia $S \subset \mathbb{R}^3$ una superficie completa con curvatura Gaussiana non positiva. Allora per ogni $p \in S$ la mappa esponenziale $\exp_p: T_pS \to S$ è un rivestimento liscio. In particolare, se S è semplicemente connessa allora è diffeomorfa a un piano.*

Dimostrazione. Infatti, la Proposizione 7.6.1 ci dice che $\exp_p$ è espansiva, e quindi è un rivestimento per la Proposizione 7.6.3. Infine, l'ultima affermazione segue subito dalla Proposizione 7.5.18. $\square$

Osservazione 7.6.5. Esistono superfici complete non semplicemente connesse con curvatura Gaussiana sempre negativa; un esempio è la catenoide (vedi gli Esempi 4.5.21 e 7.5.19).

Osservazione 7.6.6. In contrasto con quanto avviene con le superfici chiuse non compatte di curvatura Gaussiana positiva, una superficie chiusa non compatta con curvatura Gaussiana negativa semplicente connessa potrebbe non essere un grafico su alcun piano: un esempio è l'elicoide S (vedi il Problema 3.2). Infatti, ha curvatura Gaussiana sempre negativa (Esempio 4.5.20), ed è semplicemente connesso, in quanto ammette una parametrizzazione globale $\varphi: \mathbb{R}^2 \to S$ data da $\varphi(x_1, x_2) = (x_2 \cos x_1, x_2 \sin x_1, ax_1)$.

Per dimostrare che non è un grafico rispetto ad alcun piano, ci basta (perché?) far vedere che per ogni $\mathbf{v} = (u_0, v_0, w_0) \in S^2$ esiste una retta parallela a $\mathbf{v}$ che interseca S in almeno due punti. Se $w_0 \neq 0, \pm 1$, sia $x_1 \in \mathbb{R}^*$ tale che

$$(\cos x_1, \sin x_1) = \left(\operatorname{sgn}\left(\frac{u_0}{w_0} \right) \sqrt{\frac{u_0^2}{u_0^2 + v_0^2}}, \operatorname{sgn}\left(\frac{v_0}{w_0} \right) \sqrt{\frac{v_0^2}{u_0^2 + v_0^2}} \right) ,$$

e poniamo $x_2 = ax_1\sqrt{(u_0^2 + v_0^2)}/w_0^2$. Allora

$$\varphi(x_1, x_2) = \frac{ax_1}{w_0} \mathbf{v} ,$$

per cui la retta passante per l'origine parallela a $\mathbf{v}$ interseca S in infiniti punti.

Siccome gli assi x e z sono contenuti in S, anche le rette passanti per l'origine e parallele a $(0, 0, \pm 1)$ o a $(\pm 1, 0, 0)$ intersecano S in infiniti punti.

Rimangono da studiare le rette parallele a $(u_0, v_0, 0)$ con $v_0 \neq 0$. Sia $\psi \in \mathbb{R}^*$ tale che $(u_0, v_0) = (\cos \psi, \sin \psi)$, e sia $p_0 = (0, 0, a\psi) = \varphi(\psi, 0) \in S$. Ma allora

$$\varphi(\psi, x_2) = (x_2 u_0, x_2 v_0, a\psi) = p_0 + x_2 \mathbf{v} ,$$

per cui l'intera retta parallela a $\mathbf{v}$ passante per p_0 è contenuta in S, e quindi abbiamo dimostrato che S non è un grafico.

Riferimenti bibliografici

1. Abate, M.: Geometria. McGraw-Hill Italia, Milano (1996).
2. Blåsjö, V.: The isoperimetric problem. Amer. Math. Monthly, **112**, 526–566 (2005)
3. Chern, S.-S.: An elementary proof of the existence of isothermal parameters on a surface. Proc. Amer. Math. Soc. **6**, 771–782 (1955)
4. do Carmo, M.P.: Differential geometry of curves and surfaces. Prentice-Hall, Englewood Cliffs (1976)
5. Fusco N., Marcellini P., Sbordone C.: Analisi matematica due. Liguori editore, Napoli (1996)
6. Gilardi, G.: Analisi due. McGraw-Hill Italia, Milano (1996)
7. Holm, P.: The theorem of Brown and Sard. Enseign. Math., **33**, 199–202 (1987)
8. Kelley, J.L.: General topology. GTM 27, Springer-Verlag, Berlin Heidelberg (1975)
9. Lang, S.: Differential and Riemannian manifolds. GTM 160, Springer-Verlag, Berlin Heidelberg (1995)
10. Lax, P.D.: A short path to the shortest path. Amer. Math. Monthly, **102**, 158–159 (1995)
11. Lee, J.M.: Riemannian manifolds. GTM 176, Springer-Verlag, Berlin Heidelberg (1997)
12. Lee, J.M.: Introduction to topological manifolds. GTM 202, Springer-Verlag, Berlin Heidelberg (2000)
13. Lipschutz, M.M.: Geometria differenziale. Fabbri editore, Milano (1984)
14. Milnor, T.K.: Efimov's theorem about complete immersed surfaces of negative curvature. Adv. Math, **8**, 474–543 (1972)
15. Milnor, J., Munkres, J.: Differential topology. Princeton University Press, Princeton (1958)
16. Montiel, S., Ros, A.: Curves and surfaces. American Mathematical Society, Providence (2005)
17. Morgan, F.: Geometric measure theory. A beginner's guide. Academic Press, San Diego, (2000)
18. Osserman, R.: The four-or-more vertex theorem. Amer. Math. Monthly, **92**, 332–337 (1985)
19. Pederson, R. N.: The Jordan curve theorem for piecewise smooth curves. Amer. Math. Monthly **76**, 605–610 (1969)

20. Samelson, H.: Orientability of hypersurfaces in $\mathbb{R}^n$. Proc. Amer. Math. Soc., **22**, 301–302 (1969)
21. Spivak, M.: A comprehensive introduction to differential geometry (5 voll.), Second edition. Publish or Perish, Berkeley (1979)
22. Thomassen, C.: The Jordan-Schönflies theorem and the classification of surfaces. Amer. Math. Monthly, **99**, 116–131 (1992)
23. Walter, W.: Ordinary differential equations. GTM 182, Springer-Verlag, Berlin Heidelberg (1998)

Lista dei simboli

Indice analitico

Collana Unitext - La Matematica per il 3+2

a cura di

F. Brezzi
C. Ciliberto
B. Codenotti
M. Pulvirenti
A. Quarteroni
G. Rinaldi
W.J. Runggaldier

Volumi pubblicati

A. Bernasconi, B. Codenotti
Introduzione alla complessità computazionale
1998, X+260 pp. ISBN 88-470-0020-3

A. Bernasconi, B. Codenotti, G. Resta
Metodi matematici in complessità computazionale
1999, X+364 pp, ISBN 88-470-0060-2

E. Salinelli, F. Tomarelli
Modelli dinamici discreti
2002, XII+354 pp, ISBN 88-470-0187-0

S. Bosch
Algebra
2003, VIII+380 pp, ISBN 88-470-0221-4

S. Graffi, M. Degli Esposti
Fisica matematica discreta
2003, X+248 pp, ISBN 88-470-0212-5

S. Margarita, E. Salinelli
MultiMath - Matematica Multimediale per l'Università
2004, XX+270 pp, ISBN 88-470-0228-1

A. Quarteroni, R. Sacco, F. Saleri
Matematica numerica (2a Ed.)
2000, XIV+448 pp, ISBN 88-470-0077-7
2002, 2004 ristampa riveduta e corretta
(1a edizione 1998, ISBN 88-470-0010-6)

A partire dal 2004, i volumi della serie sono contrassegnati da un numero di identificazione. I volumi indicati in grigio si riferiscono a edizioni non più in commercio

13. A. Quarteroni, F. Saleri
Introduzione al Calcolo Scientifico (2a Ed.)
2004, X+262 pp, ISBN 88-470-0256-7
(1a edizione 2002, ISBN 88-470-0149-8)

14. S. Salsa
Equazioni a derivate parziali - Metodi, modelli e applicazioni
2004, XII+426 pp, ISBN 88-470-0259-1

15. G. Riccardi
Calcolo differenziale ed integrale
2004, XII+314 pp, ISBN 88-470-0285-0

16. M. Impedovo
Matematica generale con il calcolatore
2005, X+526 pp, ISBN 88-470-0258-3

17. L. Formaggia, F. Saleri, A. Veneziani
Applicazioni ed esercizi di modellistica numerica
per problemi differenziali
2005, VIII+396 pp, ISBN 88-470-0257-5

18. S. Salsa, G. Verzini
Equazioni a derivate parziali - Complementi ed esercizi
2005, VIII+406 pp, ISBN 88-470-0260-5

19. C. Canuto, A. Tabacco
Analisi Matematica I (2a Ed.)
2005, XII+448 pp, ISBN 88-470-0337-7
(1a edizione, 2003, XII+376 pp, ISBN 88-470-0220-6)

20. F. Biagini, M. Campanino
Elementi di Probabilità e Statistica
2006, XII+236 pp, ISBN 88-470-0330-X

21. S. Leonesi, C. Toffalori
    Numeri e Crittografia
    2006, VIII+178 pp, ISBN 88-470-0331-8

22. A. Quarteroni, F. Saleri
    Introduzione al Calcolo Scientifico (3a Ed.)
    2006, X+306 pp, ISBN 88-470-0480-2

23. S. Leonesi, C. Toffalori
    Un invito all'Algebra
    2006, XVII+432 pp, ISBN 88-470-0313-X

24. W.M. Baldoni, C. Ciliberto, G.M. Piacentini Cattaneo
    Aritmetica, Crittografia e Codici
    2006, XVI+518 pp, ISBN 88-470-0455-1

25. A. Quarteroni
    Modellistica numerica per problemi differenziali (3a Ed.)
    2006, XIV+452 pp, ISBN 88-470-0493-4
    (1a edizione 2000, ISBN 88-470-0108-0)
    (2a edizione 2003, ISBN 88-470-0203-6)

26. M. Abate, F. Tovena
    Curve e superfici
    2006, XIV+394 pp, ISBN 88-470-0535-3